Kubernetes权威指南

从Docker到Kubernetes实践全接触（第6版）（上）

龚 正 吴治辉 闫健勇 编著

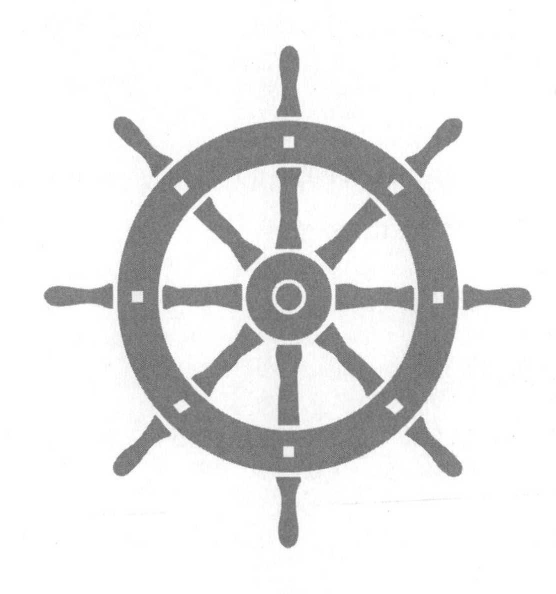

電子工業出版社
Publishing House of Electronics Industry
北京•BEIJING

内 容 简 介

本书是《Kubernetes 权威指南：从 Docker 到 Kubernetes 实践全接触》（第 6 版）的上册，总计 9 章，涵盖了 Kubernetes v1.29 及之前版本的主要特性。第 1 章首先从一个简单的示例开始，让读者通过动手实践初步感受 Kubernetes 的强大；然后讲解 Kubernetes 的概念、术语。考虑到 Kubernetes 的概念、术语繁多，所以从它们的用途及相互关系入手进行讲解，以期初学者能快速、准确、全面、深刻地理解这部分内容。第 2 章围绕 Kubernetes 的安装和配置进行讲解。如果要在生产级应用中部署 Kubernetes，则建议读者将本章内容全部实践一遍，否则可以选择其中部分内容进行实践。其中比较重要的是 Kubernetes 的命令行部分，对这部分操作得越熟练，后面进行研发或运维就越轻松。第 3 章全面、深入地讲解了 Pod 的方方面面，其中非常有挑战性的是 Pod 调度部分的内容，这也是生产实践中相当实用的知识和技能。第 4 章围绕 Pod 工作负载进行讲解，这些工作负载分别实现了无状态服务、有状态服务和批处理任务的不同需求。第 5 章围绕 Service 进行深入讲解，涉及服务发现、DNS、IPv6 及 Ingress 等高级特性。第 6、7 章全面且深入地讲解 Kubernetes 的运行机制和原理，涉及 API Server、Controller、Scheduler、kubelet、kube-proxy 等几个核心组件的作用、原理和实现方式等，可以让读者加深对 Kubernetes 的整体认知，使其在遇到问题时能更快地找到解决方案。第 8、9 章主要讲解 Kubernetes 运维方面的技能和知识，涉及集群多租户模式下的资源管理方案、Pod 的 QoS 管理，以及基于 NUMA 资源亲和性的资源分配管理、Pod 调度、故障排查等。

本书适合资深 IT 从业者、研发部门主管、架构师（开发语言不限）、研发工程师、运维工程师、软件 QA 和测试工程师（两年以上经验），以及以技术为主的售前工作人员（两年以上经验）阅读和参考。

图书在版编目（CIP）数据

Kubernetes 权威指南：从 Docker 到 Kubernetes 实践全接触. 上 / 龚正等编著. —6 版. —北京：电子工业出版社，2024.7
（博文视点云原生精品丛书）
ISBN 978-7-121-47927-4

Ⅰ. ①K… Ⅱ. ①龚… Ⅲ. ①Linux 操作系统－程序设计－指南 Ⅳ. ①TP316.85-62

中国国家版本馆 CIP 数据核字（2024）第 102067 号

责任编辑：张国霞
印　　刷：三河市良远印务有限公司
装　　订：三河市良远印务有限公司
出版发行：电子工业出版社
　　　　　北京市海淀区万寿路 173 信箱　　邮编 100036
开　　本：787×980　1/16　印张：46.75　字数：950 千字
版　　次：2016 年 1 月第 1 版
　　　　　2024 年 7 月第 6 版
印　　次：2024 年 7 月第 1 次印刷
印　　数：3000 册　　定价：169.00 元

凡所购买电子工业出版社图书有缺损问题，请向购买书店调换。若书店售缺，请与本社发行部联系，联系及邮购电话：（010）88254888，88258888。

质量投诉请发邮件至 zlts@phei.com.cn，盗版侵权举报请发邮件至 dbqq@phei.com.cn。

本书咨询联系方式：faq@phei.com.cn。

推荐序

为什么我会向大家推荐这本书？因为好的技术值得学习，好的图书值得分享。

数云融合是传统技术的重大变革，有望开启一个新的时代。

从大型计算机面向商业应用的那个时代开始，计算机技术先后经历了：从汇编语言驱动硬件底层开发，到通过各种高级编程语言进行企业级应用开发；从通过本机文件系统存储数据，到通过关系型数据库远程存储数据，再到通过各种面向对象的专用数据存储系统及数据仓库存储数据；从单机应用开发到大型分布式系统开发。

在这一漫长的演进过程中，计算、数据和网络的分工越来越明确，联系也越来越紧密，并且与 IT 系统的架构变革息息相关。十年前的虚拟化技术让我们重新发掘了软件的价值：软件定义一切！但是，那时的软件开发难度依然很大，开发和运维一个大型分布式系统的代价也很大，而且门槛很高。直到 Kubernetes 引领且开启了全新的云原生时代，我们大多数人才第一次站在了同一条起跑线上，有了真正意义上弯道超车的机会。

这些年，一些先行者已经靠着云原生技术带来的创新价值取得了不小的成就，坚定拥抱云原生技术的我们也都将成功！而这一切，都源于 Kubernetes 的出现。

在不经意间，Kubernetes 已经成为整个云原生生态圈的重要引领者之一。

也许最初的开发者也没有想到，正如最早的钻木取火，只是为了烧肉，但其实火的使用在一定意义上开启了人类文明的伟大进程，使人类从黑暗走向了光明，从野蛮走向了文明，从接受大自然的约束走向成为世界的主宰。

数据正在成为人类最重要的资产之一，同金钱和土地一样。数据已经从工业文明及以前的信息或信号，变成可以创造价值的生产要素。对数据的管理已经不再是简单的技术手段，它涉及社会治理，是基于时间和客户的价值兑现，是“云”发展的趋势和必然。数云融合，才能让数据的价值被真正释放，才能真正体现人的天然禀赋，让人类走向新的文明。

感谢对 Kubernetes 进行再创造的工程师，没有他们的探索，Kubernetes 也许只能作为计算管理的工具，而无法发挥巨大价值。感谢本书作者，没有他们对 Kubernetes 知识的理解、掌握、实践和总结，我们就只能雾里看花，无法真正理解数云融合的实践价值所在，无法大力推动中国的数字化进程。

在科技越来越文学化的今天，让我们为社会贡献自己的力量吧！

郭为

神州数码董事局主席

前　言

短短几年，Kubernetes 已从一个不为人知的新生事物发展成为一个影响全球 IT 技术的基础设施平台，并成功推动了云原生时代的到来，使微服务架构、Service Mesh、Serverless、边缘计算等热门技术加速普及和落地。Kubernetes 不但一跃成为云原生应用的全球级基础平台，还促进了操作系统层面的容器化变革，让 Linux 容器里的应用和 Windows 容器里的应用在 Kubernetes 的统一架构集群中互联互通。

目前，在 GitHub 上已有超过两万名开源志愿者参与 Kubernetes 项目，使之成为开源领域发展速度超快的项目之一。

《Kubernetes 权威指南：从 Docker 到 Kubernetes 实践全接触》由慧与中国通信和媒体解决方案领域的资深专家合力撰写而成，对 Kubernetes 在国内的普及和推广做出了巨大的贡献。本书第 6 版的出版也离不开领航磐云技术专家的全力支持。

读者对象

《Kubernetes 权威指南：从 Docker 到 Kubernetes 实践全接触》一书的读者对象范围很广，甚至一些高校也将本书作为参考教材。考虑到 Kubernetes 的技术定位，我们建议以下读者购买和阅读本书：资深 IT 从业者、研发部门主管、架构师（开发语言不限）、研发工程师、运维工程师、软件 QA 和测试工程师（两年以上经验），以及以技术为主的售前工作人员（两年以上经验）。

建议读者在计算机上安装合适的虚拟软件，部署 Kubernetes 环境并动手实践书中的大部分示例。如果读者用的是 Windows 10 及以上版本，则可以通过 WSL2 虚拟机技术快速部署 Kubernetes 实例，也可以在公有云上部署或者使用现有的 Kubernetes 环境，降低入门难度。

本书内容架构

截至本书交稿，Kubernetes 已经发布 29 个大版本，每个版本都带来了大量的新特性，使 Kubernetes 能够覆盖的应用场景越来越多。

《Kubernetes 权威指南：从 Docker 到 Kubernetes 实践全接触》始终采用从入门到精通的讲解风格，内容涵盖入门、安装、实践、核心原理、网络与存储、运维、开发、新特性演进等，几乎囊括了 Kubernetes 当前主流版本的方方面面。当然，因为需要涵盖的内容非常多，所以本书从第 6 版开始分为上下两册。

上册的内容架构如下。

第 1 章首先从一个简单的示例开始，让读者通过动手实践初步感受 Kubernetes 的强大；然后讲解 Kubernetes 的概念、术语。考虑到 Kubernetes 的概念、术语繁多，所以从它们的用途及相互关系入手进行讲解，以期初学者能快速、准确、全面、深刻地理解这部分内容。

第 2 章围绕 Kubernetes 的安装和配置进行讲解。如果要在生产级应用中部署 Kubernetes，则建议读者将本章内容全部实践一遍，否则可以选择其中部分内容进行实践。其中比较重要的是 Kubernetes 的命令行部分，对这部分操作得越熟练，后面进行研发或运维就越轻松。

第 3 ~ 5 章对于大部分读者来说，是很重要的章节，也是学会 Kubernetes 应用建模的关键章节。第 3 章全面、深入地讲解了 Pod 的方方面面，其中非常有挑战性的是 Pod 调度部分的内容，这也是生产实践中相当实用的知识和技能。第 4 章围绕 Pod 工作负载进行讲解，这些工作负载分别实现了无状态服务、有状态服务和批处理任务的不同需求。第 5 章围绕 Service 进行深入讲解，涉及服务发现、DNS、IPv6 及 Ingress 等高级特性。

第 6、7 章全面且深入地讲解 Kubernetes 的运行机制和原理，涉及 API Server、Controller Manager、Scheduler、kubelet、kube-proxy 等几个核心组件的作用、原理和实现方式等，可以让读者加深对 Kubernetes 的整体认知，在遇到问题时能更快地找到解决方案。

第 8、9 章主要讲解 Kubernetes 运维方面的技能和知识，涉及集群多租户模式下的资源管理方案、Pod 的 QoS 管理，以及基于 NUMA 资源亲和性的资源分配管理、Pod 调度、故障排查等。

下册的内容架构如下。

第 1、2 章围绕 Kubernetes 认证机制和安全机制进行深入讲解，既有实例，又有深入分析，可以让读者更容易理解 Kubernetes 中的认证机制、授权模式、准入控制机制，以及 Pod 的安全管理机制。

第 3、4 章围绕容器网络和 Kubernetes 网络进行深入讲解。第 3 章讲解容器网络基础，对局域网、互联网和常见网络设备等知识进行介绍；第 4 章讲解 Kubernetes 网络原理，对 Kubernetes 网络模型、CNI 网络模型、开源容器网络方案都做了详细介绍，对 Kubernetes 防火墙相关的网络策略也做了相关分析。

第 5、6 章围绕 Kubernetes 存储进行深入讲解，涉及持久卷相关的 PV、PVC、StorageClass、静态和动态存储管理，以及 CSI 存储机制的原理和发展状况。

第 7、8 章围绕 Kubernetes API 和开发实战进行讲解，涉及 Kubernetes 资源对象、Kubernetes API、CRD 和 Operator 扩展机制，以及如何通过 swagger-editor 快速调用和测试 Kubernetes API，并针对 Operator 开发给出完整的示例说明。

第 9 章对 Kubernetes 的新功能做了一些补充说明，包括 Kubernetes 对 Windows 容器的支持、如何在 Windows Server 上部署 Kubernetes、Kubernetes 对 GPU 的支持和发展趋势、Kubernetes 的自动扩缩容机制等，对 Kubernetes 的生态系统与演进路线也进行了深入讲解。

附录 A 深入讲解了 Kubernetes 的核心服务配置。

读者服务

我们为读者提供了配套源码及读者交流群，读者可参考本书封底的“读者服务”获取配套源码下载链接，以及加入本书读者交流群。

致谢

感谢神州数码集团及领航磐云的大力支持。

感谢电子工业出版社工作严谨、高效的张国霞编辑，她在成书过程中对笔者的指导、协助和鞭策，是本书得以完成的重要助力。

目录

第1章 Kubernetes入门

1.1　了解 Kubernetes

Kubernetes 是谷歌十几年来大规模应用容器技术的重要成果，是谷歌严格保密十几年的秘密武器——Borg 的一个开源版本。Borg 是谷歌内部使用的久负盛名的大规模集群管理系统，基于容器技术实现对资源的自动化管理，以及跨多个数据中心的资源利用率的最大化。十几年来，谷歌一直通过 Borg 管理数量庞大的应用程序集群。正是由于站在 Borg 的肩膀上，Kubernetes 一经开源就一鸣惊人，并迅速称霸容器领域。

Kubernetes 是一种全新的基于容器技术的分布式架构领先方案，是容器云的优秀平台选型方案，已成为新一代的基于容器技术的 PaaS 平台的重要底层框架，也是云原生技术生态圈的核心，服务网格（Service Mesh）、无服务器架构（Serverless）等新一代分布式架构框架及技术皆基于 Kubernetes 实现，这些都奠定了 Kubernetes 在基础架构领域的王者地位。

如果我们的系统设计遵循了 Kubernetes 的设计思想，那么传统系统架构中那些与业务没有多大关系的底层代码或功能模块，就都可以立刻从我们的视线中消失，我们也不必再费心于负载均衡器的选型和部署问题，不必再考虑引入或自己开发一个复杂的服务治理框架，不必再头疼于服务监控和故障处理模块的开发。总之，使用 Kubernetes 提供的解决方案，我们不仅可以节省不少于 30%的开发成本，还可以将精力更加集中于业务本身，而且由于 Kubernetes 提供了强大的自动化机制，所以系统后期的运维难度和运维成本大幅度降低。

另外，Kubernetes 是一个开放的开发平台。与 J2EE 不同，它不局限于任何编程语言，没有限定任何编程接口，所以用 Java、Go、C++或者 Python 编写的服务，都可以被映射为 Kubernetes 的 Service（服务），并通过标准的 TCP 通信协议进行交互。由于 Kubernetes 对现有的编程语言、编程框架、中间件没有任何侵入性，因此现有的系统也很容易被改造更新并迁移到 Kubernetes 上。

Kubernetes 还是一个完备的分布式系统支撑平台，也是一个基于容器技术的全能型微服务架构平台。Kubernetes 具有完备的集群管理能力，包括多层次的安全防护和准入机制、多租户应用支撑能力、透明的服务注册和服务发现机制、内建的智能负载均衡器、强大的故障发现和自我修复能力、服务滚动更新和在线扩容能力、可扩展的资源自动调度机制，以及多粒度的资源配额管理能力。同时，Kubernetes 提供了完善的管理工具，可用于开发、部署、测试、运维等各个环节中。因此，Kubernetes 让软件团队第一次实现了仅关注 Service

本身的目标，其愿景如图 1.1 所示。

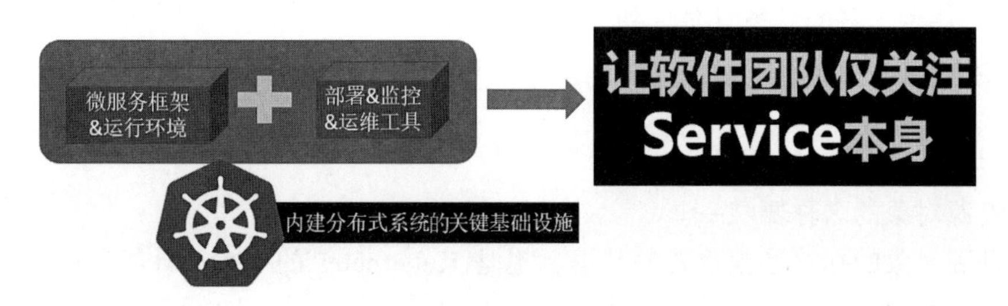

图 1.1 Kubernetes 的愿景

1.2 了解 Kubernetes 中的资源对象

Kubernetes 中的基础概念和术语大多是围绕资源对象（Resource Object）来说的，而资源对象在总体上可分为以下几类。

（1）基础资源对象，例如节点（Node）、容器组（Pod）、服务（Service）、存储卷（Volume）。

（2）基础资源对象相关的事务与控制器，例如标签（Label）、注解（Annotation）、命名空间（Namespace）、水平扩容（HorizontalPodAutoscaler）、配置（ConfigMap、Secret）、持久化存储（PersistentVolume、PersistentVolumeClaim、StorageClass）、工作负载控制器（Deployment、StatefulSet、DeamonSet、Job、CronJob）等。

（3）资源管控和权限相关的对象，例如资源限制（LimitRange）、资源配额（ResourceQuota）、角色（Role）、角色绑定（RoleBinding）等。

（4）网络相关的资源对象，例如 Ingress、网络策略（NetworkPolicy）等。

考虑到软件系统的复杂性和多样性，Kubernetes 还提供了用户自定义类型的资源对象的接入和管控机制，用户可以通过自定义资源（Custom Resource Definition，CRD）来自定义资源对象的类型，并编写对应的 CRD 控制器来实现特定的控制逻辑。因为 Operator 是由 Kubernetes 中的 CRD 和 Controller（控制器）构成的元原生扩展服务，所以 CRD 也是 Kubernetes 中 Operator 自动化机制的重要支撑。

Kubernetes 中的资源对象包括几个公共属性：版本（Version）、类别（Kind）、名称（Name）、标签、注解，如下所述。

（1）在版本属性中包括了此对象所属的资源组，一些资源对象的属性会随着版本的更新而变化，在定义资源对象时要特别注意这一点。

（2）类别属性用于定义资源对象的类型。

（3）名称、标签、注解这三个属性属于资源对象的元数据（Metadata）。

◎ 资源对象的名称要唯一。

◎ 资源对象的标签是很重要的数据，也是 Kubernetes 的一大设计特性，比如通过标签来表明资源对象的特征、类别，以及通过标签筛选不同的资源对象并实现对象之间的关联、控制或协作功能。

◎ 注解可被理解为一种特殊的标签，不过更多的是与程序挂钩，通常用于实现资源对象属性的自定义扩展。

我们可以采用 YAML 或 JSON 格式声明（定义或创建）一个 Kubernetes 资源对象，每个资源对象都有自己特定的结构定义（可理解为数据库中一个特定的表），并且将其统一保存在 etcd 这种非关系型数据库中，以实现最快的读写速度。此外，所有资源对象都可以通过 Kubernetes 提供的 kubectl（或者 API 编程调用）执行增、删、改、查等操作。

一些资源对象有自己的生命周期及相应的状态。比如 Pod，我们通过 kubectl 客户端创建一个 Pod 并将其提交到系统中后，它就进入 Waiting 即等待调度状态，调度成功后进入 Pending 状态，等容器镜像下载且启动成功后进入 Running 状态，正常停止后进入 Succeeded 状态，非正常停止后进入 Failed 状态。又如 PV，它也是一个具有明确生命周期的资源对象。对于这类资源对象，我们还需要了解其生命周期的细节及状态变更的原因，这有助于我们快速排查故障。

另外，我们在学习时需要注意与该资源对象相关的其他资源对象或者事物，把握它们之间的关系，同时思考为什么会有这种资源对象产生，哪些是核心的资源对象，哪些是外围的资源对象。由于 Kubernetes 的快速发展，新的资源对象在不断出现，一些旧的资源对象被遗弃，这也是我们要与时俱进的原因。

为了更好地理解和学习 Kubernetes 的基础概念和术语，特别是数量众多的资源对象，这里按照功能或用途对其进行分类，将其分为集群、应用、存储及安全这四大类，在接下来的小节中一一进行讲解。

1.3 了解 Kubernetes 集群

Kubernetes 集群（Cluster）是由 Master 和 Node 组成的。

控制平面、Control Plane、Master 在本书中意义相同，后续简写为“Master”；工作节点、Worker Node、Node 在本书中意义相同，后续简写为“Node”。

1.3.1 Master

Master 是集群的控制节点。在每个 Kubernetes 集群中都需要有一个或一组 Master，负责管理和控制整个集群。Master 通常占用一台独立的服务器（在高可用部署中建议让 Master 至少占用 3 台服务器），是整个集群的“大脑”，如果它发生宕机或者不可用，那么对集群中容器应用的管理都将无法实施。

在 Master 上运行着以下关键进程。

◎ Kubernetes API Server（kube-apiserver）：提供 HTTP RESTful API 接口的主要服务，是 Kubernetes 中对所有资源进行增、删、改、查等操作的唯一入口，也是集群控制的入口进程。

◎ Kubernetes Controller Manager（kube-controller-manager）：Kubernetes 中所有资源对象的自动化控制中心，可以将其理解为资源对象的“大总管”。

◎ Kubernetes Scheduler（kube-scheduler）：负责资源调度（Pod 调度）的进程，相当于公交调度室。

另外，在 Master 上通常还需要部署 etcd 服务。

如果将原本部署在 Master 上的这些进程以 Pod 的方式部署在 Node 上，比如采用 kubeadm 安装 Kubernetes 集群，那么此时在 Kubernetes 集群中就没有 Master 了，因为所有节点都是 Node。

1.3.2 Node

在 Kubernetes 集群中，除 Mater 外的其他服务器被称为“Node”，Node 在较早的版本中也被称为“Minion”。与 Master 一样，Node 既可以是一台物理主机，也可以是一台虚拟机。Node 是 Kubernetes 集群中的工作负载节点，每个 Node 都会被 Master 分配一些工作负载（Docker 容器），当某个 Node 宕机时，其上的工作负载会被 Master 自动转移到其他 Node 上。在每个 Node 上都运行着以下关键进程。

◎ kubelet：负责 Pod 对应容器的创建、启停等任务，同时与 Master 密切协作，实现集群管理的基本功能。

◎ kube-proxy：是实现 Kubernetes Service 通信与负载均衡机制的服务。

◎ 容器运行时（如 Docker）：负责本机的容器创建和管理。

Node 可以在运行期间被动态增加到 Kubernetes 集群中，前提是在这个 Node 上已正确安装、配置和启动了上述关键进程。在默认情况下，kubelet 会向 Master 注册自己，这也是 Kubernetes 推荐的 Node 管理方式。一旦 Node 被纳入集群管理范畴，kubelet 进程就会定时向 Master 汇报自身的情报，例如操作系统、主机 CPU 和内存使用情况，以及当前有哪些 Pod 在运行等，这样 Master 就可以获知每个 Node 的资源使用情况，并实现高效均衡的资源调度策略了。而某个 Node 在超过指定时间不上报信息时，会被 Master 判定为“失联”，该 Node 的状态就被标记为“NotReady”，Master 随后会触发“工作负载大转移”的自动流程。

我们可以先运行以下命令查看在集群中有多少个 Node：

```
# kubectl get nodes
NAME             STATUS      ROLES       AGE     VERSION
k8s-node-1       Ready       <none>      350d    v1.29.0
```

然后通过 kubectl describe node <node_name>命令查看某个 Node 的详细信息：

```
# kubectl describe node k8s-node-1
Name:               k8s-node-1
Roles:              <none>
Labels:             ......
Annotations:         ......
CreationTimestamp:  Fri, 08 Dec 2023 17:22:55 +0800
Taints:             ......
Unschedulable:       false
Lease:
  HolderIdentity:  192.168.18.3
  AcquireTime:     <unset>
  RenewTime:       Tue, 19 Dec 2023 20:14:02 +0800
Conditions:
  Type                 Status  LastHeartbeatTime
LastTransitionTime                 Reason                       Message
```

```
  ----                 ------  -----------------
------------------              ------                    -------
    NetworkUnavailable   False   Tue, 19 Dec 2023 20:12:33 +0800   Tue, 19 Dec 2023
20:12:33 +0800   CalicoIsUp                 Calico is running on this node
    MemoryPressure      False   Tue, 19 Dec 2023 20:12:30 +0800   Fri, 08 Dec 2023
17:22:55 +0800   KubeletHasSufficientMemory   kubelet has sufficient memory
available
    DiskPressure        False   Tue, 19 Dec 2023 20:12:30 +0800   Fri, 08 Dec 2023
17:22:55 +0800   KubeletHasNoDiskPressure    kubelet has no disk pressure
    PIDPressure         False   Tue, 19 Dec 2023 20:12:30 +0800   Fri, 08 Dec 2023
17:22:55 +0800   KubeletHasSufficientPID     kubelet has sufficient PID available
    Ready               True    Tue, 19 Dec 2023 20:12:30 +0800   Fri, 08 Dec 2023
17:22:55 +0800   KubeletReady                kubelet is posting ready status
  Addresses:
    InternalIP:  192.168.18.3
    Hostname:    192.168.18.3
  Capacity:
    cpu:                4
    ephemeral-storage: 36805060Ki
    hugepages-1Gi:      0
    hugepages-2Mi:      0
    memory:             3861080Ki
    pods:               110
  Allocatable:
    cpu:                4
    ephemeral-storage: 33919543240
    hugepages-1Gi:      0
    hugepages-2Mi:      0
    memory:             3758680Ki
    pods:               110
  System Info:
  ......
  Non-terminated Pods:          (11 in total)
  ......
  Allocated resources:
    (Total limits may be over 100 percent, i.e., overcommitted.)
    Resource            Requests    Limits
    --------            --------    ------
    cpu                 1100m (27%) 0 (0%)
    memory              370Mi (10%) 170Mi (4%)
    ephemeral-storage   0 (0%)      0 (0%)
```

```
      hugepages-1Gi       0 (0%)        0 (0%)
      hugepages-2Mi       0 (0%)        0 (0%)
    Events:
      Type     Reason                    Age           From          Message
      ----     ------                    ----          ----          -------
      Normal   Starting                  97s           kube-proxy
      Normal   Starting                  106s          kubelet       Starting kubelet.
      Warning  InvalidDiskCapacity       106s          kubelet       invalid capacity 0
on image filesystem
      Normal   NodeHasSufficientMemory  106s (x8 over 106s)  kubelet         Node
192.168.18.3 status is now: NodeHasSufficientMemory
      Normal   NodeHasNoDiskPressure    106s (x7 over 106s)  kubelet         Node
192.168.18.3 status is now: NodeHasNoDiskPressure
      Normal   NodeHasSufficientPID     106s (x7 over 106s)  kubelet         Node
192.168.18.3 status is now: NodeHasSufficientPID
      Normal   NodeAllocatableEnforced  106s                 kubelet         Updated
Node Allocatable limit across pods
      Normal   RegisteredNode           77s                  node-controller   Node
192.168.18.3 event: Registered Node 192.168.18.3 in Controller
```

在以上命令的运行结果中会显示目标 Node 的如下关键信息。

◎ Node 的基本信息：名称、角色、标签、创建时间等。

◎ Annotations：Node 上的注解，主要用于内部控制。

◎ Conditions：Node 的当前状况，“Ready”（Ready=True）表示 Node 处于健康状态。

◎ Addresses：Node 的主机地址与主机名。

◎ Capacity & Allocatable：Capacity 给出 Node 可用的系统资源，包括 CPU、内存数量、最大可调度 Pod 数量等；Allocatable 给出 Node 可用于分配的资源量。

◎ System Info：包括主机 ID、系统 UUID、Linux Kernel 版本号、操作系统类型与版本、容器运行时的版本、kubelet 与 kube-proxy 的版本号等。

◎ Non-terminated Pods：当前运行的 Pod 列表概要信息。

◎ Allocated resources：已分配的资源使用概要信息，例如资源申请的最小、最大允许使用量占系统总量的百分比。

◎ Events：Node 相关的 Event 信息。

Node 是有状态（Status）的，Node 的状态是一个复合的数据结构，由以下几项数据构成。

◎ Addresses：Node 的地址信息，相对固定。

◎ Conditions：当前所处的状况，也是 Node 状态的主要属性，比如是否 Ready、是否磁盘空间不足（DiskPressure）、是否内存不足（MemoryPressure）、是否 PID 资源不足（PIDPressure）、是否网络不正常（NetworkUnavailable）。
◎ Capacity and Allocatable：Node 上的资源数量与可分配资源量，相对固定。
◎ Info：上述 System Info 中的内容，相对固定。

Node 状态中的 Conditions 是可以叠加多种 Condition 的，其中 Conditions 的变化，是 Node 运行过程中一些事情发生后的体现，比如：若出现 DiskPressure、MemoryPressure 或 PIDPressure，则表示节点有资源压力，需要执行 Pod 驱逐操作；若出现 SchedulingDisabled Condition，则表示不可调度该节点。

如果一个 Node 存在问题，比如存在安全隐患、因硬件资源不足要更新或者计划淘汰，我们就可以给这个 Node 打一种特殊的标签——污点（Taint），避免新的容器被调度到该 Node 上。而如果某些 Pod 可以（短期）容忍（Toleration）某种污点的存在，则可以继续将其调度到该 Node 上。"污点"与"容忍"这两个术语属于 Kubernetes 调度相关的重要术语和概念，在后续的章节中会详细讲解。

在集群类里还有一个重要的基础概念——命名空间，它在很多情况下用于实现多租户的资源隔离，典型的一种思路就是给每个租户都分配一个命名空间。命名空间属于 Kubernetes 集群范畴的资源对象，在一个集群中可以创建多个命名空间，每个命名空间都是相互独立的存在，属于不同命名空间的资源对象从逻辑上相互隔离。在每个 Kubernetes 集群安装完成且正常运行之后，Master 会自动创建两个命名空间，一个是默认的（default）、一个是系统级的（kube-system）。用户创建的资源对象如果没有指定命名空间，则被默认存放在 default 命名空间中；而系统相关资源对象如网络组件、DNS 组件、监控类组件等，都被安装在 kube-system 命名空间中。我们可以通过命名空间将集群中的资源对象"分配"到不同的命名空间中，形成逻辑上分组的不同项目、小组或用户组，便于不同的分组在共享整个集群的资源的同时被分别管理。当给每个租户都创建了一个命名空间来实现多租户的资源隔离时，还能结合 Kubernetes 的资源配额管理，限定不同租户能占用的资源，例如 CPU 使用量、内存使用量等。

命名空间的定义很简单，如下所示的 YAML 文件定义了名为"development"的命名空间：

```
apiVersion: v1
kind: Namespace
metadata:
```

```
  name: development
```

一旦创建了命名空间，我们在创建资源对象时就可以指定这个资源对象属于哪个命名空间了。比如在下面的示例中定义了一个名为"busybox"的 Pod，并将其放入命名空间 development 中：

```
apiVersion: v1
kind: Pod
metadata:
  name: busybox
  namespace: development
spec:
  containers:
  - image: busybox
    command:
      - sleep
      - "3600"
    name: busybox
```

此时通过 kubectl get 命令无法看到刚刚创建的 Pod：

```
# kubectl get pods
NAME      READY     STATUS    RESTARTS   AGE
```

这是因为如果不加参数，则 kubectl get 命令将仅显示属于 default 命名空间的资源对象。

可以在 kubectl get 命令中加入--namespace 参数来操作某个命名空间中的对象：

```
# kubectl get    pods --namespace=development
NAME                READY          STATUS         RESTARTS      AGE
busybox             1/1            Running        0             1m
```

在用 kubeadm 安装 Kubernetes 集群时，对所有节点都要安装和部署 kubelet 进程，kubelet 进程负责以静态 Pod 的方式启动 Master 和 Node 上的服务进程，这样做的好处是安装简单，可以快速上手和体验 Kubernetes 集群的功能。

但是，kubeadm 的初始配置不一定能满足大规模生产环境下的部署要求，按照 Kubernetes 官方的说明，kubeadm 通过执行必要的操作来启动和运行最小可用集群，其主要关注的是快速启动一个可用的集群，而不是对整个集群都进行更复杂的配置。

1.4　了解 Kubernetes 应用

Kubernetes 中应用类的概念和相应的资源对象类型最多，也是我们要重点学习的一类。

1.4.1　Service 与 Pod

应用类资源对象主要是围绕 Service 和 Pod 这两个核心资源对象展开的。

一般说来，Service 指的是无状态服务，通常由对应的多个程序副本（Pod 实例）提供，在特殊情况下也可以是有状态单实例服务，比如 MySQL 这种数据存储类的服务。Service 既可以是 TCP 服务，也可以是 UDP 服务，还可以是 SCTP 服务，对具体的应用层协议的内容并没有任何限制。SCTP（Stream Control Transmission Protocol，流控制传输协议）是一个基于 IP 的可靠的面向控制信令的传输层协议，在电信领域被广泛使用，可以为电信级信令提供高效、可靠的传输服务，在 5G 核心网中也被使用。

与我们常规理解的服务不同，Kubernetes 中的 Service 具有一个全局唯一的虚拟 ClusterIP 地址，Service 一旦被创建，Kubernetes 就会自动为它分配一个可用的 ClusterIP 地址，而且在 Service 的整个生命周期内，它的 ClusterIP 地址都不会改变，客户端可以通过"虚拟 IP 地址+服务的端口"的形式直接访问该服务，再通过部署 Kubernetes 集群的 DNS 服务，就可以实现 Service Name（域名）到 ClusterIP 地址的 DNS 映射功能，我们只要使用服务的名称（DNS 名称），即可完成到目标服务的访问请求。这样，"服务发现"这个传统架构中的棘手问题首次得以完美解决。同时，凭借 ClusterIP 地址的独特设计，Kubernetes 进一步实现了 Service 透明负载均衡和故障自动恢复的高级特性。

通过分析、识别并建模系统中的所有服务为微服务——Kubernetes Service，我们的系统最终由多个提供不同业务能力而又彼此独立的微服务单元组成，服务之间通过 TCP/IP 通信，形成了强大又灵活的弹性网格，拥有强大的分布式、弹性扩展和容错能力，程序架构也变得简单和直观许多。Kubernetes 提供的微服务网格架构如图 1.2 所示。

接下来说说与 Service 密切相关的核心资源对象——Pod。

Pod 是 Kubernetes 中最重要的基础概念之一，如图 1.3 所示是 Pod 的组成示意图，可以看到每个 Pod 都有一个特殊的被称为"根容器"的 Pause 容器。Pause 容器对应的镜像属于 Kubernetes 的一部分，除了 Pause 容器，每个 Pod 都还有一个或多个紧密相关的用户业务容器。

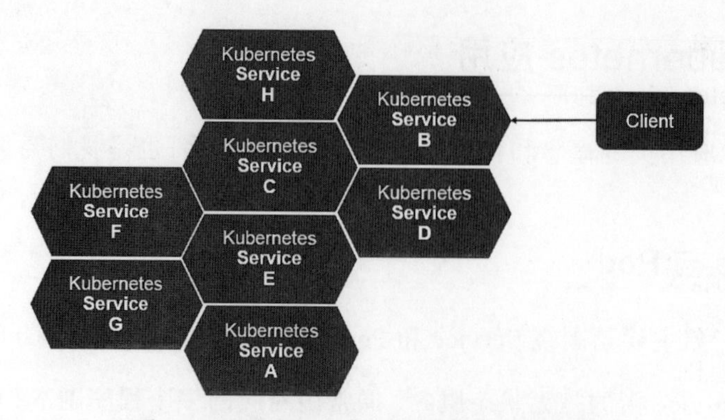

图 1.2 Kubernetes 提供的微服务网格架构

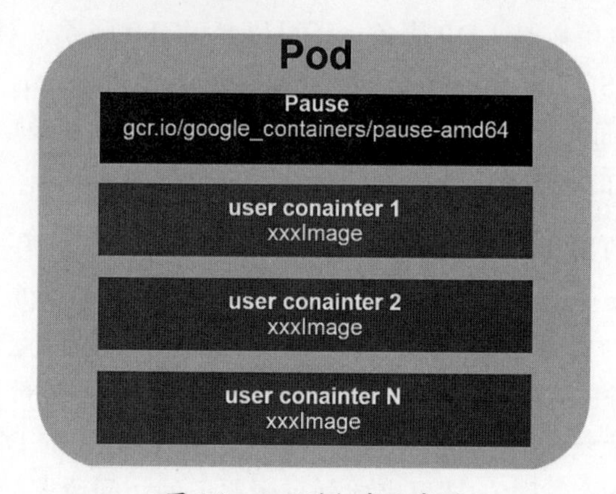

图 1.3 Pod 的组成示意图

为什么 Kubernetes 会设计出一个全新的 Pod 概念，并且 Pod 会有这样特殊的组成结构？原因如下。

◎ 为多进程之间的协作提供一个抽象模型，将 Pod 作为基本的调度、复制等管理工作的最小单位，能让多个应用进程一起有效地调度和伸缩。

◎ Pod 中的多个业务容器共享 Pause 容器的 IP，并且共享 Pause 容器挂接的 Volume，这样既简化了密切关联的业务容器之间的通信问题，也很好地解决了它们之间的文件共享问题。

Kubernetes 为每个 Pod 都分配了唯一的 IP 地址，称之为“Pod IP”，一个 Pod 中的多个容器共享 Pod IP 地址。Kubernetes 要求底层网络支持集群中任意两个 Pod 之间的 TCP/IP 直接通信，这通常采用虚拟二层网络技术实现，例如 Flannel、Open vSwitch 等，因此我们需要牢记一点：在 Kubernetes 中，一个 Pod 中的容器与其他主机上的 Pod 容器能够直接通信。

Pod 其实有两种类型：普通 Pod 及静态 Pod（Static Pod）。静态 Pod 比较特殊，并没被存放在 Kubernetes 的 etcd 中，而是被存放在某个具体的 Node 上的一个具体文件中，并且只能在此 Node 上启动、运行。而普通的 Pod 一旦被创建，就会被存放在 etcd 中，随后被 Master 调度到某个具体的 Node 上并绑定(Binding)，该 Pod 被对应的 Node 上的 kubelet 进程实例化成一组相关 Docker 容器并启动。在默认情况下，当 Pod 中的某个容器停止时，Kubernetes 会自动检测到这个问题并且重新启动这个 Pod(重启 Pod 中的所有容器)，如果 Pod 所在的 Node 宕机，就会将这个 Node 上的所有 Pod 都重新调度到其他节点上。Pod、容器与 Node、Master 的关系如图 1.4 所示。

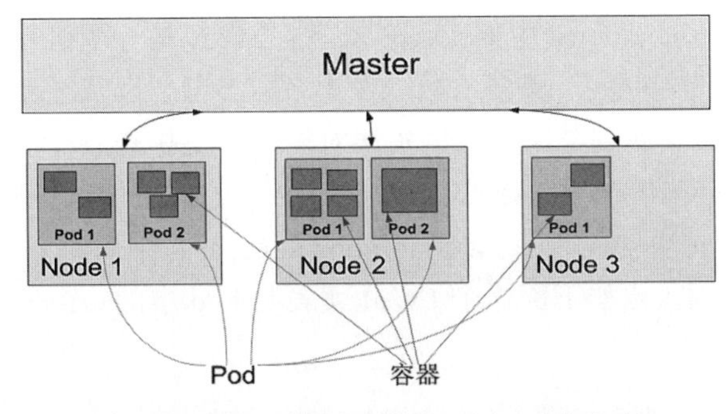

图 1.4　Pod、容器与 Node、Master 的关系

下面是我们在之前的 Hello World 示例里用到的 myweb 这个 Pod 的资源定义文件：

```
apiVersion: v1
kind: Pod
metadata:
  name: myweb
  labels:
    name: myweb
spec:
  containers:
  - name: myweb
    image: kubeguide/tomcat-app:v1
    ports:
    - containerPort: 8080
```

在以上定义中，kind 属性的值为 Pod，表明这是一个 Pod 类型的资源对象；metadata 里的 name 属性为 Pod 的名称，在 metadata 里还能定义资源对象的标签，这里声明 myweb 拥有一个“name=myweb”标签。在 Pod 中所包含的容器组的定义则在 spec 部分中声明，这里定义了一个名为“myweb”且对应的镜像为 kubeguide/tomcat-app:v1 的容器，并在 8080 端口（containerPort）启动容器进程。Pod 的 IP 地址加上这里的容器端口组成了一个新的概念——Endpoint，代表此 Pod 中的一个服务进程的对外通信地址。一个 Pod 也存在具有多个 Endpoint 的情况，比如当我们把 Tomcat 定义为一个 Pod 时，可以对外暴露管理端口与服务端口这两个 Endpoint。

我们所熟悉的 Docker Volume 在 Kubernetes 中也有对应的概念——Pod Volume，Pod Volume 被定义在 Pod 中，然后被 Pod 中的各个容器挂载（Mount）到自己的文件系统中。Volume 简单来说就是被挂载到 Pod 容器中的文件目录。

这里顺便提一下 Kubernetes 中的 Event 概念。Event 是一个事件记录，记录了事件的最早产生时间、最后重现时间、重复次数、发起者、类型，以及导致此事件的原因等众多信息。Event 通常会被关联到某个具体的资源对象上，是排查故障的重要参考信息。之前我们看到在 Node 的描述信息中包括 Event，而在 Pod 的描述信息中同样包括 Event，当我们发现某个 Pod 迟迟无法创建时，可以通过 kubectl describe pod xxxx 命令查看它的描述信息，以定位问题的成因。比如下面这个 Event 就表明 Pod 中的一个容器被探针检测为失败一次：

```
    Events:
      FirstSeen  LastSeenCount    From     SubobjectPath         Type     Reason
    Message
      ---------  -------------    ----     -------------         --------------
    -------
      10h        12m      32   {kubelet k8s-node-1}    spec.containers{kube2sky}
    Warning      Unhealthy    Liveness probe failed: Get
http://172.17.1.2:8080/healthz: net/http: request canceled (Client.Timeout exceeded
while awaiting headers)
```

如图 1.5 所示给出了 Pod 及其周边对象的示意图，后面还会涉及这张图里的对象和概念。

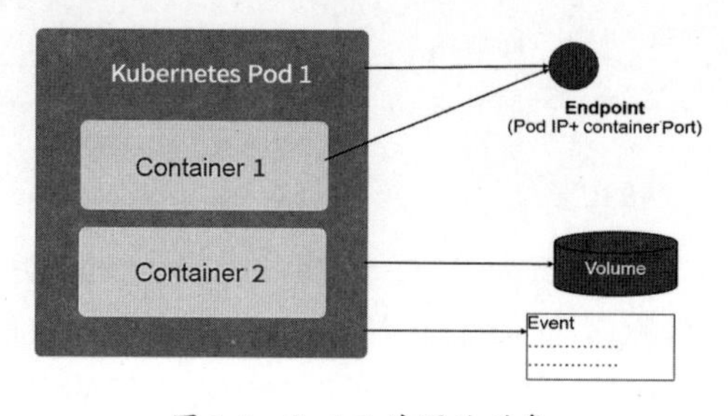

图 1.5　Pod 及其周边对象

在继续说明 Service 与 Pod 的关系之前，我们需要先理解 Kubernetes 中的一个重要机制——标签匹配机制。

1.4.2 Label 与 Label Selector

Label 是 Kubernetes 系统中的另一个核心概念，相当于我们熟悉的标签。一个 Label 是一个 key=value 的键值对，其中的 key 与 value 由用户自己指定。Label 可以被附加到各种资源对象上，例如 Node、Pod、Service、Volume、Deployment 等。一个资源对象可以定义任意数量的 Label，同一个 Label 也可以被添加到任意数量的资源对象上。Label 通常在定义资源对象时确定，也可以在对象创建后动态添加或者删除。我们可以通过给指定的资源对象捆绑一个或多个不同的 Label 来实现多维度的资源对象分组管理功能，以便灵活、方便地进行资源分配、查询管理、调度、配置、部署等，例如，部署不同版本的应用到不同的环境下，以及监控、分析应用（日志记录、监控、告警）等。一些常见的 Label 示例如下。

◎ 版本 Label：release : stable 和 release : canary。
◎ 环境 Label：environment : dev、environment : qa 和 environment : production。
◎ 架构 Label：tier : frontend、tier : backend 和 tier : middleware。
◎ 分区 Label：partition : customerA 和 partition : customerB。
◎ 质量管控 Label：track : daily 和 track : weekly。

给某个资源对象定义一个 Label，就相当于给它打了一个标签，随后可以通过 Label Selector（标签选择器）查询和筛选拥有某些 Label 的资源对象，Kubernetes 通过这种方式实现了类似 SQL 的简单又通用的对象查询机制。Label Selector 可以被类比为 SQL 语句中的 where 查询条件，例如，“name=redis-slave”这个 Label Selector 在作用于 Pod 时，可以被类比为“select * from pod where pod's name = 'redis-slave'”语句。当前有两种 Label Selector 表达式：基于等式的（Equality-based）Label Selector 表达式和基于集合的（Set-based）Label Selector 表达式。

基于等式的 Label Selector 表达式采用等式类表达式匹配 Label，下面是一些具体的示例。

◎ name = redis-slave：匹配所有具有“name=redis-slave”Label 的资源对象。
◎ env != production：匹配所有不具有“env=production”Label 的资源对象，比如“env=test”就是满足此条件的 Label 之一。

基于集合的 Label Selector 表达式则采用集合操作类表达式匹配 Label，下面是一些具体的示例。

◎ name in（redis-master, redis-slave）：匹配所有具有“name=redis-master”Label 或者“name= redis-slave”Label 的资源对象。

◎ name not in（php-frontend）：匹配所有不具有“name=php-frontend”Label 的资源对象。

我们可以通过多个 Label Selector 表达式的组合来实现复杂的条件选择，在多个表达式之间用“,”进行分隔即可，几个条件之间是 AND 的关系，即同时满足多个条件，比如下面的示例：

```
name=redis-slave,env!=production
name notin (php-frontend),env!=production
```

在前面的 Hello World 示例中只使用了一个“name=XXX”的 Label Selector。来看一个更复杂的示例：假设为 Pod 定义了 3 个 Label：release、env 和 role，不同的 Pod 定义了不同的 Label 值，如图 1.6 所示，如果设置“role=frontend”的 Label Selector，则会选取 Node1 和 Node2 上的 Pod；如果设置“release=beta”的 Label Selector，则会选取 Node2 和 Node3 上的 Pod，如图 1.7 所示。

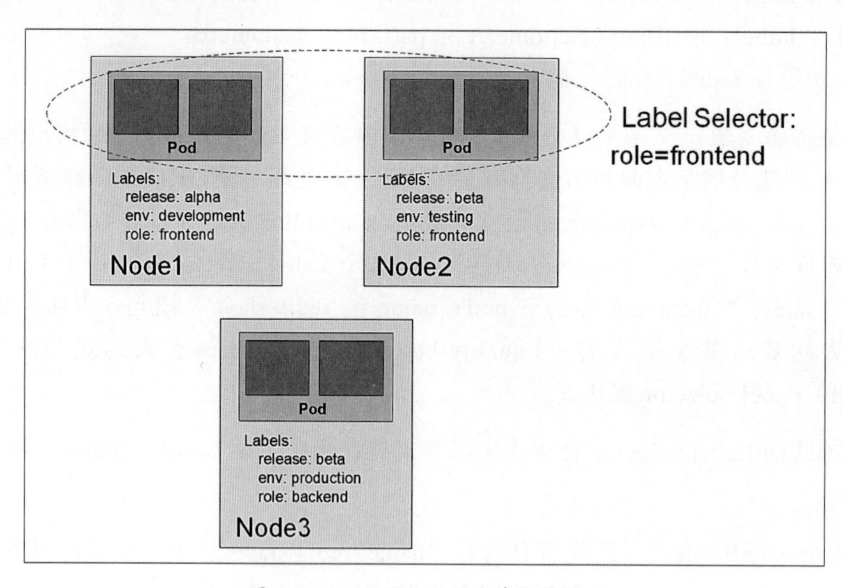

图 1.6 Label Selector 的作用范围 1

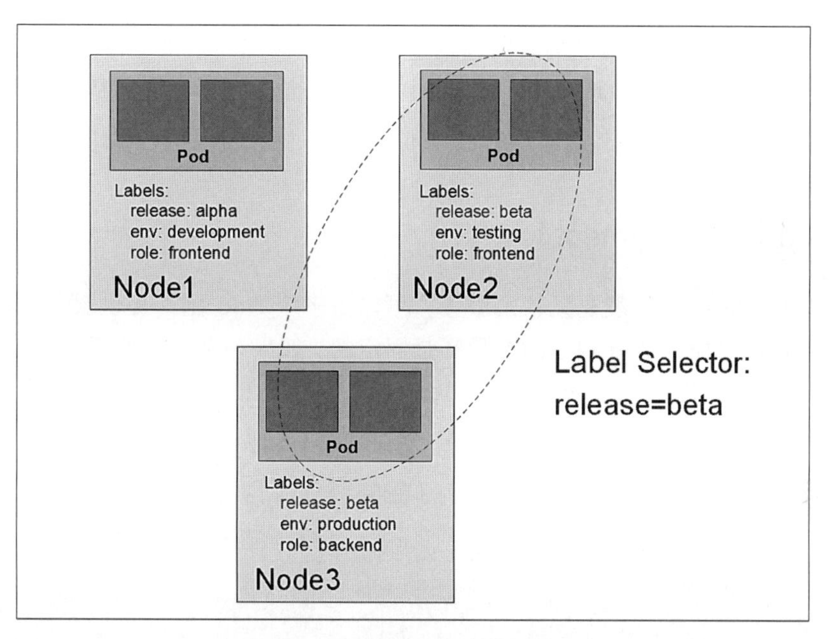

图 1.7　Label Selector 的作用范围 2

总之，使用 Label 可以给对象创建多组标签，Label 和 Label Selector 共同构成了 Kubernetes 系统中核心的应用模型，可被管理对象精细地分组管理，同时实现了整个集群的高可用性。

Label 也是 Pod 的重要属性之一，其重要性仅次于 Pod 的端口，在实际生产环境下，我们几乎看不到没有 Label 的 Pod。以 myweb Pod 为例，下面给它设定了“app=myweb” Label：

```
apiVersion: v1
kind: Pod
metadata:
  name: myweb
  labels:
    app: myweb
```

对应的 Service myweb 就是通过下面的 Label Selector 与 myweb Pod 发生关联的：

```
spec:
  selector:
    app: myweb
```

所以我们看到，Service 很重要的一个属性就是 Label Selector，如果我们不小心把 Label

Selector 写错了，就会出现指鹿为马的闹剧。如果恰好匹配到了另一种 Pod 实例，而且对应的容器端口恰好正确，服务可以正常连接，则很难排查问题，特别是在有众多 Service 的复杂系统中。

1.4.3　Pod 与 Deployment

前面提到，Service 一般是无状态服务，可以由多个 Pod 副本提供服务。在通常情况下，每个 Service 对应的 Pod 副本的数量都是固定的，如果一个一个地手动创建 Pod 副本，就太麻烦了，最好先提供一个 Pod 模板（Template），然后由程序根据我们指定的模板自动创建指定数量的 Pod 副本。这就是 Deployment 这个资源对象所要完成的事情了。

先看看之前示例中的 Deployment 示例（省略部分内容）：

```
apiVersion: apps/v1
kind: Deployment
spec:
  replicas: 2
  selector:
    matchLabels:
      app: myweb
  template:
    metadata:
      labels:
        app: myweb
    spec:
```

这里有几个很重要的属性。

◎ replicas：Pod 的副本数量。

◎ selector：目标 Pod 的 Label Selector。

◎ template：用于自动创建新 Pod 副本的模板。

在只有一个 Pod 副本实例时，我们是否也需要 Deployment 来自动创建 Pod 呢？在大多数情况下，这个答案是“需要”。这是因为 Deployment 除自动创建 Pod 副本外，还有一个很重要的特性：自动控制。举个例子，如果 Pod 所在的节点发生宕机，Kubernetes 就会第一时间发现这个故障，并自动创建一个新的 Pod 对象，将其调度到其他合适的 Node 上，Kubernetes 会实时监控集群中目标 Pod 的副本数量，并且尽力与 Deployment 中声明的 replicas 数量保持一致。

下面创建一个名为“tomcat-deployment.yaml”的 Deployment 描述文件，内容如下：

```
apiVersion: apps/v1
kind: Deployment
metadata:
  name: tomcat-deploy
spec:
  replicas: 1
  selector:
    matchLabels:
      tier: frontend
    matchExpressions:
      - {key: tier, operator: In, values: [frontend]}
  template:
    metadata:
      labels:
        app: app-demo
        tier: frontend
    spec:
      containers:
      - name: tomcat-demo
        image: tomcat
        imagePullPolicy: IfNotPresent
        ports:
        - containerPort: 8080
```

运行以下命令创建 Deployment 对象：

```
# kubectl create -f tomcat-deployment.yaml
deployment "tomcat-deploy" created
```

运行以下命令查看 Deployment 的信息：

```
# kubectl get deployments
NAME           DESIRED   CURRENT   UP-TO-DATE   AVAILABLE   AGE
tomcat-deploy  1         1         1            1           4m
```

对以上输出中各字段的含义解释如下。

◎ DESIRED：Pod 副本数量的期望值，即在 Deployment 里定义的 replicas。

◎ CURRENT：当前 replicas 的值，实际上是 Deployment 创建的 ReplicaSet 对象里的 replicas 值，这个值不断增加，直到达到 DESIRED 为止，表明整个部署过程完成。

◎ UP-TO-DATE：最新版本的 Pod 的副本数量，用于指示在滚动更新的过程中，有多少 Pod 副本已经成功更新。

◎ AVAILABLE：当前集群中可用的 Pod 副本数量，即当前集群中存活的 Pod 数量。

Deployment 资源对象其实还与 ReplicaSet 资源对象密切相关，Kubernetes 内部会根据 Deployment 对象自动创建相关联的 ReplicaSet 对象。通过以下命令，我们可以看到它的命名与 Deployment 的命名有对应关系：

```
# kubectl get replicaset
NAME                          DESIRED  CURRENT  AGE
tomcat-deploy-1640611518      1        1        1m
```

不仅如此，我们发现 Pod 的命名也是以 Deployment 对应的 ReplicaSet 对象名为前缀的，这种命名方式很清晰地表明了一个 ReplicaSet 对象创建了哪些 Pod，对于 Pod 滚动更新（Pod Rolling update）这种复杂的操作过程来说，很容易排查错误：

```
# kubectl get pods
NAME                                READY     STATUS    RESTARTS   AGE
tomcat-deploy-1640611518-zhrsc      1/1       Running   0          3m
```

下面总结 Deployment 的典型使用场景。

◎ 创建一个 Deployment 对象来完成相应 Pod 副本数量的创建。

◎ 检查 Deployment 的状态来看部署动作是否完成（Pod 副本数量是否达到预期的值）。

◎ 更新 Deployment 以创建新的 Pod（比如镜像更新），如果当前 Deployment 不稳定，则回滚到一个早期的 Deployment 版本。

◎ 扩展 Deployment 以应对高负载。

图 1.8 显示了 Pod、Deployment 与 Service 的逻辑关系，可以看到，Kubernetes 的 Service 定义了一个服务的访问入口地址，前端的应用（Pod）通过这个入口地址访问其背后的一组由 Pod 副本组成的集群实例。Service 与其后端 Pod 副本集之间则通过 Label Selector 实现无缝对接，Deployment 实际上用于保证 Service 的服务能力和服务质量始终符合预期标准。

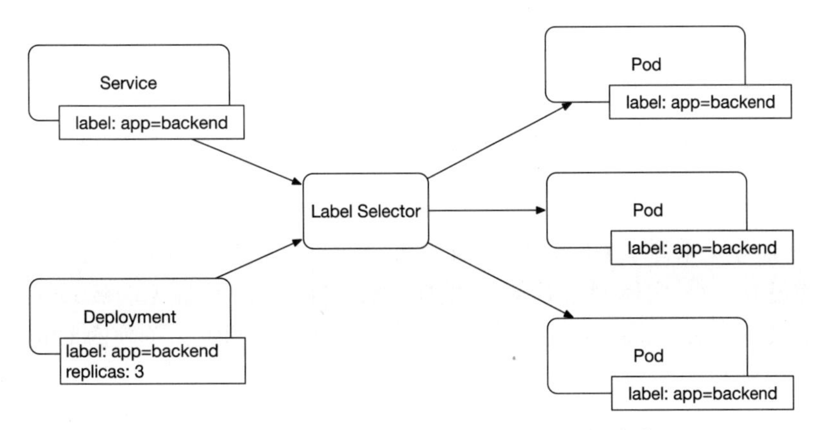

图 1.8 Pod、Deployment 与 Service 的逻辑关系

1.4.4 Service 的 ClusterIP 地址

既然每个 Pod 都会被分配一个单独的 IP 地址，而且每个 Pod 都提供了一个独立的 Endpoint（Pod IP+containerPort）以供客户端访问，那么现在多个 Pod 副本组成了一个集群来提供服务，客户端如何访问它们呢？传统的做法是部署一个负载均衡器（软件或硬件），为这组 Pod 开启一个对外的服务端口如 8000 端口，并将这些 Pod 的 Endpoint 列表加入 8000 端口的转发列表，客户端就可以通过负载均衡器的对外 IP 地址+8000 端口来访问该服务了。Kubernetes 也采用了类似的做法，在其内部的每个 Node 上都运行了一套全局虚拟负载均衡器，自动地注入并实时更新集群中所有 Service 的路由表，通过 iptables 或者 IPVS 机制，把对 Service 的请求转发到其后端对应的某个 Pod 实例上，并在内部实现服务的负载均衡与会话保持机制。不仅如此，Kubernetes 还采用了一种很巧妙又影响深远的设计——ClusterIP 地址。我们知道，Pod 的 Endpoint 地址会随着 Pod 的销毁和重建而发生改变，因为新 Pod 的 IP 地址与之前旧 Pod 的不同。Service 一旦被创建，Kubernetes 就会自动为它分配一个全局唯一的虚拟 IP 地址——ClusterIP 地址，而且在 Service 的整个生命周期内，其 ClusterIP 地址不会发生改变，这样一来，每个服务就变成了具备唯一 IP 地址的通信节点，远程服务之间的通信问题就变成了基础的 TCP 网络通信问题。

任何分布式系统都会涉及“服务发现”这个基础问题，大部分分布式系统都通过提供特定的 API 来实现服务发现功能，但这样做会导致平台的侵入性较强，也增加了开发、测试的难度。Kubernetes 则采用了直观、朴素的思路轻松解决这个棘手的问题：只用 Service 的 Name 与 ClusterIP 地址做一个 DNS 域名映射即可。比如我们定义一个 MySQL Service，

Service 的名称是 mydbserver，Service 的端口是 3306，则在代码中通过 mydbserver:3306 即可访问该服务，不再需要任何 API 来获取服务的 IP 地址和端口信息。

之所以说 ClusterIP 地址是一种虚拟 IP 地址，原因如下。

◎ ClusterIP 地址仅仅作用于 Kubernetes Service 这个对象，并由 Kubernetes 管理和分配 IP 地址（来源于 ClusterIP 地址池），与 Node 和 Master 所在的物理网络无关。
◎ 因为没有一个"实体网络对象"来响应，所以 ClusterIP 地址无法被 Ping 通。ClusterIP 地址只能与 Service Port 组成一个具体的服务访问端点，单独的 ClusterIP 不具备 TCP/IP 通信的基础。
◎ ClusterIP 属于 Kubernetes 集群这个封闭的空间，集群外的节点若想访问这个通信端口，则要做一些额外的工作。

下面是 Service 定义文件 tomcat-service.yaml，内容如下：

```
apiVersion: v1
kind: Service
metadata:
  name: tomcat-service
spec:
  ports:
  - port: 8080
  selector:
    tier: frontend
```

以上代码定义了一个名为"tomcat-service"的 Service，它的服务端口为 8080，拥有"tier = frontend" Label 的所有 Pod 实例都属于它，运行下面的命令进行创建：

```
#kubectl create -f tomcat-service.yaml
service "tomcat-service" created
```

我们之前在 tomcat-deployment.yaml 里定义的 Tomcat 的 Pod 刚好拥有这个 Label，所以刚才创建的 tomcat-service 已经对应了一个 Pod 实例。运行下面的命令可以查看 tomcat-service 的 Endpoint 列表，其中 172.17.1.3 是 Pod 的 IP 地址，8080 端口是 Container 暴露的端口：

```
# kubectl get    endpoints
NAME             ENDPOINTS              AGE
kubernetes       192.168.18.131:6443    15d
tomcat-service   172.17.1.3:8080        1m
```

有人可能会问："怎么没有看到 Service 的 ClusterIP 地址呢？"运行下面的命令即可看到 tomcat-service 被分配的 ClusterIP 地址及更多的信息：

```
# kubectl get service tomcat-service -o yaml
apiVersion: v1
kind: Service
spec:
  clusterIP: 10.245.85.70
  ports:
  - port: 8080
    protocol: TCP
    targetPort: 8080
  selector:
    tier: frontend
  sessionAffinity: None
  type: ClusterIP
status:
  loadBalancer: {}
```

在 spec.ports 的定义中，targetPort 属性用于确定提供该服务的容器所暴露（Expose）的端口号，即具体的业务进程在容器内的 targetPort 上提供 TCP/IP 接入；port 属性则定义了 Service 的端口。前面在定义 Tomcat 服务时并没有指定 targetPort，所以 targetPort 默认与 port 相同。除了正常的 Service，还有一种特殊的 Service——Headless Service，只要在 Service 的定义中设置了 clusterIP: None，就定义了一个 Headless Service，它与普通 Service 的关键区别在于它没有 ClusterIP 地址。如果解析 Headless Service 的 DNS 域名，则返回的是该 Service 对应的全部 Pod 的 Endpoint 列表，这意味着客户端是直接与后端的 Pod 建立 TCP/IP 连接进行通信的，没有通过虚拟 ClusterIP 地址进行转发，因此通信性能最好，等同于"原生网络通信"。

接下来看看 Service 的多端口问题。很多服务都存在多个端口，通常一个端口提供业务服务，另一个端口提供管理服务，比如 Mycat、Codis 等常见中间件。Kubernetes Service 支持多个 Endpoint，在存在多个 Endpoint 的情况下，要求每个 Endpoint 都定义一个名称进行区分。下面是 Tomcat 多端口的 Service 定义样例：

```
apiVersion: v1
kind: Service
metadata:
  name: tomcat-service
spec:
```

```
  ports:
  - port: 8080
    name: service-port
  - port: 8005
    name: shutdown-port
  selector:
    tier: frontend
```

在 Kubernetes v1.20 版本中，Service 的 Endpoint 增加了一个新特性：应用协议（App Protocol）。应用协议用于声明 Service 的端口采用了某种特定应用协议，比如 gRPC、HTTP/2、STCP、TCP、UDP 等。Kubernete 声明了几个默认的应用协议：kubernetes.io/h2c（HTTP/2 over cleartext，明文 HTTP/2 协议）、kubernetes.io/ws（WebSocket over cleartext，明文 WebSocket 协议）、kubernetes.io/wss（WebSocket over TLS，TLS 加密的 WebSocket 协议）。Service 应用协议的一个典型应用场景就是服务路由，比如 Service Mesh 可以根据 Service 的应用协议属性来实现不同应用协议端口对应不同的路由策略。

1.4.5　Service 的外网访问问题

前面提到，服务的 ClusterIP 地址在 Kubernetes 集群中才能被访问，那么如何让集群外的应用访问我们的服务呢？这也是一个相对复杂的问题。要弄明白这个问题的解决方法，我们需要先弄明白 Kubernetes 的三种 IP 地址，这三种 IP 地址分别如下。

◎ Node IP：Node 的 IP 地址。

◎ Pod IP：Pod 的 IP 地址。

◎ Service IP：Service 的 IP 地址。

首先，Node IP 是 Kubernetes 集群中每个 Node 的物理网卡的 IP 地址，是一个真实存在的物理网络，所有属于这个网络的服务器都能通过这个网络直接通信，不管其中是否有部分 Node 不属于这个 Kubernetes 集群。这也表明 Kubernetes 集群之外的客户端在访问 Kubernetes 集群中的某个 Node 或者 TCP/IP 服务时，都必须通过 Node IP 通信。

其次，Pod IP 是每个 Pod 的 IP 地址，在将 Docker 作为容器支持引擎的情况下，它是 Docker Engine 根据 docker0 网桥的 IP 地址段分配的，通常是一个虚拟二层网络。前面说过，Kubernetes 要求位于不同 Node 上的 Pod 都能够彼此直接通信，所以 Kubernetes 的一个 Pod 中的容器在访问另一个 Pod 中的容器时，就是通过 Pod IP 所在的虚拟二层网络进行通信的，而真实的 TCP/IP 流量是通过 Node IP 所在的物理网卡流出的。

在 Kubernetes 集群中，Service 的 ClusterIP 地址属于集群中的地址，无法在集群外直接使用这个地址。为了解决这个问题，Kubernetes 首先引入了 NodePort 这个概念，NodePort 也是解决集群外的应用访问集群内服务的直接、有效做法。

以 tomcat-service 为例，在 Service 的定义里做如下扩展即可（见代码中的粗体部分）：

```
apiVersion: v1
kind: Service
metadata:
  name: tomcat-service
spec:
 type: NodePort
 ports:
  - port: 8080
    nodePort: 31002
 selector:
    tier: frontend
```

其中，nodePort:31002 属性表明手动指定 tomcat-service 的 NodePort 为 31002，否则 Kubernetes 会自动为其分配一个可用的端口。接下来在浏览器中访问 http://<nodePort IP>:31002/，就可以看到 Tomcat 的欢迎界面了，如图 1.9 所示。

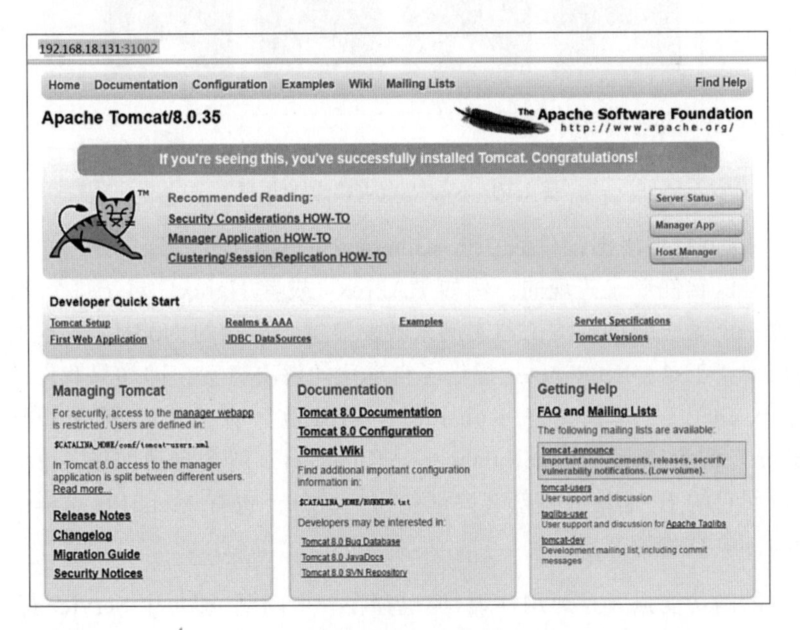

图 1.9　通过 NodePort 访问 Service

NodePort 的实现方式是，在 Kubernetes 集群的每个 Node 上都为需要外部访问的 Service 开启一个对应的 TCP 监听端口，外部系统只要用任意一个 Node 的 IP 地址+NodePort 端口号即可访问该服务，在任意 Node 上运行 netstat 命令，就可以看到有 NodePort 端口被监听：

```
# netstat -tlp | grep 31002
tcp6  0    0 [::]:31002          [::]:*                LISTEN      1125/kube-proxy
```

但 NodePort 还没有完全解决外部访问 Service 的所有问题，比如负载均衡问题。假如在我们的集群中有 10 个 Node，则此时最好有一个负载均衡器，外部的请求只需访问此负载均衡器的 IP 地址，即可由负载均衡器负责转发流量到后面某个 Node 的 NodePort 上，如图 1.10 所示。

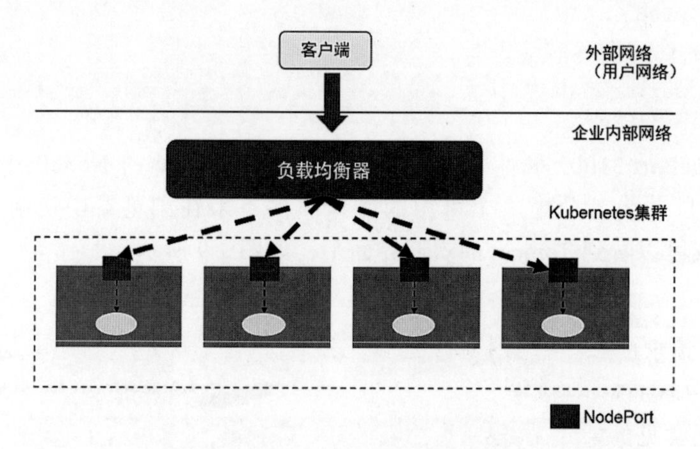

图 1.10　NodePort 与负载均衡器

图 1.10 中的负载均衡器组件独立于 Kubernetes 集群之外，通常是一个硬件形式的负载均衡器，也有以软件形式实现的，例如 HAProxy 或者 Nginx。对于每个 Service，我们通常需要配置一个对应的负载均衡器实例来转发流量到后端的 Node 上，这的确增加了工作量及出错概率。于是，Kubernetes 提供了自动化的解决方案，即如果我们的集群运行在谷歌的公有云 GCE 上或者支持 Kubernetes 的其他公有云上，则可以把 Service 的“type=NodePort”改为“type=LoadBalancer”，Kubernetes 就会自动创建一个对应的负载均衡器实例并返回它的 IP 地址供外部客户端使用。此外，也有 MetalLB 这样的面向私有集群的 Kubernetes 负载均衡方案。

NodePort 的确功能强大且通用性强，但也存在一个问题，即每个 Service 都需要在 Node 上独占一个端口，而端口又是有限的物理资源，那能不能让多个 Service 共用一个对外端口呢？这就是后来增加的 Ingress 资源对象所要解决的问题。在一定程度上，我们可以把 Ingress 的实现机制理解为基于 Nginx 的支持虚拟主机的 HTTP 代理。下面是一个 Ingress 示例：

```
kind: Ingress
metadata:
  name: name-virtual-host-ingress
spec:
  rules:
  - host: foo.bar.com
    http:
      paths:
      - backend:
          serviceName: service1
          servicePort: 80
  - host: bar.foo.com
    http:
      paths:
      - backend:
          serviceName: service2
          servicePort: 80
```

在以上 Ingress 的定义中，到虚拟域名 foo.bar.com 请求的流量会被路由到 service1，到 bar.foo.com 请求的流量会被路由到 service2。通过上面的示例可以看出，Ingress 其实只能将多个 HTTP（HTTPS）的 Service “聚合”，通过虚拟域名或者 URL Path 的特征进行路由转发。考虑到常见的微服务都采用了 HTTP REST 协议，所以 Ingress 这种聚合多个 Service 并将其暴露到外网的做法还是很有效的。为了实现 Ingress 的功能，还需要在集群中部署一套 Ingress Controller，最常见的是 nginx-ingress-controller。

虽然 Ingress 可以聚合多个 Service，只复用一个 NodePort 端口，能大大节省端口资源，但也有明显的局限性：能被 Ingress 聚合的 Service，只能是 HTTP/HTTPS 的服务，不能是其他协议的服务。

Ingress 虽然目前已非常成熟且应用广泛，但仍有很多局限，各个厂商对其都有各自不兼容的扩展方式。随着服务网格技术的发展，服务网格中类似 Ingress 的服务路由机制也被 Kubernetes 社区看中，并推出 Ingress 的替代者——Gateway API，其最大优势如下。

◎ 不仅支持 HTTP，还支持 UDP。
◎ 能无缝对接 Service Mesh。

再讲解集群中的 Service 如何访问集群外服务的问题。假设我们现在要访问百度上的某个服务，则有以下两种解决方案。

◎ 第 1 种解决方案：将该服务的地址硬编码到发起调用的程序代码中（使用配置文件也是类似的方案）。

◎ 第 2 种解决方案：构建一个特殊的 Service，使其真实地址指向该服务的地址。

显而易见，第 2 种解决方案既标准又简单，之后如果改变集群外服务的地址，则只修改对应的服务即可。这种 Service 就是特殊的 ExternalName 类型的服务，示例如下：

```
apiVersion: v1
kind: Service
metadata:
  name: baiduservice
spec:
  externalName: api.baidu.com
  type: ExternalName
```

1.4.6　有状态应用集群

我们知道，Deployment 对象是用于实现无状态服务的多副本自动控制功能的，那么对于有状态服务，比如 ZooKeeper 集群、MySQL 高可用集群（3 节点集群）、Kafka 集群等，是怎么实现自动部署和管理的呢？这个问题就复杂多了，这些一开始是依赖 StatefulSet 解决的，但对于一些复杂的有状态集群应用来说，StatefulSet 还不够通用和强大。

有状态集群一般有如下特殊共性。

◎ 每个节点都有固定的身份 ID，通过这个 ID，集群中的成员可以相互发现并通信。

◎ 集群的规模是比较固定的，集群规模不能随意变动。

◎ 集群中的每个节点都是有状态的，通常会持久化数据到永久存储中，每个节点在重启后都需要使用原有的持久化数据。

◎ 集群中成员节点的启动顺序（以及关闭顺序）通常也是确定的。

◎ 如果磁盘损坏，则集群中的某个节点无法正常运行，集群功能受损。

如果通过 Deployment 控制 Pod 副本数量来实现有状态集群，则难以满足上述大部分特性，比如 Deployment 创建的 Pod 的名称是随机产生的，我们事先无法为每个 Pod 都确定唯一不变的 ID，也无法保证不同 Pod 的启动顺序，所以在集群中的某个成员所在 Node

发生宕机后，不能在其他 Node 上随意启动一个新的 Pod 实例。另外，为了能够在其他 Node 上恢复某个失败的 Node，这种集群中的 Pod 需要挂接某种共享存储。为了解决有状态集群这种复杂的特殊应用的建模问题，Kubernetes 引入了专门的资源对象——StatefulSet。StatefulSet 从本质上来说，可被看作 Deployment/RC 的一个特殊变种，它有如下特性。

◎ StatefulSet 里的每个 Pod 都有稳定、唯一的网络标识，可用于发现集群中的其他成员。假设 StatefulSet 的名称为“kafka”，那么第 1 个 Pod 的名称为“kafka-0”，第 2 个 Pod 的名称为“kafka-1”，以此类推。

◎ StatefulSet 控制的 Pod 副本的启停顺序是受控的，在操作第 *n* 个 Pod 时，前 *n*-1 个 Pod 已经是运行且准备好的状态。

◎ StatefulSet 里的 Pod 采用稳定的持久化存储卷，通过 PV 或 PVC 来实现，在删除 Pod 时默认不会删除 StatefulSet 相关的存储卷（为了保证数据安全）。

StatefulSet 除了要与 PV 卷捆绑使用，以存储 Pod 的状态数据，还要与 Headless Service 配合使用，即在每个 StatefulSet 的定义中都要声明它属于哪个 Headless Service。StatefulSet 在 Headless Service 的基础上又为 StatefulSet 控制的每个 Pod 实例都创建了一个 DNS 域名，这个域名的格式如下：

```
$(podname).$(headless service name)
```

比如一个 3 节点的 Kafka 的 StatefulSet 集群对应的 Headless Service 的名称为“kafka”，StatefulSet 的名称为“kafka”，则 StatefulSet 里 3 个 Pod 的 DNS 的名称分别为“kafka-0.kafka”“kafka-1.kafka”“kafka-2.kafka”，这些 DNS 名称可以直接在集群的配置文件中固定下来。

StatefulSet 的建模能力有限，面对复杂的有状态集群显得力不从心，所以就有了后来的 Kubernetes Operator 框架和众多的 Operator 实现了。注意：Kubernetes Operator 框架并不是面向普通用户的，而是面向 Kubernetes 开发者的。Kubernetes 开发者借助 Kubernetes Operator 框架提供的 API，可以更方便地开发一个类似 StatefulSet 的控制器。在这个控制器里，开发者通过编码方式实现对目标集群的自定义操控，比如对集群部署、故障发现及集群调整等都可以实现有针对性的操控，从而实现更好的自动部署和智能运维功能。从发展趋势来看，未来主流的有状态集群基本都会被以 Operator 方式部署到 Kubernetes 集群中。

1.4.7　批处理应用

除了无状态服务、有状态集群、常见的第三种应用，还有批处理应用。批处理应用的特点是由一个或多个进程处理一组数据（图像、文件、视频等），在这组数据都处理完成后，批处理任务自动结束。为了支持这类应用，Kubernetes 引入了新的资源对象——Job，下面是一个计算圆周率的经典示例：

```
apiVersion: batch/v1
kind: Job
metadata:
  name: pi
spec:
  template:
    spec:
      containers:
      - name: pi
        image: perl
        command: ["perl",  "-Mbignum=bpi", "-wle", "print bpi(100)"]
      restartPolicy: Never
  parallelism: 1
  completions: 5
```

Jobs 控制器提供了两个控制并发数的参数：completions 和 parallelism，completions 表示需要运行的任务总数，parallelism 表示并发运行的数量。例如，设置 parallelism 为 1，则会依次运行任务，在前面的任务运行后再运行后面的任务。Job 所控制的 Pod 副本是短暂运行的，可以将其视为一组容器，其中的每个容器都仅运行一次。当 Job 控制的所有 Pod 副本都运行结束时，对应的 Job 也就结束了。

Job 在实现方式上与 Deployment 等副本控制器不同，Job 生成的 Pod 副本是不能自动重启的，对应 Pod 副本的 restartPolicy 都被设置为“Never”，因此，当对应的 Pod 副本都执行完成时，相应的 Job 也就完成了控制使命。后来，Kubernetes 在 v1.4 版本中增加了新的 Job 类型——CronJob（可以周期性地执行某个任务），并在 v1.21 版本中正式发布 CronJob 特性。关于 CronJob 的一个简单示例如下：

```
apiVersion: batch/v1
kind: CronJob
metadata:
  name: hello
spec:
  schedule: "* * * * *"  # schedule 属性的值遵循 Linux Cron 的 Cron 语法
  jobTemplate:
    spec:
      template:
```

```
      spec:
        containers:
        - name: hello
          image: busybox:1.28
          imagePullPolicy: IfNotPresent
          command:
          - /bin/sh
          - -c
          - date; echo Hello from the Kubernetes cluster
        restartPolicy: OnFailure
```

1.4.8　应用的配置问题

通过前面的学习，我们初步理解了三种应用建模的资源对象，总结如下。

◎ 无状态服务的建模：Deployment。
◎ 有状态集群的建模：StatefulSet。
◎ 批处理应用的建模：Job/CronJob。

在进行应用建模时，应该如何解决应用需要在不同的环境下修改配置的问题呢？这就涉及 ConfigMap 和 Secret 两个对象。

ConfigMap 顾名思义，就是保存配置项（key=value）的一个 Map，如果你只是把它理解为编程语言中的一个 Map，那就大错特错了。ConfigMap 是分布式系统中"配置中心"的独特实现之一。我们知道，几乎所有应用都需要一个静态的配置文件来提供启动参数，当这个应用是一个分布式应用，并且有多个副本部署在不同的机器上时，配置文件的分发就成为一个让人头疼的问题，所以很多分布式系统都通过一个配置中心组件来解决这个问题。但配置中心通常会引入新的 API，从而导致应用的耦合和侵入。Kubernetes 则采用了一种简单的方案来规避这个问题，如图 1.11 所示，具体做法如下。

◎ 用户将配置文件的内容保存到 ConfigMap 中，文件名可作为 key，value 就是整个文件的内容，多个配置文件都可被放入同一个 ConfigMap。
◎ 在建模用户应用时，在 Pod 中将 ConfigMap 定义为特殊的 Volume 进行挂载。在 Pod 被调度到某个具体的 Node 上时，ConfigMap 里的配置文件会被自动还原到本地目录下，然后映射到 Pod 中指定的配置目录下，这样用户的程序就可以无感知地读取配置了。

◎ 在 ConfigMap 的内容发生修改后，Kubernetes 会自动重新获取 ConfigMap 的内容，并在目标 Node 上更新对应的文件。

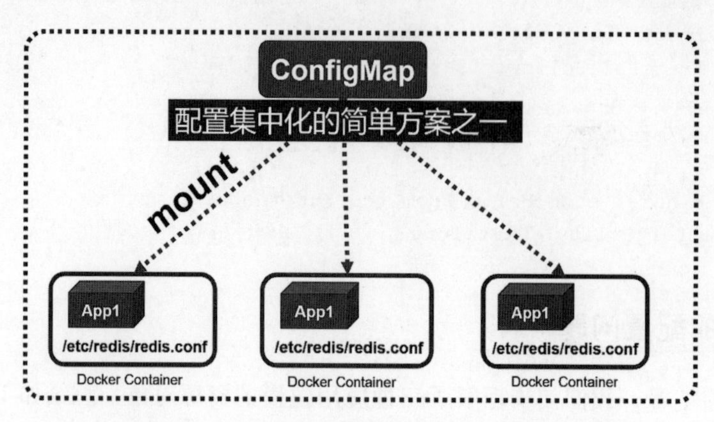

图 1.11 ConfigMap 配置集中化的一种简单方案

接下来说说 Secret。Secret 也用于解决应用配置的问题，不过它解决的是对敏感信息的配置问题，比如数据库的用户名和密码、应用的数字证书、Token、SSH 密钥及其他需要保密的敏感配置。对于这类敏感信息，我们可以创建一个 Secret 对象，然后让 Pod 引用。Secret 中的数据要求以 BASE64 编码格式存放。注意，BASE64 编码并不是加密的，在 Kubernetes v1.7 版本以后，Secret 中的数据才可以以加密的形式保存，更加安全。

1.4.9 应用自动化运维相关的重要对象

本节讲解应用自动化运维相关的重要对象。

1. HPA（Horizontal Pod Autoscaler）

如果我们想用 Deployment 控制 Pod 的副本数量，则可以通过手动运行 kubectl scale 命令实现。如果仅仅到此为止，则显然不符合谷歌对 Kubernetes 的定位目标，即自动化、智能化。在谷歌看来，分布式系统要能够根据当前负载的变化自动触发水平扩容或缩容，因为这一过程可能是频繁发生、不可预料的，所以采用手动控制的方式是不现实的，因此就有了后来的 HPA 这个高级功能。我们可以将 HPA 理解为 Pod 横向自动扩容，即自动控制 Pod 数量的增加或减少。通过追踪分析指定 Deployment 控制的所有目标 Pod 的负载变化情况，来确定是否需要有针对性地调整目标 Pod 的副本数量，这是 HPA 的实现原理。Kubernetes 内置了基于 Pod 的 CPU 利用率进行自动扩缩容的机制，应用开发者也可以自定义度量指标如每秒请求数，来实现自定义的 HPA 功能。下面是一个 HPA 定义示例：

```
apiVersion: autoscaling/v1
kind: HorizontalPodAutoscaler
metadata:
  name: php-apache
  namespace: default
spec:
  maxReplicas: 10
  minReplicas: 1
  scaleTargetRef:
    kind: Deployment
    name: php-apache
  targetCPUUtilizationPercentage: 90
```

根据上面的定义，我们可以知道这个 HPA 控制的目标对象是一个名为“php-apache”的 Deployment 里的 Pod 副本，当这些 Pod 副本的 CPU 利用率的值超过 90%时，会触发自动扩容，限定 Pod 的副本数量为 1 ~ 10。HPA 很强大也比较复杂，我们在后续的章节中会继续深入学习。

2. VPA（Vertical Pod Autoscaler）

VPA 即垂直 Pod 自动扩缩容，可根据容器资源使用率自动推测并设置 Pod 合理的 CPU 和内存的需求指标，从而更加精确地调度 Pod，实现整体上节省集群资源的目标。VPA 因为无须人为操作，因此进一步提升了自动化运维的水平。VPA 目前属于比较新的特性，也不能与 HPA 共同操控同一组目标 Pod，它们未来应该会深入融合，建议关注其发展状况。

1.5　了解 Kubernetes 存储

存储类资源对象主要包括 Volume、Persistent Volume、PVC 和 StorageClass。

首先看看基础的存储类资源对象——Volume。

Volume 是 Pod 中能够被多个容器访问的共享目录。Kubernetes 中的 Volume 概念、用途和目的与 Docker 中的 Volume 比较类似，但二者不能等价。首先，Kubernetes 中的 Volume 被定义在 Pod 中，被一个 Pod 中的多个容器挂载到具体的文件目录下；其次，Kubernetes 中的 Volume 与 Pod 的生命周期相同，但与容器的生命周期不相关，当容器终止或者重启时，Volume 中的数据也不会丢失；最后，Kubernetes 支持多种类型的 Volume，例如

GlusterFS、Ceph 等分布式文件系统。

Volume 的使用也比较简单，在大多数情况下，我们先在 Pod 中声明一个 Volume，然后在容器中引用该 Volume 并将其挂载到容器中的某个目录下。举例来说，若我们要为之前的 Tomcat Pod 增加一个名为“datavol”的 Volume，并将其挂载到容器的/mydata-data 目录下，则只对 Pod 的定义文件做如下修正即可（代码中的粗体部分）：

```
template:
  metadata:
    labels:
      app: app-demo
      tier: frontend
  spec:
    volumes:
      - name: datavol
        emptyDir: {}
    containers:
    - name: tomcat-demo
      image: tomcat
      volumeMounts:
        - mountPath: /mydata-data
          name: datavol
      imagePullPolicy: IfNotPresent
```

Kubernetes 提供了非常丰富的 Volume 类型供容器使用，例如临时目录、宿主机目录、共享存储等，下面对其中一些常见的类型进行说明。

1.5.1 emptyDir

一个 emptyDir 是在 Pod 分配到 Node 时创建的。从它的名称就可以看出，它的初始内容为空，并且无须指定宿主机上对应的目录文件，因为这是 Kubernetes 自动分配的一个目录，当 Pod 从 Node 上移除时，emptyDir 中的数据也被永久移除。emptyDir 的一些用途如下。

◎ 临时空间，例如用于某些应用程序运行时所需的临时目录，且无须永久保留。

◎ 在长时间任务执行过程中使用的临时目录。

◎ 一个容器需要从另一个容器中获取数据的目录（多容器共享目录）。

在默认情况下，emptyDir 使用的是 Node 的存储介质，例如磁盘或者网络存储。还可以使用 emptyDir.medium 属性，把这个属性设置为“Memory”，就可以使用更快的基于内存的后端存储了。注意：在这种情况下，emptyDir 使用的内存会被计入容器的内存消耗，将受到资源限制和配额机制的管理。

1.5.2　hostPath

hostPath 类型的存储卷用于将 Node 文件系统的目录或文件挂载到容器内部使用，通常可用于以下几方面。

◎ 在容器应用程序生成的日志文件需要永久保存时，可以使用宿主机上的高速文件系统对其进行存储。

◎ 在需要访问宿主机上 Docker 引擎内部数据结构的容器应用时，可以通过定义 hostPath 为宿主机/var/lib/docker 目录，使容器内的应用直接访问 Docker 的文件系统。

在使用这种类型的 Volume 时，需要注意以下几点。

◎ 在不同的 Node 上具有相同配置的 Pod，可能会因为宿主机上的目录和文件不同，导致对 Volume 上目录和文件的访问结果不一致。

◎ 如果使用了资源配额管理，则 Kubernetes 无法将 hostPath 在宿主机上使用的资源纳入管理。

在下面的示例中使用了宿主机的/data 目录定义了一个 hostPath 类型的 Volume：

```
volumes:
- name: "persistent-storage"
  hostPath:
    path: "/data"
```

1.5.3　公有云 Volume

公有云提供的 Volume 类型包括谷歌公有云提供的 GCEPersistentDisk、亚马逊公有云提供的 AWS Elastic Block Store（EBS Volume）等。当我们的 Kubernetes 集群运行在公有云上或者我们使用了公有云厂家提供的 Kubernetes 集群时，就可以使用这类 Volume。

1.5.4 其他类型的 Volume

其他类型的 Volume 如下。

◎ iscsi：将 iSCSI 存储设备上的目录挂载到 Pod 中。
◎ nfs：将 NFS Server 上的目录挂载到 Pod 中。
◎ glusterfs：将开源 GlusterFS 网络文件系统的目录挂载到 Pod 中。
◎ rbd：将 Ceph 块设备共享存储（Rados Block Device）挂载到 Pod 中。
◎ gitRepo：通过挂载一个空目录，从 Git 库克隆（clone）一个 git repository 供 Pod 使用。
◎ configmap：将配置数据挂载为容器内的文件。
◎ secret：将 Secret 数据挂载为容器内的文件。

1.5.5 动态存储管理

Volume 属于静态存储，即我们需要事先定义每个 Volume，然后将其挂载到 Pod 中使用。这种方式存在很多弊端，典型的弊端如下。

◎ 配置参数烦琐，存在大量手动操作，违背了 Kubernetes 的自动化目标。
◎ 预定义的静态 Volume 可能不符合目标应用的需求，比如有容量问题、性能问题。

所以 Kubernetes 后面就发展了动态存储的新机制，来实现对存储的自动化管理。相关核心对象（概念）有三个：Persistent Volume（后简称 PV）、StorageClass、PVC。

PV 表示由系统动态创建（Dynamically Provisioned）的一个存储卷，可以被理解为 Kubernetes 集群中某个网络存储对应的一块存储，它与 Volume 类似，但 PV 并不是被定义在 Pod 中的，而是被定义在 Pod 之外的。PV 目前支持的类型主要有 gcePersistentDisk、AWSElasticBlockStore、AzureFile、AzureDisk、FC（Fibre Channel）、NFS、iSCSI、RBD（Rados Block Device）、CephFS、Cinder、GlusterFS、VsphereVolume、Quobyte Volumes、VMware Photon、Portworx Volumes、ScaleIO Volumes、HostPath、Local 等。

我们知道，Kubernetes 支持的存储系统有多种，那么系统如何知道从哪个存储系统中创建什么规格的 PV 存储卷呢？这就涉及 StorageClass 与 PVC。StorageClass 用于描述和定义某种存储系统的特征，下面给出一个具体的示例：

```
apiVersion: storage.k8s.io/v1
kind: StorageClass
```

```
metadata:
  name: standard
provisioner: kubernetes.io/aws-ebs
parameters:
  type: gp2
reclaimPolicy: Retain
allowVolumeExpansion: true
mountOptions:
  - debug
volumeBindingMode: Immediate
```

从上面的示例可以看出，StorageClass 有几个关键属性：provisioner、parameters 和 reclaimPolicy，系统在动态创建 PV 时会用到这几个参数。简单地说，provisioner 代表了创建 PV 的第三方存储插件，parameters 是创建 PV 时的必要参数，reclaimPolicy 则表明了 PV 回收策略，回收策略包括删除或者保留。需要注意的是，StorageClass 的名称会在 PVC（PV Claim）中出现，下面就是一个典型的 PVC 定义：

```
apiVersion: v1
kind: PersistentVolumeClaim
metadata:
  name: claim1
spec:
  accessModes:
    - ReadWriteOnce
  storageClassName: standard
  resources:
    requests:
      storage: 30Gi
```

PVC 正如其名，表示应用希望申请的 PV 规格，其中重要的属性包括 accessModes（存储访问模式）、storageClassName（用哪种 StorageClass 实现动态创建）及 resources（存储的具体规格）。

有了以 StorageClass 与 PVC 为基础的动态 PV 管理机制，我们就很容易管理和使用 Volume 了，只要在 Pod 中引用 PVC 即可达到目的，如下面的示例所示：

```
spec:
      containers:
      - name: myapp
        image: tomcat:8.5.38-jre8
        volumeMounts:
```

```
        - name: tomcatedata
          mountPath : "/data"
    volumes:
      - name: tomcatedata
        persistentVolumeClaim:
          claimName: claim1
```

除了动态创建 PV，PV 动态扩容、快照及克隆的能力也是 Kubernetes 社区正在积极研发的高级特性。

1.6　了解 Kubernetes 安全

安全始终是 Kubernetes 发展过程中的一个关键领域。

从本质上来说，Kubernetes 可被看作一个多用户共享资源的资源管理系统，这里的资源主要是 Kubernetes 中的各类资源对象，比如 Pod、Service、Deployment 等。只有通过认证的用户才能通过 Kubernetes 的 API Server 查询、创建及维护相应的资源对象，理解这一点很关键。

Kubernetes 中的用户有两类：我们开发的运行在 Pod 中的应用；普通用户，如典型的 kubectl 命令行工具，基本上由指定的运维人员（集群管理员）使用。在更多的情况下，我们开发的 Pod 应用需要通过 API Server 查询、创建及管理其他相关资源对象，所以这类用户才是 Kubernetes 的关键用户。为此，Kubernetes 设计了 Service Account 这个特殊的资源对象，代表 Pod 应用的账号，为 Pod 提供必要的身份认证。在此基础上，Kubernetes 进一步实现和完善了基于角色的访问控制权限系统——RBAC（Role-Based Access Control）。

在默认情况下，Kubernetes 在每个命名空间中都会创建一个默认的名为“default”的 Service Account，因此 Service Account 是不能全局使用的，只能被它所在命名空间的 Pod 中使用。通过以下命令可以查看集群中的所有 Service Account：

```
kubectl get sa --all-namespaces
NAMESPACE       NAME        SECRETS     AGE
default         default     1           32d
kube-system     default     1           32d
```

Service Account 是通过 Secret 来保存对应的用户（应用）身份凭证的，这些凭证信息有 CA 根证书数据（ca.crt）和签名后的 Token 信息（Token）。在 Token 信息中就包括了对应的 Service Account 的名称，因此 API Server 通过接收到的 Token 信息就能确定 Service

Account 的身份。在默认情况下，用户在创建一个 Pod 时，Pod 会绑定对应命名空间中的 default 这个 Service Account 作为有效证件。当 Pod 中的容器被创建时，Kubernetes 会把对应的 Secret 对象中的身份信息（ca.crt、Token 等）持久化保存到容器固定位置的本地文件中，因此当容器中的用户进程通过 Kubernetes 提供的客户端 API 去访问 API Server 时，这些 API 会自动读取这些身份信息文件，并将其附加到 HTTPS 请求中传递给 API Server 以完成身份认证逻辑。在身份认证通过以后，就涉及访问授权的问题，也是 RBAC 要解决的问题。

我们首先要学习的是 Role 这个资源对象，也包括 Role 与 ClusterRole 两种类型的角色。角色定义了一组特定权限的规则，比如可以操作某类资源对象。局限于某个命名空间的角色由 Role 对象定义，作用于整个 Kubernetes 集群范围内的角色则通过 ClusterRole 对象定义。下面是 Role 的一个示例，表示在命名空间 default 中定义一个 Role 对象，用于授予对 Pod 资源的只读访问权限，绑定到该 Role 的用户则具有对 Pod 资源的 get、watch 和 list 权限：

```
kind: Role
apiVersion: rbac.authorization.k8s.io/v1
metadata:
  namespace: default
  name: pod-reader
rules:
- apiGroups: [""] # 空字符串""表明使用core API group
  resources: ["pods"]
  verbs: ["get", "watch", "list"]
```

接下来就是如何将 Role 与具体用户绑定（用户授权）的问题了。我们可以通过 RoleBinding 与 ClusterRoleBinding 来解决这个问题。下面是一个具体的示例，在命名空间 default 中将“pod-reader”角色授予用户“Caden”，结合对应的 Role 的定义，表明这一授权将允许用户“Caden”从命名空间 default 中读取 Pod：

```
kind: RoleBinding
apiVersion: rbac.authorization.k8s.io/v1
metadata:
  name: read-pods
  namespace: default
subjects:
- kind: User
  name: Caden
 apiGroup: rbac.authorization.k8s.io
```

```
roleRef:
  kind: Role
  name: pod-reader
  apiGroup: rbac.authorization.k8s.io
```

在 RoleBinding 中使用了 subjects（目标主体）表示要授权的对象，这是因为我们可以授权三类目标账号：Group（用户组）、User（某个具体用户）和 Service Account（Pod 应用所使用的账号）。

在安全领域，除了以上 API Server 访问安全相关的资源对象，还有一种特殊的资源对象——NetworkPolicy（网络策略），它是网络安全相关的资源对象，用于解决用户应用之间的网络隔离和授权问题。NetworkPolicy 是一种关于 Pod 间相互通信，以及 Pod 与其他网络端点间相互通信的安全规则设定。

NetworkPolicy 资源通过 Label Selector 来选定 Pod，并设置被选定的 Pod 能够允许的通信规则。在默认情况下，Pod 间及 Pod 与其他网络端点间的访问是没有限制的，这假设了 Kubernetes 集群被一个厂商（公司/租户）独占，其中部署的应用都是相互可信的，无须相互防范。但是，如果有多个厂商共同使用了一个 Kubernetes 集群，则特别是在公有云环境下，不同厂商的应用要相互隔离以增加安全性，这就可以通过 NetworkPolicy 实现了。

1.7　从一个简单的示例开始

考虑到 Kubernetes 提供的 PHP+Redis 留言板的 Hello World 示例对于绝大多数新手来说比较复杂，难以顺利上手和实践，在此将其替换成一个简单得多的 Java Web 应用的示例，可以让新手快速上手和实践。

该应用是一个运行在 Tomcat 里的 Java Web 应用，结构比较简单，如图 1.12 所示，JSP 页面通过 JDBC 直接访问 MySQL 并展示数据。这里出于演示和简化的目的，只要程序正确连接数据库，就会自动完成对应表格的创建与初始化数据等准备工作。所以，当我们通过浏览器访问此应用时，就会显示一个表格页面，其中包含来自数据库的内容。

此应用需要启动两个容器：Web App 容器和 MySQL 容器，并且 Web App 容器需要访问 MySQL 容器。如果仅使用 Docker 启动这两个容器，则需要通过 Docker Network 或者端口映射的方式实现容器间的网络互访，本例介绍在 Kubernetes 系统中是如何实现的。

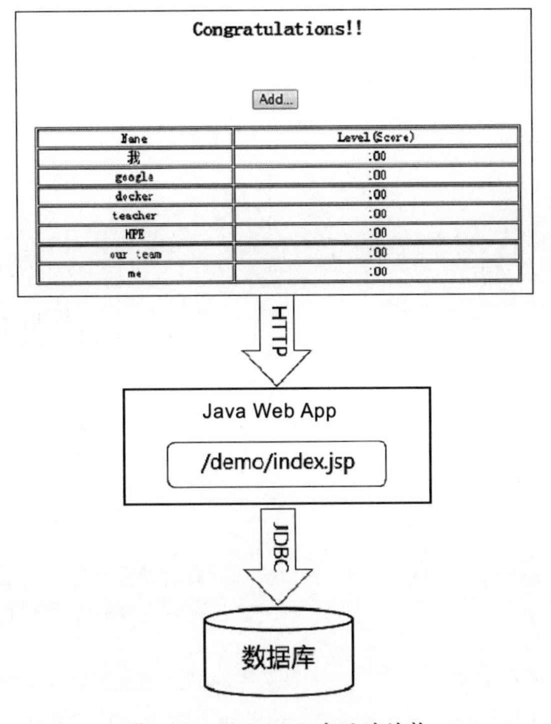

图 1.12 Java Web 应用的结构

1.7.1 环境准备

这里先安装 Kubernetes 和下载相关镜像，本书建议采用 VirtualBox 或者 VMware Workstation 在本机中虚拟一个 64 位的 CentOS 7 虚拟机作为学习环境，虚拟机采用 NAT 的网络模式以便连接外网。然后使用 kubeadm 快速安装一个 Kubernetes 集群（安装步骤详见 2.2 节的说明），之后就可以在这个 Kubernetes 集群中实践了。

1.7.2 启动 MySQL 服务

首先，为 MySQL 服务创建一个 Deployment 定义文件 mysql-deploy.yaml，下面给出了该文件的完整内容和说明：

```
apiVersion: apps/v1 # API 版本
kind: Deployment  # 副本控制器 Deployment
metadata:
```

```
  labels: # 标签
    app: mysql
  name: mysql # 对象名称，全局唯一
spec:
  replicas: 1 # 预期的副本数量
  selector:
    matchLabels:
      app: mysql
  template:  # Pod 模板
    metadata:
      labels:
        app: mysql
    spec:
      containers:  # 定义容器
      - image: mysql:5.7
        name: mysql
        ports:
        - containerPort: 3306                    # 容器应用监听的端口号
        env:                                     # 注入容器内的环境变量
        - name: MYSQL_ROOT_PASSWORD
          value: "123456"
```

以上 YAML 定义文件中的 kind 属性用于表明此资源对象的类型，比如这里 kind 属性的值表示这是一个 Deployment 控制器；spec 部分是资源对象的相关属性定义，比如 spec.selector 是 Deployment 的 Pod 选择器，符合条件的 Pod 实例受到该 Deployment 的管理，确保在当前集群中始终有且仅有 replicas 个 Pod 副本实例在运行（这里设置 replicas=1，表示只能运行一个 MySQL Pod 实例）。当集群中运行的 Pod 数量少于 replicas 时，Deployment 控制器会根据在 spec.template 部分定义的 Pod 模板生成一个新的 Pod 实例，spec.template.metadata. labels 指定了该 Pod 的标签，labels 必须匹配之前的 spec.selector。

在创建好 mysql-deploy.yaml 文件后，为了将它发布到 Kubernetes 集群中，我们在 Master 上运行如下命令：

```
# kubectl apply -f mysql-deploy.yaml
deployment.apps/mysql created
```

接下来通过 kubectl 命令查看刚刚创建的 Deployment：

```
# kubectl get deployments
NAME    READY   UP-TO-DATE   AVAILABLE   AGE
mysql   1/1     1            1           4m13s
```

若想查看 Pod 的创建情况，则可以运行如下命令：

```
# kubectl get pods
NAME                     READY    STATUS       RESTARTS      AGE
mysql-85f4b4cdf4-k97wh   1/1      Running      0             65s
```

这时可以看到一个名为“mysql-85f4b4cdf4-k97wh”的 Pod 实例，这是 Kubernetes 根据 mysql 这个 Deployment 的定义自动创建的 Pod。由于 Pod 的调度和创建需要花费一定的时间，比如需要确定调度到哪个节点上，而且下载 Pod 所需的容器镜像也需要一段时间，所以 Pod 一开始的状态为“Pending”。在 Pod 成功创建且启动完成后，其状态最终会更新为“Running”。

然后，我们可以在 Kubernetes 节点的服务器上通过 docker ps 指令查看正在运行的容器，发现提供 MySQL 服务的 Pod 容器已创建且正常运行，并且 MySQL Pod 对应的容器多创建了一个 Pause 容器，该容器就是 Pod 的根容器：

```
    # docker ps | grep mysql
    72ca992535b4 mysql
"docker-entrypoint.sh"   12 minutes ago      Up 12 minutes
k8s_mysql.86dc506e_mysql-c95jc_default_511d6705-5051-11e6-a9d8-000c29ed42c1_9f89
d0b4
    76c1790aad27        k8s.gcr.io/pause:3.2             "/pause"             12
minutes ago      Up 12 minutes                       k8s_POD.16b20365_mysql-c95jc_
default_511d6705-5051-11e6-a9d8-000c29ed42c1_28520aba
```

最后，创建一个与之关联的 Kubernetes Service—MySQL 的定义文件（文件为 mysql-svc.yaml），完整的内容和说明如下：

```
apiVersion: v1
kind: Service                        # 表明是Kubernetes Service
metadata:
  name: mysql                        # Service 的全局唯一名称
spec:
  ports:
    - port: 3306                     # Service 提供服务的端口号
  selector:                          # Service 对应的 Pod 拥有这里定义的标签
    app: mysql
```

其中，metadata.name 是 Service 的服务名（ServiceName）；spec.ports 属性定义了 Service 的虚端口；spec.selector 确定了哪些 Pod 副本（实例）对应本服务。类似地，我们通过 kubectl create 命令创建 Service 对象：

```
# kubectl create -f mysql-svc.yaml
service "mysql" created
```

通过 kubectl get 命令查看刚刚创建的 Service 对象：

```
# kubectl get service mysql
NAME         CLUSTER-IP       EXTERNAL-IP      PORT(S)         AGE
mysql        10.245.161.22    <none>           3306/TCP        48s
```

可以发现，MySQL 服务被分配了一个值为"10.245.161.22"的 ClusterIP 地址（在不同环境下分配的 IP 地址可能不同）。随后，在 Kubernetes 集群中新创建的其他 Pod 就可以通过"Service 的 ClusterIP+端口号 3306"的形式来连接和访问它了。

通常，ClusterIP 地址是在 Service 创建后由 Kubernetes 系统自动分配的，其他 Pod 无法预先知道某个 Service 的 ClusterIP 地址，因此需要一个服务发现机制来找到这个服务。为此，Kubernetes 最初巧妙地使用了 Linux 环境变量（Environment Variable）来解决这个问题。根据 Service 的唯一名称，容器可以从环境变量中获取 Service 对应的 ClusterIP 地址和端口号，从而发起 TCP/IP 连接请求。在随后的版本更新过程中，Kubernetes 又引入了标准的 DNS 域名解析规则，为每个 Service 都分配一个 DNS 域名，自动关联其 ClusterIP，其中的服务名就是完整 DNS 域名中的关键部分，所以，我们之后就可以通过"服务名+服务端口号"的形式来访问对应的服务了。

1.7.3 启动 Tomcat 应用

前面定义和启动了 MySQL 服务，接下来采用同样的步骤启动 Tomcat 应用。首先，创建对应的 RC 文件 myweb-deploy.yaml，内容如下：

```
apiVersion: apps/v1
kind: Deployment
metadata:
  labels:
    app: myweb
  name: myweb
spec:
  replicas: 2
  selector:
    matchLabels:
      app: myweb
  template:
```

```
    metadata:
      labels:
        app: myweb
    spec:
      containers:
      - image: kubeguide/tomcat-app:v1
        name: myweb
        ports:
        - containerPort: 8080
        env:
          - name: MYSQL_SERVICE_HOST
            value: 10.245.161.22
```

注意：在 Tomcat 容器内，应用将使用环境变量 MYSQL_SERVICE_HOST 的值连接 MySQL 服务，但这里为什么没有注册该环境变量呢？这是因为 Kubernetes 会自动将已存在的 Service 对象以环境变量的形式展现在新生成的 Pod 中。其更安全、可靠的方法是使用 Service 的名称 mysql，这就要求集群中的 DNS 服务（kube-dns）正常运行。首先，运行下面的命令，完成 Deployment 的创建和验证工作：

```
# kubectl apply -f myweb-deploy.yaml
deployment.apps/myweb created

# kubectl get pods
NAME                         READY    STATUS    RESTARTS    AGE
mysql-85f4b4cdf4-k97wh       1/1      Running   0           23m
myweb-6557d8b869-gdc7g       1/1      Running   0           2m56s
myweb-6557d8b869-w5wwx       1/1      Running   0           2m56s
```

然后，创建对应的 Service。以下是完整的 YAML 定义文件（myweb-svc.yaml）：

```
apiVersion: v1
kind: Service
metadata:
  name: myweb
spec:
  type: NodePort
  ports:
    - port: 8080
      nodePort: 30001
  selector:
    app: myweb
```

“type:NodePort” 和 “nodePort:30001” 表明此 Service 开启了 NodePort 格式的外网访问模式。比如，在 Kubernetes 集群外，客户端的浏览器可以通过 30001 端口访问 myweb（对应 8080 的虚端口）。通过 kubectl create 命令创建对应的 Service：

```
# kubectl create -f myweb-svc.yaml
service/myweb created
```

通过 kubectl get 命令查看已创建的 Service：

```
# kubectl get svc
NAME         TYPE        CLUSTER-IP      EXTERNAL-IP  PORT(S)          AGE
kubernetes   ClusterIP   10.245.0.1      <none>       443/TCP          174m
mysql        ClusterIP   10.245.161.22   <none>       3306/TCP         18m
myweb        NodePort    10.245.46.175   <none>       8080:30001/TCP   2m35s
```

至此，我们的第 1 个 Kubernetes 示例便搭建完成了，在 1.8.4 节将验证结果。

1.7.4　通过浏览器访问网页

经过上面的流程，我们终于成功实现了 Kubernetes 上第 1 个示例的部署、搭建工作。现在一起来见证成果吧！在笔记本上打开浏览器，输入“http://虚拟机 IP:30001/demo/”。

比如虚拟机 IP 为 192.168.18.131（可以通过 ip a 命令进行查询），在浏览器中输入“http:// 192.168.18.131:30001/demo/”后，可以看到如图 1.13 所示的网页界面。

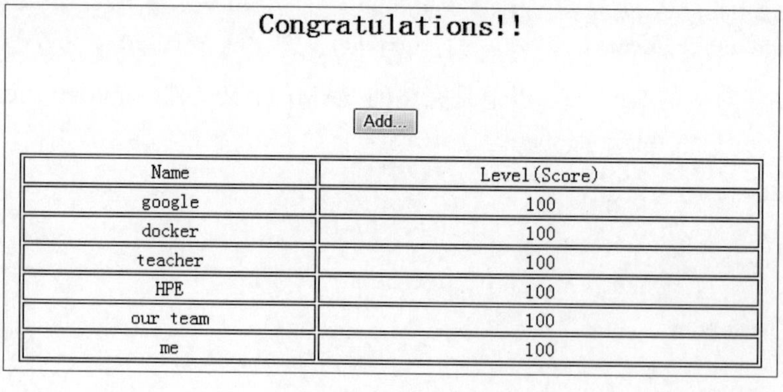

Congratulations!!

Add...

Name	Level(Score)
google	100
docker	100
teacher	100
HPE	100
our team	100
me	100

图 1.13　网页页面

如果无法打开这个网页界面，那么可能的原因包括：①因为防火墙的设置无法访问 30001 端口；②因为通过代理服务器上网，所以浏览器错把虚拟机的 IP 地址当作了远程地址；等等。可以在虚拟机上直接运行 curl 192.168.18.131:30001 命令来验证能否访问此端口，如果还是不能访问，就肯定不是机器的问题了。

接下来尝试单击“Add...”按钮添加一条记录并提交，如图 1.14 所示，提交以后，数据就被写入 MySQL 了。

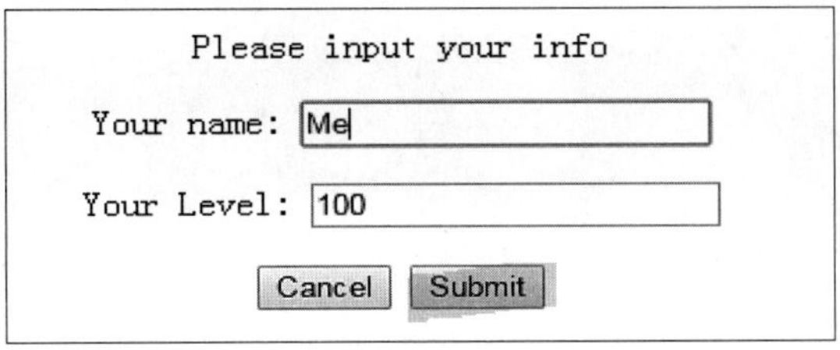

Please input your info

Your name: Me

Your Level: 100

Cancel Submit

图 1.14 在留言板网页添加新的留言

至此，我们就完成了在 Kubernetes 上部署一个 Web App 和数据库的示例。可以看到，相对于传统的分布式应用部署方式，在 Kubernetes 上仅通过一些很容易理解的配置文件和简单命令就能完成对整个集群的部署。

第 2 章 Kubernetes 安装和配置指南

2.1 系统要求

Kubernetes 系统由一组可执行程序组成，用户可以通过 Kubernetes 在 GitHub 的项目网站下载编译好的二进制文件或镜像文件，或者下载源码并自行将其编译为二进制文件。

安装 Kubernetes 对系统软件和硬件的要求如表 2.1 所示。

表 2.1 安装 Kubernetes 对系统软件和硬件的要求

软硬件	最低配置	推荐配置
主机资源	若在集群中有 1～5 个 Node，则要求如下。 • Master：至少 2 core CPU 和 2GB 内存。 • Node：至少 1 core CPU 和内存。 在增加集群规模时，应相应地增加主机配置。在大规模集群的硬件配置方面可以参考 Kubernetes 官网给出的建议	Master：4 core CPU 和 16GB 内存。 Node：根据需要运行的容器数量进行配置
Linux	各种 Linux 发行版，包括 Red Hat Linux、CentOS、Fedora、Ubuntu、Debian 等，Kernel 版本要求在 v3.10 及以上	CentOS 7.9
etcd	版本为 v3 及以上 可以参考 etcd 官网的说明下载和安装 etcd	etcd v3
容器运行时	Kubernetes 支持的容器运行时包括 containerd、CRI-O 等。	containerd v1.7

Kubernetes 需要容器运行时的支持。目前 Kubernetes 官方支持的容器运行时包括 containerd、CRI-O 等，推荐采用 containerd v1.7 版本。

对于宿主机操作系统，以 CentOS 7 为例，使用 Systemd 系统完成 Kubernetes 服务配置。对于其他 Linux 发行版本的服务配置，可以参考相关系统管理手册。为了便于管理，常常将 Kubernetes 服务程序配置为 Linux 开机自启动。

需要注意的是，CentOS 7 默认启动了防火墙服务（firewalld.service），而 Kubernetes 的 Master 与各个 Node 之间会有大量的网络通信，安全的做法是在防火墙上配置各组件相互通信的端口号，需要配置的端口号如表 2.2 所示。

表 2.2 需要配置的端口号

组 件	默认端口号
API Server	6443
Controller Manager	10257
Scheduler	10259

续表

组　件	默认端口号
kubelet	10250 10255（只读端口号）
etcd	2379（供客户端访问） 2380（供 etcd 集群内节点之间访问）
集群的 DNS 服务	53（UDP） 53（TCP）

对于其他组件，可能还需要开通某些端口号。例如，对于 CNI 网络插件 calico，需要开通 179 端口号；对于镜像库，需要开通镜像库的端口号等，这需要根据系统的要求在防火墙服务上逐个配置网络策略。

在安全的网络环境下，可以关闭防火墙服务：

```
# systemctl disable firewalld
# systemctl stop firewalld
```

另外，建议在主机上禁用 SELinux（可以修改操作系统的/etc/sysconfig/selinux 文件，将“SELINUX =enforcing”修改为“SELINUX=disabled”），这样容器就可以读取主机的文件系统了。随着 Kubernetes 对 SELinux 支持的增强，可以逐步启用 SELinux，并通过 Kubernetes 设置容器的安全机制。

2.2　通过 kubeadm 快速安装 Kubernetes 集群

Kubernetes 从 v1.4 版本开始引入了命令行工具 kubeadm，以简化集群的安装过程，到 v1.13 版本时，kubeadm 已达到 GA 阶段。本节以 CentOS 7 为例，通过 kubeadm 快速安装 Kubernetes 集群。

2.2.1　安装 kubeadm、kubelet 和 kubectl

在 CentOS 操作系统上可以通过 yum 工具一键安装 kubeadm。

在安装 kubeadm 之前，需要先临时关闭 Linux 的系统交换分区（swap），这可以通过运行 swapoff -a 命令或者修改系统的配置参数实现：

```
# swapoff -a
```

然后配置 yum 源。官方 yum 源的配置文件（/etc/yum.repos.d/kubernetes.repo）的内容如下：

```
[kubernetes]
name=Kubernetes
baseurl=https://pkgs.k8s.io/core:/stable:/v1.29/rpm/
enabled=1
gpgcheck=1
gpgkey=https://pkgs.k8s.io/core:/stable:/v1.29/rpm/repodata/repomd.xml.key
exclude=kubelet kubeadm kubectl cri-tools kubernetes-cni
```

如果无法访问官方 yum 源，则也可以使用国内的 yum 源。

接着通过 yum install 命令安装 kubeadm、kubelet 和 kubectl：

```
# yum install -y kubelet kubeadm kubectl --disableexcludes=kubernetes
```

因为 kubeadm 将使用 kubelet 服务以容器方式部署和启动 Kubernetes 的主要服务，所以需要先启动 kubelet 服务。运行以下命令启动 kubelet 服务，并设置为开机自启动：

```
# systemctl enable --now kubelet
```

2.2.2 修改 kubeadm 的默认配置

kubeadm 的初始化命令（init）和 Node 加入命令（join）均可通过指定的配置文件修改默认参数的值。kubeadm 将配置文件以 ConfigMap 形式保存到集群中，便于后续的查询和更新操作。kubeadm config 子命令提供了对配置管理相关功能的支持。

◎ kubeadm config print init-defaults：输出 kubeadm init 命令默认参数的内容。
◎ kubeadm config print join-defaults：输出 kubeadm join 命令默认参数的内容。
◎ kubeadm config migrate：在新旧版本之间进行配置转换。
◎ kubeadm config images list：列出所需的镜像列表。
◎ kubeadm config images pull：拉取镜像到本地。

例如，通过 kubeadm config print init-defaults 命令可以获取默认的初始化参数文件：

```
# kubeadm config print init-defaults > init-config.yaml
```

我们可以按需修改默认生成的配置文件。例如，可以调整 bootstrap 的 token、API Server

监听的 IP 地址和端口号、Node 注册时的名称、需要安装的 Kubernetes 版本号、Service 的 IP 地址范围等，示例如下：

```
apiVersion: kubeadm.k8s.io/v1beta3
kind: InitConfiguration
bootstrapTokens:
- groups:
  - system:bootstrappers:kubeadm:default-node-token
  token: abcdef.0123456789abcdef
  ttl: 24h0m0s
  usages:
  - signing
  - authentication
localAPIEndpoint:
  advertiseAddress: 192.168.18.3
  bindPort: 6443
nodeRegistration:
  criSocket: unix:///var/run/containerd/containerd.sock
  imagePullPolicy: IfNotPresent
  name: 192.168.18.3
  taints: null
---
apiVersion: kubeadm.k8s.io/v1beta3
kind: ClusterConfiguration
clusterName: kubernetes
kubernetesVersion: 1.29.0
apiServer:
  timeoutForControlPlane: 4m0s
certificatesDir: /etc/kubernetes/pki
controllerManager: {}
dns: {}
etcd:
  local:
    dataDir: /var/lib/etcd
imageRepository: registry.k8s.io
networking:
  dnsDomain: cluster.local
  serviceSubnet: 169.169.0.0/16
scheduler: {}
```

2.2.3 下载 Kubernetes 相关镜像

为了加快 kubeadm 部署集群的速度，可以预先下载所需的全部镜像。

通过 kubeadm config images list 命令可以查看所需的镜像列表，例如：

```
# kubeadm config images list
registry.k8s.io/kube-apiserver:v1.29.0
registry.k8s.io/kube-controller-manager:v1.29.0
registry.k8s.io/kube-scheduler:v1.29.0
registry.k8s.io/kube-proxy:v1.29.0
registry.k8s.io/coredns/coredns:v1.11.1
registry.k8s.io/pause:3.9
registry.k8s.io/etcd:3.5.10-0
```

通过 kubeadm config images pull 命令可以下载所需的镜像，例如：

```
# kubeadm config images pull --config=init-config.yaml
```

下载镜像后，就可以安装 Kubernetes 集群了。

2.2.4 通过 kubeadm init 命令安装 Master

至此，准备工作已经就绪，通过 kubeadm init 命令即可一键安装 Kubernetes 的 Master。

注意：由于安装 kubeadm 时不涉及安装 CNI 网络插件，所以通过 kubeadm 安装的集群不具备容器网络的功能，在安装 CNI 网络插件之前，任何 Pod（包括自带的 CoreDNS）都无法正常工作。另外，通常需要采用第三方插件提供商的方案或者基于 Kubernetes 社区提供的插件进行相关网络配置，才能使 CNI 网络插件的安装生效，例如通过安装 Calico CNI 网络插件或者 bridge 插件等搭建容器网络。

kubeadm init 命令会在执行 Master 的安装操作之前，先执行一系列被称为“pre-flight checks”的系统预检查操作，以确保主机环境符合 Master 的安装要求，如果预检查失败，就直接终止，不再执行 Master 的安装操作。我们可以通过 kubeadm init phase preflight 命令执行预检查操作，确保系统就绪后再执行 Master 的安装操作。如果不希望执行预检查操作，则也可以在 kubeadm init 命令中添加--ignore-preflight-errors 参数进行关闭。如表 2.3 所示是 kubeadm 预检查的系统配置项，对于不符合要求的系统检查项，会提示 warning 或 error 错误级别的信息。

表 2.3 kubeadm 预检查的系统配置项

不符合要求的系统配置项	错误级别
待安装的 Kubernetes 版本（通过--kubernetes-version 参数设定）比 kubeadm CLI 版本至少高一个次要版本	warning
在 Linux 上运行时，Linux 的内核版本未达到最低要求	error
在 Linux 上运行时，Linux 未设置 Cgroups 子系统	error
在容器运行时，端点不存在或不起作用	error
用户不是 root 用户	error
主机名不是有效的 DNS 子域格式	error
无法通过网络访问主机名	warning
kubelet 版本低于 kubeadm 支持的 kubelet 最低版本（当前次要版本号为-1）	error
kubelet 版本比待安装的 Master 版本高出至少一个次要版本号	error
kubelet 服务不存在或被禁用	warning
firewalld 服务处于活动状态	warning
API Server 监听的端口号或 10250、10251、10252 端口号已被其他进程占用	error
/etc/kubernetes/manifest 目录已经存在并且不为空	error
/proc/sys/net/bridge/bridge-nf-call-iptables 文件不存在或值不为 1	error
使用了 IPv6 地址，并且/proc/sys/net/bridge/bridge-nf-call-ip6tables 文件不存在或值不为 1	error
启用了系统交换分区，即 swap=on	error
在系统中不存在或找不到 conntrack、ip、iptables、mount、nsenter 命令	error
在系统中不存在或找不到 ebtables、ethtool、socat、tc、touch、crictl 命令	warning
在 API Server、Controller Manager 和 Scheduler 的额外参数中包含一些无效的内容	warning
通过代理服务器访问 API Server URL（https://<API.AdvertiseAddress>:<API.BindPort>）	warning
使用了代理服务器来访问服务（Service）（仅检查第 1 个代理服务器的地址）	warning
使用了代理服务器来访问 Pod 网络（仅检查第 1 个代理服务器的地址）	warning
在使用外部 etcd 时，etcd 版本低于最低要求的版本	error
在使用外部 etcd 时指定了 etcd 证书或密钥，但未提供 etcd 证书或密钥	error
在没有外部 etcd（因此将安装本地 etcd）时，端口号 2379 已被其他进程占用	error
在没有外部 etcd（因此将安装本地 etcd）时，etcd.DataDir 文件夹已经存在并且不为空	error
在授权模式为 ABAC 时，abac_policy.json 文件不存在	error
在授权模式为 WebHook 时，webhook_authz.conf 文件不存在	error

另外，kubeadm 默认设置 cgroup 驱动（cgroupDriver）为“systemd”，建议将 containerd 的 cgroup 驱动也修改为“systemd”，与 Kubernetes 保持一致。这可以通过修改 containerd 的配置文件（默认为/etc/containerd/config.toml）实现：

```
[plugins."io.containerd.grpc.v1.cri".containerd.runtimes.runc]
```

```
......
[plugins."io.containerd.grpc.v1.cri".containerd.runtimes.runc.options]
  ......
  SystemdCgroup = true
```

在准备工作就绪之后，就可以运行 kubeadm init 命令基于之前创建的配置文件一键安装 Master 了：

```
# kubeadm init --config=init-config.yaml
```

若一切正常，则控制台将输出以下内容：

```
[init] Using Kubernetes version: v1.29.0
[preflight] Running pre-flight checks
[preflight] Pulling images required for setting up a Kubernetes cluster
[preflight] This might take a minute or two, depending on the speed of your internet
connection
[preflight] You can also perform this action in beforehand using 'kubeadm config
images pull'
[certs] Using certificateDir folder "/etc/kubernetes/pki"
[certs] Generating "ca" certificate and key
[certs] Generating "apiserver" certificate and key
[certs] apiserver serving cert is signed for DNS names [192.168.18.3 kubernetes
kubernetes.default kubernetes.default.svc kubernetes.default.svc.cluster.local]
and IPs [169.169.0.1 192.168.18.3]
[certs] Generating "apiserver-kubelet-client" certificate and key
[certs] Generating "front-proxy-ca" certificate and key
[certs] Generating "front-proxy-client" certificate and key
[certs] Generating "etcd/ca" certificate and key
[certs] Generating "etcd/server" certificate and key
[certs] etcd/server serving cert is signed for DNS names [192.168.18.3 localhost]
and IPs [192.168.18.3 127.0.0.1 ::1]
[certs] Generating "etcd/peer" certificate and key
[certs] etcd/peer serving cert is signed for DNS names [192.168.18.3 localhost]
and IPs [192.168.18.3 127.0.0.1 ::1]
[certs] Generating "etcd/healthcheck-client" certificate and key
[certs] Generating "apiserver-etcd-client" certificate and key
[certs] Generating "sa" key and public key
[kubeconfig] Using kubeconfig folder "/etc/kubernetes"
[kubeconfig] Writing "admin.conf" kubeconfig file
[kubeconfig] Writing "super-admin.conf" kubeconfig file
[kubeconfig] Writing "kubelet.conf" kubeconfig file
```

```
    [kubeconfig] Writing "controller-manager.conf" kubeconfig file
    [kubeconfig] Writing "scheduler.conf" kubeconfig file
    [etcd] Creating static Pod manifest for local etcd in "/etc/kubernetes/manifests"
    [control-plane] Using manifest folder "/etc/kubernetes/manifests"
    [control-plane] Creating static Pod manifest for "kube-apiserver"
    [control-plane] Creating static Pod manifest for "kube-controller-manager"
    [control-plane] Creating static Pod manifest for "kube-scheduler"
    [kubelet-start] Writing kubelet environment file with flags to file
"/var/lib/kubelet/kubeadm-flags.env"
    [kubelet-start] Writing kubelet configuration to file
"/var/lib/kubelet/config.yaml"
    [kubelet-start] Starting the kubelet
    [wait-control-plane] Waiting for the kubelet to boot up the control plane as static
Pods from directory "/etc/kubernetes/manifests". This can take up to 4m0s
    [apiclient] All control plane components are healthy after 5.503103 seconds
    [upload-config] Storing the configuration used in ConfigMap "kubeadm-config" in
the "kube-system" Namespace
    [kubelet] Creating a ConfigMap "kubelet-config" in namespace kube-system with
the configuration for the kubelets in the cluster
    [upload-certs] Skipping phase. Please see --upload-certs
    [mark-control-plane] Marking the node 192.168.18.3 as control-plane by adding
the labels: [node-role.kubernetes.io/control-plane
node.kubernetes.io/exclude-from-external-load-balancers]
    [mark-control-plane] Marking the node 192.168.18.3 as control-plane by adding
the taints [node-role.kubernetes.io/control-plane:NoSchedule]
    [bootstrap-token] Using token: abcdef.0123456789abcdef
    [bootstrap-token] Configuring bootstrap tokens, cluster-info ConfigMap, RBAC
Roles
    [bootstrap-token] Configured RBAC rules to allow Node Bootstrap tokens to get
nodes
    [bootstrap-token] Configured RBAC rules to allow Node Bootstrap tokens to post
CSRs in order for nodes to get long term certificate credentials
    [bootstrap-token] Configured RBAC rules to allow the csrapprover controller
automatically approve CSRs from a Node Bootstrap Token
    [bootstrap-token] Configured RBAC rules to allow certificate rotation for all
node client certificates in the cluster
    [bootstrap-token] Creating the "cluster-info" ConfigMap in the "kube-public"
namespace
    [kubelet-finalize] Updating "/etc/kubernetes/kubelet.conf" to point to a
rotatable kubelet client certificate and key
    [addons] Applied essential addon: CoreDNS
```

```
[addons] Applied essential addon: kube-proxy

Your Kubernetes control-plane has initialized successfully!

To start using your cluster, you need to run the following as a regular user:

  mkdir -p $HOME/.kube
  sudo cp -i /etc/kubernetes/admin.conf $HOME/.kube/config
  sudo chown $(id -u):$(id -g) $HOME/.kube/config

Alternatively, if you are the root user, you can run:

  export KUBECONFIG=/etc/kubernetes/admin.conf

You should now deploy a pod network to the cluster.
Run "kubectl apply -f [podnetwork].yaml" with one of the options listed at:
  https://kubernetes.io/docs/concepts/cluster-administration/addons/

Then you can join any number of worker nodes by running the following on each
as root:

kubeadm join 192.168.18.3:6443 --token abcdef.0123456789abcdef \
        --discovery-token-ca-cert-hash
sha256:44572e934d71309f081b5c0f96a884a116b570f2ec7f0b22bcfe5e8d414d81c3
```

在以上输出的内容中有“Your Kubernetes control-plane has initialized successfully!”的提示，这说明 Master（控制平面）已安装成功。接下来就可以通过 kubectl 访问 Kubernetes 集群进行操作了。由于 kubeadm 默认使用 CA 证书，所以需要为 kubectl 配置客户端的身份配置文件才能访问 Master。

可以通过以下两种方式为 kubectl 设置客户端的身份配置文件。

（1）因为 kubectl 默认读取的配置文件的全路径为$HOME/.kube/config，所以可以将 Kubernetes 的配置文件复制到该目录下，并设置正确的文件权限，以供 kubectl 读取。

（2）通过环境变量 KUBECONFIG 指定配置文件的全路径。

例如，root 用户通过环境变量 KUBECONFIG 设置配置文件，指定为由 kubeadm 创建的配置文件 admin.conf 全路径，命令如下：

```
# export KUBECONFIG=/etc/kubernetes/admin.conf
```

例如，普通用户（非 root）可以将 admin.conf 配置文件复制到用户 HOME 目录的.kube 子目录下，并设置正确的文件权限，命令如下：

```
$ mkdir -p $HOME/.kube
$ sudo cp -i /etc/kubernetes/admin.conf $HOME/.kube/config
$ sudo chown $(id -u):$(id -g) $HOME/.kube/config
```

在配置好客户端的配置文件之后，kubectl 就能够正确连接 Master，对 Kubernetes 集群进行访问和操作了。例如，查看命名空间 kube-system 中的 ConfigMap 列表：

```
# kubectl -n kube-system get configmap
NAME                                                   DATA    AGE
coredns                                                1       2m40s
extension-apiserver-authentication                     6       2m42s
kube-apiserver-legacy-service-account-token-tracking   1       2m42s
kube-proxy                                             2       2m40s
kube-root-ca.crt                                       1       2m35s
kubeadm-config                                         1       2m41s
kubelet-config                                         1       2m41s
```

现在，Kubernetes 的 Master 已经可以工作了，但在集群中还是没有可用的 Node。

接下来安装 Node，在安装过程中需要用到 kubeadm init 命令运行完成后的最后几行提示信息，其中包含将 Node 加入集群的命令（kubeadm join）和所需的 Token。

2.2.5 将新的 Node 加入集群

若要安装新的 Node，则首先也需要在其操作系统中安装 kubeadm 和 kubelet，与安装 Master 不同的是，无须安装 kubectl，安装过程如下。

（1）关闭 Linux 的系统交换分区（swap）和配置 yum 源，与安装 Master 时的步骤相同，此处省略。

（2）安装 kubeadm 和 kubelet：

```
# yum install kubelet kubeadm --disableexcludes=kubernetes
```

通过以下命令启动 kubelet 服务，并设置为开机自启动：

```
# systemctl enable --now kubelet
```

（3）运行 kubeadm join 命令，加入集群，这里的“--token”和“--discovery-token-cacert-hash”的值需要从成功安装 Master 时的提示信息中复制而来，例如：

```
# kubeadm join 192.168.18.3:6443 --token abcdef.0123456789abcdef \
    --discovery-token-ca-cert-hash
sha256:44572e934d71309f081b5c0f96a884a116b570f2ec7f0b22bcfe5e8d414d81c3
```

该命令可以完成一键部署 Node 并加入集群的操作，但是其中隐含了很多默认的配置参数，如需调整，则可以通过自定义配置文件的方式设置需要修改的参数内容。

首先通过 kubeadm config print join-defaults 命令获取默认配置，将其保存为 join-config.yaml 配置文件：

```
# kubeadm config print join-defaults > join-config.yaml
```

然后编辑该配置文件，按需修改必要的配置项。例如，可以调整 API Server 的 IP 地址和端口号、Node 注册时的名称等，示例如下：

```
apiVersion: kubeadm.k8s.io/v1beta3
kind: JoinConfiguration
caCertPath: /etc/kubernetes/pki/ca.crt
discovery:
  bootstrapToken:
    apiServerEndpoint: 192.168.18.3:6443
    token: abcdef.0123456789abcdef
    unsafeSkipCAVerification: true
  timeout: 5m0s
  tlsBootstrapToken: abcdef.0123456789abcdef
nodeRegistration:
  criSocket: unix:///var/run/containerd/containerd.sock
  imagePullPolicy: IfNotPresent
  name: 192.168.18.4
  taints: null
```

其中，apiServerEndpoint 的值为 Master 服务的 URL 地址，通常需要在使用域名或者外部负载均衡器地址时调整，nodeRegistration.name 为注册本 Node 时使用的 Node 名称，默认值为主机名，也可以将其修改为 IP 地址或者其他需要的名称。

接着基于该配置文件执行 kubeadm join 命令，将本 Node 加入集群：

```
# kubeadm join --config=join-config.yaml

[preflight] Running pre-flight checks
[preflight] Reading configuration from the cluster...
```

```
    [preflight] FYI: You can look at this config file with 'kubectl -n kube-system
get cm kubeadm-config -o yaml'
    [kubelet-start] Writing kubelet configuration to file
"/var/lib/kubelet/config.yaml"
    [kubelet-start] Writing kubelet environment file with flags to file
"/var/lib/kubelet/kubeadm-flags.env"
    [kubelet-start] Starting the kubelet
    [kubelet-start] Waiting for the kubelet to perform the TLS Bootstrap...

    This node has joined the cluster:
    * Certificate signing request was sent to apiserver and a response was received.
    * The Kubelet was informed of the new secure connection details.

    Run 'kubectl get nodes' on the control-plane to see this node join the cluster.
```

在将 Node 成功加入集群后，可以在 Master 上通过 kubectl get nodes 命令确认新的 Node 已加入集群：

```
# kubectl get nodes
NAME             STATUS     ROLES           AGE      VERSION
192.168.18.3     NotReady   control-plane   67m      v1.29.0
192.168.18.4     NotReady   <none>          4m18s    v1.29.0
```

另外，在初始安装的 Master 上虽然也启动了 kubelet 和 kube-proxy，但是作为控制平面，Master 在默认情况下并不参与工作负载的调度工作。如果也希望将 Master 配置为 Node，则可以通过以下命令实现：

```
# kubectl taint nodes --all node-role.kubernetes.io/control-plane-
node/192.168.18.3 untainted
```

2.2.6　安装 CNI 网络插件

在运行 kubeadm init 和 join 命令后，Kubernetes 提示各 Node 均为“NotReady”状态，这是因为还没有安装 CNI 网络插件：

```
# kubectl get nodes
NAME             STATUS     ROLES           AGE      VERSION
192.168.18.3     NotReady   control-plane   67m      v1.29.0
192.168.18.4     NotReady   <none>          4m18s    v1.29.0
```

我们可以根据数据中心的网络配置环境、虚拟网络的配置要求等选择 CNI 网络插件。

以 Calico CNI 网络插件为例，通过以下命令即可将其一键安装：

```
# kubectl apply -f "https://docs.projectcalico.org/manifests/calico.yaml"
poddisruptionbudget.policy/calico-kube-controllers created
serviceaccount/calico-kube-controllers created
serviceaccount/calico-node created
serviceaccount/calico-cni-plugin created
configmap/calico-config created
customresourcedefinition.apiextensions.k8s.io/bgpconfigurations.crd.projectc
alico.org created
customresourcedefinition.apiextensions.k8s.io/bgpfilters.crd.projectcalico.o
rg created
customresourcedefinition.apiextensions.k8s.io/bgppeers.crd.projectcalico.org
created
customresourcedefinition.apiextensions.k8s.io/blockaffinities.crd.projectcal
ico.org created
customresourcedefinition.apiextensions.k8s.io/caliconodestatuses.crd.project
calico.org created
customresourcedefinition.apiextensions.k8s.io/clusterinformations.crd.projec
tcalico.org created
customresourcedefinition.apiextensions.k8s.io/felixconfigurations.crd.projec
tcalico.org created
customresourcedefinition.apiextensions.k8s.io/globalnetworkpolicies.crd.proj
ectcalico.org created
customresourcedefinition.apiextensions.k8s.io/globalnetworksets.crd.projectc
alico.org created
customresourcedefinition.apiextensions.k8s.io/hostendpoints.crd.projectcalic
o.org created
customresourcedefinition.apiextensions.k8s.io/ipamblocks.crd.projectcalico.o
rg created
customresourcedefinition.apiextensions.k8s.io/ipamconfigs.crd.projectcalico.
org created
customresourcedefinition.apiextensions.k8s.io/ipamhandles.crd.projectcalico.
org created
customresourcedefinition.apiextensions.k8s.io/ippools.crd.projectcalico.org
created
customresourcedefinition.apiextensions.k8s.io/ipreservations.crd.projectcali
co.org created
customresourcedefinition.apiextensions.k8s.io/kubecontrollersconfigurations.
crd.projectcalico.org created
customresourcedefinition.apiextensions.k8s.io/networkpolicies.crd.projectcal
```

```
ico.org created
    customresourcedefinition.apiextensions.k8s.io/networksets.crd.projectcalico.
org created
    clusterrole.rbac.authorization.k8s.io/calico-kube-controllers created
    clusterrole.rbac.authorization.k8s.io/calico-node created
    clusterrole.rbac.authorization.k8s.io/calico-cni-plugin created
    clusterrolebinding.rbac.authorization.k8s.io/calico-kube-controllers created
    clusterrolebinding.rbac.authorization.k8s.io/calico-node created
    clusterrolebinding.rbac.authorization.k8s.io/calico-cni-plugin created
    daemonset.apps/calico-node created
    deployment.apps/calico-kube-controllers created
```

成功运行 CNI 网络插件之后，再次查看 Node 的状态，会发现其已更新为“Ready”：

```
# kubectl get nodes
NAME            STATUS   ROLES           AGE     VERSION
192.168.18.3    Ready    control-plane   1h20m   v1.29.0
192.168.18.4    Ready    <none>          1h1m    v1.29.0
```

2.2.7　验证 Kubernetes 集群是否正常工作

若想验证 Kubernetes 集群的各个组件是否正常工作，则可以通过 kubectl get pod 命令查看 Kubernetes 各组件的 Pod 运行状态：

```
# kubectl get pods -n kube-system
NAMESPACE     NAME                                       READY   STATUS    RESTARTS   AGE
kube-system   calico-kube-controllers-7ddc4f45bc-4dkmn  1/1  Running  0  20m
kube-system   calico-node-8m7pj                          1/1     Running      0       14m
kube-system   calico-node-gxz4k                          1/1     Running      0       20m
kube-system   coredns-5dd5756b68-b7gn6                   1/1     Running      0       20m
kube-system   coredns-5dd5756b68-d5997                   1/1     Running      0       20m
kube-system   etcd-192.168.18.3                          1/1     Running      0       20m
kube-system   kube-apiserver-192.168.18.3                1/1     Running      0       20m
kube-system   kube-controller-manager-192.168.18.3  1/1   Running    0       20m
kube-system   kube-proxy-8l5w9                           1/1     Running      0       20m
kube-system   kube-proxy-h8ztw                           1/1     Running      0       14m
kube-system   kube-scheduler-192.168.18.3                1/1     Running      0       20m
```

如果发现有 Pod 处于错误运行状态，则可以通过 kubectl --namespace=kube-system describe pod <pod_name>命令查找其原因，常见的原因是镜像没有下载完成。

至此便通过 kubeadm 实现了对 Kubernetes 集群的快速安装。如果快速安装失败，则可以先通过 kubeadm reset 命令将主机恢复原状，然后重新通过 kubeadm init 命令再次进行快速安装。

2.3　通过二进制文件安装 Kubernetes 集群

通过 kubeadm 的确可以快速安装 Kubernetes 集群，但如果需要调整 Kubernetes 各组件服务的参数，以及安全设置、高可用模式等，就需要通过二进制文件安装 Kubernetes 集群了。

本节基于 Kubernetes v1.29 版本，通过二进制文件对如何配置、部署一个启用了安全机制且有 3 个节点的高可用 Kubernetes 集群进行说明。可以适当简化测试环境，将某些组件部署为单节点模式。

2.3.1　Master 的高可用部署架构

在 Kubernetes 系统中，Master 通过不间断地与各个 Node 通信来维护整个集群的健康工作状态，集群中各资源对象的状态则被保存在 etcd 中。如果 Master 不能正常工作，则各个 Node 会处于不可管理状态，用户无法管理在各个 Node 上运行的 Pod。

所以，在正式环境下应确保 Master 高可用，并启用安全访问机制，其中要至少注意以下几方面。

◎ Master 的 kube-apiserver、kube-controller-manager 和 kube-scheduler 服务以多实例方式部署，至少有 3 个节点，节点需要为奇数数量，通常建议为 5 个或 7 个。
◎ Master 启用了基于 CA 认证的 HTTPS 安全机制。
◎ etcd 至少以有 3 个节点的集群模式部署。
◎ etcd 集群启用了基于 CA 认证的 HTTPS 安全机制。
◎ Master 启用了 RBAC 授权模式。

Master 的高可用部署架构如图 2.1 所示。

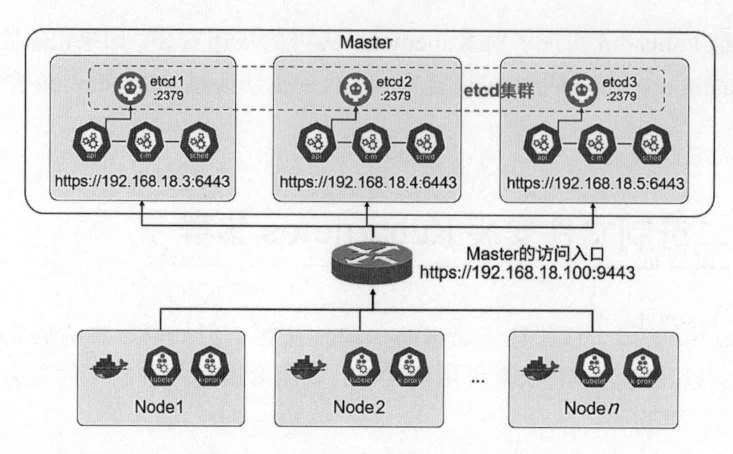

图 2.1　Master 的高可用部署架构

在 Master 的 3 个节点之前，应通过一个负载均衡器提供对客户端的唯一访问入口地址。对于负载均衡器，可以选择使用硬件负载均衡器或者软件负载均衡器进行搭建。如果选择使用软件负载均衡器，则可选择的开源方案较多，本文以 HAProxy 搭配 keepalived 为例进行说明。主流硬件负载均衡器有 F5、A10 等，需要额外采购，其负载均衡配置规则与软件负载均衡器的配置规则类似，本文不再赘述。

本例中 3 台主机的 IP 地址分别为 192.168.18.3、192.168.18.4、192.168.18.5，负载均衡器使用的虚拟 IP（Virtual IP，VIP）地址为 192.168.18.100。

下面详细讲解如何对 etcd、负载均衡器、Master、Node 等组件进行高可用部署、关键配置、CA 证书配置等。

2.3.2　创建 CA 根证书

为了启用 etcd 和 Kubernetes 服务基于 CA 认证的安全机制，首先需要配置 CA 证书。如果可以通过某个可信任的 CA 中心获取证书，则可以使用其颁发的 CA 证书来完成系统配置。如果没有可信任的 CA 中心，则也可以通过自行制作 CA 证书来完成系统配置。

etcd 和 Kubernetes 在制作 CA 证书时，均需要基于 CA 根证书。本文以 Kubernetes 和 etcd 使用同一套 CA 根证书为例，对如何制作 CA 证书进行说明。我们可以使用 OpenSSL、easyrsa、CFSSL 等工具来制作 CA 证书，本文以 OpenSSL 为例进行说明。

创建 CA 根证书的命令如下，其中包括私钥文件 ca.key 和证书文件 ca.crt：

```
# openssl genrsa -out ca.key 2048
# openssl req -x509 -new -nodes -key ca.key -subj "/CN=192.168.18.3" -days 36500
-out ca.crt
```

主要参数如下。

◎ -subj："/CN"的值为 CA 机构名称，格式可以是域名或者 IP 地址。
◎ -days：设置证书的有效期。

将生成的 ca.key 和 ca.crt 文件保存在/etc/kubernetes/pki 目录下。

2.3.3 部署安全的 etcd 高可用集群

etcd 是 Kubernetes 集群的核心数据库，我们在安装 Kubernetes 各服务之前需要首先安装和启动 etcd。

1. 下载 etcd 二进制文件，配置 systemd 服务

从 etcd 官网下载 etcd 二进制文件，例如 etcd-v3.4.27-linux-amd64.tar.gz，下载界面如图 2.2 所示。

▾Assets 8

etcd-v3.4.27-darwin-amd64.zip	27.4 MB	Jul 11
etcd-v3.4.27-linux-amd64.tar.gz	15.4 MB	Jul 11
etcd-v3.4.27-linux-arm64.tar.gz	14.2 MB	Jul 11
etcd-v3.4.27-linux-ppc64le.tar.gz	14 MB	Jul 11
etcd-v3.4.27-windows-amd64.zip	15.8 MB	Jul 11
SHA256SUMS	489 Bytes	Jul 11
Source code (zip)		Jul 11
Source code (tar.gz)		Jul 11

图 2.2 etcd 的下载界面

将 etcd 二进制文件解压缩后可以得到 etcd 和 etcdctl 文件，首先将它们复制到/usr/bin 目录下，然后将其部署为一个 systemd 服务，创建 systemd 服务的配置文件/usr/lib/systemd/system/etcd.service，内容示例如下：

```
[Unit]
Description=etcd key-value store
Documentation=https://github.com/etcd-io/etcd
```

```
After=network.target

[Service]
EnvironmentFile=/etc/etcd/etcd.conf
ExecStart=/usr/bin/etcd
Restart=always

[Install]
WantedBy=multi-user.target
```

其中，EnvironmentFile 指定配置文件的全路径，例如/etc/etcd/etcd.conf，以环境变量的格式配置其中的参数。

接下来配置 etcd 需要的 CA 证书。对于配置文件/etc/etcd/etcd.conf 中的完整配置参数，将在创建完 CA 证书后统一说明。

2. 创建 etcd 的 CA 证书

首先创建一个 x509 v3 配置文件 etcd_ssl.cnf，其中的 subjectAltName 参数（alt_names）包括所有 etcd 主机的 IP 地址，例如：

```
[ req ]
req_extensions = v3_req
distinguished_name = req_distinguished_name

[ req_distinguished_name ]

[ v3_req ]
basicConstraints = CA:FALSE
keyUsage = nonRepudiation, digitalSignature, keyEncipherment
subjectAltName = @alt_names

[ alt_names ]
IP.1 = 192.168.18.3
IP.2 = 192.168.18.4
IP.3 = 192.168.18.5
```

然后通过 openssl 命令创建 etcd 的服务端 CA 证书，包括 etcd_server.key 和 etcd_server.crt 文件，将其保存到/etc/etcd/pki 目录下：

```
# openssl genrsa -out etcd_server.key 2048
# openssl req -new -key etcd_server.key -config etcd_ssl.cnf -subj
```

```
"/CN=etcd-server" -out etcd_server.csr
    # openssl x509 -req -in etcd_server.csr -CA /etc/kubernetes/pki/ca.crt -CAkey
/etc/kubernetes/pki/ca.key -CAcreateserial -days 36500 -extensions v3_req -extfile
etcd_ssl.cnf -out etcd_server.crt
```

最后创建客户端使用的 CA 证书，包括 etcd_client.key 和 etcd_client.crt 文件，也将其保存到/etc/etcd/pki 目录下，后续供 kube-apiserver 连接 etcd 时使用：

```
    # openssl genrsa -out etcd_client.key 2048
    # openssl req -new -key etcd_client.key -config etcd_ssl.cnf -subj
"/CN=etcd-client" -out etcd_client.csr
    # openssl x509 -req -in etcd_client.csr -CA /etc/kubernetes/pki/ca.crt -CAkey
/etc/kubernetes/pki/ca.key -CAcreateserial -days 36500 -extensions v3_req -extfile
etcd_ssl.cnf -out etcd_client.crt
```

3. 对 etcd 参数的配置说明

接下来配置 3 个 etcd 节点。etcd 节点的配置方式包括启动参数、环境变量、配置文件等，本例通过环境变量方式将其配置到/etc/etcd/etcd.conf 文件中，供 systemd 服务读取。

3 个 etcd 节点将被部署在 192.168.18.3、192.168.18.4 和 192.168.18.5 这 3 台主机上，配置文件/etc/etcd/etcd.conf 的内容示例如下：

```
    # 节点 1 的配置
    ETCD_NAME=etcd1
    ETCD_DATA_DIR=/etc/etcd/data

    ETCD_CERT_FILE=/etc/etcd/pki/etcd_server.crt
    ETCD_KEY_FILE=/etc/etcd/pki/etcd_server.key
    ETCD_TRUSTED_CA_FILE=/etc/kubernetes/pki/ca.crt
    ETCD_CLIENT_CERT_AUTH=true
    ETCD_LISTEN_CLIENT_URLS=https://192.168.18.3:2379
    ETCD_ADVERTISE_CLIENT_URLS=https://192.168.18.3:2379

    ETCD_PEER_CERT_FILE=/etc/etcd/pki/etcd_server.crt
    ETCD_PEER_KEY_FILE=/etc/etcd/pki/etcd_server.key
    ETCD_PEER_TRUSTED_CA_FILE=/etc/kubernetes/pki/ca.crt
    ETCD_LISTEN_PEER_URLS=https://192.168.18.3:2380
    ETCD_INITIAL_ADVERTISE_PEER_URLS=https://192.168.18.3:2380

    ETCD_INITIAL_CLUSTER_TOKEN=etcd-cluster
    ETCD_INITIAL_CLUSTER="etcd1=https://192.168.18.3:2380,etcd2=https://192.168.
```

```
18.4:2380,etcd3=https://192.168.18.5:2380"
    ETCD_INITIAL_CLUSTER_STATE=new

    # 节点 2 的配置
    ETCD_NAME=etcd2
    ETCD_DATA_DIR=/etc/etcd/data

    ETCD_CERT_FILE=/etc/etcd/pki/etcd_server.crt
    ETCD_KEY_FILE=/etc/etcd/pki/etcd_server.key
    ETCD_TRUSTED_CA_FILE=/etc/kubernetes/pki/ca.crt
    ETCD_CLIENT_CERT_AUTH=true
    ETCD_LISTEN_CLIENT_URLS=https://192.168.18.4:2379
    ETCD_ADVERTISE_CLIENT_URLS=https://192.168.18.4:2379

    ETCD_PEER_CERT_FILE=/etc/etcd/pki/etcd_server.crt
    ETCD_PEER_KEY_FILE=/etc/etcd/pki/etcd_server.key
    ETCD_PEER_TRUSTED_CA_FILE=/etc/kubernetes/pki/ca.crt
    ETCD_LISTEN_PEER_URLS=https://192.168.18.4:2380
    ETCD_INITIAL_ADVERTISE_PEER_URLS=https://192.168.18.4:2380

    ETCD_INITIAL_CLUSTER_TOKEN=etcd-cluster
    ETCD_INITIAL_CLUSTER="etcd1=https://192.168.18.3:2380,etcd2=https://192.168.
18.4:2380,etcd3=https://192.168.18.5:2380"
    ETCD_INITIAL_CLUSTER_STATE=new

    # 节点 3 的配置
    ETCD_NAME=etcd3
    ETCD_DATA_DIR=/etc/etcd/data

    ETCD_CERT_FILE=/etc/etcd/pki/etcd_server.crt
    ETCD_KEY_FILE=/etc/etcd/pki/etcd_server.key
    ETCD_TRUSTED_CA_FILE=/etc/kubernetes/pki/ca.crt
    ETCD_CLIENT_CERT_AUTH=true
    ETCD_LISTEN_CLIENT_URLS=https://192.168.18.5:2379
    ETCD_ADVERTISE_CLIENT_URLS=https://192.168.18.5:2379

    ETCD_PEER_CERT_FILE=/etc/etcd/pki/etcd_server.crt
    ETCD_PEER_KEY_FILE=/etc/etcd/pki/etcd_server.key
    ETCD_PEER_TRUSTED_CA_FILE=/etc/kubernetes/pki/ca.crt
    ETCD_LISTEN_PEER_URLS=https://192.168.18.5:2380
    ETCD_INITIAL_ADVERTISE_PEER_URLS=https://192.168.18.5:2380
```

```
ETCD_INITIAL_CLUSTER_TOKEN=etcd-cluster
ETCD_INITIAL_CLUSTER="etcd1=https://192.168.18.3:2380,etcd2=https://192.168.
18.4:2380,etcd3=https://192.168.18.5:2380"
ETCD_INITIAL_CLUSTER_STATE=new
```

主要配置参数包括为客户端和集群其他节点配置的各监听 URL 地址（均为 HTTPS URL 地址），并配置相应的 CA 证书参数。

etcd 服务的相关配置参数如下。

◎ ETCD_NAME：etcd 节点名称，每个节点都应不同，例如 etcd1、etcd2、etcd3。
◎ ETCD_DATA_DIR：etcd 的数据存储目录，例如/etc/etcd/data/etcd1。
◎ ETCD_LISTEN_CLIENT_URLS 和 ETCD_ADVERTISE_CLIENT_URLS：为客户端提供的服务监听 URL 地址，例如 https://192.168.18.3:2379。
◎ ETCD_LISTEN_PEER_URLS 和 ETCD_INITIAL_ADVERTISE_PEER_URLS：为本集群其他节点提供的服务监听 URL 地址，例如 https://192.168.18.3:2380。
◎ ETCD_INITIAL_CLUSTER_TOKEN：集群名称，例如 etcd-cluster。
◎ ETCD_INITIAL_CLUSTER：集群各节点的 endpoint 列表，例如 etcd1=https://192.168.18.3:2380,etcd2=https://192.168.18.4:2380,etcd3=https://192.168.18.5:2380。
◎ ETCD_INITIAL_CLUSTER_STATE：初始集群状态，在新建集群时将其设置为“new”，在集群已存在时将其设置为“existing”。

CA 证书的相关配置参数如下。

◎ ETCD_CERT_FILE：etcd 服务端 CA 证书-crt 文件的全路径，例如/etc/etcd/pki/etcd_server.crt。
◎ ETCD_KEY_FILE：etcd 服务端 CA 证书-key 文件的全路径，例如/etc/etcd/pki/etcd_server.key。
◎ ETCD_TRUSTED_CA_FILE：CA 根证书文件的全路径，例如/etc/kubernetes/pki/ca.crt。
◎ ETCD_CLIENT_CERT_AUTH：是否启用客户端证书认证。
◎ ETCD_PEER_CERT_FILE：集群各节点相互认证使用的 CA 证书-crt 文件的全路径，例如/etc/etcd/pki/etcd_server.crt。
◎ ETCD_PEER_KEY_FILE：集群各节点相互认证使用的 CA 证书-key 文件的全路径，例如/etc/etcd/pki/etcd_server.key。

◎ ETCD_PEER_TRUSTED_CA_FILE：CA 根证书文件的全路径，例如/etc/kubernetes/pki/ca.crt。

4. 启动 etcd 集群

基于 systemd 的配置，在 3 台主机上首先分别启动 etcd 服务，并设置为开机自启动：

```
# systemctl restart etcd && systemctl enable etcd
```

然后用 etcdctl 客户端命令行工具携带客户端 CA 证书，通过 etcdctl endpoint health 命令访问 etcd 集群，验证集群状态是否正常。具体命令如下：

```
# etcdctl --cacert=/etc/kubernetes/pki/ca.crt
--cert=/etc/etcd/pki/etcd_client.crt --key=/etc/etcd/pki/etcd_client.key
--endpoints=https://192.168.18.3:2379,https://192.168.18.4:2379,https://192.168.
18.5:2379 endpoint health
    https://192.168.18.3:2379 is healthy: successfully committed proposal: took =
8.622771ms
    https://192.168.18.4:2379 is healthy: successfully committed proposal: took =
7.589738ms
    https://192.168.18.5:2379 is healthy: successfully committed proposal: took =
8.210234ms
```

结果显示各节点状态均为“healthy”，说明集群正常运行。

至此，一个启用了 HTTPS 的有 3 个节点的 etcd 集群就部署完成了，更多的配置参数请参考 etcd 官方文档的说明。

2.3.4　部署安全的 Kubernetes Master 高可用集群

1. 下载 Kubernetes 服务的二进制文件

首先，从 Kubernetes 的官方 GitHub 代码库页面下载各组件的二进制文件，在 Releases 页面找到需要下载的版本号，单击 CHANGELOG 链接，跳转到已编译好的 Server 端二进制（Server Binaries）文件的下载页面下载该文件，如图 2.3 和图 2.4 所示。

在 Server Binaries 压缩包中包含 Kubernetes 的所有服务端程序的二进制文件和容器镜像文件，并根据不同的系统架构分别提供二进制文件，例如 amd64 表示 x86 架构，arm64 表示 arm 架构，等等，需要根据目标环境的要求选择正确的文件进行下载。

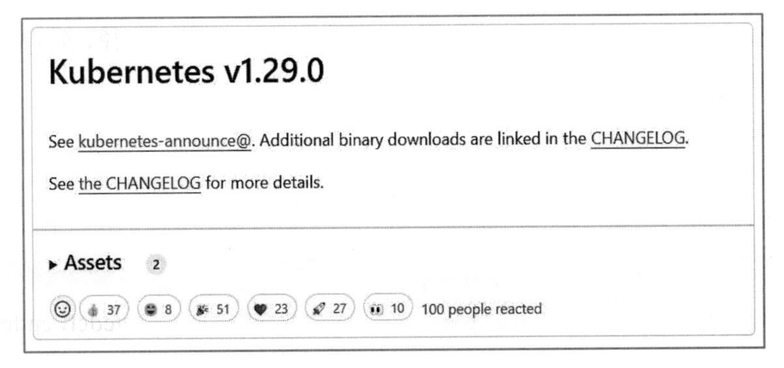

图 2.3　下载页面一

Server Binaries

filename	sha512 hash
kubernetes-server-linux-amd64.tar.gz	651a8bf34acb6d61c39cc67ae23d9ef18204f95b309561d31f49da26c0c6a1b7585e7d7c2ac2f1522b2c326470a4e1ec9aa0dcf3bb1f66e1a41e
kubernetes-server-linux-arm64.tar.gz	7f1f58b05c923d860f2daa6d31906faf834584b1560f4eda01ba5499338d07a7f183030ab625557b1f5df50a5f0ea30d97d487e2571c85260e5b
kubernetes-server-linux-ppc64le.tar.gz	3ca2af4a7d68c0d84ef65e69190daeb2392946c87c6b8e84ff8d5cf917c979f0778fc00040d4b471e71b8474ca57ac8fdf786f006260d4403b53
kubernetes-server-linux-s390x.tar.gz	dfa172456f98210e614a9a538b9027ba211cc19f6eec22a42d5e89ce12d7f5e7e58dfd3229bb974ecba31ffafdf1a5361aef18b9610a45614a18

Node Binaries

filename	sha512 hash
kubernetes-node-linux-amd64.tar.gz	8057197e9354e2e0f48aab18c0ce87e4ea39c1682cfd4c491c2bc83f8881787b09cb0c9b9f4d7bef8fbe53cc4056f5381745dbfde7f7474bb76a
kubernetes-node-linux-arm64.tar.gz	70d086c71f6258b1667bcb1efe60c15810b5b76848fdf26781c5a90efb8a78030e9ffb230bb0fd52d994f02b13c0b558c8e8ad3a42b601a0f944
kubernetes-node-linux-ppc64le.tar.gz	2740f6ac0dfeebbe4ba8804b43ec5968997d9137de9a9432861c3e71e614cb84b309da31bde3554f896f829a570c21b833f0af241659ad326fa7
kubernetes-node-linux-s390x.tar.gz	9877d5a6cc84569efe30256ba5e8095f38bfa0b11c28892499a12b577b467b516880a33022d88f65263c7ffa2a9a3687ef52cb85fa611e95b14a
kubernetes-node-windows-amd64.tar.gz	66b264de5e810bff31c4cf7cc575c3c57fed491fa4e21de7035dad76127e17d5fc88aff9f65277adf0826b255bf9b983f61c91bff2f8386d950f

图 2.4　下载页面二

如果仅安装 Node，则也可以只下载服务端程序的二进制文件，包括不同系统架构及不同操作系统需要运行的服务端程序的二进制文件。

主要的服务端程序的二进制文件列表如表 2.4 所示。

表 2.4　主要的服务端程序的二进制文件列表

文件名	说　明
kube-apiserver	kube-apiserver 主程序
kube-apiserver.docker_tag	kube-apiserver docker 镜像 tag
kube-apiserver.tar	kube-apiserver docker 镜像文件
kube-controller-manager	kube-controller-manager 主程序
kube-controller-manager.docker_tag	kube-controller-manager docker 镜像 tag
kube-controller-manager.tar	kube-controller-manager docker 镜像文件
kube-scheduler	kube-scheduler 主程序
kube-scheduler.docker_tag	kube-scheduler docker 镜像 tag
kube-scheduler.tar	kube-scheduler docker 镜像文件
kubelet	kubelet 主程序
kube-proxy	kube-proxy 主程序
kube-proxy.docker_tag	kube-proxy docker 镜像 tag
kube-proxy.tar	kube-proxy docker 镜像文件
kubectl	客户端命令行工具
kubeadm	用于安装 Kubernetes 集群的命令行工具
apiextensions-apiserver	提供实现自定义资源对象的扩展 API Server
kube-aggregator	聚合 API Server 程序

在 Kubernetes 的 Master 上需要部署的服务包括 etcd、kube-apiserver、kube-controller-manager 和 kube-scheduler。

在 Node 上需要部署的服务包括容器运行时（如 containerd）、kubelet 和 kube-proxy。

将 Kubernetes 的二进制可执行文件复制到/usr/bin 目录下，然后在/usr/lib/systemd/system 目录下为各服务创建 systemd 服务的配置文件，这样就完成了对 Kubernetes 服务的安装。

2. 部署 kube-apiserver 服务

（1）设置 kube-apiserver 服务需要的 CA 相关证书。首先准备一个 x509 v3 版本的证书配置文件（master_ssl.cnf），示例如下：

```
[req]
req_extensions = v3_req
distinguished_name = req_distinguished_name
[req_distinguished_name]

[ v3_req ]
basicConstraints = CA:FALSE
keyUsage = nonRepudiation, digitalSignature, keyEncipherment
subjectAltName = @alt_names

[alt_names]
DNS.1 = kubernetes
DNS.2 = kubernetes.default
DNS.3 = kubernetes.default.svc
DNS.4 = kubernetes.default.svc.cluster.local
DNS.5 = k8s-1
DNS.6 = k8s-2
DNS.7 = k8s-3
IP.1 = 169.169.0.1
IP.2 = 192.168.18.3
IP.3 = 192.168.18.4
IP.4 = 192.168.18.5
IP.5 = 192.168.18.100
```

在该文件的 subjectAltName 字段（[alt_names]）设置 Master 服务的全部域名和 IP 地址。

◎ DNS 主机名，例如 k8s-1、k8s-2、k8s-3 等。

◎ Master Service 的虚拟服务名称，例如 kubernetes.default 等。

◎ IP 地址，包括各 kube-apiserver 所在主机的 IP 地址和负载均衡器的 IP 地址，例如 192.168.18.3、192.168.18.4、192.168.18.5 和 192.168.18.100。

◎ Master Service 虚拟服务的 ClusterIP 地址，例如 169.169.0.1。

然后通过 openssl 命令创建 kube-apiserver 的服务端 CA 证书，包括 apiserver.key 和 apiserver.crt 文件，将其保存到/etc/kubernetes/pki 目录下：

```
# openssl genrsa -out apiserver.key 2048
# openssl req -new -key apiserver.key -config master_ssl.cnf -subj
"/CN=192.168.18.3" -out apiserver.csr
# openssl x509 -req -in apiserver.csr -CA ca.crt -CAkey ca.key -CAcreateserial
-days 36500 -extensions v3_req -extfile master_ssl.cnf -out apiserver.crt
```

（2）为 kube-apiserver 服务创建 systemd 服务的配置文件/usr/lib/systemd/system/kube-apiserver.service，在该环境文件中，EnvironmentFile 参数指定将/etc/kubernetes/apiserver 文件作为环境文件，其中通过变量 KUBE_API_ARGS 设置 kube-apiserver 的启动参数，内容如下：

```
[Unit]
Description=Kubernetes API Server
Documentation=https://github.com/kubernetes/kubernetes

[Service]
EnvironmentFile=/etc/kubernetes/apiserver
ExecStart=/usr/bin/kube-apiserver $KUBE_API_ARGS
Restart=always

[Install]
WantedBy=multi-user.target
```

（3）在环境文件/etc/kubernetes/apiserver 中，配置变量 KUBE_API_ARGS 的值为 kube-apiserver 的全部启动参数，示例如下：

```
KUBE_API_ARGS="--secure-port=6443 \
--tls-cert-file=/etc/kubernetes/pki/apiserver.crt \
--tls-private-key-file=/etc/kubernetes/pki/apiserver.key \
--client-ca-file=/etc/kubernetes/pki/ca.crt \
--apiserver-count=3 --endpoint-reconciler-type=master-count \
--etcd-servers=https://192.168.18.3:2379,https://192.168.18.4:2379,https://1
92.168.18.5:2379 \
--etcd-cafile=/etc/kubernetes/pki/ca.crt \
--etcd-certfile=/etc/etcd/pki/etcd_client.crt \
--etcd-keyfile=/etc/etcd/pki/etcd_client.key \
--service-cluster-ip-range=169.169.0.0/16 \
--service-node-port-range=30000-32767 \
--allow-privileged=true"
```

对主要参数说明如下。

◎ --secure-port：HTTPS 端口号，默认值为 6443。

◎ --tls-cert-file：服务端 CA 证书文件的全路径，例如/etc/kubernetes/pki/apiserver.crt。

◎ --tls-private-key-file：服务端 CA 私钥文件的全路径，例如/etc/kubernetes/pki/apiserver. key。

◎ --client-ca-file：CA 根证书的全路径，例如/etc/kubernetes/pki/ca.crt。

◎ --apiserver-count：API Server 实例的数量，例如 3，需要同时设置参数--endpoint-reconciler- type=master-count。

◎ --etcd-servers：连接 etcd 的 URL 列表，这里使用 HTTPS，例如 https://192.168.18.3:2379、https://192.168.18.4:2379 和 https://192.168.18.5:2379。

◎ --etcd-cafile：etcd 使用的 CA 根证书文件的全路径，例如/etc/kubernetes/pki/ca.crt。

◎ --etcd-certfile：etcd 客户端 CA 证书文件的全路径，例如/etc/etcd/pki/etcd_client.crt。

◎ --etcd-keyfile：etcd 客户端私钥文件的全路径，例如/etc/etcd/pki/etcd_client.key。

◎ --service-cluster-ip-range：Service 虚拟 IP 地址的范围，以 CIDR 格式表示，例如 169.169.0.0/16，在该范围内不可出现物理机的 IP 地址。

◎ --service-node-port-range：Service 可使用的物理机端口号范围，默认值为 30000 ~ 32767。

◎ --allow-privileged：是否允许容器以特权模式运行，默认值为 true。

（4）在配置文件准备完毕后，在 3 台主机上分别启动 kube-apiserver 服务，并设置为开机自启动：

```
# systemctl start kube-apiserver && systemctl enable kube-apiserver
```

3. 创建客户端 CA 证书

kube-controller-manager、kube-scheduler、kubelet 和 kube-proxy 服务作为客户端连接 kube-apiserver 服务，需要为它们创建客户端 CA 证书，使其能够正确访问 kube-apiserver。这里以对这几个服务统一创建一个证书作为示例。

（1）通过 openssl 命令创建 CA 证书和私钥文件：

```
$ openssl genrsa -out client.key 2048
$ openssl req -new -key client.key -subj "/CN=admin" -out client.csr
$ openssl x509 -req -in client.csr -CA ca.crt -CAkey ca.key -CAcreateserial -out client.crt -days 36500
```

其中，-subj 参数中“/CN”的名称可以被设置为“admin”，用于标识连接 kube-apiserver 的客户端用户的名称。

（2）将生成的 client.key 和 client.crt 文件保存在/etc/kubernetes/pki 目录下。

4. 创建客户端连接 kube-apiserver 服务所需的 kubeconfig 配置文件

本节为 kube-controller-manager、kube-scheduler、kubelet 和 kube-proxy 服务统一创建

了一个 kubeconfig 文件作为连接 kube-apiserver 服务的配置文件，后续也作为 kubectl 连接 kube-apiserver 服务的配置文件。

在 kubeconfig 文件中主要设置访问 kube-apiserver 的 URL 地址及所需 CA 证书等相关参数，示例如下：

```
apiVersion: v1
kind: Config
clusters:
- name: default
  cluster:
    server: https://192.168.18.100:9443
    certificate-authority: /etc/kubernetes/pki/ca.crt
users:
- name: admin
  user:
    client-certificate: /etc/kubernetes/pki/client.crt
    client-key: /etc/kubernetes/pki/client.key
contexts:
- context:
    cluster: default
    user: admin
  name: default
current-context: default
```

其中的关键配置参数如下。

◎ server URL 地址：配置为负载均衡器（HAProxy）使用的虚拟 IP 地址（如 192.168.18.100）和 HAProxy 监听的端口号（如 9443）。
◎ client-certificate：配置为客户端证书文件（client.crt）的全路径。
◎ client-key：配置为客户端私钥文件（client.key）的全路径。
◎ certificate-authority：配置为 CA 根证书（ca.crt）的全路径。
◎ users 中的 user name 和 context 中的 user：连接 API Server 的用户名，设置为与客户端证书中的“/CN”名称保持一致，例如“admin”。

将 kubeconfig 文件保存到/etc/kubernetes 目录下。

5. 部署 kube-controller-manager 服务

（1）为 kube-controller-manager 服务创建 systemd 服务的配置文件/usr/lib/systemd/

system/kube-controller-manager.service，其中 EnvironmentFile 参数指定使用/etc/kubernetes/controller-manager 文件作为环境文件，在该环境文件中通过变量 KUBE_ CONTROLLER_MANAGER_ARGS 设置 kube-controller-manager 的启动参数，内容如下：

```
[Unit]
Description=Kubernetes Controller Manager
Documentation=https://github.com/kubernetes/kubernetes

[Service]
EnvironmentFile=/etc/kubernetes/controller-manager
ExecStart=/usr/bin/kube-controller-manager $KUBE_CONTROLLER_MANAGER_ARGS
Restart=always

[Install]
WantedBy=multi-user.target
```

（2）在环境文件/etc/kubernetes/controller-manager 中，配置变量 KUBE_CONTROLLER_MANAGER_ARGS 的值为 kube-controller-manager 的全部启动参数，示例如下：

```
KUBE_CONTROLLER_MANAGER_ARGS="--kubeconfig=/etc/kubernetes/kubeconfig \
--leader-elect=true \
--service-cluster-ip-range=169.169.0.0/16 \
--service-account-private-key-file=/etc/kubernetes/pki/apiserver.key \
--root-ca-file=/etc/kubernetes/pki/ca.crt"
```

对主要参数说明如下。

◎ --kubeconfig：与 API Server 连接的相关配置。
◎ --leader-elect：启用选举机制，在有 3 个节点的环境下应被设置为“true”。
◎ --service-account-private-key-file：为 ServiceAccount 自动颁发 token 使用的私钥文件的全路径，例如/etc/kubernetes/pki/apiserver.key。
◎ --root-ca-file：CA 根证书的全路径，例如/etc/kubernetes/pki/ca.crt。
◎ --service-cluster-ip-range：Service 的虚拟 IP 地址范围，以 CIDR 格式表示，例如 169.169.0.0/16，与 kube-apiserver 服务中的配置保持一致。

（3）在配置文件准备完毕后，在 3 台主机上分别启动 kube-controller-manager 服务，并设置为开机自启动：

```
# systemctl start kube-controller-manager && systemctl enable
kube-controller-manager
```

6. 部署 kube-scheduler 服务

（1）为 kube-scheduler 服务创建 systemd 服务的配置文件/usr/lib/systemd/system/kube-scheduler.service，其中 EnvironmentFile 参数指定使用/etc/kubernetes/scheduler 文件作为环境文件，在该环境文件中通过变量 KUBE_SCHEDULER_ARGS 设置 kube-scheduler 的启动参数，内容如下：

```
[Unit]
Description=Kubernetes Scheduler
Documentation=https://github.com/kubernetes/kubernetes

[Service]
EnvironmentFile=/etc/kubernetes/scheduler
ExecStart=/usr/bin/kube-scheduler $KUBE_SCHEDULER_ARGS
Restart=always

[Install]
WantedBy=multi-user.target
```

（2）在环境文件/etc/kubernetes/scheduler 中，配置变量 KUBE_SCHEDULER_ARGS 的值为 kube-scheduler 的全部启动参数，示例如下：

```
KUBE_SCHEDULER_ARGS="--kubeconfig=/etc/kubernetes/kubeconfig \
--leader-elect=true"
```

对主要参数说明如下。

◎ --kubeconfig：与 API Server 连接的相关配置。

◎ --leader-elect：启用选举机制，在有 3 个节点的环境下应被设置为“true”。

（3）在配置文件准备完毕后，在 3 台主机上分别启动 kube-scheduler 服务，并设置为开机自启动：

```
# systemctl start kube-scheduler && systemctl enable kube-scheduler
```

通过 systemctl status <service_name>验证服务的启动状态，若状态为“running”并且没有报错日志，则表示启动成功，例如：

```
# systemctl status kube-apiserver
● kube-apiserver.service - Kubernetes API Server
   Loaded: loaded (/usr/lib/systemd/system/kube-apiserver.service; disabled;
vendor preset: disabled)
   Active: active (running) since Fri 2023-11-13 08:10:13 CST; 13s ago
```

```
       Docs: https://github.com/kubernetes/kubernetes
   Main PID: 7891 (kube-apiserver)
      Tasks: 8
     Memory: 383.3M
     CGroup: /system.slice/kube-apiserver.service
             └─7891 /usr/bin/kube-apiserver --insecure-port=0 --secure-port=6443
--tls-cert-file=/etc/kubernetes/pki/apiserver.crt...

    Nov 13 08:10:13 k8s-1 systemd[1]: Started Kubernetes API Server.
    Nov 13 08:10:15 k8s-1 kube-apiserver[7891]: Flag --insecure-port has been
deprecated, This flag will be removed in a future version.
    Hint: Some lines were ellipsized, use -l to show in full.
```

7. 使用 HAProxy 和 keepalived 部署高可用负载均衡器

接下来，在 3 个 kube-apiserver 服务的前端部署 HAProxy 和 keepalived，将虚拟 IP 地址 192.168.18.100 作为 Master 的唯一入口地址，供客户端访问。

将 HAProxy 和 keepalived 均部署为至少有两个实例的高可用架构，以免发生单点故障。下面以在 192.168.18.3 和 192.168.18.4 两台服务器上部署为例进行说明。HAProxy 负责将客户端的请求转发到后端的 3 个 kube-apiserver 实例上，keepalived 负责保证虚拟 IP 地址 192.168.18.100 的高可用。HAProxy 和 keepalived 的部署架构如图 2.5 所示。

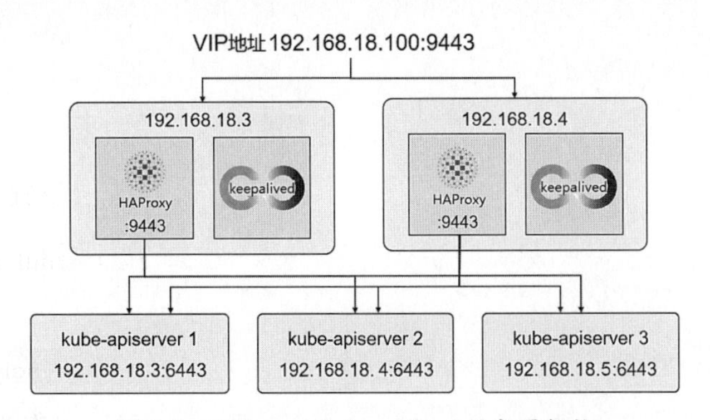

图 2.5 HAProxy 和 keepalived 的部署架构

接下来对部署 HAProxy 和 keepalived 实例进行说明。

1）部署两个 HAProxy 实例

准备 HAProxy 的配置文件 haproxy.cfg，内容示例如下：

```
global
   log         127.0.0.1 local2
   chroot      /var/lib/haproxy
   pidfile     /var/run/haproxy.pid
   maxconn     4096
   user        haproxy
   group       haproxy
   daemon
   stats socket /var/lib/haproxy/stats

defaults
   mode                         http
   log                          global
   option                       httplog
   option                       dontlognull
   option                       http-server-close
   option                       forwardfor    except 127.0.0.0/8
   option                       redispatch
   retries                      3
   timeout http-request         10s
   timeout queue                1m
   timeout connect              10s
   timeout client               1m
   timeout server               1m
   timeout http-keep-alive      10s
   timeout check                10s
   maxconn                      3000

frontend  kube-apiserver
   mode                    tcp
   bind                    *:9443
   option                  tcplog
   default_backend         kube-apiserver

listen stats
   mode                     http
   bind                     *:8888
   stats auth               admin:password
   stats refresh            5s
   stats realm              HAProxy\ Statistics
   stats uri                /stats
```

```
    log                 127.0.0.1 local3 err

backend kube-apiserver
    mode        tcp
    balance     roundrobin
    server  k8s-master1 192.168.18.3:6443 check
    server  k8s-master2 192.168.18.4:6443 check
    server  k8s-master3 192.168.18.5:6443 check
```

对主要参数说明如下。

◎ frontend：HAProxy 的监听协议和端口号，使用 TCP，端口号为 9443。

◎ backend：后端的 3 个 kube-apiserver 的地址，以 IP:Port 形式表示，例如 192.168.18.3:6443、192.168.18.4:6443 和 192.168.18.5:6443；mode 字段用于设置协议，此处的值为“tcp”；balance 字段用于设置负载均衡策略，例如 roundrobin 为轮询模式。

◎ listen stats：状态监控的服务配置，其中，bind 用于设置监听端口号为 8888；stats auth 用于设置访问账号；stats uri 用于设置访问的 URL 路径，例如/stats。

下面以通过 Docker 容器运行 HAProxy 且镜像使用 haproxytech/haproxy-debian 为例进行说明。

在两台服务器 192.168.18.3 和 192.168.18.4 上启动 HAProxy，将配置文件 haproxy.cfg 挂载到容器的/usr/local/etc/haproxy 目录下，启动命令如下：

```
docker run -d --name k8s-haproxy \
  --net=host \
  --restart=always \
  -v ${PWD}/haproxy.cfg:/usr/local/etc/haproxy/haproxy.cfg:ro \
  haproxytech/haproxy-debian:2.3
```

在一切正常的情况下，通过浏览器访问 http://192.168.18.3:8888/stats 这一地址即可访问 HAProxy 的管理页面，登录后查看到的主页界面如图 2.6 所示。

这里主要关注最后一个表格，其内容为 haproxy.cfg 配置文件中 backend 配置的 3 个 kube-apiserver 地址，它们的状态均为“UP”，表示与 3 个 kube-apiserver 服务成功建立连接，说明 HAProxy 工作正常。

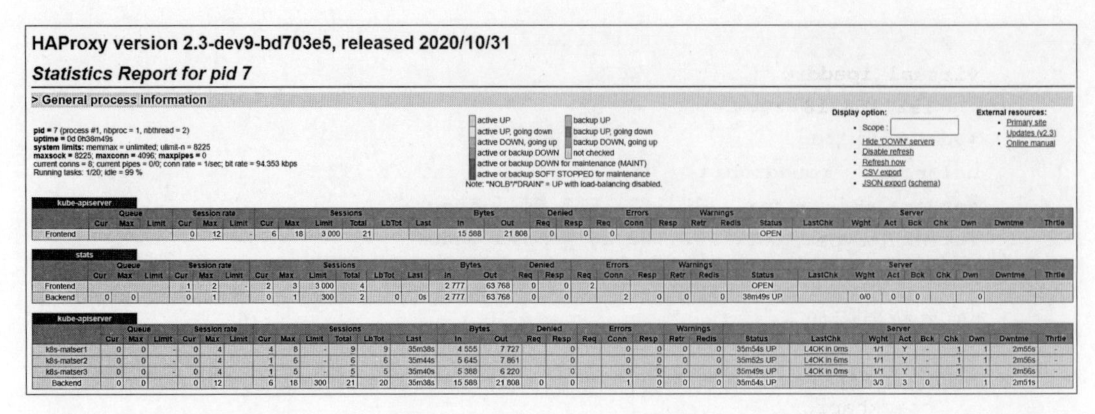

图 2.6　登录后查看到的主页界面

2）部署两个 keepalived 实例

keepalived 用于维护虚拟 IP 地址的高可用，同样在 192.168.18.3 和 192.168.18.4 两台服务器上部署。其中主要需要配置 keepalived 对 HAProxy 运行状态的监控，当某个 HAProxy 实例不可用时，自动将虚拟 IP 地址切换到另一台主机上。下面对 keepalived 的配置和启动进行说明。

在第 1 台服务器 192.168.18.3 上创建配置文件 keepalived.conf，内容如下：

```
! Configuration File for keepalived

global_defs {
   router_id LVS_1
}

vrrp_script checkhaproxy
{
    script "/usr/bin/check-haproxy.sh"
    interval 2
    weight -30
}

vrrp_instance VI_1 {
    state MASTER
    interface ens33
    virtual_router_id 51
    priority 100
    advert_int 1
```

```
    virtual_ipaddress {
        192.168.18.100/24 dev ens33
    }

    authentication {
        auth_type PASS
        auth_pass password
    }

    track_script {
        checkhaproxy
    }
}
```

在 vrrp_instance 字段设置主要参数。

◎ vrrp_instance VI_1：设置 keepalived 虚拟路由器组（VRRP）的名称。
◎ state：设置为“MASTER”，将其他 keepalived 均设置为“BACKUP”。
◎ interface：待设置虚拟 IP 地址的网卡名称。
◎ virtual_router_id：例如 51。
◎ priority：优先级，例如 100。
◎ virtual_ipaddress：虚拟 IP 地址，例如 192.168.18.100/24。
◎ authentication：访问 keepalived 服务的鉴权信息。
◎ track_script：HAProxy 的健康检查脚本。

keepalived 需要持续监控 HAProxy 的运行状态，在某个 HAProxy 实例运行不正常时，自动切换到运行正常的 HAProxy 实例上。需要创建一个 HAProxy 健康检查脚本，定期运行该脚本进行监控，例如新建脚本 check-haproxy.sh 并将其保存到/usr/bin 目录下，内容示例如下：

```
#!/bin/bash

count=`netstat -apn | grep 9443 | wc -l`

if [ $count -gt 0 ]; then
    exit 0
else
    exit 1
fi
```

若检查成功，则返回 0；若检查失败，则返回非 0 值。keepalived 根据上面的配置，每隔 2s 检查一次 HAProxy 的运行状态。例如，如果检查到第 1 台主机 192.168.18.3 上的 HAProxy 为非正常运行状态，keepalived 就会将虚拟 IP 地址切换到正常运行 HAProxy 的第 2 台主机 192.168.18.4 上，保证虚拟 IP 地址 192.168.18.100 的高可用。

在第 2 台主机 192.168.18.4 上创建配置文件 keepalived.conf，内容如下：

```
! Configuration File for keepalived

global_defs {
  router_id LVS_2
}

vrrp_script checkhaproxy
{
   script "/usr/bin/check-haproxy.sh"
   interval 2
   weight -30
}

vrrp_instance VI_1 {

   state BACKUP
   interface ens33
   virtual_router_id 51
   priority 100
   advert_int 1

   virtual_ipaddress {
      192.168.18.100/24 dev ens33
   }

   authentication {
      auth_type PASS
      auth_pass password
   }

   track_script {
      checkhaproxy
   }
}
```

这里与第 1 个 keepalived 配置的主要差异如下。

◎ vrrp_instance 中的 state 被设置为“BACKUP”，这是因为在整个 keepalived 集群中只能有一个被设置为“MASTER”。如果 keepalived 集群不止有 2 个实例，那么除了 MASTER，其他都应被设置为“BACKUP”。

◎ vrrp_instance 的值“VI_1”需要与 MASTER 的配置相同，表示它们属于同一个虚拟路由器组，当 MASTER 不可用时，同组的其他 BACKUP 实例会自动选举出一个新的 MASTER。

◎ HAProxy 健康检查脚本 check-haproxy.sh 与第 1 个 keepalived 的相同。

下面以通过 Docker 容器运行 keepalived 且镜像使用 osixia/keepalived 为例进行说明。在两台主机 192.168.18.3 和 192.168.18.4 上启动 keepalived，将配置文件 keepalived.conf 挂载到容器的/container/service/keepalived/assets 目录下，启动命令如下：

```
    docker run -d --name k8s-keepalived \
      --restart=always \
      --net=host \
      --cap-add=NET_ADMIN --cap-add=NET_BROADCAST --cap-add=NET_RAW \
      -v ${PWD}/keepalived.conf:/container/service/keepalived/assets/
keepalived.conf \
      -v ${PWD}/check-haproxy.sh:/usr/bin/check-haproxy.sh \
      osixia/keepalived:2.0.20 --copy-service
```

在运行正常的情况下，keepalived 会在第 1 台主机 192.168.18.3 的网卡 ens33 上设置虚拟 IP 地址 192.168.18.100。同样，在第 1 台主机 192.168.18.3 上运行的 HAProxy 将在该 IP 地址上监听 9443 端口号，对需要访问 Kubernetes Master 的客户端提供负载均衡器的入口地址，即 192.168.18.100:9443。

通过 ip addr 命令查看主机 192.168.18.3 的 IP 地址，可以看到在 ens33 网卡上新增了虚拟 IP 地址 192.168.18.100：

```
    # ip addr
    1: lo: <LOOPBACK,UP,LOWER_UP> mtu 65536 qdisc noqueue state UNKNOWN group default
qlen 1000
        link/loopback 00:00:00:00:00:00 brd 00:00:00:00:00:00
        inet 127.0.0.1/8 scope host lo
           valid_lft forever preferred_lft forever
        inet6 ::1/128 scope host
           valid_lft forever preferred_lft forever
    2: ens33: <BROADCAST,MULTICAST,UP,LOWER_UP> mtu 1500 qdisc pfifo_fast state UP
```

```
group default qlen 1000
       link/ether 00:0c:29:85:94:bd brd ff:ff:ff:ff:ff:ff
       inet 192.168.18.3/24 brd 192.168.18.255 scope global ens33
         valid_lft forever preferred_lft forever
       inet 192.168.18.100/24 scope global secondary ens33
         valid_lft forever preferred_lft forever
       inet6 fe80::20c:29ff:fe85:94bd/64 scope link
         valid_lft forever preferred_lft forever
    ......
```

通过 curl 命令即可验证通过 HAProxy 的 192.168.18.100:9443 地址是否可以访问 kube-apiserver 服务：

```
    # curl -v -k https://192.168.18.100:9443
    * About to connect() to 192.168.18.100 port 9443 (#0)
    *   Trying 192.168.18.100...
    * Connected to 192.168.18.100 (192.168.18.100) port 9443 (#0)
    * Initializing NSS with certpath: sql:/etc/pki/nssdb
    * skipping SSL peer certificate verification
    * NSS: client certificate not found (nickname not specified)
    * SSL connection using TLS_ECDHE_RSA_WITH_AES_256_GCM_SHA384
    * Server certificate:
    *       subject: CN=192.168.18.3
    *       start date: Nov 11 07:15:01 2020 GMT
    *       expire date: Oct 18 07:15:01 2120 GMT
    *       common name: 192.168.18.3
    *       issuer: CN=192.168.18.3
    > GET / HTTP/1.1
    > User-Agent: curl/7.29.0
    > Host: 192.168.18.100:9443
    > Accept: */*
    >
    < HTTP/1.1 401 Unauthorized
    < Cache-Control: no-cache, private
    < Content-Type: application/json
    < Date: Sat, 14 Nov 2023 16:01:51 GMT
    < Content-Length: 165
    <
    {
      "kind": "Status",
      "apiVersion": "v1",
      "metadata": {
```

```
  },
  "status": "Failure",
  "message": "Unauthorized",
  "reason": "Unauthorized",
  "code": 401
* Connection #0 to host 192.168.18.100 left intact
}
```

可以看到 TCP/IP 连接创建成功，得到的响应码为 401，说明通过虚拟 IP 地址 192.168.18.100 成功访问到了后端的 kube-apiserver 服务。至此，Master 上所需的 3 个服务就全部启动完成了。接下来就可以部署各个 Node 的服务了。

2.3.5 部署各个 Node 的服务

在 Node 上需要部署容器运行时（如 containerd）、kubelet 和 kube-proxy 等系统组件。容器运行时可以根据需要选择合适的软件，例如开源的 containerd、cri-o 等，相关安装部署过程请参考其说明文档，本文省略。本节主要对如何部署 kubelet 和 kube-proxy 进行说明。

本节以将 192.168.18.3、192.168.18.4 和 192.168.18.5 三台主机部署为 Node 为例进行说明，最终部署结果是一个包含 3 个 Node 的 Kubernetes 集群。

1. 部署 kubelet 服务

（1）为 kubelet 服务创建 systemd 服务的配置文件/usr/lib/systemd/system/kubelet.service，内容如下：

```
[Unit]
Description=Kubernetes Kubelet Server
Documentation=https://github.com/kubernetes/kubernetes
After=docker.target

[Service]
EnvironmentFile=/etc/kubernetes/kubelet
ExecStart=/usr/bin/kubelet $KUBELET_ARGS
Restart=always

[Install]
```

```
WantedBy=multi-user.target
```

（2）配置文件/etc/kubernetes/kubelet 的内容为通过环境变量 KUBELET_ARGS 设置的 kubelet 的全部启动参数，示例如下：

```
KUBELET_ARGS="--kubeconfig=/etc/kubernetes/kubeconfig
--config=/etc/kubernetes/kubelet.config \
--hostname-override=192.168.18.3"
```

对主要参数说明如下。

◎ --kubeconfig：设置与 API Server 连接的相关配置，可以与 kube-controller-manager 使用的 kubeconfig 文件相同。需要将相关客户端证书文件从 Master 复制到 Node 的/etc/kubernetes/pki 目录下，例如 ca.crt、client.key、client.crt 文件。
◎ --config：kubelet 配置文件，例如 kubelet.config，在 Kubernetes v1.10 版本中开始引入，用于逐步替换命令行参数，以简化 Node 的配置管理。
◎ --hostname-override：设置本 Node 在集群中的名称，默认值为主机名，应将各个 Node 都设置为本机 IP 地址或域名。

配置文件 kubelet.config 的内容示例如下：

```
kind: KubeletConfiguration
apiVersion: kubelet.config.k8s.io/v1beta1
address: 0.0.0.0
port: 10250
cgroupDriver: systemd
clusterDNS: ["169.169.0.100"]
clusterDomain: cluster.local
authentication:
  anonymous:
    enabled: true
```

在本例中设置的 kubelet 参数如下。

◎ address：服务监听的 IP 地址。
◎ port：服务监听的端口号，默认值为 10250。
◎ cgroupDriver：设置为 cgroupDriver 驱动，可选项包括 systemd 和 cgroupfs。
◎ clusterDNS：集群 DNS 服务的 IP 地址，例如 169.169.0.100。
◎ clusterDomain：服务的 DNS 域名后缀，例如 cluster.local。
◎ authentication：设置是否允许匿名访问或者是否使用 Webhook 进行鉴权。

（3）在配置文件准备完毕后，在各个 Node 上启动 kubelet 服务，并设置为开机自启动，命令如下：

```
# systemctl start kubelet && systemctl enable kubelet
```

2. 部署 kube-proxy 服务

（1）为 kube-proxy 服务创建 systemd 服务的配置文件/usr/lib/systemd/system/kube-proxy.service，内容如下：

```
[Unit]
Description=Kubernetes Kube-Proxy Server
Documentation=https://github.com/kubernetes/kubernetes
After=network.target

[Service]
EnvironmentFile=/etc/kubernetes/proxy
ExecStart=/usr/bin/kube-proxy $KUBE_PROXY_ARGS
Restart=always

[Install]
WantedBy=multi-user.target
```

（2）配置文件/etc/kubernetes/proxy 的内容为通过环境变量 KUBE_PROXY_ARGS 设置的 kube-proxy 的全部启动参数，示例如下：

```
KUBE_PROXY_ARGS="--kubeconfig=/etc/kubernetes/kubeconfig \
--hostname-override=192.168.18.3 \
--proxy-mode=iptables"
```

对主要参数说明如下。

◎ --kubeconfig：设置与 API Server 连接的客户端身份，可以与 kubelet 使用相同的 kubeconfig 文件。

◎ --hostname-override：设置本 Node 在集群中的名称，默认值为主机名。

◎ --proxy-mode：代理模式，可选项包括 iptables、ipvs、kernelspace（Windows Node 使用）。

（3）在配置文件准备完毕后，在各个 Node 上启动 kube-proxy 服务，并设置为开机自启动，命令如下：

```
# systemctl start kube-proxy && systemctl enable kube-proxy
```

3. 在 Master 上通过 kubectl 验证各个 Node 的信息

在各个 Node 的 kubelet 和 kube-proxy 服务均正常启动之后，会先将 Node 自动注册到 Master 上，然后就可以到 Master 上通过 kubectl 查询已注册的 Node 的信息了，命令如下：

```
# kubectl --kubeconfig=/etc/kubernetes/kubeconfig    get nodes
NAME           STATUS      ROLES          AGE          VERSION
192.168.18.3   NotReady    control-plane  7m15s        v1.29.0
192.168.18.4   NotReady    <none>         7m15s        v1.29.0
192.168.18.5   NotReady    <none>         7m15s        v1.29.0
```

可以看到各个 Node 的状态均为“NotReady”，这是因为还没有部署 CNI 网络插件，无法设置容器网络。

我们可以按需选择适合的 CNI 网络插件进行部署。若选择 Calico CNI 网络插件，则运行以下命令即可一键完成部署：

```
# kubectl apply -f "https://docs.projectcalico.org/manifests/calico.yaml"
```

在 CNI 网络插件成功运行之后，各个 Node 的状态均会更新为“Ready”：

```
# kubectl --kubeconfig=/etc/kubernetes/kubeconfig get nodes
NAME              STATUS   ROLES            AGE      VERSION
192.168.18.3      Ready    control-plane    30m12s   v1.28.0
192.168.18.4      Ready    <none>           30m12s   v1.28.0
192.168.18.5      Ready    <none>           30m12s   v1.28.0
```

为了使 Kubernetes 集群内的微服务能够通过服务名进行网络访问，还需要部署 kube-dns 服务，建议使用 CoreDNS 来部署 DNS 服务。

至此，一个有 3 个 Master 的高可用 Kubernetes 集群就部署完成了，接下来就可以创建 Pod、Deployment、Service 等资源对象来部署和管理容器应用及微服务了。

本节对 Kubernetes 各服务启动进程的关键配置参数进行了简要说明，实际上 Kubernetes 的各个服务都提供了许多可配置的参数，这些参数涉及安全性、性能优化及功能扩展等方方面面。可参考本书下册附录 A，全面理解和掌握这些参数的含义和配置，这对 Kubernetes 的生产、部署及日常运维都有很大帮助。

2.4 Kubernetes 集群的版本更新

本节讲解如何进行 Kubernetes 集群的版本更新。

2.4.1 以二进制方式部署的 Kubernetes 集群的版本更新

在进行 Kubernetes 集群的版本更新之前，需要考虑不中断正在运行的业务容器的灰度更新方案，通常这样做：先更新 Master 上 Kubernetes 服务的版本，再逐个或批量更新集群中 Node 的 Kubernetes 服务的版本。

更新 Node 的 Kubernetes 服务的步骤通常包括：先隔离一个或多个 Node 的业务流量，等待这些 Node 上运行的业务应用（Pod）将当前任务全部执行完成后，停掉业务应用（Pod），再更新这些 Node 的 kubelet 和 kube-proxy 版本，更新完成后重启业务应用（Pod），并将业务流量导入新启动的这些 Node，再隔离剩余的 Node，逐步完成 Node 的版本更新，最终完成整个集群的 Kubernetes 版本更新。

同时，应该考虑高版本的 Master 对低版本的 Node 的兼容性问题。高版本的 Master 通常可以管理低版本的 Node，但版本差异不应过大，以免某些功能或 API 版本被弃用后，低版本的 Node 无法正常工作。

常规的版本更新步骤如下。

（1）通过官网获取最新版本的二进制包 kubernetes.tar.gz，将其解压缩后提取服务的二进制文件。

（2）更新 Master 的 kube-apiserver、kube-controller-manager、kube-scheduler 服务的二进制文件和相关配置（在需要修改时更新）并重启服务。

（3）先逐个或批量隔离 Node，等待其上运行的全部容器工作完成后停掉 Pod，更新 kubelet、kube-proxy 服务文件和相关配置（在需要修改时更新），然后重启这两个服务。

（4）恢复业务应用的流量到已更新完成的 Node 上。

2.4.2 以 kubeadm 方式部署的 Kubernetes 集群的版本更新

对于通过 kubeadm 方式部署的 Kubernetes 集群，可以通过 kubeadm 提供的 upgrade 命

令进行版本更新，本节以将 Kubernetes 集群从 v1.13 版本更新到 v1.14 版本为例进行说明。

在更新之前需要注意，因为更新 Kubernetes 集群的组件会对正在运行的业务容器造成影响，例如网络访问中断且在一段时间内无法管理，所以需要预先完成业务应用的数据备份、流量隔离等操作。

以 CentOS 7 为例，首先需要更新的是 kubeadm 本身，通过 yum install 命令安装新版本的 kubeadm 的命令如下：

```
# yum install -y kubeadm-1.14.0 --disableexcludes=kubernetes
```

安装成功后，查看 kubeadm 的版本：

```
# kubeadm version
kubeadm version: &version.Info{Major:"1", Minor:"14", GitVersion:"v1.14.0",
GitCommit:"641856db18352033a0d96dbc99153fa3b27298e5", GitTreeState:"clean",
BuildDate:"2019-03-25T15:51:21Z", GoVersion:"go1.12.1", Compiler:"gc",
Platform:"linux/amd64"}
```

接下来通过 kubeadm upgrade plan 命令查看 Kubernetes 集群的版本更新计划：

```
# kubeadm upgrade plan
```

该命令会显示更新之前系统需要检查的内容，如果有内容未检查通过，则需要先调整相关配置：

```
[preflight] Running pre-flight checks.
[upgrade] Making sure the cluster is healthy:
[upgrade/config] Making sure the configuration is correct:
[upgrade/config] Reading configuration from the cluster...
[upgrade/config] FYI: You can look at this config file with 'kubectl -n kube-system
get cm kubeadm-config -oyaml'
[upgrade] Fetching available versions to upgrade to
[upgrade/versions] Cluster version: v1.13.2
[upgrade/versions] kubeadm version: v1.14.0

Awesome, you're up-to-date! Enjoy!
```

全部检查通过之后，通过 kubeadm upgrade apply 命令进行更新：

```
# kubeadm upgrade apply 1.14.0
[preflight] Running pre-flight checks.
[upgrade] Making sure the cluster is healthy:
[upgrade/config] Making sure the configuration is correct:
```

```
[upgrade/config] Reading configuration from the cluster...
[upgrade/config] FYI: You can look at this config file with 'kubectl -n kube-system get cm kubeadm-config -o yaml'
[upgrade/version] You have chosen to change the cluster version to "v1.14.0"
[upgrade/versions] Cluster version: v1.13.2
[upgrade/versions] kubeadm version: v1.14.0
[upgrade/confirm] Are you sure you want to proceed with the upgrade? [y/N]:
```

系统提示是否继续，输入“y”，表示确认继续更新。在更新完成之后，查询 Kubernetes 集群的版本：

```
# kubectl version
Client Version: version.Info{Major:"1", Minor:"13", GitVersion:"v1.13.2", GitCommit:"cff46ab41ff0bb44d8584413b598ad8360ec1def", GitTreeState:"clean", BuildDate:"2019-01-10T23:35:51Z", GoVersion:"go1.11.4", Compiler:"gc", Platform:"linux/amd64"}
Server Version: version.Info{Major:"1", Minor:"14", GitVersion:"v1.14.0", GitCommit:"641856db18352033a0d96dbc99153fa3b27298e5", GitTreeState:"clean", BuildDate:"2019-03-25T15:45:25Z", GoVersion:"go1.12.1", Compiler:"gc", Platform:"linux/amd64"}
```

可以看到，虽然 kubectl 还是 v1.13.2 版本，但 Master 的服务端版本已经更新到了 v1.14.0 版本，查看 Node 的版本，会发现它还是原来的 v1.13.2 版本：

```
# kubectl get nodes
NAME              STATUS   ROLES    AGE   VERSION
node-kubeadm-1    Ready    master   15m   v1.13.2
node-kubeadm-2    Ready    <none>   13m   v1.13.2
```

通过 kubeadm upgrade node 命令对 Node 进行更新：

```
# kubeadm upgrade node config --kubelet-version 1.14.0
```

下载新版本的 kubectl 二进制文件，用其覆盖旧版本的文件来完成 kubectl 的更新，这样就完成了 Kubernetes 集群的整体更新：

```
# kubectl get nodes
NAME              STATUS   ROLES    AGE   VERSION
node-kubeadm-1    Ready    master   25m   v1.14.0
node-kubeadm-2    Ready    <none>   22m   v1.14.0
```

2.5　CRI 详解

Kubernetes Node 的主要功能是管理各种容器应用，这主要通过 kubelet 实现，而 kubelet 通过调用 CRI（Container Runtime Interface，容器运行时接口）来操作容器。Kubernetes 从 v1.5 版本开始引入了 CRI 规范，提供了操作容器的标准化接口定义和参考实现。

2.5.1　CRI 概述

可替代的容器运行时是 Kubernetes 中的新概念。在 Kubernetes v1.3 版本发布时，rktnetes 同时发布，让 rkt 这一容器引擎成为除 Docker 外的又一选择。然而，不管是 Docker 还是 rkt，都用到了 kubelet 的内部接口，同 kubelet 源码关系密切。这种类型的集成都要求对 kubelet 的内部机制和源码有非常深入的了解，也给社区带来管理压力，使新生代容器运行时产生了难以跨越的集成壁垒。CRI 规范尝试用定义清晰的抽象层清除这一壁垒，让开发者专注于容器运行时本身。

Kubernetes 从 v1.5 版本开始引入了 CRI 规范，通过插件接口模式，Kubernetes 无须重新编译就可以使用多种不同类型的容器运行时。Kubernetes 在 v1.23 及之前的版本中可以将 Docker 作为容器运行时，从 v1.24 版本开始不再支持将 Docker 作为容器运行时，可以采用 containerd、CRI-O 等开源容器运行时方案或其他方案。

总的来说，CRI 规范体系包含 Protocol Buffers 数据描述语言、gRPC API 通信协议、运行库支持、开发规范和相关工具。

2.5.2　CRI 的主要组件

kubelet 基于 gRPC 框架通过 UNIX Socket 与容器运行时（或 CRI 代理）通信。在该过程中，kubelet 是客户端，CRI 代理（shim）是服务端。图 2.7 以 containerd 为例描述了 kubelet 通过调用 containerd 中的 CRI 插件完成 Pod 操作的架构图。

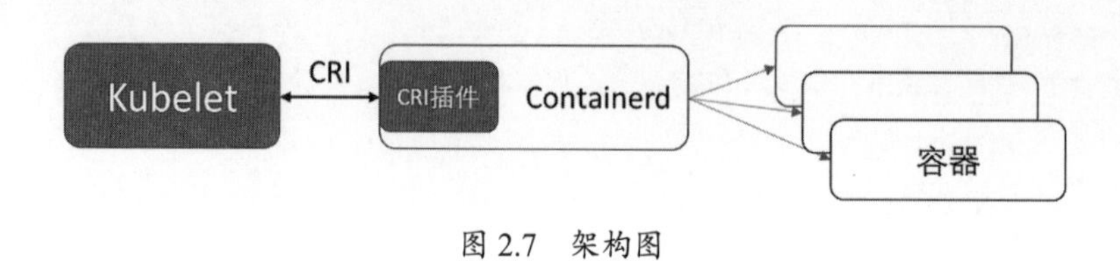

图 2.7　架构图

CRI 的 Protocol Buffers API 规范主要包括两个 gRPC 服务：ImageService 和 RuntimeService，实现对容器镜像和容器实例的管理功能。

◎ ImageService：负责从镜像仓库中拉取镜像、查看和移除镜像等。

◎ RuntimeService：负责 Pod 和容器的生命周期管理，以及与容器的交互（如 exec、attac、port-forward 等）。

在 kubelet 中可以用--container-runtime-endpoint 参数设置容器运行时服务访问的端点地址，例如 unix:///run/containerd/containerd.sock；用--image-service-endpoint 参数设置容器镜像服务的端点地址，默认与--container-runtime-endpoint 相同。

2.5.3 Pod 和容器的生命周期管理

Pod 由一组应用容器组成，其中包含共有的环境和资源约束。在 CRI 里，这个环境被称为“PodSandbox”。Kubernetes 有意为容器运行时留下一些发挥空间，让其根据自己的内部实现来解释 PodSandbox。对于 Hypervisor 类的运行时，PodSandbox 会实现为一个虚拟机。对于容器类的运行时，例如 Docker，会以 Linux 命名空间的形式体现。在 v1alpha1 API 中，kubelet 会创建 Pod 级别的 cgroup 传递给容器运行时，并以此运行所有进程来满足 PodSandbox 对 Pod 的资源保障。

在启动 Pod 之前，kubelet 调用 RuntimeService.RunPodSandbox 创建环境，在该过程中会为 Pod 设置网络资源（比如分配 IP 等）。PodSandbox 在被激活之后，就可以独立地创建、启动、停止和删除不同的容器了。kubelet 会在停止和删除 PodSandbox 之前先停止和删除其中的容器。

kubelet 的职责在于通过 RPC 管理容器的生命周期，实现容器生命周期的钩子、存活和健康监测，以及执行 Pod 的重启策略等。

RuntimeService 服务包括对 Sandbox 和 Container 操作的方法，以下伪代码展示了主要的 RPC 方法：

```
    service RuntimeService {
        // 沙箱操作
        rpc RunPodSandbox(RunPodSandboxRequest) returns (RunPodSandboxResponse) {}
        rpc StopPodSandbox(StopPodSandboxRequest) returns (StopPodSandboxResponse) {}
        rpc RemovePodSandbox(RemovePodSandboxRequest) returns
(RemovePodSandboxResponse) {}
```

```
        rpc PodSandboxStatus(PodSandboxStatusRequest) returns
(PodSandboxStatusResponse) {}
        rpc ListPodSandbox(ListPodSandboxRequest) returns (ListPodSandboxResponse) {}
        // 容器操作
        rpc CreateContainer(CreateContainerRequest) returns
(CreateContainerResponse) {}
        rpc StartContainer(StartContainerRequest) returns (StartContainerResponse) {}
        rpc StopContainer(StopContainerRequest) returns (StopContainerResponse) {}
        rpc RemoveContainer(RemoveContainerRequest) returns
(RemoveContainerResponse) {}
        rpc ListContainers(ListContainersRequest) returns (ListContainersResponse) {}
        rpc ContainerStatus(ContainerStatusRequest) returns
(ContainerStatusResponse) {}
        ......
    }
```

2.5.4　面向容器级别的设计思路

众所周知，Kubernetes 的最小调度单元是 Pod，它的一种 CRI 设计思路是复用 Pod 对象，使得容器运行时自行实现控制逻辑和状态转换，这样能够大大简化 API 的实现逻辑，让 CRI 更广泛地适用于多种容器运行时。但是经过深入讨论之后，Kubernetes 放弃了这一设计思路。

首先，kubelet 有很多 Pod 级别的功能和机制（例如 crash-loop backoff 机制），如果交给容器运行时去实现，则会造成很重的负担；然后，Pod 标准还在快速演进，很多新功能（如初始化容器）都是由 kubelet 实现的，无须交给容器运行时实现。

CRI 选择在容器级别进行实现，使得容器运行时共享这些通用特性，以获得更快的开发速度。这并不意味着设计原理的改变，因为 kubelet 要保证容器应用的实际状态和声明状态的一致性。

Kubernetes 为用户提供了与 Pod 及其中的容器交互的功能（如 kubectl exec、attac、port-forward 等）。kubelet 目前提供了两种方式来支持这些功能：①调用容器的本地方法；②使用 Node 上的工具（例如 nsenter 及 socat）。

因为多数工具都假设 Pod 用 Linux Namespace 做了隔离，因此使用 Node 上的工具并不是一种容易移植的方案。在 CRI 中显式定义了这些调用方法，让容器运行时进行具体实现。以下伪代码显示了 Exec、Attach、PortForward 这几种调用需要实现的 RuntimeService

方法：

```
service RuntimeService {
    ......
    // ExecSync 在容器内同步运行一个命令
    rpc ExecSync(ExecSyncRequest) returns (ExecSyncResponse) {}
    // Exec 在容器内运行命令
    rpc Exec(ExecRequest) returns (ExecResponse) {}
    // Attach 附着在容器上
    rpc Attach(AttachRequest) returns (AttachResponse) {}
    // PortForward 从 Pod 沙箱中进行端口转发
    rpc PortForward(PortForwardRequest) returns (PortForwardResponse) {}
    ......
}
```

目前还有一个潜在的问题：因为 kubelet 处理所有的请求连接，所以它有成为 Node 通信瓶颈的可能。在设计 CRI 时，要让容器运行时跳过中间过程。容器运行时可以启动一个单独的流式服务来处理请求（还可以记录 Pod 的资源使用情况），并将服务地址返回给 kubelet，这样 kubelet 就可以反馈信息给 API Server，使之直接连接到容器运行时提供的服务，并连接到客户端。

目前已经有多款开源 CRI 项目可用于 Kubernetes：containerd、CRI-O 和 cri-dockerd，其安装手册可参考官网的说明。

2.6 kubectl 用法详解

kubectl 作为客户端的 CLI 工具，可以让用户通过命令行对 Kubernetes 集群进行操作。本节对 kubectl 的用法和子命令进行详细说明。

2.6.1 kubectl 用法概述

kubectl 命令行的语法如下：

```
$ kubectl [command] [TYPE] [NAME] [flags]
```

其中的 command、TYPE、NAME、flags 的含义如下。

（1）command：子命令，用于操作资源对象，例如 create、get、describe、delete 等。

（2）TYPE：资源对象的类型，区分大小写，能以单数、复数或者简写形式表示。例如以下 3 种 TYPE 是等价的：

```
$ kubectl get pod pod1
$ kubectl get pods pod1
$ kubectl get po pod1
```

（3）NAME：资源对象的名称，区分大小写。如果不指定名称，则系统将返回属于 TYPE 的全部对象的列表，例如在运行 kubectl get pods 命令后将返回所有 Pod 的列表。

在一个命令行中也可以同时对多个资源对象进行操作，以多个 TYPE 和 NAME 的组合表示，示例如下。

◎ 获取多个相同类型资源的信息，以 TYPE1 name1 name2 name<#>格式表示：

```
$ kubectl get pod example-pod1 example-pod2
```

◎ 获取多种不同类型对象的信息，以 TYPE1/name1 TYPE1/name2 TYPE2/name3 TYPE<#>/name<#>格式表示：

```
$ kubectl get pod/example-pod1 replicationcontroller/example-rc1
```

◎ 同时应用多个 YAML 文件，以多个-f file 参数表示：

```
$ kubectl get pod -f pod1.yaml -f pod2.yaml
$ kubectl create -f pod1.yaml -f rc1.yaml -f service1.yaml
```

（4）flags：kubectl 子命令的可选参数，例如使用-s 或--server 设置 API Server 的 URL 地址，而不使用默认值。

2.6.2 kubectl 子命令详解

kubectl 的子命令非常丰富，涵盖了对 Kubernetes 集群的主要操作，包括资源对象的创建、删除、查看、修改、配置、运行等。其子命令详解如表 2.5 所示。

表 2.5　kubectl 子命令详解

子命令	语　法	说　明
annotate	kubectl annotate (-f FILENAME | TYPE NAME | TYPE/NAME) KEY_1=VAL_1 ... KEY_N=VAL_N [--overwrite] [--all] [--resource-version=version] [flags]	添加或更新资源对象的 annotation 信息
api-resources	kubectl api-resources [flags]	列出当前系统支持的 API 资源列表

续表

子命令	语　法	说　明
api-versions	kubectl api-versions [flags]	列出当前系统支持的 API 版本列表，格式为“group/version”
apply	kubectl apply -f FILENAME [flags]	在配置文件或标准输入（stdin）中对资源对象进行配置更新
attach	kubectl attach POD -c CONTAINER [-i] [-t] [flags]	附着到一个正在运行的容器上进行交互式操作
auth	kubectl auth [flags] [options]	检测 RBAC 的权限设置
autoscale	kubectl autoscale (-f FILENAME | TYPE NAME | TYPE/NAME) [--min=MINPODS] --max=MAXPODS [--cpu-percent=CPU] [flags]	对 Deployment、ReplicaSet 或 ReplicationController 进行水平自动扩缩容设置
certificate	kubectl certificate SUBCOMMAND [options]	修改 certificate 资源
cluster-info	kubectl cluster-info [flags]	显示集群 Master 和内置服务的信息
completion	kubectl completion SHELL [flags]	为特定的 Shell（bash 或 zsh）补齐代码
config	kubectl config SUBCOMMAND [flags]	修改 kubeconfig 文件的内容
convert	kubectl convert –f FILENAME [flags]	转换配置文件为不同的 API 版本，文件类型可以为 yaml 或 json（需要安装 kubectl-convert 插件）
cordon	kubectl cordon NODE [flags]	将 Node 设置为不可调度状态（unschedulable），即“隔离”出集群调度范围
cp	kubectl cp <file-spec-src> <file-spec-dest> [options]	从容器内复制文件或目录到主机上或者将主机文件或目录复制到容器内
create	kubectl create –f FILENAME [flags]	在配置文件或 stdin 中创建资源对象
delete	kubectl delete (-f FILENAME | TYPE [NAME | /NAME | -l label | --all]) [flags]	根据配置文件、stdin、资源名称或 Label Selector 删除资源对象
describe	kubectl describe (-f FILENAME | TYPE [NAME_PREFIX | /NAME | -l label]) [flags]	查看一个或多个资源对象的详细信息
diff	kubectl diff -f FILENAME [options]	查看配置文件与当前系统中正在运行的资源对象的差异
drain	kubectl drain NODE [flags]	首先将 Node 设置为“unschedulable”，然后删除在该 Node 上运行的所有 Pod，但不会删除不由 API Server 管理的 Pod（例如静态 Pod）

续表

子命令	语　法	说　明
edit	kubectl edit (-f FILENAME | TYPE NAME | TYPE/NAME) [flags]	编辑资源对象的属性，在线更新资源的状态
exec	kubectl exec POD [-c CONTAINER] [-i] [-t] [flags] [-- COMMAND [args...]]	运行 Pod 中的容器命令
explain	kubectl explain [--include-extended-apis=true] [--recursive=false] [flags]	对资源对象属性的详细说明
expose	kubectl expose (-f FILENAME | TYPE NAME | TYPE/NAME) [--port=port] [--protocol=TCP|UDP] [--target-port=number-or-name] [--name=name] [----external-ip=external-ip-of-service] [--type=type] [flags]	将已经存在的一个 RC、Service、Deployment 或 Pod 暴露为一个新的 Service
get	kubectl get (-f FILENAME | TYPE [NAME | /NAME | -l label]) [--watch] [--sort-by=FIELD] [[-o | --output]=OUTPUT_FORMAT] [flags]	显示一个或多个资源对象的概要信息
kustomize	kubectl kustomize <dir> [flags] [options]	列出基于 kustomization.yaml 配置文件生成的 API 资源对象，参数必须是包含 kustomization.yaml 的目录名称或者一个 Git 库的 URL 地址
label	kubectl label (-f FILENAME | TYPE NAME | TYPE/NAME) KEY_1=VAL_1 ... KEY_N=VAL_N [--overwrite] [--all] [--resource-version=version] [flags]	设置或更新资源对象的 labels
logs	kubectl logs POD [-c CONTAINER] [--follow] [flags]	在屏幕上打印一个容器的日志
options	kubectl options	显示作用于所有子命令的公共参数
patch	kubectl patch (-f FILENAME | TYPE NAME | TYPE/NAME) --patch PATCH [flags]	以 merge 形式对资源对象的部分字段的值进行修改
plugin	kubectl plugin [flags] [options]	在 kubectl 命令行中使用用户自定义的插件
port-forward	kubectl port-forward POD [LOCAL_PORT:]REMOTE_PORT [...[LOCAL_PORT_N:]REMOTE_PORT_N] [flags]	将本机的某个端口号映射到 Pod 的端口号，通常用于测试
proxy	kubectl proxy [--port=PORT] [--www=static-dir] [--www-prefix=prefix] [--api-prefix=prefix] [flags]	将本机的某个端口号映射到 API Server
replace	kubectl replace -f FILENAME [flags]	基于文件或 stdin 对资源对象进行替换操作
rollout	kubectl rollout SUBCOMMAND [flags]	管理资源部署，可管理的资源类型包括 deployments、daemonsets 和 statefulsets
run	kubectl run NAME --image=image [--env="key=value"] [--port=port] [--replicas=replicas] [--dry-run=bool] [--overrides=inline-json] [flags]	基于一个镜像在 Kubernetes 集群中运行一个 Deployment

续表

子命令	语　法	说　明
scale	kubectl scale (-f FILENAME | TYPE NAME | TYPE/NAME) --replicas=COUNT [--resource-version=version] [--current-replicas=count] [flags]	对 Deployment、ReplicaSet、RC 或 Job 中的 Pod 进行扩缩容
set	kubectl set SUBCOMMAND [flags]	设置资源对象的某个特定信息，当前仅支持修改容器的镜像
taint	kubectl taint NODE NAME KEY_1=VAL_1:TAINT_EFFECT_1 ... KEY_N=VAL_N:TAINT_EFFECT_N [flags]	设置 Node 的 taint 信息，用于 Pod 的调度策略
top	kubectl top node kubectl top pod	查看 Node 或 Pod 的资源使用情况，需要在集群中运行 Metrics Server
uncordon	kubectl uncordon NODE [flags]	将 Node 设置为可调度状态（schedulable）
version	kubectl version [--client] [flags]	打印系统的版本信息
wait	kubectl wait ([-f FILENAME] | resource.group/resource.name | resource.group [(-l label | --all)]) [--for=delete|--for condition=available] [options]	[实验性]等待一个或多个资源上的特定条件

2.6.3 kubectl 可操作的资源对象详解

kubectl 可操作的资源类型如表 2.6 所示，可以通过 kubectl api-resources 命令查看。

表 2.6　kubectl 可操作的资源类型

资源名称	缩　写	API 版本	是否受限于命名空间	资源类型（Kind）
bindings		v1	true	Binding
componentstatuses	cs	v1	false	ComponentStatus
configmaps	cm	v1	true	ConfigMap
endpoints	ep	v1	true	Endpoints
events	ev	v1	true	Event
limitranges	limits	v1	true	LimitRange
namespaces	ns	v1	false	Namespace
nodes	no	v1	false	Node
persistentvolumeclaims	pvc	v1	true	PersistentVolumeClaim
persistentvolumes	pv	v1	false	PersistentVolume
pods	po	v1	true	Pod
podtemplates		v1	true	PodTemplate

续表

资源名称	缩　写	API 版本	是否受限于命名空间	资源类型（Kind）
replicationcontrollers	rc	v1	true	ReplicationController
resourcequotas	quota	v1	true	ResourceQuota
secrets		v1	true	Secret
serviceaccounts	sa	v1	true	ServiceAccount
services	svc	v1	true	Service
mutatingwebhookconfigurations		admissionregistration.k8s.io/v1	false	MutatingWebhookConfiguration
validatingwebhookconfigurations		admissionregistration.k8s.io/v1	false	ValidatingWebhookConfiguration
customresourcedefinitions	crd,crds	apiextensions.k8s.io/v1	false	CustomResourceDefinition
apiservices		apiregistration.k8s.io/v1	false	APIService
controllerrevisions		apps/v1	true	ControllerRevision
daemonsets	ds	apps/v1	true	DaemonSet
deployments	deploy	apps/v1	true	Deployment
replicasets	rs	apps/v1	true	ReplicaSet
statefulsets	sts	apps/v1	true	StatefulSet
tokenreviews		authentication.k8s.io/v1	false	TokenReview
localsubjectaccessreviews		authorization.k8s.io/v1	true	LocalSubjectAccessReview
selfsubjectaccessreviews		authorization.k8s.io/v1	false	SelfSubjectAccessReview
selfsubjectrulesreviews		authorization.k8s.io/v1	false	SelfSubjectRulesReview
subjectaccessreviews		authorization.k8s.io/v1	false	SubjectAccessReview
horizontalpodautoscalers	hpa	autoscaling/v2	true	HorizontalPodAutoscaler
cronjobs	cj	batch/v1	true	CronJob
jobs		batch/v1	true	Job
certificatesigningrequests	csr	certificates.k8s.io/v1	false	CertificateSigningRequest
leases		coordination.k8s.io/v1	true	Lease
endpointslices		discovery.k8s.io/v1	true	EndpointSlice
events	ev	events.k8s.io/v1	true	Event
flowschemas		flowcontrol.apiserver.k8s.io/v1beta2	false	FlowSchema
prioritylevelconfigurations		flowcontrol.apiserver.k8s.io/v1beta2	false	PriorityLevelConfiguration
ingressclasses		networking.k8s.io/v1	false	IngressClass

续表

资源名称	缩　写	API 版本	是否受限于命名空间	资源类型（Kind）
ingresses	ing	networking.k8s.io/v1	true	Ingress
networkpolicies	netpol	networking.k8s.io/v1	true	NetworkPolicy
runtimeclasses		node.k8s.io/v1	false	RuntimeClass
poddisruptionbudgets	pdb	policy/v1	true	PodDisruptionBudget
clusterrolebindings		rbac.authorization.k8s.io/v1	false	ClusterRoleBinding
clusterroles		rbac.authorization.k8s.io/v1	false	ClusterRole
rolebindings		rbac.authorization.k8s.io/v1	true	RoleBinding
roles		rbac.authorization.k8s.io/v1	true	Role
priorityclasses	pc	scheduling.k8s.io/v1	false	PriorityClass
csidrivers		storage.k8s.io/v1	false	CSIDriver
csinodes		storage.k8s.io/v1	false	CSINode
csistoragecapacities		storage.k8s.io/v1	true	CSIStorageCapacity
storageclasses	sc	storage.k8s.io/v1	false	StorageClass
volumeattachments		storage.k8s.io/v1	false	VolumeAttachment

2.6.4 kubectl 的公共参数说明

kubectl 的公共参数如表 2.7 所示。

表 2.7　kubectl 的公共参数

参数名和取值示例	说　明
--add-dir-header	设置为“true”时，表示将源码所在目录的名称输出到日志
--alsologtostderr	设置为“true”时，表示将日志同时输出到文件和 stderr
--as string	设置本次操作的用户名（username）
--as-group stringArray	设置本次操作的用户组名，重复多次时可以设置多个组名
--azure-container-registry-config string	设置 Azure 云的镜像仓库配置信息
--cache-dir string	缓存目录，默认值为$HOME/.kube/cache
--certificate-authority string	CA 颁发机构的证书文件路径
--client-certificate string	用于 TLS 的客户端证书文件路径
--client-key string	用于 TLS 的客户端 key 文件路径
--cloud-provider-gce-l7lb-src-cidrs cidrs	设置 GCE 云的 7 层负载均衡器的 CIDR 地址池，默认值为 130.211.0.0/22, 35.191.0.0/16

续表

参数名和取值示例	说　明
--cloud-provider-gce-lb-src-cidrs cidrs	设置 GCE 云的 4 层负载均衡器的 CIDR 地址池，默认值为 130.211.0.0/22,209.85.152.0/22,209.85.204.0/22,35.191.0.0/16
--cluster string	设置要使用的 kubeconfig 中的 Cluster 名称
--context string	设置要使用的 kubeconfig 中的 context 名称
--default-not-ready-toleration-seconds int	容忍 Node 状态为“NotReady”的秒数，默认值为 300，对于不具有该容忍度的 Pod 系统，将自动添加 NoExecute 的配置
--default-unreachable-toleration-seconds int	容忍 Node 状态为“unreachable”的秒数，默认值为 300，对于不具有该容忍度的 Pod 系统，将自动添加 NoExecute 的配置
-h, --help	显示帮助信息
--insecure-skip-tls-verify	设置为“true”时，表示跳过 TLS 安全验证模式，将使得 HTTPS 连接不安全
--kubeconfig string	kubeconfig 配置文件的路径，在配置文件中包括 Master 的地址信息及必要的认证信息
--log-backtrace-at traceLocation	记录日志每到“file:行号”时打印一次 stack trace，默认值为 0
--log-dir string	设置日志文件的路径
--log-file string	设置日志文件的名称
--log-file-max-size uint	设置日志文件的最大大小，单位为 MB，设置为“0”时表示无限制，默认值为 1800MB
--log-flush-frequency duration	设置 flush 日志文件的时间间隔，默认值为 5s
--logtostderr	设置为“true”时，表示将日志输出到 stderr，而且不输出到日志文件
--match-server-version	设置为“true”时，表示客户端版本号需要与服务端一致
-n, --namespace string	设置本次操作资源所在命名空间的名称
--one-output	设置为“true”时，表示只将日志写入初始严重级别，而不是同时写入所有较低的严重级别
--password string	设置 API Server 的 basic authentication 的密码
--profile string	设置需要记录的性能指标名称，可选项包括 none、cpu、heap、goroutine、threadcreate、block、mutex，默认值为 none
--profile-output string	设置性能分析文件的名称，默认值为 profile.pprof
--request-timeout string	设置请求处理超时时间，例如 1s、2m、3h，设置为 0 时表示无超时时间，默认值为 0
-s, --server string	设置 API Server 的 URL 地址
--skip-headers	设置为“true”时，表示在日志信息中不显示 header prefix 信息，默认值为 false
--skip-log-headers	设置为“true”时，表示在日志信息中不显示 header 信息，默认值为 false
--stderrthreshold severity	将该 threshold 级别之上的日志输出到 stderr，默认值为 2
--tls-server-name string	设置服务端证书验证时的服务器名称，在未指定时使用本机主机名

续表

参数名和取值示例	说　明
--token string	设置访问 API Server 时的用户 Token
--user string	指定用户名（应在 kubeconfig 配置文件中设置过）
--username string	设置 API Server 的 basic authentication 的用户名
-v, --v Level	glog 日志级别
--version version[=true]	查看 kubectl 的版本信息
--vmodule moduleSpec	glog 基于模块的详细日志级别

每个子命令（如 create、delete、get 等）还有其特定的命令行参数，可以通过$ kubectl [command] --help 命令查看。

2.6.5 kubectl 格式化输出

kubectl 命令可用于以多种格式显示结果，输出的格式通过-o 参数指定：

```
$ kubectl [command] [TYPE] [NAME] -o=<output_format>
```

根据不同子命令的输出结果，可选输出格式如表 2.8 所示。

表 2.8 kubectl 命令的可选输出格式

输出格式	说　明
-o custom-columns=<spec>	根据自定义列名进行输出，以逗号分隔
-o custom-columns-file=<filename>	设置自定义列名的配置文件名称
-o json	以 JSON 格式显示结果
-o jsonpath=<template>	输出 jsonpath 表达式定义的字段信息
-o jsonpath-file=<filename>	输出 jsonpath 表达式定义的字段信息，来源于文件
-o name	仅输出资源对象的名称
-o wide	输出额外的信息。对于 Pod，将输出 Pod 所在 Node 的名称
-o yaml	以 YAML 格式显示结果

常见的输出格式示例如下。

（1）显示 Pod 的更多信息，例如 Node IP 等：

```
$ kubectl get pod <pod-name> -o wide
```

（2）以 YAML 格式显示 Pod 的详细信息：

```
$ kubectl get pod <pod-name> -o yaml
```

（3）以自定义列名显示 Pod 的信息：

```
$ kubectl get pod <pod-name> -o
custom-columns=NAME:.metadata.name,RSRC:.metadata.resourceVersion
```

（4）基于自定义列名配置文件进行输出：

```
$ kubectl get pod <pod-name> -o=custom-columns-file=template.txt
```

template.txt 文件的内容如下：

```
NAME                    RSRC
metadata.name           metadata.resourceVersion
```

输出结果如下：

```
NAME           RSRC
pod-name       52305
```

（5）关闭服务端列名。在默认情况下，Kubernetes 服务端会将资源对象的某些特定信息显示为列，这可以通过设置--server-print=false 参数进行关闭，例如：

```
kubectl get pod <pod-name> --server-print=false
```

输出结果：

```
NAME          AGE
pod-name      1m
```

（6）将输出结果按某个字段排序，这可以通过--sort-by 参数以 jsonpath 表达式指定：

```
$ kubectl [command] [TYPE] [NAME] --sort-by=<jsonpath_exp>
```

例如，按照资源对象的名称进行排序：

```
$ kubectl get pods --sort-by=.metadata.name
```

2.6.6　kubectl 的日志输出级别

我们通过命令行参数-v 或--v 设置 kubectl 的日志输出级别，数字表示日志级别。kubectl 的日志级别说明如表 2.9 所示。

表 2.9　kubectl 的日志级别说明

日志级别	说　明
--v=0	显示较少的对运维管理员有用的信息

续表

日志级别	说　明
--v=1	显示相对精简的信息，是一个合理的默认日志级别
--v=2	包含 Kubernetes 相关服务的重要日志信息，是建议的默认日志级别
--v=3	包含关于系统变化的扩展信息
--v=4	debug 级别
--v=5	trace 级别
--v=6	显示请求的资源信息
--v=7	显示 HTTP 请求头
--v=8	显示 HTTP 请求体，可能会截断内容
--v=9	显示 HTTP 请求体，不截断内容

2.6.7 常见的 kubectl 操作示例

本节对一些常见的 kubectl 操作示例进行说明。

1. kubectl apply（通过文件或 stdin 部署、更新一个以上资源）

基于 example-service.yaml 文件中的定义创建一个 Service 资源：

```
kubectl apply -f example-service.yaml
```

基于 example-controller.yaml 文件中的定义创建一个 Replication Controller 资源：

```
kubectl apply -f example-controller.yaml
```

基于<directory>目录下的所有.yaml、.yml 和.json 文件创建其中定义的资源：

```
kubectl apply -f <directory>
```

2. kubectl get（列出一个或多个资源对象的信息）

以文本格式列出所有 Pod：

```
kubectl get pods
```

以文本格式列出所有 Pod，包含附加信息（如 Node IP）：

```
kubectl get pods -o wide
```

以文本格式列出指定名称的 RC：

```
kubectl get replicationcontroller <rc-name>
```

以文本格式列出所有 RC 和 Service：

```
kubectl get rc,services
```

以文本格式列出所有 Daemonset，包括未初始化的 Daemonset：

```
kubectl get ds --include-uninitialized
```

列出在 Node server01 上运行的所有 Pod（仅显示 namespace 为 default 的 Pod）：

```
kubectl get pods --field-selector=spec.nodeName=server01
```

3. kubectl describe（显示一个以上资源的详细信息）

显示名为"<node-name>"的 Node 的详细信息：

```
kubectl describe nodes <node-name>
```

显示名为"<pod-name>"的 Pod 的详细信息：

```
kubectl describe pods/<pod-name>
```

显示名为"<rc-name>"的 RC 控制器管理的所有 Pod 的详细信息：

```
kubectl describe pods <rc-name>
```

描述所有 Pod 的详细信息：

```
kubectl describe pods
```

对 kubectl get 和 kubectl describe 命令说明如下。

◎ kubectl get 命令：常用于查看同一资源类型的一个或多个资源对象，既可以通过-o 或--output 参数自定义输出格式，也可以通过-w 或--watch 参数开启对资源对象是否更新的监控。

◎ kubectl describe 命令：更侧重于描述指定资源的各方面详细信息，通过对 API Server 的多个 API 调用来构建结果视图。例如，通过 kubectl describe node 命令不仅会返回 Node 信息，还会返回在其上运行的 Pod 的摘要、事件等信息。

4. kubectl delete

该命令可以通过文件、stdin 的输入删除指定的资源对象，还可以通过 Label Selector、名称、资源选择器等条件限定待删除资源的范围。

通过在 pod.yaml 文件中指定类型和名称删除 Pod：

```
kubectl delete -f pod.yaml
```

删除所有带有“<label-key>=<label-value>”标签的 Pod 和 Service：

```
kubectl delete pods,services -l <label-key>=<label-value>
```

删除所有 Pod，包括未初始化的 Pod：

```
kubectl delete pods -all
```

Kubernetes 从 v1.28 版本开始引入了新的参数-i（或--interactive），用于在执行 delete 操作时通过交互方式让用户先确认该操作，该特性在 Kubernetes v1.29 版本时达到 Beta 阶段，例如：

```
# kubectl delete -i deploy webserver
You are about to delete the following 1 resource(s):
deployment.apps/webserver
Do you want to continue? (y/n): y
deployment.apps "webserver" deleted
```

5. kubectl exec（在 Pod 的容器内运行命令）

在名为“<pod-name>”的 Pod 的第 1 个容器内运行 date 命令并打印输出结果：

```
kubectl exec <pod-name> -- date
```

在指定的容器内运行 date 命令并打印输出结果：

```
kubectl exec <pod-name> -c <container-name> -- date
```

在 Pod 的第 1 个容器内运行/bin/bash 命令，进入交互式 TTY 终端界面：

```
kubectl exec -ti <pod-name> -- /bin/bash
```

6. kubectl logs（打印 Pod 中容器的日志）

```
kubectl logs <pod-name>
```

显示 Pod 中名为“<container-name>”的容器输出到 stdout 的日志：

```
kubectl logs <pod-name> -c <container-name>
```

持续监控和显示 Pod 中第 1 个容器输出到 stdout 的日志，类似于 tail -f 命令的功能：

```
kubectl logs -f <pod-name>
```

7. 在线编辑运行中的资源对象

我们可以通过 kubectl edit 命令编辑运行中的资源对象，例如使用以下命令编辑运行中的一个 Deployment：

```
$ kubectl edit deploy nginx
```

在该命令运行之后，会通过 YAML 格式展示该对象的文本格式定义，用户可以对代码进行编辑和保存，从而直接修改在线资源。

8. 将 Pod 的端口号映射到宿主机

将 Pod 的 80 端口映射到宿主机的 8888 端口后，客户端即可通过 http://<NodeIP>:8888 访问容器服务：

```
# kubectl port-forward --address 0.0.0.0 \
pod/nginx-6ddbbc47fb-sfdcv 8888:80
```

9. 在容器和 Node 之间复制文件

把 Pod（默认为第 1 个容器）中的/etc/fstab 文件复制到宿主机的/tmp 目录下：

```
# kubectl cp nginx-6ddbbc47fb-sfdcv:etc/fstab /tmp/fstab
```

10. 设置资源对象的标签

为命名空间 default 设置“testing=true”标签：

```
# kubectl label namespaces default testing=true
```

11. 创建和使用命令行插件

为了扩展 kubectl 的功能，Kubernetes 从 v1.8 版本开始引入插件机制，该特性在 Kubernetes v1.14 版本时达到稳定版。

用户自定义插件的可执行文件名需要以“kubectl-”开头，复制到$PATH 中的某个目录（如/usr/local/bin）下，这样就可以通过 kubectl <plugin-name>运行自定义插件了。

例如，通过 Shell 脚本实现一个名为“hello”的插件，其功能为在屏幕上输出字符串“hello world”。创建名为“kubectl-hello”的 Shell 脚本文件，内容如下：

```
#!/bin/sh
echo "hello world"
```

为该脚本添加可执行权限：

```
chmod a+x ./kubectl-hello
```

复制 kubectl-hello 文件到/usr/local/bin/目录下，这样就完成了安装插件的工作：

```
cp ./kubectl-hello /usr/local/bin
```

在 kubectl 命令后带上插件名称就能使用该插件了：

```
# kubectl hello
hello world
```

卸载插件也很简单，只需删除插件文件即可：

```
rm /usr/local/bin/kubectl-hello
```

通过插件机制，可以将某些复杂的 kubectl 命令简化为运行插件的方式。例如，若想创建一个命令来查看当前上下文环境(context)中的用户名，则可以通过 kubectl config view 命令进行查看。

为此，可以创建一个名为"kubectl-whoami"的 Shell 脚本，内容如下：

```
#!/bin/bash
kubectl config view --template='{{ range .contexts }}{{ if eq .name "'$(kubectl
config current-context)'" }}Current user: {{ printf
"%s\n" .context.user }}{{ end }}{{ end }}'
```

为该脚本添加可执行权限，并复制到/usr/local/bin/目录下完成插件的安装：

```
chmod +x ./kubectl-whoami
cp ./kubectl-whoami /usr/local/bin
```

运行 kubectl whoami 命令，就能通过插件功能查看上下文环境中的用户名了：

```
# kubectl whoami
Current user: plugins-user
```

另外，通过 kubectl plugin list 命令可以查看当前系统中已安装的插件列表：

```
# kubectl plugin list
The following kubectl-compatible plugins are available:

/usr/local/bin/kubectl-hello
/usr/local/bin/kubectl-foo
/usr/local/bin/kubectl-bar
```

第 3 章 深入掌握 Pod

Pod 是 Kubernetes 集群中的最小管理单元，其中包含一个或多个应用容器，可被看作面向应用的“逻辑主机”，是 Kubernetes 中核心的资源对象。本章对 Pod 的概念、类型、配置管理、生命周期管理、探针和健康检查机制、初始化容器等内容进行详细说明。

3.1 Pod 定义详解

YAML 格式的 Pod 配置文件的标准内容如下：

```
apiVersion: v1
kind: Pod
metadata:
  name: string
  namespace: string
  labels:
    - name: string
  annotations:
    - name: string
spec:
  containers:
  - name: string
    image: string
    imagePullPolicy: [Always | Never | IfNotPresent]
    command: [string]
    args: [string]
    workingDir: string
    volumeMounts:
    - name: string
      mountPath: string
      readOnly: boolean
    ports:
    - name: string
      containerPort: int
      hostPort: int
      protocol: string
    env:
    - name: string
      value: string
    resources:
      limits:
```

```
        cpu: string
        memory: string
      requests:
        cpu: string
        memory: string
    livenessProbe:
      exec:
        command: [string]
      httpGet:
        path: string
        port: number
        host: string
        scheme: string
        httpHeaders:
        - name: string
          value: string
      tcpSocket:
        port: number
      initialDelaySeconds: 0
      timeoutSeconds: 0
      periodSeconds: 0
      successThreshold: 0
      failureThreshold: 0
    securityContext:
      privileged: false
  restartPolicy: [Always | Never | OnFailure]
  nodeSelector: object
  imagePullSecrets:
  - name: string
  hostNetwork: false
  volumes:
  - name: string
    emptyDir: {}
    hostPath:
      path: string
    secret:
      secretName: string
      items:
      - key: string
        path: string
    configMap:
```

```
        name: string
        items:
        - key: string
          path: string
```

对其中各属性的详细说明如表 3.1 所示。

表 3.1 对 Pod 配置文件中各属性的详细说明

属性名称	取值类型	是否必选	取值说明
version	String	Required	API 版本号，v1
kind	String	Required	API 类型，Pod
metadata	Object	Required	元数据
metadata.name	String	Required	Pod 的名称，命名需要符合 RFC 1035 规范
metadata.namespace	String	Required	Pod 所属的命名空间，默认值为 default
metadata.labels[]	List		自定义标签列表
metadata.annotation[]	List		自定义注解列表
Spec	Object	Required	Pod 的详细配置定义
spec.containers[]	List	Required	Pod 中的容器列表
spec.containers[].name	String	Required	容器的名称，命名需要符合 RFC 1035 规范
spec.containers[].image	String	Required	容器的镜像名称
spec.containers[].imagePullPolicy	String		镜像拉取策略，可选值包括：Always、Never、IfNotPresent，默认值为 Always。 （1）Always：表示每次都尝试重新拉取镜像。 （2）IfNotPresent：表示若本地镜像已存在，则使用本地的镜像，否则拉取镜像。 （3）Never：表示仅使用本地镜像。 另外，如果包含以下设置，系统则将默认设置“imagePullPolicy=Always”： （1）不设置 imagePullPolicy，也未指定镜像的 tag； （2）不设置 imagePullPolicy，镜像 tag 为 latest； （3）启用了名为“AlwaysPullImages”的准入控制器（Admission Controller）
spec.containers[].command[]	List		容器的启动命令列表，如果不指定，则使用镜像内置的启动命令
spec.containers[].args[]	List		容器的启动命令参数列表
spec.containers[].workingDir	String		容器的工作目录
spec.containers[].volumeMounts[]	List		挂载到容器内的存储卷配置

续表

属性名称	取值类型	是否必选	取值说明
spec.containers[].volumeMounts[].name	String		引用 Pod 定义的共享存储卷的名称，需要使用 volumes[]部分定义的共享存储卷名称
spec.containers[].volumeMounts[].mountPath	String		存储卷在容器内挂载的绝对路径，应少于 512 个字符
spec.containers[].volumeMounts[].readOnly	Boolean		是否为只读模式，默认为读写模式
spec.containers[].ports[]	List		容器需要暴露的端口号列表
spec.containers[].ports[].name	String		端口的名称
spec.containers[].ports[].containerPort	Int		容器需要监听的端口号
spec.containers[].ports[].hostPort	Int		容器所在主机需要监听的端口号，默认与 containerPort 相同。在设置 hostPort 时，同一台宿主机将无法启动该容器的第 2 个副本
spec.containers[].ports[].protocol	String		端口协议，支持 TCP 和 UDP，默认值为 TCP
spec.containers[].env[]	List		在容器运行前需要设置的环境变量列表
spec.containers[].env[].name	String		环境变量的名称
spec.containers[].env[].value	String		环境变量的值
spec.containers[].resources	Object		资源限制和资源请求的设置
spec.containers[].resources.limits	Object		资源限制的设置
spec.containers[].resources.limits.cpu	String		CPU 限制，单位为 core 数，将用于 docker run --cpu-shares 参数
spec.containers[].resources.limits.memory	String		内存限制，单位可以为 MiB、GiB 等，将用于 docker run --memory 参数
spec.containers[].resources.requests	Object		资源限制的设置
spec.containers[].resources.requests.cpu	String		CPU 请求，单位为 core 数，即容器启动时的初始可用数量
spec.containers[].resources.requests.memory	String		内存请求，单位可以为 MiB、GiB 等，即容器启动时的初始可用数量
spec.volumes[]	List		在该 Pod 中定义的存储卷列表
spec.volumes[].name	String		存储卷的名称，在一个 Pod 中，每个存储卷都定义了一个名称，命名应符合 RFC 1035 规范。容器定义部分的 containers[].volumeMounts[].name 将引用该共享存储卷的名称。

续表

属性名称	取值类型	是否必选	取值说明
			Volume 的类型包括：emptyDir、hostPath、gcePersistentDisk、awsElasticBlockStore、gitRepo、secret、nfs、iscsi、glusterfs、persistentVolumeClaim、rbd、flexVolume、cinder、cephfs、flocker、downwardAPI、fc、azureFile、configMap、vsphereVolume，可以定义多个 Volume，每个 Volume 的 name 都保持唯一
spec.volumes[].name	String		存储卷的名称，在一个 Pod 中，每个存储卷都定义了一个名称，命名应符合 RFC 1035 规范。容器定义部分的 containers[].volumeMounts[].name 将引用该共享存储卷的名称。 Volume 的类型包括：emptyDir、hostPath、gcePersistentDisk、awsElasticBlockStore、gitRepo、secret、nfs、iscsi、glusterfs、persistentVolumeClaim、rbd、flexVolume、cinder、cephfs、flocker、downwardAPI、fc、azureFile、configMap、vsphereVolume，可以定义多个 Volume，每个 Volume 的 name 都保持唯一
spec.volumes[].emptyDir	Object		类型为 emptyDir 的存储卷，表示与 Pod 同生命周期的一个临时目录，其值为一个空对象：emptyDir: {}
spec.volumes[].hostPath	Object		类型为 hostPath 的存储卷，表示 Pod 容器挂载的宿主机目录，通过 volumes[].hostPath.path 指定
spec.volumes[].hostPath.path	String		类型为 hostPath 的存储卷的宿主机目录
spec.volumes[].secret	Object		类型为 secret 的存储卷，表示挂载集群预定义的 secret 对象到容器内
spec.volumes[].configMap	Object		类型为 configMap 的存储卷，表示挂载集群预定义的 configMap 资源对象的数据到容器内
spec.containers[].livenessProbe	Object		对 Pod 内各容器健康检查的设置，在周期性健康检查无响应几次之后，系统将自动重启该容器。可以设置的方法包括：exec、httpGet 和 tcpSocket。对一个容器仅需设置一种健康检查方法
spec.containers[].livenessProbe.exec	Object		对 Pod 内各容器健康检查的设置，采用 exec 方式
spec.containers[].livenessProbe.exec.command[]	String		采用 exec 方式时需要指定的命令或者脚本

续表

属性名称	取值类型	是否必选	取值说明
spec.containers[].livenessProbe.httpGet	Object		对 Pod 内各容器健康检查的设置，采用 httpGet 方式，需要指定 path、port
spec.containers[].livenessProbe.tcpSocket	Object		对 Pod 内各容器健康检查的设置，采用 tcpSocket 方式
spec.containers[].livenessProbe.initialDelaySeconds	Number		容器启动完成后首次探测的时间，单位为 s
spec.containers[].livenessProbe.timeoutSeconds	Number		对容器进行健康检查等待响应的超时时间设置，单位为 s，默认值为 1s。若超过该超时时间，则认为容器不健康
spec.containers[].livenessProbe.periodSeconds	Number		对容器健康检查的定期检查时间设置，单位为 s，默认 10s 检查一次
spec.restartPolicy	String		Pod 的重启策略，可选值为 Always、OnFailure，默认值为 Always。 （1）Always：Pod 一旦终止运行，则无论容器是如何终止的，kubelet 都将重启它。 （2）OnFailure：只有 Pod 以非零退出码终止时，kubelet 才会重启该容器。如果容器正常结束（退出码为 0），kubelet 则不会重启它。 （3）Never：在 Pod 终止后，kubelet 会将退出码报告给 Master，不会再重启该 Pod
spec.nodeSelector	Object		设置 Node 的 Label，以 key:value 格式指定，Pod 将被调度到具有这些 Label 的 Node 上
spec.imagePullSecrets	Object		拉取镜像时使用的 Secret 名称，以 name:secretkey 格式指定
spec.hostNetwork	Boolean		是否使用主机网络模式，默认值为 false。设置为“true”时，表示容器使用宿主机网络，不再使用 CNI 网络插件

3.2　Pod 的基本用法

Pod（中文意思是“豆荚”）是 Kubernetes 中应用的最小管理单元，可以包含一个或多个容器，它们在 Pod 内共享网络配置和存储卷配置。从逻辑上来说，一个 Pod 相当于一个逻辑上的主机，里面运行的一个或者多个容器在整体上是一个完整的应用系统。在Pod中除了可以包含主要的应用程序，还可以包含主应用容器启动之前的初始化容器（Init Container），它们在运行结束后就停止了，通常用于为主应用容器提供初始的环境配置工作。

一个应用程序通常有两种运行方式：长时间运行（服务型）；运行一次就结束（任务型）。

对长时间运行容器的要求：其主程序需要一直在前台运行。如果容器镜像的主程序是在后台执行的，例如下面的bash脚本：

```
nohup ./start.sh &
```

则Kubernetes在创建包含这个容器的Pod之后，若其启动命令已运行完毕，就认为容器运行结束，会立刻结束运行该容器。如果为该容器设置的重启策略为Always，则系统在监控到该容器运行结束后会创建一个新的容器继续运行。在这种情况下，容器会进行启动、停止、重建的无限循环。所以对于服务型的应用程序来说，容器镜像的主进程在启动之后应该长时间运行。只有在资源不足或者系统出错时，才由Kubernetes根据健康检查机制重启容器。

对一次性运行容器的要求：其主程序在运行完毕后应该退出，退出码可能为正确或者错误。对于由Job或CronJob管理器管理的Pod，也可能在某种条件下重启。

接下来讲解Pod对容器的封装和应用。

Pod可以由1个或多个容器组合而成。在下面的示例中，名为“frontend”的Pod只由一个容器组成：

```
apiVersion: v1
kind: Pod
metadata:
  name: frontend
  labels:
    name: frontend
spec:
  containers:
  - name: frontend
    image: kubeguide/guestbook-php-frontend
    env:
    - name: GET_HOSTS_FROM
```

```
      value: env
    ports:
    - containerPort: 80
```

frontend在成功启动之后，将只启动1个容器。

另一种场景是，当frontend和redis这两个容器应用为紧耦合的关系，并组合为一个整体对外提供服务时，应将这两个容器应用封装为一个Pod，如图3.1所示。

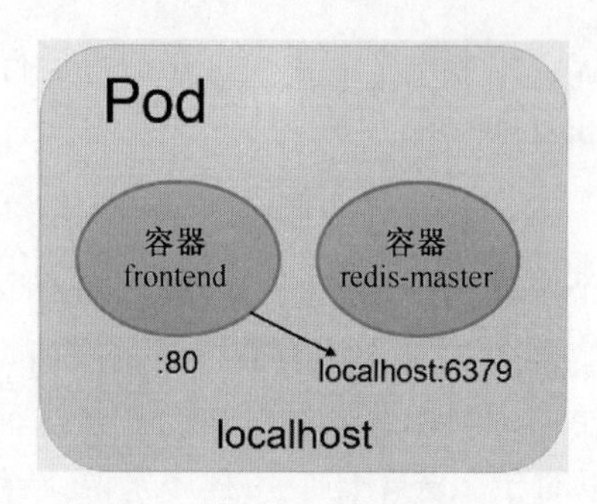

图3.1 包含两个容器的Pod

配置文件frontend-localredis-pod.yaml的内容如下：

```
apiVersion: v1
kind: Pod
metadata:
  name: redis-php
  labels:
    name: redis-php
spec:
  containers:
  - name: frontend
    image: kubeguide/guestbook-php-frontend:localredis
    ports:
    - containerPort: 80
  - name: redis
    image: kubeguide/redis-master
    ports:
    - containerPort: 6379
```

属于同一个Pod的多个容器应用之间在相互访问时仅需通过localhost就可以通信，使得这一组容器被“绑定”在一个主机环境下。

在 kubeguide/guestbook-php-frontend:localredis 容器的 PHP 页面，直接通过 URL 地址 “localhost:6379” 对处于同一个 Pod 中的 redis-master 容器服务进行访问。guestbook.php 的内容如下：

```
<?
set_include_path('.:/usr/local/lib/php');
error_reporting(E_ALL);
ini_set('display_errors', 1);
require 'Predis/Autoloader.php';
Predis\Autoloader::register();

if (isset($_GET['cmd']) === true) {
  $host = 'localhost';
  if (getenv('REDIS_HOST') && strlen(getenv('REDIS_HOST')) > 0 ) {
    $host = getenv('REDIS_HOST');
  }
  header('Content-Type: application/json');
  if ($_GET['cmd'] == 'set') {
    $client = new Predis\Client([
      'scheme' => 'tcp',
      'host'   => $host,
      'port'   => 6379,
    ]);

    $client->set($_GET['key'], $_GET['value']);
    print('{"message": "Updated"}');
  } else {
    $host = 'localhost';
    if (getenv('REDIS_HOST') && strlen(getenv('REDIS_HOST')) > 0 ) {
      $host = getenv('REDIS_HOST');
    }
    $client = new Predis\Client([
      'scheme' => 'tcp',
      'host'   => $host,
      'port'   => 6379,
    ]);

    $value = $client->get($_GET['key']);
    print('{"data": "' . $value . '"}');
  }
} else {
```

```
  phpinfo();
} ?>
```

通过 kubectl create 命令创建该 Pod：

```
$ kubectl create -f frontend-localredis-pod.yaml
pod "redis-php" created
```

查看已经创建的 Pod：

```
# kubectl get pods
NAME         READY    STATUS        RESTARTS     AGE
redis-php    2/2      Running       0            10m
```

可以看到 READY 信息为 2/2，表示 Pod 中的两个容器都成功运行了。

查看这个 Pod 的详细信息，可以看到两个容器的定义及创建过程（Event 事件信息）：

```
# kubectl describe pod redis-php
Name:              redis-php
Namespace:         default
Node:              k8s/192.168.18.3
Start Time:        Thu, 28 Jul 2023 12:28:21 +0800
Labels:            name=redis-php
Status:            Running
IP:                172.17.1.4
Controllers:       <none>
Containers:
  frontend:
    Container ID:
docker://ccc8616f8df1fb19abbd0ab189a36e6f6628b78ba7b97b1077d86e7fc224ee08
    Image:                      kubeguide/guestbook-php-frontend:localredis
    Image ID:
docker://sha256:d014f67384a11186e135b95a7ed0d794674f7ce258f0dce47267c3052a0d0fa9
    Port:                       80/TCP
    State:                      Running
      Started:                  Thu, 28 Jul 2023 12:28:22 +0800
    Ready:                      True
    Restart Count:              0
    Environment Variables:      <none>
  redis:
    Container ID:
docker://c0b19362097cda6dd5b8ed7d8eaaaf43aeeb969ee023ef255604bde089808075
    Image:                      kubeguide/redis-master
```

```
      Image ID:
docker://sha256:405a0b586f7ebeb545ec65be0e914311159d1baedccd3a93e9d3e3b249ec5cbd
      Port:                        6379/TCP
      State:                       Running
        Started:                   Thu, 28 Jul 2023 12:28:23 +0800
      Ready:                       True
      Restart Count:               0
      Environment Variables:       <none>
    Conditions:
      Type          Status
      Initialized   True
      Ready         True
      PodScheduled  True
    Volumes:
      default-token-97j21:
        Type:       Secret (a volume populated by a Secret)
        SecretName: default-token-97j21
    QoS Tier:       BestEffort
    Events:
      FirstSeen  LastSeen  Count  From   SubobjectPath  Type  Reason  Message
      ---------  --------  -----  ----   -------------  -----  ------  -------
      18m        18m       1      {default-scheduler }       Normal
Scheduled   Successfully assigned redis-php to k8s-node-1
      18m        18m       1      {kubelet k8s-node-1}
spec.containers{frontend}    Normal       Pulled                Container image
"kubeguide/guestbook-php-frontend:localredis" already present on machine
      18m        18m       1      {kubelet k8s-node-1}
spec.containers{frontend}    Normal       Created               Created container
with docker id ccc8616f8df1
      18m        18m       1      {kubelet k8s-node-1}
spec.containers{frontend}    Normal       Started               Started container
with docker id ccc8616f8df1
      18m        18m       1      {kubelet k8s-node-1}
spec.containers{redis}       Normal       Pulled                Container image
"kubeguide/redis-master" already present on machine
      18m        18m       1      {kubelet k8s-node-1}
spec.containers{redis}       Normal       Created               Created container
with docker id c0b19362097c
      18m        18m       1      {kubelet k8s-node-1}
spec.containers{redis}       Normal       Started               Started container
with docker id c0b19362097c
```

3.3　静态 Pod

静态 Pod 是由 kubelet 管理的仅存在于 kubelet 所在 Node 上的 Pod，不需要通过 Kubernetes 的 Master（Controller Manager）管理。kubelet 负责监控由它创建的静态 Pod，并且在 Pod 失效时重建 Pod。kubelet 还负责向 Master 注册在本 Node 上创建的静态 Pod，管理员可以通过 API Server 的接口查看静态 Pod 的信息，只是不能通过 Master 管理和控制。所以，静态 Pod 也不能使用普通 Pod 可以使用的其他资源，例如 ConfigMap、Secret、ServiceAccount 等。

创建静态 Pod 有两种方式：①基于本地配置文件；②基于网络上的配置文件。

1. 基于本地配置文件

首先，需要在 kubelet 的主配置文件中设置 staticPodPath（在比较旧的 Kubernetes 版本中也可以通过命令行参数--pod-manifest-path 进行配置，该命令行参数将被逐渐弃用），指定 kubelet 需要监控的配置文件所在的目录，kubelet 会定期扫描该目录，并根据该目录下的.yaml 或.json 文件创建静态 Pod。注意：kubelet 在扫描文件时会忽略以“.”开头的隐藏文件。

假设配置目录为/etc/kubernetes/manifests，配置参数为 staticPodPath: /etc/kubernetes/manifests，则在重启 kubelet 服务后即可完成对静态 Pod 目录的配置。

在/etc/kubelet.d 目录下放入 static-web.yaml 文件，内容如下：

```
apiVersion: v1
kind: Pod
metadata:
  name: static-web
  labels:
    name: static-web
spec:
  containers:
  - name: static-web
    image: nginx
    ports:
    - name: web
      containerPort: 80
```

等待一会儿，查看本机中已经启动的容器：

```
# crictl ps
CONTAINER        IMAGE            CREATED          STATE            NAME
ATTEMPT          POD ID           POD
3f9a0dd047dc3    605c77e624ddb    15 seconds ago   Running          static-web
0                98b817d0e24f3    static-web-192.168.18.3
```

可以看到有一个 Nginx 容器已被 kubelet 成功创建。

到 Master 上查看 Pod 列表，也可以看到这个静态 Pod 的信息，只是不能通过 Master 管理和控制：

```
# kubectl get pods
NAME                       READY   STATUS     RESTARTS     AGE
static-web-192.168.18.3    1/1      Running    0            20s
```

在 Master 上尝试删除这个 Pod 时，kubelet 不会删除该 Pod。再次查看 Pod，Pod 仍为 Running 状态：

```
# kubectl delete pod static-web-192.168.18.3
pod "static-web-192.168.18.3" deleted

# kubectl get pods
NAME                      READY    STATUS      RESTARTS     AGE
static-web-192.168.18.3   1/1      Running     0            30s
```

若想删除该 Pod，则只能到 Pod 所在 Node 上将其配置文件 static-web.yaml 从 /etc/kubernetes/manifests 目录下删除：

```
# rm /etc/kubernetes/manifests/static-web.yaml
# crictl ps
// 无容器运行
```

另外，通过容器引擎工具（如 crictl）删除容器，过一段时间后，kubelet 将扫描 /etc/kubernetes/manifests 目录下的 static-web.yaml 文件，并重建容器。

2. 基于网络上的配置文件

通过设置 kubelet 启动参数--manifest-url 指向一个提供配置文件的网络 URL 地址，kubelet 将会定期从该 URL 地址下载 Pod 的定义文件，并以.yaml 或.json 文件的格式进行解析，之后创建静态 Pod。其实现方式与基于本地配置文件实现的方式是一致的。

3.4　Pod 容器共享 Volume

同一个 Pod 中的多个容器能够共享 Pod 级别的存储卷 Volume。Volume 可被定义为各种类型，多个容器各自进行挂载操作，将一个 Volume 挂载为容器内需要的目录，如图 3.2 所示。

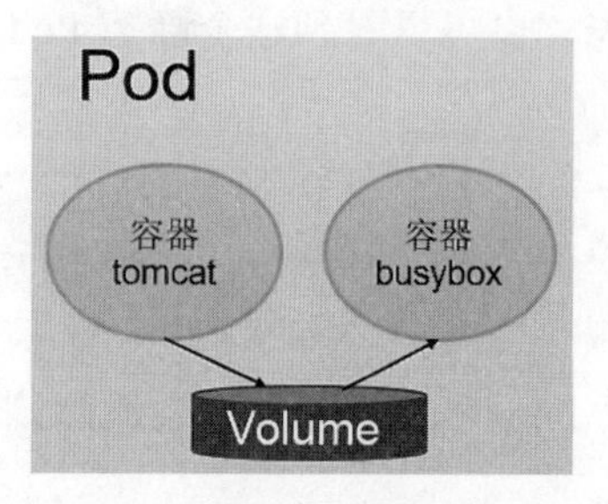

图 3.2　Pod 中的多个容器共享 Volume

在下面的示例中包含两个容器，即 tomcat 容器和 busybox 容器。在 Pod 的配置中设置名为“app-logs”的存储卷（Volume），tomcat 容器向该存储卷中写入日志文件，busybox 容器从该存储卷中读取日志文件。

配置文件 pod-volume-applogs.yaml 的内容如下：

```
apiVersion: v1
kind: Pod
metadata:
  name: volume-pod
spec:
  containers:
  - name: tomcat
    image: tomcat
    ports:
    - containerPort: 8080
    volumeMounts:
    - name: app-logs
      mountPath: /usr/local/tomcat/logs
  - name: busybox
    image: busybox
    command: ["sh", "-c", "tail -f /logs/catalina*.log"]
    volumeMounts:
    - name: app-logs
```

```
      mountPath: /logs
    volumes:
    - name: app-logs
      emptyDir: {}
```

这里设置的 Volume 名为“app-logs”，类型为 emptyDir（也可以设置为其他类型），挂载到 tomcat 容器内的/usr/local/tomcat/logs 目录下，同时挂载到 busybox 容器内的/logs 目录下。tomcat 容器在启动后会向/usr/local/tomcat/logs 目录写文件，这样 busybox 容器就可以读取其中的文件了。

busybox 容器的启动命令为“tail -f /logs/catalina*.log”，我们可以通过 kubectl logs 命令查看 busybox 容器输出的内容：

```
    # kubectl logs volume-pod -c busybox
    ......
    29-Jul-2023 12:55:59.626 INFO [localhost-startStop-1]
org.apache.catalina.startup.HostConfig.deployDirectory Deploying web application
directory /usr/local/tomcat/webapps/manager
    29-Jul-2023 12:55:59.722 INFO [localhost-startStop-1]
org.apache.catalina.startup.HostConfig.deployDirectory Deployment of web
application directory /usr/local/tomcat/webapps/manager has finished in 96 ms
    29-Jul-2023 12:55:59.740 INFO [main] org.apache.coyote.AbstractProtocol.start
Starting ProtocolHandler ["http-apr-8080"]
    29-Jul-2023 12:55:59.794 INFO [main] org.apache.coyote.AbstractProtocol.start
Starting ProtocolHandler ["ajp-apr-8009"]
    29-Jul-2023 12:56:00.604 INFO [main]
org.apache.catalina.startup.Catalina.start Server startup in 4052 ms
```

这个文件的内容是 tomcat 容器写入日志文件/usr/local/tomcat/logs/catalina.<date>.log 的文本内容。登录 tomcat 容器进行查看：

```
    # kubectl exec -ti volume-pod -c tomcat -- ls /usr/local/tomcat/logs
    catalina.2023-07-29.log      localhost_access_log.2023-07-29.txt
    host-manager.2023-07-29.log  manager.2023-07-29.log

    # kubectl exec -ti volume-pod -c tomcat -- tail
/usr/local/tomcat/logs/catalina.2023-07-29.log
    ......
    29-Jul-2023 12:55:59.722 INFO [localhost-startStop-1]
org.apache.catalina.startup.HostConfig.deployDirectory Deployment of web
application directory /usr/local/tomcat/webapps/manager has finished in 96 ms
    29-Jul-2023 12:55:59.740 INFO [main] org.apache.coyote.AbstractProtocol.start
```

```
Starting ProtocolHandler ["http-apr-8080"]
    29-Jul-2023 12:55:59.794 INFO [main] org.apache.coyote.AbstractProtocol.start
Starting ProtocolHandler ["ajp-apr-8009"]
    29-Jul-2023 12:56:00.604 INFO [main]
org.apache.catalina.startup.Catalina.start Server startup in 4052 ms
```

3.5　Pod 的配置管理

应用部署的一个最佳实践是将应用所需的配置信息与应用程序分离，这样应用程序能够在不同环境下被更好地复用。为此，Kubernetes 设计了 ConfigMap 资源对象（后简称 ConfigMap）来实现统一的应用配置管理。本节对 ConfigMap 的概念、配置和用法进行详细讲解。

3.5.1　ConfigMap 概述

ConfigMap 用于保存应用程序运行时需要的配置数据，通过明文（不加密）及 key:value 形式存储。

ConfigMap 供容器使用的典型用法如下。

（1）生成容器内的环境变量。

（2）设置容器启动命令的命令行参数（需要设置为环境变量）。

（3）以 Volume 的形式挂载为容器内的文件或目录。

ConfigMap 以一个或多个 key:value 的形式保存在 Kubernetes 系统中供应用使用，既可用于表示一个变量的值（例如 apploglevel=info），也可用于表示一个完整配置文件的内容（例如 server.xml=<?xml...>...）。

由于 ConfigMap 受限于命名空间，所以要引用 ConfigMap 的 Pod 必须与 ConfigMap 处于相同的命名空间中，才能引用成功。如果希望在 Pod 中引用其他命名空间中的 ConfigMap，则需要通过自行开发对接 API Server 的代码，在配置正确权限的前提下，实现读取其他命名空间中的 ConfigMap。另外，静态 Pod 因为不受 Master 管理，所以无法引用 ConfigMap。

我们可以通过 YAML 文件或者 kubectl create configmap 命令行创建 ConfigMap。与其

他资源对象不同，在 ConfigMap 中不存在 spec 字段，它通过 data 或 binaryData 字段定义配置数据。data 字段用于保存经过 UTF-8 编码的文本字符串，binaryData 字段用于保存经过 Base64 编码的二进制数据。

从 Kubernetes v1.19 版本开始，ConfigMap 新增了 immutable 字段，用于设置配置数据不可修改，即 ConfigMap 资源对象一旦创建成功后就不可修改，如需修改，则只能通过先删除再重建来实现。这样做的好处包括：①意外更新 ConfigMap 对应用带来的异常影响；②减少 API Server 监控 ConfigMap 的变化所带来的性能损耗。immutable 字段的配置示例如下：

```
apiVersion: v1
kind: ConfigMap
metadata:
...
data:
...
immutable: true
```

3.5.2 创建 ConfigMap

Kubernetes 提供了多种方式创建 ConfigMap：①基于本地配置文件；②基于 kubectl 命令行；③基于 kustomization 配置文件及 kustomize。本节主要讲解前两种方式。

1. 基于本地配置文件

如下所示，在配置文件 cm-appvars.yaml 中定义了一个 ConfigMap，并在 data 字段中定义了应用所需的变量：

```
# cm-appvars.yaml
apiVersion: v1
kind: ConfigMap
metadata:
  name: cm-appvars
data:
  apploglevel: info
  appdatadir: /var/data
```

通过 kubectl create 命令创建该 ConfigMap：

```
$ kubectl create -f cm-appvars.yaml
```

```
configmap/cm-appvars created
```

在成功创建 ConfigMap 之后，可以通过 kubectl describe configmap <cm-name>命令或者 kubectl get configmap <cm-name> -o yaml 命令查看 ConfigMap 中的数据：

```
# kubectl get configmap
NAME          DATA   AGE
cm-appvars    2      3s

# kubectl describe configmap cm-appvars
Name:         cm-appvars
Namespace:    default
Labels:       <none>
Annotations:  <none>

Data
====
appdatadir:
----
/var/data
apploglevel:
----
info

BinaryData
====

Events:  <none>

# kubectl get configmap cm-appvars -o yaml
apiVersion: v1
data:
  appdatadir: /var/data
  apploglevel: info
kind: ConfigMap
metadata:
  creationTimestamp: 2023-07-28T19:57:16Z
  name: cm-appvars
  namespace: default
  resourceVersion: "78709"
  selfLink: /api/v1/namespaces/default/configmaps/cm-appvars
  uid: 7bb2e9c0-54fd-11e6-9dcd-000c29dc2102
```

在下面的示例中展示了将两个配置文件 server.xml 和 logging. properties 定义为 ConfigMap 的方法，设置 key 为配置文件的别名，并设置 value 为配置文件的全部文本内容：

```
# cm-appconfigfiles.yaml
apiVersion: v1
kind: ConfigMap
metadata:
  name: cm-appconfigfiles
data:
  key-serverxml: |
    <?xml version='1.0' encoding='utf-8'?>
    <Server port="8005" shutdown="SHUTDOWN">
      <Listener className="org.apache.catalina.startup.VersionLoggerListener"
/>
      <Listener className="org.apache.catalina.core.AprLifecycleListener"
SSLEngine="on" />
      <Listener className=
"org.apache.catalina.core.JreMemoryLeakPreventionListener" />
      <Listener className=
"org.apache.catalina.mbeans.GlobalResourcesLifecycleListener" />
      <Listener className=
"org.apache.catalina.core.ThreadLocalLeakPreventionListener" />
      <GlobalNamingResources>
        <Resource name="UserDatabase" auth="Container"
                  type="org.apache.catalina.UserDatabase"
                  description="User database that can be updated and saved"
                  factory="org.apache.catalina.users.MemoryUserDatabaseFactory"
                  pathname="conf/tomcat-users.xml" />
      </GlobalNamingResources>

      <Service name="Catalina">
        <Connector port="8080" protocol="HTTP/1.1"
                   connectionTimeout="20000"
                   redirectPort="8443" />
        <Connector port="8009" protocol="AJP/1.3" redirectPort="8443" />
        <Engine name="Catalina" defaultHost="localhost">
          <Realm className="org.apache.catalina.realm.LockOutRealm">
            <Realm className="org.apache.catalina.realm.UserDatabaseRealm"
                   resourceName="UserDatabase"/>
          </Realm>
```

```
            <Host name="localhost"  appBase="webapps"
                  unpackWARs="true" autoDeploy="true">
              <Valve className="org.apache.catalina.valves.AccessLogValve"
directory="logs"
                     prefix="localhost_access_log" suffix=".txt"
                     pattern="%h %l %u %t &quot;%r&quot; %s %b" />

            </Host>
          </Engine>
        </Service>
      </Server>
    key-loggingproperties: "handlers
      =1catalina.org.apache.juli.FileHandler, 2localhost.org.apache.juli.
FileHandler,
      3manager.org.apache.juli.FileHandler, 4host-manager.org.apache.juli.
FileHandler,
      java.util.logging.ConsoleHandler\r\n\r\n.handlers= 1catalina.org.apache.
juli.FileHandler,
      java.util.logging.ConsoleHandler\r\n\r\n1catalina.org.apache.juli.
FileHandler.level
      = FINE\r\n1catalina.org.apache.juli.FileHandler.directory
      = ${catalina.base}/logs\r\n1catalina.org.apache.juli.FileHandler.prefix
      = catalina.\r\n\r\n2localhost.org.apache.juli.FileHandler.level
      = FINE\r\n2localhost.org.apache.juli.FileHandler.directory
      = ${catalina.base}/logs\r\n2localhost.org.apache.juli.FileHandler.prefix
      = localhost.\r\n\r\n3manager.org.apache.juli.FileHandler.level
      = FINE\r\n3manager.org.apache.juli.FileHandler.directory
      = ${catalina.base}/logs\r\n3manager.org.apache.juli.FileHandler.prefix
      = manager.\r\n\r\n4host-manager.org.apache.juli.FileHandler.level
      = FINE\r\n4host-manager.org.apache.juli.FileHandler.directory
      = ${catalina.base}/logs\r\n4host-manager.org.apache.juli.FileHandler.
prefix = host-manager.\r\n\r\njava.util.logging.ConsoleHandler.level
      = FINE\r\ njava.util.logging.ConsoleHandler.formatter
      = java.util.logging.SimpleFormatter\r\n\r\n\r\norg.apache.catalina.core.
ContainerBase.[Catalina].[localhost].level
      = INFO\r\norg.apache.catalina.core.ContainerBase.[Catalina].[localhost].
handlers
      = 2localhost.org.apache.juli.FileHandler\r\n\r\norg.apache.catalina.core.
ContainerBase.[Catalina].[localhost].[/manager].level
      = INFO\r\norg.apache.catalina.core.ContainerBase.[Catalina].[localhost].
[/manager].handlers
```

```
        = 3manager.org.apache.juli.FileHandler\r\n\r\norg.apache.catalina.core.
ContainerBase.[Catalina].[localhost].[/host-manager].level
        = INFO\r\norg.apache.catalina.core.ContainerBase.[Catalina].[localhost].
[/host-manager].handlers
        = 4host-manager.org.apache.juli.FileHandler\r\n\r\n"
```

通过 kubectl create 命令创建该 ConfigMap：

```
$ kubectl create -f cm-appconfigfiles.yaml
configmap/cm-appconfigfiles created
```

查看创建好的 ConfigMap 及其中的数据：

```
# kubectl get configmap cm-appconfigfiles
NAME                DATA     AGE
cm-appconfigfiles   2        14s

# kubectl describe configmap cm-appconfigfiles
Name:         cm-appconfigfiles
Namespace:    default
Labels:       <none>
Annotations:  <none>

Data
====
key-loggingproperties:
----
handlers = 1catalina.org.apache.juli.FileHandler,
2localhost.org.apache.juli.FileHandler, 3manager.org.apache.juli.FileHandler,
4host-manager.org.apache.juli.FileHandler, java.util.logging.ConsoleHandler\r
\r
.handlers = 1catalina.org.apache.juli.FileHandler,
java.util.logging.ConsoleHandler\r
\r
1catalina.org.apache.juli.FileHandler.level = FINE\r
1catalina.org.apache.juli.FileHandler.directory = ${catalina.base}/logs\r
1catalina.org.apache.juli.FileHandler.prefix = catalina.\r
\r
2localhost.org.apache.juli.FileHandler.level = FINE\r
2localhost.org.apache.juli.FileHandler.directory = ${catalina.base}/logs\r
2localhost.org.apache.juli.FileHandler.prefix = localhost.\r
\r
3manager.org.apache.juli.FileHandler.level = FINE\r
```

```
    3manager.org.apache.juli.FileHandler.directory = ${catalina.base}/logs\r
    3manager.org.apache.juli.FileHandler.prefix = manager.\r
    \r
    4host-manager.org.apache.juli.FileHandler.level = FINE\r
    4host-manager.org.apache.juli.FileHandler.directory = ${catalina.base}/logs\r
    4host-manager.org.apache.juli.FileHandler.prefix = host-manager.\r
    \r
    java.util.logging.ConsoleHandler.level = FINE\r
    java.util.logging.ConsoleHandler.formatter =
java.util.logging.SimpleFormatter\r
    \r
    \r
    org.apache.catalina.core.ContainerBase.[Catalina].[localhost].level = INFO\r
    org.apache.catalina.core.ContainerBase.[Catalina].[localhost].handlers =
2localhost.org.apache.juli.FileHandler\r
    \r
    org.apache.catalina.core.ContainerBase.[Catalina].[localhost].[/manager].lev
el = INFO\r
    org.apache.catalina.core.ContainerBase.[Catalina].[localhost].[/manager].han
dlers = 3manager.org.apache.juli.FileHandler\r
    \r
    org.apache.catalina.core.ContainerBase.[Catalina].[localhost].[/host-manager
].level = INFO\r
    org.apache.catalina.core.ContainerBase.[Catalina].[localhost].[/host-manager
].handlers = 4host-manager.org.apache.juli.FileHandler\r
    \r

    key-serverxml:
    ----
    <?xml version='1.0' encoding='utf-8'?>
    <Server port="8005" shutdown="SHUTDOWN">
      <Listener className="org.apache.catalina.startup.VersionLoggerListener" />
      <Listener className="org.apache.catalina.core.AprLifecycleListener"
SSLEngine="on" />
      <Listener
className="org.apache.catalina.core.JreMemoryLeakPreventionListener" />
      <Listener
className="org.apache.catalina.mbeans.GlobalResourcesLifecycleListener" />
      <Listener
className="org.apache.catalina.core.ThreadLocalLeakPreventionListener" />
      <GlobalNamingResources>
```

```
    <Resource name="UserDatabase" auth="Container"
              type="org.apache.catalina.UserDatabase"
              description="User database that can be updated and saved"
              factory="org.apache.catalina.users.MemoryUserDatabaseFactory"
              pathname="conf/tomcat-users.xml" />
  </GlobalNamingResources>

  <Service name="Catalina">
    <Connector port="8080" protocol="HTTP/1.1"
               connectionTimeout="20000"
               redirectPort="8443" />
    <Connector port="8009" protocol="AJP/1.3" redirectPort="8443" />
    <Engine name="Catalina" defaultHost="localhost">
      <Realm className="org.apache.catalina.realm.LockOutRealm">
        <Realm className="org.apache.catalina.realm.UserDatabaseRealm"
               resourceName="UserDatabase"/>
      </Realm>
      <Host name="localhost"  appBase="webapps"
            unpackWARs="true" autoDeploy="true">
        <Valve className="org.apache.catalina.valves.AccessLogValve"
directory="logs"
               prefix="localhost_access_log" suffix=".txt"
               pattern="%h %l %u %t &quot;%r&quot; %s %b" />

      </Host>
    </Engine>
  </Service>
</Server>

BinaryData
====

Events:  <none>

# kubectl get configmap cm-appconfigfiles -o yaml
apiVersion: v1
data:
  key-loggingproperties: "handlers = 1catalina.org.apache.juli.FileHandler,
2localhost.org.apache.juli.FileHandler,
    3manager.org.apache.juli.FileHandler, 4host-manager.org.apache.juli.
FileHandler,
```

```
        java.util.logging.ConsoleHandler\r\n\r\n.handlers = 1catalina.org.apache.
juli.FileHandler,
        java.util.logging.ConsoleHandler\r\n\r\n1catalina.org.apache.juli.
FileHandler.level
        = FINE\r\n1catalina.org.apache.juli.FileHandler.directory
        = ${catalina.base}/logs\r\n1catalina.org.apache.juli.FileHandler.prefix
        = catalina.\r\n\r\n2localhost.org.apache.juli.FileHandler.level
        = FINE\r\n2localhost.org.apache.juli.FileHandler.directory
        = ${catalina.base}/logs\r\n2localhost.org.apache.juli.FileHandler.prefix
        = localhost.\r\n\r\n3manager.org.apache.juli.FileHandler.level
        = FINE\r\n3manager.org.apache.juli.FileHandler.directory
        = ${catalina.base}/logs\r\n3manager.org.apache.juli.FileHandler.prefix
        = manager.\r\n\r\n4host-manager.org.apache.juli.FileHandler.level
        = FINE\r\n4host-manager.org.apache.juli.FileHandler.directory
        = ${catalina.base}/logs\r\n4host-manager.org.apache.juli.FileHandler.
prefix =
        host-manager.\r\n\r\njava.util.logging.ConsoleHandler.level = FINE\r\njava.
util.logging.ConsoleHandler.formatter
        = java.util.logging.SimpleFormatter\r\n\r\n\r\norg.apache.catalina.core.
ContainerBase.[Catalina].[localhost].level
        = INFO\r\norg.apache.catalina.core.ContainerBase.[Catalina].[localhost].
handlers
        = 2localhost.org.apache.juli.FileHandler\r\n\r\norg.apache.catalina.core.
ContainerBase.[Catalina].[localhost].[/manager].level
        = INFO\r\norg.apache.catalina.core.ContainerBase.[Catalina].[localhost].
[/manager].handlers
        = 3manager.org.apache.juli.FileHandler\r\n\r\norg.apache.catalina.core.
ContainerBase.[Catalina].[localhost].[/host-manager].level
        = INFO\r\norg.apache.catalina.core.ContainerBase.[Catalina].[localhost].
[/host-manager].handlers
        = 4host-manager.org.apache.juli.FileHandler\r\n\r\n"
      key-serverxml: |
        <?xml version='1.0' encoding='utf-8'?>
        <Server port="8005" shutdown="SHUTDOWN">
          <Listener className="org.apache.catalina.startup.VersionLoggerListener"
/>
          <Listener className="org.apache.catalina.core.AprLifecycleListener"
SSLEngine="on" />
          <Listener className="org.apache.catalina.core.
JreMemoryLeakPreventionListener" />
          <Listener className="org.apache.catalina.mbeans.
```

```
GlobalResourcesLifecycleListener" />
        <Listener className="org.apache.catalina.core.
ThreadLocalLeakPreventionListener" />
        <GlobalNamingResources>
          <Resource name="UserDatabase" auth="Container"
                  type="org.apache.catalina.UserDatabase"
                  description="User database that can be updated and saved"
                  factory="org.apache.catalina.users.MemoryUserDatabaseFactory"
                  pathname="conf/tomcat-users.xml" />
        </GlobalNamingResources>

        <Service name="Catalina">
          <Connector port="8080" protocol="HTTP/1.1"
                   connectionTimeout="20000"
                   redirectPort="8443" />
          <Connector port="8009" protocol="AJP/1.3" redirectPort="8443" />
          <Engine name="Catalina" defaultHost="localhost">
            <Realm className="org.apache.catalina.realm.LockOutRealm">
              <Realm className="org.apache.catalina.realm.UserDatabaseRealm"
                   resourceName="UserDatabase"/>
            </Realm>
            <Host name="localhost"  appBase="webapps"
                 unpackWARs="true" autoDeploy="true">
              <Valve className="org.apache.catalina.valves.AccessLogValve"
directory="logs"
                   prefix="localhost_access_log" suffix=".txt"
                   pattern="%h %l %u %t &quot;%r&quot; %s %b" />

            </Host>
          </Engine>
        </Service>
      </Server>
    kind: ConfigMap
    metadata:
      creationTimestamp: 2023-07-29T00:52:18Z
      name: cm-appconfigfiles
      namespace: default
      resourceVersion: "85054"
      selfLink: /api/v1/namespaces/default/configmaps/cm-appconfigfiles
      uid: b30d5019-5526-11e6-9dcd-000c29dc2102
```

2. 基于 kubectl 命令行

Kubernetes 也可以直接通过 kubectl create configmap 命令创建 ConfigMap，支持通过以下参数指定不同类型的数据源创建 ConfigMap。

◎ --from-file：表示基于指定的文件或者目录创建 ConfigMap。

◎ --from-env-file：表示基于指定的 env 文件创建 ConfigMap。

◎ --from-env-file：表示基于指定的文件或者目录创建 ConfigMap。

下面进行详细的示例说明。

1）--from-file：表示基于指定的文件或者目录创建 ConfigMap

如果基于指定的文件创建 ConfigMap，则在默认情况下，key 名会被设置为文件名，value 的值会被设置为文件的内容。也可以通过命令行参数指定 key 名，不将文件名作为 key 名。如果基于指定的目录创建 ConfigMap，则目录下的每个文件都会被创建为 data 中的一个 key:value 键值对。参数--from-file 可以多次出现，用于在一个 kubectl create 命令行中创建多个 ConfigMap。

需要注意的是，将 key 名设置为文件名时，文件名需要遵循 key 的命名规范，即在 key 名中只能包含字母（A-Z 和 a-z）、数字（0-9）、'-'、'_'、'.'等。如果文件名不符合命名规范，或者目录下的任一文件名不符合命名规范，则 kubectl create configmap 命令将运行失败。

命令行的语法如下：

```
# kubectl create configmap NAME --from-file=[key=]source
--from-file=[key=]source
```

下面通过几个示例对--from-file 的用法进行说明。

例 1：在 configs 目录下存在配置文件 server.xml，创建一个包含该文件内容的 ConfigMap“server-config”的命令如下：

```
# kubectl create configmap server-config --from-file=server.xml
configmap/server-config created
```

查看 ConfigMap“server-config”的内容，可以看到 data 字段中 key 名为“server.xml”，value 的值为文件的内容：

```
# kubectl describe configmap server-config
Name:         server-config
Namespace:    default
```

```
Labels:      <none>
Annotations:<none>

Data
====
server.xml:
----
<?xml version='1.0' encoding='utf-8'?>\r
<!--\r
  Licensed to the Apache Software Foundation (ASF) under one or more\r
......
```

例 2：在 configs 目录下存在两个配置文件 server.xml 和 logging.properties，创建一个包含这两个文件内容的 ConfigMap“app-conf”：

```
# kubectl create configmap app-config --from-file=./configs
Configmap/app-config created
```

查看 ConfigMap“app-config”的内容，可以看到在 data 字段中存在两个数据项，key 名分别为“logging.properties”和“server.xml”，value 的值为两个文件的内容：

```
# kubectl describe configmap app-config
Name:        app-config
Namespace:   default
Labels:      <none>
Annotations:<none>

Data
====
logging.properties:
----
handlers = 1catalina.org.apache.juli.FileHandler,
2localhost.org.apache.juli.FileHandler, 3manager.org.apache.juli.FileHandl
......

server.xml:
----
<?xml version='1.0' encoding='utf-8'?>\r
<!--\r
  Licensed to the Apache Software Foundation (ASF) under one or more\r
......
```

```
logging.properties:
----
# Licensed to the Apache Software Foundation (ASF) under one or more\r
server.xml:          6458 bytes
```

例3：在创建ConfigMap时指定“mykey”为key名，不将文件名作为key名：

```
# kubectl create configmap server-config --from-file=mykey=server.xml
configmap/server-config created
```

查看ConfigMap“server-config”的内容，可以看到data字段中数据项的key名为“mykey”：

```
# kubectl describe configmap server-config
Name:         server-config
Namespace:    default
Labels:       <none>
Annotations:<none>

Data
====
mykey:
----
<?xml version='1.0' encoding='utf-8'?>\r
<!--\r
  Licensed to the Apache Software Foundation (ASF) under one or more\r
......
```

例4：通过多次使用参数--from-file创建一个包含多个配置文件内容的ConfigMap：

```
# kubectl create configmap app-config --from-file=server.xml
--from-file=logging.properties
configmap/app-config created
```

查看ConfigMap“app-config”的内容，可以看到在data字段中存在两个数据项，key名分别为“logging.properties”和“server.xml”，value的值为两个文件的内容：

```
# kubectl describe configmap app-config
Name:         app-config
Namespace:    default
Labels:       <none>
Annotations:<none>
```

```
Data
====
logging.properties:
----
handlers = 1catalina.org.apache.juli.FileHandler,
2localhost.org.apache.juli.FileHandler, 3manager.org.apache.juli.FileHandl
......

server.xml:
----
<?xml version='1.0' encoding='utf-8'?>\r
<!--\r
  Licensed to the Apache Software Foundation (ASF) under one or more\r
......
```

2）--from-env-file：表示基于指定的 env 文件创建 ConfigMap

env 文件包含一组环境变量的配置数据，其内容需遵循以下语法规则。

◎ 每行文本都为 VAR=VALUE 的格式，等号两边不能有空格。

◎ 忽略以“#”开头的注释行。

◎ 忽略空行。

◎ 对文本中的引号不做转义处理，即保留原始文本并将其作为 value 的值。

Kubernetes 在基于 env 文件创建 ConfigMap 时，会将每行 VAR=VALUE 的内容都设置为 data 中的一个 key:value 键值对。

例 1：基于 log.properties 创建一个名为“log-env-config”的 ConfigMap：

log.properties 的内容如下：

```
level=FINE
directory="${catalina.base}/logs"
prefix=catalina.
```

通过 kubectl create 命令进行创建：

```
# kubectl create configmap log-env-config --from-env-file=log.properties
configmap/log-env-config created
```

查看 ConfigMap“log-env-config”的内容，可以看到 Data 段落中的 key 名为原 env 文件中每行文本等号左边的字符串，value 的值为等号右边的字符串：

```
# kubectl describe configmap log-env-config
Name:         log-env-config
Namespace:    default
Labels:       <none>
Annotations:<none>

Data
====
directory:
----
"${catalina.base}/logs"
level:
----
FINE
prefix:
----
catalina.

BinaryData
====

Events:  <none>
```

例 2：Kubernetes 从 v1.23 版本开始，支持通过多次使用参数--from-env-file 创建一个包含多个源配置文件内容的 ConfigMap。例如，基于两个文件 log.properties 和 handler.properties 创建一个名为“multi-env-config”的 ConfigMap。

log.properties 的内容如下：

```
level=FINE
directory="${catalina.base}/logs"
prefix=catalina.
```

handler.properties 的内容如下：

```
    handlers="1catalina.org.apache.juli.FileHandler,
2localhost.org.apache.juli.FileHandler, 3manager.org.apache.juli.FileHandler,
4host-manager.org.apache.juli.FileHandler, java.util.logging.ConsoleHandler"
```

通过 kubectl create 命令进行创建：

```
    # kubectl create configmap multi-env-config --from-env-file=log.properties
--from-env-file=handler.properties
```

```
configmap/multi-env-config created
```

查看 ConfigMap “multi-env-config” 的内容，可以看到在 data 中包含两个源文件的全部内容：

```
# kubectl describe configmap multi-env-config
Name:         multi-env-config
Namespace:    default
Labels:       <none>
Annotations:<none>

Data
====
directory:
----
"${catalina.base}/logs"
handlers:
----
"1catalina.org.apache.juli.FileHandler,
2localhost.org.apache.juli.FileHandler, 3manager.org.apache.juli.FileHandler,
4host-manager.org.apache.juli.FileHandler, java.util.logging.ConsoleHandler"
level:
----
FINE
prefix:
----
catalina.

BinaryData
====

Events:  <none>
```

3）--from-literal：表示基于指定的文件或者目录创建 ConfigMap

系统将参数中指定的“key#=value#”创建为 ConfigMap 的数据内容，语法如下：

```
# kubectl create configmap NAME --from-literal=key1=value1 --from-literal=
key2=value2
```

使用--from-literal 参数创建 ConfigMap 的示例如下：

```
# kubectl create configmap appenv --from-literal=loglevel=info
```

```
--from-literal=appdatadir=/var/data
    Configmap/appenv created

    # kubectl  describe configmap appenv
    Name:         appenv
    Namespace:    default
    Labels:       <none>
    Annotations:<none>

    Data
    ====
    appdatadir:
    ----
    /var/data
    loglevel:
    ----
    info

    BinaryData
    ====

    Events:  <none>
```

3.5.3 在 Pod 中使用 ConfigMap

容器应用通过以下两种方式使用 ConfigMap。

（1）将 ConfigMap 中的内容设置为容器内的环境变量。

（2）通过 Volume 将 ConfigMap 中的内容挂载为容器内的文件或目录。

下面对这两种使用方式进行示例说明。

1. 将 ConfigMap 中的内容设置为容器内的环境变量

以前面创建的 ConfigMap “cm-appvars” 为例：

```
apiVersion: v1
kind: ConfigMap
metadata:
  name: cm-appvars
```

```
data:
  apploglevel: info
  appdatadir: /var/data
```

在 Pod“cm-test-pod”的定义中将 ConfigMap“cm-appvars”中的内容设置为容器内的环境变量 APPLOGLEVEL 和 APPDATADIR，运行容器启动命令，将在屏幕上打印这两个环境变量的值（"env | grep APP"）：

```
# cm-test-pod.yaml
apiVersion: v1
kind: Pod
metadata:
  name: cm-test-pod
spec:
  containers:
  - name: cm-test
    image: busybox
    command: [ "/bin/sh", "-c", "env | grep APP" ]
    env:
    - name: APPLOGLEVEL              # 定义环境变量的名称
      valueFrom:                     # key“apploglevel”对应的值
        configMapKeyRef:
          name: cm-appvars           # 环境变量的值取自 cm-appvars:
          key: apploglevel           # key 为 apploglevel
    - name: APPDATADIR               # 定义环境变量的名称
      valueFrom:                     # key“appdatadir”对应的值
        configMapKeyRef:
          name: cm-appvars           # 环境变量的值取自 cm-appvars
          key: appdatadir            # key 为 appdatadir
  restartPolicy: Never
```

通过 kubectl create -f 命令创建该 Pod，因为要测试 Pod，所以该 Pod 在运行容器的启动命令后会退出，并且不会被系统自动重启（restartPolicy=Never）：

```
# kubectl create -f cm-test-pod.yaml
pod/cm-test-pod created
```

运行 kubectl get pods 命令查看 Pod：

```
# kubectl get pods
NAME             READY      STATUS         RESTARTS     AGE
cm-test-pod      0/1        Completed      0            8s
```

查看该 Pod 的日志，可以看到启动命令 env | grep APP 的运行结果如下：

```
# kubectl logs cm-test-pod
APPDATADIR=/var/data
APPLOGLEVEL=info
```

这说明容器内的环境变量已使用 ConfigMap“cm-appvars”中的值进行了正确设置。

Kubernetes 从 v1.6 版本开始引入了一个新的字段“envFrom”，实现了在 Pod 环境下将 ConfigMap（也可用于 Secret）中的所有 key:value 键值对都自动生成环境变量：

```
# cm-test-pod2.yaml
apiVersion: v1
kind: Pod
metadata:
  name: cm-test-pod2
spec:
  containers:
  - name: cm-test
    image: busybox
    command: [ "/bin/sh", "-c", "env | grep app" ]
    envFrom:
    - configMapRef:
        name: cm-appvars      # 根据 cm-appvars 中的 key:value 键值对自动生成环境变量
  restartPolicy: Never
```

通过 kubectl create -f 命令创建该 Pod：

```
# kubectl create -f cm-test-pod2.yaml
pod/cm-test-pod2 created
```

查看该 Pod 的日志，可以看到启动命令 env | grep APP 的运行结果如下：

```
# kubectl logs cm-test-pod2
apploglevel=info
appdatadir=/var/data
```

需要说明的是，环境变量的命名受 POSIX 命名规范（[a-zA-Z_][a-zA-Z0-9_]*）约束，不能以数字开头。如果包含非法字符，则系统将跳过该环境变量的创建，并记录一个 Event 来提示环境变量无法生成，但并不阻止 Pod 的启动。

2. 通过 Volume 将 ConfigMap 中的内容挂载为容器内的文件或目录

在如下所示的 cm-appconfigfiles.yaml 示例中包含两个配置文件（server.xml 和 logging.

properties）的定义：

```
# cm-appconfigfiles.yaml
apiVersion: v1
kind: ConfigMap
metadata:
  name: cm-appconfigfiles
data:
  key-serverxml: |
    <?xml version='1.0' encoding='utf-8'?>
    <Server port="8005" shutdown="SHUTDOWN">
      <Listener className="org.apache.catalina.startup.VersionLoggerListener"
/>
      <Listener className="org.apache.catalina.core.AprLifecycleListener"
SSLEngine="on" />
      <Listener className="org.apache.catalina.core.
JreMemoryLeakPreventionListener" />
      <Listener className="org.apache.catalina.mbeans.
GlobalResourcesLifecycleListener" />
      <Listener className="org.apache.catalina.core.
ThreadLocalLeakPreventionListener" />
      <GlobalNamingResources>
        <Resource name="UserDatabase" auth="Container"
                  type="org.apache.catalina.UserDatabase"
                  description="User database that can be updated and saved"
                  factory="org.apache.catalina.users.MemoryUserDatabaseFactory"
                  pathname="conf/tomcat-users.xml" />
      </GlobalNamingResources>

      <Service name="Catalina">
        <Connector port="8080" protocol="HTTP/1.1"
                   connectionTimeout="20000"
                   redirectPort="8443" />
        <Connector port="8009" protocol="AJP/1.3" redirectPort="8443" />
        <Engine name="Catalina" defaultHost="localhost">
          <Realm className="org.apache.catalina.realm.LockOutRealm">
            <Realm className="org.apache.catalina.realm.UserDatabaseRealm"
                   resourceName="UserDatabase"/>
          </Realm>
          <Host name="localhost"  appBase="webapps"
                unpackWARs="true" autoDeploy="true">
```

```
            <Valve className="org.apache.catalina.valves.AccessLogValve"
directory="logs"
                   prefix="localhost_access_log" suffix=".txt"
                   pattern="%h %l %u %t &quot;%r&quot; %s %b" />

           </Host>
         </Engine>
       </Service>
     </Server>
  key-loggingproperties: "handlers
     = 1catalina.org.apache.juli.FileHandler,
2localhost.org.apache.juli.FileHandler,
     3manager.org.apache.juli.FileHandler,
4host-manager.org.apache.juli.FileHandler,
     java.util.logging.ConsoleHandler\r\n\r\n.handlers =
1catalina.org.apache.juli.FileHandler,
     java.util.logging.ConsoleHandler\r\n\r\n1catalina.org.apache.juli.
FileHandler.level
     = FINE\r\n1catalina.org.apache.juli.FileHandler.directory =
${catalina.base}/logs\r\n1catalina.org.apache.juli.FileHandler.prefix
     = catalina.\r\n\r\n2localhost.org.apache.juli.FileHandler.level =
FINE\r\n2localhost.org.apache.juli.FileHandler.directory
     = ${catalina.base}/logs\r\n2localhost.org.apache.juli.FileHandler.prefix =
localhost.\r\n\r\n3manager.org.apache.juli.FileHandler.level
     = FINE\r\n3manager.org.apache.juli.FileHandler.directory =
${catalina.base}/logs\r\n3manager.org.apache.juli.FileHandler.prefix
     = manager.\r\n\r\n4host-manager.org.apache.juli.FileHandler.level =
FINE\r\n4host-manager.org.apache.juli.FileHandler.directory
     = ${catalina.base}/logs\r\n4host-manager.org.apache.juli.FileHandler.
prefix =
     host-manager.\r\n\r\njava.util.logging.ConsoleHandler.level =
FINE\r\njava.util.logging.ConsoleHandler.formatter
     = java.util.logging.SimpleFormatter\r\n\r\n\r\norg.apache.catalina.core.
ContainerBase.[Catalina].[localhost].level
     = INFO\r\norg.apache.catalina.core.ContainerBase.[Catalina].[localhost].
handlers
     = 2localhost.org.apache.juli.FileHandler\r\n\r\norg.apache.catalina.core.
ContainerBase.[Catalina].[localhost].[/manager].level
     = INFO\r\norg.apache.catalina.core.ContainerBase.[Catalina].[localhost].
[/manager].handlers
     = 3manager.org.apache.juli.FileHandler\r\n\r\norg.apache.catalina.core.
```

```
ContainerBase.[Catalina].[localhost].[/host-manager].level
        = INFO\r\norg.apache.catalina.core.ContainerBase.[Catalina].[localhost].
[/host-manager].handlers
        = 4host-manager.org.apache.juli.FileHandler\r\n\r\n"
```

在 Pod “cm-test-app” 的定义中，将 ConfigMap “cm-appconfigfiles” 中的内容以文件的形式挂载到容器内的/configfiles 目录下。Pod 配置文件 cm-test-app.yaml 的内容如下：

```
apiVersion: v1
kind: Pod
metadata:
  name: cm-test-app
spec:
  containers:
  - name: cm-test-app
    image: kubeguide/tomcat-app:v1
    ports:
    - containerPort: 8080
    volumeMounts:
    - name: serverxml                 # 引用 Volume 的名称
      mountPath: /configfiles         # 挂载到容器内的该目录下
  volumes:
  - name: serverxml                   # 定义 Volume 的名称
    configMap:
      name: cm-appconfigfiles         # 指定 ConfigMap 的名称“cm-appconfigfiles”
      items:
      - key: key-serverxml            # ConfigMap 中的 key 名称 key-serverxml
        path: server.xml              # value 将以 server.xml 文件名挂载
      - key: key-loggingproperties # ConfigMap 中的 key 名称 key-loggingproperties
        path: logging.properties   # value 以 logging.properties 文件名挂载到容器内
```

创建该 Pod：

```
# kubectl create -f cm-test-app.yaml
pod/cm-test-app created
```

进入容器控制台，可以看到在/configfiles 目录下存在 server.xml 和 logging.properties 文件，它们的内容是 ConfigMap “cm-appconfigfiles” 中两个 key 定义的内容：

```
# kubectl exec -ti cm-test-app - bash
root@cm-test-app:/# ls /configfiles
server.xml  logging.properties
```

```
    root@cm-test-app:/# cat /configfiles/server.xml
    <?xml version='1.0' encoding='utf-8'?>
    <Server port="8005" shutdown="SHUTDOWN">
    ......

    root@cm-test-app:/# cat /configfiles/logging.properties
    handlers = 1catalina.org.apache.juli.AsyncFileHandler,
2localhost.org.apache.juli.AsyncFileHandler,
3manager.org.apache.juli.AsyncFileHandler,
4host-manager.org.apache.juli.AsyncFileHandler, java.util.logging.ConsoleHandler
    ......
```

如果在引用 ConfigMap 时不指定 items，则通过 volumeMount 方式在容器内的目录下为每个 item 都生成一个名为“key”的文件。

Pod 配置文件 cm-test-app.yaml 的内容如下：

```
apiVersion: v1
kind: Pod
metadata:
  name: cm-test-app
spec:
  containers:
  - name: cm-test-app
    image: kubeguide/tomcat-app:v1
    imagePullPolicy: Never
    ports:
    - containerPort: 8080
    volumeMounts:
    - name: serverxml                # 引用 Volume 的名称
      mountPath: /configfiles        # 挂载到容器内的该目录下
  volumes:
  - name: serverxml                  # 定义 Volume 的名称
    configMap:
      name: cm-appconfigfiles        # 使用 ConfigMap“cm-appconfigfiles”
```

创建该 Pod：

```
# kubectl create -f cm-test-app.yaml
pod/cm-test-app created
```

进入容器控制台，可以看到在/configfiles 目录下存在 key-loggingproperties 和 key-serverxml 两个文件，文件名来自在 ConfigMap“cm-appconfigfiles”中定义的两个 key

名，文件的内容则为 value 的值：

```
# ls /configfiles
key-loggingproperties  key-serverxml
```

3.5.4 ConfigMap 的可选设置

在 Pod 的定义中，可以将对 ConfigMap 的引用设置为是否可选（optional），若设置为可选（optional=true），则表示如果 ConfigMap 不存在，或者引用的数据项在 ConfigMap 中不存在，那么目标数据将被设置为空值。当 ConfigMap 被设置为 Volume 存储卷时，也可以将对 ConfigMap 的引用设置为是否可选（optional），若设置为可选（optional=true），则表示当 ConfigMap 不存在时，目标挂载的文件内容是空的。

例 1，若 ConfigMap "cm-appvars" 不存在，则在 Pod "cm-test-pod-cm-optional" 的定义中设置环境变量 APPLOGLEVEL 和 APPDATADIR 时，指定引用的 ConfigMap 为可选的（optional）：

```
# cm-test-pod-cm-env-optional.yaml
apiVersion: v1
kind: Pod
metadata:
  name: cm-test-pod-cm-env-optional
spec:
  containers:
  - name: cm-test
    image: busybox
    command: [ "/bin/sh", "-c", "env | grep APP" ]
    env:
    - name: APPLOGLEVEL
      valueFrom:
        configMapKeyRef:
          name: cm-appvars
          key: apploglevel
          optional: true
    - name: APPDATADIR
      valueFrom:
        configMapKeyRef:
          name: cm-appvars
          key: appdatadir
```

```
        optional: true
  restartPolicy: Never
```

通过 kubectl create -f 命令创建该 Pod：

```
# kubectl create -f cm-test-pod-cm-env-optional.yaml
pod/cm-test-pod-cm-env-optional created
```

查看该 Pod 的日志，可以看到启动命令 env | grep APP 的运行结果为空：

```
# kubectl logs cm-test-pod-cm-env-optional
[结果为空]
```

这说明，当需要引用的 ConfigMap 不存在时，Pod 内的两个环境变量均未生成，但是系统并未阻止 Pod 的创建和运行。

例 2，当 ConfigMap“cm-appconfigfiles”不存在时，在 Pod“cm-test-pod-cm-volume-optional”的定义中设置 Volume，指定引用的 ConfigMap 为可选的（optional）。

Pod 配置文件 cm-test-pod-cm-volume-optional.yaml 的内容如下：

```
apiVersion: v1
kind: Pod
metadata:
  name: cm-test-app-cm-volume-optional
spec:
  containers:
  - name: tomcat
    image: busybox
    command: [ "/bin/sh", "-c", "tail -f /dev/null" ]
    volumeMounts:
    - name: serverxml
      mountPath: /configfiles
  volumes:
  - name: serverxml
    configMap:
      name: cm-appconfigfiles
      optional: true
```

创建该 Pod：

```
# kubectl create -f cm-test-pod-cm-volume-optional.yaml
pod/cm-test-app-cm-volume-optional created
```

进入容器控制台，可以看到/configfiles 目录下的内容为空：

```
# kubectl exec -ti cm-test-app-cm-volume-optional -- sh
/ #
/ # ls /configfiles/
/ #
/ #
```

3.5.5　使用 ConfigMap 时的限制条件

使用 ConfigMap 时的限制条件如下。

◎ ConfigMap 必须在 Pod 之前创建，Pod 才能引用它。如果 ConfigMap 不存在，或者被 Pod 引用的 key 不存在，Pod 则将无法启动。但是，如果在 Pod 的配置中设置引用的 ConfigMap 为可选的（optional），系统则将正常创建和启动 Pod，只是容器内引用 ConfigMap 的环境变量的值或者挂载文件的内容会被设置为空。

◎ 如果 Pod 使用 envFrom 基于 ConfigMap 定义环境变量，则无效的环境变量名称（例如名称以数字开头）将被忽略，并在事件中被记录为“InvalidVariableNames”。

◎ ConfigMap 受命名空间限制，只有相同命名空间中的 Pod 才可以引用它。

◎ ConfigMap 无法用于静态 Pod。

3.6　在容器内获取 Pod 信息（Downward API）

我们知道，Pod 的逻辑概念在容器之上，Kubernetes 在成功创建 Pod 之后，会为 Pod 和容器设置一些额外的信息，例如 Pod 名称、Pod IP、Node IP、Label、Annotation、Pod 和容器的资源配置信息等。在很多应用场景中，这些信息对容器内的应用来说都很有用，例如将 Pod 名称作为日志记录的一个字段来标识日志来源。Kubernetes 提供了 Downward API 机制，可将 Pod 和容器的某些元数据信息注入容器环境内，以便容器应用获取和使用。

Downward API 可以通过以下两种方式将 Pod 和容器的元数据信息注入容器内。

（1）环境变量方式：将 Pod 或 Container 的配置信息设置为容器内的环境变量。

（2）Volume 挂载方式：将 Pod 或 Container 的配置信息以文件的形式挂载到容器内。

下面通过几个示例对 Downward API 的用法进行说明。

3.6.1　环境变量方式

通过环境变量的方式可以将 Pod 或 Container 的配置信息设置为容器内的环境变量，下面通过两个示例进行说明。

1. 将 Pod 的配置信息设置为容器内的环境变量

下面的示例通过 Downward API 将 Pod 的 IP 地址、名称和所在命名空间注入容器的环境变量中。Pod 的 YAML 文件内容如下：

```
# dapi-envars-pod.yaml
apiVersion: v1
kind: Pod
metadata:
  name: dapi-envars-fieldref
spec:
  containers:
    - name: test-container
      image: busybox
      command: [ "sh", "-c"]
      args:
      - while true; do
          echo -en '\n';
          printenv MY_NODE_NAME MY_POD_NAME MY_POD_NAMESPACE;
          printenv MY_POD_IP MY_POD_SERVICE_ACCOUNT;
          sleep 10;
        done;
      env:
        - name: MY_NODE_NAME
          valueFrom:
            fieldRef:
              fieldPath: spec.nodeName
        - name: MY_POD_NAME
          valueFrom:
            fieldRef:
              fieldPath: metadata.name
        - name: MY_POD_NAMESPACE
          valueFrom:
            fieldRef:
              fieldPath: metadata.namespace
        - name: MY_POD_IP
```

```
          valueFrom:
            fieldRef:
              fieldPath: status.podIP
        - name: MY_POD_SERVICE_ACCOUNT
          valueFrom:
            fieldRef:
              fieldPath: spec.serviceAccountName
    restartPolicy: Never
```

注意：对环境变量不直接设置其 value，而是通过 valueFrom 参数来指定使用 Pod 元数据中哪个字段的值作为其 value。

在本例中通过对 Downward API 的设置，使用以下 Pod 的元数据信息设置环境变量。

◎ spec.nodeName：Pod 所在 Node 的名称，设置环境变量名为“MY_NODE_NAME”。
◎ metadata.name：Pod 名称，设置环境变量名为“MY_POD_NAME”。
◎ metadata.namespace：Pod 所在命名空间的名称，设置环境变量名为“MY_POD_NAMESPACE”。
◎ status.podIP：Pod 的 IP 地址，设置环境变量名为“MY_POD_IP”。
◎ spec.serviceAccountName：Pod 使用的 ServiceAccount 名称，设置环境变量名为“MY_POD_SERVICE_ACCOUNT”。

通过 kubectl create 命令创建该 Pod：

```
# kubectl create -f dapi-envars-pod.yaml
pod/dapi-envars-fieldref created
```

查看 Pod 的日志，可以看到容器启动命令将环境变量的值打印了出来，Pod 的 Node IP、Pod 名称、命名空间名称、Pod IP、ServiceAccount 名称等信息都被正确设置到了容器的环境变量中：

```
# kubectl logs dapi-envars-fieldref

192.168.18.3
dapi-envars-fieldref
default
10.0.95.21
default
```

也可以通过 kubectl exec 命令登录容器查看环境变量的设置：

```
# kubectl exec -ti dapi-envars-fieldref -- sh
```

```
/ # printenv | grep MY
MY_POD_SERVICE_ACCOUNT=default
MY_POD_NAMESPACE=default
MY_POD_IP=10.0.95.16
MY_NODE_NAME=192.168.18.3
MY_POD_NAME=dapi-envars-fieldref
```

2. 将 Container 配置信息设置为容器内的环境变量

下面的示例通过 Downward API 将 Container 的资源请求和资源限制信息设置为容器内的环境变量，Pod 的 YAML 文件内容如下：

```
# dapi-envars-container.yaml
apiVersion: v1
kind: Pod
metadata:
  name: dapi-envars-resourcefieldref
spec:
  containers:
    - name: test-container
      image: busybox
      imagePullPolicy: Never
      command: [ "sh", "-c"]
      args:
      - while true; do
          echo -en '\n';
          printenv MY_CPU_REQUEST MY_CPU_LIMIT;
          printenv MY_MEM_REQUEST MY_MEM_LIMIT;
          sleep 10;
        done;
      args:
      - while true; do
          echo -en '\n';
          printenv MY_CPU_REQUEST MY_CPU_LIMIT;
          printenv MY_MEM_REQUEST MY_MEM_LIMIT;
          sleep 3600;
        done;
      resources:
        requests:
          memory: "32Mi"
          cpu: "125m"
        limits:
```

```
          memory: "64Mi"
          cpu: "250m"
      env:
        - name: MY_CPU_REQUEST
          valueFrom:
            resourceFieldRef:
              containerName: test-container
              resource: requests.cpu
        - name: MY_CPU_LIMIT
          valueFrom:
            resourceFieldRef:
              containerName: test-container
              resource: limits.cpu
        - name: MY_MEM_REQUEST
          valueFrom:
            resourceFieldRef:
              containerName: test-container
              resource: requests.memory
        - name: MY_MEM_LIMIT
          valueFrom:
            resourceFieldRef:
              containerName: test-container
              resource: limits.memory
  restartPolicy: Never
```

在本例中通过 Downward API 将以下 Container 的资源限制信息设置为环境变量。

◎ requests.cpu：容器的 CPU 请求值，设置环境变量名为“MY_CPU_REQUEST”。

◎ limits.cpu：容器的 CPU 限制值，设置环境变量名为“MY_CPU_LIMIT”。

◎ requests.memory：容器的内存请求值，设置环境变量名为“MY_MEM_REQUEST”。

◎ limits.memory：容器的内存限制值，设置环境变量名为“MY_MEM_LIMIT”。

通过 kubectl create 命令创建 Pod：

```
# kubectl create -f dapi-envars-container.yaml
pod/dapi-envars-resourcefieldref created
```

查看 Pod 的日志：

```
# kubectl logs dapi-envars-resourcefieldref


1
```

```
1
33554432
67108864
```

我们从日志中可以看到 Container 的 requests.cpu、limits.cpu、requests.memory、limits.memory 等信息都被正确设置到了容器内的环境变量中。

3.6.2　Volume 挂载方式

通过 Volume 挂载方式可以将 Pod 或 Container 的配置信息以文件的形式挂载到容器内，下面通过两个示例进行说明。

1. 将 Pod 的配置信息挂载为容器内的文件

下面的示例使用 Downward API 将 Pod 的 Label 和 Annotation 信息通过 Volume 挂载为容器内的文件：

```
# dapi-volume.yaml
apiVersion: v1
kind: Pod
metadata:
  name: kubernetes-downwardapi-volume-example
  labels:
    zone: us-est-coast
    cluster: test-cluster1
    rack: rack-22
  annotations:
    build: two
    builder: john-doe
spec:
  containers:
    - name: client-container
      image: busybox
      command: ["sh", "-c"]
      args:
      - while true; do
          if [[ -e /etc/podinfo/labels ]]; then
            echo -en '\n\n'; cat /etc/podinfo/labels; fi;
          if [[ -e /etc/podinfo/annotations ]]; then
            echo -en '\n\n'; cat /etc/podinfo/annotations; fi;
```

```
          sleep 5;
        done;
      volumeMounts:
        - name: podinfo
          mountPath: /etc/podinfo
  volumes:
    - name: podinfo
      downwardAPI:
        items:
          - path: "labels"
            fieldRef:
              fieldPath: metadata.labels
          - path: "annotations"
            fieldRef:
              fieldPath: metadata.annotations
```

在 Pod 的 volumes 字段中使用 Downward API 的方法：通过 fieldRef 字段设置需要引用 Pod 的元数据信息，将其设置到 volume 的 items 中。在本例中使用了以下 Pod 元数据信息。

◎ metadata.labels：Pod 的 Label 列表。

◎ metadata.annotations：Pod 的 Annotation 列表。

通过容器级别的 volumeMounts 设置，系统会基于 volume 中各 item 的 path 名称生成文件。根据上面的设置，系统将在容器内的/etc/podinfo 目录下生成 labels 文件和 annotations 文件，在 labels 文件中将包含 Pod 的全部 Label 列表，在 annotations 文件中将包含 Pod 的全部 Annotation 列表。

通过 kubectl create 命令创建 Pod：

```
# kubectl create -f dapi-volume.yaml
pod/kubernetes-downwardapi-volume-example created
```

查看 Pod 的日志，可以看到容器启动命令将挂载文件的内容打印了出来：

```
# kubectl logs logs kubernetes-downwardapi-volume-example


cluster="test-cluster1"
rack="rack-22"
zone="us-est-coast"


build="two"
```

```
builder="john-doe"
kubernetes.io/config.seen="2023-07-08T16:02:33.185457099+08:00"
kubernetes.io/config.source="api"
......
```

进入容器控制台，查看挂载的文件：

```
# kubectl exec -ti kubernetes-downwardapi-volume-example -- sh
/ # ls -l /etc/podinfo/
total 0
lrwxrwxrwx    1 root      root     18 Jul   8 08:02 annotations -> ..data/annotations
lrwxrwxrwx    1 root      root     13 Jul   8 08:02 labels -> ..data/labels
```

查看 labels 文件的内容：

```
# cat /etc/podinfo/labels
cluster="test-cluster1"
rack="rack-22"
```

2. 将 Container 的配置信息挂载为容器内的文件

下面的示例使用 Downward API 将 Container 的资源限制信息通过 Volume 挂载为容器内的文件：

```
# dapi-volume-resources.yaml
apiVersion: v1
kind: Pod
metadata:
  name: kubernetes-downwardapi-volume-example-2
spec:
  containers:
    - name: client-container
      image: busybox
      command: ["sh", "-c"]
      args:
      - while true; do
          echo -en '\n';
          if [[ -e /etc/podinfo/cpu_limit ]]; then
            echo -en '\n'; cat /etc/podinfo/cpu_limit; fi;
          if [[ -e /etc/podinfo/cpu_request ]]; then
            echo -en '\n'; cat /etc/podinfo/cpu_request; fi;
          if [[ -e /etc/podinfo/mem_limit ]]; then
            echo -en '\n'; cat /etc/podinfo/mem_limit; fi;
```

```
        if [[ -e /etc/podinfo/mem_request ]]; then
          echo -en '\n'; cat /etc/podinfo/mem_request; fi;
        sleep 5;
      done;
    resources:
      requests:
        memory: "32Mi"
        cpu: "125m"
      limits:
        memory: "64Mi"
        cpu: "250m"
    volumeMounts:
      - name: podinfo
        mountPath: /etc/podinfo
volumes:
  - name: podinfo
    downwardAPI:
      items:
        - path: "cpu_limit"
          resourceFieldRef:
            containerName: client-container
            resource: limits.cpu
            divisor: 1m
        - path: "cpu_request"
          resourceFieldRef:
            containerName: client-container
            resource: requests.cpu
            divisor: 1m
        - path: "mem_limit"
          resourceFieldRef:
            containerName: client-container
            resource: limits.memory
            divisor: 1Mi
        - path: "mem_request"
          resourceFieldRef:
            containerName: client-container
            resource: requests.memory
            divisor: 1Mi
```

在本例中通过 Downward API 的设置将以下 Container 的资源限制信息设置到 Volume 中。

◎ requests.cpu：容器的 CPU 请求值。
◎ limits.cpu：容器的 CPU 限制值。
◎ requests.memory：容器的内存请求值。
◎ limits.memory：容器的内存限制值。

通过 kubectl create 命令创建 Pod：

```
# kubectl create -f dapi-volume-resources.yaml
pod/kubernetes-downwardapi-volume-example-2 created
```

查看 Pod 的日志，可以看到容器启动命令将挂载文件的内容打印了出来：

```
# kubectl logs kubernetes-downwardapi-volume-example-2

250
125
64
32
```

进入容器，查看挂载的文件：

```
# kubectl exec -ti kubernetes-downwardapi-volume-example-2 -- sh
/ # ls -l /etc/podinfo/
total 0
lrwxrwxrwx   1 root   root   16 Jul  8 08:22 cpu_limit -> ..data/cpu_limit
lrwxrwxrwx   1 root   root   18 Jul  8 08:22 cpu_request -> ..data/cpu_request
lrwxrwxrwx   1 root   root   16 Jul  8 08:22 mem_limit -> ..data/mem_limit
lrwxrwxrwx   1 root   root   18 Jul  8 08:22 mem_request -> ..data/mem_request
```

查看 cpu_limit 文件的内容：

```
# cat /etc/podinfo/cpu_limit
250
```

3.6.3　Downward API 支持设置的 Pod 和 Container 信息

Downward API 支持设置的 Pod 和 Container 信息如下。

（1）可以通过 fieldRef 设置的字段。

◎ metadata.name：Pod 名称。
◎ metadata.namespace：Pod 所在的命名空间名称。

◎ metadata.uid：Pod 的 UID。

◎ metadata.labels['<KEY>']：Pod 某个 Label 的值，通过<KEY>引用。

◎ metadata.annotations['<KEY>']：Pod 某个 Annotation 的值，通过<KEY>引用。

（2）Pod 的以下元数据信息可以被设置为容器内的环境变量，但在设置 downwardAPI 为存储卷类型时不能再设置 fieldRef 字段的内容。

◎ spec.serviceAccountName：Pod 使用的 ServiceAccount 名称。

◎ spec.nodeName：Pod 所在 Node 的名称。

◎ status.hostIP：Pod 所在 Node 的 IP 地址。

◎ status.hostIPs：Pod 所在 Node 的 IPv4 和 IPv6 双栈地址，需要启用特性门控 PodHostIPs。

◎ status.podIP：Pod 的 IP 地址。

◎ status.podIPs：Pod 的 IPv4 和 IPv6 双栈地址。

（3）在设置 downwardAPI 为存储卷类型时，可以在其 fieldRef 字段设置以下信息，但不能通过环境变量方式设置。

◎ metadata.labels：Pod 的 Label 列表，每个 Label 都以 key 为文件名，value 为文件的内容，每个 Label 各占一行。

◎ metadata.annotation：Pod 的 Annotation 列表，每个 Annotation 都以 key 为文件名，value 为文件的内容，每个 Annotation 各占一行。

（4）可以通过 resourceFieldRef 设置的字段如下。

◎ limits.cpu：Container 级别的 CPU Limit。

◎ requests.cpu：Container 级别的 CPU Request。

◎ limits.memory：Container 级别的 Memory Limit。

◎ requests.memory：Container 级别的 Memory Request。

◎ limits.hugepages-*：Container 级别的 HugePage（巨页）Limit。

◎ requests.hugepages-*：Container 级别的 HugePage Request。

◎ limits.ephemeral-storage：Container 级别的临时存储空间 Limit。

◎ requests.ephemeral-storage：Container 级别的临时存储空间 Request。

Downward API 在 volume subPath 中的应用

有时候，在容器内挂载目录的子路径（volumeMounts.subPath）时也需要使用 Pod 或

Container 的元数据信息，Kubernetes 从 v1.11 版本开始支持通过 Downward API 设置子路径的名称，引入了一个新的 subPathExpr 字段，该特性到 Kubernetes v1.17 版本时处于 Stable 阶段。用户可以将 Pod 或 Container 的元数据信息先使用 Downward API 设置到环境变量上，再通过 subPathExpr 将其设置为 subPath 的名称。

通过 Kubernetes 提供的 Downward API 机制，只需经过一些简单的配置，容器内的应用就可以直接使用 Pod 和容器的某些元数据信息了。

3.7　Pod 的生命周期管理

Pod 的整个生命周期包含几个阶段，熟悉 Pod 的各个阶段以及容器的状态对于理解如何管理 Pod 的调度策略、重启策略、健康检查策略、状态转换等都是非常有必要的。本节详细讲解 Pod 生命周期的各个阶段、容器的状态、健康检查等内容。

3.7.1　Pod 的阶段（Phase）

Pod 的阶段是对 Pod 在生命周期内所处阶段的简要说明，由 status.phase 字段体现，但并不代表每个容器的状态（Status）。

Pod 的各个阶段如表 3.2 所示。

表 3.2　Pod 的各个阶段

阶　段	描　述
Pending	创建该 Pod 的请求已被 Master 接受，但有一个或多个容器没有创建也没有运行，包括等待调度和等待下载镜像的过程
Running	Pod 已完成调度到特定 Node，其包含的所有容器均已创建，并且至少有一个容器处于正在运行状态、正在启动状态或正在重启状态
Succeeded	Pod 内的所有容器均在成功执行后终止，且不会再重启
Failed	Pod 内的所有容器均已终止，但至少有一个容器为退出失败状态，即退出码不是 0
Unknown	由于某种原因无法获得 Pod 的状态，原因可能是从 Master 到 Pod 所在 Node 网络通信失败

Pod 在创建之后，首先进入 Pending 阶段，然后等到至少一个容器正常启动就进入 Running 阶段，如果全部容器都运行完成并成功结束，则进入 Succeeded 阶段，如果有部分容器运行失败，则进入 Failed 阶段。在 Pod 生命周期内的各个阶段，Kubernetes 会持续

监控其中每个容器的状态，并根据重启策略和健康检查策略进行相应的操作。

在 Pod 的生命周期内，调度操作只会完成一次，只要被系统成功调度到某个 Node，Pod 就会在其生命周期内一直在这个 Node 上运行，直到该 Pod 被终止或删除。当 Pod 被删除时，通过 kubectl 命令可以看到 Pod 的状态为“Terminating”（停止中），这个状态并不是生命周期内的阶段之一。从 Kubernetes v1.27 版本开始，除了静态 Pod 和没有设置 Finalizer 的 Pod（意味着强制删除），kubelet 会将已删除的 Pod 的阶段设置为“Succeeded”或“Failed”，然后从 Master 中删除。

另外，如果 Pod 所在 Node 宕机或者无法与 Master 进行网络通信，Kubernetes 则将无法访问的 Node 上所有运行 Pod 的阶段（Phase）都设置为“Failed”。之后一旦 Node 恢复正常，kubelet 就会在指定的超时时间到达后，删除本 Node 上处于 Failed 阶段的 Pod。

Pod 自身不存在自动恢复功能，为了实现 Pod 的自动恢复，Kubernetes 提供了多种类型的控制器管理需要恢复字段的 Pod，例如 Deployment、Daemonset、StatefulSet、Job 等，控制器可以基于各种策略对失效的 Pod 进行重建来实现自动故障恢复。

与 Pod 关联的其他类型资源对象（例如存储卷 Volume）可以声明其生命周期与 Pod 相同，在 Pod 终止时也会被终止，在重建时也会被重建。

3.7.2 Pod 的状况（Condition）

Pod 本身的状态信息由一组状况（Condition）信息从多个方面体现，可能的状况如下。

◎ PodScheduled：已将 Pod 调度到某个 Node。

◎ PodReadyToStartContainers：Pod 已创建并且完成网络配置，可以启动容器。该特性从 Kubernetes v1.25 版本开始引入，当前为 Alpha 阶段的功能，需要开启 PodReadyToStartContainersCondition 特性门控进行启用。

◎ ContainersReady：Pod 中的全部容器都达到 Ready 状态。

◎ Initialized：Pod 中的全部初始化容器都成功运行。

◎ Ready：Pod 达到 Ready 状态，可以被加入相应 Service 的负载均衡后端（Endpoint）列表中。

对于每种类型的状况，Kubernetes 都会提供以下字段对其状态和详细信息进行说明。

◎ type：状况名称，包括上述名称。

◎ status：该状况是否适用，可能的取值包括 True、False 或 Unknown。

◎ lastProbeTime：上一次探测 Pod 状况的时间戳。

◎ lastTransitionTime：Pod 从上一种状态转换到当前状态的时间戳。

◎ reason：上一次状况发生变化的原因，为以驼峰命名格式（UpperCamelCase）表示的字符串，用于机器读取。

◎ message：上一次状况发生变化的详细信息，提供给用户读取。

通过 kubectl get pod <pod_name> -o yaml 命令可以查看 Pod 的状况（Condition）信息，例如：

```
apiVersion: v1
kind: Pod
......
status:
  conditions:
  - lastProbeTime: null
    lastTransitionTime: "2023-06-15T10:11:06Z"
    status: "True"
    type: Initialized
  - lastProbeTime: null
    lastTransitionTime: "2023-06-28T08:40:32Z"
    status: "True"
    type: Ready
  - lastProbeTime: null
    lastTransitionTime: "2023-06-28T08:40:32Z"
    status: "True"
    type: ContainersReady
  - lastProbeTime: null
    lastTransitionTime: "2022-06-15T10:11:06Z"
    status: "True"
    type: PodScheduled
```

1. 关于状况类型 Ready 的补充说明

Kubernetes 从 v1.14 版本开始，支持为 Pod 注入额外的状况类型的信息，以供系统评估 Pod 是否处于 Ready 状态。这通常需要先单独开发额外的控制器来设置新的 Condition 类型，然后在 Pod 的声明中设置 spec.readinessGates 加入额外 Condition 的配置，供系统使用，Kubernetes 将在 status 的 Condition 列表中查找指定的状况类型，如果无法找到，就认为该状况的状态值为“False”。注意，新的 Condition 名称需要符合标签（Label）的键（Key）

的命名规范。

例如，某外部控制器会根据应用容器的特点在 Pod 的 status.conditions 字段设置一个新的名为“app-readiness-feature-1”的 Condition，然后配置 Pod 的 readinessGates 根据 Condition“app-readiness-feature-1”的 status 来决定 Pod 是否达到 Ready 状态，该 Pod 的 yaml 信息可能如下所示：

```
apiVersion: v1
kind: Pod
......
spec:
  readinessGates:
    - conditionType: "app-readiness-feature-1"
......
status:
  conditions:
  - lastProbeTime: null
    lastTransitionTime: "2023-06-28T08:40:32Z"
    status: "True"
    type: Ready
  - lastProbeTime: null
    lastTransitionTime: "2023-06-28T08:40:32Z"
    status: "True"
    type: "app-readiness-feature-1"
```

2. 关于状况类型 PodReadyToStartContainers 的补充说明

Kubernetes 从 v1.25 版本开始，支持在 Pod 的 status.conditions 中设置 PodReadyToStartContainers 类型的状况，到 v1.29 版本时达到 Beta 阶段，默认启用，在 v1.29 之前的版本需要开启 PodReadyToStartContainersCondition 特性门控进行启用。该状况表示：在 Pod 完成调度后，kubelet 调用容器运行时（CRI）为该 Pod 创建了运行时沙箱（Sandbox）并完成了网络配置（例如通过 CNI 插件进行网络设置），处于可以启动容器的环境 Ready 状态，PodReadyToStartContainers 的状态会被设置为“True”。之后，kubelet 就可以根据容器的配置进行镜像拉取、创建和启动容器的操作了。

在 Pod 生命周期前期，kubelet 还未开始创建 Pod 沙箱时，PodReadyToStartContainers 的状态会被设置为“False”。在 Pod 生命周期后期，若 Node 重启时 Pod 没有被驱逐，或者 Pod 沙箱被重启后需要重建，则 PodReadyToStartContainers 的状态也会被设置为“False”。

3. 关于状况类型 PodScheduled 的补充说明

Kubernetes 从 v1.26 版本开始，支持在 Pod 的 spec.schedulingGates 中设置一些条件，用于控制何时将 Pod 设置为可供调度器调度的状态，该特性到 Kubernetes v1.27 版本时达到 Beta 阶段，默认开启。之所以引入该特性，是因为在默认情况下，Pod 一旦创建，Master 的调度器就会无限尝试为它寻找最适合的 Node，如果在某种情况下（例如 Pod 一直在等待某种外部资源就绪）很长时间内都无法完成调度，就会很浪费调度器的资源，在大规模集群环境下尤其会影响调度器的工作性能。

引入 SchedulingGates 就是为了解决这个问题，它允许声明 Pod 还未处于可调度状态，Master 的调度器在监控到 Pod 的配置存在一个或多个 SchedulingGates 时，就不会尝试对其进行调度了。直到外部控制器清除了 Pod 的 SchedulingGates，调度器才认为该 Pod 可调度。

下面的示例声明了 Pod 还不可调度：

```
# pod-with-scheduling-gates.yaml

apiVersion: v1
kind: Pod
metadata:
  name: pod-with-scheduling-gates
spec:
  schedulingGates:
  - name: step1
  - name: step2
  containers:
  - name: nginx
    image: nginx
```

创建该 Pod 并查看 Pod 的状态，可以看到其处于 SchedulingGated 状态，并且在状况类型 PodScheduled 的信息中看到无法调度的原因和详细信息：

```
# kubectl create -f pod-with-scheduling-gates.yaml
pod/pod-with-scheduling-gates created

# kubectl get pod pod-with-scheduling-gates
NAME                        READY     STATUS             RESTARTS    AGE
pod-with-scheduling-gates   0/1       SchedulingGated    0           115s
```

```
# kubectl get pod pod-with-scheduling-gates -o yaml
......
status:
  conditions:
  - lastProbeTime: null
    lastTransitionTime: null
    message: Scheduling is blocked due to non-empty scheduling gates
    reason: SchedulingGated
    status: "False"
    type: PodScheduled
  phase: Pending
```

如果外部控制器删除了 Pod 的 schedulingGates 配置，则可以看到 Pod 马上就被调度器调度了：

```
# kubectl get pods
NAME                        READY   STATUS     RESTARTS   AGE
pod-with-scheduling-gates   1/1     Running    0          2m13s
```

为了让外部控制器更灵活地控制 Pod 的调度策略，在设置了 SchedulingGates 条件的情况下，Kubernetes 在 v1.27 版本中新增了一个允许修改 Pod 的 NodeSelector 和 NodeAffinity 配置的特性，不过只能允许调整为更小的目标调度 Node 范围，而不能调整为更大的范围，具体允许的调整规则如下。

◎ spec.nodeSelector：只能增加新的 Selector 选项，如果之前未设置过，则允许增加该配置。

◎ spec.affinity.nodeAffinity：如果之前未设置过，则允许将其设置为任意值。

◎ 如果之前未设置过 NodeSelectorTerms 字段，则允许新增设置该字段；如果之前设置过 NodeSelectorTerms 字段且值不为空，则仅允许在 NodeSelectorRequirements 的 matchExpressions 或 fieldExpressions 中增加表达式条件，而不能修改 matchExpressions 或 fieldExpressions 中已经存在的表达式条件。这是因为.requiredDuringSchedulingIgnoredDuringExecution.NodeSelectorTerms 字段中的多个表达式条件执行的是逻辑 OR 运算，而 nodeSelectorTerms[].matchExpressions 和 nodeSelectorTerms[].fieldExpressions 中的多个表达式条件执行的是逻辑 AND 运算。

◎ .preferredDuringSchedulingIgnoredDuringExecution：允许更新该字段下的全部配置条件，因为调度器不会验证这里的配置条件。

3.7.3　容器的状态（State）

一个 Pod 可以包含一个或多个容器，在每个容器的运行过程中，Kubernetes 都会根据容器的生命周期为其设置不同的状态。容器的状态包括如下几种，通过 kubectl describe pod <pod_name>命令可以查看 Pod 中每个容器的状态。

◎ Waiting（等待运行）：Kubernetes 在能够运行该容器之前通常需要执行某些操作，例如下载容器镜像、为容器设置存储卷、等待依赖资源（如 ConfigMap 或 Secret）达到就绪状态，因此系统设置容器的状态为等待运行。在通过 kubectl describe 命令查看容器的状态详细信息时，系统在 Reason 字段显示处于 Waiting 状态。

◎ Running（运行中）：表示容器处于正常的运行过程中，并且没有发生错误。通过 kubectl describe 命令查看容器状态，可以看到启动时间等其他详细信息。如果容器设置了 postStart 回调钩子，那么可以确认 kubelet 已经执行了回调方法并成功完成。

◎ Terminated（运行结束）：表示容器运行结束，可能是正常结束，也可能是因为失败结束。通过 kubectl describe 命令查看容器状态，可以看到进入该状态的原因（Reason）、退出码、启动时间和终止时间等详细信息。如果容器设置了 preStop 回调钩子，kubelet 就会在容器进入 Terminated 状态之前执行回调方法。

3.7.4　Pod 的重启策略（RestartPolicy）

Pod 的重启策略应用于 Pod 内的所有容器，并且仅在 Pod 所处的 Node 上由 kubelet 进行判断和重启操作。当某个容器异常退出或者健康检查（详见下节）失败时，kubelet 将根据 RestartPolicy 的设置进行相应的操作。

Pod 的重启策略包括 Always、OnFailure 和 Never，默认为 Always。

◎ Always：当容器失效时，由 kubelet 自动重启该容器。
◎ OnFailure：当容器终止运行且退出码不为 0 时，由 kubelet 自动重启该容器。
◎ Never：不论容器处于哪种运行状态，kubelet 都不会重启该容器。

kubelet 重启失效容器的时间间隔以 sync-frequency 乘以 $2n$ 来计算，例如 1、2、4、8 倍等，最长延时 5min，并且在成功重启后，容器正常运行 10min 后重置该失效时间。

Pod 的重启策略与控制方式息息相关，当前可用于管理 Pod 的控制器包括 Deployment、

ReplicationController（RC）、DaemonSet、StatefulSet 和 Job，还可以通过 kubelet 管理静态 Pod。控制器对 Pod 的重启策略要求如下。

◎ Deployment、RC、DaemonSet 和 StatefulSet：必须被设置为“Always”，需要保证该容器持续运行。
◎ Job：OnFailure 或 Never，确保容器执行完成后不再重启。
◎ kubelet：在静态 Pod 失效时自动重启它，不论将 RestartPolicy 设置为何值，也不会对 Pod 进行健康检查。

结合 Pod 的阶段和重启策略，表 3.3 列出一些常见的阶段转换场景。

表 3.3 一些常见的阶段转换场景

Pod 包含的容器数量	Pod 的当前阶段	发生的事件	Pod 转换后的结果阶段		
			RestartPolicy=Always	RestartPolicy=OnFailure	RestartPolicy=Never
1	Running	容器退出成功	Running	Succeeded	Succeeded
1	Running	容器退出失败	Running	Running	Failed
2	Running	1 个容器退出失败	Running	Running	Running
2	Running	容器被 OOM“杀掉”	Running	Running	Failed

3.7.5 Pod 的终止和垃圾清理

在 Pod 不再需要运行时通常需要将其优雅地终止，而不是直接使用 kill 命令强制将其结束。在 Kubernetes 系统中，用户可以为 Pod 的终止提供 preStop 回调方法供 kubelet 调用，也可以设置优雅终止的宽限期，更好地控制容器应用的正常终止。

Kubernetes 终止 Pod 的工作流程：kubelet 先向容器的主进程发送一个带有宽限期的 TERM（SIGTERM）信号，然后由容器运行时异步处理停止容器的请求。在某些容器镜像中如果配置了 STOPSIGNAL 变量且其值不为“TERM”，kubelet 就会先向容器运行时发送 STOPSIGNAL 变量设置的值；然后，在终止宽限期内，kubelet 会等待容器自行退出，如果到期后容器还未退出，容器运行时就向容器内剩余的进程发送 KILL 信号，直接终止容器，并从控制平面删除该 Pod。

如果 kubelet 或容器运行时等管理程序在等待 Pod 终止的过程中发生了重启，那么会从头开始重试，包括完整的宽限期。

下面通过一个操作示例对这个过程进行详细说明。

（1）通过 kubectl delete pod <pod_name>命令手动删除一个 Pod，优雅终止的宽限期为默认的 30s。

（2）控制平面会更新 Pod 的状态，通过 kubectl get 或 describe 命令可以看到 Pod 状态为"Terminating"。在 Pod 运行的 Node 上，kubelet 一旦探测到 Pod 的状态为"Terminating"，就开始对 Pod 进行如下终止操作。

◎ 如果容器配置了 preStop 回调钩子（命令或脚本），并且配置了非 0 的终止宽限期（terminationGracePeriodSeconds），kubelet 就调用 preStop 回调钩子。如果 preStop 回调钩子在终止宽限期之后还未执行完成，kubelet 就会再给宽限期增加 2s。用户需要根据程序的 preStop 处理时间合理设置终止宽限期的时长。

◎ 如果容器没有配置 preStop，或者终止宽限期已过，kubelet 就调用容器运行时给容器的主进程（1 号进程）发送 TERM 信号，也可能发送容器镜像中 STOPSIGNAL 变量配置的信号。

（3）在 kubelet 启动 Pod 的优雅终止流程的同时，控制平面会评估是否将正在终止的 Pod 从对应服务的后端列表（EndPoint 或 EndpointSlice）中移除。通常系统不会立刻从后端列表中移除这个 Pod，而是在后端资源对象上标记其状态为"Terminating"，同时设置 Pod 的 Ready 状态为"False"，服务的负载均衡器将不会再给该 Pod 转发新的请求。这个机制由 EndpointSliceTerminatingCondition 特性门控提供，在 Kubernetes v1.22 版本中启用，在 v1.26 版本中固定为默认开启。如果在旧版本中未启用 EndpointSliceTerminatingCondition 特性门控，则一旦开始了 Pod 终止操作，系统就会立刻从后端列表中移除这个 Pod。工作负载控制器（如 Deployment、ReplicaSet、DaemonSet、StatefulSet 等）也会将正在终止的 Pod 认定为无效的且不能提供服务的 Pod 副本。

（4）在超过了优雅终止宽限期之后，kubelet 首先会启动强制终止容器进程的操作，通过容器运行时向剩余的进程发送 KILL（SIGKILL）信号。kubelet 也会删除 Pod 的基础 Pause 容器。之后，kubelet 先将 Pod 的阶段设置为"Succeeded"或"Failed"（从 Kubernetes v1.27 版本开始提供支持），然后向控制平面发起删除 Pod 资源对象的操作，并将宽限期设置为"0"，表示立刻删除。最后，控制平面会（从 etcd 中）彻底删除该 Pod 资源对象。

如果希望手动强制删除 Pod，则可以通过 kubectl delete 命令的命令行参数--force 和--grace-period=0 进行操作。在发起强制删除的指令之后，控制平面将不再等待 kubelet 执行终止操作的结果通知，而是直接删除 Pod 资源对象。在被控制器管理的情况下，一个新的同名 Pod 会被立刻创建。在原 Pod 所在 Node，kubelet 仍然会为其设置一个短时间的终止宽限期。

关于 Pod 的垃圾清理机制

Kubernetes 的控制平面提供了一个 Pod 垃圾清理器 PodGC（Garbage Collector），在监控到 Pod 数量超过阈值（由 kube-controller-manager 的 terminated-pod-gc-threshold 参数设置允许存在的最大 Pod 数量）时，会进行删除已终止 Pod 的操作，以免因大量终止 Pod 而占用大量资源。

Pod GC 会清理满足以下条件的 Pod。

◎ 孤儿 Pod：已完成调度，但 Node 不再存在。
◎ 在计划外终止的 Pod。
◎ 终止过程中的 Pod。如果 kube-controller-manager 服务启用了 NodeOutOfServiceVolumeDetach 特性门控，并且一个 Node 被标记了“node.kubernetes.io/out-of-service”污点（表示无法提供服务），则在该 Node 上的 Pod 没有对应的容忍度配置时，系统将强制删除这些 Pod，同时清理该 Node 上的 Pod 挂载的存储卷。

在启用 PodDisruptionConditions 特性门控时，Kubernetes 如果要清理 Pod，而该 Pod 处于非终止阶段，PodGC 垃圾清理器就会将其阶段标记为“Failed”。此外，PodGC 垃圾清理器在清理孤儿 Pod 时，会设置名为“DisruptionTarget”的状况（Condition），以说明该 Pod 是因为发生了某种干扰（Disruption）而被删除，并在 reason 字段给出终止的原因。

3.8 容器的探针和健康检查机制

kubelet 可以通过三种探针对容器进行定期检查，以决定是否执行相应的操作。这三种探针包括 LivenessProbe 探针、ReadinessProbe 探针及 StartupProbe 探针，其作用如下。

（1）LivenessProbe 探针：用于判断容器是否存活（Running 状态），如果 LivenessProbe 探针探测到容器不健康，则 kubelet 将“杀掉”该容器，并根据容器的重启策略做相应的处理。如果容器未设置 LivenessProbe 探针，那么 kubelet 认为该容器的 LivenessProbe 探针返回的值永远是 Success。

（2）ReadinessProbe 探针：用于判断容器服务是否处于 Ready 状态，处于 Ready 状态的 Pod 才可以接收请求。对于被 Service 管理的 Pod，Service 与 Pod Endpoint 的关联关系也将基于 Pod 是否为 Ready 状态进行设置。如果在运行过程中状态由“Ready”变为“False”，则系统自动将其从 Service 的后端 Endpoint 列表中隔离，后续再把恢复到 Ready 状态的 Pod 加回后端 Endpoint 列表。这样就能保证客户端在访问 Service 时不会被转发到服务不可用的 Pod 实例上。注意：ReadinessProbe 探针也是定期触发执行的，存在于 Pod 的整个生命周期内。如果容器未设置 ReadinessProbe 探针，则 kubelet 认为该容器的 ReadinessProbe 探针返回的值永远是“Success”。

（3）StartupProbe 探针：某些应用会遇到一些情况，例如应用程序在启动时需要与远程服务器建立网络连接，或者网络访问较慢等，这都会造成容器启动缓慢。因为这属于“有且仅有一次”的超长延时，所以可以通过 StartupProbe 探针解决该问题。在设置了 StartupProbe 探针的情况下，LivenessProbe 探针和 ReadinessProbe 探针都将被禁用，直到 StartupProbe 探针返回成功为止。如果 StartupProbe 探针探测失败，kubelet 则将“杀掉”该容器，并根据容器的重启策略做相应的处理。如果容器未设置 StartupProbe 探针，kubelet 则认为该容器的 StartupProbe 探针返回的值永远是“Success”。

三种探针的应用场景如下。

（1）LivenessProbe 探针：容器应用在运行过程中由于存在 bug 或者主进程无法自行退出，kubelet 将借助 LivenessProbe 探针来判断容器进程是否处于不健康（或者僵死）状态，根据配置的条件判断容器处于不健康状态时，将对容器发起重启操作，以实现容器应用的自动恢复。如果希望 kubelet 在探测失败时自动重启容器，则可以设置 Pod 的重启策略为 Always 或 OnFailure。如果容器应用能够在遇到严重问题时自行崩溃退出，kubelet 则会根据 Pod 的重启策略重启该容器，无须设置 LivenessProbe 探针。

（2）ReadinessProbe 探针：对于提供服务类型的容器应用，若其处于 Ready 状态时才能接收请求时，则需要为容器应用配置 ReadinessProbe 探针。容器应用在运行过程中，可能在某段时间无法提供服务（可能是由于性能问题），但是不希望 LivenessProbe 探测失败，这时可以设置一个与 LivenessProbe 不同的 ReadinessProbe 探针，以实现在无法提供服务时，将 Pod 从 Service 的后端列表中暂时移除，不再接收新的请求，等到服务恢复正常且可以接收请求之后，再恢复到 Ready 状态，继续接收新的请求。在这个过程中可以允许 LivenessProbe 探针探测成功，容器不会被 kubelet 杀掉重启。

（3）StartupProbe 探针：对于需要较长时间启动的容器，可以设置 StartupProbe 探针，支持暂时阻止 LivenessProbe 探针和 ReadinessProbe 探针的探测，等容器启动成功后，再启动后续的健康检查探测。

这三种探针都可以配置以下四种探测机制。

◎ exec：在容器内运行指定的命令，如果该命令运行的返回码为 0，则说明探测成功。
◎ tcpSocket：通过容器的 IP 地址和端口号执行 TCP 检查，如果能够建立 TCP 连接，则说明探测成功。
◎ httpGet：通过容器的 IP 地址、端口号及路径调用 HTTP Get 方法，如果响应的状态码大于或等于 200 且小于 400，则说明探测成功。
◎ grpc：通过 gRPC 执行一个 Health Check 的远程调用，要求应用程序实现 gPRC 健康检查协议，如果响应的 status 为“SERVING”，则说明探测成功。该特性到 Kubernetes v1.27 版本时处于 Stable 阶段，需要开启 GRPCContainerProbe 特性门控进行启用。

对于每种探测方式都可以配置如下字段，以更加精确地控制 kubelet 探测的行为。

◎ initialDelaySeconds：启动容器后进行首次探测的等待时间，单位为 s，默认值为 0，最小值为 0。如果设置 periodSeconds 的值大于该值，则 initialDelaySeconds 将被忽略。
◎ periodSeconds：周期性执行探测的时间间隔，单位为 s，默认值为 10，最小值为 1。
◎ timeoutSeconds：发出探测请求后等待结果的超时时间，单位为 s。当超时发生时，kubelet 认为探测失败。
◎ successThreshold：探测失败后，判定为探测成功的最小连续探测成功的次数，默认值为 1，最小值为 1，LivenessProbe 和 StartupProbe 的这个值必须被设置为 1。
◎ failureThreshold：判定为探测失败的连续探测失败的次数，达到这个数量后，kubelet 会认为容器不健康或者服务未就绪，并将基于 Pod 的重启策略对容器进行重启操作。在杀掉容器之前，kubelet 会等待 terminationGracePeriodSeconds 配置的宽限期，若等到该期限时容器仍未能自行结束，才会执行“杀掉”容器的操作。在处于探测失败的状态时，kubelet 也会将 Pod 的 Ready 状态设置为“False”。
◎ terminationGracePeriodSeconds：探测失败后，kubelet 触发终止容器命令之后等待容器自行结束的宽限期，单位为 s，默认值为 30，最小值为 1。在 Pod 层面可以设置 terminationGracePeriodSeconds。Kubernetes 从 v1.25 版本开始，支持在探针级别设置 terminationGracePeriodSeconds，如果在两个级别都设置了 terminationGracePeriodSeconds，kubelet 则将采用探针级别的配置。该特性到 Kubernetes v1.28 版本时处于 Stable 阶段。另外，探针级别的 terminationGracePeriodSeconds 配置不能用于 ReadinessProbe 探针。

对于 HTTP 类型的探针，还可以配置额外的一些字段，如下所述。

◎ host：主机名，默认为 Pod 的 IP 地址，可以使用 HTTP 头“Host”指定。
◎ scheme：连接协议，值可以是 http 或者 https，默认为 http，对于 https，kubelet 会跳过证书校验的逻辑。
◎ path：访问路径，默认为“/”。
◎ httpHeaders：自定义 HTTP 头，允许重复。
◎ port：容器的端口号或者端口名称，数值的范围为 1 ~ 65535。

在默认情况下，kubelet 会向 Pod 的 IP 地址发送探测请求，如果设置了 host，则发送给 host 指定的地址。通常不需要设置 host，但如果 Pod 设置了“hostNetwork=true”，并且容器监听的是 127.0.0.1（localhost），则此时需要设置 host 为 127.0.0.1。如果 Pod 依赖于虚拟主机，则建议在自定义的 httpHeaders 中定义 Host 而不设置 host 主机名。

kubelet 还会设置如下两个 HTTP 头。

◎ User-Agent：默认为“kube-probe/1.28”，1.28 为 kubelet 的版本号。
◎ Accept：默认为*/*。

用户可以通过自定义 httpHeaders 覆盖默认 HTTP 头的值，例如：

```
livenessProbe:
  httpGet:
    httpHeaders:
      - name: Accept
        value: application/json
      - name: User-Agent
        value: MyUserAgent
```

设置为空值（""），表示从 HTTP 请求中去掉这些 HTTP 头，例如：

```
livenessProbe:
  httpGet:
    httpHeaders:
      - name: Accept
        value: ""
      - name: User-Agent
        value: ""
```

对于 TCP 类型的探针，kubelet 因为从 Node（而不是从容器内）发起探测连接，因此不能在 host 字段设置 Kubernetes 的服务名，因为在默认情况下，在 Node 上没有能够解析服务名的 DNS 服务。

各种探测机制的探测结果为以下三种之一。

◎ Success：探测成功。
◎ Failure：探测失败。
◎ Unknown：探测失败，但是 kubelet 不会采取任何行动，kubelet 将会持续进行后续的探测。

每种探测机制可以设置的字段如下。

◎ initialDelaySeconds：在容器内运行指定的命令，如果该命令运行的返回码为 0，则说明探测成功。
◎ tcpSocket：通过容器的 IP 地址和端口号执行 TCP 检查，如果能够建立 TCP 连接，则说明探测成功。
◎ httpGet：通过容器的 IP 地址、端口号及路径调用 HTTP Get 方法，如果响应的状态码大于或等于 200 且小于 400，则说明探测成功。
◎ grpc：通过 gRPC 执行一个 Health Check 的远程调用，要求应用程序实现 gPRC 健康检查协议，如果响应的 status 为"SERVING"，则说明探测成功。该特性到 Kubernetes v1.27 版本时处于 Stable 阶段，需要开启 GRPCContainerProbe 特性门控进行启用。

下面举例说明这几种探测机制。

1. 通过 exec 机制配置 LivenessProbe

下面的示例通过运行 cat /tmp/health 命令来判断一个容器的运行状态是否正常。在该 Pod 运行后，将在创建/tmp/health 文件 10s 后删除该文件，而 LivenessProbe 健康检查的初始探测时间（initialDelaySeconds）为 15s，探测结果是"Fail"，将导致 kubelet"杀掉"该容器并重启它：

```
apiVersion: v1
kind: Pod
metadata:
  labels:
    test: liveness
  name: liveness-exec
spec:
  containers:
```

```
  - name: liveness
    image: busybox
    args:
    - /bin/sh
    - -c
    - echo ok > /tmp/health; sleep 10; rm -rf /tmp/health; sleep 600
    livenessProbe:
      exec:
        command:
        - cat
        - /tmp/health
      initialDelaySeconds: 15
      timeoutSeconds: 1
```

2. 通过 tcpSocket 机制配置 LivenessProbe

下面的示例通过与容器内的 localhost:80 建立 TCP 连接进行健康检查：

```
apiVersion: v1
kind: Pod
metadata:
  name: pod-with-healthcheck
spec:
  containers:
  - name: nginx
    image: nginx
    ports:
    - containerPort: 80
    livenessProbe:
      tcpSocket:
        port: 80
      initialDelaySeconds: 30
      timeoutSeconds: 1
```

3. 通过 httpGet 机制配置 LivenessProbe

在下面的示例中，kubelet 通过定时发送 HTTP 请求到 localhost:80/_status/healthz 进行容器应用的健康检查：

```
apiVersion: v1
kind: Pod
metadata:
```

```
  name: pod-with-healthcheck
spec:
  containers:
  - name: nginx
    image: nginx
    ports:
    - containerPort: 80
    livenessProbe:
      httpGet:
        path: /_status/healthz
        port: 80
      initialDelaySeconds: 30
      timeoutSeconds: 1
```

4. 通过 gRPC 机制配置 LivenessProbe

在下面的示例中，kubelet 通过定时发送 gRPC 健康检查请求到 localhost:2379 进行容器应用的健康检查：

```
apiVersion: v1
kind: Pod
metadata:
  name: etcd-with-grpc
spec:
  containers:
  - name: etcd
    image: etcd:3.5.1
    command: [ "/usr/local/bin/etcd", "--data-dir",  "/var/lib/etcd",
"--listen-client-urls", "http://0.0.0.0:2379", "--advertise-client-urls",
"http://127.0.0.1:2379"]
    ports:
    - containerPort: 2379
    livenessProbe:
      grpc:
        port: 2379
      initialDelaySeconds: 10
```

与 HTTP 和 TCP 不同，gRPC 探针必须配置 port 来指定端口号，并且不能使用端口名称，也不能使用自定义的主机名。

5. 通过 startupProbe 探针保护需要启动很长时间的容器

在下面的示例中，探测时间间隔 periodSeconds 被设置为 10s，失败次数 failureThreshold 被设置为 30 次，表示允许容器在长达 30×10=300 即 5min 内完成启动：

```
startupProbe:
  httpGet:
    path: /healthz
    port: liveness-port
  failureThreshold: 30
  periodSeconds: 10
```

如果容器在 300s 后仍未成功启动，kubelet 则会将其“杀掉”，并根据重启策略完成后续操作。

6. 通过 readinessProbe 探针保护暂时无法提供服务的容器

下面的示例配置了 readinessProbe 探针为系统提供容器服务是否处于 Ready 状态的信息：

```
readinessProbe:
  httpGet:
    path: /healthz
    port: 8080
  initialDelaySeconds: 10
  periodSeconds: 3
```

kubelet 在探测到容器服务不再就绪时，会通知控制平面，以调整对应的 Service，将不健康的后端 Pod 暂时隔离，不再将客户端请求转发给这个 Pod，从而避免出现大量的失败状况。

容器的探针可以在运行过程中实时监控其健康状况，Kubernetes 基于探针的配置能够自动实现重启不健康的容器及隔离暂时不能提供服务的 Pod，并且在恢复正常后自动恢复服务，以实现容器应用的自愈能力，这对业务系统来说是非常必要的。建议业务系统在开发阶段就提供必要的健康检查机制，在部署 Kubernetes 时可以合理地配置各种探针，保证业务服务正常工作的连续性。

3.9 初始化容器（Init Container）

在很多应用场景中，应用容器在启动之前都可能需要进行一些初始化操作，例如：

◎ 等待其他关联组件正确运行（例如数据库或某个后台服务）；
◎ 预先基于环境变量或配置模板生成应用所需的配置文件；
◎ 从远程数据库中获取本地所需配置，或者将自身注册到某个中央数据库中；
◎ 下载相关依赖包，或者对系统进行一些预配置操作；
◎ 以更高的权限调整内核参数。

本节对初始化容器的概念、原理、应用示例及使用限制等进行说明。

3.9.1 初始化容器概述

初始化容器是一种特殊的容器，与应用容器的区别如下。

（1）初始化容器的运行方式与应用容器不同：初始化容器必须先于应用容器运行成功。在设置了多个初始化容器时，将按顺序逐个运行初始化容器，并且只有前一个初始化容器运行成功，才能运行其之后的一个初始化容器，如果运行失败，则 kubelet 在默认情况下会不断重启它，直到初始化容器运行成功。但是，如果 Pod 的重启策略（restartPolicy）被设置为“Never”，则一旦初始化容器运行失败，系统就认为整个 Pod 运行失败。在所有初始化容器都运行成功后，Kubernetes 才会初始化 Pod 的各种信息，并开始创建和运行应用容器。

（2）在初始化容器的定义中也可以设置资源限制、Volume 的使用和安全策略，等等。但对资源限制的设置与应用容器略有不同，如下所述。

◎ 如果有多个初始化容器定义了资源请求或资源限制，则取最大的值作为所有初始化容器的资源请求值或资源限制值。
◎ Pod 的有效（effective）资源请求值或资源限制值取以下二者中的较大值：①所有应用容器的资源请求值或资源限制值之和；②初始化容器的有效资源请求值或资源限制值。
◎ 调度算法将基于 Pod 的有效资源请求值或资源限制值进行计算，也就是说，初始化容器可以为初始化操作预留系统资源，即使后续的应用容器无须使用这些资源。
◎ Pod 的有效 QoS 等级适用于初始化容器和应用容器。

◎ 资源配额和限制将根据Pod的有效资源请求值或资源限制值计算且生效。

◎ Pod级别的cgroup将基于Pod的有效资源请求或限制，与调度机制一致。

（3）初始化容器不支持对生命周期（postStart、preStop）及健康检查机制（livenessProbe、readinessProbe、startupProbe）进行配置，因为必须在它们成功运行后才能运行在Pod中定义的普通容器。

1. Pod可能重启的场景

在Pod重新启动时，初始化容器将会重新运行，Pod可能重启的场景如下。

◎ Pod的infrastructure容器（pause）更新，此时Pod会重启。

◎ Pod中的所有应用容器都终止，并且RestartPolicy=Always，此时Pod会重启。

◎ 在Kubernetes v1.20之前的版本中，若初始化容器的镜像被更新，则初始化容器将会重新运行，此时Pod会重启。在Kubernetes v1.20及之后的版本中，Pod在该场景中不再重启。

2. 初始化容器的实现原理

Kubernetes通过Pod中的initContainers字段配置初始化容器，以实现在启动应用容器（app container）之前运行初始化容器，并且允许配置一个或多个初始化容器，以完成应用容器所需的预置条件。系统会在Pod的状态信息（Status）的initContainerStatuses字段中显示初始化容器的运行状态信息。

图3.3体现了一种带有两个初始化容器的配置。

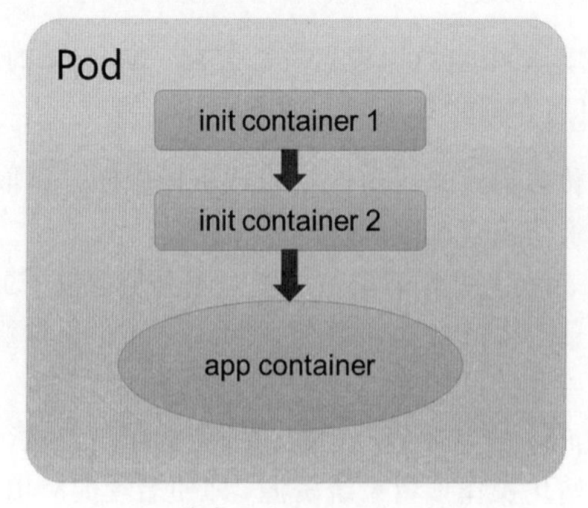

图3.3　带有两个初始化容器的配置

3.9.2 初始化容器示例

下面通过几个示例对如何初始化容器进行说明。

1. 通过初始化容器为应用容器准备数据

以 Nginx 应用容器为例，在启动 Nginx 之前，先通过一个初始化容器为 Nginx 创建一个 index.html 页面文件，然后通过一个共享的 Volume 将该页面文件挂载到 Nginx 的 /usr/share/nginx/html 目录下，这样在访问 Nginx 应用的首页时将看到该页面文件的内容：

```
# pod-with-init.yaml
apiVersion: v1
kind: Pod
metadata:
  name: pod-with-init
  labels:
    app: nginx
spec:
  initContainers:
  - name: install
    image: busybox
    imagePullPolicy: IfNotPresent
    command: ["sh", "-c", "echo Hello World! > /web-root/index.html" ]
    volumeMounts:
    - name: webroot
      mountPath: "/web-root"
  containers:
  - name: nginx
    image: nginx
    imagePullPolicy: IfNotPresent
    ports:
    - containerPort: 80
    volumeMounts:
    - name: webroot
      mountPath: /usr/share/nginx/html
  volumes:
  - name: webroot
    emptyDir: {}
```

创建这个 Pod：

```
# kubectl create -f pod-with-init.yaml
pod/pod-with-init created
```

通过 kubectl get pods -w 命令可以监控系统创建和运行初始化容器的过程，等到初始化容器成功运行完毕，才会创建应用容器：

```
# kubectl get pods -l app=nginx -w
NAME            READY   STATUS              RESTARTS    AGE
pod-with-init   0/1     Pending             0           0s
pod-with-init   0/1     Pending             0           0s
pod-with-init   0/1     Init:0/1            0           0s
pod-with-init   0/1     Init:0/1            0           1s
pod-with-init   0/1     PodInitializing     0           2s
pod-with-init   1/1     Running             0           3s
```

查看 Pod 的事件，可以看到系统首先创建并成功运行了初始化容器（名为“install”），之后继续创建和运行 Nginx 应用容器：

```
# kubectl describe pod pod-with-init
Name:          pod-with-init
Namespace:     default
......

Events:
  Type    Reason     Age   From               Message
  ----    ------     ----  ----               -------
  Normal  Scheduled  77s   default-scheduler  Successfully assigned
default/pod-with-init to 192.168.18.3
  Normal  Pulled     76s   kubelet            Container image "busybox" already
present on machine
  Normal  Created    76s   kubelet            Created container install
  Normal  Started    76s   kubelet            Started container install
  Normal  Pulled     75s   kubelet            Container image "nginx" already
present on machine
  Normal  Created    75s   kubelet            Created container nginx
  Normal  Started    75s   kubelet            Started container nginx
```

在 Nginx 应用容器启动成功后，登录 Nginx 应用容器，可以看到/usr/share/nginx/html 目录下的 index.html 页面文件由初始化容器生成，其内容如下：

```
# kubectl exec -ti pod-with-init -c nginx -- bash
root@pod-with-init:/# cd /usr/share/nginx/html
```

```
root@pod-with-init:/usr/share/nginx/html# ls
index.html

root@pod-with-init:/usr/share/nginx/html# cat index.html
Hello World!
```

使用 curl 模拟客户端访问 Nginx 的服务地址（这里使用 Pod 的 IP 地址），可以看到返回的 index.html 页面文件的内容：

```
# kubectl get pods -o wide -l app=nginx
NAME           READY   STATUS    RESTARTS   AGE    IP           NODE
NOMINATED NODE   READINESS GATES
pod-with-init   1/1    Running   0          5m4s   10.1.95.46   192.168.18.3
<none>           <none>
# curl http://10.1.95.46
Hello World!
```

2. 通过初始化容器等待应用容器依赖的一个服务处于 Ready 状态

在下面的示例中，初始化容器的运行逻辑为一直等到 servic-a 服务访问成功（wget -q service-a:8080）再创建 service-b 服务：

```
# pod-with-init-2.yaml
apiVersion: v1
kind: Pod
metadata:
  name: pod-with-init-2
spec:
  initContainers:
  - name: wait-for-service-a
    image: busybox
    imagePullPolicy: IfNotPresent
    command:
    - sh
    - -c
    - until wget -q service-a:8080; do echo -e "waiting for service-a"; sleep 5;
done; echo -e "service-a ready, starting service-b now";
  containers:
  - name: service-b
    image: nginx
    imagePullPolicy: IfNotPresent
    ports:
```

```
        - containerPort: 80
```

3. 通过初始化容器将 Pod 作为一个服务实例注册到外部的某个服务注册中心

在下面的示例中，初始化容器将 Pod 的名称和 IP 地址注册到外部的一个服务注册中心，如果注册失败，就会不断尝试，直到注册成功为止：

```
# pod-with-init-3.yaml
apiVersion: v1
kind: Pod
metadata:
  name: pod-with-init-3
spec:
  initContainers:
  - name: register-to-svc-center
    image: busybox
    imagePullPolicy: IfNotPresent
    command:
    - sh
    - -c
    - until curl -X POST -d 'svc_name=$POD_NAME&svc_ip=$POD_IP' http://$SERVICE_REGISTRY_HOST:$SERVICE_REGISTRY_PORT/register; do echo -e "register to service center"; sleep 5; done; echo -e "register successfully, starting service now";
    env:
    - name: SERVICE_REGISTRY_HOST
      value: 192.168.10.1
    - name: SERVICE_REGISTRY_PORT
      value: 8080
    - name: POD_NAME
      valueFrom:
        fieldRef:
          fieldPath: metadata.name
    - name: POD_IP
      valueFrom:
        fieldRef:
          fieldPath: status.podIP
  containers:
  - name: service
......
```

4. 设置两个初始化容器

在下面的示例中设置了两个初始化容器，执行流程为先运行第 1 个初始化容器“init-myservice”，运行成功后，再运行第 2 个初始化容器“init-mydb”，运行成功后，才开始创建应用容器：

```
# pod-with-2-init.yaml
apiVersion: v1
kind: Pod
metadata:
  name: pod-with-2-init
  labels:
    app: nginx
spec:
  initContainers:
  - name: init-myservice
    image: busybox
    imagePullPolicy: IfNotPresent
    command: ['sh', '-c', "until nslookup myservice.$(cat
/var/run/secrets/kubernetes.io/serviceaccount/namespace).svc.cluster.local; do
echo waiting for myservice; sleep 2; done"]
  - name: init-mydb
    image: busybox
    imagePullPolicy: IfNotPresent
    command: ['sh', '-c', "until nslookup mydb.$(cat
/var/run/secrets/kubernetes.io/serviceaccount/namespace).svc.cluster.local; do
echo waiting for mydb; sleep 2; done"]
  containers:
  - name: myapp-container
    image: busybox
    imagePullPolicy: IfNotPresent
    command: ['sh', '-c', 'echo The app is running! && sleep 3600']
```

使用初始化容器的其他常见应用场景如下。

◎ 预先从某个 Git 仓库下载代码。

◎ 生成必要的配置文件。

◎ 调整内核参数，例如 command: ["/bin/sysctl", "-w", "vm.max_map_count=262144"]。

3.9.3　使用初始化容器时的注意事项

在使用初始化容器时，根据其特性有以下注意事项。

◎ 如果初始化容器运行失败，系统就会根据 Pod 的重启策略进行重启。当 restartPolicy 为 Always 时，系统会以“restartPolicy=OnFailure”的逻辑重启初始化容器。

◎ 在所有初始化容器都成功运行完毕之前，Pod 不会进入 Ready 状态。

◎ 在重启 Pod 时会重启所有初始化容器。

◎ 在创建之后，如果需要修改初始化容器的定义，则只允许修改 image 字段，更改镜像名称会触发重启 Pod 的操作。

◎ Kubernetes 在创建 Pod 时，会强制检查在初始化容器的定义中是否存在 readinessProbe，如果存在，则将拒绝创建，因为初始化容器需要运行完毕，不能处于持续运行 Ready 的状态。

◎ 如果 Pod 设置了 activeDeadlineSeconds，则可以避免初始化容器持续运行失败并且无限重启，不过需要注意的是，启动时长上限通常应仅适用于 Job 类型的工作负载，对于长期运行的工作负载（如 Deployment）的 Pod，超过这个时限也会终止正在运行的正常 Pod。

◎ 在 Pod 中，每个容器的名称都必须唯一，包括初始化容器的名称。

3.9.4　将初始化容器作为长时间运行的边车容器

Kubernetes 从 v1.28 版本开始，引入了边车容器（SidecarContainer）的特性，可以将某个初始化容器当作一个长时间运行的边车容器来使用，并且允许为该初始化容器设置独立的重启策略和健康检查探针。下文简称这种类型的容器为边车初始化容器，需要在 Kubernetes 的各个服务中开启 SidecarContainers 特性门控来使用该特性。该特性在 Kubernetes v1.29 版本中达到 Beta 阶段。

与常规初始化容器不同的是，在边车初始化容器中，系统只要判定边车初始化容器启动完成（started=true），就运行后续的其他容器，不会等到边车初始化容器成功运行完毕后再继续。对于配置了 startupProbe 的边车初始化容器，系统会确保在 startupProbe 成功运行完毕后再继续运行后续的容器。边车初始化容器的重启策略只能被设置为“Always”。

在下面的示例中设置了两个初始化容器：第 1 个初始化容器用于创建一个日志文件；第 2 个初始化容器设置了“restartPolicy=Always”，表示它是一个边车初始化容器，启动后会长期运行，不会结束，程序会持续读取日志文件的内容并将其输出到标准输出，还为其设置了 readinessProbe 探针。应用容器的主程序每隔 1s 向日志文件输出一行带有序号的字符串文本，以供边车初始化容器读取：

```
# pod-with-init-sidecar.yaml
apiVersion: v1
kind: Pod
metadata:
  name: pod-with-init-sidecar
  labels:
    app: init-sidecar
spec:
  initContainers:
  - name: create-log-file
    image: busybox
    imagePullPolicy: IfNotPresent
    command: ['sh', '-c', 'touch /opt/logs.txt']
    volumeMounts:
    - name: data
      mountPath: /opt
  - name: log-reader
    image: busybox
    imagePullPolicy: IfNotPresent
    command: ['sh', '-c', 'tail -f /opt/logs.txt']
    restartPolicy: Always
    readinessProbe:
      exec:
        command: ["sh", "-c", "ls /opt/logs.txt"]
      initialDelaySeconds: 1
      timeoutSeconds: 1
    volumeMounts:
    - name: data
      mountPath: /opt
  containers:
  - name: log-writer
    image: busybox
    imagePullPolicy: IfNotPresent
    command: ['sh', '-c', 'i=1; while true; do echo "$i hello" >> /opt/logs.txt; 
i=$((i+1)); sleep 1; done']
    volumeMounts:
    - name: data
```

```
      mountPath: /opt
  volumes:
  - name: data
    emptyDir: {}
```

创建该 Pod：

```
# kubectl create -f pod-with-init-sidecar.yaml
pod/pod-with-init-sidecar created
```

通过 kubectl get pods -w 命令可以监控到系统创建和运行容器的过程，会看到最终有两个容器持续运行，其中就包括一个边车初始化容器：

```
# kubectl get pods -l app=init-sidecar -w
NAME                    READY   STATUS            RESTARTS   AGE
pod-with-init-sidecar   0/2     Pending           0          0s
pod-with-init-sidecar   0/2     Pending           0          0s
pod-with-init-sidecar   0/2     Init:0/2          0          0s
pod-with-init-sidecar   0/2     Init:0/2          0          0s
pod-with-init-sidecar   0/2     Init:1/2          0          2s
pod-with-init-sidecar   0/2     PodInitializing   0          3s
pod-with-init-sidecar   1/2     PodInitializing   0          3s
pod-with-init-sidecar   2/2     Running           0          4s
```

查看边车初始化容器的日志，可以看到它持续读取了日志文件的内容并将其打印了出来：

```
# kubectl logs pod-with-init-sidecar -c log-reader -f
1 hello
2 hello
3 hello
4 hello
5 hello
6 hello
7 hello
......
```

此外，边车初始化容器也适用于 Job 类型的工作负载，不过如果主容器运行结束，Job 就运行完成了。边车初始化容器虽然设置了“restartPolicy=Always”，但它也会随着 Job 的运行结束而终止，不会长期运行。在下面的示例中设置了名为“log-reader”的边车初始化容器：

```
# job-with-init-sidecar.yaml
apiVersion: batch/v1
```

```
kind: Job
metadata:
  name: job-with-init-sidecar
spec:
  template:
    metadata:
      labels:
        app: init-sidecar
    spec:
      initContainers:
      - name: create-log-file
        image: busybox
        imagePullPolicy: IfNotPresent
        command: ['sh', '-c', 'touch /opt/logs.txt']
        volumeMounts:
        - name: data
          mountPath: /opt
      - name: log-reader
        image: busybox
        imagePullPolicy: IfNotPresent
        restartPolicy: Always
        command: ['sh', '-c', 'tail -f /opt/logs.txt']
        volumeMounts:
        - name: data
          mountPath: /opt
      containers:
      - name: log-writer
        image: busybox
        imagePullPolicy: IfNotPresent
        command: ['sh', '-c', 'echo "logging" > /opt/logs.txt']
        volumeMounts:
        - name: data
          mountPath: /opt
      volumes:
      - name: data
        emptyDir: {}
      restartPolicy: Never
```

创建该 Pod：

```
# kubectl create -f job-with-init-sidecar.yaml
job.batch/job-with-init-sidecar created
```

通过 kubectl get pods -w 命令可以监控到系统创建和运行容器的过程，在主应用容器运行结束后，Job 就结束了，状态为“Completed”，此时边车初始化容器也会终止运行：

```
# kubectl get pods -l app=init-sidecar -w
NAME                           READY   STATUS            RESTARTS   AGE
job-with-init-sidecar-t6mq2    0/2     Pending           0          0s
job-with-init-sidecar-t6mq2    0/2     Pending           0          0s
job-with-init-sidecar-t6mq2    0/2     Init:0/2          0          0s
job-with-init-sidecar-t6mq2    0/2     Init:0/2          0          0s
job-with-init-sidecar-t6mq2    0/2     Init:1/2          0          1s
job-with-init-sidecar-t6mq2    1/2     PodInitializing   0          2s
job-with-init-sidecar-t6mq2    1/2     Completed         0          3s
job-with-init-sidecar-t6mq2    1/2     Completed         0          33s
job-with-init-sidecar-t6mq2    0/2     Completed         0          34s
job-with-init-sidecar-t6mq2    0/2     Completed         0          35s
job-with-init-sidecar-t6mq2    0/2     Completed         0          36s
job-with-init-sidecar-t6mq2    0/2     Completed         0          36s
```

查看边车初始化容器的日志，可以看到它读取了日志文件的内容并将其打印了出来：

```
# kubectl logs logs job-with-init-sidecar-t6mq2 -c log-reader
logging
```

第 4 章 Pod 工作负载详解

在 Kubernetes 集群中，业务应用都是以 Pod 的形式运行的，但是单个 Pod 不具备自动化的管理机制，如故障自动恢复、水平扩展等。Kubernetes 通过工作负载（Workload）的逻辑概念来实现一个或者多个 Pod 的全生命周期自动化管理。Kubernetes 内置的工作负载资源包括 Deployment、ReplicaSet、ReplicationController、DaemonSet、StatefulSet、Job、CronJob 等，分别面向一些典型的应用场景进行管理。每种工作负载资源都由对应的工作负载控制器进行管理，这些控制器都内置在 Master 的 kube-controller-manager 程序中。本章将对这些工作负载资源的概念、管理机制、用法、特性以及 Pod 水平扩缩容机制进行详细说明。

4.1　Pod 的工作负载管理机制概述

在 Kubernetes 系统中，由于 Pod 本身不具备自动故障恢复能力，而且对需要水平扩缩容的多副本的管理也非常复杂，所以通常不会仅通过 Pod 来进行管理。Kubernetes 提供了很多种管理 Pod 的工作负载资源，包括 Deployment、ReplicaSet、ReplicatonController、DaemonSet、StatefulSet、Job、CronJob 等，用于完成对单个或一组 Pod 的创建、调度、水平扩缩容、故障恢复等全生命周期的管理工作。这些资源对象为 Pod 提供了更高层级的管理方式，能够大大降低管理 Pod 的复杂度，使用户更专注于面向服务的管理。

在早期的 Kubernetes 版本中是没有这么多 Pod 副本控制器的，只有一个 Pod 副本控制器 RC（ReplicationController），这个控制器是这样设计实现的：RC 独立于所控制的 Pod，并通过标签这个松耦合关联关系控制目标 Pod 实例的创建和销毁，随着 Kubernetes 的发展，RC 也出现了新的继任者——Deployment，用于更自动地实现 Pod 副本的部署、版本更新、回滚等功能。

严谨地说，RC 的继任者其实并不是 Deployment，而是 ReplicaSet，因为 ReplicaSet 进一步增强了 RC 标签选择器的灵活性。之前 RC 的标签选择器只能选择一个 Pod 标签，而 ReplicaSet 拥有集合式的标签选择器，可以选择多个 Pod 标签，如下所示：

```
selector:
  matchLabels:
    tier: frontend
  matchExpressions:
    - {key: tier, operator: In, values: [frontend]}
```

与 RC 不同，ReplicaSet 被设计成能控制多个不同标签的 Pod 副本。比如，应用 MyApp

当前发布了 v1 与 v2 两个版本，用户希望 MyApp 的 Pod 副本数量保持 3 个，可以同时包含 v1 和 v2 版本的 Pod，这时就可以用 ReplicaSet 来实现这种控制，写法如下：

```
selector:
   matchLabels:
     version: v2
   matchExpressions:
     - {key: version, operator: In, values: [v1,v2]}
```

其实，Kubernetes 的滚动更新功能就是巧妙运用 ReplicaSet 的这个特性来实现的，同时，Deployment 也通过 ReplicaSet 实现 Pod 副本自动控制功能。我们不应该直接使用底层的 ReplicaSet 来控制 Pod 副本，而应该通过管理 ReplicaSet 的 Deployment 对象来控制 Pod 副本，这是来自官方的建议。

在大多数情况下，我们希望 Deployment 创建的 Pod 副本被成功调度到集群中的任何一个可用 Node，而不关心具体会调度到哪个 Node。但是，在真实的生产环境下的确也存在一种需求：希望某种 Pod 的副本全部在指定的一个或者一些 Node 上运行，比如希望将 MySQL 数据库调度到一个具有 SSD 磁盘的目标 Node 上，此时 Pod 模板中的 NodeSelector 属性就开始发挥作用了，上述 MySQL 定向调度案例的实现方式可分为以下两步。

（1）给所有具有 SSD 磁盘的 Node 都打上自定义标签 disk=ssd。

（2）在 Pod 模板中设定 NodeSelector 的值为“disk: ssd”。

如此一来，Kubernetes 在调度 Pod 副本时，会先按照 Node 的标签过滤出合适的目标 Node，然后选择一个最佳 Node 进行调度。

上述逻辑看起来既简单又完美，但在复杂生产环境下可能面临以下问题。

（1）如果 NodeSelector 选择的标签不存在或者不符合条件，比如这些目标 Node 此时宕机或者资源不足，该怎么办？

（2）如果要选择多种合适的目标 Node，比如 SSD 磁盘的 Node 或者超高速硬盘的 Node，该怎么办？Kubernetes 引入了 NodeAffinity（节点亲和性设置）来解决该问题。

此外，还存在如下所述的特殊需求。

（1）不同 Pod 之间的亲和性（PodAffinity）关系。比如，MySQL 数据库与 Redis 中间件不能被调度到同一个目标 Node 上，或者两个需要紧密连接的微服务的 Pod 必须被调度到同一个 Node 上，以实现本地文件共享或本地网络通信等需求，这就是 Pod 亲和性要解决的问题。

（2）有状态集群的调度。对于ZooKeeper、Elasticsearch、MongoDB、Kafka等有状态集群，虽然集群中的每个Node看起来都是相同的，但每个Node都必须有明确的、不变的唯一身份标识（如主机名或IP地址），这些Node的启动和停止通常有严格的顺序。此外，由于集群需要持久化保存状态数据，所以集群中的Node对应的Pod不管在哪个Node上恢复，都需要挂载原来的Volume，因此这些Pod还需要捆绑具体的PV。针对这种复杂的需求，Kubernetes提供了StatefulSet这种特殊的Pod副本控制器来解决问题，在Kubernetes v1.9版本发布后，StatefulSet才可用于正式生产环境。

（3）在每个Node上调度并且仅仅创建一个Pod副本。这种调度通常用于系统监控相关的Pod，比如主机上的日志采集、主机性能采集等进程需要被部署到集群中的每个Node，并且只能部署一个副本，这就是DaemonSet这种特殊Pod副本控制器所解决的问题。

（4）对于批处理作业，需要创建多个Pod副本来协同工作，当这些Pod副本都完成自己的任务时，整个批处理作业就结束了。这种Pod运行且仅运行一次的特殊调度，用常规的RC或者Deployment都无法解决，所以Kubernetes引入了新的Pod调度控制器Job来解决问题，并继续延伸了定时作业的调度控制器CronJob。

与单独的Pod实例不同，由RC、ReplicaSet、Deployment、DaemonSet等控制器创建的Pod副本实例都归属于这些控制器，这就产生了一个问题：控制器被删除后，归属于控制器的Pod副本该何去何从？在Kubernetes v1.9版本之前，在RC等对象被删除后，它们所创建的Pod副本都不会被删除；在Kubernetes v1.9版本之后，这些Pod副本会被一并删除。如果不希望自动级联删除，则可以通过kubectl命令的--cascade=false参数来取消这一默认特性：

```
# kubectl delete replicaset my-repset --cascade=false
```

接下来对这些Pod副本控制器的主要功能和特性进行详细说明，并配以示例。

4.2 Deployment：面向无状态应用的Pod副本集管理

Deployment是一种面向无状态应用的多个Pod副本进行自动化管理的工作负载控制器。无状态应用通常要求每个Pod副本的工作机制相同，提供的服务也相同。Deployment在部署Pod之后会持续监控副本的运行状况和数量，始终保证用户指定的副本数量的Pod

正常运行。常见的 Deployment 应用场景如下。

◎ 部署一个多副本的无状态应用。
◎ 多副本 Pod 的版本更新，以及部署过程的暂停和回滚。
◎ Pod 副本数量的水平扩缩容。

4.2.1 Deployment 提供的管理功能

下面通过 Deployment 配置示例，对 Deployment 提供的管理功能进行说明。基于配置文件 nginx-deployment.yaml 的内容，Kubernetes 会自动创建一个属于该 Deployment 的资源对象 ReplicaSet，这个 ReplicaSet 会创建 3 个 Nginx 应用的 Pod：

```
# nginx-deployment.yaml
apiVersion: apps/v1
kind: Deployment
metadata:
  name: nginx-deployment
spec:
  selector:
    matchLabels:
      app: nginx
  replicas: 3
  template:
    metadata:
      labels:
        app: nginx
    spec:
      containers:
      - name: nginx
        image: nginx:1.7.9
        ports:
        - containerPort: 80
```

通过 kubectl create 命令创建这个 Deployment：

```
# kubectl create -f nginx-deployment.yaml
deployment.apps/nginx-deployment created
```

查看 Deployment 的状态：

```
# kubectl get deployments
NAME               READY   UP-TO-DATE   AVAILABLE   AGE
nginx-deployment   3/3     3            3           16s
```

该状态说明 Kubernetes 已经根据 Deployment 的定义创建好 3 个 Pod 副本，并且都正常运行，也都处于 Ready 状态。

其中几个关键字段表示的含义如下。

◎ NAME：Deployment 的名称。
◎ READY：处于 Ready 状态的 Pod 副本数量，“/”右侧为期望的 Pod 副本数量，即 spec.replicas 字段的设置值。
◎ UP-TO-DATE：更新到最新 Pod 模板的 Pod 副本数量。
◎ AVAILABLE：可供用户使用的 Pod 副本数量。
◎ AGE：Deployment 的运行时间。

通过 kubectl get replicasets 命令，可以查看系统自动创建的 ReplicaSet（RS）的信息：

```
# kubectl get replicasets
NAME                          DESIRED   CURRENT   READY    AGE
nginx-deployment-4087004473   3         3         3        53s
```

其中几个关键字段表示的含义如下。

◎ NAME：ReplicaSet 的名称。
◎ DESIRED：期望的 Pod 副本数量，即 spec.replicas 字段设置的值。
◎ CURRENT：当前处于运行状态的 Pod 副本数量。
◎ READY：处于 Ready 状态的 Pod 副本数量。
◎ AGE：Deployment 的运行时间。

通过 kubectl get pods 命令，可以查看系统自动创建的 Pod 的信息：

```
# kubectl get pods
NAME                                READY     STATUS    RESTARTS   AGE
nginx-deployment-4087004473-9jqqs   1/1       Running   0          1m
nginx-deployment-4087004473-cq0cf   1/1       Running   0          1m
nginx-deployment-4087004473-vxn56   1/1       Running   0          1m
```

4.2.2 Deployment 的配置信息

Deployment 资源 yaml 配置中 spec 部分的核心配置字段主要介绍如下。

◎ selector：标签选择器，用于关联具有指定标签的 Pod 列表。

◎ template：Pod 模板，其中的配置项就是 Pod 的定义，作为 Deployment 资源的一部分存在，无须再设置 apiVersion 和 kind 这两个元数据。

◎ replicas：期望的 Pod 副本数量，默认值为 1。通过 kubectl scale 命令调整后的副本数量将会覆盖初始设置的值。如果使用自动扩缩容（HorizontalPodAutoscaler）来自动调整 Pod 副本数量，则不需要设置这个值。

◎ strategy：更新策略，可选项包括 Recreate 和 RollingUpdate，详见 4.2.3 节的说明。

◎ minReadySeconds：Pod 最短就绪时间，至少要达到这个时间，系统才会设置 Pod 为 Ready 状态。

◎ progressDeadlineSeconds：设置未能处于部署完成状态的超时时间，默认值为 600s（10min）。达到这个时间之后，系统将设置 Progressing 的状态（Status）为 False，并将 Reason 设置为 ProgressDeadlineExceeded。

◎ revisionHistoryLimit：修订历史最大数量，每个修订版本都有一个对应的 ReplicaSet 资源，保存得过多将消耗更多资源，默认值为 10。

◎ paused：设置为 true 来表示部署过程处于暂停状态，设置为 false 来表示处于正常部署过程。Kubernetes 对处于暂停状态的 Deployment 资源将不会监控 Pod 模板变化，而对处于非暂停状态的 Pod 模板变化会触发新的 rollout 操作。

其中 spec.selector 是与目标 Pod 关联的核心字段，可以通过 matchLabels 或 matchExpressions 字段进行设置，Pod 的标签则在 spec.template.metadata.labels[]字段中进行设置。它们的用法和处理逻辑如下。

◎ matchLabels：设置一个或多个（Pod 需要具有的）标签的值，以 key:value 格式表示，如果设置了多个标签，相互为逻辑与（AND）关系，即需要满足全部条件（Pod 具有全部标签）才能与 Pod 关联成功。下面的例子中要求 Pod 具有两个标签：

```
app=nginx 和 version=v1:
    selector:
      matchLabels:
      - app: nginx
      - version: v1
```

◎ matchExpressions：设置一个或多个（Pod 需要具有的）标签取值条件表达式，以(key,operator,values)三元组格式进行设置，其中 values 可以设置多个值，可以使用的运算符包括 In、NotIn、Exists 和 DoesNotExist，使用 In 和 NotIn 运算符时，要求 values 的值不能为空。例如：

```
selector:
  matchExpressions:
  - key: role
    operator: In
    values:
    - manager
  - key: env
    operator: NotIn
    values:
    - test
    - prod
```

在这个例子中，要求 Pod 的标签满足两个条件：（1）role 标签的值需要等于 manager，（2）env 标签的值不能为 test 或 prod，并且这两个条件必须同时满足。

如果 matchLabels 或 matchExpressions 两组配置都设置了，则要求 Pod 的标签满足全部的条件（逻辑与运算）才能完成关联。

另外，Deployment 的标签选择器配置在创建后是不能修改的，如果需要修改，只能删除 Deployment 后重新创建。

4.2.3　Deployment 的更新机制

Deployment 支持对 Pod 进行自动更新，通常以滚动更新的方式通过多个 ReplicaSet 版本完成对 Pod 的自动更新，适用于容器镜像更新后自动部署新版本应用的场景。

以 Deployment Nginx 配置为例：

```
# nginx-deployment.yaml
apiVersion: apps/v1
kind: Deployment
metadata:
  name: nginx-deployment
spec:
  selector:
```

```
    matchLabels:
      app: nginx
  replicas: 3
  template:
    metadata:
      labels:
        app: nginx
    spec:
      containers:
      - name: nginx
        image: nginx:1.7.9
        ports:
        - containerPort: 80
```

已运行的 Pod 副本数量有 3 个：

```
# kubectl get pods
NAME                                READY     STATUS    RESTARTS    AGE
nginx-deployment-4087004473-9jqqs   1/1       Running   0           1m
nginx-deployment-4087004473-cq0cf   1/1       Running   0           1m
nginx-deployment-4087004473-vxn56   1/1       Running   0           1m
```

现在需要将 Pod 的镜像更新为 nginx:1.9.1，一种方法是通过 kubectl set image 命令为 Deployment 设置新的镜像名称：

```
$ kubectl set image deployment/nginx-deployment nginx=nginx:1.9.1
deployment.apps/nginx-deployment image updated
```

另一种方法是通过 kubectl edit 命令修改 Deployment 的配置，将 spec.template.spec.containers[0].image 从 nginx:1.7.9 更改为 nginx:1.9.1：

```
$ kubectl edit deployment/nginx-deployment
deployment.apps/nginx-deployment edited
```

镜像名称（或 Pod 定义）一旦被修改，就会触发系统完成 Deployment 所有运行 Pod 的滚动更新操作。通过 kubectl rollout status 命令，可以查看 Deployment 的更新过程：

```
$ kubectl rollout status deployment/nginx-deployment
Waiting for rollout to finish: 2 out of 3 new replicas have been updated...
Waiting for rollout to finish: 2 out of 3 new replicas have been updated...
Waiting for rollout to finish: 2 out of 3 new replicas have been updated...
Waiting for rollout to finish: 2 out of 3 new replicas have been updated...
Waiting for rollout to finish: 2 old replicas are pending termination...
```

```
Waiting for rollout to finish: 1 old replicas are pending termination...
Waiting for rollout to finish: 1 old replicas are pending termination...
Waiting for rollout to finish: 1 old replicas are pending termination...
Waiting for rollout to finish: 2 of 3 updated replicas are available...
deployment "nginx-deployment" successfully rolled out
```

查看当前运行的 Pod，可以看到其名称已经更新：

```
$ kubectl get pods
NAME                               READY     STATUS    RESTARTS   AGE
nginx-deployment-3599678771-01h26  1/1       Running   0          2m
nginx-deployment-3599678771-57thr  1/1       Running   0          2m
nginx-deployment-3599678771-s8p21  1/1       Running   0          2m
```

查看 Pod 使用的镜像，可以发现其已被更新为 nginx:1.9.1：

```
# kubectl describe pod/nginx-deployment-3599678771-s8p21
Name:          nginx-deployment-3599678771-s8p21
......
   Image:           nginx:1.9.1
......
```

那么，Deployment 是如何完成 Pod 更新的呢？

我们可以通过 kubectl describe deployments/nginx-deployment 命令仔细观察 Deployment 的更新过程。初始创建 Deployment 时，系统创建了一个 ReplicaSet（nginx-deployment-4087004473），并按用户的需求创建了 3 个 Pod 副本。更新 Deployment 时，系统创建了一个新的 ReplicaSet（nginx-deployment-3599678771），并将其副本数量扩展到 1，然后将旧的 ReplicaSet 副本数量缩减为 2。之后，系统继续按照相同的更新策略对新旧两个 ReplicaSet 进行逐个调整。最后，新的 ReplicaSet 运行了 3 个新版本的 Pod 副本，旧的 ReplicaSet 副本数量则缩减为 0，如图 4.1 所示。

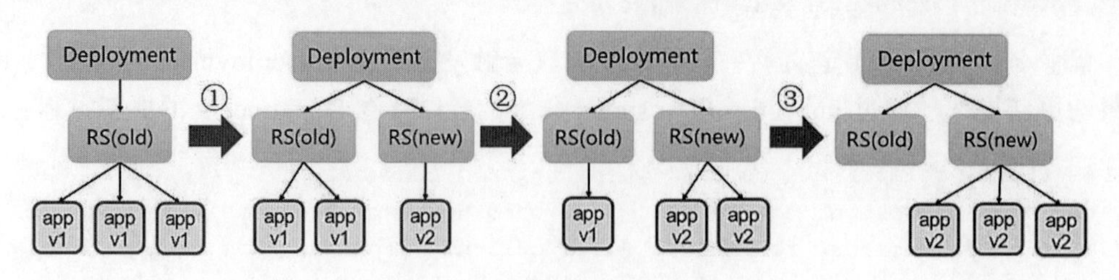

图 4.1　Pod 的滚动更新示意图

通过 kubectl describe 命令，可以查看 Deployment nginx-deployment 的详细事件信息：

```
$ kubectl describe deployments/nginx-deployment
Name:           nginx-deployment
Namespace:      default
......
Replicas:       3 updated | 3 total | 3 available | 0 unavailable
StrategyType:       RollingUpdate
MinReadySeconds: 0
RollingUpdateStrategy:  1 max unavailable, 1 max surge
Conditions:
  Type       Status  Reason
  ----       ------  ------
  Available  TrueMinimumReplicasAvailable
OldReplicaSets: <none>
NewReplicaSet:  nginx-deployment-3599678771 (3/3 replicas created)
Events:
  Type    Reason             Age From                      Message
  ----    ------             ---- ----                     -------
  Normal  ScalingReplicaSet  10m deployment-controller    Scaled up replica
set nginx-deployment-4087004473 to 3
  Normal  ScalingReplicaSet  8m  deployment-controller    Scaled up replica
set nginx-deployment-3599678771 to 1
  Normal  ScalingReplicaSet  6m  deployment-controller    Scaled down replica
set nginx-deployment-4087004473 to 2
  Normal  ScalingReplicaSet  4m  deployment-controller    Scaled up replica
set nginx-deployment-3599678771 to 2
  Normal  ScalingReplicaSet  1m  deployment-controller    Scaled down replica
set nginx-deployment-4087004473 to 1
  Normal  ScalingReplicaSet  1m  deployment-controller    Scaled up replica
set nginx-deployment-3599678771 to 3
  Normal  ScalingReplicaSet  10s deployment-controller    Scaled down replica
set nginx-deployment-4087004473 to 0
```

通过 kubectl get replicasets 命令，可以查看两个 ReplicaSet 的最终状态：

```
$ kubectl get replicasets
NAME                          DESIRED  CURRENT   READY   AGE
nginx-deployment-3599678771   3        3         3       1m
nginx-deployment-4087004473   0        0         0       10m
```

在整个更新过程中，系统会保证至少有 2 个 Pod 可用，并且最多同时运行 4 个 Pod，这是 Deployment 通过复杂的算法完成的。Deployment 需要确保在整个更新过程中只有一定数量的 Pod 可能处于不可用状态。在默认情况下，Deployment 确保可用的 Pod 总数量至少为 Pod 期望副本数量（DESIRED）减 1，也就是最多 1 个不可用（maxUnavailable=1）。Deployment 还需要确保在整个更新过程中 Pod 的总数量不会超过所需的 Pod 副本数量太多。Deployment 确保 Pod 的总数量最多比所需的 Pod 数量多 1 个，也就是最多 1 个浪涌值（maxSurge=1）。Kubernetes 从 v1.6 版本开始，maxUnavailable 和 maxSurge 的默认值将从 1、1 更新为所需 Pod 副本数量的 25%、25%。

这样，在更新过程中，Deployment 就能够保证服务不中断，并且始终维持 Pod 副本数量为 Pod 期望副本数量（DESIRED）。

在 Deployment 的定义中，可以通过 spec.strategy 指定 Pod 的更新策略，当前支持两种策略：Recreate（重建）和 RollingUpdate（滚动更新），默认值为 RollingUpdate。在前面的例子中使用的就是 RollingUpdate 策略。

- ◎ Recreate：设置 spec.strategy.type=Recreate 来表示 Deployment 在更新 Pod 时，会先“杀掉”所有正在运行的旧版本 Pod，等到旧版本 Pod 全部终止后，才开始创建新版本的 Pod。
- ◎ RollingUpdate：设置 spec.strategy.type=RollingUpdate 来表示 Deployment 会以滚动更新的方式逐个更新 Pod。同时，可以通过设置 spec.strategy.rollingUpdate 下的两个参数（maxUnavailable 和 maxSurge）来控制滚动更新的过程。

对滚动更新时两个主要参数的说明如下。

- ◎ spec.strategy.rollingUpdate.maxUnavailable：用于指定 Deployment 在更新过程中不可用状态的 Pod 数量的上限。maxUnavailable 参数值可以是绝对值（例如 5）或 Pod 期望副本数量的百分比（例如 10%），如果该参数被设置为百分比，那么系统会先以向下取整的方式计算出绝对值（整数）。而当另一个参数 maxSurge 被设置为 0 时，maxUnavailable 则必须被设置为绝对值大于 0。从 Kubernetes v1.6 版本开始，maxUnavailable 的默认值从 1 改为 25%。举例来说，当 maxUnavailable 被设置为 30%时，旧的 ReplicaSet 可以在滚动更新开始时立即将 Pod 副本数量减少到所需 Pod 副本总数量的 70%。一旦新的 Pod 创建并准备好，旧的 ReplicaSet 就会进一步缩容，新的 ReplicaSet 又继续扩容，整个过程中系统在任意时刻都可以确保可用状态的 Pod 总数量至少占 Pod 期望副本总数量的 70%。
- ◎ spec.strategy.rollingUpdate.maxSurge：用于指定在 Deployment 更新 Pod 的过程中 Pod 总数量超过 Pod 期望副本数量部分的最大值。maxSurge 参数值可以是绝对值（例如 5）或 Pod 期望副本数量的百分比（例如 10%）。如果该参数被设置为百分比，那么系统会先按照向上取整的方式计算出绝对值（整数）。从 Kubernetes v1.6 版本开始，maxSurge 的默认值从 1 改为 25%。举例来说，当 maxSurge 的值被设置为 30%时，新的 ReplicaSet 可以在滚动更新开始时立即进行 Pod 副本数量扩容，只需保证新旧 ReplicaSet 的 Pod 副本数量之和不超过 Pod 期望副本数量的 130%即可。一旦旧的 Pod 被"杀掉"，新的 ReplicaSet 就会进一步扩容。在整个过程中，系统在任意时刻都能确保新旧 ReplicaSet 的 Pod 副本总数量之和不超过所需 Pod 副本数量的 130%。

这里需要注意多重更新（Rollover）的情况。如果 Deployment 的上一次更新正在进行，此时用户再次发起 Deployment 的更新操作，那么 Deployment 会为每一次更新都创建一个 ReplicaSet，而每次在新的 ReplicaSet 创建成功后，会逐个增加 Pod 副本数量，同时将之前正在扩容的 ReplicaSet 停止扩容（更新），并将其加入旧版本 ReplicaSet 列表中，然后开始缩容至 0 的操作。

例如，假设我们创建一个 Deployment，这个 Deployment 开始创建 5 个 nginx:1.7.9 的 Pod 副本，在这个创建 Pod 的动作尚未完成时，我们又将 Deployment 进行更新，在 Pod 副本数量不变的情况下将 Pod 模板中的镜像修改为 nginx:1.9.1，又假设此时 Deployment 已经创建了 3 个 nginx:1.7.9 的 Pod 副本，则 Deployment 会立即"杀掉"已创建的 3 个 nginx:1.7.9 Pod，并开始创建 nginx:1.9.1 Pod。Deployment 不会等待 nginx:1.7.9 的 Pod 创建到 5 个之后，再执行更新操作。

Deployment 会自动创建并控制对应的 ReplicaSet 和在被其管理的每个 Pod 中给这些 Pod 添加一个名为"pod-template-hash"的标签。系统自动添加的这个标签用于确保各个 ReplicaSet 不会关联到其他 ReplicaSet 管理的 Pod。可以通过 kubectl get pods --show-labels 命令查看标签 pod-template-hash 的信息，例如：

```
    NAME                                 READY    STATUS     RESTARTS  AGE    LABELS
    nginx-deployment-77fbc48547-6db2w    1/1      Running    0         5s     app=
nginx,pod-template-hash=77fbc48547
    nginx-deployment-77fbc48547-9mjw8    1/1      Running    0         5s     app=
nginx,pod-template-hash=77fbc48547
    nginx-deployment-77fbc48547-r6ncn    1/1      Running    0         5s     app=
nginx,pod-template-hash=77fbc48547
```

在什么情况下会触发 Deployment 的 rollout 行为呢？只有 Pod 模板定义部分（Deployment 的 spec.template）的属性发生改变时才会触发 Deployment 的 rollout 行为，对于其他的操作，比如修改 Pod 的副本数量（spec.replicas）的值，不会触发 rollout 行为。

对于用 RC 控制 Pod 的滚动更新，Kubernetes 之前提供了对应的 kubectl rolling-update 命令来实现类似的功能。该命令通过创建一个新 RC，然后自动控制旧 RC 中的 Pod 副本数量，将其逐渐减少到 0，将新 RC 中的 Pod 副本数量从 0 逐步增加到目标值，以完成 Pod 的更新。该命令在 Kubernetes v1.17 版本中被标记为 DEPRECATED，在 v1.18 版本中不再提供支持。

4.2.4　Deployment 的回滚

如果在 Deployment 更新过程中出现意外，比如写错新镜像的名称、新镜像还没被放入镜像仓库里、新镜像的配置文件发生不兼容性改变、新镜像的启动参数不对，以及因可能更复杂的依赖关系而导致更新失败等，就需要回退到之前的旧版本，这时可以用到 Deployment 的回滚功能。由于只有当 Pod 模板定义部分（spec.template）的属性发生改变时才会触发 Deployment 的更新操作，而对（用于水平扩缩容的）副本数量字段（replicas）的变更不会触发更新操作，所以 Deployment 的回滚也只会回滚 Pod 模板定义的内容。

假设在更新 Deployment 镜像时，将容器镜像名称误设置成 nginx:1.91（一个不存在的镜像）：

```
$ kubectl set image deployment/nginx-deployment nginx=nginx:1.91
deployment.apps/nginx-deployment image updated
```

则这时 Deployment 的部署过程会被卡住：

```
$ kubectl rollout status deployments nginx-deployment
Waiting for rollout to finish: 1 out of 3 new replicas have been updated...
```

所以需要通过 Ctrl-C 快捷键命令来终止这个查看命令。

查看 ReplicaSet，可以看到新建的 ReplicaSet（nginx-deployment-3660254150）：

```
$ kubectl get replicasets
NAME                         DESIRED   CURRENT   READY    AGE
nginx-deployment-3646295028  3         3         3        53s
nginx-deployment-3660254150  1         1         0        40s
nginx-deployment-4234284026  0         0         0        1m
```

再查看创建的 Pod，会发现由新的 ReplicaSet 创建的一个 Pod 被卡在镜像拉取过程中：

```
$ kubectl get pods
NAME                                READY    STATUS              RESTARTS   AGE
```

```
nginx-deployment-3646295028-d5r6r  1/1     Running           0         1m
nginx-deployment-3646295028-jw22d  1/1     Running           0         59s
nginx-deployment-3646295028-tw6x7  1/1     Running           0         1m
nginx-deployment-3660254150-9kj51  0/1     ImagePullBackOff  0         49s
```

为了解决上面这个问题，我们需要回滚到之前稳定版本的 Deployment。首先，通过 kubectl rollout history 命令检查部署这个 Deployment 的历史记录：

```
$ kubectl rollout history deployment/nginx-deployment
deployments "nginx-deployment"
REVISION     CHANGE-CAUSE
1             kubectl create --filename=nginx-deployment.yaml --record=true
2             kubectl set image deployment/nginx-deployment nginx=nginx:1.9.1
3             kubectl set image deployment/nginx-deployment nginx=nginx:1.91
```

我们将 Deployment 回滚到之前的版本时，只有 Deployment 的 Pod 模板部分会被修改，在默认情况下，所有 Deployment 的发布历史记录都被保留在系统中（可以配置历史记录数量），以便我们随时执行回滚操作。注意，在创建 Deployment 时使用--record 参数，就可以在 CHANGE-CAUSE 列看到每个版本使用的命令了。

如果需要查看特定版本的详细信息，可以加上--revision=<N>参数：

```
$ kubectl rollout history deployment/nginx-deployment --revision=3
deployments "nginx-deployment" with revision #3
Pod Template:
  Labels:      app=nginx
       pod-template-hash=3660254150
  Annotations:  kubernetes.io/change-cause=kubectl set image
deployment/nginx-deployment nginx=nginx:1.91
  Containers:
   nginx:
    Image:     nginx:1.91
    Port:      80/TCP
    Environment:       <none>
    Mounts:    <none>
  Volumes:     <none>
```

现在我们决定撤销本次发布并回滚到上一个部署版本：

```
$ kubectl rollout undo deployment/nginx-deployment
deployment.apps/nginx-deployment rolled back
```

当然，也可以使用--to-revision 参数指定回滚到的部署版本号：

```
$ kubectl rollout undo deployment/nginx-deployment --to-revision=2
deployment.apps/nginx-deployment rolled back
```

这样，该 Deployment 就回滚到之前的稳定版本了，可以从 Deployment 的事件信息中查看到回滚到版本 2 的操作过程：

```
$ kubectl describe deployment/nginx-deployment
Name:                nginx-deployment
......
OldReplicaSets: <none>
NewReplicaSet:  nginx-deployment-3646295028 (3/3 replicas created)
Events:
  FirstSeen    LastSeen       Count       From              SubObjectPath   Type
Reason         Message
  ---------    --------       -----   ----                  -------------
--------         ------        -------
  4m           4m             1          deployment-controller
Normal          ScalingReplicaSet   Scaled up replica set
nginx-deployment-4234284026 to 3
  4m           4m             1          deployment-controller
Normal          ScalingReplicaSet   Scaled up replica set
nginx-deployment-3646295028 to 1
  4m           4m             1          deployment-controller
Normal          ScalingReplicaSet   Scaled down replica set
nginx-deployment-4234284026 to 2
  4m           4m             1          deployment-controller
Normal          ScalingReplicaSet   Scaled up replica set
nginx-deployment-3646295028 to 2
  4m           4m             1          deployment-controller
Normal          ScalingReplicaSet   Scaled down replica set
nginx-deployment-4234284026 to 1
  4m           4m             1          deployment-controller
Normal          ScalingReplicaSet   Scaled up replica set
nginx-deployment-3646295028 to 3
  4m           4m             1          deployment-controller
Normal          ScalingReplicaSet   Scaled down replica set
nginx-deployment-4234284026 to 0
  4m           4m             1          deployment-controller
Normal          ScalingReplicaSet   Scaled up replica set
nginx-deployment-3660254150 to  1
  36s          36s            1          deployment-controller
Normal          DeploymentRollback  Rolled back deployment "nginx-deployment" to
```

```
revision 2
     36s          36s            1          deployment-controller
Normal         ScalingReplicaSet   Scaled down replica set
nginx-deployment-3660254150 to 0
```

4.2.5 Deployment 部署的暂停和恢复

对于一次复杂的 Deployment 配置修改，为了避免频繁触发 Deployment 的更新操作，可以先暂停 Deployment 的更新操作，然后进行配置修改，接着恢复 Deployment。一次性触发完整的更新操作，就可以避免触发不必要的 Deployment 更新操作。

以之前创建的 Nginx 为例：

```
$ kubectl get deployments
NAME                 READY    UP-TO-DATE       AVAILABLE    AGE
nginx-deployment     3/3      3                3            32s

$ kubectl get replicasets
NAME                          DESIRED   CURRENT   READY     AGE
nginx-deployment-4234284026   3         3         3         32s
```

通过 kubectl rollout pause 命令暂停 Deployment 的更新操作：

```
$ kubectl rollout pause deployment/nginx-deployment
deployment.apps/nginx-deployment paused
```

然后修改 Deployment 的镜像信息：

```
$ kubectl set image deploy/nginx-deployment nginx=nginx:1.9.1
deployment.apps/nginx-deployment image updated
```

查看 Deployment 的历史记录，发现并没有触发新的 Deployment 部署操作：

```
$ kubectl rollout history deploy/nginx-deployment
deployments "nginx-deployment"
REVISION        CHANGE-CAUSE
1             kubectl create --filename=nginx-deployment.yaml --record=true
```

在暂停 Deployment 部署之后，可以根据需要进行任意次数的配置更新。例如，再次更新容器的资源限制：

```
$ kubectl set resources deployment nginx-deployment -c=nginx
--limits=cpu=200m,memory=512Mi
```

```
deployment.apps/nginx-deployment resource requirements updated
```

最后，恢复这个 Deployment 的部署操作：

```
$ kubectl rollout resume deploy nginx-deployment
deployment.apps/nginx-deployment resumed
```

可以看到一个新的 ReplicaSet 被创建出来：

```
$ kubectl get replicasets
NAME                          DESIRED     CURRENT     READY    AGE
nginx-deployment-3133440882   3           3           3        6s
nginx-deployment-4234284026   0           0           0        49s
```

查看 Deployment 的事件信息，可以看到 Deployment 完成了更新：

```
# kubectl describe deployment/nginx-deployment
Name:                nginx-deployment
......
Events:
    FirstSeen      LastSeen            Count          From           SubObjectPath
Type               Reason              Message
    ---------      --------            -----          ----           -------------
--------           ------              ------
    1m             1m                  1              deployment-controller
Normal             ScalingReplicaSet  Scaled up replica set
nginx-deployment-4234284026 to 3
    28s            28s                 1              deployment-controller
Normal             ScalingReplicaSet Scaled up replica set
nginx-deployment-3133440882 to 1
    27s            27s                 1              deployment-controller
Normal             ScalingReplicaSet  Scaled down replica set
nginx-deployment-4234284026 to 2
    27s            27s                 1              deployment-controller
Normal             ScalingReplicaSet  Scaled up replica set
nginx-deployment-3133440882 to 2
    26s            26s                 1              deployment-controller
Normal             ScalingReplicaSet  Scaled down replica set
nginx-deployment-4234284026 to 1
    25s            25s                 1              deployment-controller
Normal             ScalingReplicaSet  Scaled up replica set
nginx-deployment-3133440882 to 3
    23s            23s                 1              deployment-controller
Normal             ScalingReplicaSet  Scaled down replica set
```

```
nginx-deployment-4234284026 to 0
```

注意，在恢复暂停的 Deployment 之前，无法回滚该 Deployment。

4.2.6 Deployment 的生命周期

Deployment 资源的生命周期可以通过几种状态进行描述：Progressing（部署进行中）、Complete（部署完成）和 Failed（部署失败，无法继续）。下面对处于这几种状态的条件进行说明。

1. Progressing

在系统执行以下几种任务的过程中,Kubernetes 会将 Deployment 的状态标记为 Progressing。

◎ 正在创建新的 ReplicaSet。

◎ 正在为最新的 ReplicaSet 进行水平扩容操作。

◎ 正在为旧的 ReplicaSet 进行水平缩容操作。

◎ 新的 Pod 处于 Ready 状态或 Available（可用）状态。

在这些操作过程中，系统也会在 Deployment 资源的“状况”信息（status.conditions 字段）中设置详细的 Reason 信息，例如：

```
# kubectl describe deployment.apps/nginx-deployment
......
Conditions:
  Type          Status  Reason
  ----          ------  ------
  Progressing   True    ReplicaSetUpdated
```

2. Complete

在 Deployment 资源具有以下特征时，Kubernetes 会将 Deployment 的状态标记为 Complete。

◎ 最新版本 ReplicaSet 已部署完成。

◎ Pod 副本数量达到期望副本数量，并且都处于可用状态。

◎ 没有旧的 Pod 副本还在运行。

系统会在处于部署完成状态的 Deployment 资源类型为 Progressing 的状况（Condition）

中设置 reason=NewReplicaSetAvailable，例如：

```
# kubectl describe deployment.apps/nginx-deployment
......
Conditions:
  Type           Status   Reason
  ----           ------   ------
  Progressing    True     NewReplicaSetAvailable
```

状况 Progressing 的值会保持为 True，直到有新的 rollout 操作被触发。Deployment 副本数量发生变化（水平扩缩容）时，系统不会更新状况 Progressing 的值。

也可以通过 kubectl rollout status 命令检查 Deployment 是否处于部署完成状态。如果命令的退出码为 0，说明成功完成，非 0 则说明还有 Pod 副本未完全部署完成。

3. Failed

在部署 Pod 副本的过程中，Deployment 可能会因为各种原因一直处于未完成状态，在一定的时间（默认值为 600s）之后，系统将标记 Deployment 资源为 Failed 状态。可能的原因如下。

◎ 容器镜像下载失败。
◎ Pod 所需的资源配额一直不足。
◎ 启动 Pod 所需的权限不足。
◎ 资源限制范围 LimitRange 配置不正确。
◎ Pod 的服务就绪探针（ReadinessProbe）一直失败。
◎ 容器应用启动一直失败。

在 Deployment 资源配置中，可以通过一个可选配置参数 spec.progressDeadlineSeconds 来设置未能处于部署完成状态的超时时间，这个超时时间的默认值为 600s（10min）。到达这个时间之后，系统将设置状况 Progressing 的状态（Status）为 False，并将 Reason 设置为 ProgressDeadlineExceeded，例如：

```
# kubectl describe deployment.apps/nginx-deployment
......
Conditions:
  Type           Status   Reason
  ----           ------   ------
  Progressing    False    ProgressDeadlineExceeded
```

Kubernetes 对部署失败的 Deployment 不再执行其他操作。

如果 Deployment 的部署过程处于暂停状态，Kubernetes 将不会根据 progressDeadlineSeconds 超时时间来设置 Deployment 的状态。

此外，对于部署失败的 Deployment，仍然可以执行水平扩缩容、版本回滚、修改 Pod 模板等操作。

4.3 DaemonSet：在每个 Node 上仅运行一个 Pod

4.3.1 DaemonSet 概述

DaemonSet 是 Kubernetes v1.2 版本新增的资源，用于管理在集群中的每个 Node（或者满足条件的某些 Node）上仅运行一个 Pod 副本，如图 4.2 所示。在新增 Node 时，系统将自动在新的 Node 上启动 Pod，而在删除 Node 时，系统也会自动删除其上运行的 Pod。

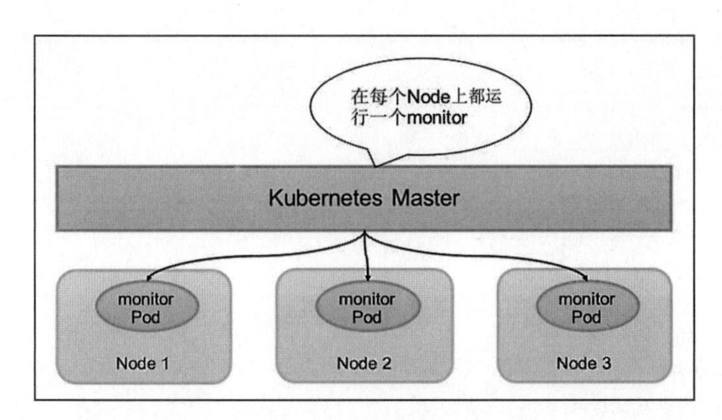

图 4.2　DaemonSet 示例

DaemonSet 的一些常见应用场景介绍如下。

- ◎ 在每个 Node 上都运行一个共享存储驱动守护进程，例如 ceph driver。
- ◎ 在每个 Node 上都运行一个日志采集程序，采集 Node 上全部容器的日志，例如 fluentd。
- ◎ 在每个 Node 上都运行一个性能监控程序，采集 Node 上容器和操作系统的运行性能数据，例如 Prometheus Node Exporter。

下面的例子为在每个 Node 上都启动一个 fluentd 容器，配置文件 fluentd-ds.yaml 的内容如下，其中挂载了宿主机的“/var/log”目录：

```
apiVersion: apps/v1
kind: DaemonSet
metadata:
  name: fluentd
  namespace: kube-system
  labels:
    k8s-app: fluentd
spec:
  selector:
    matchLabels:
      app: fluentd
  template:
    metadata:
      namespace: kube-system
      labels:
        app: fluentd
    spec:
      containers:
      - name: fluentd
        image: fluentd
        resources:
          limits:
            cpu: 100m
            memory: 200Mi
          requests:
            cpu: 100m
            memory: 200Mi
        volumeMounts:
        - name: varlog
          mountPath: /var/log
      volumes:
      - name: varlog
        hostPath:
          path: /var/log
```

通过 kubectl create 命令创建该 DaemonSet：

```
# kubectl create -f fluentd-ds.yaml
daemonset.apps/fluentd created
```

查看创建好的 DaemonSet 和 Pod，可以看到在每个 Node 上都创建了一个 Pod：

```
# kubectl -n kube-system get daemonsets
NAME      DESIRED  CURRENT  READY  UP-TO-DATE  AVAILABLE  NODE SELECTOR  AGE
fluentd    2        2        2      2           2          <none>         55s

# kubectl -n kube-system get pods
NAME                READY     STATUS    RESTARTS   AGE
fluentd-7tw9z       1/1       Running   0          1h
fluentd-aqdn1       1/1       Running   0          1h
```

4.3.2 DaemonSet 的配置信息

DaemonSet 资源 yaml 配置中 spec 部分的核心配置字段主要如下。

◎ selector：标签选择器，用于关联具有指定标签的 Pod 列表。

◎ template：Pod 模板，其中的配置项就是 Pod 的定义，作为 Deployment 资源的一部分存在，无须再设置 apiVersion 和 kind 这两个元数据。

◎ updateStrategy：更新策略，可选项包括 OnDelete 和 RollingUpdate，详见 4.3.3 节的说明。

◎ minReadySeconds：Pod 最短就绪时间，至少要达到这个时间，系统才会设置 Pod 为 Ready 状态，默认值为 0。

◎ revisionHistoryLimit：修订历史最大数量，默认值为 10。

其中 spec.selector 是与目标 Pod 关联的核心字段，可以通过 matchLabels 或 matchExpressions 字段进行设置，Pod 的标签则在 spec.template.metadata.labels[]字段中进行设置。它们的用法和 Deployment 中的一样，请参考 Deployment 相关章节。

4.3.3 DaemonSet 的更新策略

目前，DaemonSet 的更新策略（updateStrategy）包括两种：OnDelete 和 RollingUpdate，默认值为 RollingUpdate。

（1）OnDelete：这是 Kubernetes v1.5 及之前版本的策略，使用 OnDelete 作为更新策略时，在修改了 DaemonSet 配置之后，新的 Pod 并不会被自动创建，需要用户手动删除旧版本的 Pod，才会触发新建 Pod 的操作。

（2）RollingUpdate：从 Kubernetes v1.6 版本开始引入该策略。当使用 RollingUpdate 作为更新策略对 DaemonSet 进行更新时，旧版本的 Pod 将自动被“杀掉”，然后自动创建新版本的 DaemonSet Pod。

滚动更新的主要参数介绍如下。

◎ spec.updateStrategy.rollingUpdate.maxUnavailable：设置更新过程中不可用状态的 Pod 数量的最大值，默认值为 1。maxUnavailable 的数值可以是绝对值（例如 5）或期望 Pod 副本数量的百分比（例如 10%）。如果该参数被设置为百分比，那么系统会先以向下取整的方式计算出绝对值（整数）。当参数 maxSurge=0 时，maxUnavailable 必须被设置为大于 0 的整数。举例来说，当 maxUnavailable 被设置为 30%时，表示最多有 30%的 Node 数量可以停止更新操作。更新过程首先停止不超过 30%的 Node 上的 Pod，然后在原位置创建新的 Pod，等新的 Pod 处于可用状态时，就继续处理其他 Node 上的 Pod，在更新期间始终保证至少 70%数量的 Pod 可用。

◎ spec.updateStrategy.rollingUpdate.maxSurge：设置更新过程中允许的新版本 Pod 数量的最大值，默认值为 0。maxSurge 的数值可以是绝对值（例如 5）或期望 Pod 副本数量的百分比（例如 10%），如果该参数被设置为百分比，那么系统会先以向下取整的方式计算出绝对值（整数）。当 maxUnavailable=0 时，maxSurge 必须被设置为大于 0 的整数。举例来说，当 maxSurge 被设置为 30%时，表示最多有 30%的 Node 可以在旧 Pod 被标记为已删除之前创建的新的 Pod，在新 Pod 处于可用状态后，旧的 Pod 才会被标记为已删除。如果旧 Pod 因为某种原因处于不可用状态（包括 Ready 状态 Ready=false、Pod 被驱逐、Node 被清空等情况），DaemonSet 会立刻在该 Node 上创建新的 Pod。

下面的 DaemonSet 示例中设置了 RollingUpdate 更新策略：

```
# fluentd-ds.yaml
apiVersion: apps/v1
kind: DaemonSet
metadata:
  name: fluentd
  namespace: kube-system
  labels:
    k8s-app: fluentd
spec:
  selector:
```

```
    matchLabels:
      app: fluentd
  updateStrategy:
    type: RollingUpdate
    rollingUpdate:
      maxUnavailable: 1
  template:
    metadata:
      namespace: kube-system
      labels:
        app: fluentd
    spec:
      containers:
      - name: fluentd:v1.16.0-1.0
        image: fluentd
        resources:
          limits:
            cpu: 100m
            memory: 200Mi
          requests:
            cpu: 100m
            memory: 200Mi
        volumeMounts:
        - name: varlog
          mountPath: /var/log
      volumes:
      - name: varlog
        hostPath:
          path: /var/log
```

通过 kubectl create 命令创建该 DaemonSet：

```
# kubectl create -f fluentd-ds.yaml
daemonset.apps/fluentd created
```

然后通过 kubectl edit 命令编辑 DaemonSet 定义（也可以基于新的 yaml 配置文件通过 kubectl apply 命令或 kubectl set image 命令完成修改），修改镜像名称为“fluentd:v1.16-1”：

```
spec:
  containers:
  - name: fluentd:v1.16-1
```

保存并退出，将会触发 DaemonSet 的滚动更新操作。

可以通过 kubectl rollout status 命令监控滚动更新的过程，例如：

```
# kubectl -n kube-system rollout status daemonset fluentd
Waiting for daemon set "fluentd" rollout to finish: 0 of 1 updated pods are available...
daemon set "fluentd" successfully rolled out
```

4.3.4　DaemonSet 的回滚

与 Deployment 的回滚类似，DaemonSet 也可以通过 kubectl rollout 命令回滚到某个历史版本。例如，先通过 kubectl rollout history 命令查看 DaemonSet 的历史版本：

```
# kubectl -n kube-system rollout history daemonset fluentd
daemonset.apps/fluentd
REVISION  CHANGE-CAUSE
1         <none>
2         <none>
```

如果需要查看特定版本的详细信息，则可以加上--revision=<N>参数：

```
$ kubectl -n kube-system rollout history daemonset fluentd --revision=1
daemonset.apps/fluentd with revision #1
Pod Template:
  Labels:       app=fluentd
  Containers:
   fluentd:
    Image:      fluentd:v1.16.0-1.0
    Port:       <none>
    Host Port:  <none>
    Limits:
      cpu:      100m
      memory:   200Mi
    Requests:
      cpu:      100m
      memory:   200Mi
    Environment:        <none>
    Mounts:
      /var/log from varlog (rw)
  Volumes:
   varlog:
    Type:       HostPath (bare host directory volume)
```

```
    Path:          /var/log
    HostPathType:
```

通过 kubectl rollout undo 命令，可以将 DaemonSet 回滚到上一个版本：

```
$ kubectl -n kube-system rollout undo daemonset fluentd
daemonset.apps/fluentd rolled back
```

也可以使用--to-revision 参数指定需要回滚到的版本号：

```
$ kubectl -n kube-system rollout undo daemonset fluentd --to-revision=2
daemonset.apps/fluentd rolled back
```

可以在 DaemonSet 的事件信息中看到回滚操作自动删除且重建了 Pod：

```
$ kubectl -n kube-system describe daemonset fluentd
......
Events:
  Type    Reason            Age   From                  Message
  ----    ------            ----  ----                  -------
  Normal  SuccessfulDelete  83s   daemonset-controller  Deleted pod:
fluentd-sklr8
  Normal  SuccessfulCreate  81s   daemonset-controller  Created pod:
fluentd-grnrq
  Normal  SuccessfulDelete  46s   daemonset-controller  Deleted pod:
fluentd-grnrq
  Normal  SuccessfulCreate  45s   daemonset-controller  Created pod:
fluentd-xjvj4
```

需要注意的是，DaemonSet 的回滚操作只会新增修订版本，而不是重复使用旧的修订版本。经过上面的回滚操作，再次查看修订历史信息，可以发现原修订编号 1 已被更新为 3：

```
# kubectl -n kube-system rollout history daemonset fluentd
daemonset.apps/fluentd
REVISION  CHANGE-CAUSE
2         <none>
3         <none>
```

另外，可以通过在 kubectl create 命令中加入--record=true 参数，将执行命令设置到 CHANGE-CAUSE 字段中，系统在后台自动为 DaemonSet 资源添加了一个名为“kubernetes.io/change-cause”的 Annotation 信息。例如：

```
# kubectl create -f fluentd-ds.yaml --record=true
Flag --record has been deprecated, --record will be removed in the future
```

```
daemonset.apps/fluentd created

# kubectl -n kube-system rollout history daemonset fluentd
daemonset.apps/fluentd
REVISION  CHANGE-CAUSE
1         kubectl create --filename=fluentd-ds.yaml --record=true
```

4.4　StatefulSet：面向有状态应用的 Pod 副本集管理

StatefulSet 用于管理有状态的 Pod 副本集，它与 Deployment 管理的无状态 Pod 副本集的主要区别在于：“有状态”意味着每个 Pod 副本都应该具有唯一不变的身份标识，例如 ID 或者服务名称；多个 Pod 副本不是对等无差别的，而是相互之间可能需要通信来实现某种功能（例如组成应用集群、Leader 选举）；每个 Pod 需要独立的持久化存储（保存日志或数据）；以及多个 Pod 可能需要按固定的顺序逐个启动等业务需求。为了满足在这些应用场景下 Pod 副本集的自动化管理，Kubernetes 提供了 StatefulSet 工作负载控制器来进行管理，尽量使得管理有状态应用与管理同部署无状态应用一样简便。

StatefulSet 会为有状态 Pod 副本集提供以下功能。

◎ 每个 Pod 都具有唯一且不变的身份标识，包括 ID 和网络访问地址。
◎ 为每个 Pod 都配置稳定的持久化存储。
◎ 对多个 Pod 提供有序的、优雅的部署和扩缩容等管理功能。
◎ 对多个 Pod 提供有序的、优雅的滚动更新等管理功能。

使用 StatefulSet 也存在以下一些限制条件。

◎ 为每个 Pod 配置的持久化存储必须是 PVC 类型的共享存储。
◎ 删除 Pod 时不会删除关联的后端存储，主要考虑的是容器应用的数据通常都很有业务价值，需要保留。如果需要删除这些数据，只能通过手动方式进行删除。
◎ 必须创建一个 Headless Service（无头服务），用于创建每个 Pod 的网络访问地址。
◎ 删除 StatefulSet 资源时，系统不保证 Pod 终止。为了实现优雅的终止，可以先将 Pod 副本数量缩容为 0，再删除 StatefulSet 资源。
◎ 在使用 OrderedReady 策略执行滚动更新时，可能存在某个 Pod 损坏，永远不能处于 Ready 状态的情况，这时需要人工干预才能修复损坏的 Pod。

4.4.1　StatefulSet 的主要配置和工作机制

在下面的例子中，配置文件 nginx-statefulset.yaml 定义了一个 StatefulSet 资源和一个 Headless Service 资源，它们共同描述了一个完整的有状态 Pod 副本集：

```
# nginx-statefulset.yaml
---
apiVersion: apps/v1
kind: StatefulSet
metadata:
  name: web
spec:
  selector:
    matchLabels:
      app: nginx
  serviceName: "nginx"  # Headless Service 的名称
  replicas: 3
  minReadySeconds: 10
  template:
    metadata:
      labels:
        app: nginx
    spec:
      terminationGracePeriodSeconds: 10
      containers:
      - name: nginx
        image: nginx
        ports:
        - name: web
          containerPort: 80
        volumeMounts:
        - name: www
          mountPath: /usr/share/nginx/html
  volumeClaimTemplates:    # PVC 模板
  - metadata:
      name: www
    spec:
      storageClassName: "nginx-storage-class"
      accessModes: [ "ReadWriteOnce" ]
      resources:
        requests:
```

```
        storage: 1Gi

---
apiVersion: v1
kind: Service
metadata:
  name: nginx
  labels:
    app: nginx
spec:
  selector:
    app: nginx
  ports:
  - port: 80
    name: web
  clusterIP: None    # Headless Service
```

StatefulSet 资源的主要配置说明如下。

◎ selector：标签选择器，用于关联具有这些标签的 Pod 列表，可以通过 matchLabels 或 matchExpressions 字段进行设置，Pod 的标签则在 spec.template.metadata.labels[] 字段中进行设置，它们的语法和 Deployment 一样，请参考 Deployment 相关章节的说明。

◎ template：Pod 模板，其中的配置项就是 Pod 的定义，作为 Deployment 资源的一部分存在，无须再设置 apiVersion 和 kind 这两个元数据。

◎ updateStrategy：更新策略，可选项包括 OnDelete 和 RollingUpdate，默认值为 RollingUpdate，详见 4.4.3 节的说明。

◎ minReadySeconds：Pod 最短就绪时间，至少要达到这个时间，系统才会设置 Pod 为 Ready 状态，默认值为 0。该字段到 Kubernetes v1.25 版本时处于 Stable 阶段。

◎ podManagementPolicy：Pod 管理策略，可选项包括 OrderedReady 和 Parallel，默认值为 OrderedReady。OrderedReady 表示按顺序管理 Pod 的创建和删除，Parallel 表示可以并行创建或删除所有 Pod，该选项只影响扩缩容操作，不会影响更新操作。

◎ volumeClaimTemplates：后端存储的 PVC 模板。

◎ serviceName：关联的 Headless Service 名称。

◎ replicas：Pod 副本数量，默认值为 1。在使用手动扩缩容操作（例如通过 kubectl scale 命令或使用新的 yaml 配置文件）时，新的 Pod 副本数量将会覆盖初始设置的值。

如果希望使用 HPA 自动管理 Pod 副本数量，则不要设置这个字段的值。

◎ persistentVolumeClaimRetentionPolicy：PVC 存储的保留策略，详见 4.4.5 节的说明。

◎ ordinals.start：Pod 名称的起始序号。

Headless Service 资源主要需要指定 clusterIP=None 来说明它是一个 Headless Service，用于给每个关联的 Pod 设置唯一稳定的网络访问地址。另外，也需要设置正确的标签选择器，与 StatefulSet 资源中的 Pod 进行关联。

下面对 StatefulSet 创建 Pod 副本集的过程、为每个 Pod 设置唯一身份标识和网络访问地址、为每个 Pod 设置唯一稳定的后端存储及对删除过程的管理进行说明。

1. StatefulSet 创建 Pod 副本集的过程

接下来，创建这个 StatefulSet，通过一个示例对系统如何管理 Pod 副本集进行说明：

```
# kubectl create -f nginx-statefulset.yaml
statefulset.apps/web created
service/nginx created
```

跟踪查看 Pod 的创建过程。可以看到 StatefulSet 为每个 Pod 都设置了从 0 到 replicas-1 的序号，然后按顺序逐个创建了 3 个 Pod 副本，并且只有在一个 Pod 处于可用状态时才开始创建下一个 Pod。例如，通过 kubectl get pods -w 命令可以跟踪查看 Pod 的创建过程：

```
# kubectl get pods -l app=nginx -w
NAME     READY   STATUS              RESTARTS    AGE
web-0    0/1     Pending             0           0s
web-0    0/1     Pending             0           1s
web-0    0/1     ContainerCreating   0           1s
web-0    0/1     ContainerCreating   0           1s
web-0    1/1     Running             0           8s
web-1    0/1     Pending             0           0s
web-1    0/1     Pending             0           0s
web-1    0/1     ContainerCreating   0           0s
web-1    0/1     ContainerCreating   0           0s
web-1    1/1     Running             0           2s
web-2    0/1     Pending             0           0s
web-2    0/1     Pending             0           0s
web-2    0/1     ContainerCreating   0           0s
web-2    0/1     ContainerCreating   0           0s
web-2    1/1     Running             0           2s
```

可以看到，每个 Pod 名称的命名规则为：由 StatefulSet 名称（web）和一个序号组成，中间用“-”连接，序号默认从 0 开始。对于这个例子的 3 个 Pod 副本来说，系统自动为它们设置的名称分别为“web-0”、“web-1”和“web-2”。同时，Pod 的名称（如 web-0）也会被设置为容器内的主机名（hostname）。

Kubernetes 从 v1.26 版本开始，引入了一个新的字段 spec.ordinals.start，用于自定义 Pod 的起始序号。到 v1.27 版本时，该特性达到 Beta 阶段，需要开启 StatefulSetStartOrdinal 特性门控进行启用。一种应用场景是，在多集群中存在两套 StatefulSet，同时希望每个 Pod 名称都不同，以实现跨集群的 Pod 副本互联，避免 Pod 名称重复，例如一组 StatefulSet 的 Pod 名称为“web-0”和“web-1”，另一组为“web-5”和“web-6”。

例如，设置起始序号（ordinals.start）为 5，表示 Pod 名称中的序号将不从 0 开始，而是从 5 开始。下例中的 3 个 Pod 副本名称将被设置为“web-5”、“web-6”和“web-7”：

```
apiVersion: apps/v1
kind: StatefulSet
metadata:
  name: web
spec:
  selector:
    matchLabels:
      app: nginx
  serviceName: "nginx"
  replicas: 3
  ordinals:
    start: 5
......
```

2. StatefulSet 为 Pod 设置唯一稳定的网络访问地址

查看 Headless Service 的信息，可以看到服务后端 Endpoints 列表中包含了每个 Pod 的 IP 地址：

```
# kubectl get service nginx
NAME    TYPE          CLUSTER-IP   EXTERNAL-IP   PORT(S)   AGE
nginx   ClusterIP     None         <none>        80/TCP    20m

# kubectl describe  service nginx
Name:                 nginx
Namespace:            default
```

```
Labels:                 app=nginx
Annotations:            <none>
Selector:               app=nginx
Type:                   ClusterIP
IP Family Policy:       SingleStack
IP Families:            IPv4
IP:                     None
IPs:                    None
Port:                   web  80/TCP
TargetPort:             80/TCP
Endpoints:              10.1.95.26:80,10.1.95.28:80,10.1.95.39:80
Session Affinity:       None
Events:                 <none>
```

StatefulSet 会将 Headless Service 名称（如 nginx）与 Pod 名称（如 web-0）组合为 Pod 的服务访问地址，以 DNS 域名的格式进行表示，完整的域名格式为<pod-name>.<service-name>.<namespace>.svc.<clusterDomain>。例如，Pod “web-0” 的 DNS 域名为 “web-0.nginx.default.svc.cluster.local”，其对应的 IP 地址为 Pod 的 IP 地址，这可以通过 nslookup 工具进行验证：

```
# nslookup web-0.nginx.default.svc.cluster.local 169.169.0.100
Server:         169.169.0.100
Address:        169.169.0.100#53

Name:   web-0.nginx.default.svc.cluster.local
Address: 10.1.95.26
```

在同一个 Kubernetes 集群中，其他 Pod 均可通过该域名访问 StatefulSet 中的这个 Pod，并且系统会保证该域名是稳定不变的，即使 Pod 被重建，Pod 的名称、服务域名都不会改变，只有 Pod 的 IP 地址会改变。

关于 Headless Service 和 Pod 域名解析更详细的说明可参见第 5 章。

3. StatefulSet 为 Pod 设置唯一稳定的后端存储

通过 kubectl describe 命令可以查看 StatefulSet 的事件信息，可以看到在创建 Pod 之前，系统会为每个 Pod 都自动创建一个 PVC：

```
# kubectl describe statefulset web
Name:               web
Namespace:          default
```

```
......

Events:
  Type    Reason            Age   From                    Message
  ----    ------            ----  ----                    -------
  Normal  SuccessfulCreate  87s   statefulset-controller  create Claim
www-web-0 Pod web-0 in StatefulSet web success
  Normal  SuccessfulCreate  87s   statefulset-controller  create Pod web-0 in
StatefulSet web successful
  Normal  SuccessfulCreate  67s   statefulset-controller  create Claim
www-web-1 Pod web-1 in StatefulSet web success
  Normal  SuccessfulCreate  67s   statefulset-controller  create Pod web-1 in
StatefulSet web successful
  Normal  SuccessfulCreate  47s   statefulset-controller  create Claim
www-web-2 Pod web-2 in StatefulSet web success
  Normal  SuccessfulCreate  47s   statefulset-controller  create Pod web-2 in
StatefulSet web successful
```

由于在 volumeClaimTemplates 模板中指定了 storageClassName=nginx-storage-class，假设集群中这个 StorageClass 正常工作，并且能够根据 PVC 的要求自动完成后端 PV 的创建和与 PVC 的绑定，通过 kubectl get pvc 命令可以看到系统自动创建的 PVC 信息：

```
# kubectl get pvc
NAME        STATUS   VOLUME                                     CAPACITY   ACCESS
MODES   STORAGECLASS   AGE
www-web-0   Bound    pvc-752d9ded-784f-490d-9334-2a9c57def4b5   1Gi        RWO
nginx-storage-class    35m
www-web-1   Bound    pvc-5cbff866-8efc-4f9e-87dc-d05cb404431e   1Gi        RWO
nginx-storage-class    35m
www-web-2   Bound    pvc-e220d092-9cd6-4d66-bc31-d102fa33f60e   1Gi        RWO
nginx-storage-class    35m
```

如果某个 Pod 发生故障或者 Pod 所在 Node 发生故障，StatefulSet 会重新创建一个同名的 Pod，并且把之前与之关联的 PVC 再挂载给新的 Pod，保证每个 Pod 使用的存储都是稳定不变的。

4. StatefulSet 的删除机制

StatefulSet 支持以级联模式删除全部 Pod 或者以非级联模式保留 Pod，默认以级联模式删除全部 Pod。这可以通过 kubectl delete 命令的--cascade=orphan 参数指定是否使用级联模式。

通过 kubectl delete 命令删除 StatefulSet，系统会并发删除全部 Pod，不会像创建或扩缩容那样，需要等待前一个 Pod 删除完成后，再开始删除下一个 Pod。通过 kubectl get pods -w 命令可以查看系统删除 StatefulSet 全部 Pod 的过程：

```
# kubectl delete statefulset web
statefulset.apps "web" deleted

# kubectl get pods -l app=nginx -w
web-2   1/1     Terminating         0           10m
web-0   1/1     Terminating         0           17m
web-1   1/1     Terminating         0           17m
web-2   1/1     Terminating         0           10m
web-0   1/1     Terminating         0           17m
web-1   1/1     Terminating         0           17m
web-1   0/1     Terminating         0           17m
web-2   0/1     Terminating         0           10m
web-0   0/1     Terminating         0           17m
web-0   0/1     Terminating         0           17m
web-1   0/1     Terminating         0           17m
web-2   0/1     Terminating         0           10m
web-2   0/1     Terminating         0           10m
web-2   0/1     Terminating         0           10m
web-1   0/1     Terminating         0           17m
web-1   0/1     Terminating         0           17m
web-0   0/1     Terminating         0           17m
web-0   0/1     Terminating         0           17m
```

如果指定以非级联模式删除 StatefulSet（设置--cascade=orphan=true），则可以看到原先的 Pod 不受影响，继续运行：

```
# kubectl delete statefulset web --cascade=orphan=true
statefulset.apps "web" deleted

# kubectl get pods -l app=nginx
NAME    READY   STATUS    RESTARTS   AGE
web-0   1/1     Running   0          4m
web-1   1/1     Running   0          3m
web-2   1/1     Running   0          2m
```

如果以非级联模式删除 StatefulSet 之后又重新创建了该 StatefulSet，但是副本数量不同了，则系统将保留正在运行的序号在副本数量范围内的 Pod，同时删除其他序号的 Pod。

另外，因为与 StatefulSet 关联的 Headless Service 资源是单独创建的，所以当不再需要它时也应该将其手动删除。

4.4.2　StatefulSet 的 Pod 水平扩缩容机制

StatefulSet 支持通过调整 spec.replicas 字段的值实现 Pod 副本集的水平扩缩容。扩容的过程默认与创建的过程一致，即先创建一个 Pod，等待其处于可用状态后，再创建下一个 Pod。缩容的过程则是按反向顺序有序删除 Pod，即先删除序号最大的 Pod，等待该 Pod 完全终止后，才开始删除下一个 Pod。

下面通过两个例子对扩缩容的过程进行说明。

1. 扩容

通过 kubectl scale 命令，可以增加 StatefulSet 的副本数量，进行扩容操作。例如，原先的副本数量为 3，将其修改为 5：

```
# kubectl scale statefulset web --replicas=5
statefulset.apps/web scaled
```

通过 kubectl get pods -w 命令，可以监控 Pod 的创建过程，可以看到首先创建序号为 3 的 Pod“web-3”，等待其可用之后，再创建序号为 4 的 Pod“web-4”：

```
# kubectl get pods -l app=nginx -w
NAME    READY   STATUS              RESTARTS   AGE
web-3   0/1     Pending             0          0s
web-3   0/1     Pending             0          0s
web-3   0/1     Pending             0          1s
web-3   0/1     ContainerCreating   0          1s
web-3   0/1     ContainerCreating   0          2s
web-3   1/1     Running             0          3s
web-4   0/1     Pending             0          0s
web-4   0/1     Pending             0          0s
web-4   0/1     Pending             0          1s
web-4   0/1     ContainerCreating   0          1s
web-4   0/1     ContainerCreating   0          2s
web-4   1/1     Running             0          3s
```

2. 缩容

通过 kubectl scale 命令，可以减少 StatefulSet 的副本数量，进行缩容操作。例如，当前副本数量为 5，将其修改为 3：

```
# kubectl scale statefulset web --replicas=3
statefulset.apps/web scaled
```

通过 kubectl get pods -w 命令，可以监控 Pod 的删除过程，可以看到删除顺序与扩容顺序相反，首先删除序号为 4 的 Pod “web-4”，等待其完全终止之后，再删除序号为 3 的 Pod “web-3”：

```
# kubectl get pods -l app=nginx -w
NAME    READY   STATUS          RESTARTS   AGE
web-4   1/1     Terminating     0          11m
web-4   1/1     Terminating     0          11m
web-4   0/1     Terminating     0          11m
web-4   0/1     Terminating     0          11m
web-4   0/1     Terminating     0          11m
web-4   0/1     Terminating     0          11m
web-3   1/1     Terminating     0          12m
web-3   1/1     Terminating     0          12m
web-3   0/1     Terminating     0          12m
web-3   0/1     Terminating     0          12m
web-3   0/1     Terminating     0          12m
web-3   0/1     Terminating     0          12m
```

4.4.3 StatefulSet 的更新策略

Kubernetes 从 v1.6 版本开始，将 StatefulSet 的更新策略逐渐向 Deployment 和 DaemonSet 的更新策略看齐；在 v1.7 版本之后，StatefulSet 又增加了 updateStrategy 字段，赋予用户更强的 StatefulSet 更新控制能力，并实现了 RollingUpdate 和 OnDelete 策略，以保证 StatefulSet 中各 Pod 有序地、逐个地（或以分区的方式）更新，这样做能够保留更新历史，也能回滚到某个历史版本。如果用户未设置 updateStrategy 字段，则系统默认使用 RollingUpdate 策略。

当 updateStrategy 的值被设置为 OnDelete 时，StatefulSet Controller 并不会自动更新 StatefulSet 中的 Pod 实例，而是需要用户手动删除这些 Pod 实例并触发 StatefulSet Controller 创建新的 Pod 实例来弥补，因此这其实是一种手动更新模式。

当 updateStrategy 的值被设置为 RollingUpdate 时，StatefulSet Controller 会删除并创建与 StatefulSet 相关的每个 Pod 对象，其处理顺序与 StatefulSet 缩容 Pod 的顺序一致，即从序号最大的 Pod 开始重新创建，每次更新一个 Pod。如果设置了 Pod 最短就绪时间（minReadySeconds），控制器会等待这个时间之后，再判断 Pod 是否是 Ready 状态。

例如，通过 kubectl edit statefulset 命令，可以修改镜像名称为"nginx:1.19"，触发滚动更新。通过 kubectl get pods -w 命令，可以监控 Pod 的更新过程：

```
web-2   1/1    Terminating            0             45m
web-2   1/1    Terminating            0             45m
web-2   0/1    Terminating            0             45m
web-2   0/1    Terminating            0             45m
web-2   0/1    Terminating            0             45m
web-2   0/1    Terminating            0             45m
web-2   0/1    Pending                0             0s
web-2   0/1    Pending                0             0s
web-2   0/1    ContainerCreating      0             0s
web-2   0/1    ContainerCreating      0             1s
web-2   1/1    Running                0             1s
web-1   1/1    Terminating            0             46m
web-1   1/1    Terminating            0             46m
web-1   0/1    Terminating            0             46m
web-1   0/1    Terminating            0             46m
web-1   0/1    Terminating            0             46m
web-1   0/1    Terminating            0             46m
web-1   0/1    Pending                0             0s
web-1   0/1    Pending                0             0s
web-1   0/1    ContainerCreating      0             0s
web-1   0/1    ContainerCreating      0             0s
web-1   1/1    Running                0             0s
web-0   1/1    Terminating            0             47m
web-0   1/1    Terminating            0             47m
web-0   0/1    Terminating            0             47m
web-0   0/1    Terminating            0             47m
web-0   0/1    Terminating            0             47m
web-0   0/1    Terminating            0             47m
web-0   0/1    Pending                0             0s
web-0   0/1    Pending                0             0s
web-0   0/1    ContainerCreating      0             0s
web-0   0/1    ContainerCreating      0             0s
web-0   1/1    Running                0             1s
```

可以看到，更新的顺序是按 Pod 序号从大到小的顺序（与创建的顺序相反）进行操作的，并且严格按照顺序执行。第一个更新的 Pod 为 web-2，并且等待 web-2 处于 Ready 状态后，才开始更新 web-1，等 web-1 就绪后，再更新 web-0。

滚动更新策略 RollingUpdate 还支持按分区进行更新的方式。在这种方式下，通过 spec.updateStrategy.rollingUpdate.partition 字段指定一个序号（代表分区的含义），大于或等于此序号的 Pod 实例会被更新，小于此序号的 Pod 实例则保持不变，即使这些 Pod 被删除、重建，也仍能保持原来的配置。分区策略通常用于有计划的、分阶段的系统更新过程。

例如，设置 partition=2 来表示下次更新时仅更新 Pod 序号大于或等于 2 的副本：

```
updateStrategy:
  rollingUpdate:
    partition: 2
  type: RollingUpdate
```

之后再次通过 kubectl edit statefulset 命令编辑其 yaml 配置，修改其中的镜像名称，保存后即可触发 StatefulSet 的滚动更新。通过 kubectl get pods -w 命令监控 Pod 的更新过程：

```
web-2   1/1     Terminating         0           7m12s
web-2   1/1     Terminating         0           7m13s
web-2   0/1     Terminating         0           7m13s
web-2   0/1     Terminating         0           7m13s
web-2   0/1     Terminating         0           7m13s
web-2   0/1     Terminating         0           7m13s
web-2   0/1     Pending             0           0s
web-2   0/1     Pending             0           0s
web-2   0/1     ContainerCreating   0           0s
web-2   0/1     ContainerCreating   0           1s
web-2   1/1     Running             0           1s
```

可以看到，只有 web-2 这个 Pod 完成了更新，web-1 和 web-0 保持不变，不做更新。

如果 web-1 或 web-0 发生故障或者被删除，StatefulSet 重建的 Pod 将仍然使用原先的配置，而不会使用作用于 web-2 的更新后的配置模板。

从 Kubernetes v1.24 版本开始，滚动更新策略 RollingUpdate 引入了一个新的 maxUnavailable 字段，用于控制更新过程中的最大不可用 Pod 数量，该特性目前为 Alpha 阶段，需要在 API Server 开启 MaxUnavailableStatefulSet 特性门控进行启用。maxUnavailable 字段的数值可被设置为绝对值（例如 5）或百分比（例如 10%），如果该字段被设置为百分比，那么系统会先以向下取整的方式计算出绝对值（整数）。maxUnavailable 必须被设置为大于 0 的整数而小于副本数量（replicas）字段的值，默认值为 1。

4.4.4　StatefulSet 的 Pod 管理策略

StatefulSet 默认按一定的顺序启动或者扩缩容多个 Pod，但是对于某些有状态应用来说，并没有这种按顺序操作的要求，通常它们只需要保证具有唯一的身份标识和网络访问地址就可以。从 Kubernetes v1.7 版本开始，引入了一个新的 spec.podManagementPolicy 字段，用于设置 Pod 的管理策略。可以设置的策略包括 OrderedReady（按顺序的）和 Parallel（并行的）两种，默认值为 OrderedReady。该策略只会影响 Pod 副本集的创建过程和扩缩容操作，而不会影响更新操作。

◎ OrderedReady：表示按顺序管理 Pod 的创建和扩缩容操作。
◎ Parallel：表示可以并行创建或删除所有 Pod。

下面通过一个例子说明使用 Parallel 策略删除 Pod 的工作机制。

在下面的 nginx-statefulset-parallel.yaml 文件中通过 podManagementPolicy 字段设置管理策略为 Parallel：

```
# nginx-statefulset-parallel.yaml
---
apiVersion: apps/v1
kind: StatefulSet
metadata:
  name: web
spec:
  selector:
    matchLabels:
      app: nginx
  serviceName: "nginx"
  podManagementPolicy: "Parallel"
  replicas: 3
  minReadySeconds: 10
  template:
    metadata:
      labels:
        app: nginx
    spec:
```

```
      terminationGracePeriodSeconds: 10
      containers:
      - name: nginx
        image: nginx
        ports:
        - name: web
          containerPort: 80
        volumeMounts:
        - name: www
          mountPath: /usr/share/nginx/html
  volumeClaimTemplates:
  - metadata:
      name: www
    spec:
      storageClassName: "nginx-storage-class"
      accessModes: [ "ReadWriteOnce" ]
      resources:
        requests:
          storage: 1Gi

---
apiVersion: v1
kind: Service
metadata:
  name: nginx
  labels:
    app: nginx
spec:
  selector:
    app: nginx
  ports:
  - port: 80
    name: web
  clusterIP: None    # Headless Service
```

通过 kubectl create 命令创建这个 StatefulSet：

```
# kubectl create -f nginx-statefulset.yaml
statefulset.apps/web created
service/nginx created
```

跟踪查看 Pod 的创建过程，可以看到与默认的按顺序逐个创建 Pod 的过程不同，

StatefulSet 将一次性创建 3 个 Pod，且不关心 3 个 Pod 各自的启动顺序。通过 kubectl get pods -w 命令监控 Pod 的创建过程：

```
# kubectl get pods -l app=nginx -w
NAME    READY   STATUS              RESTARTS    AGE
web-0   0/1     Pending             0           0s
web-0   0/1     Pending             0           0s
web-1   0/1     Pending             0           0s
web-2   0/1     Pending             0           0s
web-1   0/1     Pending             0           0s
web-2   0/1     Pending             0           0s
web-0   0/1     Pending             0           1s
web-1   0/1     Pending             0           1s
web-2   0/1     Pending             0           1s
web-0   0/1     ContainerCreating   0           1s
web-1   0/1     ContainerCreating   0           2s
web-2   0/1     ContainerCreating   0           2s
web-0   0/1     ContainerCreating   0           2s
web-1   0/1     ContainerCreating   0           2s
web-2   0/1     ContainerCreating   0           2s
web-0   1/1     Running             0           3s
web-2   1/1     Running             0           3s
web-1   1/1     Running             0           3s
```

在 StatefulSet 的扩缩容过程中，使用并行的管理策略也将不再逐个执行创建和删除 Pod 的操作，而是同时操作。例如通过 kubectl scale 命令增加 StatefulSet 的副本数量来进行扩容操作，原副本数量为 3，修改为 5：

```
# kubectl scale statefulset web --replicas=5
statefulset.apps/web scaled
```

通过 kubectl get pods-w 命令监控 Pod 的创建过程，可以看到序号为 3 的 Pod“web-3”和序号为 4 的 Pod“web-4”由系统同时并行创建：

```
# kubectl get pods -l app=nginx -w
NAME    READY   STATUS          RESTARTS   AGE
web-3   0/1     Pending         0          0s
web-4   0/1     Pending         0          0s
web-3   0/1     Pending         0          0s
web-4   0/1     Pending         0          0s
web-3   0/1     Pending         0          1s
web-4   0/1     Pending         0          1s
```

```
web-3   0/1    ContainerCreating   0          2s
web-4   0/1    ContainerCreating   0          2s
web-3   0/1    ContainerCreating   0          2s
web-4   0/1    ContainerCreating   0          2s
web-4   1/1    Running             0          3s
web-3   1/1    Running             0          3s
```

通过 kubectl scale 命令减少 StatefulSet 的副本数量，进行缩容操作，当前副本数量为 5，修改为 3：

```
# kubectl scale statefulset web --replicas=3
statefulset.apps/web scaled
```

Pod 的缩容顺序与扩容顺序相反，首先删除序号为 4 的 Pod“web-4”，然后不再需要等其完全终止之后再删除序号为 3 的 Pod“web-3”，而是同时并行删除：

```
# kubectl get pods -l app=nginx -w
NAME    READY   STATUS            RESTARTS   AGE
web-4   1/1     Terminating       0          99s
web-3   1/1     Terminating       0          99s
web-4   1/1     Terminating       0          99s
web-3   1/1     Terminating       0          99s
web-4   0/1     Terminating       0          99s
web-3   0/1     Terminating       0          100s
web-4   0/1     Terminating       0          100s
web-3   0/1     Terminating       0          100s
web-4   0/1     Terminating       0          100s
web-4   0/1     Terminating       0          100s
web-3   0/1     Terminating       0          100s
web-3   0/1     Terminating       0          100s
```

4.4.5 StatefulSet 的 PVC 存储保留策略

在默认情况下，删除 StatefulSet 资源及全部 Pod 之后，与 Pod 关联的 PVC 存储是不会被自动删除的，主要考虑其中保存的是有状态应用的重要数据，应由用户手动清理。在 Kubernetes v1.23 版本中引入了 spec.persistentVolumeClaimRetentionPolicy 字段，用于控制 PVC 存储的保留策略，到 v1.27 版本时，该特性达到 Beta 阶段，需要在 API Server 开启 StatefulSetAutoDeletePVC 特性门控进行启用。

保留策略可以设置以下两种场景的策略。

◎ whenDeleted：设置删除 StatefulSet 时的存储保留策略。

◎ whenScaled：设置 StatefulSet 副本数量减少（缩容）时的存储保留策略。

这两种场景下可以设置如下策略。

◎ Retain：保留数据，不执行自动删除操作，这也是默认的配置。

◎ Delete：自动删除 Pod 关联的 PVC。

配置示例如下：

```
apiVersion: apps/v1
kind: StatefulSet
...
spec:
  persistentVolumeClaimRetentionPolicy:
    whenDeleted: Retain
    whenScaled: Delete
...
```

这些策略仅适用于删除 StatefulSet 时的全部 Pod 或缩容时被删除的 Pod，如果由于 Node 故障引起的 Pod 失效，Master 会创建新的替换 Pod，原 Pod 关联的 PVC 不会被删除，并将被关联到新的 Pod 所在的 Node 上。

4.4.6　使用 StatefulSet 搭建 MongoDB 集群

在之前的示例中，StatefulSet 中的各个 Pod 副本之间并没有需要互相通信组成集群的需求，但是对于很多集群类应用程序来说，经常需要相互通信以组成一个集群模式的高可用服务，例如 MongoDB、ZooKeeper、MySQL、Redis 等应用软件。本节以 MongoDB 为例，使用 StatefulSet 完成 MongoDB 集群的创建，为每个 MongoDB 实例在共享存储中都申请一个唯一专用的存储空间，以实现一个无单点故障的、高可用的、可动态扩展的 MongoDB 集群。使用 StatefulSet 部署 MongoDB 集群的架构如图 4.3 所示。

在创建 StatefulSet 之前，需要确保在 Kubernetes 集群中管理员已经创建好共享存储，并能够与 StorageClass 对接，以实现动态存储供应的模式。

MongoDB 集群 StatefulSet 的配置主要如下。

◎ 一个 Headless Service：用于设置 MongoDB 实例的网络访问地址。

◎ 一个 StatefulSet：有状态 Pod 副本集的配置。

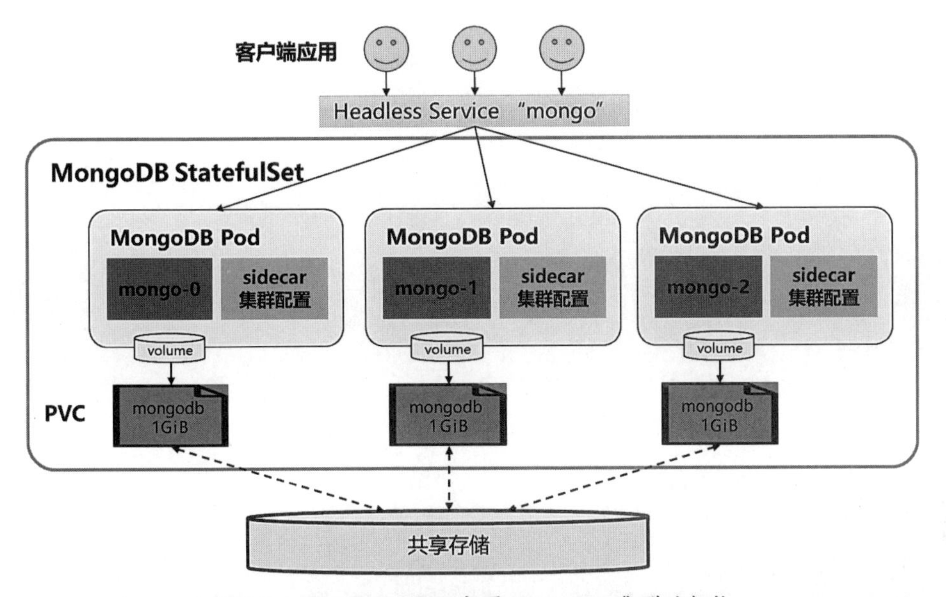

图 4.3 使用 StatefulSet 部署 MongoDB 集群的架构

下面是 MongoDB StatefulSet 的 yaml 配置文件示例：

```
apiVersion: v1
kind: Service
metadata:
  name: mongo
  labels:
    name: mongo
spec:
  ports:
  - port: 27017
    targetPort: 27017
  clusterIP: None
  selector:
    role: mongo

---
apiVersion: apps/v1
kind: StatefulSet
metadata:
  name: mongo
spec:
  selector:
```

```
    matchLabels:
      role: mongo
  serviceName: "mongo"
  replicas: 3
  template:
    metadata:
      labels:
        role: mongo
        environment: test
    spec:
      terminationGracePeriodSeconds: 10
      containers:
      - name: mongo
        image: mongo:3.4.4
        command:
        - mongod
        - "--replSet"
        - rs0
        - "--smallfiles"
        - "--noprealloc"
        ports:
        - containerPort: 27017
        volumeMounts:
        - name: mongo-persistent-storage
          mountPath: /data/db
      - name: mongo-sidecar
        image: cvallance/mongo-k8s-sidecar
        env:
        - name: MONGO_SIDECAR_POD_LABELS
          value: "role=mongo,environment=test"
        - name: KUBERNETES_MONGO_SERVICE_NAME
          value: "mongo"
  volumeClaimTemplates:
  - metadata:
      name: mongo-persistent-storage
    spec:
      storageClassName: "mongodb"
      accessModes: [ "ReadWriteOnce" ]
      resources:
        requests:
          storage: 1Gi
```

对其中的主要配置说明如下。

（1）在该 StatefulSet 的定义中包括两个容器：mongo 和 mongo-sidecar。mongo 是主服务程序，mongo-sidecar 是对多个 mongo 实例进行集群设置的工具。mongo-sidecar 中的环境变量介绍如下。

◎ MONGO_SIDECAR_POD_LABELS：设置为 mongo 容器的标签，用于 Sidecar 查询它所管理的 MongoDB 集群实例。

◎ KUBERNETES_MONGO_SERVICE_NAME：它的值为 mongo，表示 Sidecar 将使用 mongo 这个服务名称完成 MongoDB 集群的设置。

（2）replicas=3：表示这个 MongoDB 集群由 3 个 mongo 实例组成。

（3）volumeClaimTemplates：是 StatefulSet 最重要的存储设置。在 Annotations 字段中设置 volume.beta.kubernetes.io/storage-class="mongodb"，表示使用名为“mongodb”的 StorageClass 自动为每个 mongo Pod 实例创建后端存储。resources.requests.storage=1Gi 表示为每个 mongo 实例都分配 1GiB 的磁盘空间。

通过 kubectl create 命令创建这个 StatefulSet：

```
# kubectl create -f mongodb-statefulset.yaml
service/mongo created
statefulset.apps/mongo created
```

可以看到，StatefulSet 依次创建并启动了 3 个 mongo Pod 实例，它们的名称依次是“mongo-0”“mongo-1”“mongo-2”：

```
# kubectl get pods -l role=mongo -w
NAME      READY    STATUS              RESTARTS    AGE
mongo-0   0/2     Pending             0           0s
mongo-0   0/2     Pending             0           0s
mongo-0   0/2     ContainerCreating   0           0s
mongo-0   0/2     ContainerCreating   0           10s
mongo-0   2/2     Running             0           11s
mongo-1   0/2     Pending             0           0s
mongo-1   0/2     Pending             0           0s
mongo-1   0/2     Pending             0           2s
mongo-1   0/2     ContainerCreating   0           12s
mongo-1   0/2     ContainerCreating   0           12s
mongo-1   2/2     Running             0           14s
mongo-2   0/2     Pending             0           0s
```

```
mongo-2   0/2     Pending             0           0s
mongo-2   0/2     Pending             0           14s
mongo-2   0/2     ContainerCreating   0           14s
mongo-2   0/2     ContainerCreating   0           17s
mongo-2   2/2     Running             0           18s

# kubectl get pods -l role=mongo
mongo-0   2/2     Running             0           2m
mongo-1   2/2     Running             0           1m
mongo-2   2/2     Running             0           1m
```

StatefulSet 会使用 volumeClaimTemplates 中的定义为每个 Pod 副本都创建一个 PVC 实例，每个 PVC 实例的名称都由 StatefulSet 定义中 volumeClaimTemplates 的名称和 Pod 副本的名称组成，查看系统中的 PVC 便可验证这一点：

```
# kubectl get pvc
NAME                                   STATUS
VOLUME                                     CAPACITY  ACCESS MODES  STORAGECLASS  AGE
mongo-persistent-storage-mongo-0      Bound
pvc-8fd96062-49f3-40b6-9bc6-9c53950a4045 100Gi     RWO           mongodb       10m
mongo-persistent-storage-mongo-1      Bound
pvc-028872e6-455d-46bf-afd2-ddb424fc669e 1Gi       RWO           mongodb       9m
mongo-persistent-storage-mongo-2      Bound
pvc-f42c8b4f-d75c-41e3-ad80-2e761b26ee49 1Gi       RWO           mongodb       8m
```

下面是 mongo-0 这个 Pod 中的 Volume 设置，可以看到系统自动为其挂载了对应的 PVC：

```
# kubectl get pods mongo-0 -o yaml
apiVersion: v1
kind: Pod
metadata:
  name: mongo-0
......
  volumes:
  - name: mongo-persistent-storage
    persistentVolumeClaim:
      claimName: mongo-persistent-storage-mongo-0
......
```

至此，一个由 3 个实例组成的 MongoDB 集群就创建完成了，其中的每个实例都拥有唯一稳定的身份标识（Identity，ID）、网络访问地址（DNS 域名）和独立的存储空间。

接下来，登录任意一个 mongo Pod，在 mongo 命令行界面通过 rs.status()命令查看 MongoDB 集群的状态，就可以看到 mongo 集群已通过 Sidecar 完成了搭建。在这个 MongoDB 集群中包含 3 个节点，每个节点的名称都是 StatefulSet 设置的 DNS 域名格式的网络标识名称，分别如下。

◎ mongo-0.mongo.default.svc.cluster.local

◎ mongo-1.mongo.default.svc.cluster.local

◎ mongo-2.mongo.default.svc.cluster.local

还可以看到 3 个 mongo 实例各自的角色（PRIMARY 或 SECONDARY）也都被正确设置了：

```
# kubectl exec -ti mongo-0 -- mongo
MongoDB shell version v3.4.4
connecting to: mongodb://127.0.0.1:27017
MongoDB server version: 3.4.4
Welcome to the MongoDB shell.
......
rs0:PRIMARY>
rs0:PRIMARY> rs.status()
{
        "set" : "rs0",
        "date" : ISODate("2023-11-27T08:13:07.598Z"),
        "myState" : 2,
        "term" : NumberLong(1),
        "syncingTo" : "mongo-0.mongo.default.svc.cluster.local:27017",
        "heartbeatIntervalMillis" : NumberLong(2000),
        "optimes" : {
                "lastCommittedOpTime" : {
                        "ts" : Timestamp(1495872747, 1),
                        "t" : NumberLong(1)
                },
                "appliedOpTime" : {
                        "ts" : Timestamp(1495872747, 1),
                        "t" : NumberLong(1)
                },
                "durableOpTime" : {
                        "ts" : Timestamp(1495872747, 1),
                        "t" : NumberLong(1)
                }
```

```
        },
        "members" : [
                {
                        "_id" : 0,
                        "name" : "mongo-0.mongo.default.svc.cluster.local:27017",
                        "health" : 1,
                        "state" : 1,
                        "stateStr" : "PRIMARY",
                        "uptime" : 260,
                        "optime" : {
                                "ts" : Timestamp(1495872747, 1),
                                "t" : NumberLong(1)
                        },
                        "optimeDurable" : {
                                "ts" : Timestamp(1495872747, 1),
                                "t" : NumberLong(1)
                        },
                        "optimeDate" : ISODate("2023-11-27T08:12:27Z"),
                        "optimeDurableDate" : ISODate("2023-11-27T08:12:27Z"),
                        "lastHeartbeat" : ISODate("2023-11-27T08:13:05.777Z"),
                        "lastHeartbeatRecv" :
ISODate("2023-11-27T08:13:05.776Z"),
                        "pingMs" : NumberLong(0),
                        "electionTime" : Timestamp(1495872445, 1),
                        "electionDate" : ISODate("2023-11-27T08:07:25Z"),
                        "configVersion" : 9
                },
                {
                        "_id" : 1,
                        "name" : "mongo-1.mongo.default.svc.cluster.local:27017",
                        "health" : 1,
                        "state" : 2,
                        "stateStr" : "SECONDARY",
                        "uptime" : 291,
                        "optime" : {
                                "ts" : Timestamp(1495872747, 1),
                                "t" : NumberLong(1)
                        },
                        "optimeDate" : ISODate("2023-11-27T08:12:27Z"),
                        "syncingTo" : "mongo-0.mongo.default.svc.cluster.local:
27017",
```

```
                    "configVersion" : 9,
                    "self" : true
             },
             {
                    "_id" : 2,
                    "name" : "mongo-2.mongo.default.svc.cluster.local:27017",
                    "health" : 1,
                    "state" : 2,
                    "stateStr" : "SECONDARY",
                    "uptime" : 164,
                    "optime" : {
                           "ts" : Timestamp(1495872747, 1),
                           "t" : NumberLong(1)
                    },
                    "optimeDurable" : {
                           "ts" : Timestamp(1495872747, 1),
                           "t" : NumberLong(1)
                    },
                    "optimeDate" : ISODate("2023-11-27T08:12:27Z"),
                    "optimeDurableDate" : ISODate("2023-11-27T08:12:27Z"),
                    "lastHeartbeat" : ISODate("2023-11-27T08:13:06.369Z"),
                    "lastHeartbeatRecv" : ISODate("2023-11-27T08:13:06.
635Z"),
                    "pingMs" : NumberLong(0),
                    "syncingTo" :
"mongo-0.mongo.default.svc.cluster.local:27017",
                    "configVersion" : 9
             }
      ],
      "ok" : 1
}
```

对需要访问这个 mongo 集群的 Kubernetes 集群内的客户端来说，其可以通过 Headless Service “mongo”获取后端的所有 Endpoints 列表，并将其组合为数据库链接串，例如“mongodb:// mongo-0.mongo, mongo-1.mongo, mongo-2.mongo:27017/dbname_?”。

下面对 MongoDB 集群常见的两种场景进行操作，说明 StatefulSet 对有状态应用的自动化管理功能。

1. MongoDB 集群的扩容

假设在系统运行过程中 3 个 mongo 实例不足以满足业务的要求，这时就需要对 mongo 集群进行扩容。通过 StatefulSet 执行 scale 操作，就能实现在 mongo 集群中自动添加新的 mongo 节点。

通过 kubectl scale 命令将 StatefulSet 设置为 4 个实例：

```
# kubectl scale --replicas=4 statefulset mongo
statefulset.apps/mongo scaled
```

等待一会儿，可以看到第 4 个实例 mongo-3 创建成功：

```
# kubectl get pods -l role=mongo
NAME       READY    STATUS    RESTARTS   AGE
mongo-0   2/2       Running    0          1h
mongo-1   2/2       Running    0          1h
mongo-2   2/2       Running    0          1h
mongo-3   2/2       Running    0          1m
```

进入某个实例，查看 mongo 集群的状态，可以看到第 4 个节点 mongo-3 已经正确加入集群：

```
# kubectl exec -ti mongo-0 -- mongo
MongoDB shell version v3.4.4
connecting to: mongodb://127.0.0.1:27017
MongoDB server version: 3.4.4
Welcome to the MongoDB shell.
......
rs0:PRIMARY>
rs0:PRIMARY> rs.status()
{
......
        "members" : [
                {
                        "_id" : 0,
                        "name" : "mongo-0.mongo.default.svc.cluster.local:27017",
                        "health" : 1,
                        "state" : 1,
                        "stateStr" : "PRIMARY",
......
                {
                        "_id" : 4,
```

```
                        "name" : "mongo-3.mongo.default.svc.cluster.local:27017",
                        "health" : 1,
                        "state" : 2,
                        "stateStr" : "SECONDARY",
                        "uptime" : 102,
                        "optime" : {
                              "ts" : Timestamp(1495880578, 1),
                              "t" : NumberLong(4)
                        },
                        "optimeDurable" : {
                              "ts" : Timestamp(1495880578, 1),
                              "t" : NumberLong(4)
                        },
                        "optimeDate" : ISODate("2023-11-27T10:22:58Z"),
                        "optimeDurableDate" : ISODate("2023-11-27T10:22:58Z"),
                        "lastHeartbeat" : ISODate("2023-11-27T10:23:00.049Z"),
                        "lastHeartbeatRecv" :
ISODate("2023-11-27T10:23:00.049Z"),
                        "pingMs" : NumberLong(0),
                        "syncingTo" :
"mongo-1.mongo.default.svc.cluster.local:27017",
                        "configVersion" : 100097
                  }
         ],
         "ok" : 1
    }
```

同时，系统为 mongo-3 分配了一个新的 PVC，用于保存数据，此处不再赘述。

2. 自动故障恢复（MongoDB 集群的高可用）

假设在系统运行过程中某个 mongo 实例或其所在主机发生故障，StatefulSet 就会自动重建该 mongo 实例，并保证其身份标识（ID）和使用的存储（PVC）不变。

以 mongo-0 实例发生故障为例，StatefulSet 将自动重建 mongo-0 实例，并为其挂载之前分配的 PVC “mongo-persistent-storage-mongo-0”。在 mongo-0 服务重新启动后，原数据库中的数据不会丢失，可继续使用：

```
    # kubectl get pods -l role=mongo
    NAME      READY    STATUS               RESTARTS     AGE
    mongo-0   0/2      ContainerCreating    0            2h
    mongo-1   2/2      Running              0            2h
```

```
mongo-2   2/2     Running                 0           3s

# kubectl get pod mongo-0 -o yaml
apiVersion: v1
kind: Pod
metadata:
  name: mongo-0
......
  volumes:
  - name: mongo-persistent-storage
    persistentVolumeClaim:
      claimName: mongo-persistent-storage-mongo-0
......
```

进入某个实例，查看 mongo 集群的状态，mongo-0 发生故障前在集群中的角色为 PRIMARY，在其脱离集群后，mongo 集群会自动选出一个 SECONDARY 节点，并将其提升为 PRIMARY 节点（本例中为 mongo-2）。重启后的 mongo-0 会成为一个新的 SECONDARY 节点：

```
# kubectl exec -ti mongo-0 -- mongo
......
rs0:PRIMARY> rs.status()
{
......
        "members" : [
                {
                        "_id" : 1,
                        "name" : "mongo-1.mongo.default.svc.cluster.local:27017",
                        "health" : 1,
                        "state" : 2,
                        "stateStr" : "SECONDARY",
......
                {
                        "_id" : 2,
                        "name" : "mongo-2.mongo.default.svc.cluster.local:27017",
                        "health" : 1,
                        "state" : 1,
                        "stateStr" : "PRIMARY",
                        "uptime" : 6871,
......
                {
```

```
                    "_id" : 3,
                    "name" : "mongo-0.mongo.default.svc.cluster.local:27017",
                    "health" : 1,
                    "state" : 2,
                    "stateStr" : "SECONDARY",
                    "uptime" : 6806,
......
```

从上面的例子中可以看出，Kubernetes 使用 StatefulSet 来搭建有状态的应用集群，与部署无状态的应用一样简便。Kubernetes 能够保证 StatefulSet 中的各应用实例在创建和运行的过程中都具有唯一稳定的身份标识、网络访问地址和独立的后端存储，还支持在运行时对集群规模进行扩容、保障集群的高可用等非常重要的功能。

4.5 Pod 水平扩缩容机制

对于很多服务类型的应用，可以使用多个 Pod 副本共同提供服务，当业务请求量增加时，需要更多的 Pod 副本来提供服务，即需要扩容的场景，也可能会遇到由于资源紧张或者业务请求量降低而需要减少 Pod 副本数量的，即需要缩容的场景，这时可以使用副本控制器提供的 Scale 机制来实现 Pod 副本数量的扩缩容。目前，Deployment 和 StatefulSet 这两种内置的工作负载控制器支持 Pod 副本的水平扩缩容机制，此外用户自行开发的控制器也可以提供水平扩缩容机制。本节将以 Deployment 控制器为例进行说明。

Kubernetes 对 Pod 副本的水平扩缩容支持手动和自动两种模式：手动模式通过 kubectl scale 命令或通过 RESTful API 设置 Pod 副本数量，可一键完成；自动模式需要根据某个性能指标或者业务指标的值，指定相应的 Pod 副本数量范围，系统将自动持续监控指标数值的变化，在设置的 Pod 数量范围内自动调整。

4.5.1 手动扩缩容机制

以 Deployment “nginx-deployment” 为例：

```
# nginx-deployment.yaml
apiVersion: apps/v1
kind: Deployment
metadata:
  name: nginx-deployment
```

```
spec:
  selector:
    matchLabels:
      app: nginx
  replicas: 3
  template:
    metadata:
      labels:
        app: nginx
    spec:
      containers:
      - name: nginx
        image: nginx:1.7.9
        ports:
        - containerPort: 80
```

已运行的 Pod 副本数量有 3 个：

```
$ kubectl get pods
NAME                               READY     STATUS     RESTARTS   AGE
nginx-deployment-3973253433-scz37  1/1       Running    0          5s
nginx-deployment-3973253433-x8fsq  1/1       Running    0          5s
nginx-deployment-3973253433-x9z8z  1/1       Running    0          5s
```

通过 kubectl scale 命令将 Pod 副本数量从初始的 3 个更新为 5 个：

```
$ kubectl scale deployment nginx-deployment --replicas 5
deployment.apps/nginx-deployment scaled

$ kubectl get pods
NAME                               READY     STATUS     RESTARTS   AGE
nginx-deployment-3973253433-3gt27  1/1       Running    0          4s
nginx-deployment-3973253433-7jls2  1/1       Running    0          4s
nginx-deployment-3973253433-scz37  1/1       Running    0          4m
nginx-deployment-3973253433-x8fsq  1/1       Running    0          4m
nginx-deployment-3973253433-x9z8z  1/1       Running    0          4m
```

将--replicas 的值设置为比当前 Pod 副本数量更小的数字，系统将会“杀掉”一些运行中的 Pod，以实现应用缩容：

```
$ kubectl scale deployment nginx-deployment --replicas=1
deployment.apps/nginx-deployment scaled
```

```
$ kubectl get pods
NAME                              READY    STATUS    RESTARTS    AGE
nginx-deployment-3973253433-x9z8z 1/1      Running   0           6m
```

4.5.2 自动扩缩容机制

Kubernetes 从 v1.1 版本开始引入名为“Horizontal Pod Autoscaler”（HPA）的控制器，用于实现基于 CPU 使用率进行自动 Pod 扩缩容的功能。HPA 控制器基于 Master 的 kube-controller-manager 服务启动参数--horizontal-pod-autoscaler-sync-period 定义的探测周期（默认值为 15s），周期性地监测目标 Pod 的资源性能指标，并与 HPA 资源对象中的扩缩容条件进行对比，在满足条件时对 Pod 副本数量进行调整。HPA 只适用于能够自动扩缩容的工作负载控制器，包括 Deployment、ReplicaSet、RC、StatefulSet 等，不包括 DaemonSet 等不支持扩缩容操作的工作负载控制器。本节将以 Deployment 为例进行说明。

Kubernetes 在早期版本中只能基于 Pod 的 CPU 使用率执行自动扩缩容操作，关于 CPU 使用率的数据最早来源于 Heapster 组件，从 v1.11 版本开始，Kubernetes 正式弃用 Heapster 并全面转向基于 Metrics Server 完成数据采集。Metrics Server 将采集到的 Pod 性能指标数据通过聚合 API（Aggregated API），比如 metrics.k8s.io、custom.metrics.k8s.io 和 external.metrics.k8s.io，提供给 HPA 控制器进行查询。另外，Kubernetes 从 v1.6 版本开始，引入了基于应用自定义性能指标的 HPA 机制，该机制在 v1.9 版本之后逐步成熟。

下面将对 Kubernetes 的 HPA 的工作原理、指标类型、扩缩容算法、配置、扩缩容行为策略和实践等进行详细说明。

1. 工作原理

Kubernetes 中的某个 Metrics Server 持续采集所有 Pod 副本的指标数据。HPA 控制器通过 Metrics Server 的 API 获取这些数据，基于用户定义的扩缩容规则进行计算，得到目标 Pod 的副本数量。当目标 Pod 副本数量与当前 Pod 副本数量不同时，HPA 控制器就向 Pod 的副本控制器（Deployment、RC 或 ReplicaSet）发起 scale 操作，调整 Pod 的副本数量，完成扩缩容操作。图 4.4 展示了 HPA 体系中的关键组件和工作流程。接下来对 HPA 能够管理的指标类型、扩缩容算法、HPA 对象的配置进行详细说明，然后通过一个完整的示例对如何搭建和使用基于自定义指标的 HPA 体系进行说明。

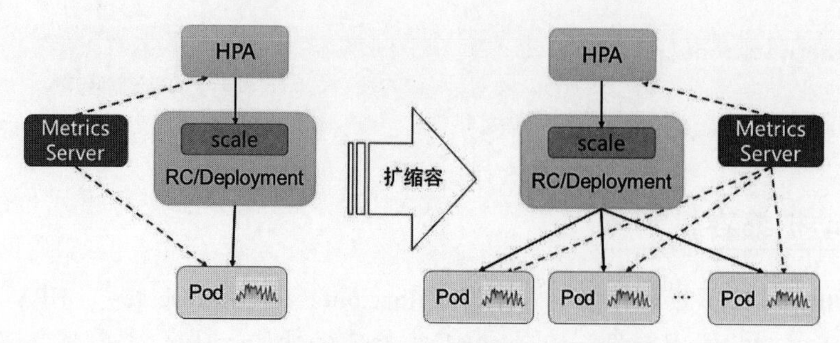

图 4.4 HPA 体系中的关键组件和工作流程

2. 指标类型

Master 的 kube-controller-manager 服务持续监测目标 Pod 的某种性能指标，以计算是否需要调整 Pod 副本数量。Kubernetes 目前支持的指标类型如下。

◎ Pod 资源指标：Pod 级别的性能指标，通常是一个比率，例如 CPU 使用率。
◎ Container 资源指标：Container 级别的性能指标，该指标特性从 Kubernetes v1.20 版本开始引入，需要通过开启 HPAContainerMetrics 特性门控进行启用，到 v1.27 版本时，该特性达到 Beta 阶段，可以基于某个容器的性能指标进行自动扩缩容。
◎ Pod 自定义指标：Pod 级别的性能指标，通常是一个数值，例如接收的请求数量。
◎ Object 自定义指标或外部自定义指标：通常是一个数值，需要容器应用以某种方式提供，例如通过 HTTP URL“/metrics”提供，或者使用外部服务提供的指标采集 URL。

Kubernetes HPA 当前有以下两个版本。

◎ autoscaling/v1 版本：仅支持基于 CPU 使用率指标的自动扩缩容。
◎ autoscaling/v2 版本：支持基于内存使用率指标、自定义指标及外部指标的自动扩缩容，并且进一步扩展以支持多指标缩放。在定义了多个指标时，HPA 会根据每个指标进行计算，其中缩放幅度最大的指标会被采纳。

3. 扩缩容算法

自动扩缩容（Autoscaler）控制器在从聚合 API 处获取 Pod 性能指标数据之后，会基于下面的算法计算目标 Pod 副本数量，与当前运行的 Pod 副本数量进行对比，决定是否需要执行扩缩容操作：

```
    desiredReplicas = ceil[currentReplicas * ( currentMetricValue /
desiredMetricValue )]
```

即当前 Pod 副本数量 × （当前指标值 / 期望的指标值），并将结果向上取整。

以 CPU 请求数量为例，如果用户设置的期望指标值为 100m，当前实际使用的指标值为 200m，则计算得到期望的 Pod 副本数量应为 2 个（200/100=2）。如果当前实际使用的指标值为 50m，计算结果为 0.5，则向上取整，得到值 1，从而得到目标 Pod 副本数量应为 1 个。

当计算结果与 1 非常接近时，可以设置一个容忍度让系统不做扩缩容操作。容忍度通过 kube-controller-manager 服务的启动参数--horizontal-pod-autoscaler-tolerance 进行设置，默认值为 0.1（10%），表示基于上述算法得到的结果在[−10%,+10%]区间内，即在[0.9,1.1]区间内，控制器都不会执行扩缩容操作。

也可以将期望指标值（desiredMetricValue）设置为指标的平均值类型，例如 targetAverageValue 或 targetAverageUtilization，此时当前指标值（currentMetricValue）的算法为所有 Pod 副本当前指标值的总和除以 Pod 副本数量得到的平均值。

此外，存在几种 Pod 异常的情况，如下所述。

◎ Pod 正在被删除（设置了删除时间戳）：这类 Pod 将不会被计入目标 Pod 副本数量。

◎ 无法获得 Pod 的当前指标值：本次探测不会将这类 Pod 纳入目标 Pod 副本数量，后续的探测会被重新纳入计算范围。

◎ 如果指标类型是 CPU 使用率，则正在启动但还未处于 Ready 状态的 Pod，也暂时不会被纳入目标 Pod 副本数量范围。可以通过 kube-controller-manager 服务的启动参数--horizontal-pod-autoscaler-initial-readiness-delay 设置首次探测 Pod 是否 Ready 的延时时间，默认值为 30s。另一个启动参数--horizontal-pod-autoscaler-cpu-initialization-period 用于设置首次采集 Pod 的 CPU 使用率的延时时间，默认值为 5min。

在计算“当前指标值/期望指标值”（currentMetricValue / desiredMetricValue）时，将不会包括上述这些异常 Pod。

当存在缺失指标的 Pod 时，系统将更保守地重新计算平均值。系统会假设这些 Pod 在需要缩容（Scale Down）时消耗了期望指标值的 100%，在需要扩容（Scale Up）时消耗了期望指标值的 0%，这样可以抑制潜在的扩缩容操作。

此外，如果存在未处于 Ready 状态的 Pod，并且系统原本会在不考虑缺失指标或 NotReady 的 Pod 情况下进行扩展，则系统仍然会保守地假设这些 Pod 消耗期望指标值的 0%，从而进一步抑制扩容操作。

如果在 HorizontalPodAutoscaler 中设置了多个指标，系统就会对每个指标都执行上面的算法，在全部结果中以 Pod 期望副本数量的最大值为最终结果。如果这些指标中的任意一个都无法被转换为 Pod 期望副本数量（例如无法获取指标的值），系统就会跳过扩缩容操作。

使用 HPA 特性时，可能会因为指标的动态变化导致 Pod 副本数量频繁变动，这也被称为"抖动"。抖动会影响业务系统的稳定性，Kubernetes v1.12 之前的版本提供了一些系统参数来缓解这个问题，不过这些参数难以理解和设置。Kubernetes v1.12 版本增加了全新的参数 horizontal-pod-autoscaler-downscale-stabilization（kube-controller-manager 的参数）来解决这个问题。它表示的是 HPA 扩缩容过程中的冷却时间，即从上次缩容执行结束后需要经过多长时间才可以再次执行缩容动作。当前的默认时间是 5min，此配置可以让系统更为平滑地执行缩容操作，从而消除短时间内因指标值快速变化产生的影响。对该参数的调整需要根据当前生产环境的实际情况进行并观察结果，若时间过短，则仍然可能抖动强烈，若时间过长，则可能导致 HPA 失效。

最后，在 HPA 控制器执行扩缩容操作之前，系统会记录扩缩容建议信息（Scale Recommendation）。控制器会在操作时间窗口（时间范围可以配置）中考虑所有的建议信息，并从中选择得分最高的建议。

4. HPA 对象的配置

Kubernetes 将 HorizontalPodAutoscaler 资源对象提供给用户来定义扩缩容的规则，HorizontalPodAutoscaler 资源对象处于 Kubernetes 的 API 组"autoscaling"中。下面对 HorizontalPodAutoscaler 的配置和用法进行说明。

（1）基于 autoscaling/v1 版本的 HorizontalPodAutoscaler 配置：

```
apiVersion: autoscaling/v1
kind: HorizontalPodAutoscaler
metadata:
  name: php-apache
spec:
  scaleTargetRef:
    apiVersion: apps/v1
```

```yaml
    kind: Deployment
    name: php-apache
  minReplicas: 1
  maxReplicas: 10
  targetCPUUtilizationPercentage: 50
```

主要参数说明如下。

◎ scaleTargetRef：目标作用对象，可以是 Deployment、ReplicationController 或 StatefulSet。

◎ targetCPUUtilizationPercentage：期望每个 Pod 的 CPU 使用率都为 50%，该使用率基于 Pod 设置的 CPU Request 值进行计算，例如该值设置为 200m（表示 0.2 核），那么系统将维持 Pod 的实际 CPU 使用值为 100m（表示 0.1 核）。

◎ minReplicas 和 maxReplicas：Pod 副本数量的最小值和最大值，系统将在这个范围内执行自动扩缩容操作，并维持每个 Pod 的 CPU 使用率为 50%。

为了使用 autoscaling/v1 版本的 HorizontalPodAutoscaler，需要预先安装 Metrics Server，用于采集 Pod 的 CPU 使用率。关于 Metrics Server 的说明请参考 8.4 节的介绍，本节主要对基于自定义指标进行自动扩缩容的设置进行说明。

（2）基于 autoscaling/v2 版本的 HorizontalPodAutoscaler 配置：

```yaml
apiVersion: autoscaling/v2
kind: HorizontalPodAutoscaler
metadata:
  name: php-apache
spec:
  scaleTargetRef:
    apiVersion: apps/v1
    kind: Deployment
    name: php-apache
  minReplicas: 1
  maxReplicas: 10
  metrics:
  - type: Resource
    resource:
      name: cpu
      target:
        type: Utilization
        averageUtilization: 50
```

主要参数说明如下。

◎ scaleTargetRef：目标作用对象，可以是 Deployment、ReplicationController 或 ReplicaSet。

◎ minReplicas 和 maxReplicas：Pod 副本数量的最小值和最大值，系统将在这个范围内执行自动扩缩容操作，并维持每个 Pod 的 CPU 使用率为 50%。

◎ metrics：目标指标值。在 metrics 中通过参数 type 定义指标的类型；通过参数 target 定义相应的指标目标值，系统将在指标数据达到目标值时（考虑容忍度的区间，见前面算法部分的说明）触发扩缩容操作。

可以将 metrics 中的 type（指标类型）设置为以下几种。

◎ Resource：指的是当前伸缩对象下 Pod 的 CPU 和 Memory 指标，只支持 Utilization 和 AverageValue 类型的目标值。对于 CPU 使用率，在 target 参数中设置 averageUtilization 定义目标平均 CPU 使用率。对于内存资源，在 target 参数中设置 AverageValue 定义目标平均内存使用值。

◎ ContainerResource：指的是伸缩对象 Pod 中特定容器的指标，设置方法同上。

◎ Pods：指的是伸缩对象 Pod 的指标，数据需要由第三方适配器（Adapter）提供，只允许 AverageValue 类型的目标值。

◎ Object：Kubernetes 内部对象的指标，数据需要由第三方适配器（Adapter）提供，只支持 Value 和 AverageValue 类型的目标值。

◎ External：指的是 Kubernetes 外部的指标，数据同样需要由第三方适配器（Adapter）提供，只支持 Value 和 AverageValue 类型的目标值。

其中，AverageValue 是根据 Pod 副本数量计算的平均值指标。Resource 类型的指标来自 Metrics Server 自身，即从它所提供的 aggregated APIs 的 metrics.k8s.io 接口获取数据，Pod 类型和 Object 类型都属于自定义指标类型，从 Metrics Server 的 custom.Kubernetesmetrics.k8s.io 接口获取数据，但需要由 Metrics Server 的第三方适配器（Adapter）来提供数据，这些数据一般都属于 Kubernetes 集群自身的参数。而 External 是外部指标，基本与 Kubernetes 无关，例如用户使用了公有云服务商提供的消息服务或外部负载均衡器，希望基于这些外部服务的性能指标（如消息服务的队列长度、负载均衡器的 QPS）对自己部署在 Kubernetes 中的服务执行自动扩缩容操作，External 指标从 Metrics Server 的 external.metrics.k8s.io 接口获取数据。

具体的指标数据可以通过 API 的“custom.metrics.k8s.io”进行查询，要求预先启动自定义的 Metrics Server 服务。

下面是一个类型为 ContainerResource 的 Metrics 示例：

```
metrics:
- type: ContainerResource
  containerResource:
    name: cpu
    container: application
    target:
      type: Utilization
      averageUtilization: 60
```

其中针对 Pod 中名为“application”的容器设置了目标指标的内容，即全部容器的目标 CPU 使用率平均值为 60%，系统将根据监控到的指标值自动触发扩缩容操作。

下面是一个类型为 Pods 的 Metrics 示例：

```
metrics:
- type: Pods
  pods:
    metric:
      name: packets-per-second
    target:
      type: AverageValue
      averageValue: 1k
```

其中，设置 Pod 的指标名称为“packets-per-second”，在目标指标的平均值为 1000 时触发扩缩容操作。

下面是几个类型为 Object 的 Metrics 示例。

例 1，设置指标的名称为“requests-per-second”，其值来源于 Ingress“main-route”，将目标值（value）设置为 2000，即在 Ingress 的每秒请求数量达到 2000 个时触发扩缩容操作：

```
metrics:
- type: Object
  object:
    metric:
      name: requests-per-second
    describedObject:
      apiVersion: extensions/v1beta1
```

```
      kind: Ingress
      name: main-route
    target:
      type: Value
      value: 2k
```

例 2，设置指标的名称为“http_requests”，该资源对象具有标签 verb=GET，在指标的平均值达到 500 时触发扩缩容操作：

```
metrics:
- type: Object
  object:
    metric:
      name: 'http_requests'
      selector: 'verb=GET'
    target:
      type: AverageValue
      averageValue: 500
```

我们在使用 autoscaling/v2 版本时，还可以在同一个 HorizontalPodAutoscaler 资源对象中定义多个类型的指标，系统将针对每种类型的指标都计算 Pod 副本的目标数量，以最大值执行扩缩容操作。在下面的示例中，配置了 3 种类型的指标，包括 Pod 的 CPU 使用率为 50%、Pod 处理的每秒数据包请求数量为 1000，以及 Ingress 后端 Pod 处理的每秒请求数量为 10000：

```
apiVersion: autoscaling/v2
kind: HorizontalPodAutoscaler
metadata:
  name: php-apache
  namespace: default
spec:
  scaleTargetRef:
    apiVersion: apps/v1
    kind: Deployment
    name: php-apache
  minReplicas: 1
  maxReplicas: 10
  metrics:
  - type: Resource
    resource:
      name: cpu
```

```
      target:
        type: AverageUtilization
        averageUtilization: 50
  - type: Pods
    pods:
      metric:
        name: packets-per-second
      targetAverageValue: 1k
  - type: Object
    object:
      metric:
        name: requests-per-second
      describedObject:
        apiVersion: networking.k8s.io/v1
        kind: Ingress
        name: main-route
      target:
        kind: Value
        value: 10k
```

下面是一个类型为 External 的 Metrics 示例。

例 3，设置指标的名称为“queue_messages_ready”，具有 queue=worker_tasks 标签，在目标指标的平均值为 30 时触发自动扩缩容操作：

```
  - type: External
    external:
      metric:
        name: queue_messages_ready
        selector:
          matchLabels:
            queue: "worker_tasks"
      target:
        type: AverageValue
        averageValue: 30
```

在使用外部服务的指标时，要安装、部署能够对接到 Kubernetes HPA 模型的监控系统，并且完全了解监控系统采集这些指标的机制，这样后续的自动扩缩容操作才能完成。

Kubernetes 推荐尽量使用 Object 类型基于自定义指标的 HPA 配置方式，便于系统管理员对指标相关 API 的安全进行管理。使用 External 类型的指标 API 可以访问所有的指标数据，在暴露指标 API 服务时，系统管理员需要更加仔细地考虑数据安全问题。

此外，在对 Pod、Object、External 类型的定义中，metrics 部分还能通过标签选择器来进行配置，用于选择具有特定标签的指标。例如，在下面的例子中指定了名为“http_requests”的指标具有 verb=GET 标签：

```
type: Object
object:
  metric:
    name: http_requests
    selector:
      matchLabels:
        verb: GET
```

此处标签选择器的语法与 Kubernetes 标准的标签选择器的语法相同。

5. 自定义扩缩容行为策略

Kubernetes 还支持对扩容或缩容的行为策略进行自定义配置，通过设置扩缩容的稳定窗口时间来防止目标 Pod 副本数量发生频繁变化，还可以控制扩缩容时的 Pod 副本变化率，即限流的效果。该特性到 v1.23 版本时处于 Stable 阶段。

我们可以通过 HorizontalPodAutoscaler 资源的 behavior 字段进行行为策略配置，系统默认的行为策略如下：

```
behavior:
  scaleDown:
    stabilizationWindowSeconds: 300
    policies:
    - type: Percent
      value: 100
      periodSeconds: 15
  scaleUp:
    stabilizationWindowSeconds: 0
    policies:
    - type: Percent
      value: 100
      periodSeconds: 15
    - type: Pods
      value: 4
      periodSeconds: 15
    selectPolicy: Max
```

主要参数说明如下。

◎ scaleDown：缩容行为策略。
◎ scaleUp：扩容行为策略。
◎ stabilizationWindowSeconds：稳定窗口时间，单位为 s。HPA 控制器可能因为 Pod 目标副本数量的变化而不断创建和删除 Pod，为了减少不必要的数量调整，该参数提供了一个缓冲时间，HPA 控制器在此时间内不做频繁调整操作，而是取其中最安全的 Pod 期望副本数量，在到达窗口时间后，再进行调整。
◎ policies：扩缩容策略，具体如下。
  - type：策略类型，例如 Pods 表示 Pod 数量，Percent 表示比例。
  - value：策略允许的修改量。
  - periodSeconds：策略应该保证为 true 的时间窗口，单位为 s。
  - selectPolicy：指定该方向使用哪种策略，默认为 Max，表示选择影响 Pod 副本数量最大的策略；将该参数设置为 Min，表示选择影响 Pod 副本数量最小的策略；将该参数设置为 Disabled，表示禁用当前方向的策略。

在上面的默认行为示例中，对于缩容行为设置的策略如下。

◎ 每 15s 允许减少 100%的 Pod 副本数量，缩容稳定窗口时间为 300s。

对于扩容行为设置的策略如下。

◎ stabilizationWindowSeconds=0 表示没有稳定窗口时间。
◎ 每 15s 允许增加最多 4 个 Pod 副本，或最多增加当前 Pod 副本数量的 100%。

6. 工作负载使用 HPA 的配置调整

在启用了 HPA 的集群中，建议在 Deployment 或者 StatefulSet 的定义中不要设置 spec.replicas 副本数量，对于已存在的资源可以通过 kubectl edit 命令删除该配置项。

在启用 HPA 时调整工作负载的 replicas，需要注意以下几种情况。

◎ 对于未设置 replicas 字段由系统自动新建的资源对象，系统会以默认值 1 进行创建。
◎ 对于已部署的资源，删除 replicas 字段会导致系统先设置默认值 1。如果当前正在运行的 Pod 副本数量大于 1，则会执行一次缩容操作，相当于 kubectl scale deployment <deploy-name> --replicas=1 的结果。
◎ 对于设置了 replicas 字段的新建资源，系统会在初始时创建指定的 Pod 副本数量，这可能与 HPA 中的副本数量范围不符。
◎ 对于已存在 HPA 配置的集群，如果手动设置 Deployment 或 StatefulSet 的

spec.replicas=0，则隐含表示禁用 HPA 的管理功能，直到用户手动调整了副本数量，或者在修改 HPA 配置中的最小副本数量后才能重新启用 HPA 的功能。

7. 使用 kubectl autoscale 命令创建 HPA

除了基于 HorizontalPodAutoscaler 资源 yaml 配置文件创建 HPA 资源，还可以通过 kubectl autoscale 子命令一键创建 HPA 资源，例如：

```
# kubectl autoscale deploy webapp --min=1 --max=10 --cpu-percent=90
```

为 Deployment “webapp”创建的 HPA 自动扩缩容控制器，副本数量可以在 1 和 10 之间变化，每个 Pod 副本的目标 CPU 使用率为 90%。

8. 基于自定义指标的 HPA 实践

下面通过一个完整的示例，对如何搭建和使用基于自定义指标的 HPA 体系进行说明。

基于自定义指标进行自动扩缩容时，需要预先部署自定义 Metrics Server，目前可以使用基于 Prometheus、Microsoft Azure、Datadog Cluster、Google Stackdriver 等系统的适配器实现自定义 Metrics Server。本节基于 Prometheus 监控系统对 HPA 的基础组件部署和 HPA 配置进行详细说明。

基于 Prometheus 的 HPA 架构如图 4.5 所示。

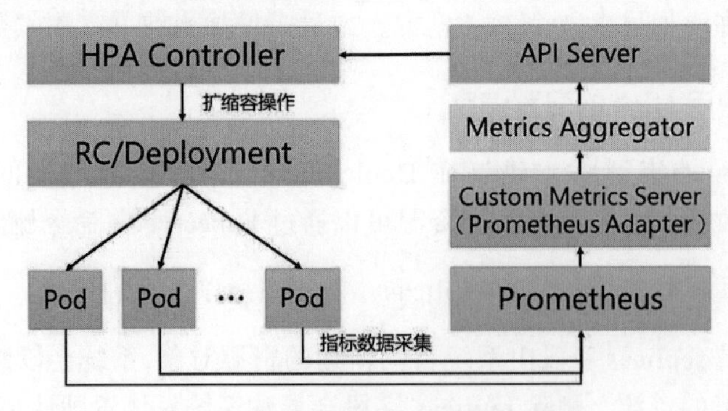

图 4.5　基于 Prometheus 的 HPA 架构

关键组件介绍如下。

◎ Prometheus：定期采集各 Pod 的性能指标数据。

◎ Custom Metrics Server：自定义 Metrics Server，用 Prometheus 适配器进行具体实现。它从 Prometheus 服务采集性能指标数据，通过 Kubernetes 的 Metrics

Aggregation 层将自定义指标 API 注册到 Master 的 API Server 中，以/apis/custom.metrics.k8s.io 路径提供指标数据。

◎ HPA Controller：Kubernetes 的 HPA 控制器，基于用户定义的 HorizontalPodAutoscaler 执行自动扩缩容操作。

接下来对整个系统的部署过程进行说明。

（1）在 Master 的 API Server 中启动 Aggregation 层，通过设置 kube-apiserver 服务的下列启动参数进行启动。

◎ --requestheader-client-ca-file=/etc/kubernetes/ssl_keys/ca.crt：客户端 CA 证书。

◎ --requestheader-allowed-names=：允许访问的客户端 common names 列表，通过 header 中由--requestheader- username-headers 参数指定的字段获取。客户端 common names 的名称需要在 client-ca-file 中进行设置，将其设置为空值时，表示任意客户端都可以访问。

◎ --requestheader-extra-headers-prefix=X-Remote-Extra-：请求头中需要检查的前缀名。

◎ --requestheader-group-headers=X-Remote-Group：请求头中需要检查的组名。

◎ --requestheader-username-headers=X-Remote-User：请求头中需要检查的用户名。

◎ --proxy-client-cert-file=/etc/kubernetes/ssl_keys/kubelet_client.crt：在请求期间验证 Aggregator 的客户端 CA 证书。

◎ --proxy-client-key-file=/etc/kubernetes/ssl_keys/kubelet_client.key：在请求期间验证 Aggregator 的客户端私钥。

配置 kube-controller-manager 服务中 HPA 的相关启动参数（可选配置）如下。

◎ --horizontal-pod-autoscaler-sync-period=10s：HPA 控制器同步 Pod 副本数量的时间间隔，默认值为 15s。

◎ --horizontal-pod-autoscaler-downscale-stabilization=1m0s：执行缩容操作的等待时长，默认值为 5min。

◎ --horizontal-pod-autoscaler-initial-readiness-delay=30s：等待 Pod 处于 Ready 状态的时延，默认值为 30min。

◎ --horizontal-pod-autoscaler-tolerance=0.1：扩缩容计算结果的容忍度，默认值为 0.1，表示[−10%,+10%]。

（2）部署 Prometheus，这里使用 Operator 模式进行部署。

首先，使用下面的 yaml 配置文件部署 prometheus-operator，prometheus-operator 会自动创建组名为“monitoring.coreos.com”的 CRD 资源：

```
apiVersion: apps/v1
kind: Deployment
metadata:
  labels:
    k8s-app: prometheus-operator
  name: prometheus-operator
spec:
  replicas: 1
  selector:
    matchLabels:
      k8s-app: prometheus-operator
  template:
    metadata:
      labels:
        k8s-app: prometheus-operator
    spec:
      containers:
      - image: quay.io/coreos/prometheus-operator:v0.17.0
        imagePullPolicy: IfNotPresent
        name: prometheus-operator
        ports:
        - containerPort: 8080
          name: http
        resources:
          limits:
            cpu: 200m
            memory: 100Mi
          requests:
            cpu: 100m
            memory: 50Mi
```

然后，通过 Operator 的配置部署 Prometheus 服务：

```
---
apiVersion: monitoring.coreos.com/v1
kind: Prometheus
metadata:
```

```
  name: prometheus
  labels:
    app: prometheus
    prometheus: prometheus
spec:
  replicas: 1
  baseImage: prom/prometheus
  version: v2.8.0
  serviceMonitorSelector:
    matchLabels:
      service-monitor: function
  resources:
    requests:
      memory: 300Mi

---
apiVersion: v1
kind: Service
metadata:
  name: prometheus
  labels:
    app: prometheus
    prometheus: prometheus
spec:
  selector:
    prometheus: prometheus
  ports:
  - name: http
    port: 9090
```

确认 prometheus-operator 和 Prometheus 服务正常运行：

```
# kubectl get pods
NAME                                   READY    STATUS     RESTARTS    AGE
prometheus-operator-7c976597bc-xzdf5   1/1      Running    0           51m
prometheus-prometheus-0                2/2      Running    0           42m
```

（3）部署自定义 Metrics Server，这里以 Prometheus 适配器为例进行说明。为了不与集群中的其他命名空间混淆，这里将它们部署在一个新的命名空间 custom-metrics 中。下面的 yaml 配置文件主要包含 Namespace、ConfigMap、Deployment、Service 和自定义 API 资源 custom.metrics.k8s.io/v1beta1。

Namespace 的定义如下：

```
kind: Namespace
apiVersion: v1
metadata:
  name: custom-metrics
```

ConfigMap 的定义如下，其中的 rules 为针对应用自定义指标的 Prometheus 格式查询语句：

```
apiVersion: v1
kind: ConfigMap
metadata:
  name: adapter-config
  namespace: custom-metrics
data:
  config.yaml: |
    rules:
    - seriesQuery: '{__name__=~"^container_.*",container_name!=
"POD",namespace!="",pod_name!=""}'
      seriesFilters: []
      resources:
        overrides:
          namespace:
            resource: namespace
          pod_name:
            resource: pod
      name:
        matches: ^container_(.*)_seconds_total$
        as: ""
      metricsQuery: sum(rate(<<.Series>>{<<.LabelMatchers>>,
container_name!="POD"}[1m])) by (<<.GroupBy>>)
    - seriesQuery: '{__name__=~"^container_.*",container_name!=
"POD",namespace!="",pod_name!=""}'
      seriesFilters:
      - isNot: ^container_.*_seconds_total$
      resources:
        overrides:
          namespace:
            resource: namespace
          pod_name:
            resource: pod
```

```
        name:
          matches: ^container_(.*)_total$
          as: ""
        metricsQuery: sum(rate(<<.Series>>{<<.LabelMatchers>>,
container_name!="POD"}[1m])) by (<<.GroupBy>>)
      - seriesQuery: '{__name__=~"^container_.*",container_name!=
"POD",namespace!="",pod_name!=""}'
        seriesFilters:
        - isNot: ^container_.*_total$
        resources:
          overrides:
            namespace:
              resource: namespace
            pod_name:
              resource: pod
        name:
          matches: ^container_(.*)$
          as: ""
        metricsQuery: sum(<<.Series>>{<<.LabelMatchers>>,container_name!="POD"})
by (<<.GroupBy>>)
      - seriesQuery: '{namespace!="",__name__!~"^container_.*"}'
        seriesFilters:
        - isNot: .*_total$
        resources:
          template: <<.Resource>>
        name:
          matches: ""
          as: ""
        metricsQuery: sum(<<.Series>>{<<.LabelMatchers>>}) by (<<.GroupBy>>)
      - seriesQuery: '{namespace!="",__name__!~"^container_.*"}'
        seriesFilters:
        - isNot: .*_seconds_total
        resources:
          template: <<.Resource>>
        name:
          matches: ^(.*)_total$
          as: ""
        metricsQuery: sum(rate(<<.Series>>{<<.LabelMatchers>>}[1m])) by
(<<.GroupBy>>)
      - seriesQuery: '{namespace!="",__name__!~"^container_.*"}'
        seriesFilters: []
```

```
          resources:
            template: <<.Resource>>
          name:
            matches: ^(.*)_seconds_total$
            as: ""
          metricsQuery: sum(rate(<<.Series>>{<<.LabelMatchers>>}[1m])) by
(<<.GroupBy>>)
        resourceRules:
          cpu:
            containerQuery: sum(rate(container_cpu_usage_seconds_total
{<<.LabelMatchers>>}[1m])) by (<<.GroupBy>>)
            nodeQuery: sum(rate(container_cpu_usage_seconds_total
{<<.LabelMatchers>>, id='/'}[1m])) by (<<.GroupBy>>)
            resources:
              overrides:
                instance:
                  resource: node
                namespace:
                  resource: namespace
                pod_name:
                  resource: pod
            containerLabel: container_name
          memory:
            containerQuery: sum(container_memory_working_set_bytes
{<<.LabelMatchers>>}) by (<<.GroupBy>>)
            nodeQuery: sum(container_memory_working_set_bytes
{<<.LabelMatchers>>,id='/'}) by (<<.GroupBy>>)
            resources:
              overrides:
                instance:
                  resource: node
                namespace:
                  resource: namespace
                pod_name:
                  resource: pod
            containerLabel: container_name
          window: 1m
```

Deployment 的定义如下：

```
apiVersion: apps/v1
kind: Deployment
```

```
  metadata:
    name: custom-metrics-server
    namespace: custom-metrics
    labels:
      app: custom-metrics-server
  spec:
    replicas: 1
    selector:
      matchLabels:
        app: custom-metrics-server
    template:
      metadata:
        name: custom-metrics-server
        labels:
          app: custom-metrics-server
      spec:
        containers:
        - name: custom-metrics-server
          image: directxman12/k8s-prometheus-adapter-amd64
          imagePullPolicy: IfNotPresent
          args:
          - --prometheus-url=http://prometheus.default.svc:9090/
          - --metrics-relist-interval=30s
          - --v=10
          - --config=/etc/adapter/config.yaml
          - --logtostderr=true
          ports:
          - containerPort: 443
          securityContext:
            runAsUser: 0
          volumeMounts:
          - mountPath: /etc/adapter/
            name: config
            readOnly: true
        volumes:
        - name: config
          configMap:
            name: adapter-config

  # 参数--prometheus-url 设置之前创建的 Prometheus 服务地址，例如
prometheus.default.svc
```

```
# 参数--metrics-relist-interval 用于设置更新指标缓存的频率，应将其设置为大于或等于
Prometheus 的指标采集频率
```

Service 的定义如下：

```yaml
apiVersion: v1
kind: Service
metadata:
  name: custom-metrics-server
  namespace: custom-metrics
spec:
  ports:
  - port: 443
    targetPort: 443
  selector:
    app: custom-metrics-server
```

自定义 API 资源 custom.metrics.k8s.io/ v1beta1 的定义如下：

```yaml
apiVersion: apiregistration.k8s.io/v1beta1
kind: APIService
metadata:
  name: v1beta1.custom.metrics.k8s.io
spec:
  service:
    name: custom-metrics-server
    namespace: custom-metrics
  group: custom.metrics.k8s.io
  version: v1beta1
  insecureSkipTLSVerify: true
  groupPriorityMinimum: 100
  versionPriority: 100
```

通过 kubectl create 命令创建完以上资源对象后，确认 custom-metrics-server 容器正常运行：

```
# kubectl -n custom-metrics get pods
NAME                                    READY   STATUS    RESTARTS   AGE
custom-metrics-server-594dd7c4db-z622f  1/1     Running   0          1m
```

（4）部署应用程序，它会在 HTTP URL “/metrics” 路径提供名为 “http_requests_total” 的指标值：

```
---
```

```
apiVersion: apps/v1
kind: Deployment
metadata:
  name: sample-app
  labels:
    app: sample-app
spec:
  replicas: 1
  selector:
    matchLabels:
      app: sample-app
  template:
    metadata:
      labels:
        app: sample-app
    spec:
      containers:
      - image: luxas/autoscale-demo:v0.1.2
        imagePullPolicy: IfNotPresent
        name: metrics-provider
        ports:
        - name: http
          containerPort: 8080

---
apiVersion: v1
kind: Service
metadata:
  name: sample-app
  labels:
    app: sample-app
spec:
  ports:
  - name: http
    port: 80
    targetPort: 8080
  selector:
    app: sample-app
```

部署成功之后，可以在应用的 URL“/metrics”中查看 http_requests_total 指标的值：

```
# kubectl get service sample-app
```

```
NAME         TYPE         CLUSTER-IP        EXTERNAL-IP   PORT(S)   AGE
sample-app   ClusterIP    169.169.43.252    <none>        80/TCP    86m

# curl 169.169.43.252/metrics
# HELP http_requests_total The amount of requests served by the server in total
# TYPE http_requests_total counter
http_requests_total 1
```

（5）创建一个 Prometheus 的 ServiceMonitor 对象，用于监控应用程序提供的指标：

```yaml
apiVersion: monitoring.coreos.com/v1
kind: ServiceMonitor
metadata:
  name: sample-app
  labels:
    service-monitor: function
spec:
  selector:
    matchLabels:
      app: sample-app
  endpoints:
  - port: http
```

关键配置参数如下。

◎　Selector：将其设置为 Pod 的 Label“app: sample-app”。

◎　Endpoints：将其设置为在 Service 中定义的端口名称“http”。

（6）创建一个 HorizontalPodAutoscaler 对象，用于为 HPA 控制器提供用户期望的自动扩缩容配置：

```yaml
apiVersion: autoscaling/v2
kind: HorizontalPodAutoscaler
metadata:
  name: sample-app
spec:
  scaleTargetRef:
    apiVersion: apps/v1
    kind: Deployment
    name: sample-app
  minReplicas: 1
  maxReplicas: 10
  metrics:
```

```
  - type: Pods
    pods:
      metric:
        name: http_requests
      target:
        type: AverageValue
        averageValue: 500m
```

关键配置参数如下。

◎ scaleTargetRef：设置 HPA 的作用对象为之前部署的 Deployment “sample-app”。

◎ type=Pods：设置指标类型为 Pods，表示从 Pod 中获取指标数据。

◎ metric.name=http_requests：将指标的名称设置为“http_requests”，是自定义 Metrics Server 将应用程序提供的指标 http_requests_total 经过计算转换成的一个新比率值，即 sum(rate(http_requests_total{namespace="xx",pod="xx"}[1m])) by pod，指过去 1min 内全部 Pod 指标 http_requests_total 总和的每秒平均值。

◎ target：将 http_requests 指标的目标值设置为 500m（表示 0.5 核），类型为 AverageValue，表示基于全部 Pod 副本数量计算平均值。目标 Pod 的副本数量将使用公式“http_requests 当前值/500m”进行计算。

◎ minReplicas 和 maxReplicas：将扩缩容区间设置为 1 ~ 10（单位是 Pod 副本）。

此时可以通过查看自定义 Metrics Server 提供的 URL “custom.metrics.k8s.io/v1beta1” 来查看 Pod 的指标是否已被成功采集，并通过聚合 API 查询：

```
# kubectl get --raw "/apis/custom.metrics.k8s.io/v1beta1/namespaces/default/pods/*/http_requests?selector=app%3Dsample-app"
{"kind":"MetricValueList","apiVersion":"custom.metrics.k8s.io/v1beta1","metadata":{"selfLink":"/apis/custom.metrics.k8s.io/v1beta1/namespaces/default/pods/%2A/http_requests"},"items":[{"describedObject":{"kind":"Pod","namespace":"default","name":"sample-app-579f977995-jz98h","apiVersion":"/v1"},"metricName":"http_requests","timestamp":"2023-03-16T17:54:38Z","value":"33m"}]}
```

从结果可以看到正确的 value 值，说明自定义 Metrics Server 工作正常。

查看 HorizontalPodAutoscaler 的详细信息，可以看到其成功从自定义 Metrics Server 中获取了应用的指标数据，可以执行扩缩容操作：

```
# kubectl describe hpa.v2.autoscaling sample-app
Name:                    sample-app
Namespace:               default
```

```
Labels:                    <none>
Annotations:               <none>
CreationTimestamp:         Sun, 17 Mar 2023 01:05:33 +0800
Reference:                 Deployment/sample-app
Metrics:                   ( current / target )
  "http_requests" on pods:  33m / 500m
Min replicas:              1
Max replicas:              10
Deployment pods:           1 current / 1 desired
Conditions:
  Type            Status  Reason               Message
  ----            ------  ------               -------
  AbleToScale     True    ReadyForNewScale     recommended size matches current
size
  ScalingActive   True    ValidMetricFound     the HPA was able to successfully
calculate a replica count from pods metric http_requests
  ScalingLimited  False   DesiredWithinRange  the desired count is within the
acceptable range
```

（7）对应用的服务地址发起 HTTP 访问请求，验证 HPA 自动扩容机制。例如，可以使用如下脚本对应用发起大量请求：

```
# for i in {1..100000}; do wget -q -O- 169.169.43.252 > /dev/null; done
```

等待一段时间之后，观察 HorizontalPodAutoscaler 和 Pod 数量的变化，可以看到自动扩容的过程：

```
# kubectl describe hpa.v2.autoscaling sample-app
Name:                      sample-app
Namespace:                 default
Labels:                    <none>
Annotations:               <none>
CreationTimestamp:         Sun, 17 Mar 2023 02:01:30 +0800
Reference:                 Deployment/sample-app
Metrics:                   ( current / target )
  "http_requests" on pods:  4296m / 500m
Min replicas:              1
Max replicas:              10
Deployment pods:           10 current / 10 desired
Conditions:
  Type           Status  Reason              Message
  ----           ------  ------              -------
```

```
    AbleToScale   True    ScaleDownStabilized  recent recommendations were higher
than current one, applying the highest recent recommendation
    ScalingActive   True    ValidMetricFound    the HPA was able to successfully
calculate a replica  count  from pods metric http_requests
    ScalingLimited  True    TooManyReplicas     the desired replica count is more
than the maximum replica count
  Events:
    Type     Reason              Age   From                        Message
    ----     ------              ----  ----                        -------
    Normal   SuccessfulRescale   67s   horizontal-pod-autoscaler   New size: 4;
reason: pods metric http_requests above target
    Normal   SuccessfulRescale   56s   horizontal-pod-autoscaler   New size: 8;
reason: pods metric http_requests above target
    Normal   SuccessfulRescale   45s   horizontal-pod-autoscaler   New size: 10;
reason: pods metric http_requests above target
```

等待一段时间后，可以看到 Pod 数量增加到了 10 个（被 maxReplicas 参数限制的最大值）：

```
# kubectl get pods -l app=sample-app
NAME                            READY   STATUS    RESTARTS   AGE
sample-app-579f977995-dtgcw     1/1     Running   0          32s
sample-app-579f977995-hn5bd     1/1     Running   0          70s
sample-app-579f977995-jz98h     1/1     Running   0          75s
sample-app-579f977995-kllhq     1/1     Running   0          90s
sample-app-579f977995-p5d44     1/1     Running   0          85s
sample-app-579f977995-q6rxb     1/1     Running   0          70s
sample-app-579f977995-rhn5d     1/1     Running   0          70s
sample-app-579f977995-tjc8q     1/1     Running   0          86s
sample-app-579f977995-tzthf     1/1     Running   0          70s
sample-app-579f977995-wswcx     1/1     Running   0          32s
```

停止访问应用服务，等待一段时间后，观察 HorizontalPodAutoscaler 和 Pod 数量的变化，可以看到缩容操作：

```
# kubectl describe hpa.v2.autoscaling sample-app
Name:                        sample-app
Namespace:                   default
Labels:                      <none>
Annotations:                 <none>
CreationTimestamp:           Sun, 17 Mar 2023 02:01:30 +0800
Reference:                   Deployment/sample-app
```

```
  Metrics:                    ( current / target )
    "http_requests" on pods:  33m / 500m
  Min replicas:               1
  Max replicas:               10
  Deployment pods:            1 current / 1 desired
  Conditions:
    Type            Status  Reason               Message
    ----            ------  ------               -------
    AbleToScale     True    ReadyForNewScale     recommended size matches current
size
    ScalingActive   True    ValidMetricFound     the HPA was able to successfully
calculate a replica count from pods metric http_requests
    ScalingLimited False    DesiredWithinRange   the desired count is within the
acceptable range
  Events:
    Type    Reason              Age    From                       Message
    ----    ------              ----   ----                       -------
    Normal  SuccessfulRescale  6m48s  horizontal-pod-autoscaler  New size: 4;
reason: pods metric http_requests above  target
    Normal  SuccessfulRescale  6m37s  horizontal-pod-autoscaler  New size: 8;
reason: pods metric http_requests above  target
    Normal  SuccessfulRescale  6m26s  horizontal-pod-autoscaler  New size: 10;
reason: pods metric http_requests above target
    Normal  SuccessfulRescale  47s   horizontal-pod-autoscaler  New size: 1;
reason: All metrics below target
```

可以看到 Pod 数量已经减少到最小值 1：

```
# kubectl get pods -l app=sample-app
NAME                              READY   STATUS    RESTARTS   AGE
sample-app-579f977995-dtgcw       1/1     Running   0          10m
```

Kubernetes 提供了多种实现多副本 Pod 水平扩缩容的机制，可以基于资源级别或业务级别的性能指标进行操作，为实现系统在应对业务变化时的弹性能力提供了高效的管理机制。

4.6　Job：批处理任务

与需要长时间运行的服务型程序不同，批处理任务通常以并行（或者串行）的方式启动多个程序去处理一批工作任务，任务处理完成即说明整个批处理任务结束。Kubernetes 从 v1.2 版本开始支持批处理类型的应用，我们可以通过 Kubernetes Job 工作负载控制器来管理一个批处理任务。每个任务都通过运行一个 Pod 来执行，Job 工作负载控制器负责创建和监控 Pod 的运行，确保全部任务都成功执行。对于运行失败的 Pod，Job 工作负载控制器会重建一个新的 Pod 再次运行。Kubernetes 从 v1.21 版本开始引入了挂起（suspend）机制，允许用户控制何时挂起和恢复 Job 的执行。

4.6.1　Job 的主要配置和工作机制

下面通过一个例子对 Job 的主要配置和工作机制进行说明。在 job.yaml 中定义了一个能够打印一行文字的任务：

```
# job.yaml
apiVersion: batch/v1
kind: Job
metadata:
  name: hello
spec:
  template:
    spec:
      containers:
      - name: hello
        image: busybox
        command: ["echo", "Hello World!"]
      restartPolicy: Never
  backoffLimit: 4
```

通过 kubectl create 命令创建这个 Job：

```
# kubectl create -f job.yaml
job.batch/hello created
```

通过 kubectl get job 和 kubectl describe job 命令查看 Job 的详细信息：

```
# kubectl get job
NAME    COMPLETIONS   DURATION   AGE
hello   1/1           4s         10s

# kubectl describe job hello
Name:            hello
```

```
    Namespace:       default
    Selector:        batch.kubernetes.io/controller-uid=0d8d188b-4ce2-4026-991a-
48eb9db641fb
    Labels:          batch.kubernetes.io/controller-uid=0d8d188b-4ce2-4026-991a-
48eb9db641fb
                     batch.kubernetes.io/job-name=hello
                     controller-uid=0d8d188b-4ce2-4026-991a-48eb9db641fb
                     job-name=hello
    Annotations:     <none>
    Parallelism:     1
    Completions:     1
    Completion Mode: NonIndexed
    Start Time:      Mon, 27 Nov 2023 15:24:44 +0800
    Completed At:    Mon, 27 Nov 2023 15:24:48 +0800
    Duration:        4s
    Pods Statuses:   0 Active (0 Ready) / 1 Succeeded / 0 Failed
    Pod Template:
      Labels:  batch.kubernetes.io/controller-uid=0d8d188b-4ce2-4026-991a-
48eb9db641fb
               batch.kubernetes.io/job-name=hello
               controller-uid=0d8d188b-4ce2-4026-991a-48eb9db641fb
               job-name=hello
      Containers:
       hello:
        Image:      busybox
        Port:       <none>
        Host Port:  <none>
        Command:
          echo
          Hello World!
        Environment: <none>
        Mounts:      <none>
      Volumes:       <none>
    Events:
      Type    Reason            Age   From            Message
      ----    ------            ----  ----            -------
      Normal  SuccessfulCreate  22s   job-controller  Created pod: hello-fs267
      Normal  Completed         18s   job-controller  Job completed
```

可以看到，Pod 成功运行并终止（在 Pod 的 Statuses 中，Succeeded 数量为 1），Job 状态信息中 Completions 字段的值为 1（如 Completions:1）和事件（Event）信息中的 Job completed 也说明 Job 成功完成。

查看 Pod 的状态信息，可以看到其状态为成功完成（Status=Completed）：

```
# kubectl get    pods
NAME           READY    STATUS       RESTARTS     AGE
hello-fs267    0/1      Completed    0            35s
```

批处理类型的 Pod 需要运行完成就结束，所以通常无须像长时间运行的服务类型 Pod 那样去关注 Ready 状态，由 Status 字段可以看到是否成功完成并结束。成功完成并结束时 Status 字段会显示为 Completed，失败时则会显示为 Error。

查看这个 Pod 的日志，可以看到 echo 命令的结果：

```
# kubectl logs hello-fs267
Hello World!
```

对 Job 资源的主要配置说明如下。

◎ template：Pod 模板，其中的配置项就是 Pod 的定义，在这里作为 Job 资源的一部分存在，只是无须再设置 apiVersion 和 kind 这两个元数据。

◎ selector：在默认情况下，不需要特别设置标签选择器，系统会自动设置 Pod 的标签和标签选择器，以 key 为 batch.kubernetes.io/controller-uid 进行设置，此外还会给 Pod 和 Job 本身设置 key 为 batch.kubernetes.io/job-name 的标签，将值 value 设置为 Job 的名称。Kubernetes 也允许用户自行设置标签选择器，语法和其他工作负载资源的相同。只是需要注意，由于系统会自动为 Pod 设置 batch.kubernetes.io/controller-uid 标签，用户自定义的标签选择器不应该包含其他 Job 创建的 Pod，否则删除该 Pod 时会连带删除该标签选择器匹配的其他 Pod。

◎ restartPolicy：Pod 重启策略，可选项包括 Never 和 OnFailure，不能被设置为 Always。Never 表示不论 Pod 是否运行失败，也不会重启；OnFailure 表示在 Pod 运行失败时重启 Pod。

◎ parallelism：可以并行运行的任务数量，应将其设置为大于或等于 0 的整数，默认值为 1。设置为 0 来表示 Job 启动之后就被暂停执行，直到这个值被修改为大于 0 的数值。

◎ completions 和 completionMode：completions 用于设置成功完成的 Pod 数量，默认值为 1。completionMode（完成模式）可被设置为 NonIndexed 或 Indexed，默认值为 NonIndexed，表示成功完成的 Pod 数量达到 completions 时 Job 完成。如果 completions 被设置为空值，completionMode 将被默认设置为 NonIndexed。

completionMode 被设置为 Indexed 时表示系统会给已经完成的 Pod 设置一个索引（Index）编号，用于在并行（parallelism）模式下为每个 Pod 设置身份标识，以及与 Service 共同使用时，Index 可用于 Pod 的服务名，具体来说，会进行以下几个设置。

- 设置 Pod 名称为<Job 名称>-<索引序号>-<随机字符串>。
- 设置 Annotation “batch.kubernetes.io/job-completion-index” 的值为索引序号。
- 设置 label “batch.kubernetes.io/job-completion-index” 的值为索引序号，该特性从 Kubernetes v1.28 版本开始引入，需要开启 PodIndexLabel 特性门控进行启用。
- 在容器内注入环境变量 JOB_COMPLETION_INDEX，值为索引序号。
- 与一个 Headless Service 搭配使用时，Pod 的网络访问域名将被设置为 <$(job-name)-$(index)>.<headless-service-name>，并设置正确的 DNS 记录。

Kubernetes v1.27 版本引入了一个新的弹性索引特性，通过启用 ElasticIndexedJob 特性门控进行启用。对于已创建的 Job，可以同时调整 parallelism 和 completions 字段的值来对带索引（Index）的 Job（completionMode=Indexed）执行扩缩容操作。在调整这两个字段时，要求 parallelism=completions。该特性通常适用于机器学习、AI 训练任务、MPI 等类型的 Job。

◎ backoffLimit：设置对失败任务的重试次数上限，与 Pod 失效特性相关，详见后面的说明。

◎ podFailurePolicy：Kubernetes 从 v1.26 版本引入 Pod 失效特性，可以根据某种条件选择 Ignore、FailJob、Count 或 FailIndex 等操作类型，详见后面的说明。

◎ podReplacementPolicy：Kubernetes 从 v1.28 版本引入 Pod 失效时的替换策略，可以根据某种条件重建新的替换 Pod，详见后面的说明。

◎ manualSelector：Kubernetes 从 v1.27 版本引入手动设置标签选择器特性，通过设置 manualSelector=true，进而通过设置 spec.selector，可以手动选择目标 Pod 范围，例如可以通过标签 batch.kubernetes.io/controller-uid 指定使用特定的控制器。不过在自定义标签选择器时需要小心，因为选择范围可能不仅是通过该 Job 创建的 Pod。

下面对 Job 并行处理机制、Pod 失效策略、如何使用索引 Index、Job 的挂起与恢复等管理机制进行说明。

4.6.2 Job 的并行处理机制和常用模式

Job 通常适用于以下 3 种形式运行的任务。

（1）单个一次性任务（Non-parallel Job）：通常一个 Job 只启动一个 Pod，除非 Pod 异常，才会重启该 Pod，一旦该 Pod 正常结束，Job 将完成。

（2）具有指定完成数量的并行任务（Parallel Job with a fixed completion count）：并行 Job 会启动多个 Pod，此时需要设定 Job 的 spec.completions 参数为一个正数，当正常结束的 Pod 数量达到该参数设定的值后，Job 完成。此外，Job 的 spec.parallelism 参数用于控制并行度，即同时启动几个 Job 来处理工作项（Work Item）。在设置了 completionMode="Indexed"时，系统会为每个 Pod 设置一个 0 和 completions-1 之间（包含两端）的索引值。

（3）带有工作队列的并行任务：任务队列方式的并行 Job 需要一个独立的 Queue，工作项都在一个 Queue 中存放，不能设置 Job 的 spec.completions 参数，此时 Job 有以下特性。

◎ 多个 Pod 之间必须能够协调好分别要处理哪个工作项，或者借助外部服务来确定。
◎ 每个 Pod 都能够确定其他 Pod 是否完成工作，进而确定 Job 是否完成。
◎ 如果某个 Pod 正常结束，则 Job 不会再启动新的 Pod。
◎ 如果一个 Pod 成功结束，则此时应该不存在其他 Pod 还在工作的情况，它们应该都处于即将结束、退出的状态。
◎ 如果所有 Pod 都结束了，或至少有一个 Pod 成功结束，则整个 Job 成功结束。

在并行运行的情况下，实际运行的 Pod 数量可能比 parallelism 设置的值略大或者略小，可能的原因如下。

◎ 对于具有指定完成数量的并行任务（即 completions>0），实际运行的 Pod 数量不会超过未完成的剩余数量，如果 parallelism 值比 completions 值更大，系统将忽略 parallelism 的设置。
◎ 对于带有工作队列的并行任务，只要有一个 Pod 成功结束，就不会再创建新的 Pod，并且剩下的 Pod 开始启动退出流程。
◎ 在 Job 工作负载控制器未能及时响应时，实际运行的 Pod 数量可能略少。
◎ 当 Job 工作负载控制器在某种情况下无法创建 Pod（例如资源不足、权限不足）时，实际运行的 Pod 数量可能略少。
◎ Job 工作负载控制器可能因为同一个 Pod 失败次数太多而不再创建新的 Pod。

◎ 在某个 Pod 处于优雅终止的过程中，需要消耗更多的时间 Pod 才能终止，实际运行的 Pod 数量可能略多。

对于并行运行模式的批处理任务，可能存在一些相互独立或者彼此关联的任务，对于如何更加合理地选择合适的 Job 配置，需要综合考虑的因素如下。

◎ 一个 Job 仅包含一个工作项还是包含全部工作项呢？在一一对应的情况下会创建更多的 Job 资源对象，会带来更多的管理成本，在工作项数量很大时应该考虑在一个 Job 中进行管理。

◎ 一个 Pod 处理一个工作项还是一个 Pod 处理多个工作项呢？在一一对应的情况下 Pod 中的应用代码可能更加简洁，但工作项数量很大时应该考虑让一个 Pod 完成处理。

◎ 如果需要使用基于工作队列的场景，通常需要基于一个外部的队列服务，修改应用程序来利用该队列服务，这可能要求改造应用程序。

◎ 如果 Job 与某个 Headless Service 进行了关联，可以为 Pod 设置固定的服务访问地址，这为 Pod 相互之间的访问提供了一种便利的方案。

基于这些考虑因素，可以将并行运行时的 Job 运行模式总结为以下几种，如图 4.6 所示。

◎ 一个 Pod 处理一个工作项的队列（Queue with Pod Per Work Item）模式：采用一个任务队列存放工作项，一个 Job 对象作为消费者完成这些工作项。在这种模式下，Job 会启动 *N* 个 Pod，每个 Pod 都对应一个工作项。

◎ Pod 数量可变的队列（Queue with Variable Pod Count）模式：也是采用一个任务队列存放工作项，一个 Job 对象作为消费者完成这些工作项，但与上面的模式不同，Job 启动的 Pod 数量是可变的。

◎ 静态任务分派且带索引的 Job（Indexed Job with Static Work Assignment）模式：也是一个 Job 生成多个 Pod，但它采用程序静态方式分配工作项，而不是采用队列模式进行动态分配。

◎ Pod 之间需要通信的 Job（Job with Pod-to-Pod Communication）模式：通过配置 Job 与某个 Headless Service 存在关联，使得各 Pod 之间可以使用 Pod 名相互通信和协作来完成计算任务。

◎ Job 模板扩展（Job Template Expansion）模式：一个 Job 对象对应一个待处理的工作项，有几个工作项就生成几个独立的 Job，该模式通常适合工作项数量少、每个工作项要处理的数据量比较大的场景，比如一个 100GB 的文件作为一个工作项，总共需要处理 10 个文件。

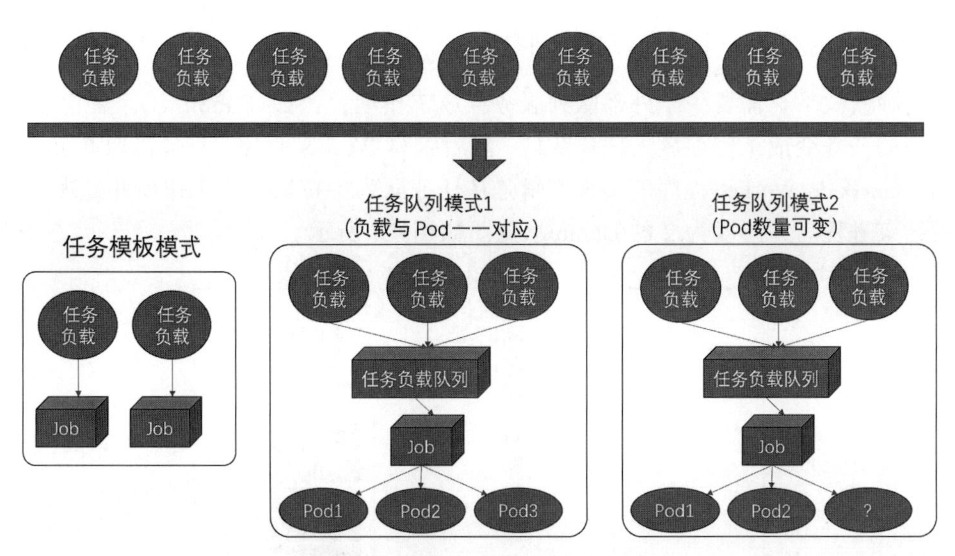

图 4.6　并行运行时的 Job 运行模式

表 4.1 对这几种模式进行了对比，第 2 列和第 4 列对应上述的几个考虑因素。

表 4.1　并行运行时的 Job 运行模式对比

模式名称	是否是单个 Pod	Pod 数量少于工作项数量	应用程序是否要做相应的修改
一个 Pod 处理一个工作项的队列模式	是	—	有时
Pod 数量可变的队列模式	是	是	—
静态任务分派且带索引的 Job 模式	是	—	是
Pod 之间需要通信的 Job 模式	是	有时	有时
Job 模板扩展模式	—	—	是

表 4.2 说明在这几种模式下应该如何设置 spec.completions 和 spec.parallelism 参数，其中 W 表示工作项的数量。

表 4.2　并行运行时的 Job 运行模式参数配置

模式名称	spec.completions	spec.parallelism
一个 Pod 处理一个工作项的队列模式	W	任意值
Pod 数量可变的队列模式	空值（null）	任意值
静态任务分派且带索引的 Job 模式	W	任意值
Pod 之间需要通信的 Job 模式	W	W
Job 模板扩展模式	1	1

下面对这几种模式进行详细介绍。

1. 一个 Pod 处理一个工作项的队列模式

在这种模式下，需要一个外部队列服务存放工作项，比如 RabbitMQ。客户端程序先把要处理的任务变成工作项放入任务队列，然后编写 Worker 程序、打包镜像并定义成 Job 中的 Worker Pod。Worker 程序的实现逻辑是从任务队列中拉取一个工作项并处理，在处理完成后结束进程。并行度为 2 的 Demo 示意图如图 4.7 所示。

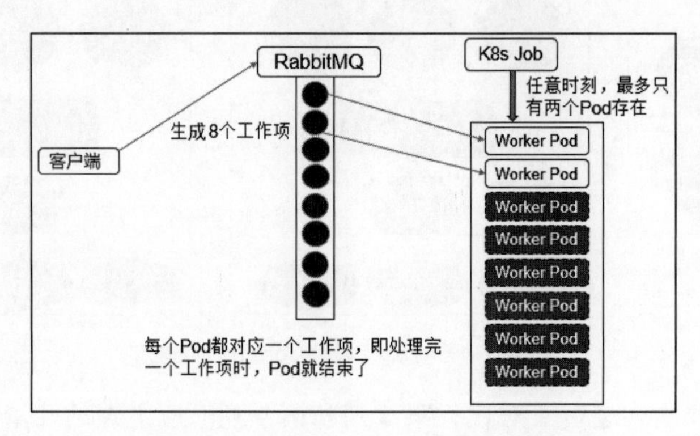

图 4.7　并行度为 2 的 Demo 示意图

2. Pod 数量可变的队列模式

在这种模式下，Worker 程序需要知道队列中是否还有等待处理的工作项，如果有就取出来处理，否则就认为所有工作完成并结束进程。任务队列可以使用 Redis 或者数据库来实现，一种实现方案如图 4.8 所示。

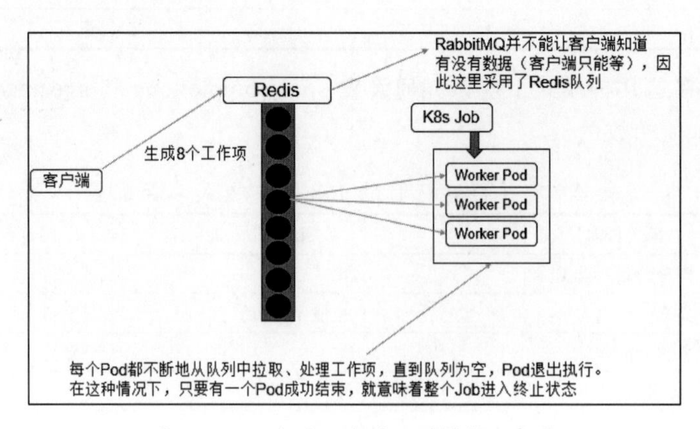

图 4.8　Pod 数量可变的队列模式示意图

3. 静态任务分派且带索引的 Job 模式

在这种模式下，Job 工作负载控制器会自动为每个 Pod 设置一个索引序号，具体的设置：为 Pod 名称补充索引值，全名称将被设置为“<Job 名称>-<索引序号>-<随机字符串>”；以及为 Pod 设置一个 key 为 batch.kubernetes.io/job-completion-index 的 Annotation，value 为索引值。为了让容器应用方便地获取这个值，系统自动使用 Downward API 机制为容器注入一个环境变量 JOB_COMPLETION_INDEX（当然也可以自定义环境变量的名称或者将其挂载为文件）。

在下面的例子中，设置 completionMode=Indexed 来表示启用索引机制，并且设置 completions=5 来表示总共需要 5 个 Pod，设置 parallelism=3 来表示一次性可以并行运行 3 个 Pod。每个 Pod 执行的命令将系统自动设置的环境变量 JOB_COMPLETION_INDEX 的值输出到标准输出：

```
# job-indexed.yaml
apiVersion: batch/v1
kind: Job
metadata:
  name: job-indexed
spec:
  completions: 5
  parallelism: 3
  completionMode: Indexed
  template:
    metadata:
      labels:
        type: indexed
    spec:
      containers:
      - name: pring-index
        image: busybox
        imagePullPolicy: IfNotPresent
        command:
        - "sh"
        - "-c"
        - "echo my index=$JOB_COMPLETION_INDEX"
      restartPolicy: Never
```

通过 kubectl create 命令创建这个 Job：

```
# kubectl create -f job-indexed.yaml
job.batch/job-indexed created
```

查看 Job 的运行情况：

```
# kubectl get jobs
NAME          COMPLETIONS   DURATION   AGE
job-indexed   5/5           8s         2m28s
```

查看 Pod 列表，可以看到系统对每个 Pod 的名称增加了索引值：

```
# kubectl get pods -l type=indexed
NAME                   READY   STATUS      RESTARTS   AGE
job-indexed-0-6tjmx    0/1     Completed   0          3m54s
job-indexed-1-89cbh    0/1     Completed   0          3m54s
job-indexed-2-b9k9t    0/1     Completed   0          3m54s
job-indexed-3-7dplb    0/1     Completed   0          3m50s
job-indexed-4-4vmcp    0/1     Completed   0          3m50s
```

通过 kube

ctl logs 命令查看这 5 个 Pod 的输出日志，可以看到：

```
# kubectl logs -f -l type=indexed
my index=0
my index=1
my index=2
my index=3
my index=4
```

查看 Pod 的详情，可以看到 Annotation 中系统设置的索引信息（如 batch.kubernetes.io/job-completion-index=0 等），以及自动注入的环境变量 JOB_COMPLETION_INDEX。Kubernetes 从 v1.28 版本开始，会创建一个 key 为 batch.kubernetes.io/job-completion-index 的标签，例如 batch.kubernetes.io/job-completion-index=0，这需要开启 PodIndexLabel 特性门控进行启用：

```
# kubectl describe pod job-indexed-0-6tjmx
Name:             job-indexed-0-6tjmx
Namespace:        default
Priority:         0
Service Account:  default
Node:             192.168.18.3/192.168.18.3
Start Time:       Mon, 27 Nov 2023 19:00:23 +0800
```

```
    Labels:             batch.kubernetes.io/controller-uid=5ffa0c57-0159-4aed-a4ea-
a434549673ae
                        batch.kubernetes.io/job-completion-index=0
                        batch.kubernetes.io/job-name=job-indexed
                        controller-uid=5ffa0c57-0159-4aed-a4ea-a434549673ae
                        job-name=job-indexed
                        type=indexed
    Annotations:        batch.kubernetes.io/job-completion-index: 0
    ......

    Controlled By:  Job/job-indexed
    Containers:
      pring-index:
    ......
        Environment:
          JOB_COMPLETION_INDEX:   (v1:metadata.labels['batch.kubernetes.io/job-
completion-index'])
    ......
```

4. Pod 之间需要通信的 Job 模式

下面的例子（job-dns.yaml）通过一个 Headless Service 和引用它的 Job 来为每个 Pod 设置一个唯一的网络地址（类似于 StatefulSet 为 Pod 设置的 DNS 域名），让每个 Pod 都可以方便地用一个固定的网络地址访问其他 Pod。系统为每个 Pod 设置的域名格式为 <pod-name>.<headless-service-name>.<namespace>.svc.<cluster-domain>。在 Pod 的启动脚本中，使用 nslookup 命令对每个 Pod 的网络地址进行解析，以得到 Pod 的 IP 地址，并输出到标准输出。

对其中的关键配置说明如下。

◎ Headless Service 与 Job 需要处于同一个命名空间中。

◎ Headless Service 中的标签选择器需要设置 key 为 job-name，value 为 Job 的名称，例如 job-name=dns-test。

◎ 在 Job 的定义中，需要设置 subdomain 为 Headless Service 的名称，例如 subdomain=job-svc。

◎ 在 Job 的定义中，需要设置 completionMode=Indexed 来表示启用索引机制：

```
# job-dns.yaml
---
apiVersion: v1
```

```
kind: Service
metadata:
  name: job-svc
spec:
  clusterIP: None
  selector:
    job-name: dns-test

---
apiVersion: batch/v1
kind: Job
metadata:
  name: dns-test
spec:
  completions: 3
  parallelism: 3
  completionMode: Indexed
  template:
    metadata:
      labels:
        type: dns
    spec:
      subdomain: job-svc
      containers:
      - name: test
        image: busybox
        imagePullPolicy: IfNotPresent
        command:
        - sh
        - -c
        - |
          for i in 0 1 2
          do
            sleep 2
            status="-1"
            while [ $status -ne 0 ]
            do
              ip=`nslookup dns-test-${i}.job-svc.default.svc.cluster.local | awk
-F': ' 'NR==6 { print $2 } '`
              if [ "$ip" == "" ]; then
                echo "Failed to resolve pod's dns name dns-test-${i}.job-svc,
```

```
retrying in 1 second..."
                sleep 1
              else
                status=0
              fi
            done
            echo "Successfully resolve pod's dns name: dns-test-${i}.job-svc "$ip
          done
      restartPolicy: Never
```

通过 kubectl create 命令创建这个 Job：

```
# kubectl create -f job-dns.yaml
service/job-svc created
job.batch/dns-test created
```

查看 Job 的运行情况：

```
# kubectl get jobs
NAME       COMPLETIONS    DURATION    AGE
dns-test   3/3            9s          15s
```

查看 Pod 列表，可以看到系统给每个 Pod 的名称都增加了索引值：

```
# kubectl get pods -l type=dns
NAME                READY   STATUS      RESTARTS   AGE
dns-test-0-72f8g    0/1     Completed   0          44s
dns-test-1-w86t7    0/1     Completed   0          44s
dns-test-2-wt74s    0/1     Completed   0          44s
```

查看 Pod 的日志，可以看到通过 nslookup 命令在容器内解析其他 Pod 的网络地址时，均能正确解析其对应的 IP 地址：

```
# kubectl logs dns-test-0-72f8g
Successfully resolve pod's dns name: dns-test-0.job-svc 10.1.95.54
Successfully resolve pod's dns name: dns-test-1.job-svc 10.1.95.55
Successfully resolve pod's dns name: dns-test-2.job-svc 10.1.95.56
# kubectl logs dns-test-1-w86t7
Successfully resolve pod's dns name: dns-test-0.job-svc 10.1.95.54
Successfully resolve pod's dns name: dns-test-1.job-svc 10.1.95.55
Successfully resolve pod's dns name: dns-test-2.job-svc 10.1.95.56
# kubectl logs dns-test-2-wt74s
Successfully resolve pod's dns name: dns-test-0.job-svc 10.1.95.54
Successfully resolve pod's dns name: dns-test-1.job-svc 10.1.95.55
```

```
Successfully resolve pod's dns name: dns-test-2.job-svc 10.1.95.56
```

注意，如果 Pod 配置的 DNS 策略被设置为 None 或 Default，系统将无法正确设置 Pod 域名对应的 DNS 记录。关于 Pod 的 DNS 策略，请参考第 5 章。

5. Job 模板扩展模式

在 Job 模板扩展模式下，每个工作项都对应一个 Job 实例，所以这种模式首先定义了一个 Job 模板，模板里的主要参数是工作项的标识，通过 Job 的名称（name）进行设置。如下所示的 Job 模板（job-template.yaml）中的变量$ITEM 可以作为工作项的标识：

```
# job-template.yaml
apiVersion: batch/v1
kind: Job
metadata:
  name: process-item-$ITEM
  labels:
    jobgroup: jobexample
spec:
  template:
    metadata:
      name: jobexample
      labels:
        jobgroup: jobexample
    spec:
      containers:
      - name: c
        image: busybox
        command: ["sh", "-c", "echo Processing item $ITEM && sleep 5"]
      restartPolicy: Never
```

基于这个 Job 模板，通过下面的脚本生成 3 个 Job 配置文件（job-apple.yaml、job-banana.yaml 和 job-cherry.yaml）：

```
# mkdir ./jobs
# for i in apple banana cherry
> do
>   cat job-template.yaml| sed "s/\$ITEM/$i/" > ./jobs/job-$i.yaml
> done

# ls jobs
job-apple.yaml  job-banana.yaml  job-cherry.yaml
```

通过 kubectl create 命令基于该目录创建 3 个 Job 资源：

```
# kubectl create -f ./jobs
job.batch/process-item-apple created
job.batch/process-item-banana created
job.batch/process-item-cherry created
```

查看 Job 的运行情况：

```
# kubectl get jobs -l jobgroup=jobexample
NAME                  COMPLETIONS DURATION  AGE
process-item-apple    1/1         10s       13s
process-item-banana   1/1         10s       13s
process-item-cherry   1/1         10s       13s
```

查看 Pod 的运行情况：

```
# kubectl get pods -l jobgroup=jobexample
NAME                        READY   STATUS      RESTARTS   AGE
process-item-apple-4pgjt    0/1     Completed   0          111s
process-item-banana-8hjt8   0/1     Completed   0          111s
process-item-cherry-wfm5h   0/1     Completed   0          111s
```

通过 kubectl logs 命令查看 3 个 Pod 的输出日志：

```
# kubectl logs -f -l jobgroup=jobexample
Processing item apple
Processing item banana
Processing item cherry
```

在这个示例模板中只有一个变量（$ITEM），可以先基于多种模板语言编写带有更多变量的模板配置文件，然后通过各种工具自动生成多个 Job 的 yaml 配置文件，进而一次性创建多个 Job。

4.6.3 Pod 失效时的处理机制

对于 Job 来说，Pod 的重启策略（restartPolicy）只能被设置为 Never 和 OnFailure，不能被设置为 Always，如果被设置为 OnFailure，那么当 Pod 中的容器失效时，系统会在 Pod 所在的 Node 重启容器，可能的失效原因包括容器进程异常退出、被 OOM Kill 等情况，因此要求容器应用能够处理原地重启的情况，例如是否需要重新处理本地数据。如果重启策略被设置为 Never，则不会自动重启容器。

容器之上的 Pod 也可能因为各种原因失效，例如 Pod 启动过程中所在 Node 失效、Pod 中的容器失效且重启策略为 Never 等。Pod 失效时，系统会创建一个新的 Pod 重新运行，直到 Pod 成功结束，Job 才会结束。为了更加精确地控制 Pod 失效后如何处理，Kubernetes 提供了一些新的配置，包括失效策略（podFailurePolicy）、失效次数上限（backoffLimit）、每个索引的失效次数上限（backoffLimitPerIndex）等机制。下面对这些 Pod 失效处理机制进行详细说明。

1. 使用 Pod 失效次数上限（backoffLimit）控制何时终止 Job

在某些场景下，可能要求 Pod 在不断失败时经过有限的重试次数就不再尝试，而是将 Job 置为失败状态，这可以通过设置 backoffLimit 的值进行控制，默认值为 6。在 Pod 失效后，Job 工作负载控制器会重建 Pod，而重试的时间间隔从 10s 开始，后续以前一次的 2 倍计算重试时间间隔，即 20s、40s、80s 等，最长为 6min。

判断 Job 处于失败状态的计算逻辑为，以下两个值之一达到用 backoffLimit 设置的次数，系统就设置 Job 的状态为失败，并且删除一直失败的 Pod。

（1）status.phase="Failed"时的 Pod 数量。

（2）restartPolicy=OnFailure 时，status.phase="Pending"或"Running"的 Pod，其中容器的重启次数。

在下面的例子中，Pod 中的容器在运行 1s 后失败，以非 0 退出码退出，容器会被系统重启，其中设置了 backoffLimit=3，说明 Pod 失效时最多重试 3 次：

```
# job-max-3-fail.yaml
apiVersion: batch/v1
kind: Job
metadata:
  name: job-max-3-fail
spec:
  template:
    metadata:
      labels:
        type: exception
    spec:
      containers:
      - name: hello
        image: busybox
        imagePullPolicy: IfNotPresent
```

```
        command: ["sh", "-c", "echo hello && sleep 1 && exit 1"]
      restartPolicy: OnFailure
  backoffLimit: 3
```

通过 kubectl create 命令创建这个 Job：

```
# kubectl create -f job-max-3-fail.yaml
job.batch/job-max-3-fail created
```

查看 Job 的运行情况：

```
# kubectl get jobs
NAME             COMPLETIONS   DURATION   AGE
job-max-3-fail   0/1            1m         1m
```

通过监控 Pod 信息，可以看到在容器异常退出后，系统尝试重启容器，重启 3 次即达到配置的 backoffLimit 值（backoffLimit=3），于是系统结束 Job 并删除 Pod：

```
# kubectl get pods -l type=exception -w
NAME                   READY   STATUS              RESTARTS      AGE
job-max-3-fail-sj65v   0/1     Pending             0             0s
job-max-3-fail-sj65v   0/1     Pending             0             0s
job-max-3-fail-sj65v   0/1     ContainerCreating   0             0s
job-max-3-fail-sj65v   0/1     ContainerCreating   0             0s
job-max-3-fail-sj65v   1/1     Running             0             1s
job-max-3-fail-sj65v   0/1     Error               0             2s
job-max-3-fail-sj65v   1/1     Running             1 (1s ago)    3s
job-max-3-fail-sj65v   0/1     Error               1 (2s ago)    4s
job-max-3-fail-sj65v   0/1     CrashLoopBackOff    1 (2s ago)    5s
job-max-3-fail-sj65v   1/1     Running             2 (14s ago)   17s
job-max-3-fail-sj65v   0/1     Error               2 (15s ago)   18s
job-max-3-fail-sj65v   0/1     CrashLoopBackOff    2 (16s ago)   34s
job-max-3-fail-sj65v   1/1     Running             3 (30s ago)   48s
job-max-3-fail-sj65v   0/1     Error               3 (31s ago)   49s
job-max-3-fail-sj65v   0/1     Terminating         3 (31s ago)   49s
job-max-3-fail-sj65v   0/1     Terminating         3 (31s ago)   49s
job-max-3-fail-sj65v   0/1     Terminating         3             50s
job-max-3-fail-sj65v   0/1     Terminating         3             50s
job-max-3-fail-sj65v   0/1     Terminating         3             50s
job-max-3-fail-sj65v   0/1     Terminating         3             51s
job-max-3-fail-sj65v   0/1     Terminating         3             51s
job-max-3-fail-sj65v   0/1     Terminating         3             51s
```

通过 kubectl describe 命令查看 Job 的详情，可以看到相关的 Pod 状态和事件信息：

```
# kubectl describe job job-max-3-fail
Name:           job-max-3-fail
Namespace:       default
......
Pods Statuses:    0 Active (1 Ready) / 0 Succeeded / 1 Failed
......
Events:
  Type    Reason                  Age     From              Message
  ----    ------                  ----    ----              -------
  Normal   SuccessfulCreate       54s     job-controller    Created pod:
job-max-3-fail-sj65v
  Normal   SuccessfulDelete       5s      job-controller    Deleted pod:
job-max-3-fail-sj65v
  Warning  BackoffLimitExceeded   5s      job-controller    Job has reached the
specified backoff limit
```

2. 使用每个索引的失效次数上限（backoffLimitPerIndex）控制何时终止带索引的 Job

从 Kubernetes v1.28 版本开始，引入了针对带索引 Job 的失效次数上限设置，需要开启 Kubernetes 各个服务的 JobBackoffLimitPerIndex 特性门控进行启用，该特性到 v1.29 版本时处于 Beta 阶段。

在下面的例子（job-backofflimit-per-index.yaml）中，设置 backoffLimitPerIndex=1 来表示系统将对每个失败的索引 Pod 最多再重试 1 次；设置 maxFailedIndexes=5 来表示失败的索引 Pod 数量达到 5 时，Job 工作负载控制器会对未结束的 Pod 发起终止操作，等全部 10 个（completions）Pod 都结束了，就标记 Job 结束，并在 Job 的 Status 状态信息中标记哪些索引的 Pod 是成功结束的，哪些索引的 Pod 是失败结束的。在使用该特性时，要求设置 completionMode 必须为 Indexed，以及 Pod 的 restartPolicy 必须为 Never。另外，容器应用的计算逻辑为，当判断环境变量 JOB_COMPLETION_INDEX 的值为奇数（如 1、3、5 等）时异常退出，为偶数（如 2、4、6 等）时正常退出。例子代码如下：

```
# job-backofflimit-per-index.yaml
apiVersion: batch/v1
kind: Job
metadata:
  name: job-backofflimit-per-index
spec:
  completions: 10
```

```
    parallelism: 3
    completionMode: Indexed
    backoffLimitPerIndex: 1
    maxFailedIndexes: 5
    template:
      metadata:
        labels:
          type: exception
      spec:
        restartPolicy: Never
        containers:
        - name: example
          image: busybox
          imagePullPolicy: IfNotPresent
          command: ["sh", "-c", "echo hello && sleep 1 && if [ `expr
$JOB_COMPLETION_INDEX % 2` -ne 0 ]; then exit 1; fi"]
```

通过 kubectl create 命令创建这个 Job：

```
# kubectl create -f create -f job-backofflimit-per-index.yaml
job.batch/job-backofflimit-per-index created
```

通过监控 Pod 信息，可以看到在索引序号为奇数的 Pod 异常退出后，系统会尝试重启容器，对每个索引序号的 Pod 尝试重启 1 次（根据配置的 backoffLimitPerIndex=1 确定重启次数），失败之后，会再次尝试重启，若仍是失败，则不再尝试重启。若所有索引序号 Pod 的总重启失败次数达到 5（根据配置的 maxFailedIndexes=5 确定总重启失败次数），系统就会删除剩下的 Pod 并结束 Job：

```
# kubectl get pods -l type=exception -w
job-backofflimit-per-index-0-kgpg4   0/1    Pending            0         0s
job-backofflimit-per-index-1-rhpks   0/1    Pending            0         0s
job-backofflimit-per-index-2-6h5cf   0/1    Pending            0         0s
job-backofflimit-per-index-0-kgpg4   0/1    ContainerCreating  0         0s
job-backofflimit-per-index-2-6h5cf   0/1    ContainerCreating  0         0s
job-backofflimit-per-index-1-rhpks   0/1    ContainerCreating  0         0s
......
job-backofflimit-per-index-1-rhpks   0/1    Error              0         1s
job-backofflimit-per-index-2-6h5cf   0/1    Completed          0         1s
job-backofflimit-per-index-0-kgpg4   0/1    Completed          0         1s
job-backofflimit-per-index-1-rhpks   0/1    Error              0         2s
job-backofflimit-per-index-0-kgpg4   0/1    Completed          0         2s
job-backofflimit-per-index-2-6h5cf   0/1    Completed          0         2s
```

```
job-backofflimit-per-index-0-kgpg4   0/1    Completed          0          2s
job-backofflimit-per-index-2-6h5cf   0/1    Completed          0          3s
job-backofflimit-per-index-1-rhpks   0/1    Error              0          3s
job-backofflimit-per-index-1-rhpks   0/1    Error              0          3s
......
job-backofflimit-per-index-7-zg9nr   0/1    Error              0          3s
job-backofflimit-per-index-9-c7qcm   0/1    Pending            0          0s
job-backofflimit-per-index-9-c7qcm   0/1    Pending            0          0s
job-backofflimit-per-index-9-c7qcm   0/1    ContainerCreating  0          0s
job-backofflimit-per-index-9-c7qcm   0/1    ContainerCreating  0          0s
job-backofflimit-per-index-9-pblq7   0/1    Error              0          12s
job-backofflimit-per-index-9-c7qcm   0/1    Error              0          1s
job-backofflimit-per-index-9-c7qcm   0/1    Error              0          3s
job-backofflimit-per-index-9-c7qcm   0/1    Error              0          4s
```

查看 Job 的运行情况：

```
# kubectl get jobs
NAME                         COMPLETIONS   DURATION   AGE
job-backofflimit-per-index   5/10          11m        11m
```

通过 kubectl get job <job-name> -o yaml 命令查看 Job 资源对象的 Status 信息，其中的 completedIndexes 记录了成功运行结束的 Pod 索引（0、2、4、6、8），failedIndexes 记录了运行失败的 Pod 索引（1、3、5、7、9）。至于总的运行失败（failed）次数，因为每个 Pod 最多重试 1 次（backoffLimitPerIndex），所以每个失效 Pod 的运行失败次数都为 2，又因为最多失败 5 次（maxFailedIndexes=5），所以总计运行失败 10 次，代码如下：

```
apiVersion: batch/v1
kind: Job
metadata:
  name: job-backofflimit-per-index
......
status:
  completedIndexes: 0,2,4,6,8
  conditions:
  - lastProbeTime: "2023-11-27T13:02:24Z"
    lastTransitionTime: "2023-11-27T13:02:24Z"
    message: Job has failed indexes
    reason: FailedIndexes
    status: "True"
    type: Failed
  failed: 10
```

```
  failedIndexes: 1,3,5,7,9
  ready: 0
  startTime: "2023-11-27T13:01:48Z"
  succeeded: 5
  uncountedTerminatedPods: {}
```

通过 kubectl describe 命令查看 Job 的详情，也可以看到相关的 Pod 状态和更多的事件信息：

```
# kubectl describe job job-backofflimit-per-index
Name:           job-backofflimit-per-index
Namespace:      default
......
Pods Statuses:      0 Active (0 Ready) / 5 Succeeded / 10 Failed
Completed Indexes:  0,2,4,6,8
......
Events:
  Type    Reason             Age                 From            Message
  ----    ------             ----                ----            -------
  Normal  SuccessfulCreate  15m                 job-controller  Created pod:
job-backofflimit-per-index-0-kgpg4
  Normal  SuccessfulCreate  15m                 job-controller  Created pod:
job-backofflimit-per-index-2-6h5cf
  Normal  SuccessfulCreate  15m                 job-controller  Created pod:
job-backofflimit-per-index-1-rhpks
  Normal  SuccessfulCreate  15m                 job-controller  Created pod:
job-backofflimit-per-index-3-2qssl
  Normal  SuccessfulCreate  15m                 job-controller  Created pod:
job-backofflimit-per-index-4-gc5r6
  Normal  SuccessfulCreate  15m                 job-controller  Created pod:
job-backofflimit-per-index-5-xn6dl
  Normal  SuccessfulCreate  15m                 job-controller  Created pod:
job-backofflimit-per-index-1-mtmpt
  Normal  SuccessfulCreate  15m                 job-controller  Created pod:
job-backofflimit-per-index-3-7nwqc
  Normal  SuccessfulCreate  15m                 job-controller  Created pod:
job-backofflimit-per-index-6-5qx4g
  Normal  SuccessfulCreate  15m (x6 over 15m)  job-controller  (combined from
similar events): Created pod: job-backofflimit-per-index-9-c7qcm
  Warning  FailedIndexes    15m                 job-controller  Job has failed
indexes
```

3. Pod 失效策略

从 Kubernetes v1.25 版本开始，引入了 Pod 失效策略（podFailurePolicy）机制，使用户可以根据某些条件更好地控制 Pod 失效时的处理方式，该特性到 v1.26 版本时处于 Beta 阶段，需要开启 Kubernetes 各个服务的 JobPodFailurePolicy 特性门控进行启用。与前面所述的基于 backoffLimit 的处理方式（达到失效次数上限之后 Job 就终止）不同，使用 Pod 失效策略的常见应用场景如下。

◎ 根据特定的退出码立刻终止 Job 而无须再次重试。
◎ 忽略因某些干扰因素（例如优先级抢占、被驱逐等）导致的 Pod 失效，不应受到基于 backoffLimit 的失效次数限制。

Pod 失效策略通过 podFailurePolicy 字段进行配置。在下面的例子（job-podfailurepolicy.yaml）中，根据一个特定的退出码（2 或 4）来决定是否 Job 失败，而其他非 0 退出码则受 backoffLimit 失效次数限制。容器的启动命令设置退出码为 0 和 6 之间的一个随机整数，当某个 Pod 的退出码是 2 或 4 时，将立刻终止 Job，Job 失败，同时终止未完成的 Pod。如果退出码均不是 2 或 4，系统将自动重试非 0 退出码的 Pod，重试达到 9 次（backoffLimit）时 Job 也就结束了。例子代码如下：

```
# job-podfailurepolicy.yaml
apiVersion: batch/v1
kind: Job
metadata:
  name: job-podfailurepolicy
spec:
  completions: 9
  parallelism: 3
  backoffLimit: 9
  podFailurePolicy:
    rules:
    - action: FailJob
      onExitCodes:
        containerName: main
        operator: In
        values: [2,4]
  template:
    metadata:
      labels:
        type: exception
```

```
      spec:
        containers:
        - name: main
          image: busybox
          imagePullPolicy: IfNotPresent
          command: ["sh", "-c", "sleep 1 && c=`expr $RANDOM % 6` && echo exit $c
&& exit $c"]
        restartPolicy: Never
```

通过 kubectl create 命令创建这个 Job：

```
# kubectl create -f job-podfailurepolicy.yaml
job.batch/job-podfailurepolicy created
```

当某个 Pod 的退出码是 2 或 4 时，Job 立刻终止。可以通过 kubectl describe job 命令在 Job 的事件信息中查看，在满足 Pod 失效策略条件时 Job 就会立刻终止，即使此时还没有达到需要运行完成的 Pod 总次数（completions=9）：

```
# kubectl describe job job-podfailurepolicy
Name:             job-podfailurepolicy
Namespace:        default
......
Pods Statuses:    0 Active (0 Ready) / 0 Succeeded / 6 Failed
......
  Type     Reason             Age      From              Message
  ----     ------             ----     ----              -------
  Normal   SuccessfulCreate   10m      job-controller    Created pod:
job-podfailurepolicy-kqp72
  Normal   SuccessfulCreate   10m      job-controller    Created pod:
job-podfailurepolicy-gjbg4
  Normal   SuccessfulCreate   10m      job-controller    Created pod:
job-podfailurepolicy-dm4vg
  Normal   SuccessfulCreate   9m28s    job-controller    Created pod:
job-podfailurepolicy-mf4c4
  Normal   SuccessfulCreate   9m28s    job-controller    Created pod:
job-podfailurepolicy-psbct
  Normal   SuccessfulCreate   9m28s    job-controller    Created pod:
job-podfailurepolicy-dqfr7
  Warning  PodFailurePolicy   9m24s  job-controller  Container main for pod
default/job-podfailurepolicy-dqfr7 failed with exit code 2 matching FailJob rule at
index 0
```

查看容器 job-podfailurepolicy-dqfr7 的日志，可以看到其退出码为 2：

```
# kubectl logs job-podfailurepolicy-dqfr7
exit 2
```

另外，在启用 Pod 失效策略时，建议结合 Pod 的干扰状况特性（PodDisruptionConditions），以便在出现某种干扰状况时能够更好地处理 Pod 失效事件。

在下面的例子中设置了 Pod 失效策略，即当出现 DisruptionTarget 类型的 Pod 干扰状况时，重建失效的 Pod，并且不计入 backoffLimit 失效次数：

```
podFailurePolicy:
  rules:
  - action: Ignore
    onPodConditions:
    - type: DisruptionTarget
```

对 Pod 失效策略的主要配置参数说明如下。

◎ podFailurePolicy.rules：判断规则，按顺序对多个规则进行评估，一旦某个规则匹配成功，就不再进行后续的规则匹配，如果没有任何规则匹配成功，则采用系统默认的处理方式。

◎ action：设置 Pod 失效策略匹配成功时的行为，可选项如下。
  - FailJob：立刻终止 Job 并将其标记为 Failed，同时停止全部未终止的 Pod。
  - Ignore：重建一个新的 Pod，同时不计入 backoffLimit 失效次数。
  - FailIndex：在使用索引的情况下，将失效索引的 Pod 设置为不再重试。

  需要与 action 搭配设置的判断条件类型如下。
  - onExitCodes：设置根据容器应用的退出码进行判断，operator 用于设置操作符，可选项为 In 或 NotIn，values 用于设置退出码的列表，此外可选配置 containerName 用于设置特定名称的容器，可以是普通容器或者初始化容器。
  - onPodConditions：根据 Pod 的状况进行判断，可以配置一个或多个状况的类型 type，表示当发生了这些类型的状况时，应该采取什么 action。
  - 设置了 Pod 失效策略时，必须设置 restartPolicy=Never。

此外，在使用 Pod 失效策略机制时，Job 工作负载控制器只对处于失效阶段的 Pod 进行规则匹配，不考虑成功结束（Succeeded）或者停止中（Terminating）的 Pod。从 Kubernetes v1.27 版本开始，kubelet 会将已删除的 Pod 转换到终止阶段（Failed 或 Succeeded），转换到失效阶段的 Pod 将被 Pod 失效策略纳入考虑。

4. Pod 替换策略

另外，从 Kubernetes v1.28 版本开始引入了一个新的 Pod 替换策略（podReplacementPolicy）机制，用于管理创建替换 Pod 的时间，该特性到 v1.29 版本时处于 Beta 阶段，通过开启 JobPodReplacementPolicy 特性门控进行启用。

在默认情况下，在 Pod 失效或停止中时，Job 工作负载控制器会立刻创建一个新的替换 Pod。Pod 替换策略允许用户通过控制延迟来创建新的替换 Pod。例如，设置 podReplacementPolicy=Failed 来表示只在 Pod 完全失效（status.phase=Failed）时才让系统创建替换 Pod。

◎ Failed：失效 Pod 处于失效状态时，重建替换 Pod。
◎ TerminatingOrFailed：失效 Pod 处于停止中或失效状态时，重建替换 Pod，这是系统默认的策略

从 Kubernetes v1.28 版本开始，在启用了 Pod 失效策略（podFailurePolicy）机制时，Job 工作负载控制器会判断仅当 Pod 为失效状态时，才重建新的替换 Pod。此时如果设置 Pod 替换策略，只允许设置 podReplacementPolicy=Failed，例如：

```
kind: Job
metadata:
  name: my-job
  ......
spec:
  podReplacementPolicy: Failed
  ......
```

对于停止中的 Pod，在 Job 的 status 状态信息中，会在 terminating 字段中进行计数，对于 podReplacementPolicy=Failed 这种策略来说，不会立刻创建替换 Pod，而是等到 Pod 处于失效状态才开始创建。

4.6.4 Job 的终止与清理机制

Job 在结束之后，不再创建新的 Pod，通常也不会删除已经结束的 Pod。保留结束的 Pod，可以供用户执行查看容器日志、排查错误等操作。如果需要删除结束的 Pod，则需要用户手动操作。Job 资源对象不会被自动删除，也需要用户手动删除。删除 Job 资源时，系统会级联删除相关的 Pod。

Job 工作负载控制器会尽量保证成功结束的 Pod 达到由 completions 指定的数量。基于 Pod 重启策略，失效的 Pod 会被重启。如果设置了 backoffLimit，则在失效次数达到这个上限值时认为 Job 失败，并终止全部 Pod。

此外，Job 还可以通过 activeDeadlineSeconds 字段设置一个 Pod 的最长运行时间，达到这个运行时间上限值时，Job 就会终止全部 Pod。另外，activeDeadlineSeconds 的优先级高于 backoffLimit。

下面的例子设置 Pod 的最长运行时间为 2s，容器应用的运行时间为 3s，即使 backoffLimit=5 表示在 Pod 失效时最多重试 5 次，但在达到 activeDeadlineSeconds 时限时，Job 就会终止 Pod。例子代码如下：

```
# job-timeout.yaml
apiVersion: batch/v1
kind: Job
metadata:
  name: job-timeout
spec:
  backoffLimit: 5
  activeDeadlineSeconds: 2
  template:
    metadata:
      labels:
        type: longrunning
    spec:
      containers:
      - name: busybox
        image: busybox
        imagePullPolicy: IfNotPresent
        command: ["sh", "-c", "echo hello && sleep 3 && exit 1"]
      restartPolicy: Never
```

通过 kubectl create 命令创建该 Job：

```
# kubectl create -f job-timeout.yaml
job.batch/job-timeout created
```

通过 kubectl get pods -w 命令监控 Pod 的信息，可以看到在设置的超时时间 2s 之后，Job 终止了这个 Pod，也不再重新创建 Pod 进行重试：

```
# kubectl get pods -l type=longrunning -w
NAME                  READY   STATUS                   RESTARTS        AGE
```

```
job-timeout-55nkw   0/1    Pending             0          0s
job-timeout-55nkw   0/1    Pending             0          0s
job-timeout-55nkw   0/1    ContainerCreating   0          0s
job-timeout-55nkw   0/1    ContainerCreating   0          1s
job-timeout-55nkw   0/1    Terminating         0          2s
job-timeout-55nkw   0/1    Terminating         0          2s
job-timeout-55nkw   1/1    Terminating         0          2s
job-timeout-55nkw   1/1    Terminating         0          4s
```

通过查看 Job 资源的详情信息，可以看到 Pod 因运行超时被终止的事件信息和状态信息：

```
# kubectl describe job job-timeout
Name:                    job-timeout
Namespace:                default
......
Active Deadline Seconds:  2s
Pods Statuses:            0 Active (0 Ready) / 0 Succeeded / 1 Failed
......
Events:
  Type     Reason            Age     From             Message
  ----     ------            ----    ----             -------
  Normal   SuccessfulCreate  2m47s   job-controller   Created pod:
job-timeout-55nkw
  Normal   SuccessfulDelete  2m45s   job-controller   Deleted pod:
job-timeout-55nkw
  Warning  DeadlineExceeded  2m45s   job-controller   Job was active longer
than specified deadline

# kubectl get job job-timeout -o yaml
apiVersion: batch/v1
kind: Job
......
status:
  conditions:
  - lastProbeTime: "2023-11-27T14:51:17Z"
    lastTransitionTime: "2023-11-27T14:51:17Z"
    message: Job was active longer than specified deadline
    reason: DeadlineExceeded
    status: "True"
    type: Failed
  failed: 1
```

```
  ready: 0
  startTime: "2023-11-27T14:51:15Z"
  uncountedTerminatedPods: {}
```

需要注意的是，Job 的配置和 Pod 的配置中都可以设置 activeDeadlineSeconds 字段，请根据需要在合适的位置进行设置。

另外，重启策略是 Pod 的配置，并不是 Job 的配置，一旦 Job 的状态变为失败，就不会再执行重启操作。也就是说，基于 activeDeadlineSeconds 或 backoffLimit 被终止的 Job 就处于永久失败的状态了，需要用户手动操作进行清理。

如果希望由 Kubernetes 自动清理已经结束或失败的 Job，一种方式是通过 CronJob 的清理策略自动清理，另一种方式是通过 TTL 控制器提供的机制，可以为已结束的 Job 设置一个保留时间，到期后由系统自动清理。从 Kubernetes v1.20 版本开始，引入了一个新的字段 ttlSecondsAfterFinished，用于设置 TTL 控制器提供的自动清理机制，该特性到 v1.23 版本时达到 Stable 阶段。需要注意的是，使用到期时间自动删除 Job，系统会级联删除关联的全部 Pod。

下面的例子设置 Job 在结束 10s 之后可以被 TTL 控制器自动删除：

```
# job-ttl.yaml
apiVersion: batch/v1
kind: Job
metadata:
  name: job-ttl
spec:
  ttlSecondsAfterFinished: 10
  template:
    spec:
      containers:
      - name: hello
        image: busybox
        imagePullPolicy: IfNotPresent
        command: ["sh", "-c", "echo hello && sleep 1 && exit 0"]
      restartPolicy: Never
```

通过 kubectl create 命令创建这个 Job：

```
# kubectl create -f job-ttl.yaml
job.batch/job-ttl created
```

通过 kubectl get job job-ttl 命令持续查看 Job 的信息，大约 12s 之后，这个 Job 就被系统自动删除了：

```
# kubectl   get job job-ttl
NAME        COMPLETIONS   DURATION   AGE
job-ttl     0/1           2s         2s
......
# kubectl   get job job-ttl
NAME        COMPLETIONS   DURATION   AGE
job-ttl     1/1           5s         6s
......
# kubectl   get job job-ttl
NAME        COMPLETIONS   DURATION   AGE
job-ttl     1/1           5s         12s
......
# kubectl   get job job-ttl
No resources found in default namespace.
```

注意，如果设置 ttlSecondsAfterFinished=0，表示 Job 在运行结束之后可被立刻自动删除；如果不设置 ttlSecondsAfterFinished，表示 Job 不会被系统自动删除。

如果系统中已经运行结束的 Job 过多，则可能会占用很多资源，导致 Kubernetes 集群的性能下降，所以建议合理配置 ttlSecondsAfterFinished，自动清理已经运行结束的 Job。

4.6.5　Job 的挂起与恢复

Kubernetes 从 v1.21 版本开始，引入了一个新的挂起特性，通过一个新字段 suspend 将 Job 设置为挂起状态，暂停对 Pod 的创建操作，该特性到 Kubernetes v1.24 版本时处于 Stable 阶段。

要实现挂起一个 Job，只需要设置 suspend=true，在后续需要恢复 Job 时，设置 suspend=false 即可。如果在 Job 的初始配置中设置了 suspend=true，那么创建 Job 后其就处于挂起状态。也可以通过对已经创建的 Job 修改 suspend 字段的值来控制 Job 的挂起和恢复。

当 Job 从挂起状态恢复为正常运行状态时，状态信息中的开始时间 status.startTime 字段会被重置为恢复运行的时间。activeDeadlineSeconds 设置的超时时间也会在 Job 被挂起时暂停计时，在 Job 恢复后恢复计时。

在设置 Job 为挂起状态时，所有正在运行中并且状态不是成功结束的 Pod 都将被系统自动终止（给容器发送 SIGTERM 信号）。Pod 应该在优雅终止的时间内结束运行、正确退出，例如在执行保存工作任务进度和数据等操作之后被终止。被“挂起”Job 终止的 Pod 不计入 Job 的 completions 已完成数量。

例如，基于如下配置文件创建一个 Job，设置 completions=4 来表示需要完成 4 个任务：

```
# job-sleep5.yaml
apiVersion: batch/v1
kind: Job
metadata:
  name: job-sleep5
spec:
  completions: 4
  backoffLimit: 4
  template:
    spec:
      containers:
      - name: hello
        image: busybox
        imagePullPolicy: IfNotPresent
        command: ["sh", "-c", "echo hello && sleep 10"]
      restartPolicy: Never
```

在第 1 个 Pod 的运行过程中，通过 kubectl patch 命令设置 suspend=true 来挂起 Job：

```
# kubectl patch job/job-sleep5 --type=strategic --patch
'{"spec":{"suspend":true}}'
job.batch/job-sleep5 patched
```

可以看到，正在运行中的 Pod 被立刻终止：

```
# kubectl get pods -l job-name=job-sleep5 -w
job-sleep5-xnh2g   1/1     Running             0              2s
job-sleep5-xnh2g   1/1     Running             0              8s
job-sleep5-xnh2g   1/1     Terminating         0              8s
job-sleep5-xnh2g   1/1     Terminating         0              11s
```

查看 Job 的详细信息，可以看到状态信息中显示 Job 已处于挂起状态（suspend=true）：

```
# kubectl get job job-sleep5 -o yaml
apiVersion: batch/v1
kind: Job
......
```

```
spec:
  backoffLimit: 4
  completions: 4
  suspend: true
......
status:
  conditions:
  - lastProbeTime: "2023-11-27T15:43:34Z"
    lastTransitionTime: "2023-11-27T15:43:34Z"
    message: Job suspended
    reason: JobSuspended
    status: "True"
    type: Suspended
```

通过 kubectl patch 命令恢复 Job 的运行状态：

```
# kubectl patch job/job-sleep5 --type=strategic --patch
'{"spec":{"suspend":false}}'
job.batch/job-sleep5 patched
```

再次查看 Job 的详细信息，可以看到 Job 恢复运行状态：

```
# kubectl get job job-sleep5 -o yaml
apiVersion: batch/v1
kind: Job
......
spec:
  backoffLimit: 4
  completions: 4
  suspend: false
......
status:
  active: 1
  conditions:
  - lastProbeTime: "2023-11-27T15:45:18Z"
    lastTransitionTime: "2023-11-27T15:45:18Z"
    message: Job resumed
    reason: JobResumed
    status: "False"
    type: Suspended
```

查看 Pod 的信息，可以看到 Job 开始创建新的 Pod：

```
# kubectl get pods -l job-name=job-sleep5 -w
```

```
job-sleep5-xnh2g   1/1    Running             0          2s
job-sleep5-xnh2g   1/1    Running             0          8s
job-sleep5-xnh2g   1/1    Terminating         0          8s
job-sleep5-xnh2g   1/1    Terminating         0          11s
......
job-sleep5-cpdf8   0/1    Pending             0          0s
job-sleep5-cpdf8   0/1    Pending             0          0s
job-sleep5-cpdf8   0/1    ContainerCreating   0          0s
job-sleep5-cpdf8   0/1    ContainerCreating   0          0s
job-sleep5-cpdf8   1/1    Running             0          1s
job-sleep5-cpdf8   0/1    Completed           0          11s
......
```

从 Job 的事件信息中，也可以观察到 Job 的挂起（Job suspended）和恢复（Job resumed）事件：

```
# kubectl describe job job-sleep5
Name:           job-sleep5
......
Events:
  Type    Reason            Age   From            Message
  ----    ------            ----  ----            -------
  Normal  SuccessfulCreate  12m   job-controller  Created pod: job-sleep5-xnh2g
  Normal  SuccessfulDelete  12m   job-controller  Deleted pod: job-sleep5-xnh2g
  Normal  Suspended         12m   job-controller  Job suspended
  Normal  SuccessfulCreate  11m   job-controller  Created pod: job-sleep5-cpdf8
  Normal  Resumed           11m   job-controller  Job resumed
  Normal  SuccessfulCreate  10m   job-controller  Created pod: job-sleep5-tcfw8
  Normal  SuccessfulCreate  10m   job-controller  Created pod: job-sleep5-xmmlc
  Normal  SuccessfulCreate  10m   job-controller  Created pod: job-sleep5-rn74f
  Normal  Completed         10m   job-controller  Job completed
```

Job 的挂起和恢复机制还有助于实现更加复杂的调度需求，例如基于自定义队列来控制何时开始 Job 的运行，以及在挂起 Job 时调整调度策略，例如通过节点亲和性、节点标签选择器、容忍和污点等机制来实现所需的调度机制，再恢复 Job 的运行。

4.7　CronJob：定时任务

Kubernetes 从 v1.5 版本开始增加了一种新类型的 Job，即类似 Linux Cron 的定时任务

CronJob，用于创建每隔一段时间定期运行的批处理任务，比如数据备份、生成报告、清理文件、发送邮件等需要定时执行的任务。CronJob 会周期性地创建 Job（进而创建 Pod）来完成具体的工作任务。CronJob 也支持根据历史数量限制自动清理过期的 Job，以减少过多的残留 Job 占用资源。接下来，对 CronJob 的主要配置和工作机制进行说明。

4.7.1　CronJob 的定时表达式

我们首先需要了解 CronJob 的定时表达式，它基本沿用了 Linux Cron 的语法，由 5 个时间域组成，分别表示分钟、小时、日、月、星期，格式如下：

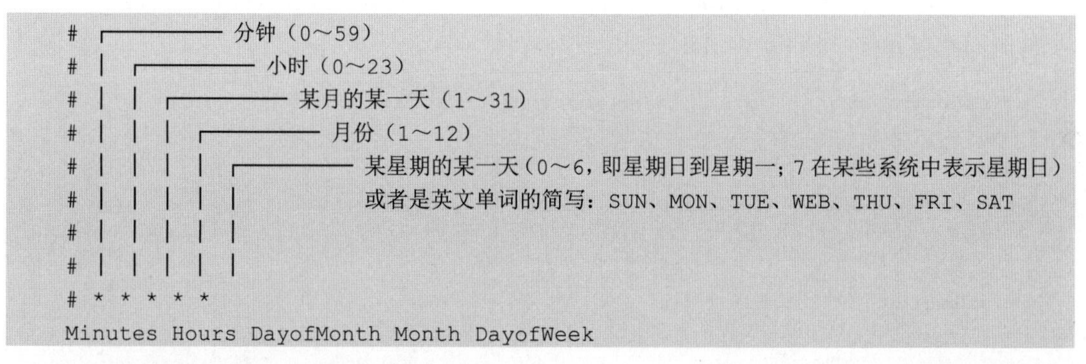

```
# ┌───────── 分钟（0～59）
# │ ┌───────── 小时（0～23）
# │ │ ┌───────── 某月的某一天（1～31）
# │ │ │ ┌───────── 月份（1～12）
# │ │ │ │ ┌───────── 某星期的某一天（0～6，即星期日到星期一；7 在某些系统中表示星期日）
# │ │ │ │ │          或者是英文单词的简写：SUN、MON、TUE、WEB、THU、FRI、SAT
# │ │ │ │ │
# │ │ │ │ │
# * * * * *
Minutes Hours DayofMonth Month DayofWeek
```

以上每个域中都可以出现的字符如下。

◎ Minutes：可出现“,”“-”“*”“/”这 4 个字符，有效范围为 0 ~ 59 的整数。

◎ Hours：可出现“,”“-”“*”“/”这 4 个字符，有效范围为 0 ~ 23 的整数。

◎ DayofMonth：可出现“,”“-”“*”“/”“?”“L”“W”“C”这 8 个字符，有效范围为 1 ~ 31 的整数。

◎ Month：可出现“,”“-”“*”“/”这 4 个字符，有效范围为 1 ~ 12 的整数或 JAN ~ DEC。

◎ DayofWeek：可出现“,”“-”“*”“/”“?”“L”“C”“#”这 8 个字符，有效范围为 0 ~ 6 的整数或 SUN ~ SAT。0 表示星期天，1 表示星期一，以此类推。

该表达式中的特殊字符“*”与“/”的含义如下。

◎ *：表示匹配该域的任意值，假如在 Minutes 域中使用“*”，表示每分钟都会触发事件。

◎ /：表示从起始时间开始触发，然后每隔固定时间触发一次，例如在 Minutes 域中设置 5/20 意味着，第 1 次触发在 5min 时，接下来每 20min 触发一次，如在 25min、45min 等时刻分别触发。

例如，若需要每隔 1min 执行一次任务，则 CronJob 的定时表达式如下：

```
*/1 * * * *
```

4.7.2　编写一个 CronJob 配置文件

在下面的例子（cronjob.yaml）中定义一个名为“hello”的 CronJob，任务每隔 1min 执行一次，运行的镜像是 busybox，运行的命令是 Shell 脚本，脚本运行时会在控制台输出当前时间和字符串“Hello World!”：

```
# cronjob.yaml
apiVersion: batch/v1
kind: CronJob
metadata:
  name: hello
spec:
  schedule: "*/1 * * * *"
  jobTemplate:
    spec:
      template:
        spec:
          containers:
          - name: hello
            image: busybox
            args:
            - /bin/sh
            - -c
            - date; echo Hello from the Kubernetes cluster
          restartPolicy: OnFailure
```

对 CronJob 资源的主要配置参数说明如下。

◎ metadata.name：CronJob 的名称，将作为 Job 名称的前缀。

◎ schedule：定时表达式。

◎ jobTemplate：Job 的配置模板，内容与 Job 需要配置的字段相同，只是不再需要 apiVersion 和 kind 这两个元数据。

◎ startingDeadlineSeconds：设置由于某种原因错过调度后允许启动 Job 的最长等待

时间，这是可选配置。超过最长等待时间后，CronJob 将不再启动这个 Job，Job 也会被系统判定为失败（Failed）状态。若不设置这个参数，则表示没有最长等待时间。

◎ concurrencyPolicy：设置 CronJob 创建的多个 Job 并发运行时的处理策略，这是可选配置。可选的策略介绍如下。
  - Allow：允许并发运行，是 concurrencyPolicy 的默认值。
  - Forbid：禁止并发运行，如果已经达到了新的运行时间，但前一个 Job 还未运行完毕，则忽略新的 Job 的运行。
  - Replace：如果已经达到了新的运行时间，但前一个 Job 还未运行完毕，则启动新的 Job 来替换当前运行的 Job。

◎ suspend：如果将其设置为 true，表示挂起 CronJob 的运行，同时不影响已创建的 Job 的运行；如果将其设置为 false，表示恢复 CronJob 的运行。

◎ successfulJobsHistoryLimit：设置允许保留的成功结束的 Job 数量，默认值为 3，如果将其设置为 0，则表示不保留 Job 历史。

◎ failedJobsHistoryLimit：设置允许保留的运行失败的 Job 数量，默认值为 1，如果将其设置为 0，则表示不保留 Job 历史。

◎ timeZone：用于为 CronJob 设置时区及计算由 schedule 定义的时间表，该参数由 Kubernetes 在 v1.24 版本中引入，到 v1.27 版本时其处于 Stable 阶段。

接下来通过 kubectl create 命令创建这个 CronJob：

```
# kubectl create -f cronjob.yaml
cronjob.batch/hello created
```

过一段时间再查看 CronJob 的事件信息，可以看到每隔 1min 就创建了一个新的 Job：

```
# kubectl describe cronjob hello
Name:                       hello
......
Events:
  Type    Reason            Age   From                Message
  ----    ------            ----  ----                -------
  Normal  SuccessfulCreate  3m6s  cronjob-controller  Created job
hello-28351704
  Normal  SawCompletedJob   3m3s  cronjob-controller  Saw completed job:
hello-28351704, status: Complete
  Normal  SuccessfulCreate  2m6s  cronjob-controller  Created job
hello-28351705
  Normal  SawCompletedJob   2m3s  cronjob-controller  Saw completed job:
```

```
hello-28351705, status: Complete
     Normal  SuccessfulCreate  66s   cronjob-controller  Created job
hello-28351706
     Normal  SawCompletedJob   62s   cronjob-controller  Saw completed job:
hello-28351706, status: Complete
```

也可以通过 kubectl get job -w 命令持续监控 Job 资源的创建：

```
# kubectl get job -w
NAME             COMPLETIONS  DURATION    AGE
hello-28351704   1/1          3s          66s
hello-28351705   1/1          3s          6s
hello-28351706   1/1          4s          4s
```

Job 也会创建相应的 Pod：

```
# kubectl get pods
NAME                   READY   STATUS      RESTARTS   AGE
hello-28351704-2gkhq   0/1     Completed   0          2m45s
hello-28351705-zzzpb   0/1     Completed   0          105s
hello-28351706-j2mdc   0/1     Completed   0          45s
```

查看 Pod 的日志，可以看到 Pod 在日志中输出的信息（“Hello World!”）：

```
# kubectl logs hello-28351710-2gkhq
Hello World!
```

再经过几分钟，可以看到基于默认只保留 3 个历史 Job（successfulJobsHistoryLimit=3）的配置，CronJob 在创建了新的 Job 后，会自动删除更早的 Job：

```
# kubectl describe cronjob hello
Name:                          hello
......
Events:
  Type    Reason               Age                From                   Message
  ----    ------               ----                 ----                  -------
  Normal  SuccessfulCreate    4m30s             cronjob-controller  Created job
hello-28351704
     Normal  SawCompletedJob     4m27s               cronjob-controller  Saw
completed job: hello-28351704, status: Complete
     Normal  SuccessfulCreate    3m30s               cronjob-controller  Created
job hello-28351705
     Normal  SawCompletedJob     3m27s               cronjob-controller  Saw
completed job: hello-28351705, status: Complete
```

```
      Normal  SuccessfulCreate    2m30s                 cronjob-controller  Created
job hello-28351706
      Normal  SawCompletedJob     2m26s                 cronjob-controller  Saw
completed job: hello-28351706, status: Complete
      Normal  SuccessfulCreate    90s                   cronjob-controller  Created
job hello-28351707
      Normal  SawCompletedJob     87s                   cronjob-controller  Saw
completed job: hello-28351707, status: Complete
      Normal  SuccessfulDelete    87s                   cronjob-controller  Deleted
job hello-28351704
      Normal  SuccessfulCreate    30s                   cronjob-controller  Created
job hello-28351708
      Normal  SawCompletedJob     27s (x2 over 27s)  cronjob-controller  Saw
completed job: hello-28351708, status: Complete
      Normal  SuccessfulDelete    27s                   cronjob-controller  Deleted
job hello-28351705
```

4.7.3 CronJob 工作机制的不足之处

CronJob 工作机制也存在不足之处，如下所述。

◎ Kubernetes v1.28 版本允许在定时时间配置（schedule 字段）中加入时区信息，例如 CRON_TZ=UTC * * * * *或 TZ=UTC * * * * *，但这种表达式是不被官方支持的。

◎ CronJob 控制器根据定时时间配置，在需要创建新任务时，“大约”会创建一个 Job。“大约”意味着不完全确定，可能在某些情况下创建两个 Job，或者一个也不创建，Kubernetes 会尽量减少这种情况的发生，但无法完全避免。

◎ 在创建了 CronJob 资源之后，修改其 jobTemplate，将只会影响修改后创建的 Job 的配置，在此之前创建的 Job 将不会被系统自动更新。

◎ 如果设置 startingDeadlineSeconds 小于 10s，则可能导致 CronJob 无法完成调度，这是因为 CronJob 控制器每 10s 进行一次检查。

◎ CronJob 控制器会定时（每 10s）检查从上一次调度的时间点到当前时间点错过的调度次数，如果错过的次数超过 100，就不再启动 Job。

◎ 如果未能在调度时间内创建 CronJob，则该 CronJob 资源被系统标记为“错过”了调度。例如，当设置了 concurrencyPolicy=Forbid 并且当前仍有一个 Job 在运行，则新的调度将被标记为“错过”。

第 5 章 深入掌握 Service

Service（服务）是 Kubernetes 实现微服务架构的核心概念，通过创建 Service，可以为一组具有相同功能的容器应用提供一个统一的入口地址，通过内置的负载均衡器将请求转发到后端的多个容器应用上。Kubernetes 还提供了自动服务发现、服务注册、服务后端变化时自动更新负载均衡策略等功能，为客户端提供了稳定的服务访问机制。

本章会对 Service 的概念和应用进行详细说明，包括 Service 的定义、概念和原理，DNS 服务搭建和配置指南，Service 和 Pod 的 DNS 域名相关特性，Ingress 7 层路由机制，对 IPv4 和 IPv6 双栈功能的支持等。

5.1 Service 定义详解

Service 用于为一组提供服务的 Pod 抽象一个稳定的网络地址，是 Kubernetes 实现微服务架构的核心概念。通过 Service 的定义设置的访问地址是 DNS 域名格式的服务名称，但对于客户端应用来说，网络访问方式并没有改变（DNS 域名等价于主机名、互联网域名或 IP 地址）。Service 还提供了负载均衡器功能，可以将客户端请求负载分发到后端提供具体服务的各个 Pod 的容器上。

Service 的 yaml 格式的定义文件的完整内容如下：

```
apiVersion: v1              // 必选
kind: Service               // 必选
metadata:                   // 必选
  name: string              // 必选
  namespace: string         // 必选
  labels:
    - name: string
  annotations:
    - name: string
spec:                       // 必选
  selector: []              // 必选
  type: string              // 必选
  clusterIP: string
  sessionAffinity: string
  ports:
  - name: string
    protocol: string
    port: int
    targetPort: int
```

```
      nodePort: int
  status:
    loadBalancer:
      ingress:
        ip: string
        hostname: string
```

对 Service 的定义文件模板的各属性的说明如表 5.1 所示。

表 5.1　对 Service 的定义文件模板的各属性的说明

属性名称	取值类型	是否必选	取值说明
apiVersion	string	必选	v1
kind	string	必选	Service
metadata	object	必选	元数据
metadata.name	string	必选	Service 名称，须符合 RFC 1035 规范
metadata.namespace	string	必选	命名空间，不指定系统时将使用名为“default”的命名空间
metadata.labels[]	list		自定义标签属性列表
metadata.annotation[]	list		自定义注解属性列表
spec	object	必选	详细描述
spec.selector[]	list	必选	标签选择器配置，将选择具有指定标签的 Pod 作为管理范围
spec.type	string	必选	Service 的类型，指定 Service 的访问方式，默认值为 ClusterIP。 （1）ClusterIP：虚拟服务 IP 地址，该地址用于 Kubernetes 集群中部的 Pod 访问，在 Node 上 kube-proxy 通过设置的 iptables 规则转发该地址。 （2）NodePort：使用宿主机的端口，使能够访问各 Node 的外部客户端通过 Node 的 IP 地址和端口号就能访问服务。 （3）LoadBalancer：使用外接负载均衡器完成到服务的负载分发，需要在 spec.status.loadBalancer 字段中指定外部负载均衡器的 IP 地址，同时定义 nodePort 和 clusterIP，用于公有云环境。 （4）ExternalName：映射到外部服务名，需要设置一个有效的 DNS 域名，不能用 IP 地址，表示该 Service 直接指向某个外部服务，而不是集群中的 Pod
spec.clusterIP	string		虚拟服务的 IP 地址，当 type=ClusterIP 时，如果不指定该属性，则系统自动分配，也可以手动指定；当 type=LoadBalancer 时，需要指定

续表

属性名称	取值类型	是否必选	取值说明
spec.sessionAffinity	string		是否支持 Session，可选值为 ClientIP，默认值为 None。ClientIP：表示将同一个客户端（根据客户端的 IP 地址决定）的访问请求都转发到同一个后端 Pod 上
spec.ports[]	list		Service 端口列表
spec.ports[].name	string		端口名称
spec.ports[].protocol	string		端口协议，支持 TCP 和 UDP，默认值为 TCP
spec.ports[].port	int		服务监听的端口号
spec.ports[].targetPort	int		需要转发到后端 Pod 上的端口号
spec.ports[].nodePort	int		当 spec.type=NodePort 时，指定映射到宿主机的端口号
status	object		当 spec.type=LoadBalancer 时，设置外部负载均衡器的地址，用于公有云环境
status.loadBalancer	object		外部负载均衡器
status.loadBalancer.ingress	object		外部负载均衡器
status.loadBalancer.ingress.ip	string		外部负载均衡器的 IP 地址
status.loadBalancer.ingress.hostname	string		外部负载均衡器的主机名

5.2 Service 的概念和原理

Service 主要用于提供网络服务，通过 Service 的定义，能够为客户端应用提供稳定的访问地址（域名或 IP 地址）和负载均衡功能，以及屏蔽后端 Endpoint（端点）的变化，是 Kubernetes 实现微服务架构的核心概念。本节对 Service 的概念、负载均衡机制、多端口设置、外部服务、暴露到集群外、支持的网络协议、服务发现机制、Headless Service、端点分片和服务拓扑等内容进行详细说明。

5.2.1 Service 和 Endpoint 概述

在应用 Service 之前，我们先看看如何访问一个多副本的应用容器组提供的服务。

如下所示为一个提供 Web 服务的 Pod 集合，由两个 Tomcat 容器副本组成，每个容器提供的服务端口号都为 8080：

```
# webapp-deployment.yaml
apiVersion: apps/v1
```

```
kind: Deployment
metadata:
  name: webapp
spec:
  replicas: 2
  selector:
    matchLabels:
      app: webapp
  template:
    metadata:
      labels:
        app: webapp
    spec:
      containers:
      - name: webapp
        image: kubeguide/tomcat-app:v1
        ports:
        - containerPort: 8080
```

创建该Deployment：

```
# kubectl create -f webapp-deployment.yaml
deployment.apps/webapp created
```

查看每个Pod的IP地址：

```
# kubectl get pods -l app=webapp    -o wide
NAME                       READY     STATUS    RESTARTS  AGE      IP       NODE
NOMINATED NODE   READINESS    GATES
webapp-5b647dbdfb-6jqps    1/1       Running   0         25s      10.1.95.22
192.168.18.3   <none>         <none>
webapp-5b647dbdfb-725qk    1/1       Running   0         25s      10.1.95.23
192.168.18.3   <none>         <none>
```

客户端应用可以直接通过这两个Pod的IP地址和端口号8080访问Web服务：

```
# curl 10.0.95.22:8080
<!DOCTYPE html PUBLIC "-//W3C//DTD HTML 4.01 Transitional//EN"
"http://www.w3.org/TR/html4/loose.dtd">
<html>
<head>
<meta http-equiv="Content-Type" content="text/html; charset=utf-8">
......
# curl 10.0.95.23:8080
```

```
    <!DOCTYPE html PUBLIC "-//W3C//DTD HTML 4.01 Transitional//EN"
"http://www.w3.org/TR/html4/loose.dtd">
    <html>
    <head>
    <meta http-equiv="Content-Type" content="text/html; charset=utf-8">
    ......
```

但是，提供服务的容器应用通常是分布式的，通过多个 Pod 副本共同提供服务。而 Pod 副本数量可能在运行过程中动态改变（例如进行了水平扩缩容），另外，单个 Pod 的 IP 地址也可能发生变化（例如发生了故障恢复）。

对于客户端应用来说，要实现动态感知服务后端实例的变化，以及实现将请求发送到多个后端实例上的负载均衡机制，都会大大增加客户端系统实现的复杂度。Kubernetes 的 Service 就是用于解决这些问题的核心组件。通过 Service 的定义，可以对客户端应用屏蔽后端实例数量及 Pod IP 地址的变化，通过负载均衡策略实现将请求转发到后端实例上，为客户端应用提供一个稳定的服务访问入口地址。Service 实现的是微服务架构中的几个核心功能：全自动的服务注册、服务发现、服务负载均衡等。

以前面创建的 webapp 应用为例，为了让客户端应用访问两个 Tomcat Pod 实例，需要创建一个 Service 来提供服务。Kubernetes 提供了一种快速的方法，即通过 kubectl expose 命令来创建 Service：

```
# kubectl expose deployment webapp
service/webapp exposed
```

查看新创建的 Service，可以看到系统为它分配了一个虚拟 IP 地址（ClusterIP 地址），Service 的端口号则从 Pod 中的 containerPort 复制而来：

```
# kubectl get services
NAME      TYPE       CLUSTER-IP       EXTERNAL-IP    PORT(S)    AGE
webapp    ClusterIP  169.169.140.242  <none>         8080/TCP   14s
```

接下来就可以通过 Service 的 IP 地址和端口号访问该 Service 了：

```
    # curl 169.169.140.242:8080
    <!DOCTYPE html PUBLIC "-//W3C//DTD HTML 4.01 Transitional//EN"
"http://www.w3.org/TR/html4/loose.dtd">
    <html>
    <head>
    <meta http-equiv="Content-Type" content="text/html; charset=utf-8">
    ......
```

客户端应用对Service地址169.169.140.242:8080的访问请求被负载均衡地分发给后端两个Pod之一：10.0.95.22:8080或10.0.95.23:8080。

除了通过kubectl expose命令创建Service，更便于管理的方式是通过yaml文件来创建Service，代码如下：

```
# webapp-service.yaml
apiVersion: v1
kind: Service
metadata:
  name: webapp
spec:
  ports:
  - protocol: TCP
    port: 8080
    targetPort: 8080
  selector:
    app: webapp
```

Service定义中的关键字段是ports和selector。

本例中的ports定义部分指定了Service本身的端口号为8080，targetPort则用于指定后端Pod的容器端口号，selector定义部分设置的是后端Pod所拥有的label：app=webapp。

创建该Service并查看系统为其分配的ClusterIP地址：

```
# kubectl create -f webapp-service.yaml
Service/webapp created

# kubectl get services
NAME        TYPE        CLUSTER-IP       EXTERNAL-IP  PORT(S)     AGE
webapp      ClusterIP   169.169.140.229  <none>       8080/TCP    5s
```

通过Service的IP地址和端口号访问Service：

```
# curl 169.169.140.229:8080
<!DOCTYPE html PUBLIC "-//W3C//DTD HTML 4.01 Transitional//EN"
"http://www.w3.org/TR/html4/loose.dtd">
<html>
<head>
<meta http-equiv="Content-Type" content="text/html; charset=utf-8">
......
```

在提供服务的 Pod 副本集运行过程中，如果 Pod 列表发生了变化，则 Kubernetes 的 Service 控制器会持续监控后端 Pod 列表的变化，实时更新 Service 对应的后端 Pod 列表。

一个 Service 对应的"后端"由 Pod 的 IP 地址和容器端口号组成，即一个完整的"IP:Port"访问地址，它在 Kubernetes 系统中被称作 Endpoint（端点）。通过查看 Service 的详细信息，可以看到其后端 Endpoints 列表：

```
# kubectl describe service webapp
Name:               webapp
Namespace:          default
Labels:             <none>
Annotations:        <none>
Selector:           app=webapp
Type:               ClusterIP
IP:                 169.169.140.229
IPs:                169.169.140.229
Port:               <unset>  8080/TCP
TargetPort:         8080/TCP
Endpoints:          10.0.95.22:8080,10.0.95.23:8080
Session Affinity:   None
Events:             <none>
```

实际上，Kubernetes 自动创建了与 Service 关联的 Endpoint 资源对象，这可以通过查询 endpoints 对象进行查看：

```
# kubectl get endpoints
NAME       ENDPOINTS                         AGE
webapp     10.0.95.22:8080,10.0.95.23:8080   23m
```

从 Kubernetes v1.21 版本开始，Kubernetes 系统也会默认创建 endpointslice（端点分片）资源对象（关于 EndpointSlice 的概念详见 5.2.10 节的说明）：

```
# kubectl get endpointslices
NAME            ADDRESSTYPE   PORTS   ENDPOINTS               AGE
webapp-pvsxk    IPv4          80      10.1.95.22,10.1.95.23   23m
```

Service 不仅具有标准网络协议的 IP 地址，还以 DNS 域名的形式存在。Service 的域名表示方法为<servicename>.<namespace>.svc.<clusterdomain>，其中 servicename 为服务的名称，namespace 为其所在命名空间的名称，clusterdomain 为 Kubernetes 集群设置的域名后缀。服务名称的命名规则遵循 RFC 1123 规范，对服务名的 DNS 解析机制详见 5.3 节对 DNS 服务的详细说明。

在客户端访问 Service 的地址时，Kubernetes 自动完成了将客户端请求转发到后端多个 Endpoint 上的负载分发工作，接下来对 Service 的负载均衡机制进行详细说明。

5.2.2　Service 的负载均衡机制

当一个 Service 对象在 Kubernetes 集群中被定义出来时，集群中的客户端应用就可以通过服务 IP 地址访问具体的 Pod 容器提供的服务了。从 Master 中获取 Service 和 Endpoint 的变更，以及在节点上设置 Service 到后端的多个 Endpoint（图中简写为 EP）的负载均衡策略，则是由每个 Node 上的 kube-proxy 负责实现的，如图 5.1 所示。

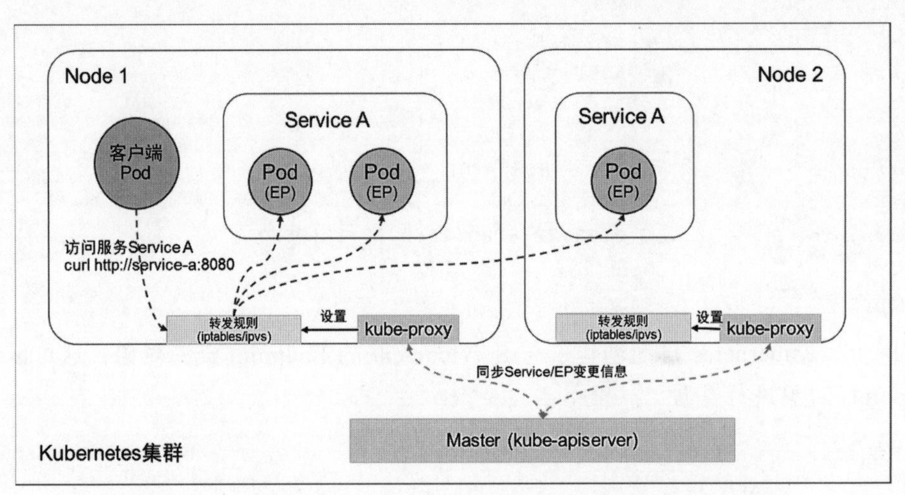

图 5.1　kube-proxy 同步 Service 和 Endpoint 并设置转发规则示意图

下面对 kube-proxy 的代理模式、会话保持机制和流量策略进行说明。

1. kube-proxy 的代理模式

kube-proxy 目前提供了以下几种代理模式（通过启动参数--proxy-mode 设置）。

（1）iptables 模式（仅适用于 Linux 操作系统）

在 iptables 模式下，kube-proxy 通过设置 Linux Kernel 的 iptables 规则，实现了从 Service 到后端 Endpoints 列表的负载分发规则。由于使用的是 Linux 操作系统内核的 Netfilter 机制，所以流量转发效率很高，也很稳定。

但是 iptables 规则本身没有对后端的健康检查机制，如果在转发流量时后端 Endpoint

不可用，此次请求就会失败。为了避免出现这种不可靠的场景，应该为容器设置 readinessProbe（服务可用性探针），Kubernetes 会保证只有处于 Ready 状态的 Endpoint 才会被设置为 Service 的后端 Endpoint。

每次新建的 Service 或者 Endpoint 发生变化时，kube-proxy 都会刷新本 Node 的全部 iptables 规则，在大规模集群（如 Service 和 Endpoint 的数量达到数万个）中这会导致刷新时间过长，并进一步导致系统性能下降，这时可以在 kube-proxy 的配置资源对象 KubeProxyConfiguration 中通过以下参数调整 iptables 规则的同步行为：

```
iptables:
  minSyncPeriod: 1s
  syncPeriod: 30s
```

◎ minSyncPeriod：同步 iptables 规则的最短时间间隔，单位为 s，默认值为 1。
- 该属性值被设置为 0 时表示只要有 Service 或 Endpoint 发生变化，kube-proxy 就会立刻同步所有 iptables 规则。
- 该属性值被设置为更大值时表示每次将需要的同步操作批量处理，优点是可以提高效率，缺点是等候下一次同步的时间可能过长，默认值 1s 适合大多数环境。在大规模集群中，可以根据 kube-proxy 提供的性能指标 sync_proxy_rules_duration_seconds（同步耗时）的值合理设置，通常在该指标值远大于 1s 的情况下，调大 minSyncPeriod。

  从 Kubernetes v1.28 版本开始，kube-proxy 对于 iptables 模式采取了更精简的做法，只有在 Service 或 EndpointSlice 发生实际变化时才同步 iptables 规则

◎ syncPeriod：设置 iptables 规则的同步时间间隔，用于与 Service 或 EndpointSlice 变化无关的 iptables 规则的同步（有时候其他系统可能会干扰 kube-proxy 设置的 iptables 规则），以及用于定时清理 iptables 规则，单位为 s。

（2）ipvs 模式（仅适用于 Linux 操作系统）

在 ipvs 模式下，kube-proxy 通过 Linux Kernel 的 netlink 接口来设置 ipvs 规则。

ipvs 模式基于 Linux 操作系统内核的 netfilter 钩子函数（hook），类似于 iptables 模式，但使用了散列表作为底层数据结构，并且工作在内核空间，这使得 ipvs 模式比 iptables 模式的转发性能更高、延迟更低，同步 Service 和 Endpoint 规则的效率也更高，还支持更高的网络吞吐量。

ipvs 模式要求 Linux Kernel 启用 IPVS 内核模块，如果 kube-proxy 在 Linux 操作系统

中未检测到 IPVS 内核模块，kube-proxy 会自动切换至 iptables 模式。

ipvs 模式支持更多的负载均衡策略，如下所述。

◎ rr（Round Robin）：轮询。

◎ wrr（Weighted Round Robin）：加权轮询。

◎ lc（Least Connection）：最小连接数。

◎ wlc（Weighted Least Connection）：加权最小连接数。

◎ lblc（Locality based Least Connection）：基于地域的最小连接数。

◎ lblcr（Locality Based Least Connection with Replication）：带副本的基于地域的最小连接数。

◎ sh（Source Hashing）：源地址散列。

◎ dh（Destination Hashing）：目的地址散列。

◎ sed（Shortest Expected Delay）：最短期望延时。

◎ nq（Never Queue）：永不排队。

（3）kernelspace 模式

这是 Windows 操作系统内核的数据包转发规则的代理模式，使用 Hyper-V vSwitch 的扩展，即 VFP（Virtual Filtering Platform）技术进行实现，仅适用于 Windows 操作系统。

Kubernetes 从 v1.14 版本开始提供网络应答的 DSR 模式，该模式目前是处于 Alpha 阶段的特性，通过 kube-proxy 的命令行参数--enable-dsr 和开启 WinDSR 特性门控进行启用。该特性允许 Service 后端的 Pod 直接返回网络响应给调用 Service 的客户端，而不是通过所在节点的 VFP 代理转发。

2. 会话保持机制

Service 支持通过设置 sessionAffinity 来实现基于客户端 IP 地址的会话保持机制，即首次将某个客户端来源 IP 地址发起的请求转发到后端的某个 Pod 上，之后从相同的客户端 IP 地址发起的请求都将被转发到相同的后端 Pod 上，配置参数为 service.spec.sessionAffinity，例如：

```
apiVersion: v1
kind: Service
metadata:
  name: webapp
spec:
```

```yaml
  sessionAffinity: ClientIP
  ports:
  - protocol: TCP
    port: 8080
    targetPort: 8080
  selector:
    app: webapp
```

同时，用户可以设置会话保持的最长时间，在此时间之后重置客户端来源 IP 地址的保持规则，配置参数为 service.spec.sessionAffinityConfig.clientIP.timeoutSeconds。例如下面的服务将会话保持时间设置为 10800s（3h）：

```yaml
# webapp-service.yaml
apiVersion: v1
kind: Service
metadata:
  name: webapp
spec:
  sessionAffinity: ClientIP
  sessionAffinityConfig:
    clientIP:
      timeoutSeconds: 10800
  ports:
  - protocol: TCP
    port: 8080
    targetPort: 8080
  selector:
    app: webapp
```

通过 Service 的负载均衡机制，Kubernetes 实现了一种分布式应用的统一入口，降低了客户端应用获知后端服务实例列表和变化的复杂度。

3. 流量策略

Kubernetes 从 v1.21 版本开始，引入了两个字段 spec.internalTrafficPolicy 和 spec.externalTrafficPolicy，用于设置流量路由到后端 Endpoint 的策略，该特性到 v1.26 版本时达到 Stable 阶段。另外，Kubernetes 从 v1.22 版本开始引入了 ProxyTerminatingEndpoints 字段，用于管理如何处理发往正在停止的 Endpoint 的流量，该特性到 v1.28 版本时处于 Stable 阶段。下面对几种流量策略进行说明。

1）internalTrafficPolicy：内部流量策略

该策略是控制从内部源发起的流量的路由策略，可选配置项包括 Cluster 和 Local。

◎ Cluster：将从内部源发起的流量路由到所有处于 Ready 状态的 Endpoint。
◎ Local：将从内部源发起的流量仅路由到本地 Node 上处于 Ready 状态的 Endpoint，如果本地 Node 上没有处于 Ready 状态的 Endpoint，kube-proxy 会丢弃该流量。

2）externalTrafficPolicy：外部流量策略

该策略是控制从外部源发起的流量的路由策略，可选配置项包括 Cluster 和 Local。

◎ Cluster：将从外部源发起的流量路由到所有处于 Ready 状态的 Endpoint。
◎ Local：将从外部源发起的流量仅路由到本地 Node 上处于 Ready 状态的 Endpoint，如果本地 Node 上没有处于 Ready 状态的 Endpoint，kube-proxy 会丢弃该流量。

3）ProxyTerminatingEndpoints：发往正在停止的 Endpoint 的流量策略

该策略需要开启 ProxyTerminatingEndpoints 特性门控进行启用。当流量策略为 Local 时，kube-proxy 将检查本地 Node 上存在的 Endpoint 并且所有 Endpoint 都处于停止中（Terminating）状态，但是服务仍然就绪且可以接收请求。kube-proxy 会把客户端流量发往这些停止中的 Endpoint。能够实现这个机制主要是因为 Kubernetes 从 v1.20 版本新增了一个 EndpointSliceTerminatingCondition 功能，该功能到 v1.22 版本时处于 Beta 阶段，到 v1.26 版本时处于 Stable 阶段。该功能为 Endpoint 设置了两个状况（Condition）类型：terminating 和 serving，分别表示是否正在停止中和是否处于 Ready 状态。ProxyTerminatingEndpoints 特性正是在 Endpoint 状况为 terminating=true 且 serving=true 的情况下，仍然可以将流量发往这些停止中的 Pod。

对于流量源为外部的情况，例如 Service 类型为 NodePort 或 LoadBalancer，在 externalTrafficPolicy=Local 时，使用 ProxyTerminatingEndpoints 可以实现优雅地排空客户端与本地 Endpoint 的连接。

ProxyTerminatingEndpoints 也适用于 Deployment 的滚动更新场景，在旧版本 Pod 副本逐渐减少为 0 时，将流量送往停止中的 Pod（Endpoint）能够保证优雅停止 Pod 的过程中，容器应用仍然可以处理流量。

5.2.3 Service 的多端口设置

一个容器应用可以提供多个端口的服务，在 Service 的定义中也可以相应地设置多个端口号。

在如下示例中，Service 设置了两个端口号来分别提供不同的服务，如 web 服务和 management 服务（下面为每个端口号都进行了命名，以便区分）：

```
apiVersion: v1
kind: Service
metadata:
  name: webapp
spec:
  ports:
  - port: 8080
    targetPort: 8080
    name: web
  - port: 8005
    targetPort: 8005
    name: management
  selector:
    app: webapp
```

另一个例子是同一个端口号使用的协议不同，如 TCP 和 UDP，这时也需要将其设置为多个端口号来提供不同的服务：

```
apiVersion: v1
kind: Service
metadata:
  name: kube-dns
  namespace: kube-system
  labels:
    k8s-app: kube-dns
    kubernetes.io/cluster-service: "true"
    kubernetes.io/name: "KubeDNS"
spec:
  selector:
    k8s-app: kube-dns
  clusterIP: 169.169.0.100
  ports:
  - name: dns
```

```
    port: 53
    protocol: UDP
  - name: dns-tcp
    port: 53
    protocol: TCP
```

5.2.4　将外部服务定义为 Service

普通的 Service 通过标签选择器对后端 Endpoints 列表进行了一层抽象，如果后端的 Endpoint 不是由 Pod 副本集提供的，则 Service 还可以抽象定义任意其他服务，将一个 Kubernetes 集群外的已知服务定义为 Kubernetes 内的一个 Service，供集群中的其他应用访问，常见的应用场景如下。

◎ 已部署的一个集群外服务，例如数据库服务、缓存服务等。
◎ 其他 Kubernetes 集群的某个服务。
◎ 迁移过程中对某个服务进行 Kubernetes 内服务名访问机制的验证。

对于这些应用场景，用户在创建 Service 资源对象时不设置标签选择器（后端 Pod 也不存在），同时再定义一个与 Service 关联的 Endpoints 资源对象，在 Endpoints 对象中设置外部服务的 IP 地址和端口号，例如：

```
---
apiVersion: v1
kind: Service
metadata:
  name: my-service
spec:
  ports:
  - protocol: TCP
    port: 80
    targetPort: 80

---
apiVersion: v1
kind: Endpoints
metadata:
  name: my-service
subsets:
- addresses:
```

```
- ip: 1.2.3.4
ports:
- port: 80
```

如图 5.2 所示，访问没有标签选择器的 Service 和带有标签选择器的 Service 一样，请求将被路由到由用户自定义的后端 Endpoint 上。

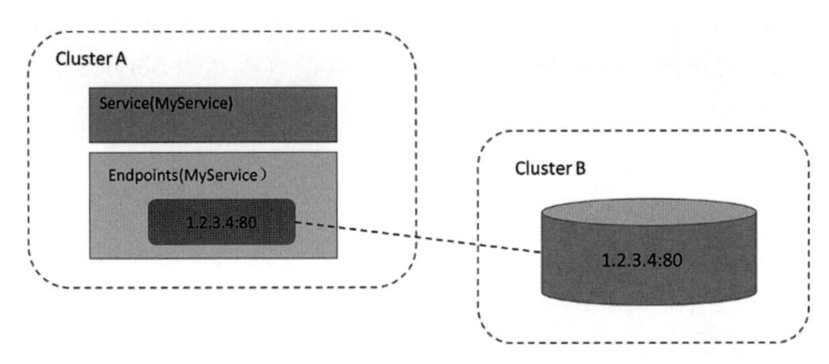

图 5.2 Service 指向外部服务

5.2.5 Service 的类型

Kubernetes 为 Service 创建的 ClusterIP 地址是对后端 Pod 列表的一层抽象，默认只能被集群中的客户端应用直接使用，对于集群外没有意义，但是有许多 Service 需要对集群外提供服务，Kubernetes 提供了多种机制暴露 Service，供集群外的客户端访问。这可以通过 Service 资源对象的类型字段 type 进行设置。

Service 目前的类型如下。

◎ ClusterIP：Kubernetes 默认会自动设置 Service 的虚拟 IP 地址，仅可被集群中的客户端应用访问。

◎ NodePort：将 Service 的端口号映射到每个 Node 的一个端口号上，这样集群中的任意 Node 都可以作为 Service 的访问入口地址，即 NodeIP:NodePort。

◎ LoadBalancer：将 Service 映射到一个已存在的负载均衡器的 IP 地址上，通常在公有云环境下使用。

◎ ExternalName：将 Service 映射为一个外部域名地址，通过 externalName 字段进行设置。

接下来对这几种服务类型进行说明。

1. ClusterIP 类型

这是 Kubernetes 为 Service 设置 IP 地址的默认类型，kube-apiserver 服务的启动参数 --service-cluster-ip-range 设置了 Service 的 IP 地址范围，系统将自动从这个 IP 地址池中为 Service 分配一个可用的 IP 地址。

用户也可以手动指定一个 ClusterIP 地址，可以通过 spec.clusterIP 字段进行设置，需要确保该 IP 地址在可用的 ClusterIP 地址池内，并且没有被其他 Service 使用。例如：

```
# webapp-service.yaml
apiVersion: v1
kind: Service
metadata:
  name: webapp
spec:
  type: ClusterIP
  clusterIP: 169.169.140.230
  ports:
  - protocol: TCP
    port: 8080
    targetPort: 8080
  selector:
    app: webapp
```

对于用户为 Service 手动设置的 ClusterIP，如果由系统已经分配给了某个 Service，用户希望创建的 Service 将无法创建成功。Kubernetes 从 v1.24 版本开始引入了一个新特性 ServiceIPStaticSubrange，用于管理允许静态分配的 ClusterIP 地址范围，以降低与系统分配 IP 产生冲突的概率，该特性到 v1.26 版本时处于 Stable 阶段。

ServiceIPStaticSubrange 工作机制是将 ClusterIP 地址池分成两个部分，低位部分（数字较小）作为静态分配范围，高位部分（数字较大）作为动态分配范围。系统将默认使用动态分配范围为 Service 分配 IP 地址，直到用完动态分配范围内的 IP 地址后，才会使用静态分配范围内的可用 IP 地址，也就是说用户可以手动从静态分配范围选择可用的 IP 地址，以降低与系统自动设置地址发生冲突的概率。

ServiceIPStaticSubrange 的算法为基于以下公式将 ClusterIP 地址池分成两个部分：

$$\min(\max(16, cidrSize / 16), 256)$$

其中，cidrSize 是初始 ClusterIP 地址池的可用 IP 地址数量，根据公式的计算规则，结果在

16~256。

下面通过几个不同的 Service IP CIDR 池的例子来看看静态地址池的分配结果。

（1）Service IP CIDR=169.169.0.0/24

可用 cidrSize 为 256（由 IP 地址第 4 位表示的数量 2^8）−2（以 0 和 255 结尾的两个特殊地址）=254 个。

根据公式计算 min(max(16, 254 / 16), 256)=min(16, 256)=16，得出静态分配部分地址数量为 16 个，也就是静态分配部分地址范围为 169.169.0.1~169.169.0.16，动态分配部分地址范围为 169.169.0.17~169.169.0.254。

（2）Service IP CIDR=169.169.0.0/16

可用 cidrSize 为 65536（由 IP 地址第 3、4 位表示的总数量 28×28）−2（以 0 和 255 结尾的两个特殊地址）=65534。

根据公式计算 min(max(16, 65534 / 16), 256)=min(4096, 256)=256，得出静态分配部分地址数量为 256 个，也就是静态分配部分地址范围为 169.169.0.1~169.169.1.0，动态分配部分地址范围为 169.169.1.1~169.169.255.254。

另外，Kubernetes v1.27 版本引入了一个新特性 MultiCIDRServiceAllocator 和一个新的 API 资源 IPAddress（属于组 networking.k8s.io/v1alpha1），用于使用一个新的控制器来分配 Service 的 IP 地址，该特性目前处于 Alpha 阶段。使用该特性需要开启 MultiCIDRServiceAllocator 特性门控，这样 Kubernetes 将启用一个新的控制器来替换默认的控制器，并且为 Service 创建一个对应的 IPAddress 资源对象来保存其 IP 地址。使用该特性可以取消 Service IP CIDR 的地址池范围限制，对 IPv4 地址不再有大小限制，对 IPv6 地址可以使用大于或等于/64 的掩码（之前是/108 的掩码）。

例如，在开启了该特性之后，可以查看 IpAddress 资源对象的内容为 Service 的 IP 地址信息：

```
# kubectl get services
NAME         TYPE        CLUSTER-IP        EXTERNAL-IP   PORT(S)   AGE
kubernetes   ClusterIP   2001:db8:1:2::1   <none>        443/TCP   3d1h

# kubectl get ipaddresses
NAME              PARENTREF
2001:db8:1:2::1   services/default/kubernetes
```

```
2001:db8:1:2::a   services/kube-system/kube-dns
```

2. NodePort类型

NodePort类型用于将Service暴露到Node上，这样集群外的客户端可以通过Node的IP地址访问集群中的Service。

使用NodePort类型时，系统会在Node上开启一个端口号，考虑到可能会有其他应用程序已经占用了一些端口号（例如操作系统的系统服务占用的端口号），要求在部署Kubernetes集群时，通过kube-apiserver的启动参数--service-node-port-range指定可以分配的NodePort端口号范围，默认值为[30000~32767]。在Service的定义中，可以在每个端口的配置中，通过字段nodePort指定一个值，如果不指定，Kubernetes会基于端口号范围给每个端口号自动分配一个端口号。

在如下例子中设置了Service的类型为NodePort，并且设置了端口号为8081：

```
apiVersion: v1
kind: Service
metadata:
  name: webapp
spec:
  type: NodePort
  ports:
  - port: 8080
    targetPort: 8080
    nodePort: 8081
  selector:
    app: webapp
```

创建这个Service：

```
# kubectl create -f webapp-svc-nodeport.yaml
service/webapp created
```

然后就可以通过任意一个Node的IP地址和8081端口号访问Service了：

```
# curl 192.168.18.3:8081
<!DOCTYPE html>
<html lang="en">
    <head>
        <meta charset="UTF-8" />
        <title>Apache Tomcat/8.0.35</title>
```

```
......
```

与 Service ClusterIP 的静态分配地址池特性类似，为了缓解手动设置的 NodePort 与系统自动分配的端口号的冲突，Kubernetes 从 v1.27 版本开始，提供了对 NodePort 端口号范围的静态分配策略的支持，需要开启 ServiceNodePortStaticSubrange 特性门控进行启用，该特性到 v1.29 版本时处于 Stable 阶段。

ServiceNodePortStaticSubrange 工作机制是将 NodePort 端口号范围分成两个部分，前一部分（数字较小）作为静态分配范围，后一部分（数字较大）作为动态分配范围。系统将默认使用动态分配范围来分配 NodePort 端口号，直到用完动态分配范围内的端口号后，才会使用静态分配范围内的可用端口号，也就是说，用户可以手动从静态分配范围内选择可用的端口号，以降低与系统自动设置的端口号发生冲突的概率。

ServiceNodePortStaticSubrange 的算法为基于以下公式将 NodePort 端口号范围分成两个部分：

$$\min(\max(16, nodeportSize / 32), 128)$$

其中 nodeportSize 是可用端口号的数量，根据公式的计算规则，结果为 16~128。

如果可用端口号的数量小于 16，系统将不再使用公式计算，而是设置可用静态分配端口号数量为 0 个，即将配置的端口号范围全部用于动态分配。

下面通过几个不同的例子来看看端口号的静态范围分配结果。

1）--service-node-port-range=30000-32767

端口号数量为 2768 个。

根据公式计算 min(max(16, 2768 / 32), 128)=min(86, 128)=86，得出静态分配部分端口号数量为 86 个，也就是静态分配范围为 30000~30085，动态分配范围为 30086~32767。

2）--service-node-port-range=30000-30015

端口号数量为 15 个。

由于可用数量不足 16，系统将静态分配部分端口号数量设置为 0 个，即静态分配范围为 0，动态分配范围为 30000~30015。

3）--service-node-port-range=30000-38000

端口号数量为 8001 个。

根据公式计算 min(max(16, 8001 / 32), 128)=min(250, 128)=128，得出静态分配部分端口号数量为 128 个，也就是静态分配范围为 30000~30127，动态分配范围为 30128~38000。

另外，kube-proxy 默认会在节点的全部网络接口（0.0.0.0 和[::]）上绑定 NodePort 端口号。不过，在很多环境下一台主机可能会配置多块网卡，用途各不相同（例如单独的业务网卡和单独的管理网卡），kube-proxy 可以通过设置特定的 IP 地址将 NodePort 端口号绑定到特定的网卡上，而无须绑定到全部网卡上。

设置方式为配置 kube-proxy 的启动参数--nodeport-addresses，指定需要绑定的网络接口 IP 地址，多个地址之间使用逗号分隔。例如，仅在 10.0.0.0 和 192.168.18.0 对应的网络接口上绑定 NodePort 端口号，对其他 IP 地址对应的网络接口则不会进行绑定，配置如下：

```
--nodeport-addresses=10.0.0.0/8,192.168.18.0/24
```

3. LoadBalancer 类型

通常在使用外部负载均衡器的云平台时，可以设置 Service 的类型为 LoadBalancer，用于将内部 Service 映射到云平台提供的负载均衡器上。这要求云平台能够监控 Kubernetes 的 Service 资源对象的创建过程，并能够将其 Endpoint 配置到负载均衡器的 upstream 上。同时，还要求云平台能够给 Service 资源中的 Status 信息补充配置好的负载均衡器的 IP 地址。这样，客户端就可以通过负载均衡器的 IP 地址和 Service 的端口号访问后端服务了。

在如下示例中设置了 Service 的类型为 LoadBalancer：

```yaml
apiVersion: v1
kind: Service
metadata:
  name: my-service
spec:
  type: LoadBalancer
  selector:
    app: MyApp
  ports:
  - protocol: TCP
    port: 80
    targetPort: 9376
  clusterIP: 10.0.171.239
```

在服务创建成功之后，云服务商会在 Service 的配置信息（spec.status 字段）中补充 LoadBalancer 的 IP 地址：

```
status:
  loadBalancer:
    ingress:
    - ip: 192.0.2.127
```

云平台的负载均衡器负责将流量转发给后端 Pod，而负载均衡策略则依赖于云平台的具体实现。对于当前 Kubernetes 支持的云平台，可以通过设置 loadBalancerClass 字段来指定云服务商的类型，以标签的 key 的语法进行设置，例如：

```
# AWS 云平台：
spec:
  type: LoadBalancer
  loadBalancerClass: service.k8s.aws/nlb

# 阿里云平台：
spec:
  type: LoadBalancer
  loadBalancerClass: alibabacloud.com/nl
```

需要注意的是，默认情况下是不设置 loadBalancerClass 字段的，如果通过 --cloud-provider 设置了云平台信息，系统将使用云平台的默认负载均衡器来实现 LoadBalancer 类型的 Service。在设置了 loadBalancerClass 的情况下，云平台的默认负载均衡器实现都会忽略该 Service。并且，一旦设置了 loadBalancerClass 字段的值，就不能更改，如需要更改，只能删除 Service 资源后再重建。

在云平台上，有时候需要在混合网络环境下指定负载均衡器是外部的还是内部的，常见的云平台都给出了相应的配置，通常是在注解（Annotation）中增加一个特定的配置信息，用于标识 LoadBalancer 的类型，例如：

```
# GCP 云平台：
metadata:
  name: my-service
  annotations:
      networking.gke.io/load-balancer-type: "Internal"

# Azure 云平台：
metadata:
  name: my-service
  annotations:
      service.beta.kubernetes.io/azure-load-balancer-internal: "true"
```

```
    # 阿里云平台，在使用私网类型 NLB 时：
    metadata:
      annotations:
        service.beta.kubernetes.io/alibaba-cloud-loadbalancer-address-type:
"intranet"

    # 腾讯云平台，在使用内网类型 CLB 时，设置子网 ID：
    metadata:
      annotations:
        service.kubernetes.io/qcloud-loadbalancer-internal-subnetid: subnet-xxxxx
```

另外，对于 LoadBalancer 类型的服务，系统通常会默认为节点设置 NodePort，这是为了让外部负载均衡器能够通过 Node 访问内部的 Pod。Kubernetes 从 v1.24 版本开始，提供了一个新的字段 allocateLoadBalancerNodePorts，用于设置是否开启 NodePort。设置 allocateLoadBalancerNodePorts=false 来表示不会默认开启 NodePort，而是云平台的负载均衡器将流量直接转发给后端 Endpoint（Pod），通常这要求负载均衡器到 Pod 的虚拟容器网络能够直接连通，这取决于云平台的网络配置和负载均衡器的实现。

4. ExternalName 类型

ExternalName 类型的服务用于将集群外的服务定义为 Kubernetes 的集群的 Service，并且通过 externalName 字段指定外部服务的地址，可以使用域名或 IP 格式。集群中的客户端应用通过访问这个 Service 就能访问外部服务了。这种类型的 Service 没有后端 Pod，所以无须设置标签选择器。例如：

```
apiVersion: v1
kind: Service
metadata:
  name: my-service
  namespace: prod
spec:
  type: ExternalName
  externalName: my.database.example.com
```

本例中设置的服务名为“my-service”，所在命名空间名为“prod”，在客户端访问服务的 DNS 域名地址 my-service.prod.svc.cluster.local 时，Kubernetes 系统会自动将其替换为外部服务名“my.database.example.com”。

5.2.6 Headless Service

在某些应用场景中，服务不需要负载均衡功能，也可能不需要 IP 地址，或者客户端需要自行完成对服务后端各实例的访问，此时可以通过创建一种与普通服务不同的 Headless Service（无头服务）来实现。

Headless Service 是指服务没有入口访问地址（无 ClusterIP 地址），kube-proxy 不会为其创建负载转发规则，而服务名（DNS 域名）的解析机制根据该 Headless Service 是否设置了标签选择器而有所不同。下面通过几个例子来说明 Headless Service 的概念和用法。

1. Headless Service 设置了标签选择器

如果 Headless Service 设置了标签选择器，Kubernetes 将根据标签选择器查询后端 Pod 列表，自动创建 Endpoints 列表，将服务名（DNS 域名）的解析机制设置为：当客户端访问该服务名时，得到的是全部 Endpoints 列表（而不是一个单独的 IP 地址）。

如下 Headless Service 示例设置了标签选择器：

```
# nginx-headless-service.yaml
apiVersion: v1
kind: Service
metadata:
  name: nginx
  labels:
    app: nginx
spec:
  ports:
  - port: 80
  clusterIP: None
  selector:
    app: nginx
```

创建该 Headless Service：

```
# kubectl create -f nginx-headless-service.yaml
service/nginx created
```

假设在集群中已经运行了相应的 3 个 Pod 副本，查看它们的 Pod IP 地址：

```
# kubectl get pods -o wide
NAME                          READY   STATUS    RESTARTS   AGE   IP           NODE
NOMINATED NODE   READINESS    GATES
```

```
    nginx-558fc78868-fq6np   1/1     Running   0          90s   10.0.95.14
192.168.18.3   <none>          <none>
    nginx-558fc78868-gtrvw   1/1     Running   0          90s   10.0.95.12
192.168.18.3   <none>          <none>
    nginx-558fc78868-vpp4t   1/1     Running   0          90s   10.0.95.13
192.168.18.3   <none>          <none>
```

查看该 Headless Service 的详细信息，可以看到后端 Endpoints 列表：

```
# kubectl describe service nginx
Name:                     nginx
Namespace:                default
Labels:                   app=nginx
Annotations:              <none>
Selector:                 app=nginx
Type:                     ClusterIP
IP:                       None
Port:                     <unset>  80/TCP
TargetPort:               80/TCP
Endpoints:                10.0.95.12:80,10.0.95.13:80,10.0.95.14:80
Session Affinity:         None
Events:                   <none>
```

通过 nslookup 工具对 Headless Service 名称尝试进行域名解析，将会看到 DNS 系统返回的全部 Endpoint 的 IP 地址，例如：

```
# nslookup nginx.default.svc.cluster.local
Server:         169.169.0.100
Address:        169.169.0.100#53

Name:   nginx.default.svc.cluster.local
Address: 10.0.95.13
Name:   nginx.default.svc.cluster.local
Address: 10.0.95.12
Name:   nginx.default.svc.cluster.local
Address: 10.0.95.14
```

当客户端通过 DNS 服务名“nginx”（或其 FQDN 全限定域名“nginx.<namespace>.svc.cluster.local”）和服务端口号访问该 Headless Service（URL=nginx:80）时，将得到 Service 后端 Endpoints 列表“10.0.95.12:80,10.0.95.13:80,10.0.95.14:80”，然后由客户端程序自行决定如何操作，例如通过轮询机制访问各个 Endpoint。

2. Headless Service 没有设置标签选择器

如果 Headless Service 没有设置标签选择器，则 Kubernetes 不会自动创建对应的 Endpoints 列表。DNS 系统会根据下列条件尝试对该服务名设置 DNS 记录。

◎ 如果 Service 的类型为 ExternalName，则尝试将服务名的 DNS 记录设置为外部名称（externalName，DNS 域名格式）对应的 CNAME 记录。

◎ 对于其他类型的 Service，系统将对 Service 后端处于 Ready 状态的 Endpoint（以及 EndpointSlice）创建 DNS 记录，针对 IPv4 地址类型创建 A 记录，针对 IPv6 地址类型创建 AAAA 记录。

另外，对于没有设置标签选择器的 Headless Service，由于 Headless Service 的后端 Endpoint 也是手动创建的，所以 targetPort 没有意义，不设置或设置为与 port 不同的值都不影响访问 Service。

例如，可以创建一个没有标签选择器的 Headless Service，同时创建一个 Endpoint，Kubernetes 系统也会为这个 Headless Service 创建一个 Endpoint IP 地址的 DNS 域名：

```
# headless-service-without-selector.yaml
apiVersion: v1
kind: Service
metadata:
  name: webapp
spec:
  ports:
  - protocol: TCP
    port: 80
  clusterIP: None

---
apiVersion: v1
kind: Endpoints
metadata:
  name: webapp
subsets:
- addresses:
  - ip: 192.168.18.3
  ports:
  - port: 80
```

通过 nslookup 工具解析该服务的 DNS 域名，可以看到其 IP 地址为 Endpoint 的 IP 地址：

```
# nslookup webapp.default.svc.cluster.local
Server:         169.169.0.100
Address:        169.169.0.100#53

Name:   webapp.default.svc.cluster.local
Address: 192.168.18.3
```

5.2.7 为服务设置外部 IP 地址

在某些环境下，如果可以通过某个集群外部 IP 地址（External IP）访问集群的 Node，可以将 Service 暴露给外部 IP 地址，例如通过一个硬件负载均衡器进行访问。这可以通过在 Service 的定义中设置 externalIPs 字段进行配置，支持配置多个 IP 地址，例如：

```
apiVersion: v1
kind: Service
metadata:
  name: webapp
spec:
  selector:
    app: webapp
  ports:
  - protocol: TCP
    port: 8080
    targetPort: 8080
  externalIPs:
  - 192.168.18.100
```

在任何类型的 Service 中都可以设置 externalIPs 字段。

但是，Kubernetes 不负责外部 IP 地址的分配，也不负责外部 IP 地址到集群中 Node 的网络连通配置，这些工作需要由集群管理员负责。

5.2.8 Service 支持的网络协议

目前，Service 支持的网络协议如下，在每个端口号的 protocol 字段进行设置。

◎ TCP：Service 的默认网络协议，可用于所有类型的 Service。

◎ UDP：可用于大多数类型的 Service，LoadBalancer 类型取决于云服务商对 UDP 的支持。

◎ SCTP：SCTP 由 Kubernetes 在 v1.12 版本中引入，其到 v1.20 版本时处于 Stable 阶段，LoadBalancer 类型取决于云服务商对 SCTP 的支持，Windows Node 不支持 SCTP。

◎ HTTP：取决于云服务商是否支持 HTTP 和实现机制，此外，可能需要设置 appProtocol 为 HTTP 或 HTTPS。

◎ PROXY：取决于云服务商是否支持 PROXY 和实现机制。

◎ TLS：取决于云服务商是否支持 TLS 和实现机制。

Kubernetes 从 v1.17 版本开始，可以为 Service、Endpoint 和 EndpointSlice 资源对象设置一个新的字段 appProtocol，该字段用于标识后端服务在某个端口号上提供的应用层协议类型，例如 HTTP、HTTPS、SSL、DNS 等，其到 Kubernetes v1.20 版本时处于 Stable 阶段，使用方式为在 Service 定义中设置 appProtocol 字段来指定应用层协议的类型，系统会自动将该配置映射到对应的 Endpoint 和 EndpointSlice 资源对象中，例如：

```
apiVersion: v1
kind: Service
metadata:
  name: webapp
spec:
  ports:
  - port: 8080
    targetPort: 8080
    appProtocol: HTTP
  selector:
    app: webapp
```

appProtocol 的取值包括如下几种。

◎ 符合 IANA 标准的名称。

◎ 自定义类型的协议，例如以“mycompany.com/my-custom-protocol”为前缀的协议名称。

◎ Kubernetes 定义的协议类型，例如“kubernetes.io/h2c”表示使用 RFC 7540 规范定义的 HTTP/2 协议。

5.2.9　Kubernetes 的服务发现机制

服务发现机制指在一个 Kubernetes 集群中客户端应用如何获知后端服务的访问地址。Kubernetes 提供了两种机制供客户端应用以固定的方式获取后端服务的访问地址：环境变量方式和 DNS 方式。

1. 环境变量方式

在一个 Pod 运行起来时，系统会自动为其容器运行环境注入所有集群中有效 Service 的信息。Service 的相关信息包括服务 IP、服务端口号、各端口号相关的协议等，通过{SVCNAME}_SERVICE_HOST 和{SVCNAME}_SERVICE_PORT 格式进行设置。其中，SVCNAME 的命名规则为：将 Service 的 name 字符串转换为全大写字母，将中横线“-”替换为下画线“_”。

以 webapp 服务为例：

```
apiVersion: v1
kind: Service
metadata:
  name: webapp
spec:
  ports:
  - protocol: TCP
    port: 8080
    targetPort: 8080
  selector:
    app: webapp
```

在一个新创建的 Pod（客户端应用）中，可以看到系统自动设置的环境变量如下：

```
WEBAPP_SERVICE_HOST=169.169.81.175
WEBAPP_SERVICE_PORT=8080
WEBAPP_PORT=tcp://169.169.81.175:8080
WEBAPP_PORT_8080_TCP=tcp://169.169.81.175:8080
WEBAPP_PORT_8080_TCP_PROTO=tcp
WEBAPP_PORT_8080_TCP_PORT=8080
WEBAPP_PORT_8080_TCP_ADDR=169.169.81.175
```

然后，客户端应用就能够根据 Service 相关环境变量的命名规则，从环境变量中获取需要访问的目标服务的地址了，例如：

```
curl http://${WEBAPP_SERVICE_HOST}:${WEBAPP_SERVICE_PORT}
```

使用 Service 环境变量的要求是：目标 Service 必须在客户端应用创建之前就创建好。对于客户端 Pod 启动之后创建的 Service，无法在 Pod 中再创建出新 Service 对应的环境变量。这实际上对部署顺序提出了要求，而使用 DNS 方式则不存在这个顺序问题。

2. DNS 方式

Service 在 Kubernetes 系统中遵循 DNS 命名规范，Service 的 DNS 域名表示方法为 <servicename>.<namespace>.svc.<clusterdomain>，其中 servicename 为服务的名称，namespace 为其所在命名空间的名称，clusterdomain 为 Kubernetes 集群设置的域名后缀（例如 cluster.local），服务名称的命名规则遵循 RFC 1123 规范的要求。

对于客户端应用，DNS 域名格式的 Service 名称提供的是稳定、不变的访问地址，可以大大简化客户端应用的配置，是 Kubernetes 集群中推荐的使用方式。

以 webapp 服务为例，Kubernetes 系统为其设置的 DNS 域名为“webapp.default.svc.cluster.local”，通过 nslookup 工具可以解析得到对应的 IP 地址：

```
# nslookup webapp.default.svc.cluster.local
Server:         169.169.0.100
Address:        169.169.0.100#53

Name:   webapp.default.svc.cluster.local
Address: 169.169.140.242
```

当 Service 以 DNS 域名形式进行访问时，在 Kubernetes 集群中需要存在一个 DNS 服务器来完成域名到 ClusterIP 地址的解析工作。经过多年的发展，目前由 CoreDNS 作为 Kubernetes 集群的默认 DNS 服务器提供域名解析服务。详细的 DNS 服务搭建操作请参考 5.3 节的说明。

另外，如果 Service 定义中的端口号设置了名称（name），则该端口号也会拥有一个 DNS 域名，在 DNS 服务器中以 SRV 记录的格式保存：_<portname>._<protocol>.< servicename>.<namespace>.svc.<clusterdomain>，其值为端口号的值。

以 webapp 服务为例，将其端口号命名为“http”：

```
apiVersion: v1
kind: Service
metadata:
  name: webapp
```

```
spec:
  ports:
  - protocol: TCP
    port: 8080
    targetPort: 8080
    name: http
  selector:
    app: webapp
```

解析名为“http”的端口的DNS SRV记录“_http._tcp.webapp.default.svc.cluster.local”，可以查询到该端口号对应的值为8080：

```
# nslookup -q=srv _http._tcp.webapp.default.svc.cluster.local
Server:         169.169.0.100
Address:        169.169.0.100#53

_http._tcp.webapp.default.svc.cluster.local    service = 0 100 8080
webapp.default.svc.cluster.local.
```

5.2.10　端点分片

我们知道，Service的后端是一个Endpoints列表，为客户端应用提供了极大的便利。但是随着集群规模的扩大及Service数量的增加，特别是Service后端Endpoint数量的增加，kube-proxy需要维护的负载分发规则（例如iptables规则或ipvs规则）的数量也会急剧增加，这导致后续对Service后端Endpoint的添加、删除等更新操作的成本急剧上升。举例来说，假设在Kubernetes集群中有10 000个Endpoint运行在大约5000个Node上，对一个新的Endpoint执行更新操作，将带来总计约5GB的传输数据量，这不仅对集群中的网络带宽消耗巨大，对Master的冲击也非常大，会影响Kubernetes集群的整体性能，这在Deployment不断进行滚动更新操作的情况下尤为突出。

Kubernetes从v1.16版本开始引入端点分片（EndpointSlice）机制，包括一个新的EndpointSlice资源对象和一个新的EndpointSlice控制器，该机制到v1.17版本时处于Beta阶段，到v1.21版本时达到Stable阶段。EndpointSlice通过对Endpoint进行分片管理来实现减少Master和各Node之间的网络传输数据量及提高Kubernetes集群整体性能的目标。对于Deployment的滚动更新，可以实现仅更新部分Node的Endpoint信息，Master与Node之间的数据传输量可以减少到原来的1/100左右，这将大大提高管理效率。EndpointSlice根据Endpoint所在Node的拓扑信息进行分片管理，示例如图5.3所示。

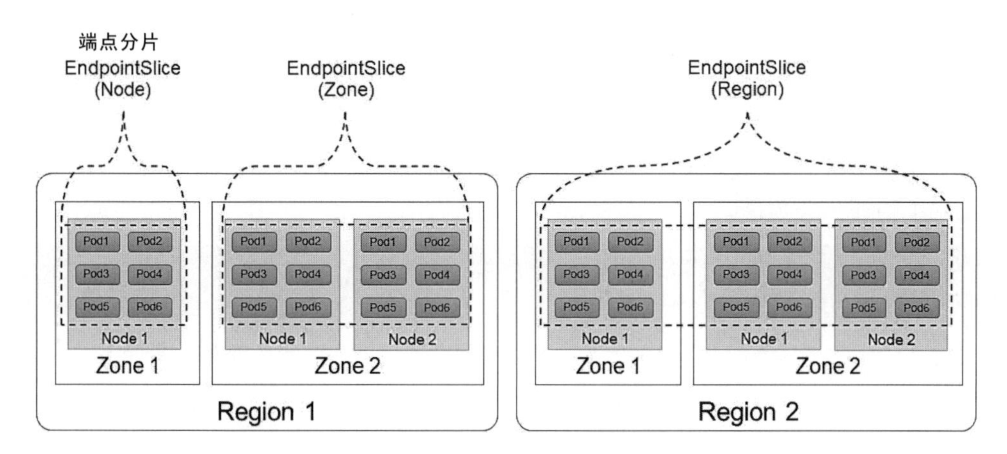

图 5.3　通过 EndpointSlice 对 Endpoint 进行分片管理

从 Kubernetes v1.17 版本开始，端点分片机制默认是启用的（在 Kubernetes v1.16 版本中需要通过设置 kube-apiserver 和 kube-proxy 服务的启动参数 --feature-gates= "EndpointSlice=true"来启用）。以 3 副本的 webapp 服务为例，Pod 列表如下：

```
    # kubectl get pods -o wide
    NAME                          READY    STATUS     RESTARTS    AGE      IP
NODE           NOMINATED NODE     READINESS GATES
    webapp-778996c8c6-4zpvm       1/1      Running    0           6m33s    10.0.95.54
192.168.18.3   <none>             <none>
    webapp-778996c8c6-67mbl       1/1      Running    0           4m31s    10.0.95.55
192.168.18.3   <none>             <none>
    webapp-778996c8c6-xdkr2       1/1      Running    0           4m31s    10.0.95.56
192.168.18.3   <none>             <none>
```

Service 和 Endpoint 的信息如下：

```
    # kubectl get service webapp
    NAME     TYPE         CLUSTER-IP       EXTERNAL-IP    PORT(S)    AGE
    webapp   ClusterIP    169.169.1.155    <none>         8080/TCP   52m

    # kubectl get endpoints webapp
    NAME     ENDPOINTS                                            AGE
    webapp   10.0.95.54:8080,10.0.95.55:8080,10.0.95.56:8080     52m
```

查看 EndpointSlice，可以看到系统自动创建了一个以服务名“webapp”为前缀命名的 EndpointSlice：

```
# kubectl get endpointslices
NAME           ADDRESSTYPE   PORTS   ENDPOINTS                               AGE
kubernetes     IPv4          6443    192.168.18.3                            62d
webapp-rflv4   IPv4          8080    10.0.95.54,10.0.95.56,10.0.95.55  3m27s
```

查看其详细信息，可以看到3个Endpoint的IP地址和端口号信息，同时为Endpoint补充设置了拓扑相关信息：

```
# kubectl describe endpointslice webapp-rflv4
Name:         webapp-rflv4
Namespace:    default
Labels:
endpointslice.kubernetes.io/managed-by=endpointslice-controller.k8s.io
              kubernetes.io/service-name=webapp
Annotations:  <none>
AddressType:  IPv4
Ports:
  Name     Port  Protocol
  ----     ----  --------
  <unset>  8080  TCP
Endpoints:
  - Addresses:  10.0.95.54
    Conditions:
      Ready:      true
    Hostname:     <unset>
    NodeName:     <unset>
    Zone:         <unset>
  - Addresses:   10.0.95.56
    Conditions:
      Ready:      true
    Hostname:     <unset>
    NodeName:     <unset>
    Zone:         <unset>
  - Addresses:   10.0.95.55
    Conditions:
      Ready:      true
    Hostname:     <unset>
    NodeName:     <unset>
    Zone:         <unset>
Events:           <none>
```

在默认情况下，在由 EndpointSlice 控制器创建的 EndpointSlice 中，最多包含 100 个 Endpoint，如需要修改，则可以通过 kube-controller-manager 服务的启动参数--max-endpoints-per-slice 设置，但上限不能超过 1000。

EndpointSlice 的关键信息如下。

（1）关联的服务名称：将 EndpointSlice 与 Service 的关联信息设置为一个标签 kubernetes.io/service-name=webapp，该标签标明了关联服务的名称。

（2）地址类型 AddressType，包括以下 3 种取值类型。

◎ IPv4：IPv4 格式的 IP 地址。
◎ IPv6：IPv6 格式的 IP 地址。
◎ FQDN：全限定域名。

（3）在 Endpoints 列表中列出的每个 Endpoint 的信息。

◎ Addresses：Endpoint 的 IP 地址。
◎ Conditions：状况信息，用于系统判断 Endpoint 是否可用等。
◎ Hostname：在 Endpoints 中设置的主机名 hostname。
◎ TargetRef：Endpoint 对应的 Pod 名称，对于外部服务可能没有该项信息。

此外有如下两项由 EndpointSlice 控制器自动设置的拓扑信息。

◎ nodeName：Endpoint 所在 Node 的名称。
◎ zone：Endpoint 所在 Zone 的信息。

（4）EndpointSlice 的管理控制器：通过 endpointslice.kubernetes.io/managed-by 标签进行标注，用于存在多个管理控制器的应用场景，例如某个 Service Mesh 管理控制器也可以对 EndpointSlice 进行管理。为了支持多个管理控制器对 EndpointSlice 同时进行管理并且互不干扰，可以将 endpointslice.kubernetes.io/managed-by 设置为特定的管理控制器名称，Kubernetes 内置的 EndpointSlice 控制器自动设置该标签的值为 endpointslice-controller.k8s.io，其他管理控制器应设置唯一名称用于标识。

1. EndpointSlice 的状况类型说明

EndpointSlice 的状况包括 3 种类型的信息：Ready、Serving 和 Terminating，为判断 Endpoint 的状态提供了更加准确的信息。

◎ Ready（服务就绪）：取自 Pod 的 Ready 状况。当 Pod 为正常运行服务就绪时，EndpointSlice 的 Ready 为 true；当 Pod 处于停止中（Terminating）时，EndpointSlice 的 Ready 为 false。但有一种例外情况，如果设置了字段 publishNotReadyAddresses=true，则 EndpointSlice 的 Ready 始终为 true。

◎ Serving（提供服务中）：这是 Kubernetes 从 v1.20 版本开始引入的新类型，该类型到 v1.26 版本时处于 Stable 阶段。Serving 与 Ready 的不同之处在于，如果 Pod 处于停止中，仍然可以接收请求，那么负载均衡器仍然可以将流量转发到 Serving=true 的 Endpoint 上，这使得 Pod 停止过程中能够实现更加优雅的停止服务。

◎ Terminating（停止中）：这也是从 Kubernetes v1.20 版本开始引入的新类型，该类型到 v1.22 版本时处于 Beta 阶段。该类型表示 Endpoint 是否处于停止状态，对应设置了删除时间戳的 Pod。

2. EndpointSlice 镜像复制功能

应用程序有时可能会创建自定义的 Endpoint 资源，为了避免应用程序在创建 Endpoint 资源时再去创建 EndpointSlice 资源，Kubernetes 控制平面会自动完成将 Endpoint 资源复制为 EndpointSlice 资源的操作，从 Kubernetes v1.19 版本开始默认启用该功能。但在以下几种情况下，不会执行自动复制操作。

◎ Endpoint 资源设置了标签：endpointslice.kubernetes.io/skip-mirror=true。
◎ Endpoint 资源设置了注解：control-plane.alpha.kubernetes.io/leader。
◎ Endpoint 资源对应的 Service 资源不存在。
◎ Endpoint 资源对应的 Service 资源设置了非空的选择器。

一个 Endpoint 资源同时存在 IPv4 和 IPv6 地址类型时，会被复制为多个 EndpointSlice 资源，每种地址类型最多会被复制为 1000 个 EndpointSlice 资源。

3. EndpointSlice 的数据分布管理机制

如上例所示，可以看到每个 EndpointSlice 资源都包含一组作用于全部 Endpoint 的端口号。如果 Service 定义中的端口号使用了字符串名称，则对于相同名称的端口号，目标 Pod 的 targetPort 可能是不同的，结果是 EndpointSlice 资源将会不同。这与 Endpoint 资源设置子集（subset）的逻辑是相同的。

Kubernetes 控制平面对于 EndpointSlice 中数据的管理机制是尽可能填满，但不会在多个 EndpointSlice 数据不均衡的情况下主动执行重新平衡（rebalance）操作，其背后的逻辑也很直观，步骤如下。

（1）遍历当前所有的 EndpointSlice 资源，删除其中不再需要的 Endpoint，更新已更新的匹配 Endpoint。

（2）遍历第（1）步中已更新的 EndpointSlice 资源，将需要添加的新 Endpoint 填充进去。

（3）如果还有新的待添加的 Endpoint，则尝试将其放入之前未更新的 EndpointSlice 中，或者尝试创建新的 EndpointSlice 并添加。

重要的是，第（3）步优先考虑创建新的 EndpointSlice 而不是更新原来的 EndpointSlice。例如，如果要添加 10 个新的 Endpoint，则当前两个 EndpointSlice 各有 5 个剩余空间可用于填充，系统也会创建一个新的 EndpointSlice，用于填充这 10 个新 Endpoint，而不是填满现有的两个 EndpointSlice。换句话说，单个 EndpointSlice 的创建优于对多个 EndpointSlice 的更新。

由于在每个 Node 上运行的 kube-proxy 都会持续监控 EndpointSlice 的变化，所以若应用以上操作逻辑，每次对 EndpointSlice 进行更新的成本都很高，因为每次更新都需要 Master 将更新数据发送给每个 kube-proxy。这样做的目的是减少从 Master 发送给每个 Node 的更新数据量，即使可能导致最终有许多 EndpointSlice 资源未能被填满。

实际上，这种不太理想的数据分布情况应该是罕见的。Master 的 EndpointSlice 控制器处理的大多数更新所带来的数据量都足够小，使得对已存在（仍有空余空间）EndpointSlice 的数据填充都没有问题。如果实在无法填充，则无论如何都需要创建新的 EndpointSlice 资源。此外，对 Deployment 执行滚动更新操作时，由于后端 Pod 列表和相关 Endpoints 列表全部会发生变化，所以也会很自然地对 EndpointSlice 资源的内容全部进行更新。

5.2.11 拓扑感知路由机制

Kubernetes 从 v1.21 版本开始引入了一种拓扑信息来组织 Pod，kube-proxy 可利用这些信息来调整流量的路由策略，即将流量优先保持在来源所在的拓扑域中，以降低网络延时，提高网络性能。到 v1.27 版本，通过拓扑感知提示（Topology Aware Hints）进行标注，从 v1.28 版本开始该机制被称为拓扑感知路由（Toplogy Aware Routing）。

对于部署在多个拓扑域（例如多个 Zone）的 Service 来说，EndpointSlice 控制器在计算应该包含的后端 Endpoint 时，会将每个 Endpoint 所在的拓扑域信息纳入考虑，并在将 Endpoint 分派给某个 Zone 之后，为其在 hints 字段标记 Zone 信息（在 v1.27 及之前的版本中，该信息被标记在 service.kubernetes.io/topology-aware-hints 注解中）。

在以下场景中，应用拓扑感知路由的效果最好。

（1）入站流量的分布非常均匀，即从每个 Zone 发起的流量都比较平均。如果流量只从一个 Zone 发起，会导致更多的 Endpoint 都被集中在这个 Zone 内，不建议启用该特性。

（2）每个 Zone 中的 Service 至少有 3 个 Endpoint，如果每个 Zone 的 Endpoint 在 2 个以内，系统将很难做到平均分配，所以会切换回 Kubernetes 集群默认的路由规则。

要使用拓扑感知路由机制，只需要在 Service 的定义中设置一个注解：

```
metadata:
  annotations:
    service.kubernetes.io/topology-mode: Auto
```

当 Serving 的后端 Endpoint 在每个 Zone 中都达到一定的数量后，系统会为 EndpointSlice 资源中的 Endpoint 设置拓扑域提示（Topology Hint）信息，用于分配 Endpoint 到特定的 Zone 中。这在 Endpoint 数量非常多时效果更好。

EndpointSlice 控制器负责分配一定比例的 Endpoint 到某个 Zone 中，这个比例是基于 Zone 中 Node 的可分配 CPU 核数（Allocatable CPU Core）进行计算的，例如有两个 Zone，Zone A 的可分配 CPU 核数为 2，Zone B 的可分配 CPU 核数为 1，那么 EndpointSlice 控制器会分配 2/3 的 Endpoint 给 Zone A、1/3 的 Endpoint 给 Zone B。

下面是一个为 Endpoint 设置了提示（hint）信息的 EndpointSlice 资源示例，说明 IP 地址为 10.1.2.3 的 Endpoint 被分配给了 Zone A：

```
apiVersion: discovery.k8s.io/v1
kind: EndpointSlice
metadata:
  name: example-hints
  labels:
    kubernetes.io/service-name: example-svc
addressType: IPv4
ports:
  - name: http
    protocol: TCP
```

```
    port: 80
  endpoints:
    - addresses:
        - "10.1.2.3"
      conditions:
        ready: true
      hostname: pod-1
      zone: zone-a
      hints:
        forZones:
          - name: "zone-a"
```

kube-proxy 会根据这个提示信息来过滤它所在 Node 的路由目的地 Endpoints 列表。在大多数情况下，kube-proxy 会把来源于同一个 Zone 的流量都路由到相同 Zone 的 Endpoint 上。但是不排除为了在各个 Zone 之间更均匀地分配 Endpoint，系统将部分流量路由到其他 Zone 的 Endpoint 上。

目前使用拓扑感知路由有以下限制。

◎ 拓扑感知路由和 externalTrafficPolicy=Local 是不兼容的，所以一个 Service 不能同时使用这两种特性。在同一个 Kubernetes 集群中，可以为不同的 Service 应用拓扑感知路由或者设置 externalTrafficPolicy=Local。
◎ 如果流量只从一个 Zone 发起，会导致更多的 Endpoint 被集中在这个 Zone 内，使得结果分配更加不均匀。
◎ EndpointSlice 控制器在计算各 Zone 的比例时，会忽略未就绪（NotReady）的 Node，如果多数 Node 都未就绪，可能会带来与预期不同的结果。
◎ EndpointSlice 控制器会忽略控制平面上的 Node（设置了 node-role.kubernetes.io/control-plane 或 node-role.kubernetes.io/master 标签的 Node），如果存在在控制平面 Node 上运行的 Pod，结果也可能有问题。
◎ EndpointSlice 控制器会忽略 Pod 对 Node 的容忍度（Toleration）配置（例如一个 Service 的后端 Pod 都被限制在一组 Node 上）。
◎ 拓扑感知路由和自动扩缩容机制可能存在冲突，例如有大量流量来源于同一个 Zone，那么只有分配给该 Zone 的 Endpoint 才能接收这些流量，这可能会导致自动扩缩容控制器无法正确获取需要监控的事件信息，或者在其他 Zone 上扩容出新的 Pod。

5.3　DNS 服务搭建和配置指南

作为服务发现机制的基本功能，在 Kubernetes 集群中需要能够通过服务名对服务进行访问，这就需要一个 Kubernetes 集群范围内的 DNS 服务来完成从服务名到 ClusterIP 地址的解析。DNS 服务在 Kubernetes 的发展过程中经历了 3 个阶段，接下来进行讲解。

在 Kubernetes v1.2 版本时，DNS 服务是由 SkyDNS 提供的，它由 4 个容器组成：kube2sky、skydns、etcd 和 healthz。kube2sky 容器可用于监控 Kubernetes 中 Service 资源的变化，根据 Service 的名称和 IP 地址信息生成 DNS 记录，并将其保存到 etcd 中；skydns 容器可用于从 etcd 中读取 DNS 记录，并为客户端容器应用提供 DNS 查询服务；healthz 容器提供了对 skydns 服务的健康检查功能。

图 5.4 展现了 SkyDNS 的总体架构。

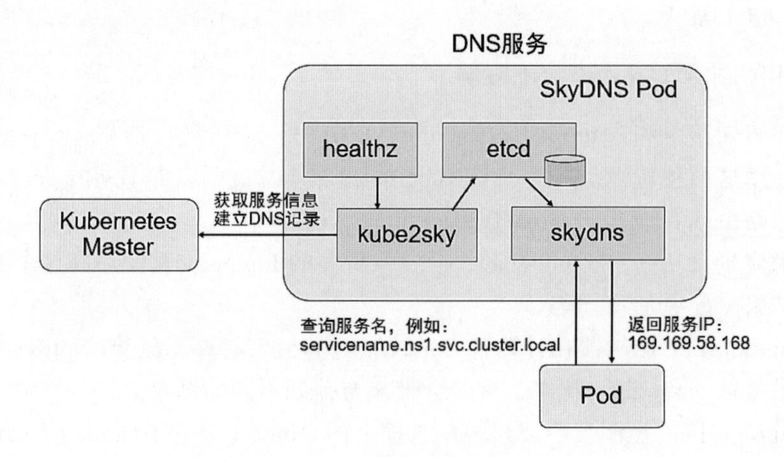

图 5.4　SkyDNS 的总体架构

从 Kubernetes v1.4 版本开始，SkyDNS 组件便被 KubeDNS 替代，主要考虑的是 SkyDNS 组件之间通信较多，整体性能不高。KubeDNS 由 3 个容器组成：kubedns、dnsmasq 和 sidecar，去掉了 SkyDNS 中的 etcd 存储，将 DNS 记录直接保存在内存中，以提高查询性能。kubedns 容器用于监控 Kubernetes 中 Service 资源的变化，根据 Service 的名称和 IP 地址生成 DNS 记录，并将 DNS 记录保存在内存中；dnsmasq 容器用于从 kubedns 中获取 DNS 记录，提供 DNS 缓存，为客户端容器应用提供 DNS 查询服务；sidecar 提供了对 kubedns 和 dnsmasq 服务的健康检查功能。图 5.5 展现了 KubeDNS 的总体架构。

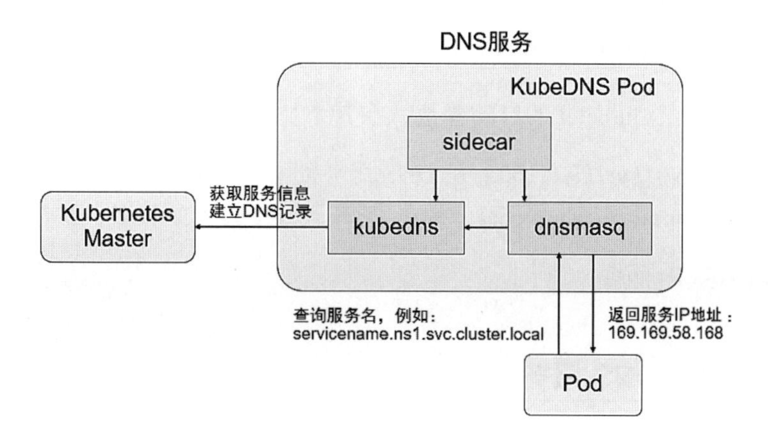

图 5.5 KubeDNS 的总体架构

从 Kubernetes v1.11 版本开始，Kubernetes 集群的 DNS 服务便由 CoreDNS 提供。CoreDNS 是 CNCF 基金会孵化的项目，是一种用 Go 语言实现的高性能、插件式、易扩展的 DNS 服务端，目前已毕业。CoreDNS 解决了 KubeDNS 的一些问题，例如 dnsmasq 的安全漏洞、externalName 不能使用 stubDomains 进行设置等问题。CoreDNS 支持自定义 DNS 记录及配置 upstream DNS Server，可以统一管理 Kubernetes 基于服务的内部 DNS 和数据中心的物理 DNS。它没有使用多个容器的架构，只用一个容器便实现了 KubeDNS 内 3 个容器的全部功能。图 5.6 展示了 CoreDNS 的总体架构。

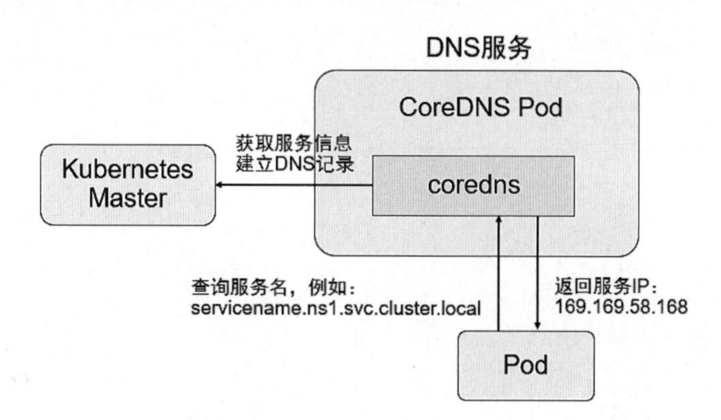

图 5.6 CoreDNS 的总体架构

接下来以 CoreDNS 为例，说明 Kubernetes 集群 DNS 服务的搭建过程。

5.3.1　修改每个 Node 上 kubelet 的 DNS 启动参数

修改每个 Node 上 kubelet 的启动参数，在其中加上以下两个参数。

◎ --cluster-dns=169.169.0.100：是 DNS 服务的 ClusterIP 地址。

◎ --cluster-domain=cluster.local：是在 DNS 服务中设置的域名。

然后重启 kubelet 服务。

5.3.2　部署 CoreDNS 服务

部署 CoreDNS 服务时需要创建 3 个资源对象：ConfigMap、Deployment 和 Service。在启用了 RBAC 的 Kubernetes 集群中，还可以通过设置 ServiceAccount、ClusterRole、ClusterRoleBinding 来对 CoreDNS 容器进行权限设置。

ConfigMap "coredns" 主要用于设置 CoreDNS 的主配置文件 Corefile 的内容，其中可以定义各种域名的解析方式和使用的插件，示例如下（Corefile 的详细配置说明参见 5.3.4 节）：

```
apiVersion: v1
kind: ConfigMap
metadata:
  name: coredns
  namespace: kube-system
  labels:
      addonmanager.kubernetes.io/mode: EnsureExists
data:
  Corefile: |
    cluster.local {
        errors
        health {
          lameduck 5s
        }
        ready
        kubernetes cluster.local 169.169.0.0/16 {
          fallthrough in-addr.arpa ip6.arpa
        }
        prometheus :9153
        forward . /etc/resolv.conf
```

```
        cache 30
        loop
        reload
        loadbalance
    }
    . {
        cache 30
        loadbalance
        forward . /etc/resolv.conf
    }
```

Deployment“coredns”主要用于设置 CoreDNS 容器应用的内容，其中 replicas 副本的数量通常应该根据 Kubernetes 集群的规模和服务数量确定，如果单个 CoreDNS 进程不足以支撑整个集群的 DNS 查询，则可以通过水平扩展提高查询能力。由于 DNS 服务是 Kubernetes 集群的关键核心服务，所以建议为其 Deployment 设置自动扩缩容控制器，自动管理其副本数量。

另外，对资源限制部分（CPU 限制和内存限制）的设置也应根据实际环境进行调整：

```
apiVersion: apps/v1
kind: Deployment
metadata:
  name: coredns
  namespace: kube-system
  labels:
    k8s-app: kube-dns
    kubernetes.io/name: "CoreDNS"
spec:
  replicas: 1
  strategy:
    type: RollingUpdate
    rollingUpdate:
      maxUnavailable: 1
  selector:
    matchLabels:
      k8s-app: kube-dns
  template:
    metadata:
      labels:
        k8s-app: kube-dns
    spec:
```

```
      priorityClassName: system-cluster-critical
      tolerations:
        - key: "CriticalAddonsOnly"
          operator: "Exists"
      nodeSelector:
        kubernetes.io/os: linux
      affinity:
         podAntiAffinity:
           preferredDuringSchedulingIgnoredDuringExecution:
           - weight: 100
             podAffinityTerm:
               labelSelector:
                 matchExpressions:
                   - key: k8s-app
                     operator: In
                     values: ["kube-dns"]
               topologyKey: kubernetes.io/hostname
      containers:
      - name: coredns
        image: coredns/coredns:1.9.0
        imagePullPolicy: IfNotPresent
        resources:
          limits:
            memory: 170Mi
          requests:
            cpu: 100m
            memory: 70Mi
        args: [ "-conf", "/etc/coredns/Corefile" ]
        volumeMounts:
        - name: config-volume
          mountPath: /etc/coredns
          readOnly: true
        ports:
        - containerPort: 53
          name: dns
          protocol: UDP
        - containerPort: 53
          name: dns-tcp
          protocol: TCP
        - containerPort: 9153
          name: metrics
```

```
          protocol: TCP
        securityContext:
          allowPrivilegeEscalation: false
          capabilities:
            add:
            - NET_BIND_SERVICE
            drop:
            - all
          readOnlyRootFilesystem: true
        livenessProbe:
          httpGet:
            path: /health
            port: 8080
            scheme: HTTP
          initialDelaySeconds: 60
          timeoutSeconds: 5
          successThreshold: 1
          failureThreshold: 5
        readinessProbe:
          httpGet:
            path: /ready
            port: 8181
            scheme: HTTP
      dnsPolicy: Default
      volumes:
        - name: config-volume
          configMap:
            name: coredns
            items:
            - key: Corefile
              path: Corefile
```

Service“kube-dns”是 DNS 服务的配置清单，这个服务需要设置固定的 ClusterIP 地址，也需要将所有 Node 上的 kubelet 启动参数--cluster-dns 都设置为这个 ClusterIP 地址：

```
apiVersion: v1
kind: Service
metadata:
  name: kube-dns
  namespace: kube-system
  annotations:
    prometheus.io/port: "9153"
```

```
      prometheus.io/scrape: "true"
    labels:
      k8s-app: kube-dns
      kubernetes.io/cluster-service: "true"
      kubernetes.io/name: "CoreDNS"
spec:
  selector:
    k8s-app: kube-dns
  clusterIP: 169.169.0.100
  ports:
  - name: dns
    port: 53
    protocol: UDP
  - name: dns-tcp
    port: 53
    protocol: TCP
  - name: metrics
    port: 9153
    protocol: TCP
```

通过 kubectl create 命令完成 CoreDNS 服务的创建：

```
# kubectl create -f coredns.yaml
```

查看 Deployment、Pod 和 Service，确保容器成功启动：

```
# kubectl get deployments --namespace=kube-system
NAME                  READY   UP-TO-DATE   AVAILABLE   AGE
coredns                1/1    1            1           33h

# kubectl get pods --namespace=kube-system
NAME                                READY    STATUS     RESTARTS    AGE
coredns-85b4878f78-vcdnh            1/1      Running    0          33h

# kubectl get services --namespace=kube-system
NAME      TYPE         CLUSTER-IP     EXTERNAL-IP  PORT(S)                  AGE
kube-dns  ClusterIP    169.169.0.100  <none>       53/UDP,53/TCP,9153/TCP 33h
```

5.3.3 服务名的 DNS 解析

接下来使用一个带有 nslookup 工具的 Pod 来验证 DNS 服务能否正常工作：

```
# busybox.yaml
apiVersion: v1
kind: Pod
metadata:
  name: busybox
  namespace: default
spec:
  containers:
  - name: busybox
    image: busybox
    command:
      - sleep
      - "3600"
```

通过 kubectl create -f busybox.yaml 命令即可完成创建。

在该容器成功启动后，通过 kubectl exec <container_id> -- nslookup 命令进行测试：

```
# kubectl exec busybox -- nslookup redis-master
Server:    169.169.0.100
Address 1: 169.169.0.100

Name:      redis-master
Address 1: 169.169.8.10
```

可以看到，通过 DNS 服务器 169.169.0.100 成功解析了 redis-master 服务的 IP 地址 169.169.8.10。

如果某个 Service 属于不同的命名空间，那么在进行 Service 查找时，需要补充命名空间的名称，将其组合成完整的域名。下面以查找 kube-dns 服务为例，将其所在命名空间“kube-system”补充在服务名之后，用“.”连接为“kube-dns.kube-system”即可查询成功：

```
# kubectl exec busybox -- nslookup kube-dns.kube-system
Server:    169.169.0.100
Address 1: 169.169.0.100

Name:      kube-dns.kube-system
Address 1: 169.169.0.100
```

如果仅使用kube-dns 进行查找，则会失败：

```
nslookup: can't resolve 'kube-dns'
```

5.3.4 CoreDNS 的配置说明

CoreDNS 的主要功能是通过插件系统实现的。CoreDNS 实现了一种链式插件结构，将 DNS 的逻辑抽象成了一个个插件，能够灵活组合使用。

常用的插件介绍如下。

◎ loadbalance：提供基于 DNS 的负载均衡功能。
◎ loop：检测在 DNS 解析过程中出现的简单循环问题。
◎ cache：提供前端缓存功能。
◎ health：对 Endpoint 进行健康检查。
◎ kubernetes：从 Kubernetes 中读取 Zone 数据。
◎ etcd：从 etcd 中读取 Zone 数据，可用于自定义域名记录。
◎ file：从 RFC1035 格式文件中读取 Zone 数据。
◎ hosts：使用/etc/hosts 文件或者其他文件读取 Zone 数据，可用于自定义域名记录。
◎ auto：从磁盘中自动加载区域文件。
◎ reload：定时自动重新加载 Corefile 配置文件的内容。
◎ forward：转发域名查询到上游 DNS 服务器中。
◎ prometheus：为 Prometheus 系统提供采集性能指标数据的 URL。
◎ pprof：在 URL 路径/debug/pprof 下提供运行时的性能数据。
◎ log：对 DNS 查询进行日志记录。
◎ errors：对错误信息进行日志记录。

在下面的示例中为域名“cluster.local”设置了一系列插件，包括 errors、health、ready、kubernetes、prometheus、forward、cache、loop、reload 和 loadbalance，在进行域名解析时，这些插件将以从上到下的顺序依次执行：

```
cluster.local {
    errors
    health {
      lameduck 5s
    }
    ready
    kubernetes cluster.local 169.169.0.0/16 {
      fallthrough in-addr.arpa ip6.arpa
    }
    prometheus :9153
```

```
    forward . /etc/resolv.conf
    cache 30
    loop
    reload
    loadbalance
}
```

另外，etcd 和 hosts 插件都可用于用户自定义域名记录。

下面是使用 etcd 插件的配置示例，将以“.com”结尾的域名记录配置为从 etcd 中获取，并将域名记录保存在/skydns 路径下：

```
{
    etcd com {
        path /skydns
        endpoint http://192.168.18.3:2379
        upstream /etc/resolv.conf
    }
    cache 160 com
    loadbalance
    proxy . /etc/resolv.conf
}
```

如果用户在 etcd 中插入了一条“10.1.1.1 mycompany.com”DNS 记录：

```
# ETCDCTL_API=3 etcdctl put "/skydns/com/mycompany" '{"host":"10.1.1.1",
"ttl":60}'
```

客户端应用就能访问域名“mycompany.com”了：

```
# nslookup mycompany.com
nslookup mycompany.com
Server:         169.169.0.100
Address:        169.169.0.100#53

Name:   mycompany.com
Address: 10.1.1.1
```

forward 插件用于配置上游 DNS 服务器或其他 DNS 服务器。当在 CoreDNS 中查询不到域名时，会到其他 DNS 服务器上进行查询。在某些环境下，可以将 Kubernetes 集群外的 DNS 纳入 CoreDNS，进行统一的 DNS 管理。

5.4　Node 本地 DNS 缓存服务搭建和配置指南

由于在 Kubernetes 集群中配置的 DNS 服务是一个名为“kube-dns”的 Service，所以容器应用都通过其 ClusterIP 地址（例如 169.169.0.100）执行服务名的 DNS 域名解析。这对于大规模集群可能会引起以下两个问题。

（1）集群 DNS 服务压力增大（这可以通过自动扩容缓解）。

（2）由于 DNS 服务的 IP 地址是 Service 的 ClusterIP 地址，所以该地址会通过 kube-proxy 设置的 iptables 规则进行转发，可能导致域名解析性能很差，原因是 Netfilter 在做 DNAT 转换时可能会引起 conntrack 冲突，从而导致 DNS 查询产生 5s 的延时。

为了解决这两个问题，Kubernetes 引入了 Node 本地 DNS 缓存（Node Local DNS Cache）来提高整个集群的 DNS 域名解析的性能，这在 v1.18 版本时达到 Stable 阶段。使用 Node 本地 DNS 缓存的好处如下。

◎ 在没有本地 DNS 缓存时，集群 DNS 服务的 Pod 很可能在其他 Node 上，跨主机访问会增加网络延时，使用 Node 本地 DNS 缓存可显著缩短跨主机查询的网络延时。
◎ 跳过 iptables DNAT 和连接跟踪将有助于减少 conntrack 冲突，并避免 UDP DNS 记录填满 conntrack 表。
◎ 本地缓存到集群 DNS 服务的连接协议可被更新为 TCP。TCP conntrack 条目将在连接关闭时被删除；默认使用 UDP 时，conntrack 条目只能等到超时时间过后才被删除，操作系统的默认超时时间（nf_conntrack_udp_timeout）为 30s。
◎ 将 DNS 查询从 UDP 更新为 TCP，将减少由于丢弃的 UDP 数据包和 DNS 超时而引起的尾部延迟（tail latency），UDP 超时时间可能会长达 30s（3 次重试，每次 10s）。
◎ 提供 Node 级别 DNS 解析请求的度量（Metrics）和可见性（Visibility）。
◎ 可以重新启用负缓存（Negative caching）功能，减少对集群 DNS 服务（kube-dns）的查询数量。

Node 本地 DNS 缓存（Node Local DNS Cache）的工作流程如图 5.7 所示，客户端 Pod 首先会通过本地 DNS 缓存进行域名解析，当缓存中不存在域名时，会将请求转发给集群 DNS 服务（kube-dns）进行解析（kube-dns 可能会被再次转发给上游 DNS 服务器）。

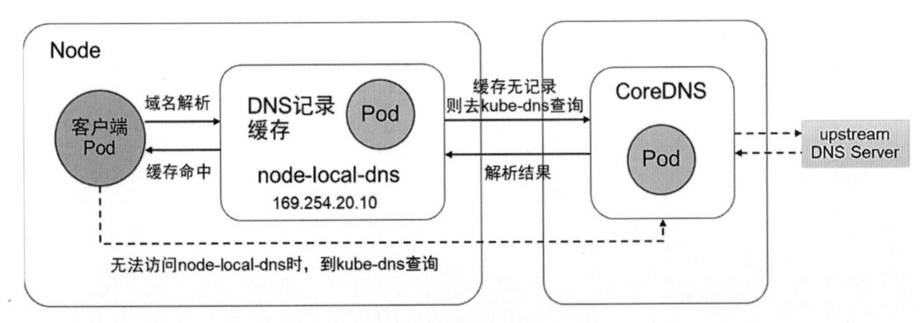

图 5.7　Node 本地 DNS 缓存的工作流程

下面对如何部署 Node 本地 DNS 缓存工具进行说明。

配置文件 nodelocaldns.yaml 的内容如下，主要包括 ServiceAccount、DaemonSet、ConfigMap 和 Service 几个资源对象。

ServiceAccount 的定义如下：

```
apiVersion: v1
kind: ServiceAccount
metadata:
  name: node-local-dns
  namespace: kube-system
  labels:
    kubernetes.io/cluster-service: "true"
    addonmanager.kubernetes.io/mode: Reconcile
```

Service “kube-dns-upstream” 的定义如下，通过标签选择器 k8s-app=kube-dns 关联 Kubernetes 集群中提供 DNS 服务的 Pod（如 Coredns），它将作为 node-local-dns 的上游 DNS 服务器：

```
apiVersion: v1
kind: Service
metadata:
  name: kube-dns-upstream
  namespace: kube-system
  labels:
    k8s-app: kube-dns
    kubernetes.io/cluster-service: "true"
    addonmanager.kubernetes.io/mode: Reconcile
    kubernetes.io/name: "KubeDNSUpstream"
spec:
```

```
  ports:
  - name: dns
    port: 53
    protocol: UDP
    targetPort: 53
  - name: dns-tcp
    port: 53
    protocol: TCP
    targetPort: 53
  selector:
    k8s-app: kube-dns
```

ConfigMap 的定义如下：

```
apiVersion: v1
kind: ConfigMap
metadata:
  name: node-local-dns
  namespace: kube-system
  labels:
    addonmanager.kubernetes.io/mode: Reconcile
data:
  Corefile: |
    cluster.local:53 {
        errors
        cache {
                success 9984 30
                denial 9984 5
        }
        reload
        loop
        bind 169.254.20.10 169.169.0.100
        forward . __PILLAR__CLUSTER__DNS__ {
                force_tcp
        }
        prometheus :9253
        health 169.254.20.10:8080
        }
    in-addr.arpa:53 {
        errors
        cache 30
        reload
```

```
        loop
        bind 169.254.20.10 169.169.0.100
        forward . __PILLAR__CLUSTER__DNS__ {
                force_tcp
        }
        prometheus :9253
        }
    ip6.arpa:53 {
        errors
        cache 30
        reload
        loop
        bind 169.254.20.10 169.169.0.100
        forward . __PILLAR__CLUSTER__DNS__ {
                force_tcp
        }
        prometheus :9253
        }
    .:53 {
        errors
        cache 30
        reload
        loop
        bind 169.254.20.10 169.169.0.100
        forward . __PILLAR__UPSTREAM__SERVERS__
        prometheus :9253
        }
```

ConfigMap的主要配置参数如下。

- cluster.local:53：集群域名后缀，例如cluster.local。
- bind地址中会设置两个IP：一个是Node本地IP地址，默认值为169.254.20.10，取值要求是IPv4时为169.254.0.0/16范围内的地址，IPv6时为fd00::/8范围内的地址；另一个是集群kube-dns服务的IP地址，这样就实现了在Node本地提供另一个与kube-dns服务相同IP的DNS服务（如169.169.0.100），替代了需要通过iptables规则或ipvs规则转发给DNS Pod的网络通信。
- forward . __PILLAR__CLUSTER__DNS__：这个变量的值将在node-local-dns启动后被设置为Service“kube-dns-upstream”的ClusterIP地址，作为其upstream DNS Server，例如169.169.191.252。

◎ forward . __PILLAR__UPSTREAM__SERVERS__：这个变量的值将在 node-local-dns 启动后被设置为非集群中域名进行域名解析的上游 DNS，例如/etc/resolv.conf。

DaemonSet 的定义如下：

```
apiVersion: apps/v1
kind: DaemonSet
metadata:
  name: node-local-dns
  namespace: kube-system
  labels:
    k8s-app: node-local-dns
    kubernetes.io/cluster-service: "true"
    addonmanager.kubernetes.io/mode: Reconcile
spec:
  updateStrategy:
    rollingUpdate:
      maxUnavailable: 10%
  selector:
    matchLabels:
      k8s-app: node-local-dns
  template:
    metadata:
      labels:
        k8s-app: node-local-dns
      annotations:
        prometheus.io/port: "9253"
        prometheus.io/scrape: "true"
    spec:
      priorityClassName: system-node-critical
      serviceAccountName: node-local-dns
      hostNetwork: true
      dnsPolicy: Default
      tolerations:
      - key: "CriticalAddonsOnly"
        operator: "Exists"
      - effect: "NoExecute"
        operator: "Exists"
      - effect: "NoSchedule"
        operator: "Exists"
      containers:
```

```
      - name: node-cache
        image: registry.k8s.io/dns/k8s-dns-node-cache:1.22.23
        resources:
          requests:
            cpu: 25m
            memory: 5Mi
        args: [ "-localip", "169.254.20.10,169.169.0.100", "-conf",
"/etc/Corefile", "-upstreamsvc", "kube-dns-upstream" ]
        securityContext:
          privileged: true
        ports:
        - containerPort: 53
          name: dns
          protocol: UDP
        - containerPort: 53
          name: dns-tcp
          protocol: TCP
        - containerPort: 9253
          name: metrics
          protocol: TCP
        livenessProbe:
          httpGet:
            host: 169.254.20.10
            path: /health
            port: 8081
          initialDelaySeconds: 60
          timeoutSeconds: 5
        volumeMounts:
        - mountPath: /run/xtables.lock
          name: xtables-lock
          readOnly: false
        - name: config-volume
          mountPath: /etc/coredns
        - name: kube-dns-config
          mountPath: /etc/kube-dns
      volumes:
      - name: xtables-lock
        hostPath:
          path: /run/xtables.lock
          type: FileOrCreate
      - name: kube-dns-config
```

```
        configMap:
          name: coredns
          optional: true
      - name: config-volume
        configMap:
          name: node-local-dns
          items:
            - key: Corefile
              path: Corefile.base
```

DaemonSet 的主要配置参数如下。

◎ hostNetwork=true：node-local-dns 要求使用主机网络模式运行。

◎ dnsPolicy=Default：因为要优先替代 kube-dns，所以不能使用 ClusterFirst 策略（即使用 kube-dns），设置为 Default 表示继承所在 Node 的域名解析设置。

◎ args=["-localip", "169.254.20.10,169.169.0.10", "-conf", "/etc/Corefile", "-upstreamsvc", "kube-dns-upstream"]：将-localip 参数设置为 node-local-dns 绑定的两个本地 IP 地址。

◎ livenessProbe：通过端口号 8081 进行健康检查。

◎ resources：通常 10 000 个 DNS 记录约占 30MB 内存，需要根据实际需求设置合理的资源限制。

还可以创建一个 Headless Service 以提供 Prometheus 格式的性能指标：

```
apiVersion: v1
kind: Service
metadata:
  annotations:
    prometheus.io/port: "9253"
    prometheus.io/scrape: "true"
  labels:
    k8s-app: node-local-dns
  name: node-local-dns
  namespace: kube-system
spec:
  clusterIP: None
  ports:
    - name: metrics
      port: 9253
      targetPort: 9253
```

```
  selector:
    k8s-app: node-local-dns
```

另外，如果 kube-proxy 代理模式（--proxy-mode）使用的是 ipvs 模式，则还需要修改 kubelet 的启动参数--cluster-dns 为 node-local-dns 绑定的本地 IP 地址 169.254.20.10。

通过 kubectl create 命令创建 node-local-dns 服务：

```
# kubectl create -f nodelocaldns.yaml
serviceaccount/node-local-dns created
service/kube-dns-upstream created
configmap/node-local-dns created
daemonset.apps/node-local-dns created
service/node-local-dns created
```

确认在每个 Node 上都运行一个 node-local-dns Pod：

```
# kubectl -n kube-system get pods -l k8s-app=node-local-dns
NAME                                 READY   STATUS    RESTARTS   AGE
node-local-dns-mkljl                 1/1     Running   0          3m28s
node-local-dns-2j9rx                 1/1     Running   0          3m28s
node-local-dns-psjck                 1/1     Running   0          3m28s
......
```

在客户端 Pod 内对服务名的解析没有变化，只是 169.169.0.100 代表的 DNS 服务均由每个 Node 本地运行的 node-local-dns 提供缓存，只有在 DNS 缓存未命中时，其才会被转发给集群 kube-dns 服务（如 Coredns）并解析。客户端应用通过 DNS 格式的服务名访问服务的方式也没有变化，例如：

```
# curl webapp.default:8080
<!DOCTYPE html PUBLIC "-//W3C//DTD HTML 4.01 Transitional//EN"
"http://www.w3.org/TR/html4/loose.dtd">
<html>
<head>
<meta http-equiv="Content-Type" content="text/html; charset=utf-8">
......
```

5.5 Service 和 Pod 的 DNS 域名相关特性

Kubernetes 会为 Service 创建稳定的服务名，包括环境变量形式和 DNS 域名形式。特别是以 DNS 域名形式提供了一种标准的网络地址，使得客户端应用可以简单配置目标服务的地址，而不用特别关心服务的 IP 地址。同时，为了更加简化客户端配置目标服务的 DNS 名称，可以仅使用 Service 名称或者加上 Namespace 段，而无须每次都设置完整的 DNS 域名全名，这是通过系统在客户端容器环境的/etc/resolv.conf 域名服务配置中自动设置 search 后缀来实现的。

Pod 作为集群中提供具体服务的实体，也可以像 Service 一样设置 DNS 域名。另外，系统为客户端 Pod 需要使用的 DNS 策略提供了多种选择。

5.5.1 Service 的 DNS 域名

对于 Service 来说，Kubernetes 会为其设置一个如下格式的 DNS 域名：

```
<service-name>.<namespace-name>.svc.<cluster-domain>
```

cluster-domain 是集群配置的域后缀名称。以之前的 webapp 服务为例，系统为其设置的 DNS 域名为“webapp.default.svc.cluster.local”，通过 nslookup 工具可以解析得到对应的 ClusterIP 地址：

```
# nslookup webapp.default.svc.cluster.local
Server:         169.169.0.100
Address:        169.169.0.100#53

Name:   webapp.default.svc.cluster.local
Address: 169.169.140.242
```

因为 Headless Service 没有 ClusterIP 地址，所以 DNS 解析的结果会是后端 Pod 的 IP 地址列表，详见 5.2.6 节的说明。另外，根据 IP 地址类型是 IPv4 还是 IPv6，也会创建对应的 A 记录或 AAAA 记录。

另外，Kubernetes 系统也会为 Service 的每个命名端口号（port.name）都创建一个 SRV 记录，格式如下：

```
_<port-name>._<port-protocol>.<service-name>.<namespace-name>.svc.<cluster-d
omain>
```

例如，在下面的 Service 定义中，端口号 80 的名称为“web”，协议为 TCP，系统自动为其创建的 DNS SRV 记录为“_web._tcp.webapp.default.svc.cluster.local”：

```
# webapp-service.yaml
apiVersion: v1
```

```
kind: Service
metadata:
  name: webapp
spec:
  ports:
  - name: web
    protocol: TCP
    port: 8080
    targetPort: 8080
  selector:
    app: webapp
```

对这个 DNS 域名进行解析，得到的 IP 地址就是 Service 的 ClusterIP 地址：

```
# nslookup _web._tcp.webapp.default.svc.cluster.local
Server:         169.169.0.100
Address:        169.169.0.100#53

Name:   _web._tcp.webapp.default.svc.cluster.local
Address: 169.169.40.122
```

对于 Headless Service 来说，命名端口号的 SRV 记录也会被解析为后端全部 Pod 的 IP 地址列表，例如下面的 Headless Service 就定义了一个名为“web”的端口号：

```
# webapp-headless-service.yaml
apiVersion: v1
kind: Service
metadata:
  name: webapp-headless
spec:
  ports:
  - name: web
    protocol: TCP
    port: 8080
    targetPort: 8080
  selector:
    app: webapp
  clusterIP: None
```

解析端口号“web”的 SRV 记录，得到的 IP 地址为后端全部 Pod 的 IP 地址列表：

```
# nslookup _web._tcp.webapp-headless.default.svc.cluster.local
Server:         169.169.0.100
```

```
Address:        169.169.0.100#53

Name:   _web._tcp.webapp-headless.default.svc.cluster.local
Address: 10.1.95.27
Name:   _web._tcp.webapp-headless.default.svc.cluster.local
Address: 10.1.95.29
Name:   _web._tcp.webapp-headless.default.svc.cluster.local
Address: 10.1.95.26
```

5.5.2　Pod 的 DNS 域名

对于 Pod 来说，Kubernetes 会为其设置一个如下格式的 DNS 域名：

```
<pod-ip>.<namespace>.pod.<cluster-domain>
```

其中的 Pod IP 部分需要用“-”替换“.”，例如下面 Pod 的 IP 地址为 10.0.95.63：

```
# kubectl get pods -o wide
NAME       READY  STATUS    RESTARTS   AGE     IP            NODE
NOMINATED NODE   READINESS GATES
test-pod   1/1    Running   0          1m20s   10.0.95.63   192.168.18.3
<none>           <none>
```

系统为这个 Pod 设置的 DNS 域名为“10-0-95-63.default.pod.cluster.local”，通过 nslookup 工具进行验证，可以解析得到其对应的 IP 地址为 10.0.95.63：

```
# nslookup 10-0-95-63.default.pod.cluster.local
Server:         169.169.0.100
Address:        169.169.0.100#53

Name:   10-0-95-63.default.pod.cluster.local
Address: 10.0.95.63
```

对于通过 Service 关联的 Pod，Kubernetes 会为每个 Pod 都以其 IP 地址和 Service 名称设置一个 DNS 域名，格式如下：

```
<pod-ip>.<service-name>.<namespace-name>.svc.<cluster-domain>
```

其中的 Pod IP 地址段字符串需要用“-”替换“.”，例如下面 Pod 的 IP 地址为 10.0.95.48：

```
# kubectl get pods -o wide
NAME                              READY   STATUS    RESTARTS   AGE     IP
NODE            NOMINATED NODE      READINESS GATES
```

```
demo-app-6c675f688-6j2zn      1/1     Running   0          7m49s   10.0.95.48
192.168.18.3     <none>           <none>
```

因为相应的 Service 名称为“demo-app”，所以系统为这个 Pod 设置的 DNS 域名为“10-0-95-48.demo-app.default.svc.cluster.local”，通过 nslookup 工具进行验证，可以成功解析得到该域名的 IP 地址为 10.0.95.48：

```
# nslookup 10-0-95-48.demo-app.default.svc.cluster.local
Server:         169.169.0.100
Address:        169.169.0.100#53

Name:   10-0-95-48.demo-app.default.svc.cluster.local
Address: 10.0.95.48
```

5.5.3 Pod 自定义 hostname 和 subdomain

在默认情况下，Pod 的名称（metadata.name）将被 Kubernetes 系统设置为容器环境内的主机名称（hostname）。通过工作负载控制器创建的 Pod 名称会有一段随机后缀名，不是固定的名称。我们有时可能需要使用自定义的主机名，而 Kubernetes 允许通过在 Pod yaml 配置中设置 hostname 字段来自定义 Pod 内各容器环境的主机名，还支持设置 subdomain 字段定义 Pod 内各容器环境的子域名。

通过下面的 Pod 定义（pod-hostname-subdomain.yaml），将会在 Pod 容器环境下设置主机名为“webapp-1”，子域名为“mysubdomain”：

```
# pod-hostname-subdomain.yaml
apiVersion: v1
kind: Pod
metadata:
  name: webapp1
  labels:
    app: webapp1
spec:
  hostname: webapp-1
  subdomain: mysubdomain
  containers:
  - name: webapp1
    image: kubeguide/tomcat-app:v1
    ports:
    - containerPort: 8080
```

创建这个 Pod：

```
# kubectl create -f pod-hostname-subdomain.yaml
pod/webapp1 created
```

查看 Pod 的 IP 地址：

```
# kubectl get pods -o wide
NAME       READY   STATUS       RESTARTS   AGE   IP            NODE
NOMINATED NODE   READINESS GATES
webapp1    1/1     Running      0          4s    10.0.95.51    192.168.18.3
<none>           <none>
```

在 Pod 创建成功之后，Kubernetes 系统为 Pod 设置了一个如下域名格式的主机名，并将其保存在/etc/hosts 文件中（Pod 名称也是主机名）：

```
<pod-hostname>.<pod-subdomain>.<namespace-name>.svc.<cluster-domain>
```

Kubernetes 系统为该 Pod 设置的主机名为“webapp-1.mysubdomain.default.svc.cluster.local”，可以通过进入 Pod“webapp1”的控制台查看/etc/hosts 文件的记录：

```
# kubectl exec -ti webapp1 -- bash
root@webapp-1:/usr/local/tomcat# cat /etc/hosts
# Kubernetes-managed hosts file.
127.0.0.1       localhost
::1     localhost ip6-localhost ip6-loopback
fe00::0 ip6-localnet
fe00::0 ip6-mcastprefix
fe00::1 ip6-allnodes
fe00::2 ip6-allrouters
10.0.95.51      webapp-1.mysubdomain.default.svc.cluster.local  webapp-1
```

如果 Pod 有一个关联的 Headless Service，其服务名与 Pod 子域名（subdomain）相同，此时 Kubernetes 系统还会为 Pod 自动创建相应的（A 类型或 AAAA 类型）DNS 记录，格式如下：

```
<pod-hostname>.<headless-service-name>.<namespace-name>.svc.<cluster-domain>
```

例如，在下面的配置中有 2 个 Pod 和 1 个 Headless Service，服务名（name）与 Pod 子域名被设置为相同的值“mysubdomain”：

```
# headless-service.yaml
apiVersion: v1
kind: Service
```

```
metadata:
  name: mysubdomain
spec:
  selector:
    app: webapp
  clusterIP: None
  ports:
  - port: 8080
```

创建该 Headless Service：

```
# kubectl create -f headless-service.yaml
service/mysubdomain created
```

此时，Kubernetes 系统为 Pod 创建的 DNS 域名为“webapp-1.mysubdomain.default.svc.cluster.local”，通过 nslookup 工具进行验证，可以成功解析得到该域名的地址为 Pod 的 IP 地址 10.0.95.51：

```
# nslookup webapp-1.mysubdomain.default.svc.cluster.local
Server:         169.169.0.100
Address:        169.169.0.100#53

Name:   webapp-1.mysubdomain.default.svc.cluster.local
Address: 10.0.95.51
```

需要注意如下事项。

◎ Kubernetes 只对设置了 hostname 的 Pod 创建相应的 DNS 记录。

◎ 如果 Pod 没有设置 hostname，但是设置了 subdomain，则在存在对应 Headless Service 的情况下，系统会创建如下格式的 DNS 记录，其 IP 地址为 Pod 的 IP 地址：

```
<headless-service-name>.<namespace-name>.svc.<cluster-domain>
```

◎ 在默认情况下，只有 Service 后端的 Pod 处于 Ready 状态时，系统才会创建 DNS 记录，但有一个例外情况，即在 Service 的定义中设置了 publishNotReadyAddresses=true，表示不论 Pod 是否 Ready 都进行创建。

◎ 在 EndpointSlice 资源的定义中，可以为每个 Endpoint 设置 hostname，这样也会使系统为其创建相应的 DNS 记录，例如：

```
apiVersion: discovery.k8s.io/v1
kind: EndpointSlice
metadata:
  name: example-abc
```

```
  labels:
    kubernetes.io/service-name: example
addressType: IPv4
ports:
  - name: http
    protocol: TCP
    port: 80
endpoints:
  - addresses:
      - "10.1.2.3"
    conditions:
      ready: true
    hostname: pod-1
    nodeName: node-1
    zone: us-west2-a
```

5.5.4　FQDN 格式的 Pod 主机名设置

在默认情况下，Pod 的各容器内的主机名为 Pod 名称，是短名称的类型，例如在 Pod “webapp1”的控制台执行 hostname 命令可以查看主机名为“webapp-1”：

```
# kubectl exec -ti webapp1 -- bash
root@webapp-1:/usr/local/tomcat# hostname
webapp-1
```

对于具有 FQDN 全限定域名格式的 Pod，可以通过 hostname --fqdn 命令查看其 FQDN 格式的主机名，例如：

```
# hostname --fqdn
webapp-1.mysubdomain.default.svc.cluster.local
```

如果希望在执行 hostname 命令时也返回 FQDN 格式的主机名，Kubernetes 从 v1.19 版本开始在 Pod 的定义中引入了一个新的字段 setHostnameAsFQDN，该字段到 v1.22 版本时处于 Stable 阶段。

设置 setHostnameAsFQDN=true 来表示执行 hostname 命令时也返回 FQDN 格式的主机名，与执行 hostname --fqdn 命令的结果相同，例如：

```
apiVersion: v1
kind: Pod
metadata:
```

```
  name: webapp1
  labels:
    app: webapp1
spec:
  setHostnameAsFQDN: true
  hostname: webapp-1
  subdomain: mysubdomain
  containers:
  - name: webapp1
    image: kubeguide/tomcat-app:v1
    imagePullPolicy: IfNotPresent
    ports:
    - containerPort: 8080
```

进入容器控制台执行 hostname 命令，查看 FQDN 格式的主机名：

```
# kubectl exec -ti webapp1 -- bash
root@webapp-1:/usr/local/tomcat# hostname
webapp-1.mysubdomain.default.svc.cluster.local
```

需要注意的是，Linux 支持的主机名字符串的最大长度为 64 个字符，如果 Pod 的 FQDN 格式域名长度超过 64，那么 Pod 将无法成功创建，并始终处于挂起（Pending）状态。

5.5.5 Pod 的 DNS 策略

Kubernetes 可以在 Pod 的 dnsPolicy 字段中设置几种不同的 DNS 策略，目前支持的 DNS 策略如下。

◎ Default：继承 Pod 所在 Node 的域名解析设置。

◎ ClusterFirst：优先使用 Kubernetes 环境的 DNS 服务（如 CoreDNS 提供的域名解析服务），并且将非集群域名（cluster-domain）后缀的域名都转发给系统配置的上游 DNS 服务器。这也是系统的默认值。

◎ ClusterFirstWithHostNet：专用于以 hostNetwork 模式运行的 Pod。

◎ None：忽略 Kubernetes 集群的 DNS 配置，允许用户手动通过 dnsConfig 字段自定义 DNS 配置。这个策略在 Kubernetes v1.9 版本中开始引入，到 Kubernetes v1.10 版本时更新为 Beta 阶段，到 Kubernetes v1.14 版本时达到 Stable 阶段。自定义 DNS 配置详见 5.5.6 节的说明。

下面是一个使用了 hostNetwork 的 Pod，其 dnsPolicy 被设置为 ClusterFirstWithHostNet：

```yaml
apiVersion: v1
kind: Pod
metadata:
  name: nginx
spec:
  containers:
  - name: nginx
    image: nginx
  hostNetwork: true
  dnsPolicy: ClusterFirstWithHostNet
```

5.5.6　Pod 中的自定义 DNS 配置

在默认情况下，系统会自动为 Pod 配置好域名服务器等 DNS 参数。此外，Kubernetes 也提供了让用户为 Pod 自定义 DNS 配置的方法。可以通过在 Pod 定义中设置 dnsConfig 字段进行 DNS 相关配置。该字段是可选字段，在 dnsPolicy 为任意策略时都可以设置，但是当 dnsPolicy="None"时该字段为必选设置。该字段在 Kubernetes 的 v1.9 版本中引入，在 v1.10 版本时达到 Beta 阶段并被默认启用，到 v1.14 版本时达到 Stable 阶段。

自定义 DNS 配置可以设置以下内容。

- ◎ nameservers：用于域名解析的 DNS 服务器列表，最多可以设置 3 个。当 Pod 的 dnsPolicy="None"时，该 nameservers 列表中必须包含至少一个 IP 地址。配置的 nameservers 列表会与系统自动设置的 nameserver 进行合并和去重。
- ◎ searches：用于域名搜索的 DNS 域名后缀，最多可以设置 32 个，搜索的 DNS 域名后缀的总长度不能超过 2048 个字符，配置的 searches 也会与系统自动设置的 searches 列表进行合并和去重。
- ◎ options：配置其他可选 DNS 参数，例如 ndots、timeout 等，以 name 或 name/value 对的形式表示，配置的 options 也会与系统自动设置的 options 列表进行合并和去重。

以如下 dnsConfig 配置为例：

```yaml
apiVersion: v1
kind: Pod
metadata:
  name: custom-dns
spec:
```

```
    containers:
    - name: custom-dns
      image: tomcat
      imagePullPolicy: IfNotPresent
      ports:
      - containerPort: 8080
    dnsPolicy: "None"
    dnsConfig:
      nameservers:
        - 8.8.8.8
      searches:
        - ns1.svc.cluster-domain.example
        - my.dns.search.suffix
      options:
        - name: ndots
          value: "2"
        - name: edns0
```

在成功创建 Pod 后，容器内 DNS 配置文件/etc/resolv.conf 的内容将被系统设置如下：

```
nameserver 8.8.8.8
search ns1.svc.cluster.local my.dns.search.suffix
options ndots:2 edns0
```

在 IPv6 环境下，Pod 内/etc/resolv.conf 文件中 nameserver 的 IP 地址也会以 IPv6 格式进行表示，例如：

```
    nameserver fd00:79:30::a
    search default.svc.cluster-domain.example svc.cluster-domain.example
cluster-domain.example
    options ndots:5
```

5.5.7 Windows Node 的 DNS 解析机制说明

在 Windows Node 中，DNS 解析机制包括以下注意事项。

◎ 不支持设置 DNS 策略 dnsPolicy=ClusterFirstWithHostNet，Windows 会将所有带"."的名称都作为全限定域名（FQDN）并跳过 FQDN 域名解析。

◎ Windows 上可以使用的 DNS 解析器有很多种，建议使用 PowerShell 提供的 Resolve-DnsName 命令进行解析，例如：

```
Resolve-DnsName -Name www.bing.com
```

◎ Linux 支持多个 searches 搜索域后缀，但在 Windows 上仅支持一个，格式为

```
<namespace-name>.svc.<cluster-domain>,
```

因此不能解析<pod-name>.<namespace>或<pod-name>.<namespace>.svc 这种仅指定部分段落的域名。

5.6 Ingress 7 层路由机制

根据前面对 Service 概念的说明，我们知道 Service 的表现形式为 IP 地址和端口号（ClusterIP:Port），即工作在 TCP/IP 层。而对于基于 HTTP 的服务来说，不同的 URL 地址经常对应到不同的后端服务或者虚拟服务器（Virtual Host），这些应用层的转发机制仅通过 Kubernetes 的 Service 机制是无法实现的。Kubernetes 从 v1.1 版本开始引入 Ingress 资源对象，用于将 Kubernetes 集群外的客户端请求路由到集群中部的服务上，同时提供了 7 层（HTTP 和 HTTPS）路由功能。Ingress 在 Kubernetes v1.19 版本中达到 Stable 阶段，目前不再更新 Ingress 资源的特性，其在未来会逐步过渡到 Gateway API 中。

Kubernetes 使用了一个 Ingress 资源，用于定义策略和一个提供路由转发服务的 Ingress Controller，二者相结合实现了基于灵活的 Ingress 策略定义的服务路由功能。如果是对 Kubernetes 集群外的客户端提供服务，那么 Ingress Controller 实现的是类似于边缘路由器（Edge Router）的功能。需要注意的是，Ingress 只能使用 HTTP 和 HTTPS 协议提供服务，对于使用其他网络协议（如 TCP）的服务，可以通过设置 Service 的类型（type）为 NodePort 或 LoadBalancer 来对集群外的客户端提供服务。

使用 Ingress 提供路由服务时，Ingress Controller 基于 Ingress 规则将客户端请求直接转发到 Service 对应的后端 Endpoint（Pod）上，这样会跳过 kube-proxy 设置的路由转发规则，以提高网络转发效率。

图 5.8 为一个典型的 HTTP 层路由的例子。

其中：

◎ 对 http://mywebsite.com/api 的访问将被路由到后端名为“api”的 Service 上。
◎ 对 http://mywebsite.com/web 的访问将被路由到后端名为“web”的 Service 上。
◎ 对 http://mywebsite.com/docs 的访问将被路由到后端名为“docs”的 Service 上。

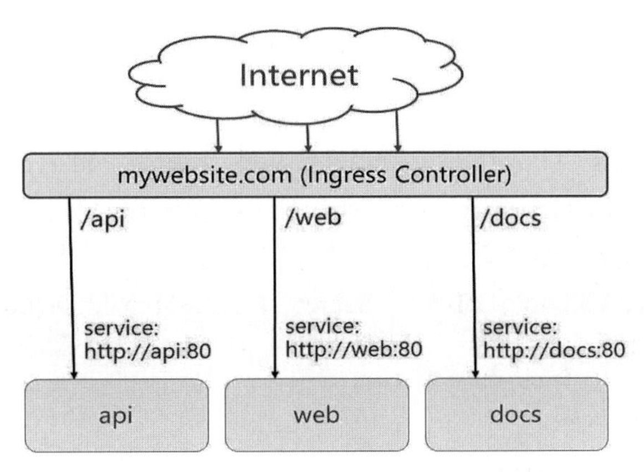

图 5.8 一个典型的 HTTP 层路由的例子

下面先通过一个完整的例子对 Ingress 的原理和应用进行说明，然后对 Ingress 资源对象的概念、策略配置、TLS 安全设置及继任者 Gateway API 等进行详细说明。

5.6.1 一个完整的例子（Ingress Controller+Ingress 策略+客户端访问）

1. 部署 Ingress Controller

Ingress Controller 需要实现基于不同 HTTP URL 向后转发的负载分发规则，并可以灵活设置 7 层负载分发策略。目前 Ingress Controller 已经有许多实现方案，包括 Nginx、HAProxy、Kong、Traefik、Skipper、Istio 等开源软件的实现，以及公有云 GCE、Azure、AWS 等提供的 Ingress 应用网关，用户可以参考官方网站根据业务需求选择适合的 Ingress Controller。

在 Kubernetes 中，Ingress Controller 会持续监控 API Server 的/ingress 接口（用户定义的转发到后端服务的规则）的变化。当/ingress 接口后端的服务信息发生变化时，Ingress Controller 会自动更新其转发规则。

本例基于 Nginx 提供的 Ingress Controller 进行说明。Nginx Ingress Controller 可以以 DaemonSet 或 Deployment 模式进行部署，通常可以考虑通过设置 nodeSelector 或亲和性调度策略来将其调度到固定的几个 Node 上提供服务。

对于客户端应用如何通过网络访问 Ingress Controller，本例会在容器级别设置 hostPort，将 80 和 443 端口号映射到宿主机上，这样客户端应用可以通过 URL 地址“http://<NodeIP>:80”或“https://<NodeIP>:443”访问 Ingress Controller，也可以配置 Pod

使用 hostNetwork 模式直接监听宿主机网卡的 IP 地址和端口号，或者使用 Service 的 NodePort 将端口号映射到宿主机上。

下面是Nginx Ingress Controller的yaml配置文件，其中将Pod创建在Namespace“nginx-ingress”中，通过 nodeSelector“role=ingress-nginx-controller”设置了调度的目标 Node，并设置了 hostPort 来将端口号映射到宿主机上，供集群外的客户端访问。该配置文件包含了 Namespace、ServiceAccount、RBAC、Secret、ConfigMap 和 Deployment 等资源对象的配置，示例如下。

对 Namespace 的定义如下：

```
# nginx-ingress-controller.yaml
---
apiVersion: v1
kind: Namespace
metadata:
  name: nginx-ingress
```

对 ServiceAccount 的定义如下：

```
apiVersion: v1
kind: ServiceAccount
metadata:
  name: nginx-ingress
  namespace: nginx-ingress
```

对 RBAC 相关资源的定义如下：

```
kind: ClusterRole
apiVersion: rbac.authorization.k8s.io/v1
metadata:
  name: nginx-ingress
rules:
- apiGroups:
  - ""
  resources:
  - services
  - endpoints
  verbs:
  - get
  - list
  - watch
```

```yaml
- apiGroups:
  - ""
  resources:
  - secrets
  verbs:
  - get
  - list
  - watch
- apiGroups:
  - ""
  resources:
  - configmaps
  verbs:
  - get
  - list
  - watch
  - update
  - create
- apiGroups:
  - ""
  resources:
  - pods
  verbs:
  - list
  - watch
- apiGroups:
  - ""
  resources:
  - events
  verbs:
  - create
  - patch
  - list
- apiGroups:
  - extensions
  resources:
  - ingresses
  verbs:
  - list
  - watch
  - get
```

```
  - apiGroups:
    - "extensions"
    resources:
    - ingresses/status
    verbs:
    - update
  - apiGroups:
    - k8s.nginx.org
    resources:
    - virtualservers
    - virtualserverroutes
    - globalconfigurations
    - transportservers
    - policies
    verbs:
    - list
    - watch
    - get
  - apiGroups:
    - k8s.nginx.org
    resources:
    - virtualservers/status
    - virtualserverroutes/status
    verbs:
    - update
---
kind: ClusterRoleBinding
apiVersion: rbac.authorization.k8s.io/v1
metadata:
  name: nginx-ingress
subjects:
- kind: ServiceAccount
  name: nginx-ingress
  namespace: nginx-ingress
roleRef:
  kind: ClusterRole
  name: nginx-ingress
  apiGroup: rbac.authorization.k8s.io
```

对 Secret 的定义如下：

```
apiVersion: v1
```

```
    kind: Secret
    metadata:
      name: default-server-secret
      namespace: nginx-ingress
    type: Opaque
    data:
      tls.crt:
```

```
LS0tLS1CRUdJTiBDRVJUSUZJQ0FURS0tLS0tCk1JSUN2akNDQWFZQ0NRREFPRjl0THNhWFhEQU5CZ2tx
aGtpRzl3MEJBUXNGQURBaE1SOHdIUVlEVlFRRERCWk8KUjBsT1dFbHVaM0psYzNORGIyNTBjbTlzYkdW
eU1CNFhEVEU0TURreE1qRTRNRE16TlZvWERUSXpNRGt4TVRFNApNRE16TlZvd0lURWZNQjBHQTFVRUF3
d1dUa2RKVGxoSmJtZHlaWE56UTI5dWRISnZiR3hsY2pDQ0FTSXdEUVlKCktvWklodmNOQVFFQkJRQURn
Z0VQQURDQ0FRb0NnZ0VCQUwvN2hIUEtFWGRMdjNyaUM3QlBrMTNpWkt5eTlyQ08KR2xZUXYyK2EzUDF0
azIrS3YwVGF5aGRCbDRrcnNUcTZzZm8vWUk1Y2Vhbkw4WGM3U1pyQkVRYm9EN2REbWs1Qgo4eDZLS2xH
WU5IWlg0Rm5UZ0VPaStlM2ptTFFxRlBSY1kzVnNPazFFeUZBL0JnWlJVbkNHZUtGeERSN0tQdGhyCmtq
SXVuektURXUyaDU4Tlp0S21ScUJHdDEwcTNRYzhZT3ExM2FnbmovUWRjc0ZYYTJnMjB1K1lYZDdoZ3kr
ZksKWk4vVUkxQUQ0YzZyM1lma1ZWUmVHd1lxQVp1WXN2V0RKbW1GNWRwdEMzN011cDBPRUxVTExSakZJ
OTZXNXIwSAo1TmdPc25NWFJNV1hYVlpiNWRxT3R0SmRtS3FhZ25TZ1JQQVpQN2MwQjFQU2FqYzZjNGZR
VXpNQ0F3RUFBVEFOCkJna3Foa2lHOXcwQkFRc0ZBQU9DQVFFQWpLb2tRdGRPcEsrTzhibWVPc3lySmdJ
SXJycVFVY2ZOUitjb0hZVUoKdGhrYnhITFMzR3VBTWI5dm15VExPY2xxeC9aYzJPblEwMEJCLzlTb0sw
citFZ1U2UlVrRWtWcitTTFA3NTdUWgozZWI4dmdPdEduMS9ienM3bzNBaS9kclkrcUI5Q2k1S3lPc3FH
TG1US2xFaUtOYkcyR1ZyTWxjS0ZYQU80YTY3Cklnc1hzYktNbTQwV1U3cG9mcGltU1ZmaXFSdkV5YmN3
N0NYODF6cFErUyt1eHRYK2VBZ3V0NHh3VlI5d2IyVXYKelhuZk9HbWhWNThDd1dIQnNKa0kxNXhaa2VU
WXdSN0diaEFMSkZUUkk3dkhvQXprTWIzbjAxQjQyWjNrN3RXNQpJUDFmTlpIOFUvOWxiUHNoT21FRFZk
djF5ZytVRVJxbStGSis2R0oxeFJGcGZnPT0KLS0tLS1FTkQgQ0VSVElGSUNBVEUtLS0tLQo=
```


```
      tls.key:
```

```
LS0tLS1CRUdJTiBSU0EgUFJJVkFURSBLRVktLS0tLQpNSUlFcEFJQkFBS0NBUUVBdi91RWM4b1JkMHUv
ZXVJTHNFK1RYZUprckxMMnNJNGFWaEMvYjVyYy9XMlRiNHEvClJOcktGMEdYaVN1eE9ycXgrajlnamx4
NXFjdnhkenRKbXNFUkJ1Z1B0ME9hVGtIekhvb3FVWmcwZGxmZ1dkT0EKUTZMNTdlT1l0Q29VOUZ4amRX
dzZUVVRJVUQ4R0JsRlNjSVo0b1hFTkhzbysyR3VTTWk2Zk1wTVM3YUhudzFtMApxWkdvRWEzWFNyZEJ6
eGc2clhhcUNlUDlCMXl3VmRyYURiUzc1aGQzdUdETDU4cGszOVFqVUFQaHpxdmRoK1JWClZGNGJCaW9C
bTVpeTlZTW1hWVhsMm0wTGZzeTZuUTRRdFFzdEdNVWozcGJtdlFmazJBNnljeGRFeFpkZFZsdmwKMm82
MjBsMllxcHFDZEtCRThCay90elFIVTlKcU56cHoOUJUTXdJREFRQUJBb01CQVFDZklHbXowOHhRVmor
NwpLZnZJUXQwQ0YzR2MxNld6eDhVNml4MHg4Mm15d1kxUUNlL3BzWE9LZlRxT1h1SENyUlp5TnUvZ2Iv
UUQ4bUFOCmxOMjRZTW10TWRJODg5TEZoTkp3QU5ODJDeTczckM5bzVvUDlkazAvYzRIbjAzSkVYNzZ5
QjgzQm9rR1FvYksKMjhMNk0rdHUzUmFqNjd6Vmc2d2szaEhrU0pXSzBwV1YrSjdrUkRWYmhDYUZhNk5n
MUZNRWxhTlozVDhhUUtyQgpDUDNDeEFTdjYxWTk5TEI4KzNXWVFIK3NYaTVGM01pYVNBZ1BkQUk3WEh1
dXFET1lvMU5PL0JoSGt1aVg2QnRCnorNTZud2pZMy8yUytSRmNBc3JMTnIwMDJZZi9oY0IraVlDNzVW
YmcydVd6WTY3TWdOTGQ5VW9RU3BDRkYrVm4KM0cyUnhybnhBb0dCQU40U3M0ZVlPU2huMVpQQjdhTUZs
Y0k2RHR2S2ErTGZTTXFyY2pOZjJlSEpZNnhubmxKdgpGenpGL2RiVWVTbWxSekR1bkJ2ZXZXaHFISy9i
TjIyeWJhOU1WMDlRQ0JFTk5mMWajJTVHpUWkJVbEx4QzYrCk93Z0hhKendWelU0VC84ajdHalRU
N05BZVpFS2FvRHFyRG5BYWkyaW5oZU1JVWZHRXFGKzJyQW9HQkFOMVAKK0tZL0lsS3RWRzRKSklQNzBj
```

```
Uis3RmpyeXJpY05iWCtQVzUvOXFHaWxnY2grZ3l4b25BWlBpd2NpeDN3QVpGdwpaZC96ZFB2aTBkWEpp
c1BSZjRMazg5b2pCUmpiRmRmc2l5UmJYbyt3TFU4NUhRU2NGMnN5aUFPaTVBRHdVU0FkCm45YWFweUNw
eEFkREtERHdObit3ZFhtaTZ0OHRpSFRkK3RoVDhkaVpBb0dCQUt6Wis1bG9OOTBtYlF4VVh5YUwKMjFS
Um9tMGJjcndsTmVCaWNFSmlzaEhYa2xpSVVxZ3hSZklNM2hhUVRUcklKZENFaHFsV01aV0xPb2I2NTNy
Zgo3aFlMSXM1ZUtka3o0aFRVdnpldm9TMHVXcm9CV2xOVHlGanIrSWhKZnZUc0hpOGdsU3FkbXgySkJh
ZUFVWUNXCndNdlQ4NmNLclNyNkQrZG8wS05FZzFsL0FvR0FlMkFVdHVFbFNqLzBmRzgrV3hHc1RFV1Jq
clRNUzRSUjhRWXQKeXdjdFA4aDZxTGxKUTRCWGxQU05rMXZLTmtOUkxIb2pZT2pCQTViYjhibXNVU1Bl
V09NNENoaFJ4QnlHbmR2eAphYkJDRkFwY0IvbEg4d1R0alVZYlN5T294ZGt5OEp0ek90ajJhS0FiZHd6
NlArWDZDODhjZmxYVFo5MWpYL3RMCjF3TmRKS2tDZ1llCbyt0UzB5TzJ2SWFmK2UwSkN5TGhzVDQ5cTN3
Zis2QWVqWGx2WDJ1VnRYejN5QTZnbXo5aCsKcDNlK2JMRUxwb3B0WFhNdUFRR0xhUkcrYlNNcjR5dERY
bE5ZSndUeThXczNKY3dlSTdqZVp2b0ZpbmNvVlVIMwphdmxoTUVCRGYxSjltSDB5cDBwWUNaS2ROdHNv
ZEZtQktzVEtQMjJhTmtsVVhCS3gyZzR6cFE9PQotLS0tLUVORCBSU0EgUFJJVkFURSBLRVktLS0tLQo=
```


对 ConfigMap 的定义如下：

```
kind: ConfigMap
apiVersion: v1
metadata:
  name: nginx-config
  namespace: nginx-ingress
data:
```

对 Deployment 的定义如下：

```
apiVersion: apps/v1
kind: Deployment
metadata:
  name: nginx-ingress
  namespace: nginx-ingress
spec:
  replicas: 1
  selector:
    matchLabels:
      app: nginx-ingress
  template:
    metadata:
      labels:
        app: nginx-ingress
    spec:
      nodeSelector:
        role: ingress-nginx-controller
      serviceAccountName: nginx-ingress
      containers:
```

```
      - image: nginx/nginx-ingress:1.7.2
        imagePullPolicy: IfNotPresent
        name: nginx-ingress
        ports:
        - name: http
          containerPort: 80
          hostPort: 80
        - name: https
          containerPort: 443
          hostPort: 443
        securityContext:
          allowPrivilegeEscalation: true
          runAsUser: 101 #nginx
          capabilities:
            drop:
            - ALL
            add:
            - NET_BIND_SERVICE
        env:
        - name: POD_NAMESPACE
          valueFrom:
            fieldRef:
              fieldPath: metadata.namespace
        - name: POD_NAME
          valueFrom:
            fieldRef:
              fieldPath: metadata.name
        args:
          - -nginx-configmaps=$(POD_NAMESPACE)/nginx-config
          - -default-server-tls-secret=$(POD_NAMESPACE)/default-server-secret
```

通过 kubectl create 命令创建 nginx-ingress-controller：

```
# kubectl create -f nginx-ingress-controller.yaml
namespace/nginx-ingress created
serviceaccount/nginx-ingress created
clusterrole.rbac.authorization.k8s.io/nginx-ingress created
clusterrolebinding.rbac.authorization.k8s.io/nginx-ingress created
secret/default-server-secret created
configmap/nginx-config created
deployment.apps/nginx-ingress created
```

查看 nginx-ingress-controller 容器，确认其正常运行：

```
# kubectl --namespace=nginx-ingress get pods -o wide
NAME                                READY   STATUS    RESTARTS   AGE   IP
NODE           NOMINATED NODE   READINESS GATES
nginx-ingress-666fcfd8c-7ljz6   1/1     Running   0          32m   10.0.95.10
192.168.18.3   <none>           <none>
```

用 curl 访问 Nginx Ingress Controller 所在宿主机的 80 端口号，验证其服务是否正常，在没有配置后端服务时 Nginx 会返回 404 应答：

```
# curl http://192.168.18.3
<html>
<head><title>404 Not Found</title></head>
<body>
<center><h1>404 Not Found</h1></center>
<hr><center>nginx/1.19.0</center>
</body>
</html>
```

2. 创建 Ingress 策略

本例对域名 mywebsite.com 的访问设置 Ingress 策略，定义将其/demo 路径的访问转发给后端 webapp Service 的规则：

```
# mywebsite-ingress.yaml
apiVersion: networking.k8s.io/v1
kind: Ingress
metadata:
  name: mywebsite-ingress
spec:
  rules:
  - host: mywebsite.com
    http:
      paths:
      - path: /demo
        pathType: ImplementationSpecific
        backend:
          service:
            name: webapp
            port:
              number: 8080
```

通过该 Ingress 定义设置的效果：客户端对目标地址 http://mywebsite.com/demo 的访问被转发给集群中的服务 webapp，完整的 URL 为"http://webapp:8080/demo"。

在 Ingress 策略生效之前，需要先确保后端服务 webapp 正常运行。同时注意 Ingress 中对路径的定义需要与后端服务 webapp 提供的访问路径一致，否则其将被转发到一个不存在的路径上，引发错误。这里以第 1 章的 webapp 服务（使用 kubeguide/tomcat-app:v1 镜像）为例，假设 webapp 服务已经部署完毕且正常运行，webapp 提供的 Web 服务的路径也为/demo。

创建上述 Ingress 资源对象：

```
# kubectl create -f mywebsite-ingress.yaml
ingress.networking.k8s.io/mywebsite-ingress created

# kubectl get ingress
NAME                 CLASS    HOSTS           ADDRESS   PORTS   AGE
mywebsite-ingress    <none>   mywebsite.com             80      46s
```

一旦成功创建 Ingress 资源，Ingress Controller 就会监控到其配置的路由策略，并将其更新到 Nginx 的配置文件中并使其生效。以本例中的 Nginx Controller 为例，它将更新其配置文件的内容为在 Ingress 中设定的路由策略。

进入 nginx-ingress-controller Pod 的容器控制台，在/etc/nginx/conf.d 目录下可以看到 Nginx Ingress Controller 自动生成的配置文件 default-mywebsite-ingress.conf，查看其内容，可以看到对 mywebsite.com/demo 的转发规则的正确配置：

```
# configuration for default/mywebsite-ingress
upstream default-mywebsite-ingress-mywebsite.com-webapp-8080 {
        zone default-mywebsite-ingress-mywebsite.com-webapp-8080 256k;
        random two least_conn;
        server 10.0.95.8:8080 max_fails=1 fail_timeout=10s max_conns=0;
}

server {
        listen 80;
        server_tokens on;
        server_name mywebsite.com;
        location /demo {
                proxy_http_version 1.1;
                proxy_connect_timeout 60s;
```

```
                proxy_read_timeout 60s;
                proxy_send_timeout 60s;
                client_max_body_size 1m;
                proxy_set_header Host $host;
                proxy_set_header X-Real-IP $remote_addr;
                proxy_set_header X-Forwarded-For $proxy_add_x_forwarded_for;
                proxy_set_header X-Forwarded-Host $host;
                proxy_set_header X-Forwarded-Port $server_port;
                proxy_set_header X-Forwarded-Proto $scheme;
                proxy_buffering on;
                proxy_pass http://default-mywebsite-ingress-mywebsite.com-
webapp-8080;
        }
    }
```

3. 客户端通过 Ingress Controller 访问后端 webapp 服务

由于 Ingress Controller 容器通过 hostPort 将服务端口号 80 映射到了宿主机上，所以客户端可以通过 Ingress Controller 所在的 Node 访问 mywebsite.com 提供的服务。

需要说明的是，客户端只能通过域名 mywebsite.com 访问服务，这时要求客户端或者 DNS 将 mywebsite.com 域名解析到 Node 的真实 IP 地址上。

通过 curl 访问 mywebsite.com 提供的服务（可以用--resolve 参数模拟 DNS 解析，目标地址为域名；也可以用-H 'Host:mywebsite.com'参数设置在 HTTP 头中要访问的域名，目标地址为 IP 地址），可以正确访问 myweb 服务/demo/的页面内容。

```
    # curl --resolve mywebsite.com:80:192.168.18.3 http://mywebsite.com/demo/
```

或

```
    # curl -H 'Host:mywebsite.com' http://192.168.18.3/demo/
    <!DOCTYPE html PUBLIC "-//W3C//DTD HTML 4.01 Transitional//EN"
"http://www.w3.org/TR/html4/loose.dtd">
    <html>
    <head>
    <meta http-equiv="Content-Type" content="text/html; charset=utf-8">
    <title>HPE University Docker&Kubernetes Learning</title>
    </head>
    <body  align="center">


        <h2>Congratulations!!</h2>
```

```
     <br></br>
        <input type="button" value="Add..." onclick="location.href='input.html'" >
           <br></br>
      <TABLE align="center"  border="1" width="600px">
    <TR>
      <TD>Name</TD>
      <TD>Level(Score)</TD>
    </TR>

  <TR>
      <TD>google</TD>
      <TD>100</TD>
    </TR>

  <TR>
      <TD>docker</TD>
      <TD>100</TD>
    </TR>

  <TR>
      <TD>teacher</TD>
      <TD>100</TD>
    </TR>

  <TR>
      <TD>HPE</TD>
      <TD>100</TD>
    </TR>

  <TR>
      <TD>our team</TD>
      <TD>100</TD>
    </TR>

  <TR>
      <TD>me</TD>
      <TD>100</TD>
    </TR>

   </TABLE>

</body>
</html>
```

如果需要使用浏览器进行访问，那么需要先在本机上设置域名 mywebsite.com 对应的 IP 地址，再到浏览器上进行访问。以 Windows 为例，修改 C:\Windows\System32\drivers\etc\hosts 文件，加入一行记录：

```
192.168.18.3 mywebsite.com
```

然后在浏览器的地址栏中输入“http://mywebsite.com/demo/”，就能够访问 Ingress 提供的服务了，如图 5.9 所示。

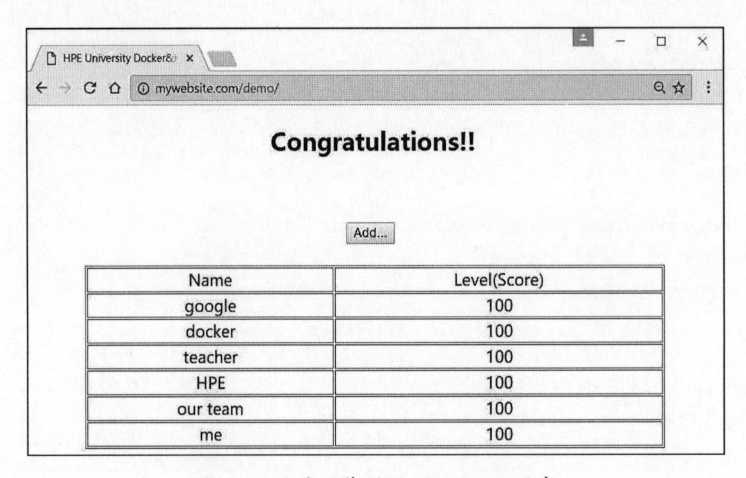

图 5.9　通过浏览器访问 Ingress 服务

5.6.2　Ingress 资源对象详解

一个 Ingress 资源对象的定义示例如下：

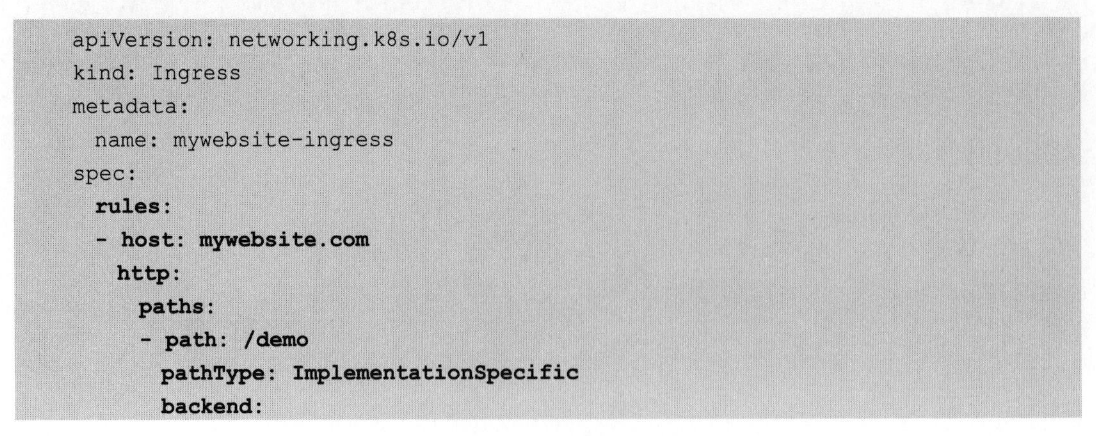

```
apiVersion: networking.k8s.io/v1
kind: Ingress
metadata:
  name: mywebsite-ingress
spec:
  rules:
  - host: mywebsite.com
    http:
      paths:
      - path: /demo
        pathType: ImplementationSpecific
        backend:
```

```
          service:
            name: webapp
            port:
              number: 8080
```

Ingress 资源主要用于定义路由转发规则，可以包含多条转发规则的定义，通过 spec.rules 进行设置。下面对其中的关键配置进行说明。

1. 规则（rule）相关设置

◎ host（可选配置）：基于域名的访问，客户端请求将作用于指定域名的客户端请求。

◎ http.paths：一组根据路径进行转发的规则设置，每个路径都应配置相应的后端服务信息（服务名称和服务端口号）。只有客户端请求中的 host 和 path 都匹配之后，才会进行转发。

◎ backend：目标后端服务，包括服务的名称和端口号。

Ingress Controller 将根据每条 rule 中 path 定义的 URL 路径将客户端请求转发给 backend 定义的后端服务。

如果一个请求同时被 Ingress 中设置的多条 URL 路径匹配，则系统将优先选择最长的匹配路径。如果有两条同等长度的匹配路径，则精确匹配类型（Exact 类型）优先于前缀匹配类型（Prefix 类型）。

2. 后端（backend）设置

后端通常被设置为目标服务，另外还应该为不匹配任何路由规则的请求设置一个默认的后端，以返回 HTTP 404 响应码来表示没有匹配的规则。

默认的后端服务可以由 Ingress Controller 提供，也可以在 Ingress 资源对象中设置。对于没有设置规则（rule）的 Ingress 资源，要求设置 defaultBackend 字段来表示默认的后端服务。在未设置 defaultBackend 时，如何处理与所有规则（rule）都不匹配的流量，将由 Ingress Controller 决定。

另外，如果后端不是由 Kubernetes 的 Service 提供的，而是某个其他类型的资源对象，那么这时可以使用 resource 字段进行设置，设置与 Ingress 不相同的命名空间中的一个 Kubernetes 资源对象。对资源类型的配置与对前面所讲的 Service 类型的后端的配置是互斥的，不能同时进行。

例如，下例中的后端地址是一个自定义资源 CRD 类型 "k8s.example.com/

StorageBucket”的实例 icon-assets，用来设置匹配某个路径（path）的路由后端和默认后端：

```
apiVersion: networking.k8s.io/v1
kind: Ingress
metadata:
  name: ingress-resource-backend
spec:
  defaultBackend:
    resource:
      apiGroup: k8s.example.com
      kind: StorageBucket
      name: static-assets
  rules:
    - http:
        paths:
          - path: /icons
            pathType: ImplementationSpecific
            backend:
              resource:
                apiGroup: k8s.example.com
                kind: StorageBucket
                name: icon-assets
```

通过这个 Ingress 的定义，客户端对路径/icons 的访问将会被路由转发给后端名为“icon-assets”的 StorageBucket 服务。不匹配任何规则的请求则被路由转发给默认的后端（defaultBackend）。

3. 路径类型（pathType）

对于每条规则中的路径，都必须设置一个相应的路径类型，目前支持以下 3 种类型。

◎ ImplementationSpecific：系统默认，由 IngressClass 控制器提供具体实现。
◎ Exact：精确匹配 URL 路径，区分大小写。
◎ Prefix：匹配 URL 路径的前缀，区分大小写，路径由“/”符号分隔为一个个元素，匹配规则为逐个元素进行前缀匹配。如果路径中的最后一个元素是请求路径中最后一个元素的子字符串，则不会被判断为匹配，例如/foo/bar 是路径/foo/bar/baz 的前缀，但不是路径/foo/barbaz 的前缀。

如表 5.2 所示是常见的路径类型匹配规则示例。

表 5.2　常见的路径类型匹配规则示例

路径类型	在 Ingress 中配置的路径	请求路径	是否匹配
Prefix	/	(all paths)	是
Exact	/foo	/foo	是
Exact	/foo	/bar	否
Exact	/foo	/foo/	否
Exact	/foo/	/foo	否
Prefix	/foo	/foo, /foo/	是
Prefix	/foo/	/foo, /foo/	是
Prefix	/aaa/bb	/aaa/bbb	否
Prefix	/aaa/bbb	/aaa/bbb	是
Prefix	/aaa/bbb/	/aaa/bbb	是，忽略结尾的“/”
Prefix	/aaa/bbb	/aaa/bbb/	是，匹配结尾的“/”
Prefix	/aaa/bbb	/aaa/bbb/ccc	是，匹配子路径
Prefix	/aaa/bbb	/aaa/bbbxyz	否，无匹配前缀
Prefix	/, /aaa	/aaa/ccc	是，匹配的是/aaa 前缀
Prefix	/, /aaa, /aaa/bbb	/aaa/bbb	是，匹配的是/aaa/bbb 前缀
Prefix	/, /aaa, /aaa/bbb	/ccc	是，匹配了“/”
Prefix	/aaa	/ccc	否
Exact+Prefix 混合	/foo (Prefix), /foo (Exact)	/foo	是，优先匹配 Exact 类型

在某些情况下，Ingress 中的多条路径都会匹配一条请求路径。在这种情况下，将优先考虑最长的匹配路径。如果两条匹配的路径仍然完全相同，则 Exact 类型的规则优先于 Prefix 类型的规则生效。

4. host 通配符设置

规则中设置的 host 用于匹配请求中的域名（虚拟主机名），被设置为完整的字符串表示精确匹配，例如“foo.bar.com”。Kubernetes 从 v1.18 版本开始支持为 host 设置通配符“*”，例如“*.foo.com”。

精确匹配要求 HTTP 请求头中 host 参数的值必须与 Ingress host 设置的值完全一致。

通配符匹配要求 HTTP 请求头中 host 参数的值需要与 Ingress host 设置的值的后缀一致，并且仅支持一层 DNS 匹配。

如表 5.3 所示是一些常见的 host 通配符匹配规则示例。

表 5.3　一些常见的 host 通配符匹配规则示例

Ingress host 设置	HTTP 请求头中 host 参数的值	是否匹配
*.foo.com	bar.foo.com	是
*.foo.com	baz.bar.foo.com	否，不是一层 DNS 匹配
*.foo.com	foo.com	否，不是一层 DNS 匹配

下例中的 Ingress 包含精确匹配 host “foo.bar.com” 和通配符匹配 host “*.foo.com” 两条规则：

```
apiVersion: networking.k8s.io/v1
kind: Ingress
metadata:
  name: ingress-wildcard-host
spec:
  rules:
  - host: "foo.bar.com"
    http:
      paths:
      - pathType: Prefix
        path: "/bar"
        backend:
          service:
            name: service1
            port:
              number: 80
  - host: "*.foo.com"
    http:
      paths:
      - pathType: Prefix
        path: "/foo"
        backend:
          service:
            name: service2
            port:
              number: 80
```

5. ingressClassName 和 IngressClass 资源对象

在一个 Kubernetes 集群中，用户可以部署多个不同类型的 Ingress Controller 同时提供服务，此时需要在 Ingress 资源上注明该策略由哪个 Controller 管理。Kubernetes 在 v1.18

版本之前，可以在 Ingress 资源上设置一个名为“kubernetes.io/ingress.class”的注解（annotation）进行声明。但注解（annotation）的定义没有标准规范，Kubernetes 从 v1.18 版本开始引入了一个新的资源对象 IngressClass，对其进行规范定义。在 IngressClass 中除了可以设置 Ingress 的管理 Controller，还可以配置更加丰富的参数信息（通过 parameters 字段进行设置）。

例如下面的 IngressClass 定义了一个名为“example.com/ingress-controller”的 Controller 和一组参数：

```
apiVersion: networking.k8s.io/v1
kind: IngressClass
metadata:
 name: external-lb
spec:
 controller: example.com/ingress-controller
 parameters:
   apiGroup: k8s.example.com
   kind: IngressParameters
   name: external-lb
```

然后在 Ingress 资源对象的定义中通过 ingressClassName 字段引用该 IngressClass，标明使用其中指定的 Ingress Controller 和相应的参数：

```
apiVersion: networking.k8s.io/v1
kind: Ingress
metadata:
 name: example-ingress
spec:
 ingressClassName: external-lb
 rules:
 - host: "*.example.com"
   http:
     paths:
     - path: /example
       pathType: Prefix
       backend:
         service:
           name: example-service
           port:
             number: 80
```

6. IngressClass 的作用范围（集群范围或命名空间范围）

IngressClass 资源的默认作用范围是整个 Kubernetes 集群，不过有的 Ingress Controller 也可以配置 IngressClass 为命名空间范围的资源，这可以通过 parameters 字段中的 scope 字段进行设置。如下是一个集群范围的 IngressClass 示例：

```
apiVersion: networking.k8s.io/v1
kind: IngressClass
metadata:
  name: external-lb-1
spec:
  controller: example.com/ingress-controller
  parameters:
    scope: Cluster
    apiGroup: k8s.example.net
    kind: ClusterIngressParameter
    name: external-config-1
```

如下是一个命名空间范围的 IngressClass 示例，要求在 parameters 字段中再设置一个 namespace 字段，以标明资源所属的命名空间：

```
apiVersion: networking.k8s.io/v1
kind: IngressClass
metadata:
  name: external-lb-2
spec:
  controller: example.com/ingress-controller
  parameters:
    scope: Namespace
    apiGroup: k8s.example.com
    kind: IngressParameter
    namespace: external-configuration
    name: external-config
```

IngressClass 资源对命名空间范围的支持在 Kubernetes v1.23 版本中达到 Stable 阶段，可在一个集群中为不同的用户或用户组创建各自的 IngressClass，并将这些 Ingress 的配置交由处于每个命名空间的用户自行管理。这也要求集群管理员对不同用户的权限进行准确配置和管理。

7. 集群默认的 IngressClass

如果在一个集群中有多个 IngressClass 资源，则还可以设置某个 IngressClass 为集群范围内默认的 IngressClass，通过设置一个 Annotation“ingressclass.kubernetes.io/is-default-class=true”进行声明。如果某个 Ingress 资源没有通过设置 ingressClassName 字段指定 IngressClass，则系统将自动为其设置默认的 IngressClass。如下是一个设置为集群范围内默认的 IngressClass 的示例：

```
apiVersion: networking.k8s.io/v1
kind: IngressClass
metadata:
  labels:
    app.kubernetes.io/component: controller
  name: nginx-example
  annotations:
    ingressclass.kubernetes.io/is-default-class: "true"
spec:
  controller: k8s.io/ingress-nginx
```

需要注意的是，如果系统中存在多个默认的 IngressClass，则在创建 Ingress 资源时必须指定 ingressClassName，否则系统将无法判断使用哪个默认的 IngressClass。管理员通常应确保在一个集群中只有一个默认的 IngressClass。

8. 逐渐弃用旧版本的 Annotation“kubernetes.io/ingress.class”

随着 IngressClass 资源对象的逐步成熟，Annotation“kubernetes.io/ingress.class”被逐渐弃用。而对 IngressClass 资源对象的支持需要各个 Ingress Controller 实现，用户需要持续关注 Controller 的支持进度，才能明确在新版本的 Ingress Controller 推出之后如何使用 IngressClass。

5.6.3 Ingress 策略配置详解

为了实现灵活的路由转发策略，Ingress 策略可以按多种方式进行配置，下面对几种常见的 Ingress 转发策略进行说明。

1. 转发给单个后端服务

基于这种策略，客户端发送给 Ingress Controller 的访问请求都将被转发给后端的唯一服务。在这种情况下，Ingress 无须定义任何规则（rule），只需设置一个默认的后端服务（defaultBackend）。

通过如下所示的设置，对 Ingress Controller 的访问请求都被转发给 myweb:8080 服务：

```
# ingress-single-backend-service.yaml
apiVersion: networking.k8s.io/v1
kind: Ingress
metadata:
  name: test-ingress
spec:
  defaultBackend:
    service:
      name: webapp
      port:
        number: 8080
```

通过 kubectl create 命令创建该 Ingress：

```
# kubectl create -f ingress-single-backend-service.yaml
ingress.networking.k8s.io/test-ingress created
```

查看该 Ingress 的详细信息，可以看到系统为其设置了正确的后端目标地址：

```
# kubectl describe ingress test-ingress
Name:             test-ingress
Namespace:        default
Address:
Default backend:  webapp:8080   10.0.95.19:8080)
Rules:
  Host                        Path  Backends
  ----                        ----  --------
                             * *
%!(EXTRA string=webapp:8080   10.0.95.19:8080))Annotations:  <none>
Events:
......
```

2. 将同一域名的不同 URL 路径转发给不同的后端服务（Simple Fanout）

这种策略常用于一个网站通过不同的路径提供不同的服务的场景，例如/web 表示访问 Web 页面，/api 表示访问 API，可对应后端的两个服务，只需在 Ingress 规则定义中设置将同一域名的不同 URL 路径转发给不同的后端服务，如图 5.10 所示。

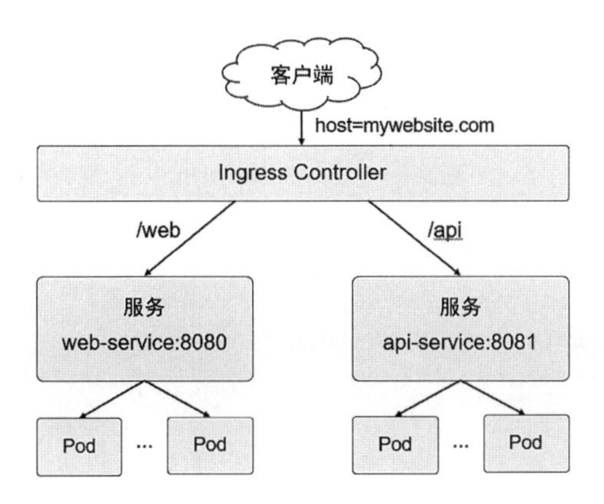

图 5.10　将同一域名的不同 URL 路径转发给不同的后端服务

通过如下所示的设置，对 mywebsite.com/web 的访问请求被转发给 web-service:80 服务，对 mywebsite.com/api 的访问请求被转发给 api-service:80 服务：

```
# ingress-simple-fanout.yaml
apiVersion: networking.k8s.io/v1
kind: Ingress
metadata:
  name: simple-fanout-example
spec:
  rules:
  - host: mywebsite.com
    http:
      paths:
      - path: /web
        pathType: ImplementationSpecific
        backend:
          service:
            name: web-service
            port:
              number: 8080
      - path: /api
        pathType: ImplementationSpecific
        backend:
          service:
            name: api-service
            port:
              number: 8081
```

通过 kubectl create 命令创建该 Ingress：

```
# kubectl create -f ingress-simple-fanout.yaml
ingress.networking.k8s.io/simple-fanout-example created
```

查看该 Ingress 的详细信息，可以看到系统为不同路径（path）设置的转发规则：

```
# kubectl describe ingress simple-fanout-example
Name:             simple-fanout-example
Namespace:        default
Address:
Default backend:  default-http-backend:80 (10.0.9.3:80)
Rules:
  Host             Path  Backends
  ----           ----  --------
  mywebsite.com
                 /web   web-service:8080 (10.0.96.23:8080)
                 /api   api-service:8081 (10.0.97.101:8081)
Annotations:     <none>
Events:
......
```

3. 将 HTTP 请求根据不同的域名（虚拟主机名）转发给不同的后端服务

这里指基于 host 域名的 Ingress 规则将客户端发送给同一个 IP 地址的 HTTP 请求，根据不同的域名转发给不同的后端服务，例如 foo.bar.com 域名由 service1 提供服务，bar.foo.com 域名由 service2 提供服务，如图 5.11 所示。

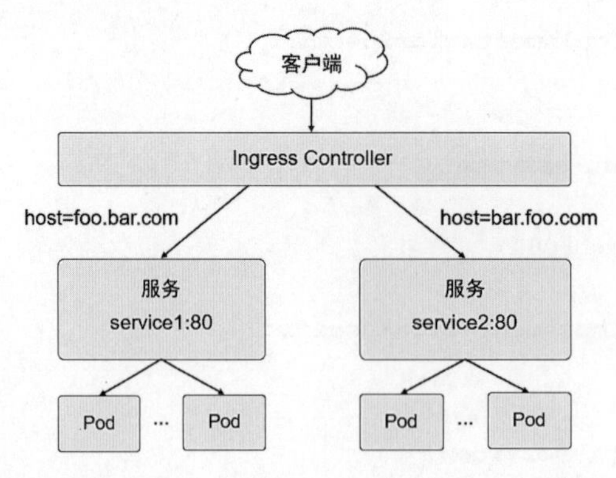

图 5.11　将 HTTP 请求根据不同的域名（虚拟主机名）转发给不同的后端服务

通过如下所示的设置，请求头中 host=foo.bar.com 的访问请求被转发给 service1:80 服务，请求头中 host=bar.foo.com 的访问请求被转发给 service2:80 服务：

```
apiVersion: networking.k8s.io/v1
kind: Ingress
metadata:
  name: name-virtual-host-ingress
spec:
  rules:
  - host: foo.bar.com
    http:
      paths:
      - pathType: Prefix
        path: "/"
        backend:
          service:
            name: service1
            port:
              number: 80
  - host: bar.foo.com
    http:
      paths:
      - pathType: Prefix
        path: "/"
        backend:
          service:
            name: service2
            port:
              number: 80
```

4. 不使用域名的转发规则

如果 Ingress 中不定义任何 host 域名，Ingress Controller 则将所有客户端请求都转发给后端服务。例如下面的配置将<ingress-controller-ip>/demo 的访问请求转发给 webapp:8080/demo 服务：

```
apiVersion: networking.k8s.io/v1
kind: Ingress
metadata:
  name: test-ingress
spec:
  rules:
  - http:
```

```
        paths:
        - path: /demo
          pathType: Prefix
          backend:
            service:
              name: webapp
              port:
                number: 8080
```

注意，是否支持不设置 host 的 Ingress 策略取决于 Ingress Controller 的实现。

5.6.4 Ingress 的 TLS 安全设置

Kubernetes 支持为 Ingress 设置 TLS 安全访问机制，通过为 Ingress 的 host（域名）配置包含 TLS 私钥和证书的 Secret 进行支持。

Ingress 资源仅支持单个 TLS 端口号 443，并且假设在 Ingress 访问入口（Ingress Controller 提供的对外访问地址）结束 TLS 安全访问机制，向后端服务转发的流量将以明文形式发送。

如果 Ingress 中的 TLS 配置部分指定了不同的 host，那么它们将根据通过 SNI TLS 扩展指定的虚拟主机名（这要求 Ingress Controller 支持 SNI）在同一端口进行复用。

TLS Secret 中的文件名必须为“tls.crt”和“tls.key”，它们分别包含用于 TLS 的证书和私钥，例如：

```
apiVersion: v1
kind: Secret
metadata:
  name: testsecret-tls
  namespace: default
data:
  tls.crt: base64 encoded cert
  tls.key: base64 encoded key
type: kubernetes.io/tls
```

然后，需要在 Ingress 资源对象中引用该 Secret，这将通知 Ingress Controller 使用 TLS 加密客户端到负载均衡器的网络通道。用户需要确保在 TLS 证书（tls.crt）中相应 host 的全限定域名（FQDN）被包含在其 CN（Common Name）配置中。

TLS 的功能特性依赖于 Ingress Controller 的具体实现，不同 Ingress Controller 的实现机制可能不同，用户需要参考各个 Ingress Controller 的文档。

下面以 Nginx Ingress 为例，对 Ingress 的 TLS 配置进行说明，步骤如下。

（1）创建自签名的私钥和证书文件。

（2）将证书保存到 Kubernetes 的 Secret 资源对象中。

（3）在 Ingress 资源中引用该 Secret 资源对象。

下面通过 OpenSSL 生成私钥和证书文件，将参数-subj 中的/CN 设置为 host 全限定域名（FQDN）mywebsite.com：

```
# openssl req -x509 -nodes -days 5000 -newkey rsa:2048 -keyout tls.key -out tls.crt
-subj "/CN=mywebsite.com"
Generating a RSA private key
...+++++
.....................................+++++
writing new private key to 'tls.key'
-----
```

通过以上命令将生成 tls.key 和 tls.crt 两个文件。

然后根据 tls.key 和 tls.crt 文件创建 Secret 资源对象，有以下两种方法。

方法一：使用 kubectl create secret tls 命令直接通过 tls.key 和 tls.crt 文件创建 Secret 对象。

```
# kubectl create secret tls mywebsite-ingress-secret --key tls.key --cert tls.crt
secret/mywebsite-ingress-secret created
```

方法二：编辑 mywebsite-ingress-secret.yaml 文件，将 tls.key 和 tls.crt 文件的内容经过 BASE64 编码的结果复制进去，通过 kubectl create 命令进行创建：

```
# mywebsite-ingress-secret.yaml
apiVersion: v1
kind: Secret
metadata:
  name: mywebsite-ingress-secret
type: kubernetes.io/tls
data:
  tls.crt:
MIIDAzCCAeugAwIBAgIJALrTg9VLmFgdMA0GCSqGSIb3DQEBCwUAMBgxFjAUBgNVBAMMDW15d2Vic2l0
```

```
ZS5jb20wHhcNMTcwNDIzMTMwMjA1WhcNMzAxMjMxMTMwMjA1WjAYMRYwFAYDVQQDDA1teXdlYnNpdGUu
Y29tMIIBIjANBgkqhkiG9w0BAQEFAAOCAQ8AMIIBCgKCAQEApL1y1rq1I3EQ5E0PjzW8Lc3heW4WYTyk
POisDT9Zgyc+TLPGj/YF4QnAuoIUAUNtXPlmINKuD9Fxzmh6q0oSBVb42BU0RzOTtvaCVOU+uoJ9MgJp
d7Bao5higTZMyvj5a1M9iwb7k4xRAsuGCh/jDO8fj6tgJW4WfzawO5w1pDd2fFDxYn34Ma1pg0xFebVa
iqBu9FL0JbiEimsV9y7V+g6jjfGffu2xl06X3svqAdfGhvS+uCTArAXiZgS279se1Xp834CG0MJeP7ta
mD44IfA2wkkmD+uCVjSEcNFsveY5cJevjf0PSE9g5wohSXphd1sIGyjEy2APeIJBP8bQ+wIDAQABo1Aw
TjAdBgNVHQ4EFgQUjmpxpmdFPKWkr+A2XLF7oqro2GkwHwYDVR0jBBgwFoAUjmpxpmdFPKWkr+A2XLF7
oqro2GkwDAYDVR0TBAUwAwEB/zANBgkqhkiG9w0BAQsFAAOCAQEAAVXPyfagP1AIov3kXRhI3WfyCOIN
/sgNSqKM3FuykboSBN6c1w4UhrpF71Hd4nt0myeyX/o69o2Oc9a9dIS2FEGKvfxZQ4sa99iI3qjoMAuu
f/Q9fDYIZ+k0YvY4pbcCqqOyICFBCMLlAct/aB0K1GBvC5k06vD4Rn2fOdVMkloW+Zf41cxVIRZe/tQG
nZoEhtM6FQADrv1+jM5gjIKRX3s2/Jcxy5g2XLPqtSpzYA0F7FJyuFJXEG+P9X466xPi9ialUri66vkb
UVT6uLXGhhunsu6bZ/qwsm2HzdPo4WRQ3z2VhgFzHEzHVVX+CEyZ8fJGoSi7njapHb08lRiztQ==
      tls.key:
MIIEvQIBADANBgkqhkiG9w0BAQEFAASCBKcwggSjAgEAAoIBAQCkvXLWurUjcRDkTQ+PNbwtzeF5bhZh
PKQ86KwNP1mDJz5Ms8aP9gXhCcC6ghQBQ21c+WYg0q4P0XHOaHqrShIFVvjYFTRHM5O29oJU5T66gn0y
Aml3sFqjmGKBNkzK+PlrUz2LBvuTjFECy4YKH+MM7x+Pq2AlbhZ/NrA7nDWkN3Z8UPFiffgxrWmDTEV5
tVqKoG70UvQluISKaxX3LtX6DqON8Z9+7bGXTpfey+oB18aG9L64JMCsBeJmBLbv2x7VenzfgIbQwl4/
u1qYPjgh8DbCSSYP64JWNIRw0Wy95jlwl6+N/Q9IT2DnCiFJemF3WwgbKMTLYA94gkE/xtD7AgMBAAEC
ggEAUftNePq1RgvwYgzPX29YVFsOiAV28bDh8sW/SWBrRU90O2uDtwSx7EmUNbyiA/bwJ8KdRlxR7uFG
B3gLA876pNmhQLdcqspKClUmiuUCkIJ7lzWIEt4aXStqae8BzEiWpwhnqhYxgD3l2sQ50jQII9mkFTUt
xbLBU1F95kxYjX2XmFTrrvwroDLZEHCPcbY9hNUFhZaCdBBYKADmWo9eV/xZJ97ZAFpbpWyONrFjNwMj
jqCmxMx3HwOI/tLbhpvob6RT1UG1QUPlbB8aXR1FeSgt0NYhYwWKF7JSXcYBiyQubtd3T6RBtNjFk4b/
zuEUhdFN1lKJLcsVDVQZgMsO4QKBgQDajXAq4hMKPH3CKdieAialj4rVAPyrAFYDMokW+7buZZAgZO1a
rRtqFWLTtp6hwHqwTySHFyiRsK2Ikfct1H16hRn6FXbiPrFDP8gpYveu31Cd1qqYUYI7xaodWUiLldrt
eun9sLr3YYR7kaXYRenWZFjZbbUkq3KJfoh+uArPwwKBgQDA95Y4xhcL0F5pE/TLEdj33WjRXMkXMCHX
Gl3fTnBImoRf7jF9e5fRK/v4YIHaMCOn+6drwMv9KHFL0nvxPbgbECW1F2OfzmNgm6l7jkpcsCQOVtuu
1+4gK+B2geQYRA2LhBk+9MtGQFmwSPgwSg+VHUrm28qhzUmTCN1etdpeaQKBgGAFqHSO44Kp1S8Lp6q0
kzpGeN7hEiIngaLh/y1j5pmTceFptocSa2sOfl86azPyF3WDMC9SU3a/Q18vkoRGSeMcu68O4y7AEK3V
RiI4402nvAm9GTLXDPsp+3XtllwNuSSBznCxx1ONOuH3uf/tp7GUYR0WgHHeCfKy71GNluJ1AoGAKhHQ
XnBRdfHno2EGbX9mniNXRs3DyZpkxlCpRpYDRNDrKz7y6ziW0LOWK4BezwLPwz/KMGPIFVlL2gv5mY6r
JLtQfTqsLZsBb36AZL+Q1sRQGBA3tNa+w6TNOwj2gZPUoCYcmu0jpB1DcHt4II8E9q18NviUJNJsx/GW
0Z80DIECgYEAxzQBh/ckRvRaprN0v8w9GRq3wTYYD9y15U+3ecEIZrr1g9bLOi/rktXy3vqL6kj6CFlp
wwRVLj8R3u1QPy3MpJNXYR1Bua+/FVn2xKwyYDuXaqs0vW3xLONVO7z44gAKmEQyDq2sir+vpayuY4ps
fXXK06uifz6ELfVyY6XZvRA=

   # kubectl create -f mywebsite-ingress-secret.yaml
   secret/mywebsite-ingress-secret created
```

如果需要配置 TLS 的 host 域名有多个，例如前面第 3 种 Ingress 策略配置方式，则 SSL 证书需要使用额外的 x509 v3 配置文件辅助完成，在[alt_names]字段中完成多个 DNS 域名的设置。

首先编写 openssl.cnf 文件，内容如下：

```
[req]
req_extensions = v3_req
distinguished_name = req_distinguished_name
[req_distinguished_name]
[ v3_req ]
basicConstraints = CA:FALSE
keyUsage = nonRepudiation, digitalSignature, keyEncipherment
subjectAltName = @alt_names
[alt_names]
DNS.1 = mywebsite.com
DNS.2 = mywebsite2.com
```

接着使用 OpenSSL 完成私钥和证书的创建。生成自签名 CA 证书：

```
# openssl genrsa -out ca.key 2048
Generating RSA private key, 2048 bit long modulus (2 primes)
..................................+++++
.............+++++
e is 65537 (0x10001)

# openssl req -x509 -new -nodes -key ca.key -days 5000 -out ca.crt -subj
"/CN=mywebsite.com"
```

基于 openssl.cnf 和 CA 证书生成 Ingress TLS 证书：

```
# openssl genrsa -out ingress.key 2048
Generating RSA private key, 2048 bit long modulus (2 primes)
.................................+++++
.......+++++
e is 65537 (0x10001)

# openssl req -new -key ingress.key -out ingress.csr -subj "/CN=mywebsite.com"
-config openssl.cnf

# openssl x509 -req -in ingress.csr -CA ca.crt -CAkey ca.key -CAcreateserial -out
ingress.crt -days 5000 -extensions v3_req -extfile openssl.cnf
Signature ok
subject=/CN=mywebsite.com
Getting CA Private Key
```

根据 ingress.key 和 ingress.crt 文件创建 Secret 资源对象，也可以通过 kubectl create secret tls 命令或 yaml 文件生成。下面通过命令行直接生成：

```
# kubectl create secret tls mywebsite-ingress-secret --key ingress.key --cert ingress.crt
secret "mywebsite-ingress-secret" created
```

至此，Ingress 的 TLS 私钥和证书就成功创建到 Secret 对象中了。

下面创建 Ingress 对象，在 tls 字段中引用刚刚创建好的 Secret 对象：

```
# mywebsite-ingress-tls.yaml
apiVersion: networking.k8s.io/v1
kind: Ingress
metadata:
  name: mywebsite-ingress-tls
spec:
  tls:
  - hosts:
    - mywebsite.com
    secretName: mywebsite-ingress-secret
  rules:
  - host: mywebsite.com
    http:
      paths:
      - path: /demo
        pathType: Prefix
        backend:
          service:
            name: webapp
            port:
              number: 8080
```

通过 kubectl create 命令创建该 Ingress：

```
# kubectl create -f mywebsite-ingress-tls.yaml
ingress.networking.k8s.io/mywebsite-ingress-tls created
```

成功创建该 Ingress 资源之后，就可以通过 HTTPS 协议安全访问 Ingress 了。

以使用 curl 命令行工具为例，访问 Ingress Controller 的 URL “https://192.168.18.3/demo/”：

```
# curl -H 'Host:mywebsite.com' -k https://192.168.18.3/demo/
<!DOCTYPE html PUBLIC "-//W3C//DTD HTML 4.01 Transitional//EN"
"http://www.w3.org/TR/html4/loose.dtd">
```

```
<html>
......
    <h2>Congratulations!!</h2>
    <br></br>
        <input type="button" value="Add..." onclick="location.href='input.html'" >
            <br></br>
     <TABLE align="center"  border="1" width="600px">
  <TR>
     <TD>Name</TD>
     <TD>Level(Score)</TD>
  </TR>

 <TR>
     <TD>google</TD>
     <TD>100</TD>
  </TR>
......
</html>
```

如果是通过浏览器访问的，则在浏览器的地址栏中输入“https://mywebsite.com/demo/”来访问 Ingress HTTPS 服务，浏览器会给出警告信息，如图 5.12 所示。

图 5.12 通过浏览器访问 Ingress HTTPS 服务的警告信息

单击“继续前往 mywebsite.com（不安全）”链接，跳转后可看到 Ingress HTTPS 服务提供的页面，如图 5.13 所示。

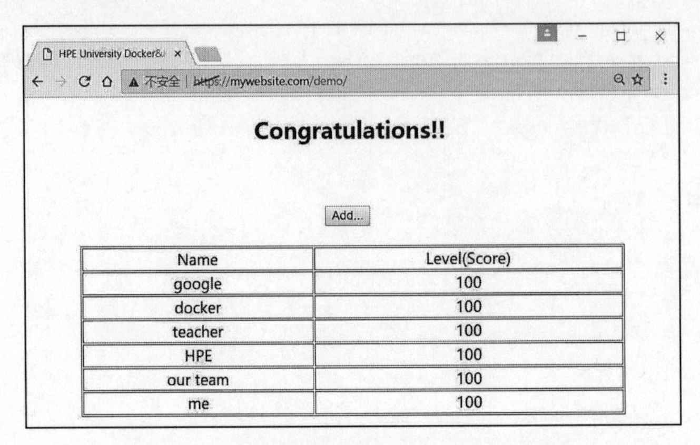

图 5.13 使用浏览器访问 Ingress HTTPS 服务

5.6.5 Ingress 的继任者——Gateway API 简介

Kubernetes 从 v1.18 版本开始引入了一种新的被称为“Gateway API”的网关路由 API 规范，其将作为 Ingress 的继任者，旨在提供一种更通用的、多租户的、可扩展的 Ingress 方案。Gateway API 目前已发布 v1.0 版本，并处于快速演进过程中。

通过 Gateway API 提供更丰富的协议支持，除了 Ingress 支持的 HTTP，还包括对 TCP、UDP、TLS、gRPC 等协议的支持，并且通过 Operator 工作模式，使用语义更加丰富的自定义资源 CRD 进行配置，这样具有更好的可扩展性，并且可以支持更细粒度的路由规则设置。Gateway API 作为下一代入口网关 API，在 Kubernetes 环境下能够提供更丰富的功能和可扩展性，以支持更丰富的应用场景。

目前在 Kubernetes 生态圈中提供 Gateway API 支持的项目包括：Istio、Linkerd、Contour、Flagger、HAProxy、Traefik、Envoy Gateway 等，同时 Gateway API 也得到了各大云服务商的广泛支持。

Gateway API 主要由以下几种资源进行声明和配置。

◎ GatewayClass：类似于 IngressClass，用于表示 Gateway 的类型，由具体的 Controller 提供实现，已达到 v1 版本。

◎ Gateway：网关实例，具体实现由 Controller 提供，其作为 Kubernetes 后端服务的入口网关，负责流量的路由转发，已达到 v1 版本。

◎ Route:路由规则,不同的协议会开发不同的资源类型,包括 HTTPRoute、TCPRoute、UDPRoute、GPRCRoute、TLSRoute 等，目前 HTTPRoute 已达到 v1 版本，其他类型达到 alpha 版本。

图 5.14 描述了这几种资源的角色分工。

◎ GatewayClass：由基础设施供应商负责提供。

◎ Gateway：由集群管理员负责创建和管理，一个 Gateway 需要关联一个 GatewayClass。

◎ HTTPRoute：由应用开发人员负责创建和管理到后端服务的路由策略，这些策略将与 Gateway 关联，最终被设置到网关实例上。

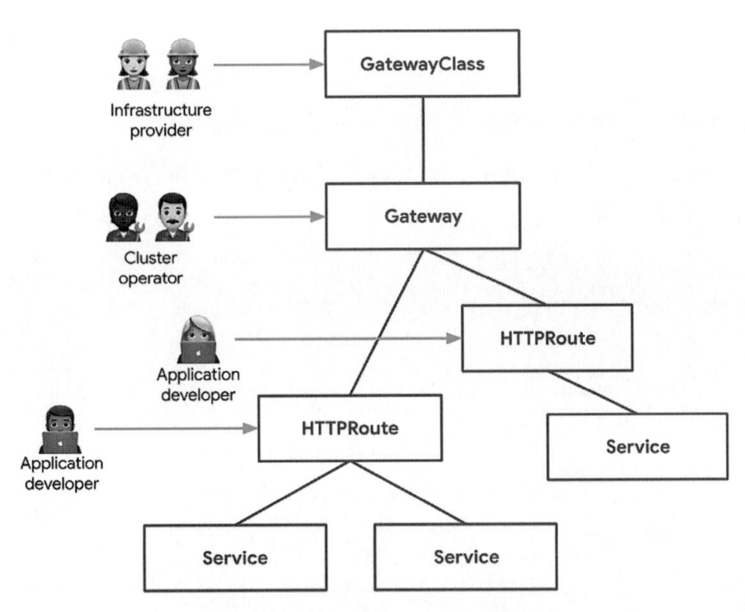

图 5.14 Gateway API 的角色分工

下面是一个 GatewayClass 定义示例：

```
apiVersion: gateway.networking.k8s.io/v1
kind: GatewayClass
metadata:
  name: example-class
spec:
  controllerName: example.com/gateway-controller
```

其中主要通过 controllerName 字段指定 Controller 的名称，对 Gateway 资源的创建和管理将由该 Controller 负责。

在 GatewayClass 就绪（Controller 正常工作）的情况下，可以通过 Gateway 资源的定义来创建网关实例。如下是一个 Gateway 定义示例：

```
apiVersion: gateway.networking.k8s.io/v1
kind: Gateway
metadata:
  name: example-gateway
spec:
  gatewayClassName: example-class
  listeners:
  - name: http
    protocol: HTTP
    port: 80
```

其中通过 gatewayClassName 字段指定由前面定义的 GatewayClass 来负责创建网关实例，另外通过 listeners 字段定义监听的端口号和端口协议等信息。

在成功创建网关实例之后，就可以创建路由策略来管理到后端服务的流量了。如下是一个 HTTPRoute 定义示例：

```
apiVersion: gateway.networking.k8s.io/v1
kind: HTTPRoute
metadata:
  name: example-httproute
spec:
  parentRefs:
  - name: example-gateway
  hostnames:
  - "www.example.com"
  rules:
  - matches:
    - path:
        type: PathPrefix
        value: /login
    backendRefs:
    - name: example-svc
      port: 8080
```

其中 parentRefs 字段用于声明该路由策略应下发到哪个网关实例，后面的 hostnames、rules 字段则用于设置具体的路由策略，例如将前缀匹配/login 路径的请求转发给后端服务

example-svc 的 8080 端口。还可以配置 filters，以实现如修改 HTTP 请求头的内容、设置重定向规则等高级功能。

Gateway API 通过对以上几个资源的定义，提供了一种被广泛接受的功能定义，提供了一种语义清晰、一致的声明，不论后端 Controller 是由哪个厂商提供的，均可以提供一种明确的一致性。

Gateway API 提供了比 Ingress 更丰富的功能，扩展性也更好，Kubernetes 官方还提供了如何从 Ingress 迁移到 Gateway API 的指导手册，以方便用户逐步更新。

5.7　Kubernetes 对 IPv4 和 IPv6 双栈功能的支持

随着 IPv6 的逐渐普及，物联网、边缘计算等行业大量使用 IPv6 部署各种设备和边缘设备，Kubernetes 中运行的容器和服务也需要支持 IPv6。Kubernetes 从 v1.16 版本开始引入了对 IPv4 和 IPv6 双栈功能的支持，该功能到 v1.23 版本时达到 Stable 阶段。

在 Kubernetes 集群中启用 IPv4 和 IPv6 功能。

◎ 为 Pod 分配一个 IPv4 地址和一个 IPv6 地址。
◎ 为 Service 分配一个 IPv4 地址和一个 IPv6 地址。
◎ Pod 可以同时通过 IPv4 地址和 IPv6 地址路由到集群外（Egress）的网络（如 Internet）。

为了在 Kubernetes 集群中使用 IPv4 和 IPv6 双栈功能，需要满足以下前提条件。

◎ 使用 Kubernetes v1.20 及以上版本。
◎ Kubernetes 集群的基础网络环境必须支持双栈网络，即提供可路由的 IPv4 和 IPv6 网络接口。
◎ 支持双栈的 CNI 网络插件，例如 Calico。

5.7.1　Kubernetes 集群启用 IPv4 和 IPv6 双栈功能

为 Kubernetes 集群启用 IPv4 和 IPv6 双栈功能前，首先需要在 kube-apiserver、kube-controller-manager、kubelet 和 kube-proxy 服务中设置启动参数以开启双栈功能，并设置 Pod 的 IP CIDR 范围（--cluster-cidr）和 Service 的 IP CIDR 范围（--service-cluster-ip-range）。各服务的启动参数设置如下。

（1）kube-apiserver 服务

◎ --service-cluster-ip-range=<IPv4 CIDR>,<IPv6 CIDR>：设置 Service 的 IPv4 和 IPv6 CIDR 地址范围，例如--service-cluster-ip-range=169.169.0.0/16,3000::0/112。

（2）kube-controller-manager 服务

◎ --cluster-cidr=<IPv4 CIDR>,<IPv6 CIDR>：设置 Pod 的 IPv4 和 IPv6 CIDR 地址范围，例如--cluster-cidr=10.0.0.0/16,fa00::0/112。
◎ --service-cluster-ip-range=<IPv4 CIDR>,<IPv6 CIDR>：设置 Service 的 IPv4 和 IPv6 CIDR 地址范围，例如--service-cluster-ip-range=169.169.0.0/16,3000::0/112。
◎ --node-cidr-mask-size-ipv4：设置 IPv4 子网掩码，默认值为/24。
◎ --node-cidr-mask-size-ipv6：设置 IPv6 子网掩码，默认值为/64。

（3）kube-proxy 服务

◎ --proxy-mode=ipvs：在低版本 kernel（如 CentOS kernel v3.18 以下版本）的环境下需要使用 ipvs 模式，在新版本 kernel 的环境下需要使用 iptables 或 ipvs 模式。
◎ --cluster-cidr=<IPv4 CIDR>,<IPv6 CIDR>：设置 Pod 的 IPv4 和 IPv6 CIDR 地址范围，例如--cluster-cidr=10.0.0.0/16,fa00::0/112。

为了支持 Pod 的 IPv4 和 IPv6 双栈功能，还需要在 Kubernetes 集群中部署支持双栈功能的网络组件（如 CNI 插件），这里以 Calico 为例进行说明。Calico 对 IPv4 和 IPv6 双栈功能的支持包括以下配置。

（1）在 ConfigMap“calico-config”中，CNI 网络配置“cni_network_config”的 ipam 段中增加了 assign_ipv4=true 和 assign_ipv6=true 的配置，例如：

```
kind: ConfigMap
apiVersion: v1
metadata:
  name: calico-config
  namespace: kube-system
data:
  ......
  cni_network_config: |-
    {
      "name": "k8s-pod-network",
      "cniVersion": "0.3.1",
      "plugins": [
```

```
{
  ......
  "ipam": {
    "type": "calico-ipam",
    "assign_ipv4": "true",
    "assign_ipv6": "true"
  },
  ......
}
```

（2）在 calico-node 容器的环境变量中增加了 IPv6 地址的相关配置，例如：

```
kind: DaemonSet
apiVersion: apps/v1
metadata:
  name: calico-node
  namespace: kube-system
  labels:
    k8s-app: calico-node
spec:
    ......
    spec:
      ......
      containers:
        - name: calico-node
          image: calico/node:v3.15.1
          env:
            ......
            - name: IP
              value: "autodetect"
            - name: IP6
              value: "autodetect"

            - name: CALICO_IPV4POOL_CIDR
              value: "10.0.0.0/16"
            - name: CALICO_IPV6POOL_CIDR
              value: "fa00::0/112"

            - name: IP_AUTODETECTION_METHOD
              value: "interface=ens.*"
            - name: IP6_AUTODETECTION_METHOD
              value: "interface=ens.*"
```

```
        - name: FELIX_IPV6SUPPORT
          value: "true"
......
```

其中 CALICO_IPV4POOL_CIDR 和 CALICO_IPV6POOL_CIDR 设置的 IP CIDR 地址范围应与 Kubernetes 集群中的设置相同（通过 kube-controller-manager 和 kube-proxy 服务 --cluster-cidr 参数设置）。

在通过 kubectl create 命令创建 Calico CNI 插件后，确保 calico-node 正常运行：

```
# kubectl -n kube-system get pods
NAME                                      READY   STATUS    RESTARTS   AGE
calico-kube-controllers-58b656d69f-5g6r2  1/1     Running   0          32m
calico-node-q47lh                         1/1     Running   0          29m
calico-node-5fca1                         1/1     Running   0          29m
calico-node-78bfa                         1/1     Running   0          29m
......
```

5.7.2　Pod 双栈 IP 地址配置

在启用了 IPv4 和 IPv6 双栈功能的 Kubernetes 集群中，根据上述配置，创建的每个 Pod 都会被 CNI 插件设置一个 IPv4 地址和一个 IPv6 地址。

以下面的 Deployment 为例：

```
# webapp-deployment.yaml
apiVersion: apps/v1
kind: Deployment
metadata:
  name: webapp
spec:
  replicas: 2
  selector:
    matchLabels:
      app: webapp
  template:
    metadata:
      labels:
        app: webapp
    spec:
      containers:
```

```
      - name: webapp
        image: kubeguide/tomcat-app:v1
        ports:
        - containerPort: 8080
```

创建这个 Deployment：

```
# kubectl create -f webapp-deployment.yaml
deployment.apps/webapp created
```

查看 Pod 信息（在 kubectl get 命令返回的结果中只能看到 IPv4 地址）：

```
    # kubectl get pods -l app=webapp -o wide
    NAME                          READY   STATUS     RESTARTS  AGE   IP
NODE           NOMINATED NODE    READINESS GATES
    webapp-67cfbd687f-tth9v       1/1     Running    0         25m   10.0.95.5
192.168.18.3   <none>            <none>
    webapp-67cfbd687f-w6ssb       1/1     Running    0         33m   10.0.95.3
192.168.18.3   <none>            <none>
```

进入容器控制台，通过 ip 命令查看 Pod 的 IP 地址，可以看到 Kubernetes 系统为其设置的 IPv4 地址和 IPv6 地址：

```
    # 第 1 个 Pod
    # kubectl exec -ti webapp-67cfbd687f-w6ssb -- bash
    root@webapp-67cfbd687f-w6ssb:/usr/local/tomcat# ip a
    1: lo: <LOOPBACK,UP,LOWER_UP> mtu 65536 qdisc noqueue state UNKNOWN group default
qlen 1000
        link/loopback 00:00:00:00:00:00 brd 00:00:00:00:00:00
        inet 127.0.0.1/8 scope host lo
           valid_lft forever preferred_lft forever
        inet6 ::1/128 scope host
           valid_lft forever preferred_lft forever
    2: tunl0@NONE: <NOARP> mtu 1480 qdisc noop state DOWN group default qlen 1000
        link/ipip 0.0.0.0 brd 0.0.0.0
    4: eth0@if27: <BROADCAST,MULTICAST,UP,LOWER_UP> mtu 1440 qdisc noqueue state UP
group default
        link/ether 76:9b:33:dd:da:b7 brd ff:ff:ff:ff:ff:ff
        inet 10.0.95.3/32 scope global eth0
           valid_lft forever preferred_lft forever
        inet6 fda3:eccf:c536:b27d:668b:ae7f:c66b:41c2/128 scope global
           valid_lft forever preferred_lft forever
        inet6 fe80::749b:33ff:fedd:dab7/64 scope link
           valid_lft forever preferred_lft forever
```

```
# 第 2 个 Pod
# kubectl exec -ti webapp-67cfbd687f-tth9v -- bash
root@webapp-67cfbd687f-tth9v:/usr/local/tomcat# ip a
1: lo: <LOOPBACK,UP,LOWER_UP> mtu 65536 qdisc noqueue state UNKNOWN group default
qlen 1000
    link/loopback 00:00:00:00:00:00 brd 00:00:00:00:00:00
    inet 127.0.0.1/8 scope host lo
       valid_lft forever preferred_lft forever
    inet6 ::1/128 scope host
       valid_lft forever preferred_lft forever
2: tunl0@NONE: <NOARP> mtu 1480 qdisc noop state DOWN group default qlen 1000
    link/ipip 0.0.0.0 brd 0.0.0.0
4: eth0@if29: <BROADCAST,MULTICAST,UP,LOWER_UP> mtu 1440 qdisc noqueue state UP
group default
    link/ether ae:06:0b:d2:a8:93 brd ff:ff:ff:ff:ff:ff
    inet 10.0.95.5/32 scope global eth0
       valid_lft forever preferred_lft forever
    inet6 fda3:eccf:c536:b27d:668b:ae7f:c66b:41c4/128 scope global
       valid_lft forever preferred_lft forever
    inet6 fe80::ac06:bff:fed2:a893/64 scope link
       valid_lft forever preferred_lft forever
```

另外，Kubernetes 系统在/etc/hosts 文件中也正确设置了 IPv4 地址和 IPv6 地址：

```
root@webapp-67cfbd687f-tth9v:/usr/local/tomcat# cat /etc/hosts
# Kubernetes-managed hosts file.
127.0.0.1       localhost
::1     localhost ip6-localhost ip6-loopback
fe00::0 ip6-localnet
fe00::0 ip6-mcastprefix
fe00::1 ip6-allnodes
fe00::2 ip6-allrouters
10.0.95.5       webapp-67cfbd687f-tth9v
fda3:eccf:c536:b27d:668b:ae7f:c66b:41c4 webapp-67cfbd687f-tth9v
```

下面对通过 IPv6 地址访问其他容器提供的 Web 服务进行验证，例如在 webapp-67cfbd687f-w6ssb 容器内访问 Pod webapp-67cfbd687f-tth9v（IPv6 地址为 fda3:eccf:c536:b27d:668b:ae7f:c66b:41c4）在 8080 端口处提供的 Web 服务，访问成功：

```
# kubectl exec -ti webapp-67cfbd687f-w6ssb -- bash
root@webapp-67cfbd687f-w6ssb:/usr/local/tomcat# curl
[fda3:eccf:c536:b27d:668b:ae7f:c66b:41c4]:8080
<!DOCTYPE html>
<html lang="en">
```

```
    <head>
        <meta charset="UTF-8" />
        <title>Apache Tomcat/8.0.35</title>
        <link href="favicon.ico" rel="icon" type="image/x-icon" />
        <link href="favicon.ico" rel="shortcut icon" type="image/x-icon" />
        <link href="tomcat.css" rel="stylesheet" type="text/css" />
    </head>
......
```

5.7.3 Service 双栈 IP 地址配置

对于 Service 来说，也可以同时设置 IPv4 和 IPv6 双栈 IP 地址，还可以只设置其中一种，这需要通过 ipFamilyPolicy 字段进行设置，ipFamilyPolicy 字段可以设置的类型如下。

◎ SingleStack：单栈模式，控制平面会基于配置的第一个 ClusterIP 类型决定 Service 的 IP 类型是 IPv4 还是 IPv6，单栈模式是系统默认值。

◎ PreferDualStack：双栈模式优先，为 Service 同时分配 IPv4 地址和 IPv6 地址，如果集群没有开启双栈功能，系统将切换为 SingleStack 模式。

◎ RequireDualStack：必须双栈模式，为 Service 同时分配 IPv4 地址和 IPv6 地址，如果集群没有开启双栈功能，该 Service 将无法成功创建。

在设置了 ipFamilyPolicy 字段之后，还可以通过 ipFamily 字段设置 IP 类型或者双栈时的顺序。该字段是可选配置，可以设置的值如下。

◎ ["IPv4"]：仅设置 IPv4 地址。

◎ ["IPv6"]：仅设置 IPv6 地址。

◎ ["IPv4","IPv6"]：设置 IPv4 地址和 IPv6 地址，第 1 个地址族类型为 IPv4。

◎ ["IPv6","IPv4"]：设置 IPv6 地址和 IPv4 地址，第 1 个地址族类型为 IPv6。

在没有设置 ipFamilyPolicy 字段的情况下，系统会将使用控制平面--service-cluster-ip-range 参数设置的第 1 个 IP 地址的地址类型设置为 Service 的 ipFamily。

下面通过几个例子对如何配置 Service 的双栈 IP 地址进行说明。

1. 为 Service 仅分配一个 IPv4 地址

如果在控制平面中配置的--service-cluster-ip-range 的第 1 个参数为 IPv4 地址范围（--service-cluster-ip-range=169.169.0.0/16,3000::0/112），在如下示例中，在不指定 ipFamily

时，Kubernetes 将为该 Service 分配 IPv4 地址：

```
# svc-webapp-ipv4.yaml
apiVersion: v1
kind: Service
metadata:
  name: webapp
spec:
  ports:
    - port: 8080
  selector:
    app: webapp
```

创建这个 Service，可以看到它的 IP 地址为 IPv4 地址：

```
# kubectl create -f svc-webapp-ipv4.yaml
service/webapp created
# kubectl get services
NAME         TYPE         CLUSTER-IP       EXTERNAL-IP  PORT(S)    AGE
webapp       ClusterIP    169.169.70.149   <none>       8080/TCP   3s
```

查看 Service 详情，可以看到它的后端 Endpoint 的地址也为 IPv4 地址：

```
# kubectl describe services webapp
Name:                    webapp
Namespace:               default
Labels:                  <none>
Annotations:             <none>
Selector:                app=webapp
Type:                    ClusterIP
IP:                      169.169.70.149
IPFamily:                IPv4
Port:                    <unset>  8080/TCP
TargetPort:              8080/TCP
Endpoints:               10.0.95.3:8080,10.0.95.5:8080
Session Affinity:        None
Events:                  <none>
```

通过 Service 的 IPv4 地址成功访问服务：

```
# curl 169.169.70.149:8080
<!DOCTYPE html>
<html lang="en">
    <head>
        <meta charset="UTF-8" />
```

```
        <title>Apache Tomcat/8.0.35</title>
        <link href="favicon.ico" rel="icon" type="image/x-icon" />
        <link href="favicon.ico" rel="shortcut icon" type="image/x-icon" />
        <link href="tomcat.css" rel="stylesheet" type="text/css" />
    </head>
......
```

2. 为 Service 仅分配一个 IPv6 地址

在如下示例中设置了 ipFamilies 为 IPv6，Kubernetes 系统将只为这个 Service 分配一个 IPv6 地址：

```
# svc-webapp-ipv6.yaml
apiVersion: v1
kind: Service
metadata:
  name: webapp-ipv6
spec:
  ipFamilies:
  - IPv6
  ports:
    - port: 8080
  selector:
    app: webapp
```

创建这个 Service，可以看到它的 IP 地址为 IPv6 地址：

```
# kubectl create -f svc-webapp-ipv6.yaml
service/webapp-ipv6 created

# kubectl get services
NAME         TYPE        CLUSTER-IP      EXTERNAL-IP  PORT(S)     AGE
webapp       ClusterIP   169.169.70.149  <none>       8080/TCP    3m
webapp-ipv6  ClusterIP   3000::76d1      <none>       8080/TCP    2s
```

查看 Service 详情，可以看到它的后端 Endpoint 的地址也为 IPv6 地址：

```
# kubectl describe services webapp-ipv6
Name:              webapp-ipv6
Namespace:         default
Labels:            <none>
Annotations:       <none>
Selector:          app=webapp
Type:              ClusterIP
IP:                3000::76d1
```

```
IPFamily:         IPv6
Port:             <unset>  8080/TCP
TargetPort:       8080/TCP
Endpoints:        [2000:100:100:100:668b:ae7f:c66b:41c2]:8080,
[2000:100:100:100:668b:ae7f:c66b:41c4]:8080
Session Affinity:  None
Events:            <none>
```

通过 Service 的 IPv6 地址也成功访问了服务：

```
# curl -g [3000::76d1]:8080
<!DOCTYPE html>
<html lang="en">
    <head>
        <meta charset="UTF-8" />
        <title>Apache Tomcat/8.0.35</title>
        <link href="favicon.ico" rel="icon" type="image/x-icon" />
        <link href="favicon.ico" rel="shortcut icon" type="image/x-icon" />
        <link href="tomcat.css" rel="stylesheet" type="text/css" />
    </head>
......
```

3. 为 Service 分配一个 IPv6 地址和一个 IPv4 地址，并且 IPv6 地址为第 1 个地址

在如下示例中设置了 ipFamilyPolicy=PreferDualStack，并且设置了 ipFamilies 为 ["IPv6","IPv4"]，Kubernetes 系统将为这个 Service 分配两个 IP 地址：

```
# svc-webapp-ipv6-ipv4.yaml
apiVersion: v1
kind: Service
metadata:
  name: webapp-ipv6-ipv4
spec:
  ipFamilyPolicy: PreferDualStack
  ipFamilies:
  - IPv6
  - IPv4
  ports:
    - port: 8080
  selector:
    app: webapp
```

创建这个 Service，可以看到它的 IP 地址为 IPv6 地址：

```
# kubectl create -f svc-webapp-ipv6-ipv4.yaml
```

```
service/webapp-ipv6-ipv4 created

# kubectl get services
NAME         TYPE        CLUSTER-IP      EXTERNAL-IP  PORT(S)     AGE
webapp       ClusterIP   169.169.70.149  <none>       8080/TCP    3m
webapp-ipv6  ClusterIP   3000::1c2a      <none>       8080/TCP    2s
```

查看 Service 详情，可以在 Ips 字段中看到 IPv6 地址和 IPv4 地址：

```
# kubectl describe services webapp-ipv6-ipv4
Name:                webapp-ipv6-ipv4
Namespace:           default
Labels:              <none>
Annotations:         <none>
Selector:            app=webapp
Type:                ClusterIP
IP Family Policy:    PreferDualStack
IP Families:         IPv6,IPv4
IP:                  3000::1c2a
IPs:                 3000::1c2a,169.169.164.135
Port:                <unset>  8080/TCP
TargetPort:          8080/TCP
Endpoints:         [2000:100:100:100:668b:ae7f:c66b:41c2]:8080,
[2000:100:100:100:668b:ae7f:c66b:41c4]:8080
Session Affinity:    None
Events:              <none>
```

查看 EndpointSlice，可以看到 Kubernetes 系统自动创建了两个资源对象，分别对应了 IPv4 和 IPv6 的 IP 地址：

```
# kubectl get endpointslices -l kubernetes.io/service-name=webapp-ipv6-ipv4
NAME                         ADDRESSTYPE   PORTS  ENDPOINTS    AGE
webapp-ipv6-ipv4-7948f       IPv4          80     10.0.95.5    6m1s
webapp-ipv6-ipv4-qk27b       IPv6          80
2000:100:100:100:668b:ae7f:c66b:41c2   6m1s
```

通过 Service 的 IPv6 地址和 IPv4 地址都能成功访问服务：

```
# curl -g [3000::1c2a]:8080
<!DOCTYPE html>
<html lang="en">
    <head>
        <meta charset="UTF-8" />
        <title>Apache Tomcat/8.0.35</title>
        <link href="favicon.ico" rel="icon" type="image/x-icon" />
```

```
        <link href="favicon.ico" rel="shortcut icon" type="image/x-icon" />
        <link href="tomcat.css" rel="stylesheet" type="text/css" />
    </head>
......

# curl 169.169.164.135:8080
<!DOCTYPE html>
<html lang="en">
    <head>
        <meta charset="UTF-8" />
        <title>Apache Tomcat/8.0.35</title>
        <link href="favicon.ico" rel="icon" type="image/x-icon" />
        <link href="favicon.ico" rel="shortcut icon" type="image/x-icon" />
        <link href="tomcat.css" rel="stylesheet" type="text/css" />
    </head>
......
```

此外，还有如下几种 Kubernetes 自动处理双栈地址的场景。

◎ 对于已创建的 Service，在集群启用双栈配置之后，系统会对现有服务自动补充设置 ipFamilyPolicy=SingleStack，并设置 ipFamilies 为当前服务的地址族类型。

◎ 在集群启用双栈配置时，系统会为带选择器的 Headless Service 设置 ipFamilyPolicy=SingleStack，并设置 ipFamilies 为控制平面中配置的--service-cluster-ip-range 的第 1 个参数的地址族类型。

◎ 在集群启用双栈配置时，对于不带选择器的 Headless Service，如果没有显示设置 ipFamilyPolicy，系统会将其默认设置为 ipFamilyPolicy= RequireDualStack。

◎ 对已存在的 Service，可以实时修改其 ipFamilyPolicy，例如可以把单栈改为双栈，也可以把双栈改为单栈。把单栈改为双栈时，系统会补充之前没有的地址族类型的 IP 地址。把双栈改为单栈时，系统会为 Service 仅保留 ClusterIPs 中的第一个值，并设置 ipFamilies 为 ClusterIPs 中第一个值的地址族类型。

◎ 对于类型为 LoadBalancer 的 Service，如果需要配置 ipFamilyPolicy 为双栈类型（PreferDualStack 或 RequireDualStack），要求云服务商提供的负载均衡器能够支持双栈 IP 地址的配置。

◎ 目前在 Windows 节点上，可以通过 l2bridge 网络来提供双栈地址，但是 overlay(vxlan)网络不支持双栈地址。另外，Windows 节点不支持在单栈模式（ipFamilyPolicy=SingleStack）时仅配置 IPv6 地址。

第 6 章 Master 核心组件的运行机制

本章通过深入分析 Kubernetes 中几个核心组件的主要功能、基础流程、实现原理等来讲解 Kubernetes 集群的总体架构和运行机制，具体包括：Kubernetes 架构解析、API Server 原理解析、Controller Manager 原理解析、Scheduler 原理解析等。

6.1 Kubernetes 架构解析

Kubernetes 从最初的一个容器编排工具发展到现在的云原生架构基础平台，已成为事实上“一切平台的平台”，比如新一代的 PaaS 平台大多是基于 Kubernetes 平台研发、设计的，而 Service Mesh 和 Serverless 架构也大多是基于 Kubernetes 平台研发的。自 Kubernetes 诞生以来，其自身架构也在不断发展和演进。最初，Kubernetes 专注于实现基础的容器编排功能，后期则在微服务架构、存储、网络、安全、性能、监控、自动化运维、异构平台支持和生态圈建设等方面不断深入拓展，其架构、接口和系统架构也在不断革新，以适应新的市场需求。

Kubernetes 的总体架构和核心组件的设计，早在 2014 年的 Kubernetes v0.1 版本中就基本成型了，后续并未发生重大变化，但是在很多组件的设计和实现方面不断优化和改进。下面详细讲解 Kubernetes 架构设计的显著特点。

6.1.1 以 API Server 为中心的架构

如图 6.1 所示，Kubernetes 集群是典型的“中央集权”性质的控制系统，即我们常说的 Master-Worker 主从系统，在该集群中有一个 Master，上面部署了 API Server、Controller Manager 及 Scheduler 这三种控制中心程序；集群中的其他节点都是 Node，负责执行具体的任务，在每个 Node 上都部署了 kubelet 和 Service Proxy 进程。整个 Kubernetes 集群被设计成一个智能、具备强大自愈能力和高度自动化的系统。这种结构使得 Kubernetes 集群拥有可被集中管理的特点，同时提供了分工明确的工作机制，使得整个系统更为高效和可维护。

因为 Kubernetes 主要围绕资源对象提供功能，并致力于成为容器领域的基础通用架构平台，所以 Kubernetes 的所有功能都可以通过 API Server 提供的标准 API 对外开放，用户不仅可以通过现成的命令行工具使用 Kubernetes，更可以通过 Kubernetes 的 API 实现自主可控的、更加灵活的管理功能。

笔者认为，从抽象和本质的视角来看，Kubernetes 的架构如图 6.2 所示。

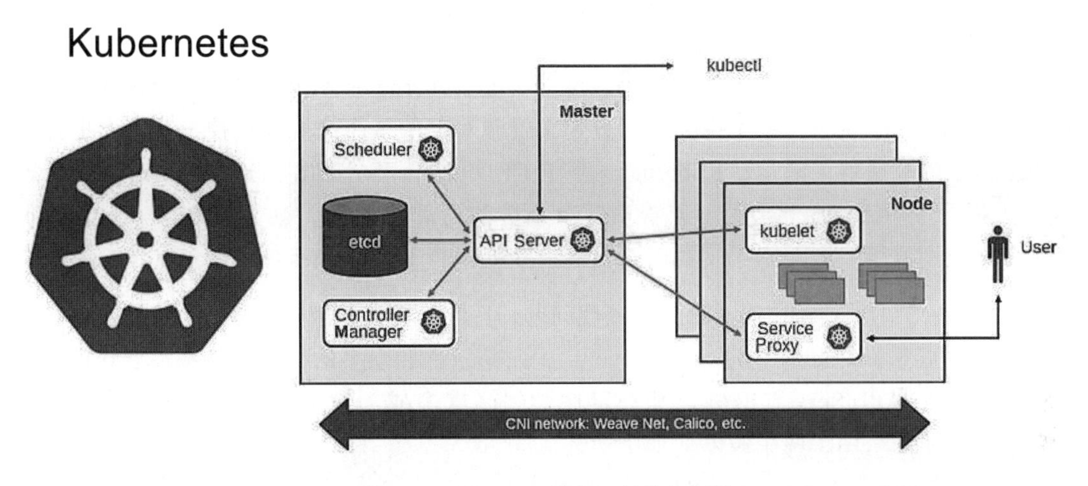

图 6.1 Kubernetes 的核心架构和组成

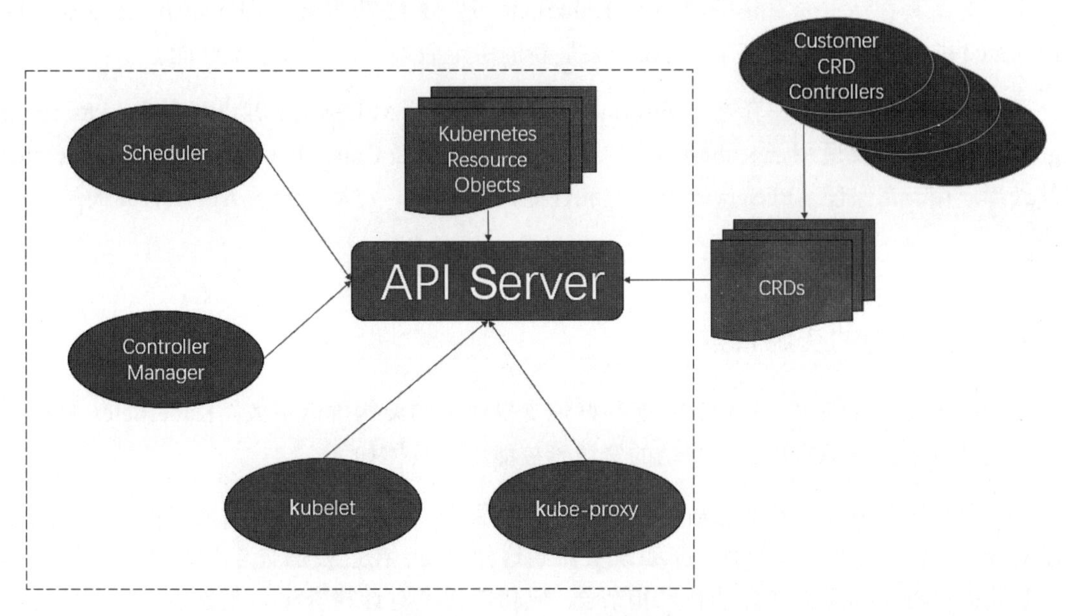

图 6.2 Kubernetes 的架构

Kubernetes 的架构一开始只有图 6.2 所示的虚线框中的部分，即各个功能组件都通过 API Server 操控内部的资源对象，比如 Pod、Service、Deployment 等，其中最重要的操控逻辑是由 Controller Manager 实现的。

随着 Kubernetes 的应用范围越来越广，通过频繁更新来增加新的资源对象已难以满足应用的定制需求，于是 Kubernetes 在 v1.7 版本中推出了 CRD（Custom Resource Definition）来管理自定义对象，用户无须改变代码就可以扩展 Kubernetes API，通过结合 CRD 和自己编写的 CRD Controller，就可以完成对自定义资源对象的全生命周期操控，这大大提升了 Kubernetes 的扩展性。随后，Kubernetes 基于 CRD Controller 推出了 Kubernetes Operator，这大大提升了 Kubernetes 发布和管理复杂集群的自动化能力，甚至发展出 Kubernetes Operator 应用商店。截至本书交稿时，已经有 350 多个 Kubernetes Operator 组件可用。

CRD 虽然解决了 API Server 的扩展性问题，但是随着集群规模越来越大，越来越多的资源对象需要 Kubernetes 管理，Kubernetes 的内部组件和众多的外部组件都需要访问 API Server，导致 API Server 的性能和稳定性受到严重挑战。为了解决这个棘手的问题，Kubernetes 团队采用了两个策略，如下所述。

（1）持续优化 API Server 的代码，将 Go 语言的协程机制（goroutine）用到极致，同时不断更新其存储资源对象的 etcd，Kubernetes 从 v1.13 版本开始淘汰 etcd v2 版本。目前，etcd 的最新版本是 v3.5.*x*，建议安装最新的稳定版本，以确保系统性能。

（2）设计并完善了一套基于 Informer 机制的高性能 API Server 客户端框架（k8s client go），这套框架不仅适用于 Kubernetes 内部，也适用于 CRD Controller 和 Kubernetes Operator 等外部应用，在保证 API Server 稳定性和性能的前提下，大大降低了 API Server 的访问压力。

6.1.2　全自动的资源管控能力

架构是为业务提供支撑的，不能很好地支撑业务的架构价值不大。Kubernetes 架构的优势是其近乎完美地实现了全自动的资源管控能力，具体如下。

（1）它能对资源的整个生命周期进行全自动管理。不论是面对庞大的集群，还是面对私有云，几乎不需要人工干预。IT 系统要做到这种程度，在过去是非常困难的。Kubernetes 通过将微服务架构思想和容器技术相结合，成功实现了对计算资源与业务系统的全自动管控，实现了一个前所未有的系统水准。

（2）在支持微服务架构的设计思想下，Kubernetes 将复杂的业务系统简化成标准化的简单架构。通过容器技术的自动化部署能力，Kubernetes 首次实现了将任意微服务架构应用自动发布到容器集群并进行全程的自动管理。借助这个创新性的基础能力，Kubernetes 创造了云原生概念，并打造了一个丰富的云原生生态圈，真正意义上实现了 Windows 与 Linux 这两个操作系统的联通。

Kubernetes 中用于建模微服务架构应用的对象，如 Service、Pod、Deployment 等，被统称为资源对象（Kubernetes Resource）。这些资源对象最终被映射为集群中的物理资源对象（Node Compute Resource）。整个 Kubernetes 的核心流程是一个全自动的、高精密的资源管理流程，涵盖了资源的准入、调度、分配、抢占和回收等。

1. 大规模集群的资源利用率问题

Kubernetes 通过灵活的机制解决了传统资源管理中的资源共享和独占的难题。通过给资源打标签和 QoS 等级机制，Kubernetes 实现了对资源共享和独占的动态调整，避免了严重的资源浪费。资源共享和独占的矛盾不再是 Kubernetes 面临的难题，反而成为其优势之一。

对于集群发生资源故障或者出现资源不足的问题，Kubernetes 提供了探针机制和自动恢复流程，保障了用户应用的正常服务状态。当集群中的 Node 出现故障时，Kubernetes 能够快速发现并自动启动恢复流程，将故障 Node 上的应用转移到其他健康 Node 上。对于资源不足导致应用无法发布的情况，Kubernetes 通过基于优先级抢占的调度策略确保了高优先级应用能够运行。

总体而言，Kubernetes 的资源管理机制是一套高度自动化、完备而精密的系统，具有最小粒度的资源独占能力、灵活的资源分区调度能力，以及对资源共享和独占矛盾的有效解决机制。

看到这里，你就能理解为什么 Kubernetes 中用于建模微服务架构应用的对象，比如 Service、Pod、Deployment 等都被统称为资源对象了。我们可以认为这些资源对象属于逻辑上的资源对象（Logic Resource）范畴，它们最终是要与 Kubernetes 集群中的真正的物理资源对象映射、捆绑的。Kubernetes 的目标就是要把它们视为一个整体，纳入统一的全生命周期、全自动化资源管理流程，以提供高质量的资源管控能力，减少人工投入成本，真正赋能企业。

Kubernetes 集群中的资源分为以下两类。

◎ 逻辑资源，也就是资源对象，主要用于应用建模，比如 Service、Pod、Deployment 等。

◎ 物理资源，主要是Node上提供的计算资源，是可计量的能被申请、分配和使用的基础资源，主要包括CPU、Memory、GPU、本机磁盘、PID等，由集群中的全体Node提供并负责日常维护，最终分配给对应的逻辑资源。

因此，我们在理解Kubernetes的架构设计和运行机制后，对Kubernetes核心流程的理解就变得更加清晰了。

用户可以通过资源对象把业务系统建模成对应的逻辑资源，在逻辑资源里声明所需要的计算资源使用量和服务质量等级，并配置好必要的健康检查探针，提交给Kubernetes。API Server在收到请求后先进行安全检查，然后进行配额审查等一系列步骤，之后就开始自动调度用户创建的逻辑资源了。

Scheduler组件通过一系列复杂算法，将逻辑资源调度（绑定）到某个具体的Node上，随后目标Node上的kubelet进程会根据在逻辑资源中定义的资源请求信息，进行精确的资源分配，将用户的逻辑资源映射到具体的物理资源上，并实例化对应的业务容器，随后对业务容器进行自动检测。如果发现有假死或者意外挂掉的情况，就尝试自动恢复，并定期上报API Server自己剩余的可分配资源。如果Kubernetes集群中的物理资源不足，则系统会自动驱逐低优先级的业务容器，释放空间给新来的高优先级的业务。如果某个时刻，某个Node上的kubelet进程发现自身Node的物理资源严重不足，已经达到警戒线，则会开启驱逐低优先级业务容器的工作，确保系统的安全性和稳定性。所有这一切工作，都是Kubernetes自动实现的，无须人工干预。

正因为逻辑资源和物理资源紧密相关，要相互配合才能实现功能，所以我们看到Kubernetes里有关资源的一些设计和运行机制，比如资源准入、资源调度、资源分配、资源回收，都是对两种资源的统一设计。

2. 大规模集群下的资源利用率问题

这也是一个传统难题，因为这里有一个根本的矛盾——共享和独占的矛盾。

不管是在计算机世界还是现实世界，这都是一个永恒的矛盾，比如这些年流行的共享单车、共享充电宝，这些共享资源确实在一定程度上降低了使用者的成本，带来了很大的便利，但是同时产生了新的问题，比如共享单车的损坏率很高、共享单车乱摆放等。还有人滥用共享单车，为了自己的便利，以各种手段让别人无法使用，也导致共享资源的管理成本增加。此外，如果一个人想要天天骑共享单车上班，因为不能独占，所以经常面临无车可用的尴尬境地；如果自己买一辆单车，可能自己的单车一年当中又有大半时间是闲置的。

种种类似矛盾，在 IT 系统的资源管理中也普遍存在，共享和独占两种机制各有各的优点和使用场景，所以通常的做法，是把整体的资源池划分成共享资源池，以及一个或多个独占资源池，然后由人工决定哪些业务系统进入哪个池子，这种做法简单粗暴且省事，但在大多数情况下都会导致资源的严重浪费。不可否认，这种资源分区的机制也有其用武之地，因此，Kubernetes 的资源管理也提供了这种能力，相比于传统做法，即相对固定不变的资源分区机制，Kubernetes 通过给资源打标签的方式来实现资源分区调度能力，更加灵活并且具备很强的动态调整能力。资源分区机制并不是 Kubernetes 处理资源共享和独占矛盾的主要机制，Kubernetes 采取了更为高效的资源 QoS 等级机制来化解资源共享和独占的矛盾。

QoS 等级机制是电信领域化解资源共享和独占矛盾的成熟机制，其基本原理是同一类服务，不同用户的服务数据带有不同的 QoS 等级标签，当系统资源（比如服务线路、服务器等）出现拥塞或瓶颈时，系统优先保障高优先级的数据通过，低优先级的数据进入排队状态或者被选择性丢弃，这样就可以避免大家都处于服务不可用状态的最坏结果。简单来说，QoS 就是将一套 VIP 会员体系搬到计算机世界了。

在 Kubernetes 中，QoS 等级机制经过不断的更新、改进后，目前已经实现了最小粒度的资源独占能力，即基于一个逻辑 CPU 的独占，而非一颗物理 CPU 芯片或者一台服务器的资源独占。同时，在服务最高等级的 Pod 时，还可以做到 NUMA 亲和性资源分配，大大提升了这类 Pod 进程的运行速度和性能的稳定性。整个流程是全自动化的，不需要人工提前规划和参与，这意味着 Kubernetes 目前实现的资源独占机制已经近乎完美。

为了解决资源共享机制下普遍存在的资源利用率低、资源滥用及资源故障等问题，Kubernetes 综合采用了多种设计思路。

首先，对于资源利用率低问题，在现实中很多业务进程对资源数量的要求是不确定的，并且不同业务系统对资源的使用在时间上也是分散的，所以，在默认情况下，Kubernetes 会尽可能地在空闲 Node 上安排新的 Pod，以充分利用共享资源池的优势，尽可能地提高资源利用率。

其次，对于资源滥用问题，Kubernetes 通过 Pod 的 QoS 等级机制结合资源配额机制来共同解决，不管在实际运维过程中，我们配置的策略是宽松模式还是按规范限定资源配额的严格模式。一旦在运行过程中，Kubernetes 检测到系统剩余资源达到警戒线了，就会自动清理低优先级的 Pod。

3. 在资源故障和资源不足的情况下，如何保障系统稳定运行

x86 分布式集群的最大优点是性价比高，规模越大，性价比越高，但同时带来另外一个问题，就是当集群的资源比较多时，容易突发各种故障，包括硬件的故障、操作系统的故障，以及用户进程导致的系统故障等。

据统计，机械硬盘的平均故障率为 3%，对于上万台机器的集群，意味着可能有 300 台机器的磁盘会随时处于故障状态。对于这么庞大的集群来说，可能每分钟都有一个 Node 出现问题，如果没有有效的自动化机制来快速发现问题并恢复系统，单靠人力，整个集群是很难运维和管理的，关键的业务系统也不可能运行在这种环境下。此外，如果因系统资源不足导致一些新的急需上线的应用不能发布，或者导致系统整体性能严重下降或者瘫痪，在生产环境下也是不可接受的。

为了解决这两个令人头疼的问题，首先，Kubernetes 为发布在 Kubernetes 集群上的用户应用提供了探针机制，由 Node 上的 kubelet 进程负责定期探测用户应用是否处于正常服务状态。如果探测最大次数后发现服务不可用，则会尝试主动重启用户应用的容器。如果重启失败，则上报 Pod 失败。对于由 Deployment 等控制器控制的 Pod，Kubernetes 会为它们自动重新创建一个副本，以便在集群中调度，直到在某个 Node 上重新复活。

其次，如果一个 Node 在运行过程中出现宕机类的故障，则 Kubernetes 会很快发现这种严重问题，随后会自动启动恢复流程，尝试将故障 Node 上的用户应用转移到其他健康的 Node 上继续服务。如果在集群运行过程中，某些业务进程突然占用大量系统资源，导致某个 Node 的可用资源不足，严重影响系统的稳定性，则此时该 Node 上的 kubelet 进程会启动资源清理计划，主动清理低优先级的 Pod，以释放资源，缓解压力，同时，这些被清理的 Pod 又可以被 Kubernetes 在其他 Node 上尝试恢复服务。对于系统资源不足导致一些新的急需上线的应用不能发布的问题，Kubernetes 提供了基于优先级抢占的调度策略（Pod Priority Preemption），此时 Kubernetes 会尝试清理目标 Node 上低优先级的 Pod，以确保高优先级的 Pod 能够运行。

总体来说，Kubernetes 设计、实现了一套相当精密的、完备的、自动化程度非常高的资源管理机制，这套机制具有以下特点和优势。

◎ 通过资源共享机制，尽可能多地部署应用，最大限度地提高系统资源的利用率。
◎ 完善的资源配额管控和配套的准入机制，确保共享资源不会被滥用，杜绝浪费。
◎ 引入 QoS 等级机制，确保优质资源被关键业务系统优先分配。当资源不足时，低优先级的 Pod 会被强制驱逐，确保高优先级的 Pod 能够占有资源。

◎ 实现了超高水准的全自动资源管控能力，涵盖了资源的准入、调度、分配、抢占和回收等。

6.1.3 以开放为基础的演进思路

Kubernetes 的架构和核心技术演化思路，始终以开放为本，坚持技术层面与生态层面共同发展。它的这个特点，在 Kubernetes 重大架构和技术演进的过程中表现得尤为明显。

1. Kubernetes 在容器技术上的演进

一开始，容器专指 Linux 容器（Linux Container），随着 Kubernetes 的崛起，微软也看到容器技术的巨大潜力和发展前途，于是开始模仿 Linux 容器创造了 Windows 容器，即后来的 Windows Server Container，该容器一开始是在 Windows Server 2016 中提供的。

Windows 容器的工作方式与 Linux 容器的工作方式相同。每个容器化应用程序都在共享主机操作系统上的自己的用户模式隔离容器内运行。接下来，微软、谷歌、红帽等巨头联手，以最快的速度将 Windows 容器纳入 Kubernetes 体系。

2016 年 12 月推出的 Kubernetes v1.5 版本首次支持 Windows 容器，用户可在 Windows Server 2016 的 Node 上创建和调度 Windows 容器，支持 Windows 应用开发，比如 IIS、ASP.NET 和.NET Core。这样用户就可以在 Kubernetes 上同时运行 Linux 应用和 Windows 应用了。

经过两年多的不断演进，2019 年年初，Kubernetes v1.14 版本发布，Kubernetes 开始正式支持在生产环境中将 Windows 节点添加为 Node 并部署 Windows 容器，从而确保庞大的 Windows 应用程序生态系统得以利用 Kubernetes 平台提供的强大功能。这意味着在容器技术时代，Windows 与 Linux 第一次做到了真正意义上的互联互通，不仅仅是在技术层面，而是在整个生态圈里的互联互通，求同存异，相互接纳。

Kubernetes 最早是直接依赖 Docker 来运行和管理容器的，虽然容器技术是标准的开放技术，但 Docker 是一个私有公司的产品，这与 Kubernetes 的开源理念相违背，于是 Kubernetes 团队很早就开始着手解决这一问题，先是在 Kubernetes v1.3 版本中首次支持 CentOS 开源的 rtk 容器运行时，随后在 Kubernetes v1.5 版本中设计了一个非常重要的标准开放接口——容器运行时接口（Container Runtime Interface，CRI），这是定义容器运行时应如何接入 kubelet 的规范。之后，kubelet 只需与这个接口对接即可。具体的容器运行时，比如 Docker、rtk、runV，只需先自己提供一个该接口的实现，然后对 kubelet 暴露 gRPC

服务即可。

在 2018 年 9 月发布的 v1.12 版本中，Kubernetes 又首次引入了 RuntimeClass，用于解决当集群中存在多种异构容器运行时，如何选择性地调度指定的 Pod 到目标容器运行时上的问题。

2020 年，Kubernetes 宣布正式弃用 Docker，并且在 2022 年 12 月发布的 v1.24 版本中，彻底移除了 Docker 容器运行时的历史代码（dockershim）。至此，在经历了长达 5 年的演进后，Kubernetes 终于彻底达成了容器世界的“大一统”目标。

开放，就意味着要尽量遵循标准，这里以 OpenAPI 开放标准为例，介绍 Kubernetes 在这方面的演进细节。最早时，Kubernetes 在定义 API Server 对外提供的 Rest 服务接口时，遵循的是 Swagger 的规范格式，但是这一标准不够完整和有效，很难生成对应的客户端代码，后面 Swagger 被捐献给了 OpenAPI Initiative，并在 2015 年将 Swagger 规范重命名为 OpenAPI 规范。OpenAPI 规范是一个定义了标准的、与具体编程语言无关的 RESTful API 规范。

OpenAPI 规范可以让 API 提供者标准化定义自己的接口，通过配套的工具自动生成任意主流编程语言对应的客户端代码，极大地方便开发者。Kubernetes 早在 v1.4 版本中就引入了 OpenAPI 规范。Kubernetes 从 v1.5 版本开始，对 OpenAPI 规范的支持已经很完备，能够直接从 Kubernetes 源码生成规范文档，对于 Kubernetes 资源模型和 API 方法的任何变更，都会保证文档和规范的完全同步。从 Kubernetes v1.27 版本开始，OpenAPI v3 已经被 Kubernetes 稳定支持。API Server 在 openapi/v3/apis/<group>/<version>? hash=<hash> 端点为每个 Kubernetes Group 版本都发布了一个 OpenAPI v3 规范。

2. Kubernetes 架构演进中的另一个重要基础方向——网络优化

Kubernetes 从本质上来说是一个大型、分布式的微服务架构运行平台，因此，服务发现机制及服务调用过程中的网络性能损耗就成为 Kubernetes 必须要重视的两个基本问题。以往的微服务架构平台基本都采用了专有 API 的思路来实现服务发现和服务调用的功能，比如 ZeroC Ice、Dubbo 和 Spring Cloud 等，但是这种做法无一例外地带来了一个严重的后果，那就是专有的 API 和平台的封闭性导致生态圈的缺失，基本上只有极少量的应用可以部署在这些平台上。Kubernetes 从一开始就立足于开放标准，并且是底层的互联网标准——IP 地址与 DNS 地名，创新性地给每个微服务都分配了一个虚拟的 Cluster IP 地址及对应的 DNS 域名，通过 DNS 完美实现了与语言无关、无 API 入侵的服务发现的基础功能，不但完美地解决了微服务架构平台多语言支持的难题，也为微服务架构平台开辟了一条崭新的技术路线。

此后，Kubernetes 不断地优化、更新细节：Kubernetes v1.2 版本以插件方式引入了 kube-dns，实现了 Kubernetes Service 的 DNS 域名自动化管理功能，其中采用了 Skydns 组件来实现 DNS Server 功能。之后，Skydns 的作者用 Go 语言写了一个全新的更适合容器的现代化的 DNS Server——CoreDNS，CoreDNS 于 2017 年托管给 CNCF，并于 2019 年 1 月发布，从 Kubernetes v1.11 版本开始，CoreDNS 插件被包含在 GA 发行版中，并且被 kubeadm 默认安装。

服务调用过程中的网络性能损耗问题一直是微服务架构平台的痛点之一，因为这个问题比较复杂，涉及负载均衡、服务调用、故障恢复等，Kubernetes 秉承开放和标准的一贯原则，在这个方向不断探索和优化。一开始，Kubernetes 模仿传统的微服务架构平台的做法，编写了一个类似 HAProxy 的 TCP/UDP 的服务代理，实现了基本的负载均衡功能。但这种实现方式性能损耗很大，很快就被基于 iptables 转发的第二代负载均衡机制所取代。但是 iptables 机制也有自身的一些缺点，包括性能方面，于是 Kubernetes 从 v1.8 版本开始引入第三代的 IPVS（IP Virtual Server）模式，并随后在 Kubernetes v1.11 版本中更新为 GA 稳定版。

自虚机技术引发了电信领域的 NFV（网络功能虚拟化）潮流化发展方向之后，随着容器技术的快速发展，容器化的性能开销几乎为零，特别是云原生应用被业界广泛接纳之后，基础电信网络功能与业务逻辑的进一步分离，以及电信 5G 网络的加速建设，都为 NFV 高级阶段的实施提供了强大的技术支撑。云原生使 NFV 迈向高级阶段，由微服务支持的云原生 NFVI 使业务的可组合性和扩展性大为增强，而作为电信领域里被广泛使用的基础通信协议——SCTP，经历了两年多的孵化，在 Kubernetes v1.20 版本中正式成为稳定版，并且 Pod、Service 和 NetworkPolicy 都完整支持 SCTP，这是 Kubernetes 社区以开放为基础的演进方向的又一个里程碑。

6.1.4 拥抱新技术

Kubernetes 架构在发展过程中，还有一个非常明显的特点，那就是不断拥抱新技术，下面以 Service Mesh（服务网格）为例进行说明。

网上有人称 Service Mesh 是后 Kubernetes 时代的微服务，这个比喻很形象，不管是用哪种 Service Mesh 产品部署应用，最后都选择运行在 Kubernetes 平台上。当看到 Service Mesh 的发展前景和潜力时，Kubernetes 果断选择了拥抱 Service Mesh，并积极更新架构和功能，以更好地支持 Service Mesh 应用的运行。

Service Mesh 的核心位于每个微服务进程实例旁边的 Sidecar 进程中，当 Service Mesh 应用部署在 Kubernetes 上时，Sidecar 进程就与相应的业务进程捆绑发布到同一个 Pod 内，分别对应一个容器。虽然 Kubernetes 的 Pod 可以定义 Init 容器，但是 Init 容器与业务容器的关联关系比较简单，用现有的 Init 容器无法实现 Sidecar 容器的所有功能，于是，为了更好地支持 Sidecar 进程，Kubernetes 社区开始了漫长的探索之路。2018 年 5 月，Joseph Irving 发起 Sidecar Containers 的 KEP（Kubernetes Enhancement Proposal），这个 KEP 的思路总结如下。

为了解决 Pod 里容器之间的生命周期依赖关系，我们可以创建名为 Sidecar 容器的全新容器类型，它的行为就好像一个普通的容器，但是在容器启动和结束时其逻辑有所不同。

2018 年 11 月，该 KEP 被社区所接受，经过近两年的设计与开发，2020 年 10 月，社区出现意见分歧，最终宣布该 KEP 被废弃。2020 年 11 月，Tim Hockin（Kubernetes 首席）发起新的提议草稿，直到 2023 年 8 月的 Kubernetes v1.28 版本，对 Sidecar 容器的支持才初步得到解决（Alhpa 特性），并没有引入特殊类型的容器，而是允许用户为某个 Init 容器（比如 Sidecar 容器）指定独立于 Pod 和其他 Init 容器的 restartPolicy，从而解决 Sidecar 容器的特殊生命周期问题。

等到 Kubernetes 对 Sidecar 容器的支持达到生产可用版本，估计又要经过至少一年的时间。这样算下来，从最初的提议到最后的生产可用，Kubernetes 社区足足坚持了 6 年之久。类似的事情在 Kubernetes 里还有很多，这也解释了为什么 Kubernetes 能发展成为“一切平台的平台”。

6.1.5　安全至上

Kubernetes 的目标是容纳更多厂商开发的软件，因此，除平台的规模和性能外，最重要的一个因素就是安全。接下来从功能更新的安全性与平台的安全性两个维度来分析说明 Kubernetes 是如何坚守用户第一、安全至上的设计与开发理念的。

1. Kubernetes 是如何实现功能更新的安全性的

通常来说，在系统更新过程中，只要修改已有功能的代码，就可能会带来新的 Bug。另外，新功能、新特性是否符合用户的需求，实现方式是否合理，都需要经过市场和时间的考验，通常需要几个迭代周期才能稳定、成熟。同时，对于一个被众多厂商广泛部署在生产环境中的基础平台来说，还有一个棘手的问题，那就是当某个成熟的功能特性后来被确定为不合适，且无法通过小的修改来解决，而是需要换一种新的方式来实现时，如果没有好的更新策略，确保兼容或者安全更新，用户就无法更新为新系统。Kubernetes 是如何解决这些问题的呢？

首先，Kubernetes 在版本迭代过程中，尽量采取增补而非修改已有代码的方式来增加新特性，比如当发现 Pod 副本控制器 RC 并不合适时，Kubernetes 决定引入新的副本控制器 Deployment 来替代 RC，而不是简单地修改 RC。而且这个替代过程有严格的版本迭代更新策略，新特性首先是 Alpha 版本，经过几个小版本的迭代后再更新到 Beta 版本，经过一段时间的迭代完善，最后才发布正式版本。对于一些影响比较大的功能特性，整个版本发布迭代周期可能长达一两年的时间。同时，当替代品成熟以后，Kubernetes 还会用一段时间来过渡，并不是在新版本中立即删除旧功能的代码，而是在接下来要发布的第 2 个或者第 3 个版本中才正式删除，这就给了用户足够长的时间来熟悉并掌握新功能，然后安全地更新到新版本上。

其次，Kubernetes 建立了一套完善的新功能开发流程。对于要增加的新功能或新特性，相关发起人员需要先提交一个 KEP，详细说明需求、用户场景案例、实现方式、可能的风险和影响等内容，然后经过开源社区和用户的广泛讨论完善之后，这个 KEP 要么被社区正式批准接纳，进入开发阶段；要么被否决。如果在随后的开发过程中，当初的用户场景和需求已经不再适用当前的现状，则此 KEP 会被放弃、重新修改或者合并到其他 KEP 中，整个过程相当严谨。因此，Kubernetes 新版本功能的质量、可靠性，以及更新的安全性比一般的商业软件要高很多。

2. Kubernetes 是如何保证并不断强化平台的安全性的

我们知道，系统设计和实现得越安全，对用户上手学习和部署使用来说就越困难，因此，一个常规的实现思路就是“先功能后安全”，即先集中精力解决功能性问题，让产品的功能丰富、强大，体现产品的优势和价值，等产品被用户和市场接纳了，再抓紧补安全的短板。Kubernetes 也是这样做的，一开始时，API Server 是可以在 HTTP 的 8080 非安全端口上运行的，访问 API Server 不需要证书，部署 Kubernetes 集群时也很方便，但这样是非常不安全的，在后面的版本演进过程中，Kubernetes 不断地强化安全特性，很快就让 Kubernetes 变得非常安全。

一方面，当大部分系统还都是通过用户名和密码来实现安全机制时，Kubernetes 已经采用了基本无法被破解的数字证书安全机制，并且不是我们所熟知的单向数字证书安全机制，比如 HTTPS 网站，而是采用了更为严格的双向数字证书安全机制，客户方也要提供自己的证书证明自己是某人，然后服务器才响应，否则就拒绝。另一方面，Kubernetes 的安全机制有一个特殊设计，即相互防范。一般来说，我们在设计和实现一个系统时，会有边界的概念，因为系统内的组件和进程都是自己开发的代码，所以会相互信任，而边界外的进程是不可控的，因此会在边界这里设计一套安全机制，用于防止系统外的程序入侵。但 Kubernetes 不是这样设计的，Kubernetes 内部的几个进程之间也是相互防范的。举例来说，kubelet 想要访问 API Server，则需要提供自己的证书。API Server 想要访问 kubelet，也需要提供自己的证书，并且默认颁发给 kubelet 的证书有效期仅为一年，到期自动续费。为什么要这么设计？因为在谷歌看来，互联网上无安全，只要是部署在互联网上的应用和需要通过网络来调用的请求，都没有安全性可言，所以，Kubernetes 既要防内，也要防外。

3. Kubernetes 是如何对外防护的

在 Kubernetes 集群中，有数量极多的各类用户开发部署的 Service 及对应的 Pod，这些 Service 要访问 Kubernetes API 怎么办？如果给每个 Service 都颁发一个证书，则这种做法好像有点过于复杂，但是放任不管，也是绝对不行的。最终，Kubernetes 团队巧妙地解决了这一难题，先是设计出了 Service Account 这个概念，每个 Service 可以对应一个 Service Account，里面包括了访问令牌 Token，并采用了流行的标准 JWT 机制，还附加了一个 CA 证书，于是 API Server 就可以通过 Token 来验证 Service 的身份了，而 Service 是通过 CA 证书来验证 API Server 身份的，如此一来，就完美实现了双向安全验证！同时，在创建 Service Account 时也会自动生成 Token，并且在用户无感知的情况下，所有的用户 Service 都被自动关联到一个系统自动生成的 Default Service Account 账号上。当 Service 对应的 Pod 被调度到某个 Node 上时，关联的 Service Account 里的 Token、CA 证书也都自动被映射到 Pod 指定的目录中，Kubernetes 提供的客户端 API 代码也自动从该目录中获取 Token、CA 证书来实现鉴权逻辑，整个实现细节全部都处理得近乎完美，对用户的影响可以降到最低。

Kubernetes 对安全的追求近乎痴狂，在 Kubernetes v1.21 之前版本的集群中，ServiceAccount 的 Token 是没有过期时间的，这就隐藏了被盗用的风险，于是 Kubernetes v1.21 版本改变了之前的策略，给 Token 设置了 1 小时的默认有效期！此外，Kubernetes v1.21 版本抛弃了旧格式的 Token，引入了全新的 Bound Token，Bound Token 放弃了 JWT 格式并使用了更开放的 OpenID Connect（OIDC）格式，消除了之前 Token 的一些安全缺陷。

◎ 旧格式的 Token 并没有 audience 的概念，如果你的应用把自己的 Token 给了 Service A，那么 Service A 用这个 Token 假装你的身份来访问 Service B 是可以通过的，这就带来了安全隐患。

◎ 老版本的 Token 是通过 Kubernetes Secret 资源对象发布的，并没有严格的访问许可限制，也没有加密（只是 Base64 编码），因此很不安全。

4. 容器镜像相关的安全问题

我们知道，容器镜像的体积越小，安装的工具包和运行库越少，容器越安全。我们在打包自己的应用构建镜像时，大多将来自 DockerHub 的基础系统镜像或者一些编程语言维护组织推出的官方镜像作为基础镜像，但是即使是体积很小的 Alpine 镜像，也依旧包含了许多不必要的组件和工具，这可能带来侵入安全问题。于是谷歌开发了一个全新的基础镜像 Distroless，它不包含 Linux 包管理工具、Shell，以及其他不必要的二进制文件和工具，只包含最小的可运行系统。Distroless 镜像非常小，其中最小的镜像 gcr.io/distroless/static 约为 650KB，不到 Debian（50MB）大小的 1.5%，是 Alpine（约 2.5MB）大小的 25%，官方目前已经提供了多数场景下所需要的镜像，比如：

◎ 适合静态编译语言运行的扩展镜像，如 C、C++、Go、Rust。

◎ 适合动态语言使用的扩展镜像，如 Java、Python、Node 参数。

因此，Kubernetes 从 2019 年的 v1.15 版本开始尝试引入使用 Distroless，逐步将大部分发布的镜像修改为基于 gcr.io/distroless/static 的基础镜像，解决了之前因为使用 Debian 镜像需要每月数次打安全补丁所导致的重新构建、重新分发等一系列问题，同时让软件镜像整体更“轻薄”。由于生产版本的 Distroless 既不包含 Linux Shell，也无法进入容器安装第三方工具和包，所以常规的进入容器调试的方法 kubectl exec -it <pod>便无法使用了，官方迫于实际的开发需求，提供了配套的调试镜像，即包含 busybox shell 的 debug 镜像。

6.2 API Server 原理解析

总体来看，API Server 的核心功能是提供对 Kubernetes 各类资源对象（如 Pod、RC、Service 及 CRD 等）的增、删、改、查及 Watch（资源变更回调通知接口）等 HTTP REST 接口，是集群内各个功能模块之间数据交互和通信的中心枢纽，也是整个系统的数据总线和数据中心。除此之外，它是集群管理的 API 入口，是资源配额控制的入口，提供了完备的集群安全机制。

6.2.1　API Server 概述

API Server 通过 kube-apiserver 进程提供服务，该进程运行在 Master 上。从 v1.20 版本开始，API Server 已经不能运行在非安全端口上提供服务了。在默认情况下，kube-apiserver 进程在本机的 6443 端口提供安全的 HTTP REST 服务。注意，这是一个双向 TLS 认证，服务端会核实客户端的身份，而客户端在访问 API Server 时也需要提供自己的证书，这个证书与 API Server 的证书一样，都是通过一个公用的 CA 证书签名的。自 Kubernetes v1.24 版本开始，kube-apiserver 进程的性能大幅提升，有数据表明，有 99%的 API 调用延迟时间减少了 90%，同时负载增加了大约 25%，这是因为 Kubernetes v1.24 版本的二进制程序是基于 Go 1.18 编译器进行编译优化的。通常来说，Go 1.18 编译器编译的应用程序的性能比之前的提升了 20%。

我们通常通过命令行工具 kubectl 与 API Server 进行交互，它们之间的接口是 REST API。我们可以通过以下几种方式测试 API Server 提供的接口。

（1）启动一个带 curl 命令行的临时 Pod，在这个 Pod 里访问 API Server。进行访问操作时使用如下命令即可，注意证书、Token 及 API Server 的端口：

```
kubectl run curl-test-pod --image=curlimages/curl -n default -i --tty - sh
~ $ cd /var/run/secrets/kubernetes.io/serviceaccount/
~ $ token=$(cat token)
~ $ curl --cacert ca.crt   -H "Authorization: Bearer $token"
https://kubernetes:443/api
```

（2）通过 kubectl get --raw 命令行访问，命令如下，不过仅限于 HTTP Get 请求：

```
# kubectl get --raw /api/v1
```

（3）使用 curl 命令行工具，在任何可以访问 API Server 的主机上进行操作。这种方式比较复杂，但有助于我们深入理解和感受 API Server 的安全机制。我们首先要获取一个合法的客户端身份凭证，并且用这个身份凭证来访问 API Server，这里的凭证包括以下参数。

◎ CA 证书：用于验证 API Server 的根证书。
◎ 代表自身身份的证书及私钥。

最简单的方式就是用 kubectl 的 Config 配置文件中的证书。我们可以通过下面的命令获取相关证书的数据：

```
# kubectl config view -raw
apiVersion: v1
```

```
clusters:
- cluster:
    certificate-authority-data: xxxxxxxxxxxxxxxxxxxxx
    server: https://192.168.18.3:6443
  name: kubernetes
contexts:
- context:
    cluster: kubernetes
    user: kubernetes-admin
  name: kubernetes-admin@kubernetes
current-context: kubernetes-admin@kubernetes
kind: Config
preferences: {}
users:
- name: kubernetes-admin
  user:
    client-certificate-data: yyyyyyyyyyyyyyyy
    client-key-data: zzzzzzzzzzzzz
```

其中，certificate-authority-data 部分的内容就是 CA 证书（Base64 编码），client-certificate-data 则是 kubectl 的证书（Base64 编码），client-key-data 是 kubectl 的证书的私钥（Base64 编码）。

我们可以通过 base64 -d 命令解码以上内容并将其保存成对应的文件（注意，有引号）：

```
# echo "xxxxxxxxxxxxxxxxxxxxx"  |base64 -d
-----BEGIN CERTIFICATE-----
MIIDBTCCAe2gAwIBAgIIHiwapaT49tYwDQYJKoZIhvcNAQELBQAwFTETMBEGA1UE
AxMKa3ViZXJuZXRlczAeFw0yMzA4MTgwNDExMDFaFw0zMzA4MTUwNDE2MDFaMBUx
EzARBgNVBAMTCmt1YmVybmV0ZXMwggEiMA0GCSqGSIb3DQEBAQUAA4IBDwAwggEK
AoIBAQDKjFBNz2L1GBxIZb9828OzuRlaTT7YxDH2PPeqbRQL5taHI4kHQHykgQZN
SU+4HZ/BAjMWt2dQGdp7J3Z0Nq84IbHxOr4BQ3O1KAAhu4OS1/u5BzvMDz5i3Nb+
NtlgX74nMcHILP2BPxbcw372inQcLzZQUwAZDd47B9gKnF7WzZ0Yv2BOc9hnhZwz
lnAgpnQC6vGEBpyKtlEnZ8mhAFAGas/N3XSwZnDnJJm8BXbzZI+t0RdZTYqLUJur
PFY04qzF+UvKp5zoW/ti0dfIUiQ9Uv7PMGftObmVxiht1wkjDlVfXmN7RzlL54uq
IP1CZ3eUsuj2XZG0jQQtxNpLMTqzAgMBAAGjWTBXMA4GA1UdDwEB/wQEAwICpDAP
BgNVHRMBAf8EBTADAQH/MB0GA1UdDgQWBBTOHTJytSqcIQ2XOfDPm6951lX4pDAV
BgNVHREEDjAMggprdWJlcm5ldGVzMA0GCSqGSIb3DQEBCwUAA4IBAQC6ZRxSpCaW
aIVLW9BLllaShNkTWgp44f+5rWWdZaZrPIveS7z2GnUAzau8OU99K4yKq90y42B+
8Qz4poDC04d2oKTXawKJHT+0pt15MsKvhjbPyE68wldpeloMldF9JS2sganbakK5
bjryuySrLHdLTpkk51Hj9+3VBHNWw1VVzKqGbWOUST65j9aqjMTStUPa8BJ5A2ds
5FcYR9cAlQELAaoiWwFKR7aiYqZA81VWMiDvk0PoljaTZXd2SNoLtL/0ickPYOT9
```

```
Muq2JYLaoKhvtEWFtTyl4VQLoVlFGiYMpn28jyzki3ngSriu6VYIh1cjN8r+OCqf
bxCBxqxA7IXu
-----END CERTIFICATE-----
```


先将以上输出的证书结果保存成 ca.crt 文件，依次完成 client.crt 和 client.key 文件的生成，然后执行下面的 curl 命令，就可以正常访问 API Server 了：

```
# curl --cacert ./ca.crt --cert ./client.crt --key ./client.key
https://192.168.18.3:6443
```

在本章后面的内容中，curl 表示带以上参数的完整内容，请注意自行修改。

访问/api 路径，返回的 Kubernetes API 的版本信息如下：

```
{
  "kind": "APIVersions",
  "versions": [
    "v1"
  ],
  "serverAddressByClientCIDRs": [
    {
      "clientCIDR": "0.0.0.0/0",
      "serverAddress": "192.168.18.3:6443"
    }
  ]
}
```

/api/v1 接口用于查看 API Server 目前支持的资源对象的种类，以及每种资源对象对应的操作接口。以 ConfigMap 为例，我们可以看到其接口很全，甚至包括 Watch 接口：

```
    {
      "name": "configmaps",
      "singularName": "configmap",
      "namespaced": true,
      "kind": "ConfigMap",
      "verbs": [
        "create",
        "delete",
        "deletecollection",
        "get",
        "list",
        "patch",
        "update",
```

```
        "watch"
      ],
      "shortNames": [
        "cm"
      ],
      "storageVersionHash": "qFsyl6wFWjQ="
    },
```

以下路径可分别返回集群中的 Pod 列表、Service 列表和 Node 列表：

```
# /api/v1/pods
# /api/v1/services
# /api/v1/nodes
```

kubectl 命令行及所有 Kubernetes 组件都通过标准的 API 来访问 API Server，包括创建资源对象、修改资源对象、删除资源对象，以及监听资源对象变化情况等的 API，API Server 则把资源对象持久化的结果写入后端的 etcd。任何组件都不能绕过 API Server 来直接操作 etcd，因此，API Server 也可以被理解为 Kubernetes 的数据网关，担负着守卫数据安全的重任。

通过编程方式访问 API Server 的具体场景可分为以下两种。

第 1 种场景：运行在 Pod 里的用户进程可以通过调用 Kubernetes API 来搭建特定的分布式集群。如图 6.3 所示，这段参考代码来自谷歌官方的 Elasticsearch 集群示例，Pod 在启动的过程中通过访问 Endpoint 的 API，来找到属于 elasticsearch-logging 这个 Service 的所有 Pod 副本的 IP 地址，用于构建集群。

在这个场景中，Pod 中的进程是如何知道 API Server 的访问地址的呢？答案很简单：API Server 本身也是一个 Service，它的名称就是 kubernetes，并且它的 ClusterIP 地址是 ClusterIP 地址池里的第 1 个地址！它所服务的端口是 HTTPS 端口 443，通过 kubectl get service 命令可以确认这一点：

```
# kubectl get service
NAME         CLUSTER-IP       EXTERNAL-IP    PORT(S)          AGE
kubernetes   169.169.0.1      <none>         443/TCP          30d
```

第 2 种场景：开发基于 Kubernetes 的图形化管理平台。比如调用 API Server 来完成 Pod、Service、RC 等资源对象的图形化创建和管理界面，此时可以使用 Kubernetes 及各开源社区为开发人员提供的各语言版本的 Client Library。后面会介绍通过编程方式访问 API Server 的技术细节。

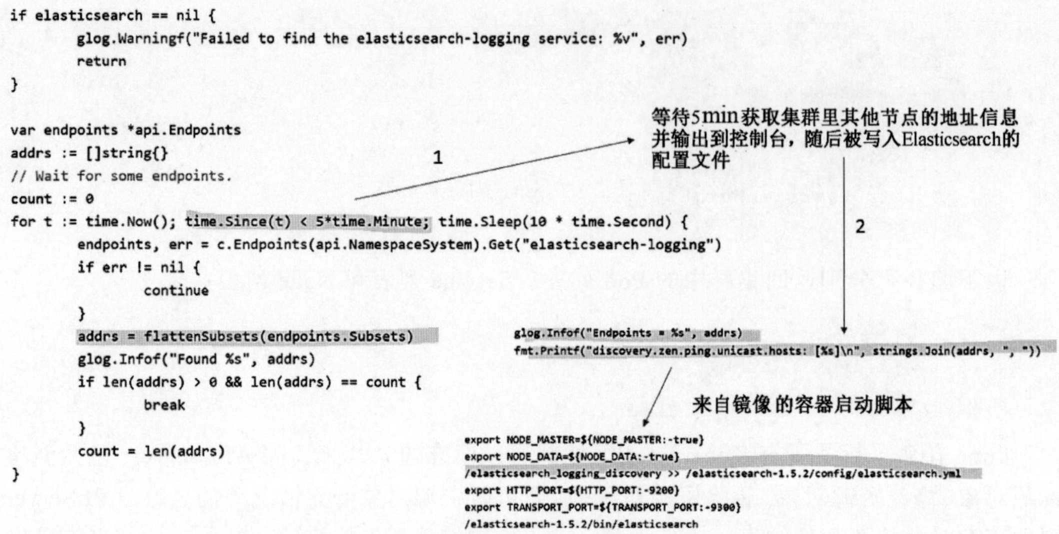

```
if elasticsearch == nil {
	glog.Warningf("Failed to find the elasticsearch-logging service: %v", err)
	return
}

var endpoints *api.Endpoints
addrs := []string{}
// Wait for some endpoints.
count := 0
for t := time.Now(); time.Since(t) < 5*time.Minute; time.Sleep(10 * time.Second) {
	endpoints, err = c.Endpoints(api.NamespaceSystem).Get("elasticsearch-logging")
	if err != nil {
		continue
	}
	addrs = flattenSubsets(endpoints.Subsets)
	glog.Infof("Found %s", addrs)
	if len(addrs) > 0 && len(addrs) == count {
		break
	}
	count = len(addrs)
}
```

1

等待5min获取集群里其他节点的地址信息并输出到控制台，随后被写入Elasticsearch的配置文件

2

```
glog.Infof("Endpoints = %s", addrs)
fmt.Printf("discovery.zen.ping.unicast.hosts: [%s]\n", strings.Join(addrs, ", "))
```

来自镜像的容器启动脚本

```
export NODE_MASTER=${NODE_MASTER:-true}
export NODE_DATA=${NODE_DATA:-true}
/elasticsearch_logging_discovery >> /elasticsearch-1.5.2/config/elasticsearch.yml
export HTTP_PORT=${HTTP_PORT:-9200}
export TRANSPORT_PORT=${TRANSPORT_PORT:-9300}
/elasticsearch-1.5.2/bin/elasticsearch
```

图 6.3　应用程序通过编程方式访问 API Server

由于 API Server 是访问 Kubernetes 集群数据的唯一入口，因此其安全性与高性能非常重要。通过采用 HTTPS 安全传输通道与 CA 证书强制双向认证的方式，API Server 的安全性得到了保障。此外，为了更细粒度地控制用户或应用对 Kubernetes 资源对象的访问权限，Kubernetes 启用了 RBAC 访问控制策略，之后会深入讲解这一策略。

因为 API Server 的性能直接影响 Kubernetes 集群的整体性能，所以 Kubernetes 的设计者们综合运用了以下方式来最大限度地保证 API Server 的性能。

（1）API Server 拥有大量高性能的底层代码。在 API Server 源码中使用了协程（Coroutine）及队列（Queue）这种轻量级的高性能并发代码，使单进程的 API Server 具备超强的多核处理能力，从而可以快速地并发处理大量的请求。

（2）普通 List 接口结合异步 Watch 接口，不但完美解决了 Kubernetes 中各种资源对象的高性能同步问题，也极大地提升了 Kubernetes 集群实时响应各种事件的灵敏度。

（3）采用了高性能的 etcd 而非传统的关系数据库，不仅解决了数据的可靠性问题，也极大地提升了 API Server 数据访问层的性能。在常见的公有云环境下，一个 3 节点的 etcd 集群在轻负载环境下处理一个请求的时间不到 1ms，在重负载环境下可以每秒处理 30 000 多个请求。

由于采用了以上提升性能的方法，API Server 可以支撑大规模的 Kubernetes 集群。目

前，Kubernetes v1.28 版本支持的最大规模的集群如下。

◎ 最多支持 5000 个 Node。
◎ 最多支持 150 000 个 Pod。
◎ 每个 Node 最多支持 110 个 Pod。
◎ 最多支持 300 000 个容器。

Kubernetes 为了加强对集群操作的安全监管，从 v1.4 版本开始引入审计机制，主要体现为审计日志（Audit Log）。审计日志按照时间顺序记录了与安全相关的各种事件，这些事件有助于系统管理员快速地了解发生了什么事情、作用于什么对象、在什么时间发生的、谁（从哪儿）触发的、在哪儿观察到的、活动的后续处理行为是怎样的，等等。

有关 Pod 操作的审计日志示例如下：

```
    2020-03-21T03:57:09.106841886-04:00 AUDIT:
id="c939d2a7-1c37-4ef1-b2f7-4ba9b1e43b53" ip="127.0.0.1" method="GET" user="admin"
groups="\"system:masters\",\"system:authenticated\"" as="<self>"
asgroups="<lookup>" namespace="default" uri="/api/v1/namespaces/default/pods"
```

API Server 把客户端的与请求（Request）相关的处理流程视为一个链条，这个链条上的每个节点都是一个状态（Stage），从开始到结束的所有 Request Stage 如下。

◎ RequestReceived：在 Audit Handler 收到请求后生成的状态。
◎ ResponseStarted：响应 Header 已经发送但 Body 还没有发送的状态，仅对长期运行的请求（Long-running Requests）有效，例如 Watch。
◎ ResponseComplete：Body 已经发送完成。
◎ Panic：发生严重错误时的状态。

Kubernets 从 v1.7 版本开始引入高级审计特性（Advanced Auditing），可以自定义审计策略（Audit Policy）和审计后端存储等。我们可以将审计策略视作一组规则，这组规则定义了需要记录哪些事件及数据（审计）。当一个事件被处理时，规则列表会依次尝试匹配该事件，第 1 个匹配的规则决定了审计日志的级别（Audit Level），目前定义的几种级别如下（按级别从低到高排列）。

◎ None：不生成审计日志。
◎ Metadata：只记录 Request 的元数据，例如 requesting user、timestamp、resource、verb 等，但不记录请求及响应的具体内容。
◎ Request：记录 Request 的元数据及请求的具体内容。

◎ RequestResponse：记录事件的元数据，以及请求与应答的具体内容。

注意：None 以上级别会生成相应的审计日志，并将审计日志输出到后端存储中。审计日志的后端存储支持两种方式：Log 文件和 Webhook 回调。

6.2.2　API Server 架构解析

API Server 架构从上到下可以分为以下几层，如图 6.4 所示。

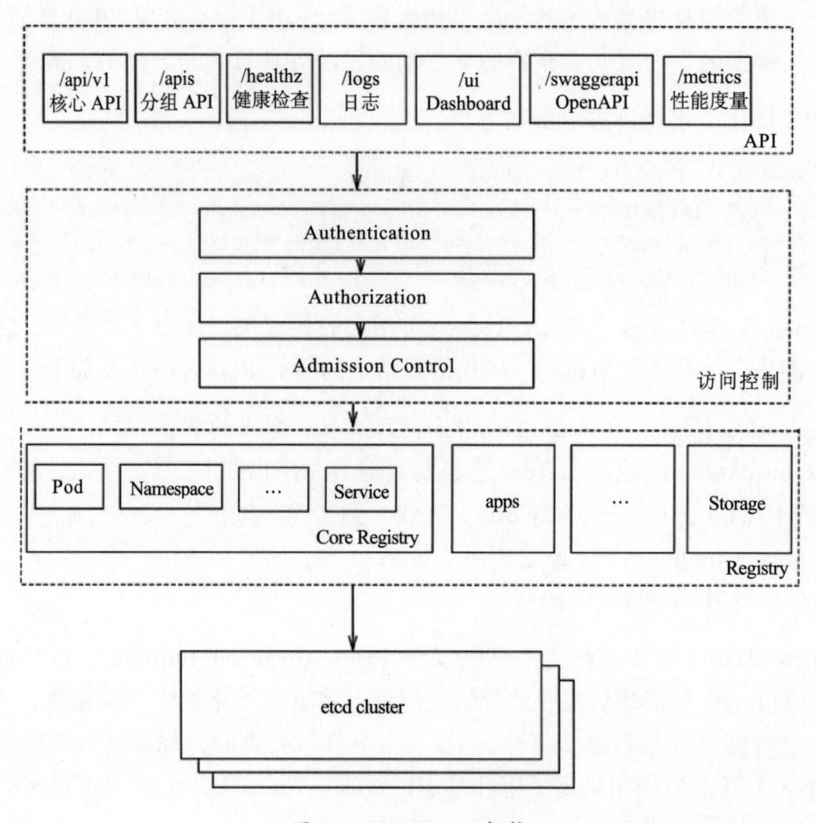

图 6.4　API Server 架构

（1）API 层：主要以 REST 方式提供各种 API，除了 Kubernetes 资源对象的 CRUD 和 Watch 等主要 API，还有健康检查、日志、性能指标等与运维监控相关的 API。Kubernetes 从 v1.11 版本开始废弃 Heapster 监控组件，转而使用 Metrics Server 提供的 Metrics API，进一步完善了自身的监控能力。

（2）访问控制层：当有客户端访问 API 时，访问控制层负责对用户身份进行鉴权，验明用户的身份，核准用户对 Kubernetes 资源对象的访问权限，并根据配置的各种资源访问许可逻辑（Admission Control），判断是否允许用户访问。

（3）Registry 层（注册表层）：Kubernetes 把所有资源对象都保存在注册表（Registry）中，针对注册表中的各种资源对象都定义了资源对象的类型、如何创建资源对象、如何转换资源的不同版本，以及如何将资源编码和解码为 JSON 或 ProtoBuf 格式进行存储。

（4）etcd：用于持久化存储 Kubernetes 资源对象的 KV 数据库。etcd 的 Watch API 对于 API Server 来说至关重要。因为通过这个接口，API Server 创新性地设计了 List-Watch 这种高性能的资源对象实时同步机制，使 Kubernetes 可以管理超大规模的集群，及时响应和快速处理集群中的各种事件。

从本质上看，API Server 与常见的 MIS 或 ERP 系统中的 DAO 模块类似，可以将主要处理逻辑视作对数据库表的 CRUD 操作。下面解读 API Server 中资源对象的 List-Watch 机制。图 6.5 以一个完整的 Pod 调度过程为例，对 API Server 的 List-Watch 机制进行了说明。

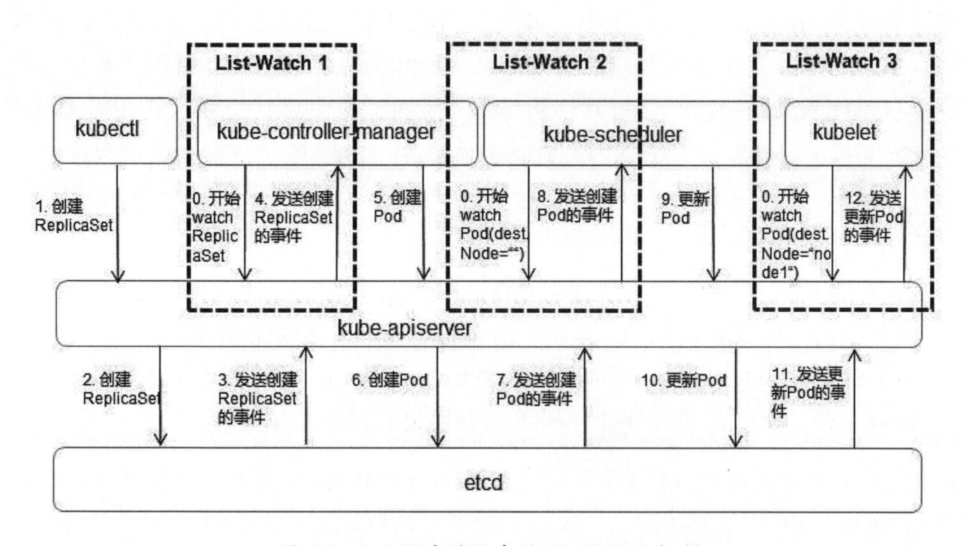

图 6.5　Pod 调度过程中的 List-Watch 机制

首先，借助 etcd 提供的 Watch API，API Server 可以监听（Watch）在 etcd 上发生的数据操作事件，比如 Pod 创建事件、更新事件、删除事件等，在这些事件发生后，etcd 会及时通知 API Server。图 6.5 中 API Server 与 etcd 之间的交互箭头表明了这个过程：当一个

ReplicaSet 被创建并保存到 etcd 中后（图中的 2. 创建 RepliatSet 箭头），etcd 会立即发送一个对应的创建事件给 API Server（图中的 3. 发送创建 RepliatSet 的事件箭头），与其类似的 6、7、10、11 箭头都是针对 Pod 的创建、更新事件。

然后，为了让 Kubernetes 中的其他组件在不访问底层 etcd 的情况下，也能及时获取资源对象的变化事件，API Server 模仿 etcd 的 Watch API 提供了自己的 Watch 接口，这样一来，这些组件就能近乎实时地获取自己感兴趣的任意资源对象的相关事件通知了。图 6.5 中的 kube-controller-manager、kube-scheduler、kubelet 等组件与 API Server 之间的 3 个虚线框表明了这个过程。同时，在监听自己感兴趣的资源时，客户端可以增加过滤条件，以 List-Watch 3 为例，该 Node 上的 kubelet 进程只对自己 Node 上的 Pod 事件感兴趣。

最后，List-Watch 机制可用于实现数据同步的代码逻辑。客户端首先调用 API Server 的 List 接口获取相关资源对象的全量数据并将其缓存到内存中，然后启动对应资源对象的 Watch 协程，在接收到 Watch 事件后，根据事件的类型（比如新增、修改或删除）对内存中的全量资源对象列表做出相应的同步修改。从实现上来看，这是一种全量结合增量的、高性能的、近乎实时的数据同步方式。

在资源对象的增、删、改操作中，最复杂的应该是“改（更新）”操作了，因为一些关键的资源对象都是有状态的对象，例如 Pod、Deployment 等。很多时候，我们只需修改某个资源对象的某些属性，并保持其他属性不变即可。对于这样特殊又实用的更新操作，Kubernetes 最初是通过命令行实现的，并通过 kubectl apply 命令实现对资源对象的更新操作，用户无须提供完整的资源对象 YAML 文件，只需将要修改的属性写入 YAML 文件并提交命令即可，但这也带来了一些新的问题。

◎ 如果用户希望通过编程方式提供与 kubectl apply 命令一样的功能，则只能自己开发类似的代码或者调用 Go 语言中的 kubectl apply 模块来实现。
◎ 用 kubectl apply 命令实现的代码随着 Kubernetes 资源对象版本的增加，会变得越来越复杂，使得在兼容性和代码维护方面也变得越来越复杂。

因此，Kubernetes 从 v1.14 版本开始引入 Server-side apply 特性，即在 API Server 中完整实现 kubectl apply 命令的功能，到 v1.22 版本时更新到正式版。该特性可以跟踪并管理所有新 Kubernetes 对象的字段变更，确保用户及时了解哪些资源在何时进行过更改。

接下来介绍 API Server 的另一处精彩设计。我们知道，对于不断迭代更新的系统，对象的属性一定是不断变化的，API 的版本也在不断更新，此时就会面临版本问题，即同一个对象不同版本之间的数据转换问题及 API 版本的兼容问题。后面这个问题解决起来比较容易，即定义不同的 API 版本号（比如 v1alpha1、v1beta1）来加以区分即可，但前面的问题就有点麻烦了，比如数据对象经历 v1alpha1、v1alpha2、v1beta1、v1beta2 等变化后最终变成 v1 版本，此时该数据对象存在 5 个版本，如果这 5 个版本之间的数据两两直接转换，就存在很多逻辑组合，如图 6.6 所示，为此我们不得不增加很多重复的转换代码。

这种直接转换的设计模式还存在一个不可控的变数，即每增加一个新的对象版本，之前每个版本的对象就都需要增加一个到新版本对象的转换逻辑。如此一来，对直接转换的实现就更难了。于是，API Server 针对每种资源对象都引入了一个相对不变的 internal 版本，每个版本只要支持转换为 internal 版本，就能够与其他版本进行间接转换了。于是，对象版本转换的拓扑图简化成了如图 6.7 所示的星状图。

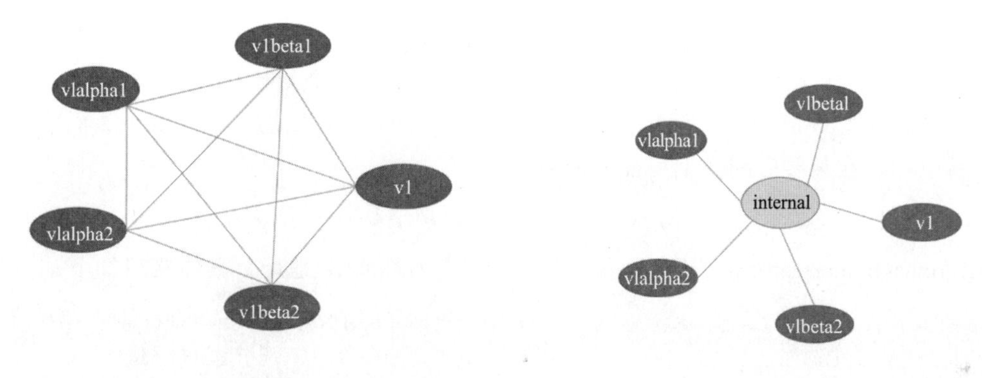

图 6.6　对象版本转换的拓扑图　　　　图 6.7　星状图

本节最后简单介绍 Kubernetes 中的 CRD 在 API Server 中的设计和实现机制。根据 Kubernetes 的设计，每种官方内建资源对象（如 Node、Pod、Service 等）的实现都应包含以下功能。

（1）对资源对象的元数据（Schema）的定义：可以将其理解为对数据库 Table 的定义，即定义了对应资源对象的数据结构。官方内建资源对象的元数据定义是固化在源码中的。

（2）资源对象的校验逻辑：确保用户提交的资源对象的属性合法。

（3）资源对象的 CRUD 操作代码：可以将其理解为数据库表的 CRUD 代码，但比后者更难，因为 API Server 对资源对象的所有 CRUD 操作都会被保存到 etcd 中，并且对处理性能的要求也更高，还要考虑版本兼容性和版本转换等问题。

（4）资源对象相关的“自动控制器”（如 RC、Deployment 等资源对象背后的控制器）：这是一个很重要的功能。Kubernetes 是一个以自动化为核心目标的平台，用户给出期望的资源对象声明，运行过程中由资源背后的“自动控制器”确保对应资源对象的数量、状态、行为等始终符合用户的预期。

类似地，每个自定义 CRD 的开发人员都需要实现上面的功能。为了降低编程难度，减少工作量，API Server 的设计者们做出了大量努力，使得直接编写 YAML 文件即可实现以上前 3 个功能。对于唯一需要编程的第 4 个功能，由于 API Server 提供了大量的基础 API 库，特别是易用的 List-Watch 编程框架，所以自动控制器的编程难度也大大降低了。

6.2.3　独特的 Kubernetes Proxy API

前面讲到，API Server 最主要的 REST 接口是对资源对象的增、删、改、查接口，除此之外，它提供了一类很特殊的 REST 接口——Kubernetes Proxy API，这类接口的作用是代理 REST 请求，即 API Server 把收到的 REST 请求转发到某个 kubelet 进程的 REST 端口，由该 kubelet 进程负责响应。需要说明的是，这里获取的 Pod 的信息来自 Node，而非来自 etcd，所以二者在某些时间点上可能有所偏差。

首先介绍 Kubernetes Proxy API 中与 Node 相关的接口。该接口的 REST 路径为 /api/v1/nodes/{name}/proxy，其中{name}为 Node 的名称或 IP 地址，具体接口如下：

```
/api/v1/nodes/{name}/proxy/pods          # 列出指定 Node 内的所有 Pod 的信息
/api/v1/nodes/{name}/proxy/metrics       # 列出指定 Node 的性能指标的统计信息
/api/v1/nodes/{name}/proxy/spec          # 列出指定 Node 的概要信息
/api/v1/nodes{name}/proxy/configz        # 列出指定 Node 的当前参数信息
```

在以上接口中，/configz 接口对于运维工作来说非常有价值，它可以返回目标 Node 上 kubelet 当前运行参数的值。

例如，当前 Node 的名称为“k8s-node-1”，用以下命令即可获取在该 Node 上运行的所有 Pod：

```
# curl /api/v1/nodes/k8s-node-1/proxy/pods
```

此外，如果 kubelet 进程在启动时包含--enable-debugging- handlers=true 参数，那么 Kubernetes Proxy API 还会增加以下接口：

```
/api/v1/nodes/{name}/proxy/run              # 在 Node 上运行某个容器
/api/v1/nodes/{name}/proxy/exec             # 在 Node 上的某个容器内运行某个命令
/api/v1/nodes/{name}/proxy/attach           # 在 Node 上 attach 某个容器
/api/v1/nodes/{name}/proxy/portForward      # 实现 Node 上的 Pod 端口转发
```

```
/api/v1/nodes/{name}/proxy/logs          # 列出 Node 的各类日志信息，例如 tallylog、
                                         # lastlog、wtmp、ppp/、rhsm/、audit/、
                                         # tuned/和 anaconda/等
/api/v1/nodes/{name}/proxy/runningpods     # 列出在该 Node 上运行的 Pod 信息
/api/v1/nodes/{name}/proxy/debug/pprof     # 列出 Node 上当前 Web 服务的状态
                                           # 包括 CPU 占用情况和内存使用情况等
```

接下来介绍 Kubernetes Proxy API 中与 Pod 相关的接口，通过这些接口，我们可以访问 Pod 某个容器提供的服务（如 Tomcat 在 8080 端口的服务）：

```
/api/v1/namespaces/{namespace}/pods/{name}/proxy        # 访问 Pod
/api/v1/namespaces/{namespace}/pods/{name}/proxy/{path:*} # 访问 Pod 服务的 URL 路径
```

下面用第 1 章 Java Web 例子中的 Tomcat Pod 来说明以上 Proxy 接口的用法。

首先，得到 Pod 的名称：

```
# kubectl get pods
NAME                 READY     STATUS     RESTARTS   AGE
mysql-c95jc           1/1      Running    0          8d
myweb-g9pmm           1/1      Running    0          8d
```

然后，运行下面的命令，输出 Tomcat 的首页，即相当于访问 http://localhost:8080/：

```
# curl /api/v1/namespaces/default/pods/myweb-g9pmm/proxy
```

我们也可以在浏览器中访问上面的地址，比如 Master 的 IP 地址是 192.168.18.131，在浏览器中如果输入 http://<apiserver-ip>:<apiserver-port>/api/v1/namespaces/default/pods/myweb-g9pmm/proxy，则能够访问 Tomcat 的首页；如果输入/api/v1/namespaces/default/pods/myweb-g9pmm/proxy/demo，则能够访问 Tomcat 中 demo 应用的页面。

看到这里，你可能就明白 Proxy 接口的作用和意义了：在 Kubernetes 集群之外访问某个 Pod 容器的服务（HTTP 服务）时，可以用 Proxy API 实现，这种场景多用于管理目的，比如逐一排查 Service 的 Pod 副本、检查哪些 Pod 的服务存在异常等。

最后介绍 Service。Kubernetes Proxy API 也有 Service 的 Proxy 接口，其接口定义与 Pod 的接口定义基本相同：/api/v1/namespaces/{namespace}/services/{name}/proxy。比如，我们想访问 myweb 服务的/demo 页面，则可以在浏览器中输入 http://<apiserver-ip>:<apiserver-port>/api/v1/namespaces/default/services/myweb/proxy/demo/。

6.2.4　集群功能模块之间的通信

从图 6.8 中可以看出，API Server 作为集群的核心，负责集群各功能模块之间的通信。集群内的各个功能模块通过 API Server 将信息存入 etcd 中，当需要获取和操作这些信息时，则通过 API Server 提供的 REST 接口（用 GET、LIST 或 WATCH 方法）来实现，从而实现各模块之间的信息交互。

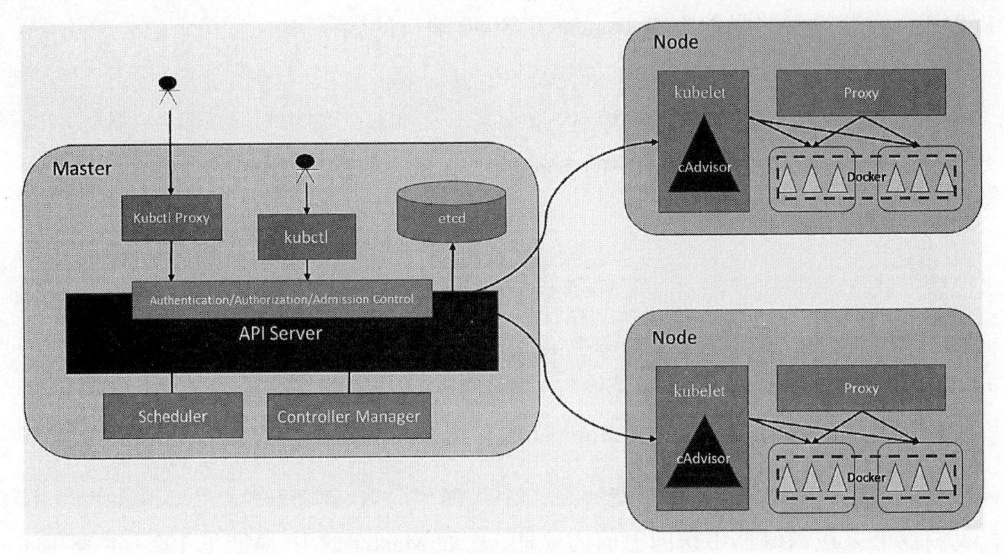

图 6.8　Kubernetes 结构图

常见的一个交互场景是 kubelet 进程与 API Server 的交互。每个 Node 上的 kubelet 每隔一个时间周期就会调用一次 API Server 的 REST 接口来报告自身状态，API Server 在接收到这些信息后，会将 Node 状态信息更新到 etcd 中。此外，kubelet 会通过 API Server 的 Watch 接口监听 Pod 信息，如果监听到新的 Pod 副本被调度绑定到本 Node，则执行 Pod 对应的容器创建和启动逻辑；如果监听到 Pod 对象被删除，则删除本 Node 上相应的 Pod 容器；如果监听到修改 Pod 的信息，则相应地修改本 Node 的 Pod 容器。

另一个交互场景是 kube-controller-manager 进程与 API Server 的交互。kube-controller-manager 进程中的 Node Controller 模块通过 API Server 提供的 Watch 接口实时监控 Node 的信息，并做相应的处理。

还有一个比较重要的交互场景是 kube-scheduler 与 API Server 的交互。Scheduler 在通过 API Server 的 Watch 接口监听到新建 Pod 副本的信息后，会检索所有符合该 Pod 要求的

Node 列表，开始执行 Pod 调度逻辑，在调度成功后将 Pod 绑定到目标 Node 上。

为了缓解集群各模块对 API Server 的访问压力，各功能模块都采用了缓存机制来缓存数据。各功能模块定时从 API Server 上获取指定的资源对象信息（通过 List-Watch 方法），然后将这些信息保存到本地缓存中，功能模块在某些情况下不直接访问 API Server，而是通过访问缓存数据来间接访问 API Server。

在 Kubernetes 集群中，Node 上的 kubelet 和 kube-proxy 组件都需要与 kube-apiserver 通信。当为增加传输安全性而采用 HTTPS 时，需要为每个 Node 组件都生成 CA 签发的客户端证书。当规模较大时，签发客户端证书的工作量也会变大，同样会增加集群扩展的复杂度。为了简化流程，Kubernetes 引入了 TLS Bootstraping 机制来自动签发客户端证书，并为此增加了一种名为“Bootstrap Token”的特殊 Token，在 v1.18 版本时，Bootstrap Token 成为正式稳定特性。

由于 Kubernetes 内部的各个组件都需要访问 API Server，所以 Kubernetes 还提供了一个单独的 Go 语言版本的客户端项目——client-go，对应的包是 k8s.io/client-go。虽然 client-go 不是一个独立的 Kubernetes 服务组件，但它是一个重要的模块，不断在性能和安全性方面持续提升。2018 年，针对 client-go 项目提出了 External credential providers 特性，此特性的目标是用户端不用显式地提供 Bare Token 或者证书等身份认证材料，而是通过调用一个外部的可执行的独立程序（Credential Provider）来返回所需的认证材料，这样既增加了用户使用的便利性，也进一步增强了系统的安全性和扩展性。

External credential providers 特性最终在 Kubernetes v1.22 版本中正式达到 Stable 阶段。在使用此特性时，需要配合 kubeconfig，假如提供认证材料的本地进程名称为“example-client-go-exec-plugin”，则在 kubeconfig 中配置如下的片段即可：

```
apiVersion: v1
kind: Config
users:
- name: my-user
  user:
    exec:
      # Command to execute. Required.
      command: "example-client-go-exec-plugin"
      # Arguments to pass when executing the plugin. Optional.
      args:
      - "arg1"
      - "arg2"
```

当使用 client-go 时，比如 kubectl 执行 API Server 认证时，会调用本地的 example-client-go-exec-plugin 程序，此程序的输出流里包括了约定认证所需的数据，随后，client-go 框架会解析对应的认证数据，之后将其发送给 API Server 完成认证。看到这里，你可能会想，为什么不是用 RPC 调用一个远程服务而是用本地进程调用呢？这里就涉及是先有鸡还是先有蛋的问题了，如果调用一个远程服务，就需要先对这个远程服务进行安全验证！此外，这个远程服务必须一直保持启动状态，这会持续消耗资源。

从 Kubernetes v1.20 版本开始，依赖于 client-go 新增的 External Credential Providers 特性，kubelet 可以执行本地的 Credential Provider Plugin 程序动态获取不同镜像仓库的访问口令，这是通过新增的 kubelet Credential Provider Plugin 特征来实现的。同时，在 kubelet 代码库中默认包括了对亚马逊 Elastic Container Registry（ECR）、微软 Azure Container Registry（ACR），以及谷歌 Google Cloud Container Registry（GCR）等几个公有云厂商的镜像库的支持，如图 6.9 所示。

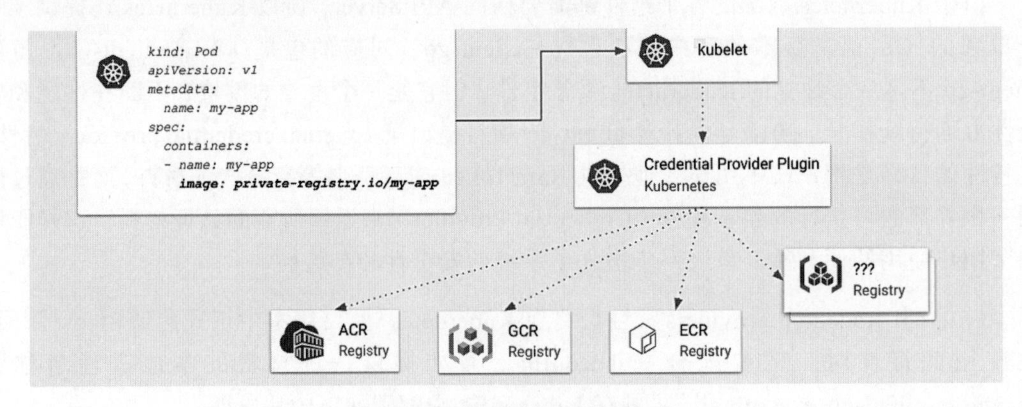

图 6.9　Credential Provider Plugin

在 Kubernetes v1.26 版本中，kubelet Credential Provider Plugin 特性达到 Stable 阶段，这个特性很关键，它意味着任何厂商都可以不去修改 kubelet 的代码，仅仅通过编写一个 Credential Provider Plugin 程序即可将自己的镜像库纳入 Kubernetes 体系。

6.2.5　API Server 网络隔离的设计

Kubernetes 的一些功能特性与公有云提供商密切相关，例如负载均衡服务、弹性公网 IP 地址、存储服务等，具体实现都需要与 API Server 通信，属于运营商内部重点保护的安全区域。此外，公有云提供商在提供 Kubernetes 服务时，考虑到安全问题，会要求以 API

Server 为核心的 Master 网络与承载客户应用的 Node 网络实现某种程度的安全隔离。为此，API Server 增加了 SSH 安全通道的相关代码，让公有云提供商可以通过 SSH 安全通道实现与 API Server 相关的服务接口调用，但这也使得 API Server 变得臃肿，给更新、部署及演进带来了额外负担。之后，Kubernetes 社区给出了全新的 API Server Network Proxy 特性的设计思路，这一特性于 Kubernetes v1.16 版本时进入 Alpha 阶段，到 Kubernetes v1.17 版本时进入 Beta 阶段，而到了 Kubernetes v1.28 版本时，才处于 v0.0.9 版本。

API Server Network Proxy 的核心设计思想是将 API Server 放置在一个独立的网络中，与 Node 网络相互隔离，然后增加独立的网络连通性代理（Connectivity Proxy）来解决这两个网络的连通问题，如图 6.10 所示。

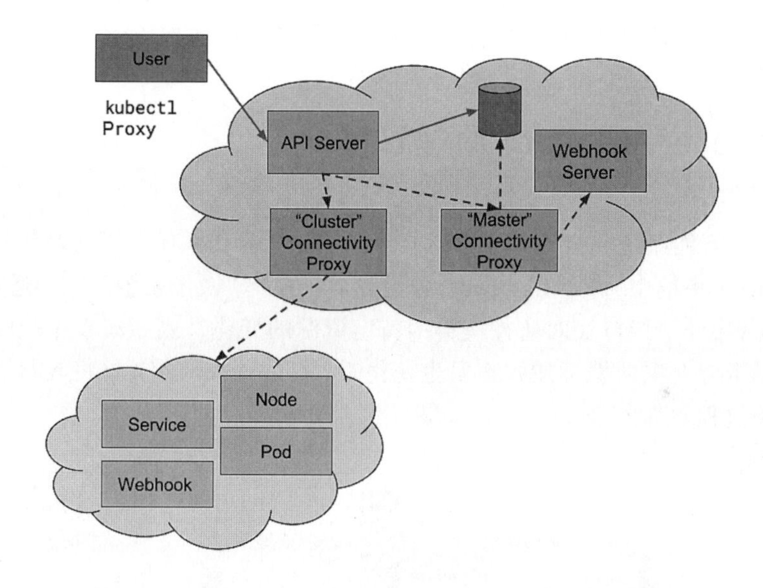

图 6.10 API Server Network Proxy 的核心设计思想示意图

在 Kubernetes 的当前版本中，对网络连通性代理的具体实现方式是在 Master 网络里部署 Konnectivity Server，同时在 Node 网络里部署 Konnectivity Agent，在两者之间建立安全链接，通信协议可以采用标准的 HTTP 或者 gRPC。此设计允许 Node 网络被划分为多个独立的分片，这些分片都通过 Konnectivity Server 和 Konnectivity Agent 建立的安全链接与 API Server 实现点对点的连通。

引入 API Server Network Proxy 机制以实现 Master 网络与 Node 网络的安全隔离的做法，具有以下优势。

（1）Connectivity Proxy（Konnectivity Server/ Agent）可以独立扩展，不影响 API Server 的发展，集群管理员可以部署适合自己的 Connectivity Proxy 实现，具有更好的自主性和灵活性。

（2）通过采用自定义的 Connectivity Proxy，也可以实现 VPN 网络的穿透等高级网络代理特性，同时，访问 API Server 的所有请求都可以方便地被 Connectivity Proxy 记录并审计、分析，这进一步提升了系统的安全性。

（3）这种网络代理分离的设计将 Master 网络与 Node 网络之间的连通性问题从 API Server 中剥离了出来，提升了 API Server 代码的内聚性，降低了 API Server 代码的复杂性，也有利于进一步提升 API Server 的性能和稳定性。同时，即便 Connectivity Proxy 崩溃也不影响 API Server 的正常运行，它仍然可以提供对资源对象的 CRUD 服务。

6.3 Controller Manager 原理解析

一般来说，智能系统和自动系统通常会通过一个“操作系统”不断修正系统的工作状态。在 Kubernetes 集群中，每个 Controller 都是这样的一个“操作系统”，它们通过 API Server 提供的（List-Watch）接口实时监控集群中特定资源的变化，当系统发生故障或者因其他原因导致目标资源对象的属性或状态发生变化时，Controller 会尝试将其状态调整为期望的状态，这一过程被称为 Reconcile，如图 6.11 所示。

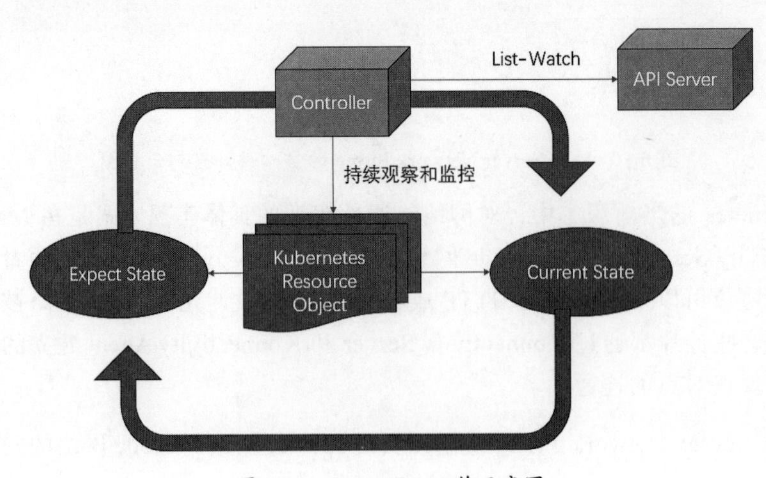

图 6.11 Controller 工作示意图

比如,Deployment Controller会持续监控Deployment资源对象,当一个新的Deployment被创建后,Controller会先根据在Deployment中定义的Pod模板创建指定数量的Pod实例,然后持续监测Pod实例在集群中的数量。当某个Pod实例被删除后,Deployment Controller会自动创建一个新的Pod实例，反之，当系统中的Pod实例数量超过Deployment中规定的数量时，也会主动删除相应数量的Pod实例。在实际运行过程中，不同的Controller会相互配合，同时与Scheduler、kubelet、kube-proxy等组件相互协作以实现整体的功能。

Kubernetes集群中的资源对象，基本都是被对应的Controller自动管控着的。一般来说，一种Controller会管控一种特定类型的资源对象，当目标资源对象的数量、属性、状态发生变化时,负责管控的Controller就会执行特定的自动化处理流程,绝大多数情况下,无须人工干预。Controller Manager进程负责监管这些不同类型的Controller，因此，Controller Manager也被称为Kubernetes集群的“自动化大脑”。

如图6.12所示，Controller Manager内部包含了很多单独的Controller，其中主要的有Node Controller、Deployment Controller、Service Account Controller、Endpoint Controller、Namespace Controller、ResourceQuota Controller、Token Controller、Volume Controller、Service Controller和Router Controller等。

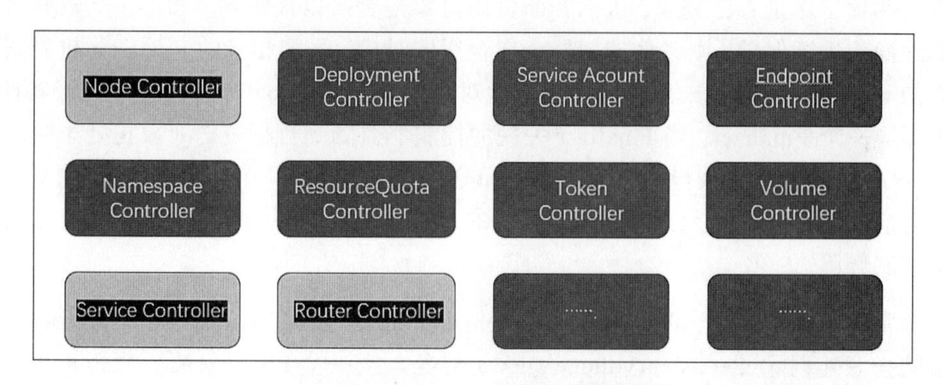

图6.12 Controller Manager结构图

Service Account Controller与Token Controller是与安全相关的两个控制器，与Service Account和Token密切相关。Router Controller是公有云厂商提供的进行节点扩缩容时管理节点路由的控制器，比如，当在谷歌GCE平台里动态添加一个虚机节点作为Node时，相应的路由策略、防火墙规则等配置无须用户手动设置，Router Controller即可自动完成。Service Controller是Kubernetes集群与外部云平台之间的一个接口控制器。Service Controller会监听Service的变化，如果该Service是一个LoadBalancer类型的Service （externalLoadBalancers=true），则 Service Controller 可在云平台上管理 Service 对应的 LoadBalancer 实例，包括创建、删除或根据 Service 的 Endpoint 更新路由表等。

除了系统自带的 Controller，还有各个厂商和用户自己开发的 Controller，也被称为 Operator 的 Controller，两者的实现方式和原理相同。不同的是，Operator 主要操作自定义资源对象 CRD。

接下来介绍 Kubernetes 资源对象的 Finalizer 机制。在 Kubernetes 资源对象中，部分资源对象是有生命周期的，它们往往对应 Node 上的物理资源，另外，这些资源对象之间还存在着一定的关联关系，比如 Pod 与 ConfigMap、PV、PVC 之间会关联引用，因此，这类资源对象的删除操作就涉及以下几个问题。

◎ 如果资源对象之间有引用关系，则不能被删除。Kubernetes 通过资源对象的属主引用（metadata.ownerReferences）这一特性来表明两个对象之间存在从属关系。

◎ 如果涉及物理资源和设备的占用，则需要先做资源释放和回收操作，然后才能删除。

因此，Kubernetes 引入了资源对象的 Finalizer 机制，这是一种删除操作的拦截保护机制，能够让控制器在资源对象被删除前（pre-delete）进行回调，查看被占用的资源和设备的释放这两项工作是否已完成，进而判断资源对象是否可以被删除。如果一个资源对象需要对删除操作进行保护，则某些控制器会在合适的时机，添加相应的 Finalizer 机制到被保护对象的 metadata.finalizers 属性里并更新此对象。metadata.finalizers 是一个数组属性，每个值都对应一个 Finalizer。当 Finalizer 关联的控制器监测到目标资源对象正处于被删除状态时（Terminating），就会执行相应的 pre-delete 操作，每执行完一个回调，就会删除 finalizers 列表中对应的 Finalizer 记录。当资源对象上的 finalizers 列表为空时，API Server 才会将这个对象彻底删除。

一个常见的 Finalizer 的例子是 PersistentVolume 上的 kubernetes.io/pv-protection，它可用于防止意外删除 PersistentVolume（PV）对象。当一个 PV 对象被某个 Pod 使用时，Kubernetes 会给这个 PV 对象添加 pv-protection Finalizer 信息，如果此时我们试图删除这个 PV 对象，那么它将进入被删除状态，但是控制器因为该 Finalizer 存在而无法删除该资源。当 Pod 停止使用该 PV 对象时，Kubernetes 就会清除 pv-protection Finalizer，随后控制器删除该 PV 对象。类似地，被引用的 ConfigMap 也有一个名为“kubernetes”的 Finalizer。此外，Job 控制器为 Job 创建的 Pod 实例添加了“属主引用”，同时给这些 Pod 实例增加了名为“batch.kubernetes.io/job-tracking”的 Finalizer，在 Pod 进入被删除状态后，Job 控制器会更新对应 Job 的状态信息，之后才移除这个 Finalizer，至此 Pod 才真正被删除。

在引入资源对象的 Finalizer 机制后，Kubernetes 资源对象的删除操作就被设计成了两步删除的模式。

第 1 步，API Server 通过标记对象的 meta.deletionTimestamp 属性，来告知系统中的各个相关组件，目标对象已进入被删除状态，开始进入相关的对象销毁流程。Kubernetes 资源对象的销毁流程有以下两类。

◎ 为 Pod 定制的优雅销毁流程，主要由 kubelet 负责执行。
◎ 其他资源对象的简单销毁流程。

第 2 步，当资源对象上捆绑的 Finalizer 都被相应的控制器处理并清除后，API Server 执行资源对象的 Delete 操作，真正从 etcd 中删除目标对象。

6.3.1 Deployment Controller

Deployment Controller 的核心作用是确保集群中某个 Deployment 关联的 Pod 副本数量在任何时候都保持预设值。如果发现 Pod 副本数量超过预设值，则 Deployment Controller 会销毁一些 Pod 副本；反之，Deployment Controller 会自动创建新的 Pod 副本，直到符合条件的 Pod 副本数量达到预设值。需要注意的是，只有当 Pod 的重启策略是 Always 时（RestartPolicy=Always），Deployment Controller 才会管理该 Pod 的操作（例如创建、销毁、重启等）。通常情况下，Pod 副本被成功创建后是不会消失的，唯一的例外是 Pod 处于 succeeded 或 failed 阶段的时间过长（超时参数由系统设定），此时该 Pod 会被系统自动回收，管理该 Pod 的副本控制器将在其他 Node 上重新创建、运行该 Pod 副本。

Deployment 中的 Pod 模板就像一个模具，模具制作出来的东西一旦离开模具，它们之间就再也没有关系了。同样，一旦 Pod 被创建完毕，无论模板怎样变化，甚至换成一个新的模板，也不会影响已经创建的 Pod。此外，Pod 可以通过修改它的标签来脱离 Deployment 的管控，该方法可用于将 Pod 从 Deployment 副本集中迁移出去或进行数据调整等常见的运维场景中。并且，Deployment Controller 会自动创建一个新的副本替换被迁移的副本。

Deployment Controller 在工作过程中实际上是在控制两类资源对象：Deployment 和 ReplicaSet。我们在创建 Deployment 资源对象之后，Deployment Controller 也默默创建了对应的 ReplicaSet，Deployment 的滚动更新也是 Deployment Controller 通过自动创建新的 ReplicaSet 来支持的。

Deployment Controller 的作用如下。

（1）确保在当前集群中有且仅有 *N* 个 Pod 实例，*N* 是在 Deployment 中定义的 Pod 副本数量。

（2）通过调整 spec.replicas 属性的值来实现系统扩容或者缩容。

（3）通过改变 Pod 模板（主要是镜像版本）来实现系统的滚动更新。

Deployment Controller 的典型使用场景如下。

（1）重新调度（Rescheduling）：不管想运行 1 个副本还是 1000 个副本，副本控制器都能确保指定数量的副本存在于集群中，即使发生 Node 故障或 Pod 副本被终止运行等意外状况。

（2）弹性伸缩（Scaling）：手动或者通过自动扩容代理修改副本控制器 spec.replicas 属性的值，即可非常容易地增加或减少副本的数量。

（3）滚动更新（Rolling Update）：副本控制器被设计成通过逐个替换 Pod 来辅助服务的滚动更新。

6.3.2 Node Controller

kubelet 进程在启动时通过 API Server 注册自身 Node 信息，并定时向 API Server 汇报状态信息。API Server 在接收到这些信息后，会将这些信息更新到 etcd 中。在 etcd 中存储的 Node 信息包括 Node 健康状况、Node 资源、Node 名称、Node 地址信息、操作系统版本、Docker 版本、kubelet 版本等。Node 健康状况包括就绪（True）、未就绪（False）和未知（Unknown）三种。Node Controller 通过 API Server 实时获取 Node 的相关信息，管理和监控集群中各个 Node 的相关控制功能。

Node Controller 的核心工作流程如图 6.13 所示。

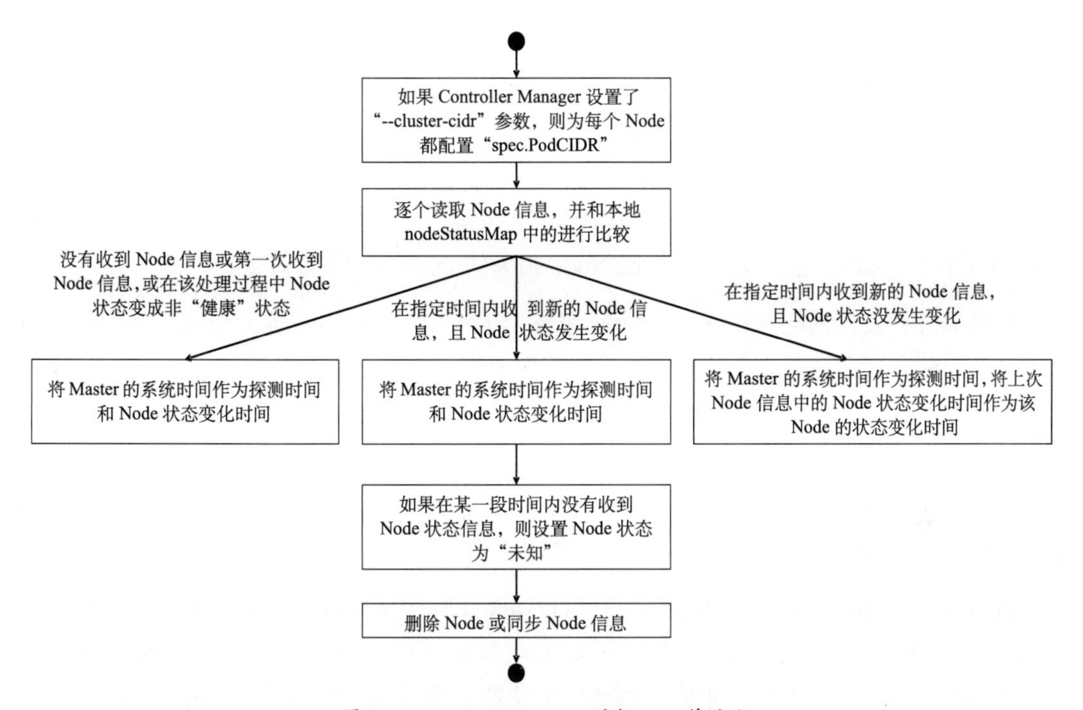

图 6.13 Node Controller 的核心工作流程

对流程中关键点的解释如下。

（1）Controller Manager 在启动时如果设置了--cluster-cidr 参数，那么就为每个没有设置 Spec.PodCIDR 的 Node 都生成一个 CIDR 地址，并用该 CIDR 地址设置 Node 的 Spec.PodCIDR 属性，这样做的目的是防止不同 Node 的 CIDR 地址发生冲突。

（2）逐个读取 Node 信息，多次尝试修改 nodeStatusMap 中的 Node 状态信息，将该 Node 信息和在 Node Controller 的 nodeStatusMap 中保存的 Node 信息进行比较。如果判断出没有收到 kubelet 发送的 Node 信息、第一次收到 Node 上的 kubelet 发送的 Node 信息，或在该处理过程中 Node 状态变成非“健康”状态，则在 nodeStatusMap 中保存该 Node 的状态信息，并将 Node Controller 所在节点的系统时间作为探测时间和 Node 状态变化时间。如果判断出在指定时间内收到新的 Node 信息，且 Node 状态发生变化，则在 nodeStatusMap 中保存该 Node 的状态信息，并将 Node Controller 所在 Master 的系统时间作为探测时间和 Node 状态变化时间。如果判断出在指定时间内收到新的 Node 信息，但 Node 状态没发生变化，则在 nodeStatusMap 中保存该 Node 的状态信息，并将 Node Controller 所在 Node 的系统时间作为探测时间，将上次 Node 信息中的 Node 状态变化时间作为该 Node 状态变化时间。如果判断出在某段时间（gracePeriod）内没有收到 Node 状态信息，则设置 Node 状态为“未知”，并且通过 API Server 保存 Node 状态。

（3）逐个读取 Node 信息，如果 Node 状态变为非 Ready 状态，则将该 Node 加入待删除队列，否则将该 Node 从队列中删除。如果 Node 状态为非 Ready 状态，且系统指定了 Cloud Provider，则 Node Controller 调用 Cloud Provider 查看 Node，若发现 Node 故障，则删除 etcd 中的 Node 信息，并删除与该 Node 相关的 Pod 等资源的信息。

如果是公有云厂商提供的 Kubernetes 服务，则 Node Controller 也会与云厂商的接口打交道，获取部署在公有云上的 Node 相关的实例数据。

Kubernetes 在 v1.10 之前的版本中只有 Node Controller，从 v1.10 版本开始将 Node Controller 按照功能拆分为 Node ipam Controller 和 Node Lifecycle Controller，然后在 v1.29 版本中又继续对 Node Lifecycle Controller 进行拆分，把基于污点的 Pod 驱逐功能对应的代码拆分到新的 Taint Eviction Controller 中去实现。

Node ipam Controller 是为集群中的 Node 分配 Pod CIDR 的控制器。为了保证集群中的 Pod 的 IP 地址不重复，集群中的每个 Node 都需要使用一段相互不重复的 Pod CIDR 地址段，每个 Node 上的 Pod 都从该地址段中获取一个 Pod IP 地址。如果在启动 kube-controller- manager 进程时没有设置--cluster-cidr 参数，则需要 Node ipam Controller 来动态地给 Node 分配 Pod CIDR 地址段，此时需要设置参数--allocate-node-cidrs 为 true，即开启 Node ipam Controller，而具体负责分配 Pod CIDR 的是 CIDR Allocator 组件，由参数--cidr-allocator-type 来设置。可用的 CIDR Allocator 组件有以下几种。

◎ RangeAllocator（默认值）：使用内部的 CIDR 对 Node 进行分配，它与 RouteController 配合使用，确保网络的连通性。

◎ CloudAllocator：从底层云平台同步 Pod CIDR 并分配。

◎ IPAMFromCluster：Alpha 版本，功能与 RangeAllocator 类似，同时把集群的 Pod CIDR 同步到底层云平台上。

◎ IPAMFromCloud：Alpha 版本，功能与 CloudAllocator 类似。

在以上的 CIDR Allocator 组件中，只有 RangeAllocator 可以在本地的私有 Kubernetes 集群上使用，其他的只能在公有云平台的 Kubernetes 集群中使用。

把 Taint Eviction Controller 从 Node Lifecycle Controller 中拆分出来后，二者的专注点也不同了，具体如下。

◎ Node Lifecycle Controller 关注 Node 的健康情况，并给对应的 Node 添加 NotReady 与 Unreachable 污点标签。

◎ Taint Eviction Controller 监测 Node 和 Pod 的 update 变化情况，并执行基于 NoExecute 污点的 Pod 驱逐动作。

从 v1.29 版本开始，Taint Eviction Controller 增加了两个与 Pod 驱逐相关的 Metrics 度量指标。

◎ pod_deletion_duration_seconds：自 Pod 的污点被激活到这个 Pod 被 Taint Eviction Controller 删除的延迟时间。

◎ pod_deletions_total：自 Taint Eviction Controller 启动以来被驱逐的 Pod 总量。

6.3.3 ResourceQuota Controller

作为完备的企业级的容器集群管理平台，Kubernetes 提供了 ResourceQuota Controller（资源配额管理）这一高级功能，资源配额管理可以确保指定的资源对象在任何时候都不会超量占用系统物理资源，避免了由于某些业务进程在设计或实现上的缺陷导致整个系统运行紊乱甚至意外宕机，保障了整个集群的平稳运行。

目前 Kubernetes 支持以下三个级别的资源配额管理。

◎ 容器级别：可以对容器分配的 CPU 和 Memory 等计算资源进行限制。

◎ Pod 级别：可以对一个 Pod 内所有容器占用的资源总量进行限制。

◎ 命名空间级别：可以对 Pod、Replication Controller、Service、ResourceQuota、Secret 和可持有 PV 对象等的数量进行限制。

由于 CPU 资源是可压缩的，进程无论如何也不可能突破上限，因此设置起来比较容易。对于 Memory 这种不可压缩的资源来说，它的 Limit 值的设置是一个问题，如果设置得过小，则进程在业务繁忙期试图请求超过 Limit 限制的 Memory 时会被操作系统 kill 掉。因此，Memory 的 Request 值与 Limit 值需要结合进程的实际需求谨慎设置。如果不设置 CPU 或 Memory 的 Limit 值，则会怎样呢？在这种情况下，该 Pod 的资源使用量有一个弹性范围，我们不用绞尽脑汁去思考这两个 Limit 的合理值，但问题也来了，比如下面的例子。

Pod A 的 Memory Request 被设置为 1GB，Node A 当时空闲的 Memory 为 1.2GB，符合 Pod A 的需求，因此 Pod A 被调度到 Node A 上。运行 3 天后，Pod A 的访问请求大增，内存需要增加到 1.5GB，此时 Node A 的剩余内存只有 200MB。由于 Pod A 新增的内存已经超出系统资源范围，所以 Pod A 在这种情况下会被 Kubernetes kill。

没有设置 Limit 值的 Pod，或者只设置了 CPU Limit 值或者 Memory Limit 值两者之一的 Pod，看起来都是很有弹性的，但实际上，与 4 个参数都被设置了的 Pod 相比，它们处于一种不稳定状态。

如果我们有成百上千个不同的 Pod，那么先手动设置每个 Pod 的这 4 个参数，再检查并确保这些参数的设置都是合理的。比如不能出现内存超过 2GB 或者 CPU 占据两个核心的 Pod。最后手动检查不同租户（命名空间）下的 Pod 资源使用量是否超过限额。为此，Kubernetes 提供了另外两个相关对象：LimitRange 和 ResourceQuota。其中，LimitRanger 作用于 Pod 和 Container，解决了没有设置配额参数的 Pod 的默认资源配额问题。同时，对于那些设置了资源配额的 Pod，LimitRanger 也对其设置的资源配额的合理性进行了校验；ResourceQuota 则作用于命名空间（租户），约束在一个命名空间中所能使用的资源总量。

Kubernetes 的配额管理是通过 Admission Control（准入控制）来控制的，Admission Control 提供了两种方式的配额约束，分别是 LimitRanger 和 ResourceQuota。

如图 6.14 所示，如果在 Pod 定义中同时声明了 LimitRanger，则用户通过 API Server 请求创建或修改资源时，Admission Control 会计算当前配额的使用情况。如果不符合配额约束，则创建对象失败。对于定义了 ResourceQuota 的命名空间，ResourceQuota Controller 组件会定期统计和生成该命名空间中各类对象的资源使用总量，统计结果包括 Pod、Service、RC 和 Secret 等对象实例的个数，以及该命名空间中所有 Container 实例的资源使用量（目前包括 CPU 和内存），之后将这些统计结果写入 etcd 的 resourceQuotaStatusStorage 目录（resourceQuotas/status）中。写入 resourceQuotaStatusStorage 的内容包含 Resource 名称、配额值（ResourceQuota 对象中 spec.hard 域下包含的资源的值）、当前使用的值（ResourceQuota Controller 统计的值）。随后这些统计信息会被 Admission Control 使用，以确保相关命名空间中的资源配额总量不会超过 ResourceQuota 中的限定值。

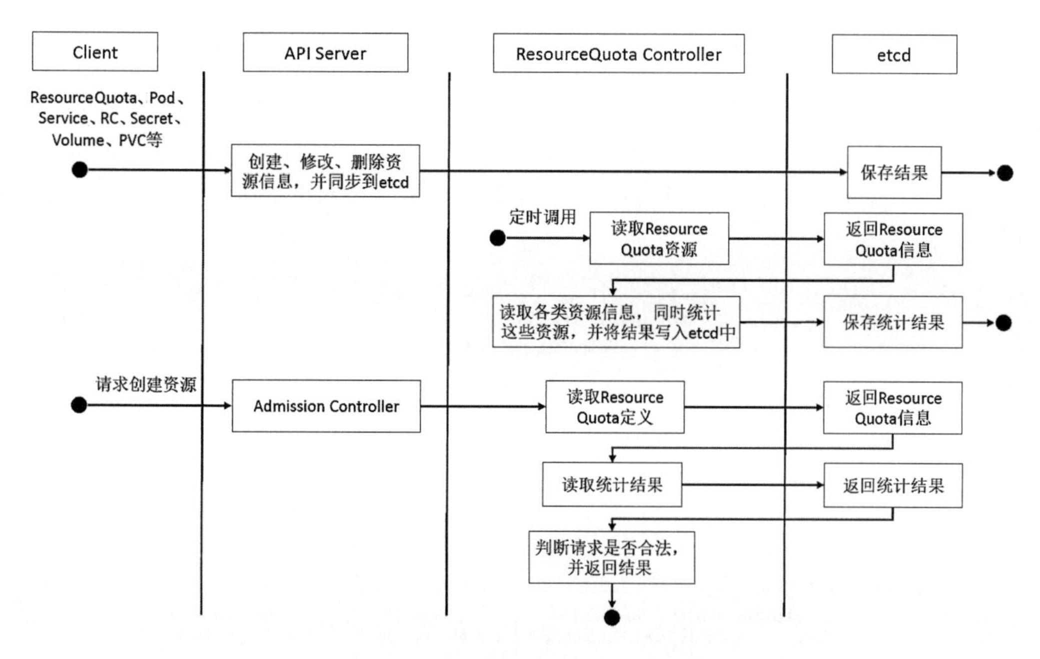

图 6.14　ResourceQuota Controller 流程图

6.3.4　Namespace Controller

用户通过 API Server 可以创建新的命名空间并将其保存到 etcd 中，Namespace Controller 定时通过 API Server 读取命名空间的信息。如果命名空间被 API 标识为优雅删除（通过设置删除期限实现，即设置 DeletionTimestamp 属性），则将该命名空间设置成被删除状态并保存在 etcd 中。同时，Namespace Controller 删除该命名空间中的 ServiceAccount、Deployment、Pod、Secret、PersistentVolume、ListRange、ResourceQuota 和 Event 等相关资源对象。

在命名空间被设置成被删除状态后，Admission Controller 的 NamespaceLifecycle 插件会阻止为该 Namespac 创建新的资源。同时，在 Namespace Controller 删除该命名空间中的所有资源对象后，Namespace Controller 会对该命名空间执行 finalize 操作，删除该命名空间的 spec.finalizers 域中的信息。

如果 Namespace Controller 观察到命名空间设置了删除期限，同时该命名空间的 spec.finalizers 域是空的，那么 Namespace Controller 将通过 API Server 删除该命名空间的资源。

6.3.5　Endpoint Controller

在讲解 Endpoint Controller 之前，我们先来讲解 Service、Endpoint 与 Pod 的关系。如图 6.15 所示，Endpoint 记录了一个 Service 对应的所有 Pod 副本的访问地址（Endpoint），属于一种新的资源对象，Endpoint Controller 就是负责生成和维护所有 Endpoint 对象的控制器。

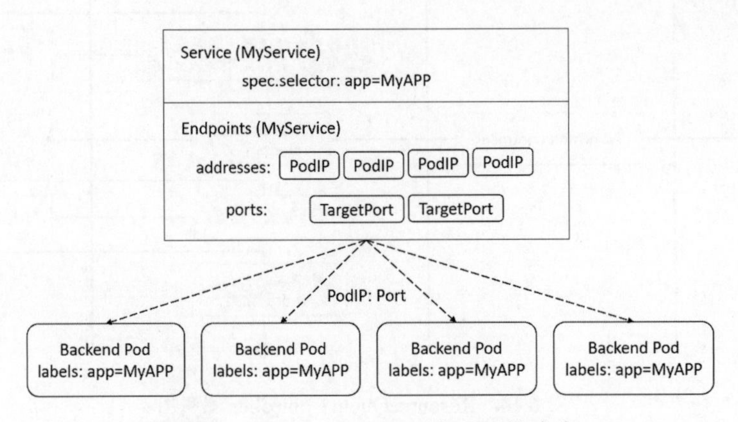

图 6.15　Service、Endpoint 与 Pod 的关系

Endpoint Controller 负责监测 Service 和对应的 Pod 副本的变化，如果监测到 Service 被删除，则删除和该 Service 对应的 Endpoint 对象。如果监测到新的 Service 被创建或者被修改，则根据该 Service 信息获取相关的 Pod 列表，然后创建或者更新 Service 对应的 Endpoint 对象。如果监测到 Pod 的事件，则更新它所对应的 Service 的 Endpoint 对象（增加、删除或者修改对应的 Endpoint 条目）。Endpoint Controller 主要通过 API Server 提供的以下接口操作 Endpoint 对象。

◎ POST /api/v1/namespaces/{namespace}/endpoints：创建 Endpoint 对象。
◎ PUT /api/v1/namespaces/{namespace}/endpoints/{name}：更新 Endpoint 对象。
◎ DELETE /api/v1/namespaces/{namespace}/endpoints/{name}：删除 Endpoint 对象。
◎ DELETE /api/v1/namespaces/{namespace}/endpoints：删除 Endpoints 组。

Endpoint 对象是在哪里被使用的呢？答案是在每个 Node 的 kube-proxy 进程中被使用的。kube-proxy 进程监测每个 Service 的 Endpoint 对象，从而实现 Service 的负载均衡功能。

由于每个 Service 只有一个 Endpoint 对象，所有的端口信息都被包括在 Endpoint 对象中。如果一个 Service 有 200 个实例，则当服务对应的某个 Pod 端口发生变化时，需要更新整个 Endpoint 对象，同时，kube-proxy 进程也需要获取整个 Endpoint 对象才能完成对应的操作逻辑，由于每个 Node 上的 kube-proxy 进程都需要访问这份完整且庞大的 Endpoint 数据，因此在大规模集群中会极大地拖累性能。

因此，Kubernetes 在 v1.19 版本中，引入了一个全新的 API，即 EndpointSlice API，来解决这个问题。它将 Service 对应的单个的大的 Endpoint 对象拆分成多个小的 EndpointSlice 对象，每个 EndpointSlice 对象只保存一部分 Endpoint 地址，这从根本上解决了旧的 Endpoint 对象带来的性能问题。在默认情况下，每个 EndpointSlice 对象都可以存储 100 个 Endpoint，我们可以使用 kube-controller-manager 的 max- endpoints-per-slice 属性来调整这一配置，最大可以存储 1000 个端点。EndpointSlice API 大大提高了 Service 网络的可伸缩性，因为在添加或删除 Pod 时，只需更新 1 个小的 EndpointSlice 对象即可。当 Service 拥有成百上千个 Pod 实例时，性能差异将非常明显，甚至性能可以提升 10 倍。新增的 EndpointSlice API 在 Kubernetes v1.21 版本中正式稳定、可用，对应的 API Server 中的访问地址如下：

```
/apis/discovery.k8s.io/v1/namespaces/{namespace}/endpointslices/{name}
```

新增的 EndpointSlice 对象还做了一些功能特性的扩展，比如对端口状态的扩展，增加了除 Ready 状态外的两种新状态：Terminating（v1.22 版本）与 Serving（v1.26 版本），对于 Terminating 状态的 Pod 来说，如果此时 Pod 能响应请求，则 Ready 状态会被设置为 false，但是 Serving 状态可能为 true。EndpointSlice 对象中的每个 Endpoint 都包括了如下与地址相关的拓扑信息，有助于 Kubernetes 或者第三方应用开发带拓扑感知的服务路由功能。

◎ nodeName：Endpoint 所在的 Node。
◎ zone：Endpoint 所在的 Zone。

此外，EndpointSlice 对象还支持 IPv6、全域名 FQDN（Fully Qualified Domain Name）这两种地址，并且一个 Service 里不同类型的地址可以用于不同的 EndpointSlice 对象中。比如，IPv4 地址对应一个 EndpointSlice 对象，IPv6 地址对应一个 EndpointSlice 对象，这有助于实现双栈协议支持。

6.4 Scheduler 原理解析

在 Kubernetes 集群中，与 Controller Manager 并重的另一个组件是 Kubernetes Scheduler（简称 Scheduler），它的作用是先对待调度的 Pod 通过一些复杂的调度流程计算出其最佳目标 Node，再将 Pod 绑定到目标 Node 上。前面深入分析了 Controller Manager 及其所包含的各个组件的运行机制，本节对 Scheduler 的工作原理和运行机制进行深入分析。

Scheduler 是负责 Pod 调度的进程（组件），随着 Kubernetes 功能的不断增强和完善，Pod 调度也变得越来越复杂，Scheduler 内部的实现机制也在不断优化，从最初的两阶段调度机制（Predicates & Priorities）发展到后来的调度框架（Scheduling Framework），以满足越来越复杂的调度场景。

为什么 Kubernetes 里的 Pod 调度会如此复杂？这是因为 Kubernetes 要努力满足不同类型应用的不同需求并且努力让大家和平共处。Kubernetes 集群里的 Pod 可分为无状态服务类、有状态集群类和批处理类这三大类，不同类型的 Pod 对资源占用的需求不同，对 Node 故障引发的中断/恢复及 Node 迁移方面的容忍度也不同，如果再考虑到业务方面，不同服务的 Pod 的优先级不同所带来的额外约束和限制，以及从租户（用户）的角度希望占据更多的资源增加稳定性，而集群拥有者希望调度更多的 Pod 提升资源使用率，则如何进行 Pod 调度就变成一个很棘手的问题了。

一开始，Scheduler 被设计成两阶段调度机制，而到了 v1.5 版本以后，新的 Scheduling Framework 变得更加复杂，其原因其实很简单：调度这个事情无论让机器怎么安排，都不可能完全满足每个用户（应用）的需求。因此，让用户根据自己的需求去做定制和扩展，就变成一个很重要也很实用的特性了。更新后的 Scheduling Framework 在这方面做得非常好。

6.4.1　Scheduler 的调度流程

Scheduler 在整个系统中起到承上启下的重要作用，承上指它负责接收 Controller Manager 创建的新 Pod，为其安排一个落脚的地方——目标 Node；启下指在安置工作完成后，目标 Node 上的 kubelet 服务进程会接管后续工作，负责 Pod 生命周期中的后半程。

具体来说，Scheduler 的作用是将待调度的 Pod（API 新创建的 Pod、Controller Manager 为补足副本而创建的 Pod 等）按照特定的调度算法和调度策略绑定（Binding）到集群中某个合适的 Node 上，并将绑定信息写入 etcd。在整个调度过程中涉及三个对象，分别是待调度 Pod 列表、可用 Node 列表及调度算法和调度策略。首先，通过调度算法为待调度 Pod 列表中的每个 Pod 都从 Node 列表中选择一个最适合它的 Node。

其次，目标 Node 上的 kubelet 通过 API Server 监听到 Scheduler 产生的 Pod 绑定事件，然后获取对应的 Pod 清单，下载 Image 镜像并启动容器，完整的 Scheduler 流程图如图 6.16 所示。

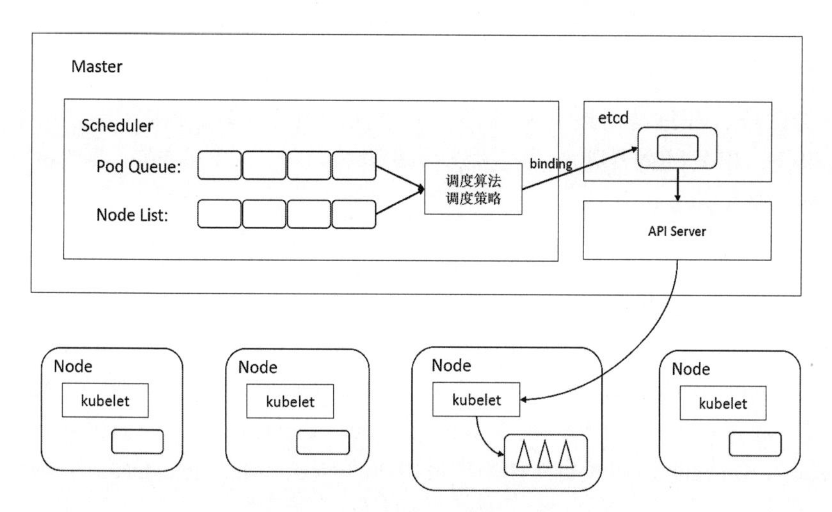

图 6.16 完整的 Scheduler 流程图

Scheduler 只与 API Server 打交道，其输入和输出如下。

◎ 输入：待调度的 Pod 和全部计算 Node 的信息。
◎ 输出：目标 Pod 要"安家"的最优 Node（或者暂时不存在）。

Scheduler 在调度算法方面的更新主要如下。

◎ v1.2 版本引入了 Scheduler Extender，支持外部扩展。
◎ v1.5 版本为调度器的优先级算法引入了 Map/Reduce 的计算模式。
◎ v1.15 版本实现了基于 Scheduling Framework 的开发方式，开始支持组件化开发。
◎ v1.18 版本将所有策略（Predicates 与 Priorities）全部组件化，将默认的调度流程切换为 Scheduling Framework。
◎ v1.19 版本将抢占过程组件化，同时支持 Multi Scheduling Profile。

考虑到新的 Scheduling Framework 的代码和功能大部分来自旧版本的两阶段调度机制，所以这里先介绍旧版本的两阶段调度机制。旧版本的 Scheduler 在调度上总体包括两个阶段：过滤（Filtering）阶段和打分（Scoring）阶段，之后就是绑定目标 Node，完成调度。

（1）过滤阶段：遍历所有目标 Node，筛选出符合要求的候选 Node。在此阶段，Scheduler 会将不合适的 Node 全部过滤掉，只留下符合条件的候选 Node。具体方式是通过一系列特定的 Predicates 对每个 Node 都进行筛选，在筛选完成后通常会有多个候选 Node 供调度，从而进入打分阶段。如果结果集为空，则表示当前没有符合条件的 Node，此时 Pod 会维持在 Pending 状态。

（2）打分阶段：在过滤阶段的基础上，采用优选策略（*xxx* Priorities）计算出每个候选 Node 的积分，积分最高者胜出。在挑选出最佳 Node 后，Scheduler 会把目标 Pod 安置到该 Node 上，完成调度。

在过滤阶段中提到的 Predicates 是一系列过滤器，每种过滤器都实现一种 Node 特征的检测，比如磁盘（NoDiskConflict）、主机（PodFitsHost）、Node 上的可用端口（PodFitsPorts）、Node 标签（CheckNodeLabelPresence）、CPU 和内存资源（PodFitsResources）、服务亲和性（CheckServiceAffinity）等。在打分阶段提到的 Priorities 则用于对满足条件的 Node 进行打分。常见的 Priorities 包含 LeastRequestedPriority（资源消耗最小的 Node）、BalancedResourceAllocation（各项资源使用率最均衡的 Node）和 CalculateNodeLabelPriority（优先选择含有指定 Label 的 Node）等。

当 Node 处于以下状态时，Scheduler 不再给它调度新的 Pod。

◎ NotReady。
◎ Unschedulable。
◎ MemoryPressure，不再调度新的 BestEffort Pod 到这个 Node。
◎ DiskPressure。

6.4.2　Scheduler Framework

考虑到旧版本的 Scheduler 不足以支持更复杂、更灵活的调度场景，因此在 Kubernetes v1.5 版本中出现了一个新的调度机制——Scheduler Framework。从整个调度流程来看，Scheduler Framework 是在旧流程的基础上增加了一些扩展点，同时支持用户以插件的方式进行扩展。Scheduler Framework 在 Kubernetes v1.19 版本中正式发布，新的调度流程如图 6.17 所示。

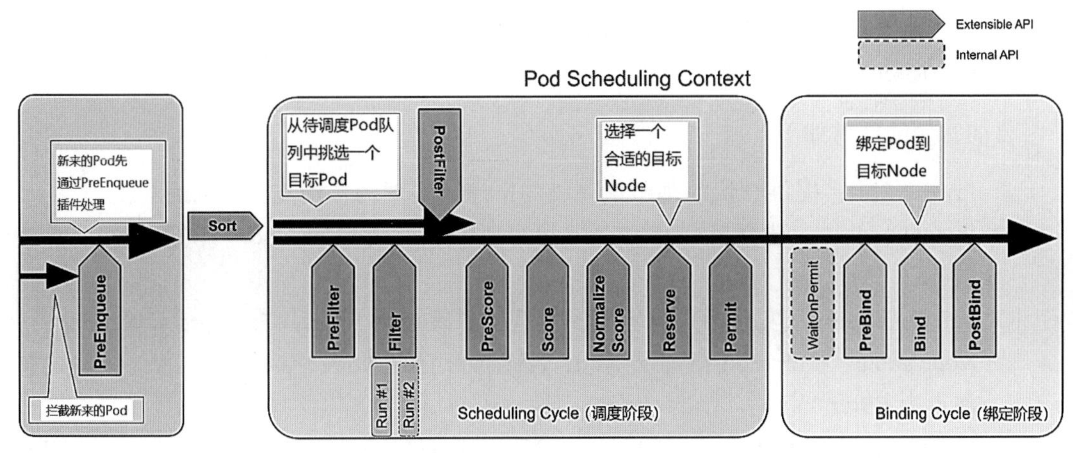

图 6.17　新的调度流程

下面对新的调度流程中的扩展点（或插件）进行说明。

◎ PreEnqueue：对新来的计划调度的 Pod 进行筛查，只有完全具备条件的 Pod 才能进入待调度队列中，不具备条件的 Pod 则被放到 Unschedulable 队列中等待机会。这里可以有多个插件对同一个 Pod 进行筛查，只有当所有的插件接口都返回成功时，该 Pod 才满足调度条件。
◎ QueueSort：对调度队列中待调度的 Pod 进行排序，一次只能启用一个队列排序插件。
◎ PreFilter：在过滤之前预处理（检查）Pod 或集群的信息，可以将 Pod 标记为不可调度。
◎ Filter：相当于调度策略中的 Predicates，用于过滤不能运行 Pod 的 Node。过滤器的调用顺序是可配置的，如果没有 Node 通过所有过滤器的筛选，则该 Pod 将被标记为不可调度。这里是可以并发多线程（多协程）执行的，可以同时对多个 Node 进行过滤，以加快速度。
◎ PreScore：是一个信息扩展点，可用于 Node 预打分操作。
◎ Score：给完成过滤的 Node 打分，调度器会选择得分最高的 Node。
◎ Reserve：是一个信息扩展点，当资源已被预留给 Pod 时，会通知插件。这些插件还实现了 Unreserve 接口，在 Reserve 期间或之后出现故障时调用。
◎ Permit：可以阻止或延迟 Pod 绑定。
◎ PreBind：在 Pod 绑定 Node 之前执行。
◎ Bind：将 Pod 与 Node 绑定。绑定插件是按顺序调用的，只要有一个插件完成了绑定，其余插件就都会跳过。至少需要绑定一个插件。

◎ PostBind：是一个信息扩展点，在 Pod 绑定 Node 之后调用。

目前常用的插件如下。

◎ PrioritySort：提供默认的基于优先级的排序。实现的扩展点为 QueueSort。

◎ ImageLocality：选择已经存在 Pod 运行所需容器镜像的 Node。实现的扩展点为 Score。

◎ TaintToleration：实现污点和容忍。实现的扩展点为 Filter、Prescore 和 Score。

◎ NodeName：检查 Pod 指定的 Node 名称与当前的 Node 名称是否匹配。实现的扩展点为 Filter。

◎ NodePorts：检查 Pod 请求的端口在 Node 上是否可用。实现的扩展点为 PreFilter 和 Filter。

◎ NodeAffinity：实现节点选择器和节点亲和性。实现的扩展点为 Filter 和 Score。

◎ SelectorSpread：对于属于 Services、ReplicaSets 和 StatefulSets 的 Pod，偏好跨多个 Node 部署。实现的扩展点为 PreScore 和 Score。

◎ PodTopologySpread：实现 Pod 拓扑分布。实现的扩展点为 PreFilter、Filter、PreScore 和 Score。

◎ NodeResourcesFit：检查 Node 是否拥有 Pod 请求的所有资源。实现的扩展点为 PreFilter 和 Filter。

◎ DefaultPreemption：提供默认的抢占机制。实现的扩展点为 PostFilter。

◎ NodeResourcesBalancedAllocation：在调度 Pod 时选择资源使用情况更为均衡的 Node。实现的扩展点为 Score。

◎ NodeResourcesLeastAllocated：选择资源分配较少的 Node。实现的扩展点为 Score。

◎ VolumeBinding：检查 Node 是否有请求的 Volume，或者是否可以绑定请求的 Volume。实现的扩展点为 PreFilter、Filter、Reserve 和 PreBind。

◎ InterPodAffinity：实现 Pod 间的亲和性与反亲和性。实现的扩展点为 PreFilter、Filter、PreScore 和 Score。

◎ DefaultBinder：提供默认的绑定机制。实现的扩展点为 Bind。

显而易见，这种扩展方式远远超过之前 Scheduling Policies 的能力，之后在 Kubernetes v1.18 版本中引入了全新的 Scheduler 配置特性——Scheduling Profiles，并且在该版本中默认生效，旧版本调度机制中的 Scheduling Policies 则被逐步淘汰。

为了使用 Scheduling Profiles 对 Scheduler 进行自定义配置，我们可以编写一个 Profiles

配置文件，并通过--config 参数传递到 kube-scheduler 服务中。下面是一个具体的例子：

```
apiVersion: kubescheduler.config.k8s.io/v1
kind: KubeSchedulerConfiguration
profiles:
  - schedulerName: default-scheduler
  - schedulerName: no-scoring-scheduler
    plugins:
      preScore:
        disabled:
        - name: '*'
      score:
        disabled:
        - name: '*'
```

从该例子中可以看到，我们可以灵活地定义在调度的什么阶段开启或关闭哪些插件。插件本身也更聚焦于自己所关注的特定阶段，因此更容易实现自定义插件。

新的调度流程中的 PreEnqueue 会把不具备调度条件的 Pod 筛选出来，之后这些 Pod 会被 Scheduler 放置到 UnschedulableQ 中等待机会。Scheduler 的调度队列如图 6.18 所示。

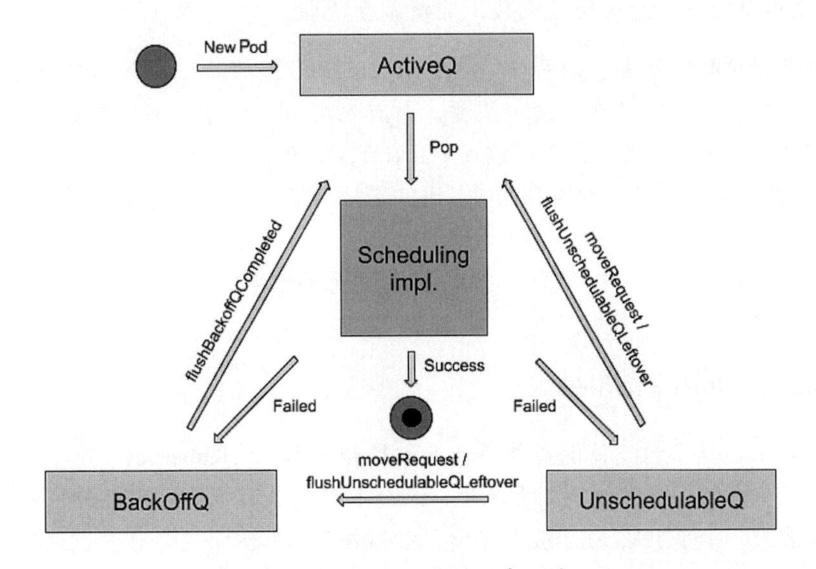

图 6.18 Scheduler 的调度队列

从图 6.18 中可以看到一共有三个调度队列，其中 ActiveQ 是一个堆结构的优先级队列，优先级最高的 Pod 会出现在队列头部，这个默认的排序规则可以被 QueueSort 插件改变。

新来的 Pod 会被放入这个调度队列中，每次 Scheduer 都会从该队列中取出一个 Pod 进行调度。如果调度失败，则该 Pod 会被放入 UnschedulableQ 中等待时机成熟再次调度或者直接放入 BackOffQ 中延长一段时间后继续调度。

这里有一个精妙的小设计，那就是在什么情况下调度失败的 Pod 会被放入 BackOffQ 中？为了找到这个问题的答案，我们先要理解 UnschedulableQ 与 BackoffQ 各自的用途。UnschedulableQ 中存储的 Pod 是目前不具备调度条件的 Pod，比如目前没有可用的 Node 资源了，再比如目标 Pod 要等待亲和性约束的另外一个 Pod 被调度成功后才能被调度，或者 Pod 所需的 PV 对象还没有被成功创建，在这种情况下，需要相对更长的一段时间才能被下次调度，这个时间可能是 30s、1min 或者更长的时间。在这种情况下，调度失败的 Pod 下次被调度的等待时间太长了，所以就有了 BackOffQ 来改进这点。放入 BackoffQ 的 Pod，Scheduler 会在更短的周期内进行扫描，默认是 1s 一次，看看是否有 Pod 可以被调度，而 UnschedulableQ 是默认 30s 才扫描一次。

此外，BackoffQ 与 ActiveQ 一样是堆结构的优先级队列，保存着调度失败的 Pod，优先级则根据 backOffTime 来排序，所以在 BackOffQ 的头部，是一个可调度时间距离当前时间最近的 Pod。如果一个 Pod 再次调度依旧失败，则会按次增加 backOffTime（指数级增加），以降低重试效率，避免反复失败，浪费调度资源。

通过以上分析我们知道，如果一个调度失败的 Pod 被放入 UnschedulableQ，则可能要等待 30s 或者更长的时间才有机会被调度，而放入 BackoffQ 的 Pod 则可能会在接下来的一两秒内被调度，所以，调度失败后放入 BackoffQ 的 Pod，一定是接下来调度成功概率很大的 Pod，因此，当集群资源发生变化时，比如新加入了一个 Node，某个 Pod 被成功调度，或者某个 PV 对象被成功创建，此时如果刚好有一个 Pod 调度失败，则该 Pod 会被放入 BackoffQ 中，以加快下一次被调度的时间，因为在这种情况下，该 Pod 很可能会调度成功。

6.4.3　Scheduling Profiles

随着 Kubernetes 平台支持的业务负载的种类越来越多，Kubernetes 自带的默认调度器因为只提供大一统的、标准化的调度流程，已经不满足或者不能完美匹配特定业务负载的定制化调度需求。于是，从 v1.2 版本开始，Kubernetes 尝试引入自定义调度器的特性，可以让用户自己编程实现一个完整的自定义调度器，用户还可以开发多个不同的自定义调度器，这些自定义调度器可以与 Kubernetes 默认的调度器同时运行，由 Pod 选择是用默认的调度器还是用某个自定义的调度器。自定义的调度器的特性在 Kubernetes v1.6 版本中达到

Beta 阶段，但该特性的实现方式不令人满意，因为用户需要自己编译、打包一个完整的自定义调度器程序，以二进制程序或者容器的方式启动和运行，整个开发测试过程烦琐并且实施起来相对困难。除此之外，多个调度器进程同时运行还存在资源竞争的隐患，所以 Kubernetes 一直在考虑另一种解决思路，即通过一个 Scheduler 进程加上多个配置文件（KubeSchedulerConfiguration）的方式来实现全新的多调度器特性，这就是后来的 Multiple Scheduling Profiles 特性。我们需要给不同的调度规则编写不同的 Profile 配置文件，并给它们起一个自定义 Scheduler 的名称，然后把这个配置文件（KubeSchedulerConfiguration）传递给 Scheduler 加载、生效，Scheduler 就立即实现了多调度器支持的“多重影分身”特效。现在来看前文提到的 Scheduling Profiles 配置文件，就能立刻明白了：

```
kind: KubeSchedulerConfiguration
profiles:
  - schedulerName: default-scheduler
  - schedulerName: no-scoring-scheduler
    plugins:
      preScore:
        disabled:
```

在 KubeSchedulerConfiguration 的配置声明中，我们看到系统默认的 Scheduler 名为“default-scheduler”，该 Scheduler 包括了常见的插件扩展，在这个配置文件中新增了一个名为“no-scoring-scheduler”的自定义 Scheduler，我们在自定义 Scheduler 时可以根据自己的需求开启或关闭指定的插件。如果已有的插件无法满足业务需求，则我们可以加载自定义的插件。

当集群规模很大时，对每个 Node 都进行筛选这个工作量就变得很大，拖累了调度器的性能，所以 KubeSchedulerConfiguration 增加了 percentageOfNodesToScore 属性，并自动设置默认值为（5%~50%）来缩小执行打分操作的 Node 范围。在 Kubernetes v1.25 版本中，KubeSchedulerConfiguration 正式更新到 kubescheduler.config.k8s. io/v1 版本。

6.4.4 深入分析抢占式调度

本节我们介绍 Pod 调度中的一个热点话题——抢占式调度（Preemption Scheduling）。

当一个新建的 Pod 因为 Node 资源不足而不能被调度时，Scheduler 可以选择在某个阶段驱逐部分低优先级的 Pod 来安置高优先级的 Pod，这就是抢占式调度。抢占式调度听起来比较简单，但实际上其实现机制还是很复杂的，也有很多疑问，比如抢占式调度驱逐

Pod 的逻辑是否与 Node Drain 的相同，即通过调用 Kubernetes Eviction API 来驱逐 Pod? 如果调用了，那为什么在 Scheduler 驱逐 Pod 的过程中可以不遵循 PodDisruptionBudget 的约束？接下来，我们就通过深入分析 Scheduler 的抢占式调度的实现细节来回答以上疑问。

一个新的 Pod（名称为“Pod P”）在进入 Scheduler 调度流程时，Scheduler 先检查 Pod P 是否被设置了 Deletiopod.Status.NominatedNodeNamenTimestamp（删除标记时间戳），如果已经被设置，则不再调度，而是直接返回。接下来 Scheduler 会用调度算法得到 Pod P 被调度到的目标 Node，如果调度算法返回错误，即没有找到合适的 Node，则判断 Node 是否开启了抢占式调度，并且检查 Pod P 的抢占策略（PreemptionPolicy）。如果抢占策略不是 never,即可以抢占资源,就继续根据 Pod P 的状态属性 nominatedNodeName（提名 Node）判断 Pod P 之前是否发生过一次抢占调度，pod.Status.nominatedNodeName 记录了上次抢占的提名 Node，如果 Pod P 之前发生过抢占调度，并且提名 Node 上被抢占的 Pod 还处于 Graceful termination period 状态，则 Pod P 退出本次抢占流程，下面是相关的代码片段：

```
    nomNodeName := pod.Status.NominatedNodeName
    if len(nomNodeName) > 0 {
        if nodeInfo, found := nodeNameToInfo[nomNodeName]; found {
            podPriority := podutil.GetPodPriority(pod)
            for _, p := range nodeInfo.Pods() {
                if p.DeletionTimestamp != nil && podutil.GetPodPriority(p) <
podPriority {
                    return false
                }
            }
        }
    }
```

Pod P 继续接下来的抢占调度流程，抢占调度流程的第一步是从 Pod P 调度预选失败的 Node 列表（Failed Predicates Nodes）中过滤掉不符合调度要求的 Node（NodeSelector 不匹配、Pod 亲和性规则不符合、节点污点不容忍、Node 处于 NotReady 状态、节点资源不足、节点不可调度等）得到预选 Node 列表。为了提升效率，Scheduler 默认使用了 16 个 Go 语言协程来并行遍历这些 Node，并调用 selectVictimsOnNode 函数筛选出可用于抢占的 Node 列表。

selectVictimsOnNode 函数的主要逻辑是把目标 Node 上优先级低于 Pod P 的 Pod 全部作为牺牲者（Victim），如果这些 Victim 被 Node 删除后还是无法满足 Pod P 的资源调度需求，则该 Node 不符合条件，相关的代码片段如下：

```
    podPriority := podutil.GetPodPriority(pod)
    for _, p := range nodeInfo.Pods() {
        if podutil.GetPodPriority(p) < podPriority {
            potentialVictims = append(potentialVictims, p)
            if err := removePod(p); err != nil {
                return nil, 0, false
            }
        }
    }

    if fits, _, _, err := g.podFitsOnNode(ctx, state, pod, meta, nodeInfo,
false); !fits {
        if err != nil {
            klog.Warningf("Encountered error while selecting victims on node %v: %v",
nodeInfo.Node().Name, err)
        }
        return nil, 0, false
    }
```

通过上面这段逻辑，我们得到了两个重要成果。

◎ 当前 Node 是否满足抢占条件，成为候选 Node。

◎ 当前 Node 可能被牺牲的 Pod 的集合——potentialVictims，同时，这些 Pod 都从预选成功的 Node 上被删除了。

这里有几个细节，第一个细节，从 Node 上删除 Pod 的方法 removePod 并不是真正地删除 Pod，而是模拟删除，即通过在调度器的上下文状态数据中删除 Pod 来测试 Pod 是否满足调度要求；第二个细节，如果 Pod P 与候选 Node 上的某个优先级比它低的 Pod 之间有亲和性，则发生资源抢占后 Pod P 不满足节点亲和性规则，所以此时该 Node 不符合抢占要求，Scheduler 会考虑其他候选 Node，无法保证 Pod P 能够被成功调度。因此，关于 Pod 亲和性和优先级的关系，有一个重要规则需要我们遵守：具有亲和性关系的 Pod 不应该被设置为低优先级的！

注意，potentialVictims 队列里保存了所有优先级低于 Pod P 的 Pod，有可能只需要抢占部分低优先级的 Pod 就能满足需求了，所以接下来的工作目标就是看看能否从 potentialVictims 队列中“豁免”一些 Pod。“豁免”机会也是要排队的，下面是相关的代码：

```
    sort.Slice(potentialVictims, func(i, j int) bool { return
util.MoreImportantPod(potentialVictims[i], potentialVictims[j]) })
    func MoreImportantPod(pod1, pod2 *v1.Pod) bool {
```

```
        p1 := podutil.GetPodPriority(pod1)
        p2 := podutil.GetPodPriority(pod2)
        if p1 != p2 {
            return p1 > p2
        }
        return GetPodStartTime(pod1).Before(GetPodStartTime(pod2))
    }
```

很多人看到这个熟悉的排队代码后就想当然地以为排队结果是优先级低的 Pod 在前面，没注意到排序函数的写法与常规的不同，常规的是 return p1<p2，实现默认从小到大的排序。

```
    if p1 != p2 {
            return p1 > p2
        }
```

从上面这段排序算法来看，优先级高的 Pod 排在队列前面，优先级低的 Pod 排在队列后面，如果两个 Pod 的优先级相同，则运行时间久的 Pod 排在前面。具体的豁免逻辑在下面这个 reprievePod 函数里，其中的参数 p 就是要被尝试豁免的 Pod，不是要调度的目标 Pod P，podFitsOnNode 函数中的参数 pod 才是 Pod P。

```
    reprievePod := func(p *v1.Pod) (bool, error) {
        if err := addPod(p); err != nil {
            return false, err
        }
        fits, _, _, _ := g.podFitsOnNode(ctx, state, pod, meta, nodeInfo, false)
        if !fits {
            if err := removePod(p); err != nil {
                return false, err
            }
            victims = append(victims, p)
            klog.V(5).Infof("Pod %v/%v is a potential preemption victim on node %v.",
p.Namespace, p.Name, nodeInfo.Node().Name)
        }
        return fits, nil
    }
```

上面函数的逻辑是，victims 这个变量保存的是真正的“牺牲者”，对于一个要尝试豁免的 Pod，先通过 addPod 函数把它加入 Node 中，addPod 函数与之前的 removePod 函数一样，只是模拟添加 Pod 到 Node 上，以测试新的 Pod 是否满足调度要求，所以这里对目标 Pod P 又执行了一次 podFitsOnNode 函数，来看是否满足调度要求。如果满足调度要求，则表明 p 可被豁免；否则 p 不能被豁免，应把它加入真正的“牺牲者”队列 victims，同时调用 removePod 方法将其从 Node 上移除。potentialVictims 队列中的 Pod 依次通过 reprievePod 方法尝试得到豁免，如果有一个 Pod 不满足豁免条件，则豁免过程结束，后面的 Pod 就属于真正的“牺牲者”了，都会被加到 victims 中。这里还有一个小细节，可能某些 Pod 有 PodDisruptionBudget 的保护，相对于没有被 PodDisruptionBudget 保护的 Pod，有保护的 Pod 应该尽量不被“牺牲”，于是，potentialVictims 被一分为二，具体如下。

◎ violatingVictims：违反了 PodDisruptionBudget 约束的“牺牲者”队列。
◎ nonViolatingVictims：没有违反 PodDisruptionBudget 约束的“牺牲者”队列。

两个队伍分别执行 Pod 豁免行动，并返回最终结果：

```
for _, p := range violatingVictims {
    if fits, err := reprievePod(p); err != nil {
        klog.Warningf("Failed to reprieve pod %q: %v", p.Name, err)
        return nil, 0, false
    } else if !fits {
        numViolatingVictim++
    }
}
// 处理没有违反 PodDisruptionBudget 约束的“牺牲者”队列
for _, p := range nonViolatingVictims {
    if _, err := reprievePod(p); err != nil {
        klog.Warningf("Failed to reprieve pod %q: %v", p.Name, err)
        return nil, 0, false
    }
}
return victims, numViolatingVictim, true
```

selectVictimsOnNode 函数的返回结果如下。

◎ victims：本 Node 需要被抢占的 Pod 列表（最少列表）。
◎ 本 Node 的 Pod 被抢占后，有多少个 Pod 违反了 PodDisruptionBudget 约束。

前面提到，为了提升效率，Scheduler 默认使用了 16 个 Go 语言协程并行遍历这些 Node，通过调用 selectVictimsOnNode 函数筛选可抢占的 Node 列表，主要代码片段如下：

```
checkNode := func(i int) {
        nodeName := potentialNodes[i].Name
        pods, numPDBViolations, fits := g.selectVictimsOnNode(ctx, stateCopy,
pod, metaCopy, nodeInfoCopy, pdbs)
```

```
            if fits {
                resultLock.Lock()
                victims := extenderv1.Victims{
                    Pods:             pods,
                    NumPDBViolations: int64(numPDBViolations),
                }
                nodeToVictims[potentialNodes[i]] = &victims
                resultLock.Unlock()
            }
        }
    workqueue.ParallelizeUntil(context.TODO(), 16, len(potentialNodes), checkNode)
```

当所有预选 Node 列表都通过 selectVictimsOnNode 函数返回结果后，接下来就是 Kubernetes 惯用的以公平排序来决定最优解的套路出场了。Scheduler 按照如下规则顺序地从候选 Node 列表中选择最合适的 Node。

◎ 拥有最小违反 PodDisruptionBudget 约束的 Node。
◎ 把 Node 上被牺牲的拥有最高优先级的 Pod 都找出来并进行比较，优先级排名垫底的 Pod 所在的 Node。
◎ 被牺牲的 Pod 的优先级之和排名垫底的 Node。
◎ 牺牲的 Pod 数量最少的 Node。
◎ 把 Node 上被牺牲的拥有最高优先级的 Pod 找出来，最晚启动的那个 Pod 所在的 Node。
◎ 如果通过以上逻辑还是无法得到最佳 Node（还有多个 Node 可选），就随机选择一个 Node。

上面用的是穷举式的节点选择算法，这些规则里给出了在保护 Pod 的过程中 PodDisruptionBudget 与 Pod Priority 的微妙差别，比如 PodDisruptionBudget 的地位要稍高于 Pod Priority。

在锁定符合目标的被抢占的 Node 之后，下一步就是抢占操作了。

首先，检查目标 Node 之前是否被一些还在排队等待的低优先级的 Pod 抢占过（这些 Pod 比当前要调度的 Pod P 的优先级低，所以当前 Pod 可以再次抢占这个 Node），如果有，就把这些 Pod 的 pod.status.nominatedNodeName 清空，使得它们可以被移动到 ActiveQ 中，并让 Scheduler 对它们重新进行调度，等待 Scheduler 重新调度。

其次，Scheduler 调用 API Server，更新 Pod P 的 pod.status.nominatedNodeName 信息，Pod

P 也因为 nominatedNodeName 的变化，被 Scheduler 从 unschedulableQ 移到 ActiveQ 中，等待重新调度。在绑定 nominatedNodeName 之后，Scheduler 再次调用 API Server 删除节点上被抢占的 Pod 实例（victim），这次是真的删除了，主要代码片段如下：

```
victim := c.Victims().Pods[index]
if waitingPod := fh.GetWaitingPod(victim.UID); waitingPod != nil {
            waitingPod.Reject(pluginName, "preempted")
} else {
if err := util.DeletePod(ctx, cs, victim); err != nil {
    errCh.SendErrorWithCancel(err, cancel)
    return            }
}
```

对 victim 的处理逻辑是并行执行的，此外，我们注意到一个细节，即在删除 victim 时，如果发现某些 victim 是之前调度成功的，目前处于调度阶段的最后阶段 Binding cycle，并在等待批准状态，则会取消该 Pod 的调度结果，让它重新进入调度队列中。从这个细节来看，Scheduler 的抢占式调度还有改进优化的空间，比如这种还没有正式完成调度的 Pod 应该更早被筛查和优先抢占，属于优先级最低的一类。

在完成以上抢占逻辑后，Pod P 被放入 ActiveQ 中，等到它后面继续被调度时，既可能会被新的 Pod 抢先，也可能没有被最终调度到 nominatedNode 中，因为在一个新的调度流程开始后，会重新考查所有的 Node。

最后，总结一下抢占式调度的主要流程，具体如下。

◎ 考查每个候选 Node，找出为了满足新 Pod 的调度要求，需要“牺牲”的最少 Pod 实例。

◎ 以抢占导致的代价最小原则，对筛查出来的所有候选 Node 进行考查，挑选出最优的候选 Node 作为最终被占用的目标 Node。

◎ 把目标 Node 与新 Pod 绑定，使得新 Pod 在下一轮调度过程中可以使用这个目标 Node 来完成最终的调度流程，同时，调用 API Server 删除目标 Node 上的 Pod“牺牲者”以释放 Node 资源。

第 7 章 Node 核心组件的运行机制

本章对 Kubernetes 集群中 Node 的两个核心组件，即 kubelet 和 kube-proxy 的运行机制，以及 Kubernetes 中的垃圾回收机制等内容进行详细说明。

7.1 kubelet 运行机制解析

在 Kubernetes 集群中，在每个 Node 上都会启动一个 kubelet 进程，该进程用于处理 Master（控制平面）下发到本 Node 的任务，管理 Pod 及 Pod 中的容器。每个 kubelet 进程都会在 API Server 上注册 Node 信息，定期向 Master 汇报 Node 资源的使用情况，并通过 cAdvisor 监控容器和 Node 的资源。当采用 kubeadm 方式安装集群时，在控制层面的 Master 上也都需要先安装并运行 kubelet。自 Kubernetes v1.28.0 版本起，kubelet 开始通过参数 --config-dir 支持一个插件配置目录，在启动时，kubelet 会合并以下几部分的配置。

◎ 命令行参数（优先级最低）。

◎ kubelet 配置文件。

◎ 排序的插件配置文件。

◎ 在命令行中指定的特性门控--feature-gates（优先级最高）。

Node 通过设置 kubelet 的启动参数--register-node 来决定是否向 API Server 注册自己。如果该参数的值为 true，那么 kubelet 将试着通过 API Server 注册自己。在注册时，kubeletr 的启动还涉及以下参数。

◎ --api-servers：API Server 的位置。

◎ --kubeconfig：kubeconfig 文件，用于访问 API Server 的安全配置文件。

kubelet 在启动时通过 API Server 注册 Node 信息，并定时向 API Server 发送 Node 的新信息。API Server 在接收到这些信息后，会将其写入 etcd 。通过 kubelet 的启动参数 nodeStatusUpdateFrequency，可设置 kubelet 每隔多长时间向 API Server 报告 Node 状态，默认为 10s。一开始，每个 kubelet 进程都被授予创建和修改任意 Node 的权限，后来这个安全漏洞被修复。Kubernetes 限制了 kubelet 的权限，仅允许它修改和创建其所在的 Node。如果在集群运行过程中遇到集群资源不足的情况，则用户很容易通过添加机器及运用 kubelet 的自注册模式来实现扩容。本节对 kubelet 的节点资源管理、Pod 管理、性能监控及容器运行时管理等内容进行详细说明。

7.1.1 资源管理

1. 深入理解节点可分配资源（Node Allocatable Resources）

kubelet 管理的是 Node 上的计算资源，主要包括 CPU、Memory、本机磁盘（ephemeral-storage）、HugePage、GPU、PID 等，这些计算资源的收集、上报、资源分配、资源配额限制、资源回收、资源监控，以及资源不足情况下的应急策略等事务主要是由 kubelet 来执行的。因此，kubelet 的日常工作重点也是围绕本机的计算资源来开展的。

kubelet 在分配资源时，需要处理好一个关键的矛盾：最大化资源使用率与维持系统稳定性。事实上，这个矛盾很不好解决，因为多个进程共享节点资源是一个时刻处于动态平衡状态的过程，并不是固定不变的静止状态，最大化资源使用率的目标必然会导致在某些特殊情况下，出现资源耗尽进而导致系统 OOM 甚至宕机。为了尽量避免这类故障的发生，Kubernetes 也在不断改进，最早时，Scheduler 会根据 Node 上报的节点资源容量数据（Node Capacity）来进行调度，就是下面节点信息中的这一项：

```
Capacity:
  cpu:                       8
  ephemeral-storage:         36805060Ki
  hugepages-1Gi:             0
  hugepages-2Mi:             0
  memory:                    7989852Ki
  pods:                      110
```

但实际上，在 Node 上还有以下两大类进程或服务是要占据一定量的资源的。

◎ Linux 内核和相关基础服务进程，如 ssd、udev 等系统守护进程，以及其他必需的系统服务。

◎ kubelet 进程、容器运行时进程、以进程而非容器方式运行的与 Kubernetes 有关的监控进程等。

因此，节点能实际分配的资源要小于 Node 的容量。由于想要清理以上两部分进程所占用的资源，所以 Kubernetes 自 v1.5 版本开始做了一个重大改进，即首次引入了节点可分配资源的概念——Node Allocatable Resources，并在此基础上设计与实现了基于 Pod QoS 等级的资源保护机制。当资源严重不足时，低等级的 Pod 会被 Kubernetes 优先驱逐或被操作系统直接终结，以此减少系统崩溃的概率。Node Allocatable Resources 特性在 Kubernetes v1.6 版本中就默认开启了，在后面的版本中不断优化，这一特性的技术基础是 Cgroups 机制，所以我们先学习必要的基础知识。

容器的资源限制是通过 Linux 内核的 Cgroups 机制来实现的。Cgroups 的全称是"Control Groups"，是 Linux 内核提供的物理资源隔离机制。通过这种机制，我们可以实现对 Linux 进程或者进程组的资源限制。这些资源包括物理机上的 CPU、内存、磁盘空间、网络等。实际上，Cgroups 机制早在容器技术出现之前就普遍用在 Linux 操作系统中了，是 Linux 操作系统的核心特性之一。同时，Cgroups 是容器和云原生的底层技术栈，kubelet 和容器运行时 CRI 都需要对接 Cgroups 来实现对容器资源的限制。目前，Cgroups 已经发展到 v2 版本，Cgroups v2 版本是新一代的 CgroupsAPI，功能更强大。Kubernetes 从 v1.19 版本开始支持 Cgroups v2 版本，到 Kubernetes v1.25 版本时对 Cgroups v2 版本的支持达到 Stable 阶段。此外，有一些 Kubernetes 特性是专门使用 Cgroups v2 版本实现的，借助于 Cgroups v2 版本，Kubernetes 的 MemoryQoS 特性首次实现了内存分配中的 QoS 机制。为了开启 Cgroups v2，需要操作系统和容器运行时都支持 Cgroups v2 版本。

一开始，Docker（以及 kubelet）默认使用 cgroupfs 驱动来实现容器的 Cgroups 配置管理，但实际上，在 Linux 操作系统中更普遍的做法是通过 systemd 进程来管理 Cgroups。Systemd 进程是 Linux 操作系统中的 1 号守护进程（system deamon），在 Linux 操作系统中运行的所有进程都是 systemd 进程的子进程，Ubuntu、Debian、CentOS 和 Red Hat 操作系统都是使用 systemd 进程来初始化的，后来随着 Docker 从 Kubernetes 的世界中逐渐退出，Kubernetes 就开始倾向并鼓励使用 systemd 进程来替代 cgroupfs 作为容器进行时的 Cgroups 驱动，彻底解决了之前系统中同时存在 cgroupfs 和 systemd 两套管理器的历史问题。接下来以在 CentOS 操作系统中 systemd 对 Cgroups 的管理为例，讲解 Cgroups 的基本原理和配置。

Cgroups 的核心概念如下。

◎ task（任务）：task 是一个要被 Cgroups 控制的进程。

◎ cgroup（control group，控制组）：cgroup 定义了一组 task 作为一个整体，对其进行具体的配额限制和保护。一个 task 在被加入某个 cgroup 后，就受到这个 cgroup 的资源限制和保护。cgroup 有层级关系，类似树的结构，子节点的 cgroup 继承父节点 cgroup 的资源配额限制。如果我们在某个根 cgroup 上限定了内存和 CPU 使用量，则从根到叶子节点上的所有进程都受这个总量的限制。

◎ subsystem（子系统）：子系统代表了一种资源控制器，Kubernetes 中常用的子系统有 cpu、cpuset、memory、huge_tlb 和 pids 等。

Cgroups 的标准用法是根据每种子系统定义一套 cgroup 控制树，比如 cpu 子系统的控制树，memory 子系统的控制树。当我们需要针对某个进程实施资源控制时，就把它的进程与对应资源的 cgroup 控制树上的某个节点 cgroup 捆绑，控制哪几类资源就绑定到哪几类资源的控制树上。此外，由于 cgroup 控制树的结构与文件系统的层级关系是一致的，因此，在内核中采用了 Virtual Filesystem 来保存 cgroup 的数据结构。为了方便进行命令行操作和维护，Linux 操作系统一般会把这个虚拟文件系统挂载到系统的/sys/fs/cgroup 目录中。可以通过下面的命令查看当前系统定义的 cgroup 控制树：

```
[root@k8s-1 ~]# mount|grep cgroup
tmpfs on /sys/fs/cgroup type tmpfs (ro,nosuid,nodev,noexec,mode=755)
cgroup on /sys/fs/cgroup/systemd type cgroup ( ,xattr…)
cgroup on /sys/fs/cgroup/blkio type cgroup ( ,blkio)
cgroup on /sys/fs/cgroup/cpuset type cgroup ( ,cpuset)
cgroup on /sys/fs/cgroup/memory type cgroup ( ,memory)
cgroup on /sys/fs/cgroup/cpu,cpuacct type cgroup ( ,cpuacct,cpu)
cgroup on /sys/fs/cgroup/net_cls,net_prio type cgroup ( ,net_prio,net_cls)
cgroup on /sys/fs/cgroup/pids type cgroup ( ,pids)
cgroup on /sys/fs/cgroup/perf_event type cgroup ( ,perf_event)
cgroup on /sys/fs/cgroup/hugetlb type cgroup ( ,hugetlb)
cgroup on /sys/fs/cgroup/freezer type cgroup ( ,freezer)
cgroup on /sys/fs/cgroup/devices type cgroup ( ,devices)
```

在默认情况下，systemd 会设置 3 个 slice 单元。

◎ system.slice：所有系统服务的默认位置。

◎ user.slice：所有用户会话的默认位置。

◎ machine.slice：所有虚拟机和 Linux 容器的默认位置。

systemd 会在 slice 下面挂载两种名称的 cgroup。

◎ service：一个或一组进程，systemd 管理的每个服务都作为一个 service 单元被控制，在 service cgroup 中关联具体的服务进程。

◎ scope：一组外部创建的进程，由强制进程通过 fork 函数启动和终止，之后由 systemd 在运行时注册的进程（例如用户会话、容器和虚拟机）被认为是 scope。

既然 systemd 没有与任何 subsystem 绑定，那么 systemd 又是如何设置它所管理的这些服务和进程的资源配额的呢？具体做法是这样的，systemd 在每个具体的 cgroup 控制树上都创建了一组与 systemd 目录结构相对应的 Cgroups，后者才是真正实现资源控制的 cgroup 根控制器，我们可以通过下面的命令来理解：

```
# ls /sys/fs/cgroup/systemd
cgroup.clone_children  cgroup.procs  notify_on_release  system.slice
```

```
user.slice cgroup.event_control   cgroup.sane_behavior release_agent      tasks
    ......

    # ls /sys/fs/cgroup/cpu
    cgroup.event_control   cpuacct.stat          cpu.cfs_period_us
cpu.rt_runtime_us   release_agent      user.slice
    cpu.cfs_quota_us      cpu.shares            system.slice
    ......

    # ls /sys/fs/cgroup/memory
    memory.kmem.tcp.max_usage_in_bytes  memory.numa_stat
system.slice      memory.pressure_level          user.slice
    memory.force_empty          memory.limit_in_bytes
    ......
```

这里的 system.slice 控制组实际上控制了 Linux 所有服务进程的资源配额，包括 kubelet 进程的资源配额。当然，我们可以把 kubelet 进程和其他 Kubernetes 相关的服务单独用另外的 cgroup（比如新建一个 kubeonly.slice）来控制，从而给予更好的资源配额，在 Node 上分别设定 kubeonly.slice 与 system.slice 的资源配额，这就是 Kubernetes Node Allocatable 资源分配特性中的两项能力，具体如下。

◎ kube-reserved 资源预留。
◎ system-reserved 资源预留。

此外，为了系统的稳定运行，需要额外预留一定的最小冗余资源空间，由驱逐策略中的 eviction-hard 阈值参数设定，因此，在 Node 上可用于 Pod 分配的资源量要用总量减去以上这些分量。

下面举例说明，假如一个 Node 有 32GB 内存、16 个 CPU 和 100GB 的本地磁盘存储，相关资源预留的参数设置如下。

◎ system-reserved：设置为 cpu=500m，memory=1Gi，ephemeral-storage=1Gi。
◎ kube-reserved：设置为 cpu=1，memory=2Gi，ephemeral-storage=1Gi。
◎ eviction-hard：设置为 memory.available<500Mi，nodefs.available<10%。

则该 Node 的可分配资源量（Allocatable）的计算公式如下：

[Allocatable]=[Node Capacity]−[system-reserved]−[kube-reserved]−[Hard-Eviction-Threshold]

按照这个计算公式得到以上 Node 可分配的资源量：CPU 总量为 16−1−0.5=14.5(GB),

内存总量为 32–2–1–0.5=28.5(GB),磁盘总量为 100–1–1–10=88(GB),Kubernetes Scheduer 不会申请超过以上可分配资源量的 Pod 给该 Node。当系统的整体内存使用量大于或等于 31.5GB 或者本地磁盘使用率大于或等于 90%时，kubelet 就启动 Pod 驱逐计划来释放一些资源空间。

为什么在 eviction-hard 里没有设置 CPU 的保留量？这是因为 CPU 属于可压缩资源，当可压缩资源不足时，Pod 只会“饥饿”，但不会退出。内存和磁盘这样的资源，属于不可压缩资源，当内存资源不足时，如果用户进程没有主动处理这种错误，进程就会因为 OOM（Out-Of-Memory）被内核 kill 掉。

下面这个数据来自一个测试 Node，其开启了 kube-reserved 特性，具体设置为 cpu=500m，memory=1Gi，ephemeral–storage=1Gi。通过 kubectl describe nodes 命令给出 Capacity 与 Allocatable 的资源信息如下：

```
Capacity:
  cpu:                8
  ephemeral-storage: 36805060Ki
  hugepages-1Gi:      0
  hugepages-2Mi:      0
  memory:             7989852Ki
  pods:               110
Allocatable:
  cpu:                7500m
  ephemeral-storage: 36805060Ki
  hugepages-1Gi:      0
  hugepages-2Mi:      0
  memory:             6838876Ki
  pods:               110
```

可分配 CPU 的数量是 8000MB–500MB=7500MB，完全正确，可分配内存的数量 6838876 与总内存差距算下来（7989852KB–6838876KB）/1024=1124MB，但是 kube–reserved 只有 1024MB，可分配内存少了 100MB，这 100MB 去哪里了呢？答案就是 Hard–Eviction–Threshold，内存驱逐阈值一定是被设置为 100MB 了，可通过下面的命令获取当前 Node 上 kubelet 的配置参数来确定我们的猜测：

```
# kubelet get --raw /api/v1/nodes/192.168.18.3/proxy/configz
```

在返回的参数列表中，我们看到答案确实如此：

```
"evictionHard":{"imagefs.available":"15%","memory.available":"100Mi","nodefs
```

```
.available":"10%","nodefs.inodesFree":"5%"}
```

此外，kubelet 通过参数 reservedSystemCPUs 来保留指定的 CPU 列表，目标是这些 CPU Core 会被用于一些对性能要求较高的特殊的关键进程，这是专门为电信/NFV 用例设计并且预留给这类进程的。也就是说，Node 的可分配资源还需要减掉 reservedSystemCPUs 定义的这些 CPU 资源。需要注意的是，reservedSystemCPUs 与前面介绍的 kube-reserved 及 system-reserved 资源预留机制互斥，不能同时开启。考虑到 Kubernetes 集群中 NUMA 架构的普及速度，不排除以后会增加 reservedSystemNUMANode、reservedSystemGPU 等参数。

接下来介绍 Kubernetes 是如何使用 Cgroups 来实现资源分配和限制功能的。Kubernetes 里的 CPU 资源以 CPU 为单位进行度量，Kubernetes 中的一个 CPU 等同于：

◎ 1 个 AWS vCPU；
◎ 1 个 GCP Core；
◎ 1 个 Azure vCore；
◎ 裸机上具有超线程能力的英特尔处理器上的 1 个超线程 Processor（逻辑 CPU）。

此外，CPU 属于 Kubernetes 中的可压缩资源，如果一个容器被分配了 0.1 Core 的 CPU 资源的上限（CPU Limit=0.1），则容器实际使用的 CPU 资源是无法超过这个上限的。那么，kubelet 是如何限制容器的 CPU 资源的呢？基本思路是限制容器进程所能占用的 CPU 时间片数量，即通过设置容器对应 Cgroups 中的 cpu.cfs_quota_us 参数来实现。

一个 CPU 在任意时刻只能被一个进程占用，操作系统通过分时调度机制来实现多进程共享一个 CPU 核心。以 Linux 操作系统为例，默认把一个调度周期的 CPU 时间段定义为 100ms，因为 100ms=100×1000=100000μs，即对应 Cgroups 中的 cpu.cfs_period_us =100000，同时一个 CPU 时间片的长度为 1μs，于是这 100ms 的 CPU 时间段就被划分为 100000 个 CPU 时间片，用于多进程分时调度。

如果设置进程 A 只能使用 10ms 的 CPU 时间片（cpu.cfs_quota_us=10000），进程 B 可以使用 50ms 的 CPU 时间片（cpu.cfs_quota_us=50000），则整体来看，进程 A 的 CPU 占用量为 10000/100000=0.1=10%，进程 B 的 CPU 占用量为 50000/100000=0.5=50%，此时空余的 CPU 为 40%。

实际上在调度时，并不是进程 A 先连续占用 10000 份 CPU 时间片，进程 B 再占用 50000 份 CPU 时间片的，而是所有进程一起来回切换占用 CPU 时间片的，很可能是进程 A 占用了几毫秒 CPU 后就被进程 B 或者其他进程替换了，然后进程 A 再次进入调度队列排队，等待下次调度，这就是 Linux 默认的 CFS（Completely Fair Scheduler）这一调度机制。

CFS 实现了“完全公平”的调度算法，将 CPU 时间片均匀地分配给各个进程。但是公平的背后是牺牲性能，因为每次进程的上下文切换都带来了不必要的性能损耗，即 CPU 在做无用功。如果大量的进程共享同一个 CPU Core，则每个进程都比独占 CPU 时的运行性能要低，表现为并发能力下降，服务响应时间增加。因此，对于声明了 CPU 使用量为整数的 Guaranteed 级别的 Pod，kubelet 会单独为其分配一个完整的 CPU Core（逻辑 CPU），这是通过 Cgroups 的 cpuset.cpus 属性实现的，极大地提升了容器的运行性能。

CPU Limit 限制是通过 Cgroups 的 cpu.cfs_quota_us 和 cpu.cfs_period_us 参数来实现的，而 CPU Request 限制是通过 Cgroups 的 cpu.shares 参数来实现的。当一个 CPU 被多个进程共享时，每个进程的 cpu.shares 值都表示它最少能占用的 CPU 时间百分比。如果 Kubernetes 把一个 CPU 划分成 1024 份，给容器设置 cpu request=0.5，则 cpu.shares=512，表示该容器最少能使用 512 份 CPU 时间片。与 CPU Limit 的严格限制机制不同，cpu.shares 在 Linux 中属于相对调度。比如，在当前 CPU 上只有一个容器进程，则这个容器进程可以 100%占用整个 CPU 资源，如果后面又来了其他进程，则容器进程会让出一点 CPU 资源空间，再来一个进程，则再让一点 CPU 资源空间。如果一个 Pod 同时有 CPU Request 限制和 CPU Limit 限制，则即使在当前 CPU 上只有这一个 Pod，也不能使用超过 CPU Limit 限制的资源。此外，Cgroups 中的 cpuset 子系统可用于设置某个或者某几个 CPU 被一个进程独占，后面在介绍 NUMA 架构时会详细说明这一点。

Memory 与 CPU 不同，Memory 在 Kubernetes 中属于不可压缩资源。如果某个容器申请了最大内存为 1GB，则在运行过程中，如果容器进程目前已经消耗了 1GB 内存，那么当它试图向操作系统申请更多内存时，会导致内存溢出（OOM）。在大多数情况下，OOM 都会导致进程停止，因此，对于不可压缩的资源来说，需要谨慎设置其最大内存使用量。由于 Cgroups v1 版本并没有提供针对进程最小内存使用量的控制机制，所以 Kubernetes 一直没有真正实现容器的 Memory Request 限制，只实现了 Memory Limit 限制（通过 Cgroups v1 版本的 memory.limit_in_bytes 参数实现）。不过 Memory Request 限制仍然在一些地方起作用，最主要的就是在 Scheduler 调度时，不会把它调度到剩余内存不够容器要求的 Node 上。在 Kubernetes v1.22 版本中首次引入了具备 QoS 特性的内存分配机制（Quality-of-Service for Memory Resources），简称“Memory QoS”。这一特性在 Kubernetes 的 v1.27 版本中成为 Alpha 版本，Memory QoS 通过 Cgroups v2 版本实现了更优的内存分配。Cgroups v2 版本提供了以下三个与内存控制相关的参数。

◎ memory.min：进程所能分配的最小内存，被设置成容器的 Memory Request 值。即使系统内存不足，Linux 内核也不能回收这些内存，由此确保了内存分配的服务质量等级。这也是 Memory QoS 命名的根源。

◎ memory.max：进程所能分配的最大内存，被设置成容器的 Memory Limit 值。当进程占用的内存达到 memory.max 设定值且不再减少内存使用量时，则会触发 OOM 并被终止，因此可以被视为容器的内存红线，不能触碰。

◎ memory.high：内存限流阀，用于内存使用量的预警和限流控制，memory.high 的作用就类似于“内存限流阀”或“高水位线预警装置”。memory.high 一般被设置为接近 memory.max 的值，当进程使用的内存达到 memory.high 后，会触发内存限流动作，同时增加系统执行内存回收的压力。

memory.high 的值如何设置，很有挑战，它是介于 Memory Request 与 Memory Limit 之间的一个值。如果设置得过小，则会过早触发容器的内存限流机制。如果设置得过大，则又起不到保护作用，因为内存一旦达到 memory.max 就会触发 OOM。所以 Kubernetes 也是在几个版本迭代过程中不断地探索最佳的计算公式，这个公式中有个变量 memoryThrottlingFactor，它是 kubelet 的参数，默认值为 0.9。我们可以通过下面这个公式来计算 memory.max：

memory.high = floor[(requests.memory + memoryThrottlingFactor ×
(limits.memory or node allocatable memory − requests.memory)) / pageSize] × pageSize

floor 函数的功能是“向下取整”，取不大于 x 的最大整数。如果我们把 Memory Request 的值设置为 0，忽略 node allocatable memory 变量，则上面的公式可简化成：

memory.high = floor[(memoryThrottlingFactor ×
(limits.memory or node allocatable memory)) / pageSize] × pageSize

实际上，memory.high 就是 memory.max × memoryThrottlingFactor，并按照内存页大小设置的一个值。在默认情况下，memory.high 是 memory.max 的 90%。memoryThrottlingFactor 相当于内存高水位线预警的阈值，而 memory.high 只是它的实现方式。

为什么在上面的公式中会出现 node allocatable memory 呢？这是用于替代 Memory Limit 的，如果容器没有设置 Memory Limit，则用当前 Node 的剩余可分配内存替代 Memory Limit 来计算 memory.high 的值。也就是说，如果容器没有设置 Memory Limit，则在新的 Memory QoS 下，会给它强加一个 memory.high 的“内存限流阀”，比之前的实现方式更为安全。

此外，memory.high 与 memory.min 和 memory.max 参数在 Kubernetes 中的用法不同，后两者可以对整个 Pod 实现限制，即累加 Pod 里所有容器的 Memory Request 得到 Pod 的 memory.min，或者累加 Pod 里所有容器的 Memory Limit 得到 Pod 的 memory. max。但是，memory.high 在 Kubernetes 中默认用于控制单个具体的容器，而不是在整个 Pod 上生效，以防止 Pod 里的所有容器都被某个容器所拖累。

注意，对于容器所使用的本地磁盘容量的限额问题，Cgroups 目前没有相关参数，而 Linux 的磁盘配额机制也不支持嵌套关系，所以目前还无法很好地解决。

总之，Node Allocatable Resources 解决了以下两个关键问题。

◎ Node 上实际可分配资源的数量。
◎ 基于 QoS 实现了资源保护机制，当资源严重不足时，低优先级的 Pod 会被优先清除，包括被操作系统优先清除。

当 kubelet 自己发起 Pod 驱逐计划时，它是知道 Pod 优先级的，但是它不清楚此刻哪个低优先级的 Pod 占用的内存最多。

如果你想到了 Cgroups 可提供进程实际使用的内存统计数据，那么这个问题的答案就在眼前了。

◎ memory.max_usage_in_bytes：记录自 Cgroups 创建以来各进程使用内存资源的峰值，单位为 bytes。
◎ memory.usage_in_bytes：Cgroups 中所有任务在当前时刻使用的内存资源的总量，单位为 bytes。

结合 Pod 的 QoS 优先级和 Pod 的 cgroup 根控制器中提供的容器占用的实时资源数据，kubelet 就可以实现基于 Pod 优先级的资源驱逐计划了。当多个优先级相同的 Pod 需要被驱逐时，高耗能的 Pod 会被优先驱逐。

下面再来看另一个问题，操作系统如何决定优先清除哪些 Pod 呢？实际上，它根本不知道 Pod 这个概念，也不知道 Kubernetes 是什么，在它眼里只有进程，这又不得不提到 Cgroups 了。

当一个进程试图占用的内存超过 cgroup 根控制器中设置的 memory.limit_in_bytes 的限制时，会触发 OOM，导致进程直接被 kill 掉。

因此，我们需要给 Node 上的 Pod 也设置对应的 cgroup 根控制器，来限制 Pod 中的容器，使之不能无限制地占用资源。那么，除了 Guaranteed 级别的 Pod，其他级别的 Pod 都不能提供自己所需的完整的资源使用量的声明，所以，无法针对这类个体 Pod 实施精准控制，于是 kubelet 为所有 Pod 都设置了一个名为"kubepods.slice"的 cgroup 根控制器，使得所有 Pod 可使用的资源被限制在 Node Allocatable 的资源总量内，Guaranteed 级别的 Pod 直接挂在 kubepods.slice 下，同时，kubelet 在 kubepods.slice 中分别为 Burstable 和 BestEffort 级别的 Pod 设置了单独的 cgroup 根控制器 kubepods-burstable.slice 和 kubepods-besteffort.slice，然后在这两个根控制器中进一步限定这两类 Pod 所能使用的最大资源量。这就是 kubelet 资源分配中针对 Pod 的 Cgroups Per QoS 特性，通过此特性，kubelet 就实现了以下目标。

◎ Node 上的 Pod 只能一起分配和共享 Node Allocatable 的资源总量，并且从机制上保证它们不会突破许可的资源总量。

◎ 通过 Cgroups 机制结合 Pod 的 QoS 等级的方式，确保每一类 QoS 等级的 Pod 都能使用其许可范围内的资源。

◎ 通过单独为 Burstable 和 BestEffort 级别的 Pod 设置 cgroup 根控制器来限制它们可用的资源总量，强化了它们各自的 QoS 优先级。

Node Allocatable 资源分配的本质就是 Cgroups Per QoS，即根据资源 QoS 等级的不同，将其划分到不同的 cgroup 下进行总量的分配和控制。完整的 cgroup 结构示例代码如下：

```
|-service.slice，system-reserved 资源预留
|-kubeonly.slice，kube-reserved 资源预留
|-kubpods.slice，Pod 资源分配池的 cgroup 根控制器
-|-kubepods-pod_xxxx_xxx.slice (Guaranteed 级别的某个 Pod)
        -| cri-containerd-xxx.slice (Pod 的每个容器的 cgroup 根控制器)
-|-kubepods-burstable.slice (Burstable 级别的 Pod 的根 cgroup 根控制器)
    -|kubepods-burstable -pod_xxxx.slice (Burstable 级别的某个 Pod)
        -| cri-containerd-xxx.slice (Pod 的每个容器的 cgroup 根控制器)
-|-kubepods-besteffort.slice (BestEffort 级别的 Pod 的根 cgroup 根控制器)
    -|kubepods-besteffort-pod_xxxx.slice (BestEffort 级别的某个 Pod)
        -| cri-containerd-xxx.slice (Pod 的每个容器的 cgroup 根控制器)
```

从资源控制层面来看，Cgroups Per QoS 中的第 1 级为 Node 级，可分为下面三类。

◎ system-reserved。

◎ kube-reserved。

◎ pod-reserved。

对应 kubelet 的 enforceNodeAllocatable 参数，具体如下：

```
enforceNodeAllocatable:
  - pods
  - kube-reserved
  - system-reserved
```

Cgroups Per QoS 中的第 2 级是 QoS 分类的 Pod 组级，对应 kubelet 的 cgroupsPerQoS 参数，这是个布尔值，默认被开启，具体对应下面这几个 cgroup：

```
kubpods.slice
  kubepods-burstable.slice
  kubepods-besteffort.slice
```

通过下面的命令，可以查看在 kubepods-burstable.slice 分组下具体有哪些 Pod 实例：

```
# ls /sys/fs/cgroup/cpu/kubepods.slice/kubepods-burstable.slice/
    cgroup.clone_children  cpu.stat
    cgroup.event_control
kubepods-burstable-pod29204db3_2da1_47e8_b105_b7998078bf4f.slice
    cgroup.procs
kubepods-burstable-pod3cc683c4_4cfc_4fcf_b451_3ef05e697082.slice
    cpuacct.stat     kubepods-burstable-pod42a5bfeb09b7f2de2a8bfe91f1c6ab81.slice
    cpuacct.usage    kubepods-burstable-pod57b05524cec5b62054db49d6a5d3601b.slice
    cpuacct.usage_percpu
kubepods-burstable-pod86605ca4_c585_4725_9590_73b3be709a0b.slice
    cpu.cfs_period_us
kubepods-burstable-pode8e4d24c7146948f8148fa6584847ec1.slice
    cpu.cfs_quota_us
kubepods-burstable-podf741cecf1910459398f2e1d7fe653250.slice
    cpu.rt_period_us      notify_on_release
    cpu.rt_runtime_us     tasks
    cpu.shares

    # 通过下面的命令查找 Pod UID 与 Pod Name 的对应关系
    # kubectl get pods -o
custom-columns=PodName:.metadata.name,PodUID:.metadata.uid
    PodName                              PodUID
    calico-kube-controllers-7ddc4f45bc-4dkmn
fa3a1dc2-3443-4682-ab6a-1e8eb6423d8e
    calico-node-gxz4k                    29204db3-2da1-47e8-b105-b7998078bf4f
    coredns-5dd5756b68-b7gn6             86605ca4-c585-4725-9590-73b3be709a0b
    coredns-5dd5756b68-d5997             3cc683c4-4cfc-4fcf-b451-3ef05e697082
```

```
etcd-192.168.18.3                          9d6f9359-d77b-47d6-93fa-f4a532ca0334
kube-apiserver-192.168.18.3                4eccb3ed-9b02-4abb-bd34-2d99f6b2f74e
kube-controller-manager-192.168.18.3 1e6807e4-5557-4eee-994e-65a1067597ab
kube-proxy-815w9                           f1e9ff4b-d8be-4034-8bdc-6a2d1f9e309d
kube-scheduler-192.168.18.3                9bdebbbd-6358-4124-b0a2-52f1618e9410
```

注意，在某些情况下，在 cgroup 中出现的一些 Pod 的 uid 在 kubectl get pods 的 uid 中是没有出现的，这些属于 Static Pod，可以通过容器 cgroup 中关联的进程 PID 来查询具体对应哪个进程的 Pod。

最后就是容器级的 cgroup 了，Pod 的每个容器都在对应的 Pod 的 cgroup 目录中，名称如下所示：

```
cri-containerd-containeridxxx.scope
```

注意，以.scope 结束的是临时进程的 cgroup。

另外，cgroup 对应的进程 ID 只存在于容器级的 cgroup 中，对应的控制文件为 cgroup.procs。

接下来介绍这些 cgroup 中的控制参数都是如何设置的。

假如当前 Node 的可分配资源如下：

```
Capacity:
  cpu:                8
  ephemeral-storage:  36805060Ki
  hugepages-1Gi:      0
  hugepages-2Mi:      0
  memory:             7989852Ki
  pods:               110
Allocatable:
  cpu:                7500m
  ephemeral-storage:  32845801416
  hugepages-1Gi:      0
  hugepages-2Mi:      0
  memory:             6838876Ki
  pods:               110
```

先看 kubonly.slice，它对应的设置如下：

（1）cpu.shares=500MB，CPU=0.5 × 1024=512，查看对应的 cgroup 文件来验证：

```
# cat /sys/fs/cgroup/cpu/kubonly.slice/cpu.shares
512
```

（2）memory.limit_in_bytes=1MB=1024 × 1024byte=1073741824byte，查看对应的 cgroup 文件来验证：

```
# cat /sys/fs/cgroup/memory/kubeonly.slice/memory.limit_in_bytes
1073741824
```

接下来看看 kubpods.slice，对应的设置如下。

（3）cpu.shares= Node Allocatable CPU × 1024=7.5 × 1024=7680byte，查看对应的 cgroup 文件来验证：

```
# cat /sys/fs/cgroup/cpu/kubepods.slice/cpu.shares
7680
```

（4）memory.limit_in_bytes=Node Allocatable Memory × 1024=6838876 × 1024= 7003009024byte，查看对应的 cgroup 文件来验证：

```
#  cat /sys/fs/cgroup/memory/kubepods.slice/memory.limit_in_bytes
7107858432
```

memory.limit 比 Allocatable Memory 多出来的，正好是 Hard-Eviction-Threshold 对应的 100MB 内存，看到这里，你会发现之前的计算公式存在问题：

[Allocatable]=[Node Capacity]–[system-reserved]–[kube-reserved]–[Hard-Eviction-Threshold]

Allocatable 其实不应该减去 Hard-Eviction-Threshold 部分，这部分也是可真实分配的，只不过当系统剩余资源达到 Hard-Eviction-Threshold 规定的阈值时，会触发 kubelet 的 Pod 驱逐行为，只有 Pod 所占据的资源达到 kubepods.slice 中的 memory.limit_in_bytes 上限，即[Node Capacity]-[system-reserved]时，才会触发 Linux 操作系统的 OOM 机制。

接下来看/kubepods.slice/kubepods-besteffort.slice 这个分组的设置：

```
    # ls /sys/fs/cgroup/systemd/kubepods.slice/kubepods-besteffort.slice
    cgroup.clone_children
kubepods-besteffort-podf1e9ff4b_d8be_4034_8bdc_6a2d1f9e309d.slice  tasks
    cgroup.event_control
kubepods-besteffort-podfa3a1dc2_3443_4682_ab6a_1e8eb6423d8e.slice
    cgroup.procs          notify_on_release

    # kubelet get pods -o
```

```
custom-columns=PodName:.metadata.name,PodUID:.metadata.uid --all-namespaces
    PodName                                   PodUID
    calico-kube-controllers-7ddc4f45bc-4dkmn fa3a1dc2-3443-4682-ab6a-1e8eb6423d8e
    calico-node-gxz4k                          29204db3-2da1-47e8-b105-b7998078bf4f
    coredns-5dd5756b68-b7gn6                   86605ca4-c585-4725-9590-73b3be709a0b
    coredns-5dd5756b68-d5997                   3cc683c4-4cfc-4fcf-b451-3ef05e697082
    etcd-192.168.18.3                          9d6f9359-d77b-47d6-93fa-f4a532ca0334
    kube-apiserver-192.168.18.3                4eccb3ed-9b02-4abb-bd34-2d99f6b2f74e
    kube-controller-manager-192.168.18.3       1e6807e4-5557-4eee-994e-65a1067597ab
    kube-proxy-8l5w9                           f1e9ff4b-d8be-4034-8bdc-6a2d1f9e309d
    kube-scheduler-192.168.18.3                9bdebbbd-6358-4124-b0a2-52f1618e9410
```

从上面的信息来看，kubepods-besteffort.slice 目前包含了下面两个 Pod。

◎ calico-kube-controllers-7ddc4f45bc-4dkmn。

◎ kube-proxy-8l5w9。

它们的 cgroup 设置的 cpu.shares 都是 2，这是因为 BestEffort 级别的 Pod 没有设置资源的 Request 值和 Limit 值，所以默认被设置为 2，对应 Kubernetes 里 CPU Request 的最小值。当所有 Pod 共用 CPU 资源时，它们所能占用的比例是最小的。此外，这两个容器的 memory.limit_in_bytes 都被设置成了一个很大的数字，即 9223372036854771712，远超可用内存，这个数字是一个魔术数，表示 64 位系统里一个进程所能使用的最大内存，即相当于进程可以使用被分配的最大内存。注意，这不是没有上限限制的内存数值，没有上限限制的内存数值配置是 memory.limit_in_bytes=–1。

接下来看看它们的上级 kubepods-besteffort.slice 分组的设置，也是同样的。

◎ cpu.shares=2。

◎ memory.limit_in_bytes=9223372036854771712。

这是可以解释的：因为 cgroup 中子节点的资源限制不能超过父节点，而 kubepods-besteffort.slice 的父节点 kubepods.slice 定义了 memory.limit_in_bytes 为 7107858432，所以下面各级子节点的进程都不能超过这个限制。

最后看看 kubepods-burstable.slice 分组的 cgroup 设置。

◎ cpu.shares= 1126。

◎ memory.limit_in_bytes=9223372036854771712。

分组的 cpu.shares 值其实是本组所有 Pod 的 CPU Request 值加起来的总和，即 sum(Burstable pods cpu requests)。

从 kubepods-burstable.slice 与 kubepods-bestffort.slice 的 cpu.shares 值的对比来看，Burstable 级别的 Pod 在资源抢占中优势非常明显。举例来说，一般我们设置 cpu request 为最少 200m，因为 Burstable 级别的 Pod 通常占用 200m 以上的 CPU share，比如 250m=0.25 CPU= 0.25 × 1024=256 CPU share，而 BestEffort 级别的 Pod 仅仅占用 2 CPU share。假如当前 CPU 只有它们两个容器运行，则 Burstable 级别的 Pod 实际最多使用 256/(256+2)=99% 的 CPU，而 BestEffort 级别的 Pod 只能努力抢到 1%的 CPU。

2. Node 资源管理概述

Node 上的计算资源，包括 CPU、内存、GPU、高性能网卡、磁盘等，都由本 Node 上的 kubelet 负责管理并进行资源分配。总体上，kubelet 负责以下资源管理工作。

◎ 收集 Node 上的资源总量数据，并上报给 API Server。
◎ 给新来的 Pod 分配合适的计算资源。
◎ 监测在本 Node 上被删除的 Pod，回收已分配的资源。
◎ 当 Node 上的资源不足时，通过驱逐部分 Pod 来释放资源。

Guaranteed 级别的 Pod，因为 request=limit，所以没有 Memory Limit，不存在内存限流。这样看来，如果 limit 设置不当，则在新的 Memory QoS 内存分配机制下，Guaranteed 级别的 Pod 会比低级别的 Pod“挂”得更快，且没有任何预警！这个问题不知道在 Kubernetes v1.28 之后的版本会不会有所改进。其他两个级别的 Pod 都可以按照上面的公式设置 memory.high，对于没有定义 Memory Request 的容器，request 被当作零来计算。

对于内存资源来说，还有一种特殊的内存，即 HugePage（巨页内存）。

在现代操作系统中，内存是以 Page（页或者 Block）而不是以字节为单位进行管理的，内存的分配和回收都基于 Page 进行。典型的 Page 大小为 4KB。如果用户进程申请 1MB 内存，就需要操作系统分配 256 个 Page，而 1GB 内存对应 26 万多个 Page！这会导致两个问题。

◎ 一是这些分配的内存页在物理内存地址上并不是连续的，因此数据的读写性能会比单一的 Page 要差一些。
◎ 二是由于进程分配的内存页数量非常多，所以会导致内存地址寻址表 TLB（Translation Lookaside Buffer）的缓存命中率大大降低。如果增加内存页大小，比如从 4KB 升为 2MB，那么 1GB 内存就只对应 512 个内存页了，TLB 的缓存命中率会大大增加，同时大内存页解决了内存地址的连续性问题，对于需要大量频繁操作内存数据的一些程序来说，性能会提升很多。Linux 中常用的 HugePage 有 2MB 和 1GB 两种规格，在 Kubernetes 中分别对应 HugePages-2M 与 HugePages-1Gi，与常规的 Memory 分配不同，HugePage 更像是内存中存储的文件块。在使用 HugePage 特性之前，需要在操作系统中预分配好 HugePage，比如从系统内存中拿出一部分内存分配 100 个 2MB 规格的 HugePage，Node 上的/proc/sys/vm/nr_hugepage 文件保存了目前可以使用的 HugePage 数量。在 NUMA 架构下，系统在预分配 HugePage 时，默认按照如下原则。

◎ 在各个 Node 资源充足的情况下，将均匀分配 HugePage 到各个 Node。
◎ 如果只有一个 Node 可分配 HugePage，则全部分配到该 Node 上。
◎ 如果所有 Node 可分配 HugePage 的内存总量仍不能满足，则每个 Node 尽最大努力分配 HugePage。

想要使用 HugePage，则用户程序必须使用 mmap 系统调用把虚拟内存映射到 HugePage 上。主流的编程语言都有对应的 API，对于 Java 来说，也可以不用修改程序，直接通过 JVM 的启动参数-XX:+UseLargePages 来启用 HugePage。Memory Manager 通过 Node Map 数据结构记录并管理 Node 上 HugePage 的资源分配情况，具体做法是记录每个 NUMA Node 上预分配的不同规格的 HugePage 数量，并追踪分配情况和余额。得益于 Memory Manager 的不断改进，对 HugePage 的支持在 Kubernetes v1.28 版本中达到 Stable 阶段。

PID 是 Linux 操作系统中很重要的一种基础资源，每个进程都有唯一的 PID，每创建一个进程就需要分配一个新的 PID，如果 Pod 容器滥用多进程，随意开启大量的子进程，就很容易触及系统上限，进而导致宿主机不稳定。为了避免存在缺陷的程序耗尽主机 PID 资源，导致系统崩溃，Kubernetes 在 v1.10 版本中首次把 PID 纳入资源管理体系，此特性被称为“进程 ID 限制与预留”，用于限制单个 Pod 内可以创建的最大进程数量，并在 Kubernetes v1.14 版本中引入 Node 级别的 PID 资源管理机制，确保 Node 的 PID 资源不会被耗尽。PID 资源管理功能到 Kubernetes v1.15 版本时达到 Beta 阶段，到 Kubernetes v1.20 版本时达到 Stable 阶段，下面介绍具体用法。

Kubelet 在开启 SupportPodPidsLimit 特性后，通过设置 pod-max-pids 参数就可以限制 Node 上每个 Pod 的 PID 最大值（PID 总量），同样，通过开启 SupportNodePidsLimit 特性，就可以开启 PID 的预留功能。比如，我们在 kubelet 的配置文件中增加以下配置，就可以给系统保留 1000 个 PID，同时给 Kubernetes 组件保留 100 个 PID：

```
systemReserved:
  cpu: 0m
  memory: 0Mi
  pid: '1000'
kubeReserved:
  cpu: 0m
  memory: 0Mi
  pid: '100'
```

当某个 Pod 在运行期间分配的 PID 达到 pod-max-pids 值后，就无法再创建新的进程了，至于是否触发了该 Pod 的重新调度，则既取决于 Pod 容器是如何处理这种错误的，也取决于 Pod 上的探针是如何配置的，但都不会影响给同一个 Node 上的其他 Pod 正常分配新的 PID。

kubelet 把 Node 上的资源分为以下三类。

◎ CPU：由 CPU Manager 模块负责。
◎ 内存：由 Memory Manager 模块负责。
◎ 其他计算资源：比如 GPU、高性能网卡等被称为“Device”，由 Device Manager 模块负责。

一开始，kubelet 并没有以上这些 Manager 模块，因为长期以来，Kubernetes 都是将 Node 上的计算资源当作一个普通的资源池来看待的，Pod 容器分配的 CPU、内存、GPU 等无论位于服务器的哪个物理核心和板卡上，都没有任何区别。但是随着云原生计算的深入发展，高端服务器领域常见的一种特殊的 CPU 架构系统——NUMA 多路系统作为 Kubernetes 集群节点渐渐普及，于是 Kubernetes 开始着手设计与实现针对 NUMA 架构的特殊资源分配功能。

3. NUMA 架构带来的挑战

NUMA（Non-Uniform Memory Access）架构与常见的 SMP（Symmetric Multi-Processor）架构不同，在 NUMA 架构中，系统中的物理 CPU 与内存被划归到不同的 NUMA Node 上，一个 NUMA Node 包括多个物理 CPU，并且有独立的本地内存、I/O 等资源。NUMA、Node 之间通过互联模块连接和沟通，一个 CPU 在访问自身所属的 NUMA Node 的内存时，速度最快，而在访问其他 NUMA Node 的内存时，速度很慢，因为需要跨节点通信。图 7.1 与图 7.2 以 Intel CPU 为例展示了 NUMA 架构。

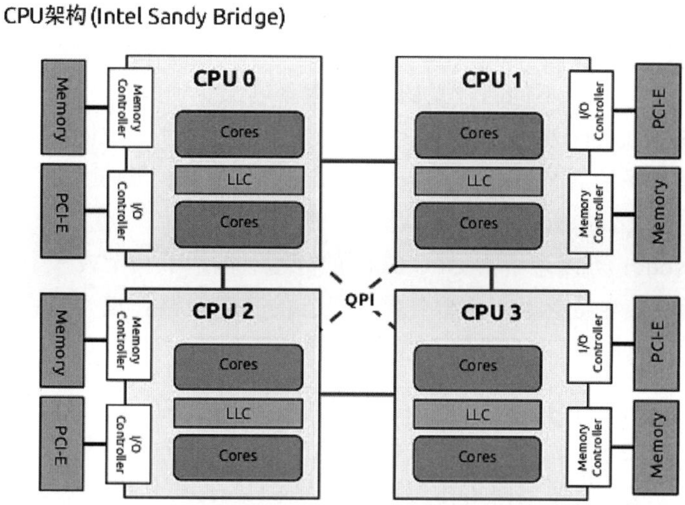

CPU架构 (Intel Sandy Bridge)

CPU 0
CPU 1
CPU 2
CPU 3
Memory
Memory Controller
PCI-E
I/O Controller
Cores
LLC
QPI

图 7.1　NUMA 架构示意图 1

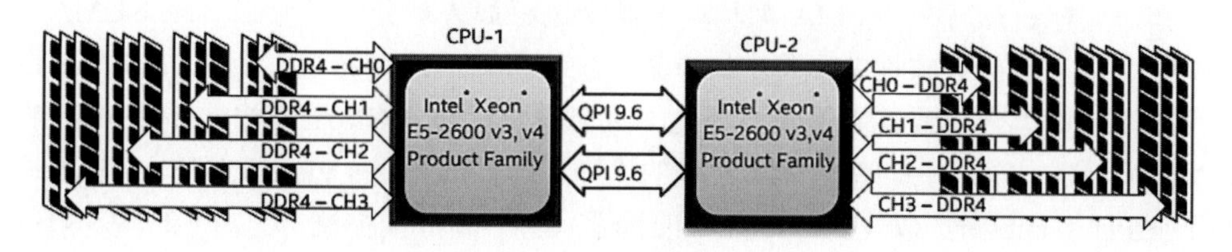

图 7.2　NUMA 架构示意图 2

可以看到，在 NUMA 架构下，一个物理 CPU 芯片（也称为“CPU Socket”，比如图 7.1 和图 7.2 中的 CPU 0、CPU 1 等）内部包含了多个 CPU Core 单元，它们共享三级缓存（LLC）。同时，每个 CPU 芯片都通过内存管理器（Memory Controller）直连一部分系统内存（如 DDR 内存条），这些系统内存都被这个 CPU 芯片内的所有 CPU Core 单元所共享，因此访问速度最快。此外，每个 CPU 芯片都通过高 I/O 控制器（I/O Controller）来控制 PCI 通道，外部设备（比如 GPU 显卡、SSD 硬盘、高性能网卡等）通过连接 PCI 通道实现高速数据传输。因此，NUMA 架构不仅影响 CPU 和内存的分配使用，还影响使用 PCI 通道的外部资源设备，这些设备由 kubelet 中的 Device Manager 模块负责管理。NUMA 架构中的关键术语如下。

◎ CPU Socket：对应主板上的一个 CPU 插槽，在本文中指一个 CPU 封装，即一个单独的 CPU 芯片，比如图 7.2 中的 Intel Xeon E5-2600 。在 NUMA 架构中，CPU 0,1,2,3 通常指的是 CPU Socket 0,1,2,3。

◎ CPU Core：指的是 CPU Socket 中的一个核心（运算单元），或者 Pysical Processor，即物理 CPU。我们所说的 8 核、16 核、32 核 CPU，指的是一个 CPU Socket 中封装了 8、16、32 个不同的独立的 CPU 运算单元。

◎ Logical Processor：Intel 首先在一个 CPU Core 中引入了 Hyper-Threading 超线程技术，在操作系统看来，一个 Core 就变成了两个 Core，这是逻辑上的概念，因此也被称为“Logical Processor”，即逻辑 CPU。

◎ NUMA Node：可以理解为 CPU Core 的分组，包括了一个或多个 CPU Core 及对应的内存和 I/O 独立区块，由服务器主板上的一组线路和相关芯片、CPU、内存等硬件组成。

我们所说的 NUMA Toplogy，指在一个主机系统中有多少 NUMA Node，每个 NUMA Node 包括哪些 CPU Socket，在对应的这些 CPU Socket 中包括哪些 Core，在每个 Core 中有多少 Processor。以电信城域网拓扑为例，NUMA Node 相当于机房，CPU Core 相当于机房中的一个服务器，当北京机房的一个服务器访问上海机房的服务器数据时，访问速度要大打折扣。同样，运行在 NUMA 架构中的某个进程如果被分配了位于不同 NUMA Node 中的 CPU，则可能会导致性能下降。如果某个进程所需的内存超过一个 NUMA Node 中的可分配内存，则也会导致性能下降。因此，我们需要针对 NUMA 架构的特性，定制专门的资源分配策略才能充分发挥 NUMA 架构的优势。自 Kubernetes v1.8 版本开始，Kubernetes 增加了 CPU Manager，以支持 NUMA 架构下 CPU 的分配控制。自 v1.21 版本开始，Kubernetes 又增加了 Memory Manager，以支持 NUMA 架构中的内存分配和 HugePage 内存分配。

4. 资源分配机制的设计与实现

与 NUMA 相关的管理单元在 Kubernetes 中被分为三个独立的部分，分别是 CPU Manager、Memory Manager 和 Device Manager，它们各自负责一部分资源的分配管理，但是 NUMA 需要兼顾三种不同类型的资源设备才能实现正确的资源分配，因此，Kubernetes 又设计了一个协调者角色来协调这三种 Manager，这就是 Topology Manager。自 Kubernetes v1.26 版本开始，CPU Manager 与 Device Manager 一起成为正式版。在接下来的 Kubernetes v1.27 版本中，Device Manager 中的 Device Plugin 与 Topology Manager 的集成特性正式发布，进一步完善了对 NUMA 架构的支持，同时官宣 Topology Manager 成为正式版。而此时 Memory Manager 还停留在 Kubernetes v1.22 版本的 Beta 版。

下面介绍 CPU 的资源分配机制，其主要是由 CPU Manager 组件实现的。CPU Manager 支持如下两种资源分配管理策略。

（1）None 策略，也是默认开启的策略。在这种策略下，所有 Pod 容器以公平竞争的方式使用共享的 CPU 资源池，CPU Manager 使用 Linux 内核的 CFS（Completely Fair Scheduler）调度机制来实现 Pod 的 CPU 资源分配及限额，该机制能限制一个容器在给定周期内（默认为 100 ms）能够消耗的最大 CPU 时间，受限的容器永远无法消耗超过限制的 CPU 资源。但是这种调度方式同时降低了容器进程的性能。

（2）Static 策略。在这种策略下，CPU Manager 可以针对一些满足特殊条件的 Guaranteed 级别的 Pod 进行优化，从 Node 上的共享 CPU 资源池中单独抽取一部分 CPU（最小单位是 Logic Processor）供这些特殊的 Pod 独占使用（exclusive using），这是通过 linux cpuset cgroup 来实现的。由于这些 Pod 独占一个或者几个 CPU，不会通过 CFS 调度机制限制其 CPU 使用情况，因此容器进程的执行效率最高，可以达到在近乎裸机上运行的性能。同时，在 Static 策略下，CPU Manager 支持这类 Pod 使用 NUMA 拓扑感知的优化分配方案进一步提升性能。

CPU Manager 新增的 Static 策略如图 7.3 所示。

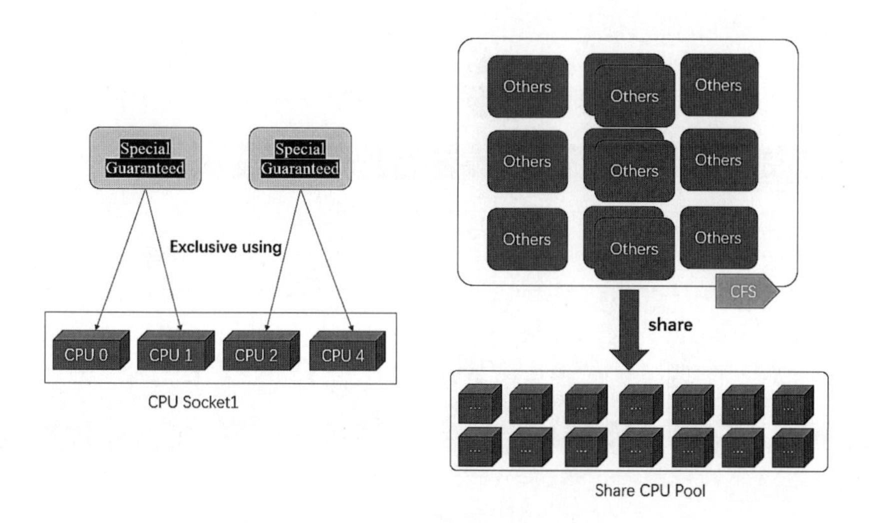

图 7.3 CPU Manager 新增的 Static 策略

那么，采用什么机制才能让一个进程独占一个或者几个 CPU 呢？答案就是 Cgroups 中的 cpuset 组。我们可以通过设置 cpuset.cpus 控制一个进程独占哪些 CPU，比如 cpuset.cpus=1,2 表示占用 CPU1 和 CPU2，同时 cpuset.mems 属性控制进程可以从哪些 NUMA Node 上分配内存，两者搭配，就实现了 NUMA 架构下 CPU 和 Memory 的亲和性分配方案了。

对于可以被 Static 策略优化到满足特殊条件的 Guaranteed 级别的 Pod，只有一个简单的要求，就是这些 Pod 中每个容器的 CPU 资源申请量应是整数而非小数，比如申请一个或两个 CPU，而对于申请 1.3、2.6 个 CPU 的 Pod，依然会在共享 CPU 资源池里分配资源，不会被分配独占的 CPU Core。Static 策略下的 CPU Manager 支持以下几种 CPU 独占分配策略，这些策略还可以叠加生效。

◎ full-pcpus-only：必须为一个 Pod 分配完整的 CPU Core（物理核心）。

◎ distribute-cpus-across-numa：跨 NUMA Node 均匀分配 CPU。

◎ align-by-socket：将 Pod 所使用的 CPU 扩展到整个 CPU Socket 上。

下面用一个例子解释上面的分配策略。假设目前有 1 个 Guaranteed 级别的 Pod，这个 Pod 有 5 个容器，每个容器都需要一个 CPU 的资源使用量，当前有一个 Node，是两路服务器，拥有 2 个 8 核的 CPU 并支持超线程，每个 CPU 芯片都包括 16 个逻辑 CPU，此时其中一个 CPU 芯片还没有被分配任何 Pod。开启 full-pcpus-only 特性后，分配结果如图 7.4 所示。

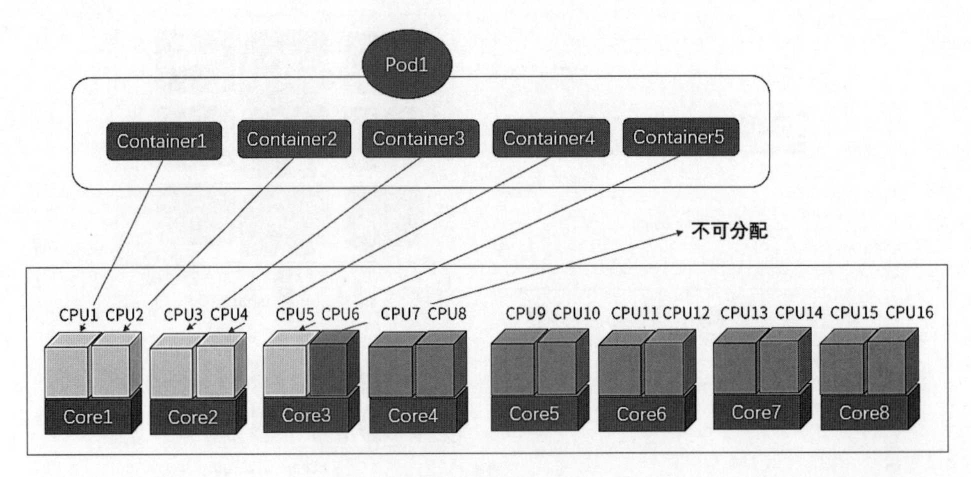

图 7.4　分配结果示意图

从图 7.4 中可以看到，Pod1 的每个容器进程都独占一个逻辑 CPU，5 个容器总共占用 3 个 CPU Core，此时，Core3 上未被占用的逻辑 CPU6 被标记为不可分配，即不会再分配给其他 Pod 了，这是因为 full-pcpus-only 必须为一个 Pod 分配完整的 CPU Core。这样做的原因是，当一个 CPU Core 中有多个 Logic Processor 时，它们会共享 CPU 的一、二级缓存，两个不同的应用如果共享一个 CPU Core，则 CPU 调度带来的线程上下文切换会导致 CPU

的一、二级缓存几乎始终处于失效状态（命中率大大降低），从而极大地影响程序的性能。由此可以看到，在支持超线程的处理器下，如果 Guaranteed 级别的 Pod 申请奇数个 CPU，则这种分配策略会带来 CPU 资源的严重浪费。

在默认情况下，当系统中存在多个 NUMA Node 时，CPU Manager 会先把一个 NUMA Node 中的 CPU Core 都分配完以后再分配下一个 NUMA Node，这种方式会导致 CPU 负载在整个 NUMA 拓扑中不均衡，这种不均衡的负载可能会导致整体资源的浪费，因此，CPU Manager 提供了 distribute-cpus-across-numa 分配策略，可以实现跨 NUMA Node 均匀分配 CPU。

在讲解 align-by-socket 分配策略之前，我们先来了解一些关于 NUMA 架构系统的知识。在 NUMA 架构系统中，有两种 NUMA Node 划分方式。

◎ 一个 Node 包括多个 CPU Socket 上的全部 CPU。
◎ 一个 Node 只包括一部分（一半、四分之一等）CPU Socket 上的 CPU。

随着现代 x86 CPU 多核技术的迅速发展，一个 CPU 芯片包含几十个核心的情况越来越普遍，比如 2022 年 9 月发布的酷睿 i9-13900K 台式处理器最高拥有 24 个核心；2023 年 9 月 AMD 发布的 EPYC 8004 系列处理器，核心最高可达 64 个；而计划中的 Zen5 系列处理器，核心最高可达 196 个。在这种情况下，把一个 CPU 芯片划分成多个 NUMA Node 的架构慢慢成为趋势，比如把只有两个 CPU 芯片的双路服务器配置成 8 个 NUMA Node，即一个 CPU 芯片被分割到 4 个 Node 中，如戴尔的 AMD 系列服务器。在这种 NUMA 架构系统上，如果一个 NUMA Node 上剩余的 CPU 资源不足以分配给一个 Pod 独占，则开启 align-by-socket 分配策略，把 Pod 的容器进程扩展到整个 CPU Socket 上，相当于跨越了多个 NUMA Node，但同时保证了 Pod 的所有进程都处于同一个 CPU 芯片上，因此即使跨 NUMA Node，这也是性能最好的一种 CPU 分配策略，如图 7.5 所示。

CPU Manager 支持的三种分配策略有以下两种组合方案。

◎ full-pcpus-only+distribute-cpus-across-numa：必须为 Pod 分配一个完整的 CPU Core，当一个 NUMA Node 上的 CPU 不足时，可以跨越 NUMA 均匀分配。
◎ full-pcpus-only+align-by-socket：必须为 Pod 分配一个完整的 CPU Core，当一个 NUMA Node 上的 CPU 不足时，可以按照 CPU Socket 对齐，即分配到同一个 CPU Socket 上。

当涉及具体的 CPU 资源分配流程时，CPU Manager 还需要配合 Topology Manager 一起完成，需要配合的其他资源模块包括 Device Manager 和 Memory Manager。

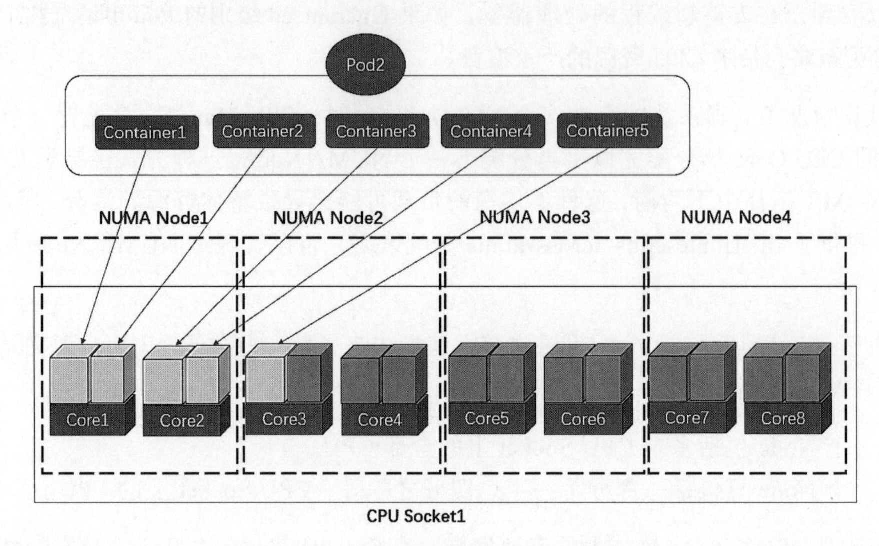

图 7.5　align-by-socket 分配示意图

接下来介绍 Device Manager，因为 Device Manager 与 CPU Manager 在 Kubernetes v1.26 版本中一起成为正式版。前面提到，除 CPU、内存、磁盘外的其他计算资源设备，代表性的如 GPU、高性能网卡等在 Kubernetes 中被称为“Device”，都被 kubelet 中的 Device Manager 统一管理。为了方便外部厂商开发驱动，Kubernetes 又设计了配套的 Device Plugin 框架，如图 7.6 所示。

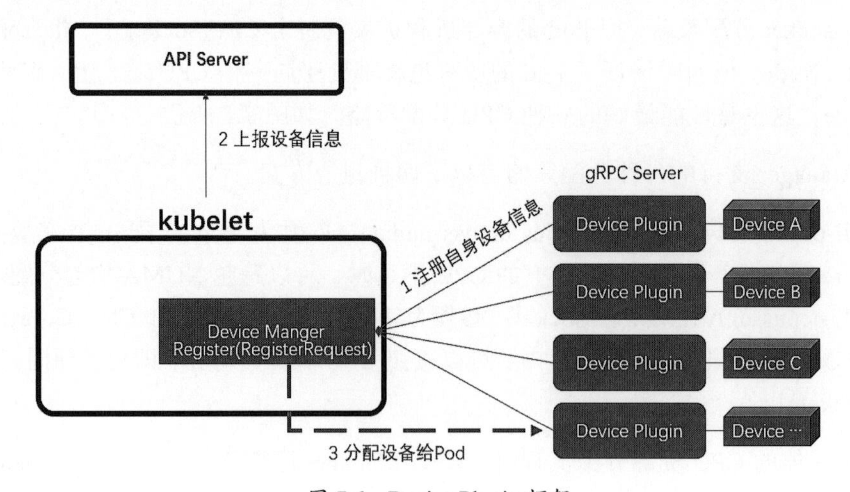

图 7.6　Device Plugin 框架

kubelet 在启动时会启动 Device Manager 模块，Device Manager 模块会在主机的设备插件目录/var/lib/kubelet/device-plugins/下创建一个名为“kubelet.sock”的 UNIX 套接字，并在这个套接字上启动 gRPC Server 服务，以供厂商的插件程序通过这个套接字进行注册。厂商则按照 Device Plugin 框架规范开发自己设备的插件程序，这个插件程序本身也作为一个 gRPC 服务在 Node 本地运行，它会在主机的设备插件目录/var/lib/kubelet/device-plugins/下创建自己的一个 UNIX 套接字，然后启动自己的 gRPC 服务。之后通过 Device Manager 的套接字主动连接 Device Manager，调用 Device Manager 提供的 Register 服务接口注册自身信息。在注册过程中需要提供自己管理的资源名称 ResourceName，该名称需要遵循扩展资源命名方案，类似于 vendor-domain/resourcetype 的格式。

比如 NVIDIA GPU 就被命名为“nvidia.com/gpu”。注册成功后，设备插件程序会向 Device Manager 发送它所管理的设备列表，kubelet 负责将这些资源发布到 API Server，作为 kubelet 节点状态更新的一部分。设备插件在完成注册和上报设备的任务后，将持续监控自己管理的设备的运行状况，并在设备状态发生任何变化时向 kubelet 报告。如果某个 Pod 需要分配设备插件提供的设备，则由 Device Manager 通过 gRPC 调用设备插件的 Allocate 接口完成设备的分配工作。在资源分配期间，设备插件驱动可能还会做一些特定于设备的准备，比如 GPU 清理或设备初始化。如果操作成功，则设备插件将返回 AllocateResponse，其中包含访问被分配的设备容器运行时的配置，kubelet 将此信息传递给容器运行时。

有了这套设备插件框架，厂商不必定制 Kubernetes 本身的代码，就可以独立开发对应的设备驱动插件程序，然后打包成独立的二进制程序，通过 DaemonSet 部署到每个 Node 上运行，极大地降低了厂商开发设备驱动的难度。目前，厂商通过插件方式接入的设备主要有 GPU、高性能 NIC、FPGA、InfiniBand 适配器及其他类似的计算资源。下面是一些支持的厂商设备插件。

◎ AMD GPU Device Plugin。
◎ Collection of Intel Device Plugins for Kubernetes。
◎ NVIDIA Device Plugin for Kubernetes。
◎ SRIOV Network Device Plugin for Kubernetes。

假设 Kubernetes 集群正在运行一个设备插件，该插件在一些 Node 上公布的资源为 hardware-vendor.example/foo，一个 Pod 请求此资源以运行一个工作负载：

```
apiVersion: v1
kind: Pod
```

```
metadata:
  name: demo-pod
spec:
  containers:
    - name: demo-container-1
      image: busybox
      resources:
        limits:
          hardware-vendor.example/foo: 2
```

如果该 Node 中有两个以上设备可用，则其余的设备可供其他 Pod 使用。

在 Kubernetes v1.27 版本中，设备插件与 Topology Manager 的集成特性正式发布，其中对设备插件 API 进行了扩展，包括如下所示的 NUMA TopologyInfo 结构体，在结构体中提供了设备所在 NUMA Node 的信息：

```
message TopologyInfo {
    repeated NUMANode nodes = 1;
}

message NUMANode {
    int64 ID = 1;
}
```

在 Kubernetes v1.28 版本中，监控设备插件的 API 也正式发布，这套 API 被称为“Pod Resources API”，是由 kubelet 进程在 Node 本地提供的一套 API，通过 Node 的 /var/lib/kubelet/pod- resources/kubelet.sock 提供 gRPC 服务，由于只通过本机的 UNIX 套接字暴露服务，所以使用这套 API 的监控代理需要把这个套接字挂载到容器中才能访问。

Pod Resources API 主要有 List API 与 Get API 两组查询接口，第三方程序可通过这套 API 查询 kubelet 所在 Node 上专门分配给容器的设备资源列表（包含厂商的扩展设备）和相关分配情况。自推出以来，Pod Resources API 不断扩大其适用范围，涵盖了设备管理器之外的其他资源管理器，比如从 Kubernetes v1.20 版本开始，List API 不仅报告 CPU Core 和内存区域（包括 HugePage）的分配情况，还报告设备的 NUMA Node 位置。在 Kubernetes v1.21 版本中，API 增加了 GetAllocatableResources 函数。这个 API 补充了现有的 List API，使监控代理能够识别尚未分配的资源，从而支持构建新的特性，比如 NUMA 感知的调度器插件。

Memory Manager 是负责内存资源分配管理的模块，在 Kubernetes v1.29 版本中达到

Stable 阶段。与 CPU Manager（Static 策略）一样，Memory Manager 也是为 Guaranteed 级别的 Pod 服务的，为它们提供可保证的内存和 HugePage 分配能力。此外，内存管理器也会为 Pod 应用 Cgroups 设置（即 cpuset.mems）。Memory Manager 仅能用于 Linux 主机，并且 Memory Manager 需要配合 CPU Manager 与 Topology Manager 一起协同工作。

Memory Manager 与 CPU Manager 一样，对于一些性能要求高的服务非常重要，比如电信领域的一些服务、数据库、高性能的一些网络应用等，因为这些应用对于 CPU 上下文的切换频率、内存数量和访问速度的要求，以及可能涉及 HugePage 的需求都很高，如果能够在分配资源时减少跨 NUMA Node 的 CPU 和内存访问，确保所有关键计算资源（如 CPU、内存、HugePage、GPU 等）都处于一个 NUMA Node 内，则可以极大地提高系统的性能和服务的质量。

CPU 跨 NUMA Node 的分配管理相对简单，但是内存跨 NUMA Node 的分配管理就复杂多了，因为 Linux 操作系统本身没有提供相应的 API，因此，CPU Manager 自己设计实现了一套针对 NUMA Node 的跨内存分配管理机制，其中的核心数据结构被称为“Node Map”，这里的 Node，是 NUMA Node 的意思，不是 Kubernetes Node。

Node Map 的基础思想是把一组 NUMA Node 上的内存当成一个整体单元——Node Group，并记录和跟踪这个单元上已分配的内存和空闲内存。需要注意的是，Node Group 之间不能重叠，即一个 Node 只能属于一个 Group。在图 7.7 中有三个 Group，分别是[0]、[1,2]、[3]，其中，[1,2]包括了两个 NUMA Node。前文介绍过，cpuset.mems 可以将进程的内存分配到指定的几个 NUMA Node 中。Node Group 搭配 cpuset.mems，就巧妙地实现了 Pod 跨 NUMA Node 分配内存的功能。

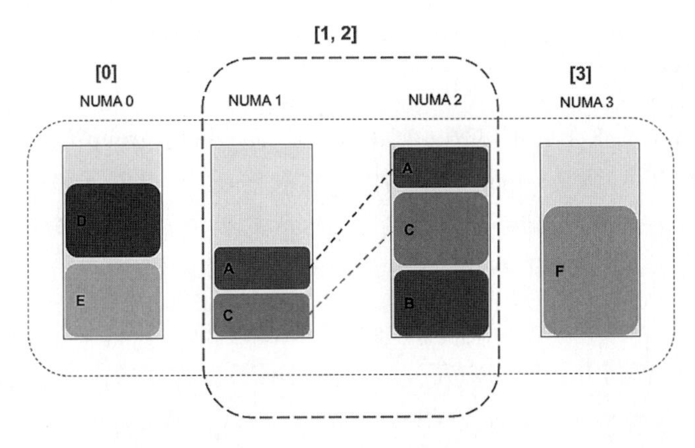

图 7.7 NUMA Node Group

下面通过一个示例讲解 Node Group 的具体使用过程。如图 7.8 所示，假设当前节点上每个 NUMA Node 的本地内存为 10GB，NUMA 0 与 NUMA 1 节点的内存还都没有被分配，此刻，来了一个待安排的 Guaranteed 级别的 Pod，要求分配 15GB 内存，于是 CPU Manager 就创建了一个名为“group1”的组，group1 包含 NUMA Node0,1，同时更新 Pod1 控制组的 cpuset.mems 参数[[0,1], 15G]，限定 Linux 内核只在 NUMA 0 与 NUMA 1 两个 Node 上给 Pod1 分配内存，内存大小限制为 15GB，并把 group1 的内存分配信息记录到 Node Map 中进行跟踪。

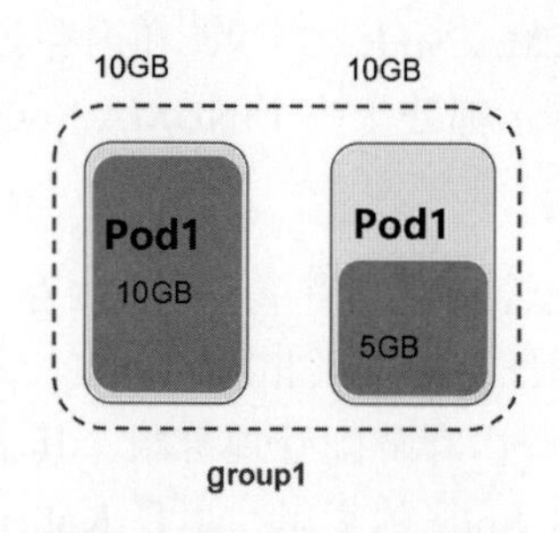

图 7.8　跨 Node 的内存分配

如果此时又有一个符合条件的 Guaranteed 级别的 Pod 需要 5GB 内存，尽管 group1 刚好有 5GB 剩余内存，但是由于 group1 是跨 NUMA Node 的内存块，没有单节点，所以 group1 会拒绝给其分配内存。但是，如果新来一个低优先级的 Pod，则 group1 上的剩余内存是会分配给它的。这个看似矛盾的细节设计体现了设计者的丰富经验。至于为什么低优先级的 Pod 会被分配内存，另一个原因是 Memory Manager 是为 Guaranteed 级别的 Pod 设计的针对 NUMA 的内存管理。而对于普通级别的 Pod，Memory Manager 直接返回无拓扑提示的结果：Topology Hint=nil。对于这种情况，负责协调的 Topology Manager 会认为符合 NUMA 拓扑要求，可以分配。

我们再来看看下面这个分配示例，如图 7.9 所示。目前 group2 和 group3 分别分配出去 8GB 和 3GB 的内存，两个 group 剩余的内存之和是 9GB，此时如果来了一个 Guaranteed 级别的 Pod 需要 8GB 内存，即需要联合两个 group 的剩余内存才能分配，则由于 Memory Manager 不支持跨 group 的内存分配，所以这个请求会被拒绝。

与 CPU Manager 一样，Memory Manager 也支持 None（默认）与 Static 两种内存分配策略。None 不会以任何方式影响内存分配，该策略的行为好像内存管理器不存在一样。在 Static 策略下，Memory Manager 与 CPU Manager、Device Manager 一样，都作为 Topology Hint Provider 的角色，为 Topology Manager 提供内存资源分配的 NUMA 拓扑提示

（TopologyHint），后者根据各个 Provider 返回的 TopologyHint 来判断目标 Pod 所需的各种资源是否满足 NUMA 资源亲和性，并分析计算得到一个最优 NUMA 资源亲和性的 TopologyHint。之后各个 Provider 就按照 Topology Manager 计算的最优的 TopologyHint 分配资源，整个资源的分配流程如图 7.10 所示。

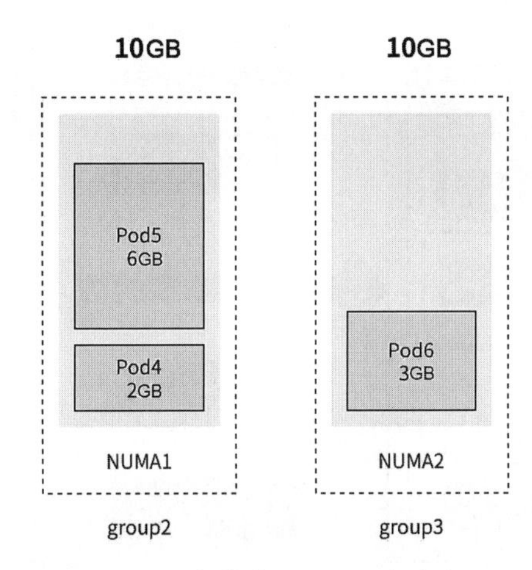

图 7.9 不支持跨 group 的内存分配

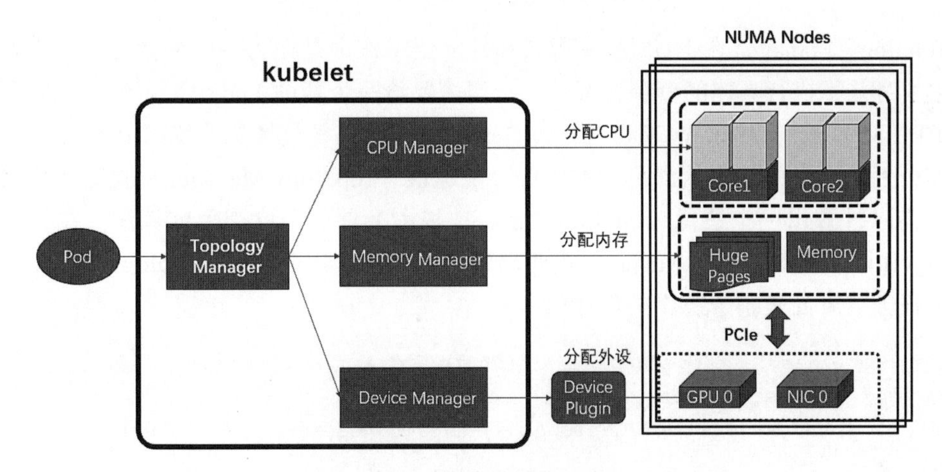

图 7.10 整个资源的分配流程

下面用一张图来总结之前介绍的三大资源管理器和 NUMA 资源亲和性分配的效果。如图 7.11 所示，一个 Node 上的 CPU、Memory（含 HugePages）及相关外设（如 GPU、高性能网卡等）是被划分到不同的 NUMA Node 上的。当在不同的 Node 之间访问资源时，性能会大打折扣。对于最高优先级的 Pod 来说，最好是通过 CPU Manager、Memory

Manager 和 Device Manager 把 Pod 所需的各种计算资源分配到同一个 NUMA Node 中，这就是 NUMA 资源亲和性分配。图 7.11 中的 Pod1 是最佳的资源亲和性分配结果，Pod2 则不是。

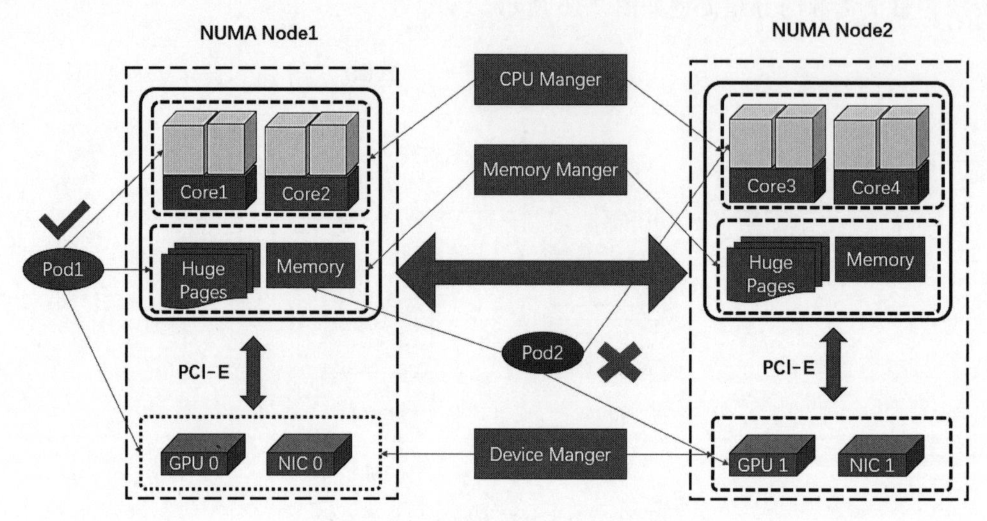

图 7.11　NUMA 资源亲和性分配示意图

Topology Manager 在 NUMA 资源亲和性分配工作中是作为一个仲裁者或判决者出现的，它本身并不执行具体的资源分配工作，当需要给一个新的 Pod 分配资源时，它会依次调用 CPU Manager、Memory Manager 和 Device Manager 等具体执行资源分配的 Provider，让它们分别从自己的视角给出可能的资源分配建议。Topology Manager 根据这些建议，结合自身需求计算出一个最优 TopologyHint。这基本上是一个取交集的算法。在得到最优 TopologyHint 后，Topology Manager 再驱动这些 Provider 按照最优 TopologyHint 执行具体的分配任务。下面是整个逻辑的伪代码：

```
for container := range append(InitContainers, Containers...) {
    for provider := range HintProviders {
        hints += provider.GetTopologyHints(container)
    }
    bestHint := policy.Merge(hints)

    for provider := range HintProviders {
        provider.Allocate(container, bestHint)
    }
}
```

其中，NUMANodeAffinity 记录了可以分配的 NUMA Node 的所有组合，比如，返回“{10}, {11}”，表示可以在这两种组合上分配资源，Preferred 表示拓扑亲和性分配是不是首选方案：

```
type TopologyHint struct {
    NUMANodeAffinity bitmask.BitMask
    Preferred bool
}
```

下面是 HintProvider 的接口，它包括两个方法：一个是计算出目标 Pod 或者 Container 的 NUMA 资源亲和性分配方案；另一个是执行具体的分配方案。目前实现了 HintProvider 接口的是 CPU Manager、MemoryManager 和 Device Manager：

```
type HintProvider interface {
    GetTopologyHints(*v1.Pod, *v1.Container) map[string][]TopologyHint
    Allocate(*v1.Pod, *v1.Container) error
}
```

关于 NUMA 资源亲和性分配方案，Topology Manager 提供了两种方案供选择：scope 和 policy。scope 定义了是按照 Pod 还是 Container 的粒度来实现 NUMA 资源亲和性分配方案，这是 kubelet 在启动时就要选择的参数，默认使用的是 Container 粒度，即把目标 Pod 中的每一个容器都按照一个单元来实现 NUMA 资源亲和性分配方案。Pod 粒度是把 Pod 中的所有容器一起作为一个单元来实现 NUMA 资源亲和性分配方案，它对 NUMA 资源的要求更为苛刻。

policy 目前提供了以下几种选择。

◎ none（默认）：不执行任何 NUMA 资源亲和性分配方案。

◎ best-effort：找到一个最优的 TopologyHint，如果没有找到，则 Node 会接纳这个 Pod，随后进行资源分配。

◎ restricted：找到一个最优的 TopologyHint，如果没有找到，则 Node 会拒绝接纳这个 Pod，此时其状态将变为 Terminated。

◎ single-numa-node：是 restricted 限制的加强版，最优 TopologyHint 必须只有一个 NUMA Node，否则拒绝接受。

被 Topology Manager 拒绝的 Pod，由于状态被设置为了 Terminated，所以不会再被重新调度，除非该 Pod 是被 Deployment 等控制器控制的，这时会重新创建一个新的 Pod，再走一次 Scheduler 调度流程。另外，Topology Manager 当前所能处理的最大 NUMA Node

数量是 8。

5. Node 资源的防护机制

Node 资源的防护机制有两种。一种是静态防护，通过严格的资源配额管理机制结合 Node 资源预留的方式来避免 Node 上的资源被滥用或过度使用。另一种是动态防护，kubelet 会时刻监控 Node 资源的使用情况，当发现 Node 上的系统资源严重不足时，会开启主动回收资源的 Pod 驱逐机制（Pod Eviction），避免系统崩溃。这种 Pod 驱逐机制与 Node Drain 不同，前者属于 kubelet 主动驱逐 Pod，后者属于人工发起的 kubelet 被动驱逐 Pod。

在正常情况下，我们在定义 Pod 时大多并没有限制 Pod 所占用的 CPU 和内存数量，此时 Kubernetes 会认为该 Pod 所需的资源很少，可以将其调度到任何可用的 Node 上，当集群中的计算资源不是很充足时，比如集群中的 Pod 负载突然增加时，就会使某个 Node 的资源严重不足。为了避免宿主机操作系统或者 kubelet 宕机，kubelet 采用了 Pod 驱逐计划来避免这种严重后果。

目前，Kubernetes 会对三种不可压缩资源的使用情况进行监控，即内存、磁盘和 PID。kubelet 设计了 Pod 驱逐机制来解决资源紧张的问题。

一般通过以下两个指标衡量内存资源是否紧张。

◎ memory.available：系统当前内存的剩余量。

◎ allocatableMemory.available：系统可分配内存的剩余量。

一般通过三个指标来衡量磁盘资源是否紧张，分别是 Node 上的常规文件系统 filesystem、存储容器镜像数据的文件系统 imagefs，以及存储容器运行时可写层数据的文件系统 containerfs，具体如下。

◎ nodefs.available 和 nodefs.inodesFree：filesystem 剩余磁盘空间和 inodes（索引 Node 数量）的剩余量。nodefs 包括 kubelet 的数据目录/var/lib/kubelet。

◎ imagefs.available 和 imagefs.inodesFree：imagefs 剩余磁盘空间和 inodes 的剩余量。

◎ containerfs.available 和 containerfs.inodesFree：containerfs 剩余磁盘空间和 inodes 的剩余量。

衡量 PID 资源剩余量的指标只有一个，即 pid.available，表示 Pod 可分配的 PID 剩余量。

kubelet 在运行过程中，会持续监测本 Node 的以上指标，这些指标是 kubelet 通过内嵌的 cAdvisor 获取的。常规的设计是针对一个监控指标，只设置一个监控阈值。比如设置 CPU 利用率的告警阈值为 95%，但是 kubelet 采用了“两级阈值”的设计思想，可以更好地避免当资源严重不足时强制 kill 掉业务应用 Pod，造成业务故障。“两级阈值”的思路如下。

◎ 第 1 级阈值：软驱逐阈值（eviction-soft），对应资源的阈值会放宽一些，同时，最关键的一点是设置一个“延缓执行”的驱逐机制。当监控到资源的剩余量达到软驱逐阈值时，不会立即执行 Pod 驱逐任务，而是继续等待一段时间，直到 eviction-soft-grace-period 指定的宽限期过后才开始执行 Pod 驱逐任务。此外，给要驱逐的 Pod 一段时间（eviction-max-pod-grace-period）来优雅终止 Pod。

◎ 第 2 级阈值：硬驱逐阈值（eviction-hard），当监控到资源的剩余量达到硬驱逐阈值时，kubelet 会立即执行 Pod 驱逐任务，被驱逐的 Pod 会被立即 kill 掉以释放资源。

系统默认没有设置软驱逐阈值，但是默认设置了硬驱逐阈值，这是通过驱逐条件表达式来体现的，驱逐条件表达式中的数字就是对应的阈值。

◎ nodefs.available<10%。

◎ nodefs.inodesFree<5%（适用于 Linux 操作系统，不适用于 Windows 操作系统）。

◎ imagefs.available<15%。

◎ memory.available<100MB。

需要注意的是，一旦手动设置了其中某个参数，对其他参数就要一起进行设置，否则系统会默认将其设置为 0。

在默认情况下，kubelet 会每隔 10s（housekeeping-interval=10s）评估一次各个驱逐条件，看看是否达到了驱逐阈值。无论是触发了硬驱逐阈值还是触发了软驱逐阈值，kubelet 都会认为当前 Node 的压力过大，会持续向 Master 报告所在 Node 的压力状况。表 7.1 展示了 Node 压力状况与资源度量指标的对应关系。

表 7.1　Node 压力状况与资源度量指标的对应关系

Node 状况	资源度量指标	描　述
MemoryPressure	memory.available	Node 的可用内存达到了驱逐阈值
DiskPressure	nodefs.available，nodefs.inodesFree，imagefs.available，imagefs.inodesFree	Node 的 root 文件系统或者镜像文件系统的可用空间（inodes 的剩余量）达到了驱逐阈值
PIDPressure	pid.available	Node 的 PID 剩余量达到了驱逐阈值

当 Node 出现 MemoryPressure 时，Scheduler 不再调度新的 BestEffort 级别的 Pod 到此 Node。当 Node 出现 DiskPressure、PIDPressure 时，Scheduler 不再调度任何 Pod 到此 Node。

如果一个 Node 资源量指标在阈值上下范围内振荡，但没有超过宽限期，则会导致该 Node 的相应压力状况在“有压力”和“正常”之间不断抖动，这会对调度的决策过程产生负面影响。想要防止这种抖动现象出现，可以使用参数 evictionPressureTransitionPeriod，该参数要求 kubelet 设置的 Node 压力状况必须在一段时间内保持不变，默认为 5min 内保持不变（evictionPressureTransitionPeriod 的默认值为 5min）。

如果达到了驱逐阈值，并且过了宽限期，则 kubelet 会回收超出限量的资源，直到驱逐信号量回到阈值以内。kubelet 在驱逐用户 Pod 之前，会尝试回收 Node 级别的资源。在观测到磁盘压力时，基于服务器是否为容器运行时定义了独立的 imagefs，会有不同的资源回收策略。

◎ 有 Imagefs 时：
- 如果 nodefs 文件系统达到了驱逐阈值，则 kubelet 会删除已停掉的 Pod 和容器来清理空间；
- 如果 imagefs 文件系统达到了驱逐阈值，则 kubelet 会删除所有无用的镜像来清理空间。

◎ 没有 Imagefs 时：如果 nodefs 文件系统达到了驱逐阈值，则 kubelet 会首先删除已停掉的 Pod 和容器，然后删除所有无用的镜像。

如果 kubelet 无法在 Node 上回收足够的资源，那么它会开始驱逐用户的 Pod。

kubelet 会按照下面的条件来确定驱逐 Pod 的顺序。

◎ Pod 的资源使用量是否超过了其资源请求（Request）的数量。
◎ Pod 的优先级。
◎ Pod 的资源使用量（相对于资源请求 Request）。

接下来，kubelet 会按照下面的顺序驱逐 Pod。

（1）对于资源使用量超过 Request 的 BestEffort 或 Burstable 级别的 Pod，会根据它们的优先级及超标情况来决定先将哪个 Pod 驱逐。

（2）对于资源使用量少于 Request 的 Guaranteed 级别的 Pod 和 Burstable 级别的 Pod，会根据其优先级将其最后驱逐。

需要注意以下几种情况。

◎ kubelet 不使用 Pod 的 QoS 类别（QoS Class）来确定驱逐的顺序。QoS 类别也不适用于临时存储（EphemeralStorage）的请求。

◎ 对于 Guaranteed 级别的 Pod，只有全部容器都设置了 request 和 limit，并且二者的值相同时，才会确保不会将其驱逐。

◎ 如果系统进程（如 kubelet 和 journald 等）消耗的资源比预留的资源（kube-reserved 和 system-reserved）多，并且在这个 Node 上只有 Guaranteed 或 Burstable 级别的 Pod 使用的资源少于可用的 request 量，则此时 kubelet 也不得不驱逐这些 Pod，以保证系统的稳定性。kubelet 会根据 Pod 的优先级从低到高来驱逐 Pod。

◎ 如果有正在运行的静态 Pod，并且想要避免其在资源压力下被优先驱逐，就需要为其设置一个比较高的优先级（通过 priority 字段设置）。

◎ 当 kubelet 因 inodes 或 PID 资源不足而驱逐 Pod 时，它会根据 Pod 的相对优先级来确定驱逐顺序，而不是根据 Pod 的 QoS 类别，因为 inodes 和 PID 在 Pod 描述中没有对应的请求字段。

如果 kubelet 判定缺乏磁盘空间，就会在相同 QoS 类别的 Pod 中选择消耗最多磁盘空间的 Pod 进行驱逐。下面针对有 Imagefs 和没有 Imagefs 这两种情况，说明 kubelet 在驱逐 Pod 时选择 Pod 的排序规则，然后按顺序对 Pod 进行驱逐。

◎ 有 Imagefs 的情况：
- 如果 nodefs 触发了驱逐阈值，则 kubelet 会根据 nodefs 的使用情况（以 Pod 中所有容器的本地卷和日志所占用的空间进行计算）对 Pod 进行排序；
- 如果 imagefs 触发了驱逐阈值，则 kubelet 会根据 Pod 中所有容器的可写入层所占用的空间对 Pod 进行排序。

◎ 没有 Imagefs 的情况：如果 nodefs 触发了驱逐阈值，则 kubelet 会对各个 Pod 中所有容器的总磁盘使用量（本地卷+日志+所有容器的可写入层所占用的空间）进行排序。

对于 PID 资源，虽然我们可以通过增加 pid.available 的阈值来针对 PID 资源实施驱逐计划，但是如果某个 Pod 恶意或者意外在短时间内不断创建新的进程而快速消耗 PID 资源，导致 PID 瞬间达到 pid.available 的阈值，此时 kubelet 已来不及驱逐，则很可能使 Node 进入不稳定状态或者崩溃。所以，针对 PID 资源的保护，最佳方式是设置以下参数。

◎ 在 system-reserved 和 kube-reserved 资源保留组中预留 PID 资源。

◎ 为 Pod 设置最大 PID 数量（PodPidsLimit）。

在某些情况下，可驱逐 Pod 释放的资源并不多，此时 kubelet 会反复触发驱逐操作，进而导致系统的不稳定。为了应对这种状况，kubelet 可以对每种资源都配置最小回收量（minimum-reclaim）。kubelet 一旦监测到了资源压力，就会尝试回收不少于 minimum-reclaim 的资源，使得资源消耗量回到期望的范围。比如，可以配置 evictionMinimumReclaim：

```
evictionMinimumReclaim:
  memory.available: "0Mi"
  nodefs.available: "500Mi"
  imagefs.available: "2Gi"
```

假设一个集群的资源管理需求如下。

◎ Node 内存容量：10GB。
◎ 保留 10%的内存给系统守护进程（操作系统、kubelet 等）。
◎ 在内存使用率达到 95%时驱逐 Pod，以降低系统压力并防止触发 OOM。

为了满足这些需求，kubelet 应该设置如下系统预留和驱逐相关的参数：

```
--eviction-hard=memory.available<500Mi
--system-reserved=memory=1.5Gi
```

在这个配置方式中隐式包含这样一个设置：系统预留内存包括资源驱逐阈值。

如果内存占用超出这一设置，则要么是 Pod 占用了超过其 request 的内存，要么是系统占用了超过 500MB 的内存。在这种设置下，Node 一旦开始接近内存压力，调度器就不会向该 Node 部署 Pod，并且假定这些 Pod 使用的资源量少于其请求的资源量。

如果 kubelet 的驱逐计划来不及实施或者实施效果不大，导致系统出现内存溢出的严重问题，此时，Linux 自身的 OOM killer 就开始执行进程级别的清理工作了。OOM killer 会先对进程进行打分，打分主要由以下两部分组成。

◎ 系统根据该进程的内存占用情况进行打分，得到一个基础参考分值。
◎ 结合用户为进程设置的 oom_score_adj 参数进行微调，得到进程最终的 oom_score 分数，oom_score_adj 值的范围是−1000 ~ 1000。

不同的 QoS 等级对应的 oom_score_adj 值如表 7.2 所示。

表 7.2 不同的 QoS 等级对应的 oom_score_adj 值

QoS 等级	oom_score_adj 值
Priority 为 system-node-critical 级别的 Pod	–997
Guaranteed	–997
Burstable	min(max(2, 1000 - (1000×memoryRequestBytes) / machineMemoryCapacityBytes), 999)
BestEffort	1000

oom_score 分数最高的进程会被最优先 kill 掉以回收资源，从 Kubernetes 对自身相关进程和不同 Pod 的 oom_score_adj 值的设计来看，BestEffort 级别的 Pod 是最先被 kill 掉的一类 Pod，而系统关键进程和 Guaranteed 级别的 Pod 将在最后被 kill 掉。

与 Pod 驱逐不同，如果一个 Pod 中的容器被 OOM killer 清理了，则 kubelet 可能会根据其重启策略重启一个容器。

另外需要说明的是，由 Node 压力引发的驱逐不同于通过 API 发起的驱逐（比如，对 Node 发起 Drain 操作就是通过 API 发起的），它不关注 Pod 的 PodDisruptionBudget 和 Pod 的优雅终止宽限期（terminationGracePeriodSeconds）。如果使用了软驱逐条件，则 kubelet 会基于 eviction-max-pod-grace-period 设置驱逐宽限期；如果使用了硬驱逐条件，则 kubelet 会立即终止 Pod（相当于宽限期为 0s）。

7.1.2 Pod 管理

1. Pod 管理概述

kubelet 通过以下方式获取在自身 Node 上运行的 Pod 清单。

（1）静态 Pod 配置文件：kubelet 通过启动参数--config 来指定目录中的 Pod YAML 文件（默认目录为/etc/kubernetes/manifests/）。kubelet 会持续监控指定目录中的文件变化，以创建或删除 Pod。这种类型的 Pod 不是通过 kube-controller-manager 进行管理的，因此被称为“静态 Pod”。另外，可以通过启动参数--file-check-frequency 设置检查该目录的时间间隔，默认为 20s。

（2）HTTP 端点（URL）：通过--manifest-url 参数设置，即通过--http-check-frequency 参数检查该 HTTP 端点数据的时间间隔，默认为 20s。

（3）API Server：kubelet 通过 API Server 监听 etcd 目录，同步 Pod 列表。

所有以非 API Server 方式创建的 Pod 都叫作“Static Pod”。kubelet 将 Static Pod 的状态汇报给 API Server，API Server 为该 Static Pod 创建一个 Mirror Pod 与其匹配。Mirror Pod 的状态将真实反映 Static Pod 的状态。当 Static Pod 被删除时，与之对应的 Mirror Pod 也会被删除。本章只讨论通过 API Server 获得 Pod 清单的方式。kubelet 通过 API Server Client 使用 Watch 加 List 的方式监听/registry/nodes/$当前 Node 的名称和/registry/pods 目录，并将获取的信息同步到本地缓存。

kubelet 监听 etcd，所有针对 Pod 的操作都会被 kubelet 监听。如果发现有新的绑定到本 Node 的 Pod，则 kubelet 按照 Pod 清单的要求创建该 Pod。

如果发现本地的 Pod 需要被修改，则 kubelet 会做出相应的修改，比如在删除 Pod 中的某个容器时，通过 Docker Client 删除该容器。如果发现本地的 Pod 需要被删除，则 kubelet 会删除相应的 Pod，并通过 Docker Client 删除 Pod 中的容器。

当 kubelet 读取到的信息是创建和修改 Pod 任务时，会做如下处理。

（1）为该 Pod 创建一个数据目录。

（2）从 API Server 中读取该 Pod 清单。

（3）为该 Pod 挂载外部卷（External Volume）。

（4）下载 Pod 用到的 Secret。

（5）检查已经运行在 Node 上的 Pod，如果该 Pod 没有容器或 Pause 容器（kubernetes/pause 镜像创建的容器）没有启动，则先停止 Pod 中所有容器的进程。如果在 Pod 中有需要删除的容器，则删除这些容器。

（6）用 kubernetes/pause 镜像为每个 Pod 都创建一个容器。该 Pause 容器是用于接管 Pod 中所有其他容器的网络。每创建一个新的 Pod，kubelet 都会先创建一个 Pause 容器，再创建其他容器。kubernetes/pause 镜像的大小大概有 200KB，是一个非常小的容器镜像。

（7）为 Pod 中的每个容器都做如下处理。

◎ 为容器计算一个哈希值，然后用容器的名称去查询对应 Docker 容器的哈希值。若查找到容器，且二者的哈希值不同，则停止 Docker 中容器的进程，并停止与之关联的 Pause 容器的进程；若二者相同，则不做任何处理。
◎ 如果容器被终止，且容器没有指定的重启策略，则不做任何处理。
◎ 调用 Docker Client 下载容器镜像，调用 Docker Client 运行容器。

2. 容器探针

Pod是否正常启动?是否正常提供服务？kubelet设计了以下三类探针来解决这些问题。

◎ Startup Probe；
◎ Readiness Probe；
◎ Liveness Probe。

在正常情况下，容器会启动得很快，几秒就可以启动起来。但是如果业务系统比较复杂，或者遇到特殊情况，比如数据库一直连接不上，或者用了 Java 中比较重的开发框架，就可能导致容器要用几十秒来启动。为了应对这种特殊情况，Kubernetes v1.16 版本首次引入了新的探针——Startup Probe，其他探针都需要等 Startup Probe 执行结果返回 success 后才开始执行。如果 Startup Probe 执行失败，则 kubelet 会 kill 掉容器，并试图重启容器。在 Kubernetes v1.20 版本中，Startup Probe 达到 Stable 阶段。下面定义一个 Startup Probe：

```
startupProbe:
  httpGet:
    path: /test
    prot: 80
  failureThreshold: 10
  initialDelay: 10
  periodSeconds: 10
```

Readiness Probe 用于判断容器是否已启动完成且处于可用状态。如果 Readiness Probe 检测到容器启动失败,则 Pod 的状态将被修改,Endpoint Controller 将从 Service 的 Endpoint 中删除包含该容器所在 Pod 的 IP 地址的 Endpoint 条目。

Liveness Probe 用于判断容器是否处于正常工作状态，即是否可以正常提供服务，没有处于所谓的“假死”状态。这个探针也是我们重点使用的与业务相关的探针，如果 Liveness Probe 探测到容器不健康，则 kubelet 将删除该容器，并根据容器的重启策略做相应的处理。如果一个容器不包含 Liveness Probe，则 kubelet 会认为该容器的 Liveness Probe 的返回值永远是 Success。kubelet 会定期调用容器内的 Liveness Probe 来诊断容器的健康状况，实现方式有以下三种。

（1）ExecAction：在容器内运行一个命令，如果该命令的退出状态码为 0，则表明该容器健康。

（2）TCPSocketAction：通过容器的 IP 地址和端口号执行 TCP 检查，如果端口能被访问，则表明容器健康。

（3）HTTPGetAction：通过容器的 IP 地址和端口号及路径调用 HTTP Get 方法，如果响应的状态码大于或等于 200 且小于或等于 400，则认为容器健康。

Liveness Probe 被包含在 Pod 定义的 spec.containers.{某个容器}中。下面通过示例展示两种容器健康检查方式：容器命令和 HTTP 请求。

（1）下面通过调用容器中的一个本地命令来检查容器的健康状况：

```
livenessProbe:
  exec:
    command:
    - cat
    - /tmp/health
  initialDelaySeconds: 15
  timeoutSeconds: 1
```

kubelet 在容器内运行“cat /tmp/health”命令，如果该命令的返回值为 0，则表明容器健康，否则表明容器不健康。

（2）下面通过 HTTP 请求检查容器的健康状况：

```
livenessProbe:
  httpGet:
    path: /healthz
    port: 8080
  initialDelaySeconds: 15
  timeoutSeconds: 1
```

kubelet 发送一个 HTTP 请求到本地主机、端口及指定的路径，来检查容器的健康状况。

Kubernetes v1.25 版本引入了 Probe 级别的 terminationGracePeriodSeconds 属性，如果在 Pod 上定义了这个属性，则 kubelet 会使用 Probe 上的属性值。这个特性在 Kubernetes v1.28 版本中达到 Stable 阶段，下面是使用参考：

```
failureThreshold: 1
periodSeconds: 60
# Override pod-level terminationGracePeriodSeconds #
terminationGracePeriodSeconds: 60
```

3. Pod 的生命周期管理

Pod 在 Kubernetes 中属于一个非持久性的资源对象，每个 Pod 都被赋予唯一的 UUID，拥有一个完整的生命周期，这个生命周期起始于 Pod 在 API Server 中被创建成功后的 Pending 状态，在 Pod 被调度到某个 Node 上后，就处于 Running 状态，最终在生命周期结束后归于 Succeeded 阶段或者 Failed 阶段，过一段时间后会被 Kubernetes 彻底清除。

在 Kubernetes 官方文档中是用 phase 这个词来描述 Pod 的状态的，而非 status。phase 表示一个阶段或者一个时期，比如 Pod 处于 Pending 某个阶段（时期），与 status 不同，status 是可以来回切换的，但是 phase 所表示的阶段通常是不可逆的。本节我们也遵循官方这个说法，即认为 Pod 在整个声明周期中先后处于以下阶段。

◎ Pending 阶段。
◎ Running 阶段。
◎ Unkown 阶段。
◎ Terminal 阶段，即根据 Pod 容器结束时候的状态来确定 Pod 是归于 Succeeded 阶段还是归于 Failed 阶段。

也就是说，Pod 的生命周期基本是一条直线，从起点到终点。

Pending 阶段从一个 Pod 被 API Server 接纳后开始，会经历 Scheduler 调度流程，直到被成功调度到某个 Node 上，且 Pod 里至少有一个容器被成功启动后，Pod 就结束了 Pending 阶段，进入 Running 阶段。

Running 阶段一般是 Pod 所处的最久的阶段，也是 Pod 提供服务的阶段。需要注意的是，Pod 本身并不具备自愈能力，它只能在一个 Node 上运行，不会被调度到其他 Node 上恢复。当一个 Pod 的所有容器都运行结束，并且 Pod 的重启策略是 Never 时，则 Pod 从 Running 阶段进入 Terminal 阶段。根据容器结束时的返回码的不同，分为下面两种情况。

◎ 所有容器都以 Success 的状态结束，Pod 归于 Succeeded 阶段。
◎ 至少有一个器以 Failure 的状态结束，Pod 归于 Failed 阶段。

注意，如果 Pod 有多个容器，但仅有一个容器发生异常退出，而其他容器都是运行状态，则此时 Pod 仍处于 Running 阶段。只有当所有容器都发生异常退出之后，这个 Pod 才会进入 Failed 阶段。如果一个 Node 由于网络或者其他故障导致与 API Server 失联，则这个 Node 上的 Pod 就可能会被判为处于 Unkown 阶段。如果最终确定 Node 已经不能正常工作，则进一步将 Node 上的这些 Pod 判为处于 Failed 阶段。

如果一个 Pod 将要被删除，则当我们用 kubectl 命令行工具去查看这个 Pod 时，会显示 Pod 处于 Terminating 状态，但这只是 kubectl 的显示而已，实际上在 Pod 中并没有

Terminal 阶段，只有 Succeeded 或者 Failed 这两个阶段。自 Kubernetes v1.27 版本开始，kubelet 把被它删除的 Pod 的状态设定为 Terminal 阶段（Succeeded 或 Failed），这样做的好处是，这些 Pod 有机会被 Finalizer 处理，不过下面这些 Pod 除外。

◎ static Pod;
◎ kubectl --force：命令强制删除的 Pod，并且该 Pod 没有 Finalizer。

4. 容器的状态

容器有自己的生命周期，通常包括下面三个状态。

◎ Waiting：容器在创建和启动过程中的状态，比如在拉取镜像、等待 PV、启动容器。
◎ Running：容器内的主进程启动并正常运行。
◎ Terminated：容器结束运行，进程要么正常结束，要么发生错误退出。

容器还有与生命周期相关的回调钩子，如果回调钩子运行失败，则容器会被停止。

◎ PostStart：容器在启动成功后会回调这个钩子，一般用于资源准备。
◎ PreStop：容器在停止之前会回调这个钩子，一般用于清理和释放资源。

接下来介绍 Pod 优雅终止的流程。

当 API Server 接收 Pod Delete 的 API 请求时，就开始了 Pod 的优雅终止流程。

API Server 并不是直接将 Pod 对象从 etcd 中删除的，而是在 Pod 的 Spec 中添加 deletionTimestamp 和 deletionGracePeriodSeconds（默认值是 30s）这两个属性，然后更新 Pod 信息到 etcd 中。deletionTimestamp 表明该 Pod 将要被销毁。各个控制器和组件监测到 Pod 的这个变化后，就开始行动起来。

当目标 Pod 所在 Node 上的 kubelet 进程监听到 Pod 的 deletionTimestamp 被设置后，就会准备 kill 掉目标 Pod。

kubelet 会停止 Pod 内的所有容器，如果某个容器有 PreStop，则先调用这个回调钩子，然后调用容器运行时的 StopContainer 接口发起停止容器的请求，一般来说是向容器发送 SIGTERM 信号。容器在收到 SIGTERM 信号后开始停止进程的工作，kubelet 最多等待 deletionGracePeriodSeconds 规定的时间。如果超时后还有容器没有停止，则再次发送 SIGKILL 信号去 kill 掉相关的容器进程。在所有的容器都停止后，kubelet 会停止 Pod 的根容器和容器沙箱环境（PodSandbox），释放和清理 Pod 挂载的 Volumes，删除对应的 Cgroups 等相关资源。在这些操作完成后，可以认为 kill 掉目标 Pod 的任务已经实现。接下来 kubelet

会调用 API Server 的 Pod Delete API，在这次调用中会将 Pod 的 deletionGracePeriodSeconds 设置为 0，即强制删除 Pod，此时 API Server 真正执行删除 Pod 的操作，即从 etcd 中删除目标 Pod。当 kubelet 再次监听到 Pod 的 Delete 事件后，会执行 Pod Remove 操作，完成 Pod 的最终清理工作，包括释放 Pod 相关的（Pod 和 Pod Prober）一些协程资源等。

这里有一个问题，即容器里的进程没有响应 SIGTERM 信号，导致超时被 kubelet 强制 kill 掉，没有实现容器优雅终止这个目标。这是因为容器的主进程不是 init 进程（1 号进程），比如下面的 start.sh 脚本，就是执行过程中 fork 了新的子进程./demoapp。如果把 start.sh 作为容器的主进程，则 init 进程就不是业务进程./demoapp，此时./demoapp 就收不到 SIGTERM 信号。

```
#!/bin/sh
echo "do something before start"
./demoapp
```

第 1 种做法是不用外部脚本，直接让./demoapp 成为容器的 init 进程。

```
FROM alpine
WORKDIR /app
COPY demoapp ./
CMD ["./demoapp"]
```

第 2 种做法是修改启动脚本，通过 exec 调用业务进程。exec 会用新的进程代替原来的进程，但进程的 PID 保持不变。可以这样认为，exec 并没有创建新的进程，只是替换了原来进程上下文的内容。

```
#!/bin/sh
echo "do something before start"
exec ./demoapp
```

第 3 种做法是通过 PreStop 执行进程停止的脚本，示例如下：

```
        lifecycle:
          preStop:
            exec:
              command:
              - /clean.sh
```

这里有一个细节，就是当 API Server 收到 deletionGracePeriodSeconds=0 的 Pod Delete API 请求时，不一定会立即执行 Pod 删除操作，将其从 etcd 中删除，而是要满足一个条件，即 Pod 上的 finalizers 属性列表为空。

前面提到，Controller Manager 中的 Endpoint Controller 负责监听 Service 和对应的 Pod 副本的变化，当它监测到目标 Pod 的 deletionTimestamp 被设置时，就从目标 Pod 所对应的 Service 的 Endpoint 对象里删除此 Pod 的地址，并提交新的 Endpoint 对象到 API Server。kube-proxy 在监听到 Endpoint 对象发生变化后，将根据新的 Endpoint 设置对应 Service 的流量转发规则，目标 Pod 不再收到新的流量请求。

在某些极端情况下，在 Pod 被删除的一小段时间内，仍可能有新连接被转发过来，因为 kubelet、Controller Manager 与 kube-proxy 同时监控到 Pod 删除事件，kubelet 有可能在 kube-proxy 设置新的流量转发规则前就已经停止容器了，这可能导致一些新的连接被转发到正在删除的 Pod 上，进而导致这部分的请求失败。在这种情况下，我们可以利用容器的 PreStop 来推迟容器关闭时间，等待 kube-proxy 完成规则同步再停止容器内的进程，示例如下：

```
lifecycle:
  preStop:
    exec:
      command:
      - sleep
      - 4s
```

7.1.3　性能指标 API

Node 的性能指标数据对于 Kubernetes 集群的监控、性能瓶颈检测、性能优化和应用优化都有着非常重要的作用，kubelet 目前可提供的性能指标数据主要有 Node、Pod，以及容器使用的 CPU、内存和磁盘等。前面提到，API Server 以代理的方式提供了 Node 的性能指标 API——Summary Metrics API，这个 API 的数据源正是 kubelet 通过内嵌的 cAdvisor 收集得到的。

cAdvisor 是一个开源的分析容器资源使用率和性能特性的代理工具，是因容器而产生的，因此自然支持 Docker 容器。在 Kubernetes 项目中，cAdvisor 被集成到 Kubernetes 代码中，kubelet 通过 cAdvisor 获取其所在 Node 及容器上的数据。cAdvisor 会自动查找其所在 Node 上的所有容器，自动采集 CPU、内存、文件系统和网络使用情况等信息。在大部分 Kubernetes 集群中，cAdvisor 都通过它所在 Node 的 4194 端口暴露一个简单的 UI。

cAdvisor 的一个截图如图 7.12 所示。

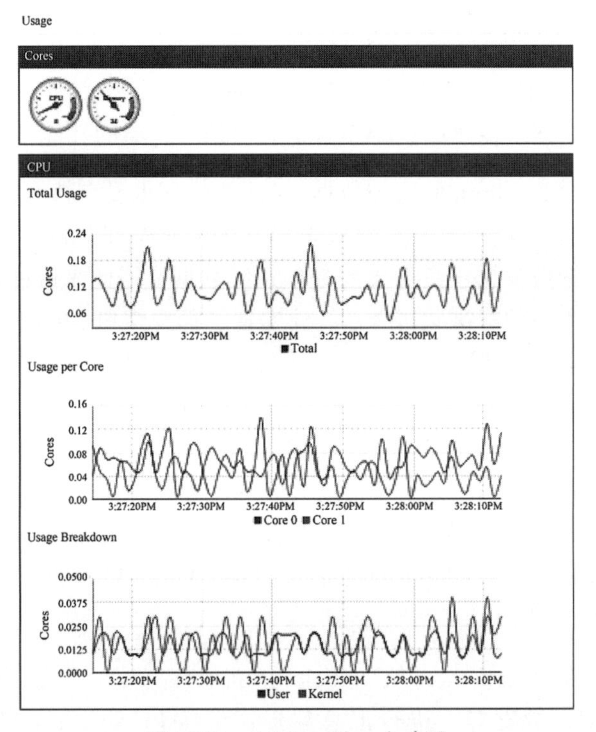

图 7.12 cAdvisor 的一个截图

kubelet 通过 cAdvisor 获取基础的性能指标数据后，再通过自己的性能指标 API 对外提供服务，默认在 10250 端口上开启了性能指标 API 服务（/metrics/resource 与/stats）。想要访问这个服务，就需要经过认证授权，我们可以通过下面的命令来访问这个 API，注意替换下面的地址为你的 Node 地址：

```
# kubelet get --raw https://192.168.8.3:10250/metrics
```

另一种访问方式是通过 API Server 代理的接口来访问：

```
# kubelet get --raw /api/v1/nodes/192.168.18.3/proxy/metrics
```

在默认情况下，kubelet 使用内嵌的 cAdvisor 获取 Node 的性能指标数据，包括 Pod 和容器的指标数据，此外，也可以直接通过容器运行时接口（CRI）获取 Pod 和容器的指标数据，条件如下。

◎ 开启 PodAndContainerStatsFromCRI 特性，Kubernetes v1.23 Alpha 版本；
◎ CRI 支持统计访问（containerd 版本为 v1.6.0 以上，CRI-O 版本为 v1.23.0 以上）。

通过 CRI 直接获取 Pod 和容器的性能数据的优势如下。

◎ 提升性能，不用通过 kubelet 再次进行聚合。

◎ kubelet 与 CRI 进一步解耦，cAdvisor 无须处理容器的性能指标。

cAdvisor 只能提供 2 ~ 3min 的监控数据，对性能数据也没有持久化，因此在 Kubernetes 的早期版本中需要依靠 Heapster 来实现在集群范围内对全部容器性能指标的采集和查询功能。考虑到性能指标数据属于最重要的基础运维数据，因此 Kubernetes 从 v1.8 版本开始启动性能指标数据服务的标准化进程，设计实现了标准接口 Metrics API，对外提供性能指标查询服务。Metrics API 属于 API Server 的官方扩展 API，由单独的 Metrics Server 组件提供服务，因此 Metrics Server 也可以被看作 API Server 的扩展服务器。Metrics Server 直接从 kubelet 提供的性能指标 API 来获取数据，因此，cAdvisor 在 4194 端口提供的 UI 和 API 服务从 Kubernetes v1.10 版本开始进入弃用流程，并于 v 1.12 版本时被完全关闭。如果想要使用 cAdvisor 的这个特性，则从 v1.13 版本开始可以通过部署一个 DaemonSet，并在每个 Node 上都启动一个 cAdvisor 来额外提供 UI 和 API 服务，具体请参考 cAdvisor 在 GitHub 上的说明。

如图 7.13 所示，Metrics Server 从 kubelet 中获取性能度量数据，包括 Node、Pod、容器的 CPU 和内存使用数据等，进行汇总后提供给 API Server。API Server 再提供给 Horizontal Pod Autoscaler（HPA）与 Vertical Pod Autoscaler（VPA）等控制器，实现 Kubernetes 的自动伸缩功能。同时，kubectl 通过 Metrics API 实现了 top 子命令，可以方便地查看集群中 Node 和 Pod 的资源利用率指标，以便调试 HPA 和 VPA 的功能。需要注意的是，Metrics Server 以实现 Kubernetes 的自动伸缩功能为目标，而不是用于实现监控。如果是后者，则可以直接通过 kubelet 自己提供的性能指标 API 访问数据。

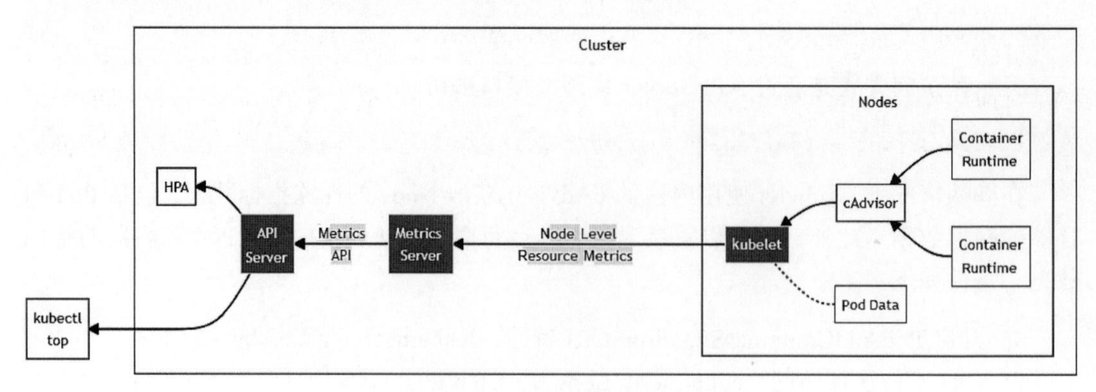

图 7.13　kubelet 性能数据采集 pipeline

总结如下。

◎ cAdvisor 负责采集 Node 上的性能数据，如果具备条件，则 CRI 可以分担 Pod 和容器的性能指标数据采集任务。
◎ kubelet 将采集到的数据进行简单汇总后，通过自己的性能指标 API 对外提供服务（/metrics/resource 与/stats），第三方性能监控系统主要通过这个接口采集性能指标数据。
◎ API Server 通过 Proxy 代理的方式把 kubelet 的性能指标 API 公开给第三方，但是使用场景不多。
◎ Metrics API 是 API Server 的扩展 API，需要安装配套的 Metrics Server 才能提供服务。Metrics API 是 Kubernetes 真正的性能指标数据 API，其主要目标是实现 Kubernetes 的自动伸缩功能。

7.1.4　容器运行时管理

kubelet 负责本 Node 上所有 Pod 的全生命周期管理，包括相关容器的创建和销毁。容器的创建和销毁的代码不属于 Kubernetes 的代码范畴，比如 Docker 容器引擎就属于 Docker 公司的产品，所以 kubelet 需要通过某种进程间的调用方式（如 gRPC）来实现与 Docker 容器引擎之间的调用控制。在说明其原理和工作机制之前，我们首先要理解一个重要的概念——Container Runtime（容器运行时）。

容器这个概念是早于 Docker 出现的，容器技术最早来自 Linux，所以又被称为“Linux Container”。LXC 是一个 Linux 容器的工具集，也是真正意义上的一个容器运行时，它的作用就是将用户的进程包装成一个 Linux 容器并启动运行。Docker 一开始就使用了 LXC 的项目代码作为容器运行时来运行容器，但从 v0.9 版本开始被 Docker 公司自研的新一代容器运行时 Libcontainer 所取代，再后来，Libcontainer 的代码被改名为“runC”，并被 Docker 公司捐赠给了 OCI（The Open Container Initiative，开放容器计划）组织，成为 OCI 组织的第一个标准参考实现。

OCI 组织标准化了容器工具和底层实现之间的大量接口，制定了容器镜像（OCI image-spec）和容器运行时的标准规范（OCI runtime-spec）。runC 这个被普遍使用的开源容器运行时项目也是 OCI 组织维护的第一个真正意义上符合 OCI runtime-spec 的容器运行时。runC 与 LXC 是开源的容器运行时，但它们都属于低级别的容器运行时，因为它们既不涉及容器运行时所依赖的镜像操作功能，比如拉取镜像，也没有对外提远程供编程接口以方便其他应用集成，所以谷歌一边通过早已成熟的 Docker 的 API 来驱动容器，另一边为了摆脱私有化的 Docker 的限制，在 OCI image-spec 和 runtime-spec 这些底层规范上，于 2016 年设计提出了一套高级别容器运行时的规范接口 CRI 来对接 OCI runtime 标准的容器运行时，以方便更多的标准底层容器运行时加入 Kubernetes 的版图。

CRI 的全称是 Container Runtime Interface，简单来说就是参考 Docker 的 API 设计的一套基于 gRPC 的标准接口规范，该规范提供了镜像拉取及运行和管理容器的 CRUD 接口。cri-o 是第一个符合 CRI 的高级容器运行时，它是由 Red Hat 发起、开源，并且由 CNCF 社区负责维护的项目，也是 Kubernetes 的“嫡系”。与此同时，随着 Kubernetes 生态圈的影响越来越大，Docker 为了更好地融入 Kubernetes 生态圈，于 2016 年开源了自己的核心组件 containerd，并把它捐献给了 CNCF 社区。containerd 的特性如下。

◎ 支持 OCI 的镜像标准。
◎ 支持 OCI 标准的容器运行时。
◎ 提供镜像的推送和拉取功能。
◎ 提供容器运行时全生命周期管理。
◎ 支持多租户的镜像存储。
◎ 提供网络管理及网络命名空间管理。

从 Docker v1.11 版本开始，Docker 容器运行就不是简单地通过 Docker Daemon 来启动了，而是通过集成 containerd、containerd-shim（containerd 对接 runC 的适配器）、runC 等多个组件共同完成。因此，containerd 一经开源，就成为当时功能上最接近 CRI 要求的、最成熟稳定的一个开源的高级容器运行时实现。但是 containerd 并没有遵循谷歌的 CRI 规范，并且 Docker 没有在自家的 Docker 产品中增加 CRI 规范的适配，导致了后来 Kubernetes 与 Docker 彻底地分道扬镳。由于 containerd 并没有实现 CRI 规范，因此当 containerd 于 2017 年 3 月进入 CNCF 之后，开源社区就给 containerd 增加了 cri-containerd 适配器，它是一个符合 CRI 规范的实现，可以直接驱动 containerd 来对接 Kubernetes。

2020 年 12 月，Kubernetes v1.20 版本官宣弃用 Docker。其实准确的说法是 Kubernetes 宣布弃用 dockershim。dockershim 又是怎么回事？看了图 7.14 所示的 Kubernetes 中的容器运行时架构图就好理解了。

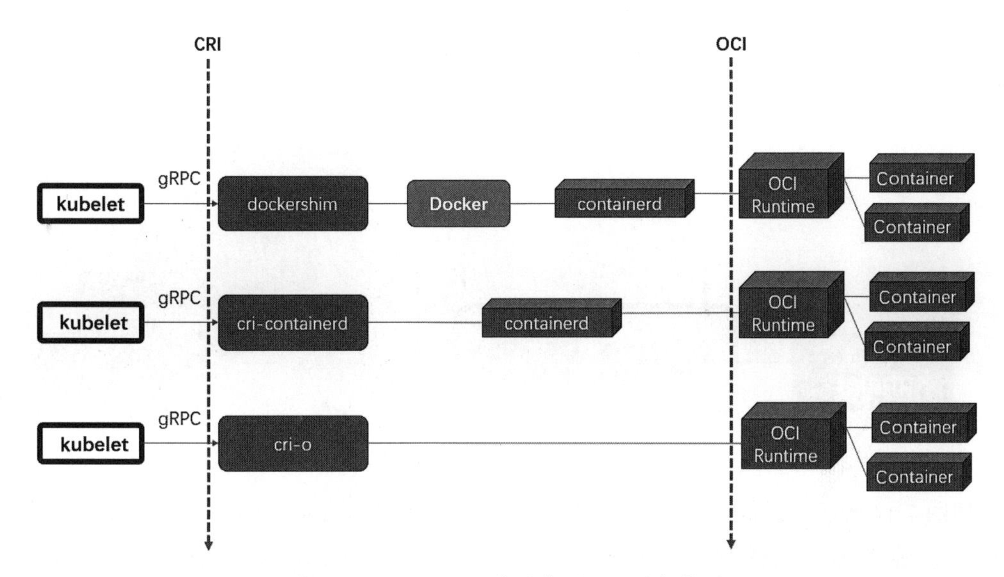

图 7.14　Kubernetes 中的容器运行时架构图

从图 7.14 中我们可以看到，Kubernetes 层以不同方式对接了三种（高级）容器运行时 CRI，它们的区别在于处理 CRI 规范时各有各的不同。

◎ 通过 dokcershim 对接 Docker。

◎ 通过 cri-containerd 对接 containerd。

◎ 直接使用 cri-o 容器运行时。

在此之前，Docker 曾是容器技术最主流也是最权威的存在，虽然 Docker 一直拒绝实现 CRI 规范，但是 Kuberentes 仍然需要 Docker，因此 Kuberentes 开发了一个叫作 dockershim 的临时的兼容组件来适配 Docker 的接口。dockershim 是由 Kuberentes 开源社区开发和维护的，与具体的 Docker 版本对应，所以每次 Docker 发布新的 Release，Kuberentes 开源社区都需要组织人力快速地更新维护 dockershim，这种尴尬的被动合作在很大程度上消耗了 Kuberentes 开源社区的热情，同时 Docker 作为一个独立的产品，也过于庞大。随着 containerd 的成熟，以及涌现出的更多符合 CRI 规范的第三方容器运行时，Kuberentes 去 Docker 化的时机也到来了，于是 Kubernetes v1.20 版本正式官宣，取消 dockershim，直接对接 containerd 和第三方符合 CRI 规范的容器运行时。这种方式的调用链路更加简捷，稳定性更好，性能更优，随后 Kubernetes v1.24 版本就彻底删除了 dockershim 代码。

其实 Kubernetes 早在 v1.5 版本中就引入了 CRI 规范，如图 7.15 所示。在引入 CRI 规范后，kubelet 就可以通过 CRI 插件来实现容器的全生命周期控制了。不同厂家的容器运行时只需实现对应的 CRI 插件代码即可，Kubernetes 无须重新编译就可以使用更多的容器运行时。

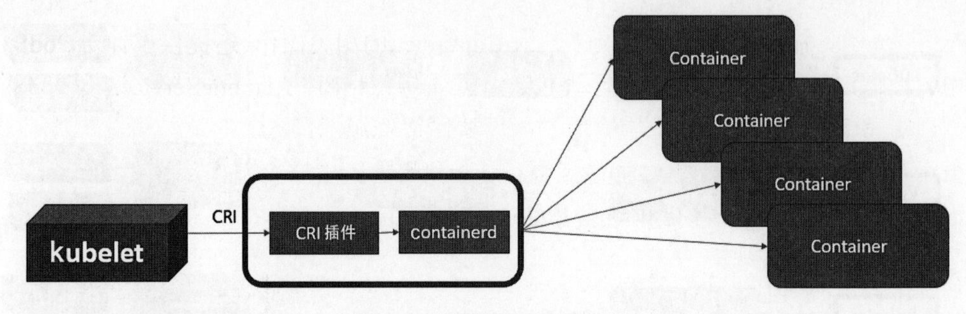

图 7.15　CRI 规范示意图

如图 7.16 所示，containerd 在 v1.0 版本中采用了外部的 cri-containerd 进程来适配 CRI，而在 v 1.1 版本后直接将 cri-containerd 内置在 containerd 中，简化成为一个 CRI 插件，此时的 containerd 架构与 cri-o 就很接近了。

除了 containerd，还有类似的其他一些高层容器运行时也都是在 runC 的基础上发展而来的，目前比较流行的有 Red Hat 开源的 cri-o、openEuler 社区开源的 iSula 等。这些容器运行时还有另外一个共同特点，即都实现了 Kubernetes 提出的 CRI 规范，可以直接接入 Kubernetes 中。

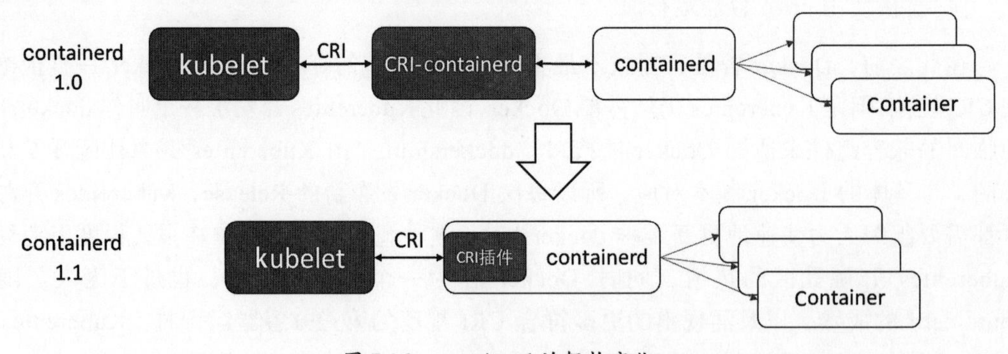

图 7.16　containerd 的架构变化

如图 7.17 所示，CRI 规范主要定义了两个 gRPC 接口服务：ImageService 和 RuntimeService。其中，ImageService 提供了从仓库拉取镜像、查看和移除镜像的功能；RuntimeService 则负责实现 Pod 和容器的生命周期管理，以及与容器的交互（exec/attach/port-forward）。

Pod 由一组应用容器组成，其中包括共有的环境和资源约束，这个环境在 CRI 里被称为“PodSandbox”。容器运行时可以根据自己的内部实现来解释和实现自己的 PodSandbox，比如对于 Hypervisor 这种容器运行时引擎，会把 PodSandbox 实现为一个虚拟机。因此，RuntimeService 服务接口除了提供了针对 Container 的相关操作，还提供了针对 PodSandbox 的相关操作以供 kubelet 调用。在启动 Pod 之前，kubelet 调用 RuntimeService.RunPodSandbox 来创建 Pod 环境，这一过程也包括为 Pod 设置网络资源（分配 IP 地址等操作）。PodSandbox 在被激活之后，可以独立地创建、启动、停止和删除与用户业务相关的 Container。当 Pod 被销毁时，kubelet 会在停止和删除 PodSandbox 之前先停止和删除其中的 Container。

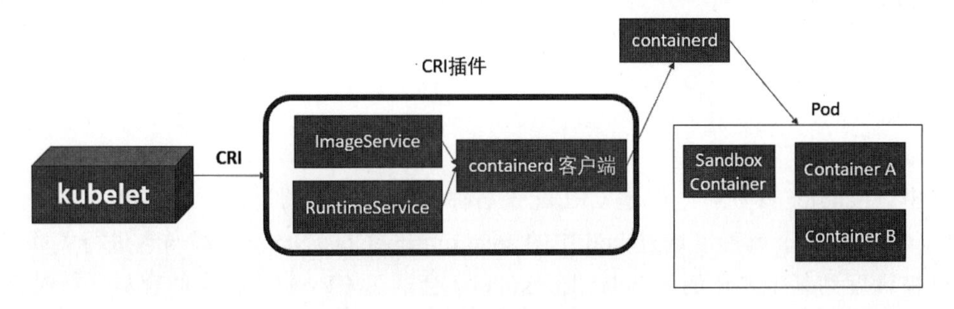

图 7.17　CRI 规范的工作原理

containerd 的架构图如图 7.18 所示，containerd 内置的 CRI 插件实现了 kubelet CRI 中的 ImageService 和 RuntimeService。在接口收到调用请求后，再转给自身内部的相关接口来处理。containerd 与底层 runC 的对接则是通过 containerd shim 实现的，每启动一个容器，就会创建一个新的 containerd shim 对应该容器。同时，containerd 通过 CNI 插件实现了 Pod 的配置网络功能。

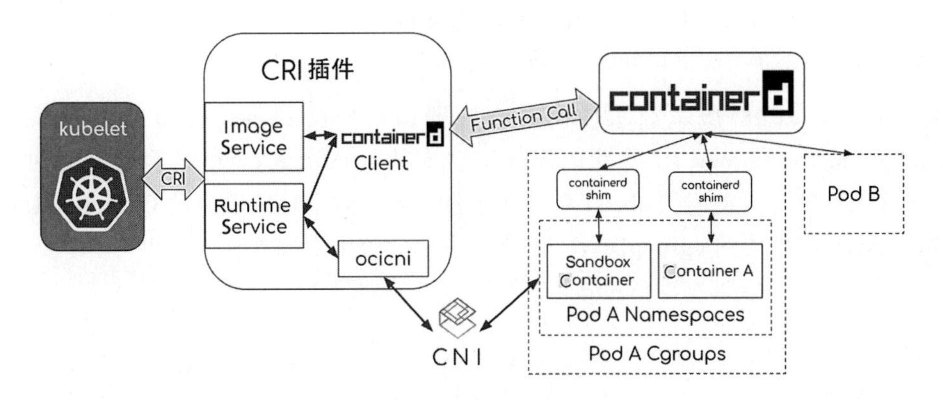

图 7.18　containerd 的架构图

本节最后介绍与容器运行时相关的另外一个重要概念——RuntimeClass。

随着 CRI 机制的成熟及第三方容器运行时的不断涌现，用户有了新的需求：在一个 Kubernetes 集群中配置并启用多种容器运行时。不同类型的 Pod 可以选择不同特性的容器运行时，以实现资源占用、性能、稳定性等方面的优化，这就是 RuntimeClass 出现的背景。Kubernetes 从 v1.12 版本开始引入 RuntimeClass，用于在启动容器时选择特定的容器运行时，到 Kubernetes v1.20 版本时，RuntimeClass 成为稳定版，以下面的 RuntimeClass 为例：

```
apiVersion: node.k8s.io/v1
kind: RuntimeClass
metadata:
  name: myclass
handler: myconfiguration
scheduling: *Scheduling
overhead: *Overhead
```

其中，handler 参数对应的是 CRI 配置名称，指定了容器运行时的类型。一旦创建好 RuntimeClass 资源，就可以通过 Pod 中的 spec.runtimeClassName 字段与它进行关联。当目标 Pod 被调度到某个具体的 kubelet 时，kubelet 会通过 CRI 调用指定的容器运行时来运行该 Pod。如果指定的 RuntimeClass 不存在，无法运行相应的容器运行时，那么 Pod 会进入 Failed 阶段。

在 Node 上运行 Pod 时，除了 Pod 中的容器会占用一定的系统资源，Pod 本身也会占用一定的系统资源，这部分资源就是额外（overhead）资源，相对固定，但是不同的容器运行时的开销不同，于是，RuntimeClass 增加了 overhead 属性，用来明确每个 Pod 的额外资源占用情况。当 kube-scheduler 决定在某个 Node 调度上运行新的 Pod 时，调度器会兼顾该 Pod 的额外资源及该 Pod 的容器请求总量进行调度，RuntimeClass 的 overhead 属性在 Kubernetes v1.24 版本中达到 Stable 阶段。

Kubernetes v1.28 版本要求使用符合容器运行时接口的标准运行时，同时启用 KubeletCgroupDriverFromCRI 特性门控，结合支持 RuntimeConfig 的容器运行时（比如 containerd v2.0 版本），此时，kubelet 会自动从容器运行时中检测适当的 Cgroups 驱动程序，并忽略 kubelet 配置中的 cgroupDriver 设置，进一步简化了配置。

7.2 kube-proxy 运行机制解析

为了支持集群的水平扩展和高可用，Kubernetes 抽象出了 Service 的概念。Service 是对一组 Pod 的抽象，它会根据访问策略（如负载均衡策略）来访问这组 Pod。

Kubernetes 在创建服务时会为服务分配一个虚拟 IP 地址，客户端通过访问这个虚拟 IP 地址来访问服务，服务则负责将请求转发到后端的 Pod 上，这其实就是一个反向代理。但与普通的反向代理不同，它的 IP 地址是虚拟的，若想从外面访问，则还需要一些技巧。另外，它的部署和启动、停止是由 Kubernetes 统一自动管理的。在很多情况下，Service 只是一个概念，真正落实 Service 作用的是它背后的 kube-proxy。只有理解了 kube-proxy 的原理和运行机制，我们才能真正理解 Service 的实现逻辑。

在 Kubernetes 集群的每个 Node 上都运行着一个 kube-proxy 服务进程，我们可以把这个进程看作 Service 的透明代理兼负载均衡器，其核心功能是将某个 Service 上的访问请求转发到后端的多个 Pod 上。kube-proxy 在运行过程中通过 serviceEventHandler 和 endpointsEventHandler 监听 Service 与 EndpointSlice（当关闭 EndpointSlice 特性时，监听的就是 Endpoint）两类资源对象的变化，实现从 Service 虚拟地址到具体 Pod 的 Endpoint 之间的路由转发和负载均衡。

从 Kubernetes 诞生至今，kube-proxy 采用的代理机制发生了很大变化，从最初一代的用户空间的纯代理机制到基于 iptables 的委托代理机制，再到用 Linux 专用的 IP Virtual Server 代理机制，无论性能、规模还是稳定性，都得到了极大提升。

7.2.1 第一代 Proxy

起初，kube-proxy 是一个真实的 TCP/UDP 代理，类似于 HAProxy，负责转发从 Service 到 Pod 的访问流量，这被称为“userspace”（用户空间代理）模式。如图 7.19 所示，当某个客户端 Pod 以 Cluster IP 地址访问某个 Service 时，这个流量就被 Pod 所在 Node 的 iptables 规则转发给 kube-proxy，由 kube-proxy 建立到后端 Pod 的 TCP/UDP 连接，之后将请求转发到后端的某个 Pod 上，并在这个过程中实现负载均衡。

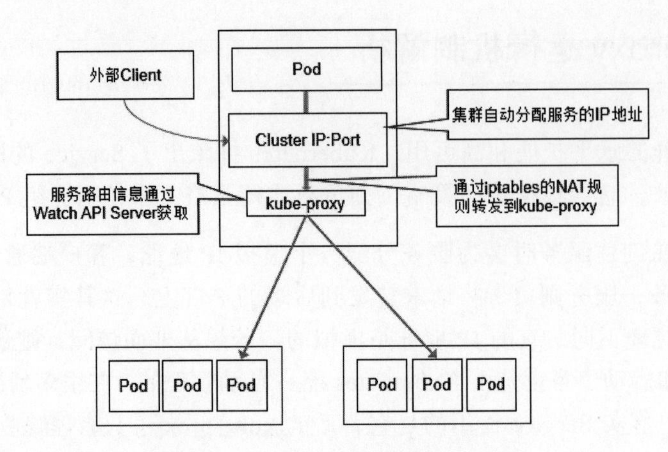

图 7.19　Service 的负载均衡转发规则

kube-proxy 的工作原理示意图如图 7.20 所示，由于这是已淘汰的 kube-proxy 的实现方式，所以不再赘述。

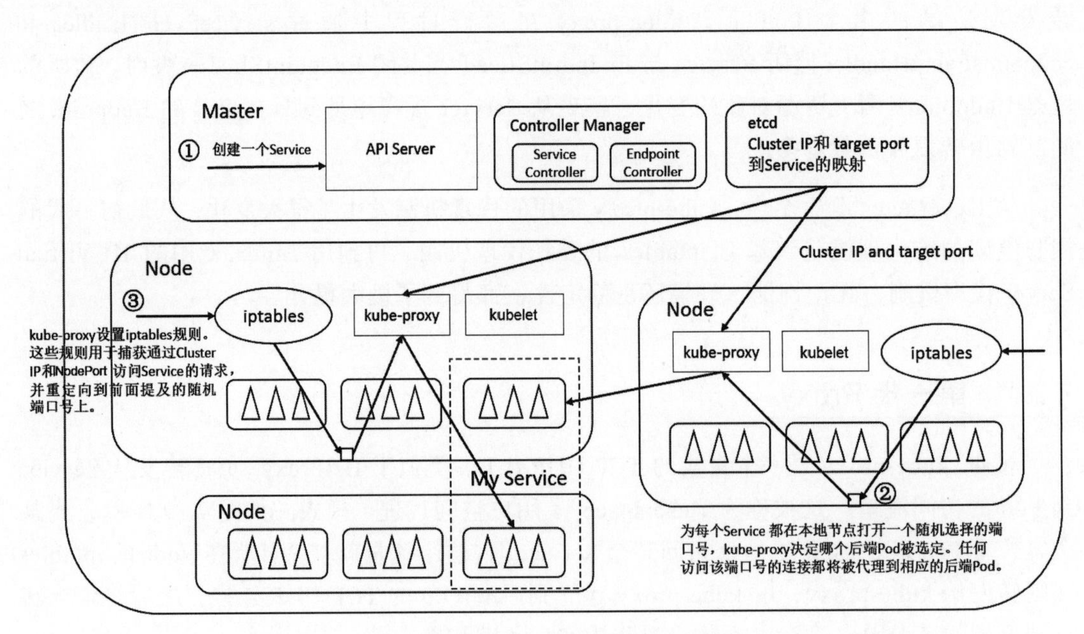

图 7.20　kube-proxy 的工作原理示意图

此外，Service 的 Cluster IP 与 NodePort 等概念是 kube-proxy 服务通过 iptables 的 NAT 规则实现的。kube-proxy 在运行过程中动态地创建与 Service 相关的 iptables 规则，这些规则实现了将访问服务（Cluster IP 或 NodePort）的请求负载分发到后端 Pod 的功能。由于 iptables

针对的是本地的 kube-proxy 端口，所以在每个 Node 上都要运行 kube-proxy 组件，这样一来，在 Kubernetes 集群内部，我们可以在任意 Node 上发起对 Service 的访问请求。综上所述，由于有了 kube-proxy，客户端在 Service 调用过程中无须关心后端有几个 Pod，中间过程的通信、负载均衡及故障恢复对用户来说都是不可见的。

7.2.2 第二代 Proxy

从 v1.2 版本开始，Kubernetes 将 iptables 作为 kube-proxy 的默认模式，iptables 模式的工作原理示意图如图 7.21 所示，iptables 模式下的第二代 kube-proxy 不再起到数据层面的 Proxy 的作用，Client 向 Service 的请求流量通过 iptables 的 NAT 规则直接发送到目标 Pod，不经过 kube-proxy 的转发，kube-proxy 只承担了控制层面的功能，即通过 API Server 的 Watch 接口实时跟踪 Service 与 Endpoint 的变更信息，并更新 Node 上相应的 iptables 规则。

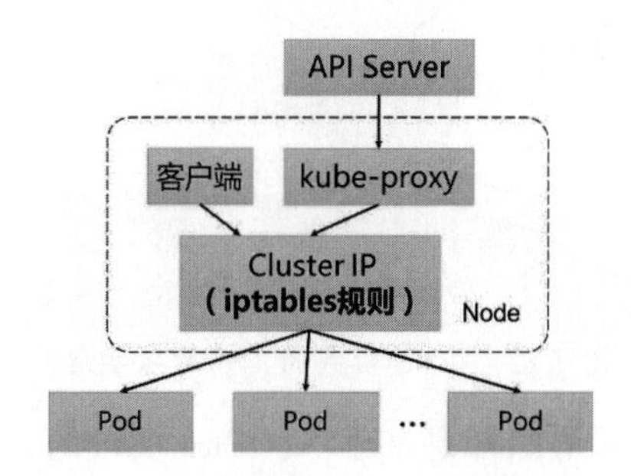

图 7.21　iptable 模式的工作原理示意图

根据 Kubernetes 的网络模型，一个 Node 上的 Pod 与其他 Node 上的 Pod 应该能够直接建立双向的 TCP/IP 通信通道，如果直接修改 iptables 规则，也可以实现 kube-proxy 的功能，只不过后者更加高端，因为是全自动模式的。与第一代的 userspace 模式相比，iptables 模式完全工作在内核态，无须经过用户态的 kube-proxy 中转，因而性能更强。

kube-proxy 针对 Service 和 Pod 创建的一些主要 iptables 规则如下。

◎ KUBE-CLUSTER-IP：在 masquerade-all=true 或 ClusterCIDR 被指定的情况下对 Service Cluster IP 地址进行伪装，以解决数据包欺骗问题。

◎ KUBE-EXTERNAL-IP：将数据包伪装成 Service 的外部 IP 地址。

◎ KUBE-LOAD-BALANCER、KUBE-LOAD-BALANCER-LOCAL：伪装 Load Balancer 类型的 Service 流量。

◎ KUBE-NODE-PORT-TCP、KUBE-NODE-PORT-LOCAL-TCP、KUBE-NODE-PORT-UDP、KUBE-NODE-PORT-LOCAL-UDP：伪装 NodePort 类型的 Service 流量。

7.2.3　第三代 Proxy

Iptables 模式实现起来虽然简单，性能也提升很多，但存在固有缺陷：当集群中的 Service 和 Pod 大量增加时，每个 Node 上的 iptables 规则数量会急速膨胀，导致网络性能显著下降，在某些极端情况下，甚至会出现规则丢失的情况，并且这种故障难以重现与排查。于是 Kubernetes 从 v1.8 版本开始引入 IPVS（IP Virtual Server）模式，IPVS 模式的工作原理示意图如图 7.22 所示。IPVS 模式在 Kubernetes v1.11 版本中更新为 GA 稳定版本。

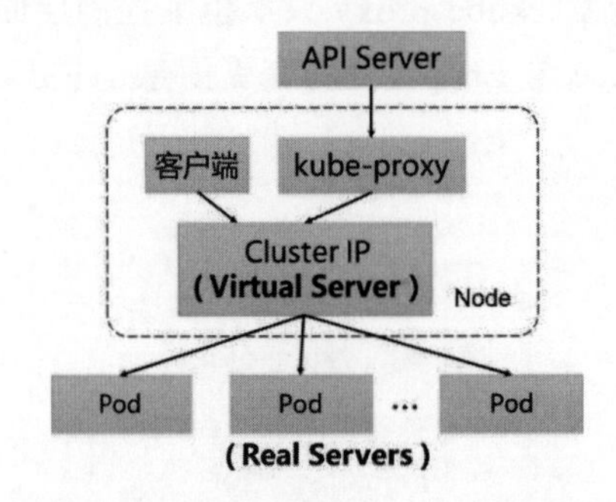

图 7.22　IPVS 模式的工作原理示意图

iptables 模式与 IPVS 模式虽然都是基于 Netfilter 实现的，但因为定位不同，二者有着本质的差别：iptables 模式是为防火墙设计的；IPVS 模式专门用于高性能负载均衡，并使用更高效的数据结构（哈希表），几乎允许无限的规模扩张，因此被 kube-proxy 采纳为第三代模式。

与 iptables 模式相比，IPVS 模式拥有以下明显优势。

◎ 为大型集群提供了更好的可扩展性和性能。
◎ 支持比 iptables 模式更复杂的负载均衡算法（最小负载、最少连接、加权等）。
◎ 支持服务器健康检查和连接重试等功能。
◎ 可以动态修改 ipset 的集合，即使 iptables 规则正在使用这个集合。

由于 IPVS 模式无法提供包过滤、airpin-masquerade tricks（地址伪装）、SNAT 等功能，因此在某些场景（如 NodePort 的实现）下要与 iptables 模式搭配使用。在 IPVS 模式下，kube-proxy 又做了重要的更新，即使用 iptables 模式的扩展 ipset，而不是直接调用 iptables

模式来生成规则链。

iptables 规则链是一个线性数据结构，ipset 则引入了带索引的数据结构，因此当规则很多时，ipset 也可以高效地查找和匹配。我们可以将 ipset 简单地理解为是一个 IP 地址段的集合，这个集合的内容可以是 IP 地址、IP 地址网段、端口等，iptables 可以直接添加规则对这个“可变的集合”进行操作，这样做的好处是大大减少了 iptables 规则的数量，减少了性能损耗。假设要禁止上万个 IP 地址访问我们的服务器，如果使用 iptables，则需要一条一条地添加规则，而这会在 iptables 中生成大量的规则；但是如果使用 ipset，就只需将相关的 IP 地址网段加入 ipset 集合即可，这样只需设置少量的 iptables 规则。

7.3 Kubernetes 中的垃圾回收机制

Kubernetes 作为一个融合了资源管理和容器调度的复杂自动控制系统，涉及众多资源数据的垃圾回收问题，具体如下。

（1）结束的 Pod 对象。

（2）完结的 Job 对象。

（3）无主对象，这类对象原来的 Owner 不存在了。

（4）不再使用的容器和镜像。

（5）不再使用的动态创建的 PV 对象，它们对应的 StorageClass 声明了回收策略为 Delete。

（6）下列场景中被删除的 Node。

◎ 使用 Cloud Controller Manager 的集群，一般是公有云集群。
◎ 采用了类似 Cloud Controller Manager 插件的自有云集群。

（7）Node Lease 对象。

7.3.1 Pod 对象的垃圾回收

对于阶段为 Failed 的 Pod，对应的容器虽然已经停止，但是其资源对象仍然存储在 API Server 中，只能被 Pod 控制器自动删除或被运维人员手动删除。如果该 Pod 不受任何控制器管理，则只能通过运维人员手动删除。

此外，为了避免在系统运行过程中终结的 Pod（阶段为 Failed 和 Succeeded）越积越多，kube-controller-manager 中有一个名为“PodGC”的组件专门负责自动清理“垃圾类”的 Pod，这些“垃圾类”的 Pod 具体如下。

◎ 孤儿 Pod，即它们绑定的 Node 已经不存在。
◎ 未调度就结束的 Pod。
◎ 终结中的 Pod，这类 Pod 满足这样一个条件：它们被绑定到一个 NotReady 的 Node，该 Node 有一个污点 node.kubernetes.io/out-of-service，并且 NodeOutOfServiceVolumeDetach 特性门控被开启。

对于孤儿 Pod，如果它们的阶段不是终结阶段，则 PodGC 会把它们设置为 Failed。此外，如果集群开启了 PodDisruptionConditions 特性门控，则当 PodGC 清理垃圾 Pod 时，会给目标 Pod 增加一个值为 DeletionByPodGC 的 Pod DisruptionTarget Condition，表明该 Pod 是因为垃圾回收而被删除的。

PodGC 什么时候开始执行 Pod 清理工作呢？答案是当集群中的垃圾 Pod 超过 kube-controller-manager 参数设置的 --terminated-pod-gc-threshold 值时，它的默认值是 12500。

7.3.2　Job 对象的垃圾回收

在 Kubernetes v1.23 版本中，Job 对象的垃圾清理功能正式达到 Stable 阶段。

为了避免一个数据报文在互联网中被无限转发，每个 IP 报文都被添加了一个名为“TTL”（Time To Live）的属性，报文 TTL 的建议值为 64，最大值为 255。一个路由器转发报文一次，就会把该报文中的 TTL 减 1，当 TTL 变为 0 时，这个报文的生命周期就终结了，报文会被抛弃。与报文的 TTL 机制类似，Kubernetes 也采用了 TTL 机制来限制 Job 对象的生命周期。

采用 TTL 机制来限制 Job 对象的生命周期的做法很简单，首先在 Job 对象的 .spec.ttlSecondsAfterFinished 属性中设置合理的过期时间，然后 Kubernetes TTL Controller 会等待 Job 对象的 TTL 时间结束，并自动回收该 Job 对象。例如，当 Job 对象结束后再等待 100s，此 Job 对象就可以被回收了：

```
apiVersion: batch/v1
kind: Job
metadata:
  name: pi-with-ttl
spec:
  ttlSecondsAfterFinished: 100
  template:
    spec:
      containers:
      - name: pi
        image: perl:5.34.0
        command: ["perl", "-Mbignum=bpi", "-wle", "print bpi(2000)"]
      restartPolicy: Never
```

7.3.3　无主对象的垃圾回收

Kubernetes 中的很多对象都具有所属关系，即一个对象属于另外一个对象，对象的 Owner 属性显示了 Kubernetes 控制层和其他关注者的依赖关系，同时给了删除对象及其所关联对象的机会。

在正常情况下，Kubernetes 会根据对象之间的关联关系，实现关联性删除操作（cascading deletion）。但是，有一些特殊情况会导致某些对象的 Owner 属性被删除，使得这些对象变成无主对象。比如，你删除了一个 ReplicaSet 对象，那么它所关联的 Pod 此时就变成了下面的命令，导致 Deployment 关联的 Pod 成为无主对象：

```
# kubectl delete deployment nginx-deployment --cascade=orphan
```

Kubernetes 会检查并自动删除这些无主对象，以完成垃圾回收。

在集群范畴（cluster-scoped）的属主依赖关系中，Owner 字段只能作用于集群范畴的对象，如果被设置为命名空间范畴的对象，则会被认为是无法解析的 Owner 引用，因此无法被垃圾回收。此外，如果垃圾回收器发现一个无效的跨命名空间的 Owner 对象引用，则会报告 OwnerRefInvalidNamespace 或 involvedObject 错误信息，我们可以通过下面的命令来查找这种错误：

```
# kubectl get events -A --field-selector=reason=OwnerRefInvalidNamespace
```

此外，Kubernetes Finalizer 也可用于控制具有关联关系的对象之间的删除和垃圾清理工作。

7.3.4　容器和镜像的垃圾回收

kubelet 进程负责清理容器和镜像垃圾，默认频率如下。

◎ 每两分钟清理一次镜像垃圾。
◎ 每一分钟清理一次容器垃圾。

需要注意的是，不建议使用外部的清理工具，以免影响 kubelet 的自动清理功能。当 kubelet 清理容器和镜像垃圾时，会关注以下两个指标。

◎ HighThresholdPercent 阈值。
◎ LowThresholdPercent 阈值。

当磁盘的使用率超过 HighThresholdPercent 阈值时会触发垃圾回收动作，kubelet 会优先删除最近最少使用的镜像，直到磁盘使用率达到 LowThresholdPercent 阈值。Kubernetes 从 v1.29 版本开始引入了一个新特性，允许 kubelet 在磁盘空间还很充足的情况下，把一个长期未使用的镜像从本地 Node 上删除，这个新特性需要开启 ImageMaximumGCAge 特性门控，然后设置镜像过期的时长，比如三天或者一周，该过期时间参数需要在每个 kubelet 进程上单独设置，并非全局有效。

通常情况下，kubelet 会先回收“死亡”最久的容器，具体来说，kubelet 是基于下面几个参数调整容器的回收动作的。

◎ MinAge：kubelet 可回收的容器的最短生存时间，如果设置为零，则禁止回收。
◎ MaxPerPodContainer：每个 Pod 允许的最大“死亡”容器数量。
◎ MaxContainers：集群中允许的最大“死亡”容器数量。

需要注意的是，kubelet 只回收自己创建的容器，不回收其他应用创建的容器。

7.3.5　PV 对象的垃圾回收

在 Kubernetes v1.23 版本中，增加了一个 Alpha 特性：PersistentVolume deletion protection finalizer。对于那些动态创建的 PV 对象，如果它们对应的 StorageClass 声明了回收策略为 Delete，则会给它们设置一些用于“删除保护”的 Finalizer，确保只在后端存储被删除后才删除（回收）对应的 PV 对象。这些 Finalizer 具体如下。

◎ kubernetes.io/pv-controller。

◎ external-provisioner.volume.kubernetes.io/finalizer。

其中，kubernetes.io/pv-controller 是被添加在 Kubernetes 内置的 PV 对象上的（in-tree plugin volumes），示例如下：

```
    kubectl describe pv pvc-74a498d6-3929-47e8-8c02-078c1ece4d78
    Name:            pvc-74a498d6-3929-47e8-8c02-078c1ece4d78
    Labels:          <none>
    Annotations:     kubernetes.io/createdby: vsphere-volume-dynamic-provisioner
                   pv.kubernetes.io/bound-by-controller: yes
                   pv.kubernetes.io/provisioned-by: kubernetes.io/vsphere-volume
    Finalizers:      [kubernetes.io/pv-protection kubernetes.io/pv-controller]
    StorageClass:    vcp-sc
    Status:          Bound
    Claim:           default/vcp-pvc-1
    Reclaim Policy:  Delete
    Access Modes:    RWO
    VolumeMode:      Filesystem
    Capacity:        1Gi
    Node Affinity:   <none>
    Message:
    Source:
       Type:              vSphereVolume (a Persistent Disk resource in vSphere)
       VolumePath:         [vsanDatastore] d49c4a62-166f-ce12-c464-020077ba5d46/
kubernetes-dynamic-pvc-74a498d6-3929-47e8-8c02-078c1ece4d78.vmdk
       FSType:             ext4
       StoragePolicyName:  vSAN Default Storage Policy
    Events:                <none>
```

而 external-provisioner.volume.kubernetes.io/finalizer 是被添加在外部 CSI PV 对象上的，示例如下：

```
    Name:            pvc-2f0bab97-85a8-4552-8044-eb8be45cf48d
    Labels:          <none>
    Annotations:     pv.kubernetes.io/provisioned-by: csi.vsphere.vmware.com
    Finalizers:      [kubernetes.io/pv-protection
external-provisioner.volume.kubernetes.io/finalizer]
    StorageClass:    fast
    Status:          Bound
    Claim:           demo-app/nginx-logs
    Reclaim Policy:  Delete
    Access Modes:    RWO
```

```
    VolumeMode:      Filesystem
    Capacity:       200Mi
    Node Affinity:   <none>
    Message:
    Source:
        Type:            CSI (a Container Storage Interface (CSI) volume source)
        Driver:          csi.vsphere.vmware.com
        FSType:          ext4
        VolumeHandle:    44830fa8-79b4-406b-8b58-621ba25353fd
        ReadOnly:        false
        VolumeAttributes: storage.kubernetes.io/csiProvisionerIdentity=
1648442357185-8081-csi.vsphere.vmware.com
                         type=vSphere CNS Block Volume
    Events:              <none>
```

此外，当某种内置 PV 插件的 CSIMigration{provider} 特性被开启后，该内置 PV 插件创建的 Volume 会用 external-provisioner.volume.kubernetes.io/finalizer 来取代 kubernetes.io/pv-controller。

7.3.6　Node 与 Node Lease 对象的垃圾回收

在公有云、混合云中运行的 Kubernetes 集群，一般是通过 Cloud Controller Manager（或类似插件）来自动管理公有云中的 Node 的，主要功能如下。

- ◎ 更新对应的 Node 的信息。
- ◎ 给 Node 增加注解和标签，这些注解和标签与公有云基础设施相关，比如 Node 所在的 Region（区域）。
- ◎ 获取 Node 的主机名和网络地址。
- ◎ 检查和验证 Node 的健康状态。如果 Node 变为不可用，则需要通过 cloud provider 的 API 去确认该 Node 对应的 Server 服务器是否被删除或终止了。如果确认结果属实，则需要将目标 Node 从 Kubernetes 中删除。

上面的最后一个功能，其实就对应了 Kubernetes Node 的垃圾回收功能，即在 Node 对应的 Server 在公有云上被删除或终止后，该 Node 也将被 Cloud Controller Manager 自动清除。

如果 Kubernetes 集群规模很大，则大量的 Node 心跳汇报会大大加重 API Server 的负担。因为 API Server 需要更新并持久化 Node Statue 对象，而 Node Statue 对象是一个比较重的资源对象。为了解决这个问题，Kubernetes 用非常轻量级的 Node Lease 对象替代了 Node Statue 对象，实现了高性能的心跳检查和 Node 状态更新功能。每个 Node 都有一个同名的 Node Lease 对象，我们可以用下面的命令查看：

```
# kubectl -n kube-node-lease get lease
NAME                   HOLDER                 AGE
k8slab-control-plane   k8slab-control-plane   3d13h
k8slab-worker          k8slab-worker          3d13h
k8slab-worker2         k8slab-worker2         3d13h
```

Node Lease 对象的 RenewTime 表示 Node 最后一次更新的时间戳，Controller 可以用这个时间戳来判断对应的 Node 是否 Ready。

当 Node 被回收后，对应的 Node Lease 对象会被 Kubernetes 自动清除。

第 8 章 Kubernetes 运维管理基础

本章对 Kubernetes 集群的常见运维操作给出示例进行说明，包括基础集群运维、kustomize 的基础操作、Helm 的基础操作和集群监控。

8.1 基础集群运维

本节对 Kubernetes 的基础集群运维相关工作进行详细说明。

8.1.1 常用运维技巧

本节介绍集群基础运维过程中常用的系统配置方法，以及命令的使用技巧。

1. Kubernetes 系统服务的相关配置

在通过 kubeadm 安装的 Kubernetes 集群中，etcd、kube-apiserver、kube-controller-manager、kube-scheduler 等组件以静态 Pod 方式运行，其配置文件位于/etc/kubernetes/manifests 目录下：

```
# ls /etc/kubernetes/manifests/
etcd.yaml  kube-apiserver.yaml  kube-controller-manager.yaml
kube-scheduler.yaml
```

Node 上的 kubelet 服务一般被配置为 Linux 中的 Service，可以由 systemd 系统进行管理，并自动启动运行。kubelet 的默认配置文件一般位于/var/lib/kubelet 目录下，其中的 config.yam 是 kubelet 的主要配置文件：

```
# ls /var/lib/kubelet
config.yaml       device-plugins    memory_manager_state  plugins
pod-resources cpu_manager_state  kubeadm-flags.env  pki
plugins_registry  pods
```

在以二进制方式安装的 Kubernetes 集群中，一般也会把 etcd、kube-apiserver、kube-controller-manager、kube-scheduler 配置为 Linux 中的 Service，由 systemd 管理。如果不确定配置文件的路径，也可以通过 ps 命令查询其启动参数和配置文件的路径：

```
# ps -efwww | grep kube-
root      2157  2042  0 02:14 ?        00:00:12 /usr/local/bin/kube-proxy
--config=/var/lib/kube-proxy/config.conf --hostname-override=192.168.18.3
polkitd   3465  3312  0 02:15 ?        00:00:16 /usr/bin/kube-controllers
root     62166  1730  2 11:03 ?        00:08:36 kube-controller-manager
```

```
--authentication-kubeconfig=/etc/kubernetes/controller-manager.conf
--authorization-kubeconfig=/etc/kubernetes/controller-manager.conf
--bind-address=127.0.0.1 --client-ca-file=/etc/kubernetes/pki/ca.crt
--cluster-name=kubernetes --cluster-signing-cert-file=/etc/kubernetes/pki/ca.crt
--cluster-signing-key-file=/etc/kubernetes/pki/ca.key
--controllers=*,bootstrapsigner,tokencleaner
--kubeconfig=/etc/kubernetes/controller-manager.conf --leader-elect=true
--requestheader-client-ca-file=/etc/kubernetes/pki/front-proxy-ca.crt
--root-ca-file=/etc/kubernetes/pki/ca.crt
--service-account-private-key-file=/etc/kubernetes/pki/sa.key
--use-service-account-credentials=true
    root      62278   1636  0 11:03 ?        00:01:41 kube-scheduler
--authentication-kubeconfig=/etc/kubernetes/scheduler.conf
--authorization-kubeconfig=/etc/kubernetes/scheduler.conf
--bind-address=127.0.0.1 --kubeconfig=/etc/kubernetes/scheduler.conf
--leader-elect=true
```

2. kubeconfig 配置文件的使用

kubectl 命令作为客户端，需要连接 API Server，其核心配置文件为 kubeconfig，kubectl 默认读取$HOME/.kube 目录下的文件。对于在其他目录下存储的 kubeconfig 配置文件，可以通过 KUBECONFIG 环境变量或者--kubeconfig 参数配置给 kubectl 使用。例如，kubeconfig 配置文件的存储路径是/etc/kubernetes/admin.conf，在添加环境变量 KUBECONFIG 后，kubectl 命令就可以正确连接 API Server 了：

```
    # export KUBECONFIG=/etc/kubernetes/admin.conf
```

通过 kubectl config 命令也可以创建或者编辑 kubeconfig 配置文件，并通过 kubectl config view 命令显示该文件的内容。

3. 查看集群信息

通过 kubectl cluster-info 命令可以查看一些集群的基本信息，包括控制平面、DNS 服务等：

```
    # kubectl cluster-info
    Kubernetes control plane is running at https://192.168.18.3:6443
    CoreDNS is running at https://192.168.18.3:6443/api/v1/namespaces/kube-system/
services/kube-dns:dns/proxy
    To further debug and diagnose cluster problems, use 'kubectl cluster-info dump'.
```

通过 kubectl cluster-info dump 命令，可以导出当前集群中的全部配置信息，包括 Node 信息、工作负载信息、日志信息等，管理员可以基于这些信息对集群的运行状态进行监控和管理。

4. kubelet 的配置

安装好集群后，管理员需要针对各个 Node 上的 kubelet 进程进行日常维护，每个 Node 上的 kubelet 进程的参数都是不同的。这些参数主要与资源管理相关，与所在 Node 关系密切。比如，某个 Node 服务器是高配的，它能运行的 Pod 数量比低配服务器更多，在进行资源规划时，相关参数值需要设置得高一点；又如，在某个 Node 上运行了一些非容器化的关键业务，在进行资源规划时，需要合理预留这些业务将占用的资源。由于 kubelet 有很多参数在未被配置时都使用默认值，这些默认值在不同的版本中可能有所变化，所以管理员需要知道当前 Node 上 kubelet 进程的所有参数的值，这样才能确定如何调整参数及参数设置是否生效。

我们可以通过 API“/api/v1/nodes/<node-name>/proxy/configz”命令获取这些配置参数，即执行下面的命令：

```
# kubelet get --raw /api/v1/nodes/192.168.18.3/proxy/configz
```

上述命令会以 JSON 格式返回指定 Node 上 kubelet 进程的所有配置参数信息：

```
# kubelet get --raw  /api/v1/nodes/192.168.18.3/proxy/configz | python -m
json.tool
{
    "kubeletconfig": {
        "address": "0.0.0.0",
        "authentication": {
            "anonymous": {
                "enabled": false
            },
            "webhook": {
                "cacheTTL": "2m0s",
                "enabled": true
            },
            "x509": {
                "clientCAFile": "/etc/kubernetes/pki/ca.crt"
            }
        },
        "clusterDomain": "cluster.local",
```

```
......
```

另外，不建议通过命令行方式配置 Kubernetes 相关进程的参数，建议统一通过 yaml 配置文件配置 kubernetes 相关进程的参数。按照 Kubernetes 的命名规范，若想将命令行参数改为 yaml 配置文件中对应的参数，则需要修改参数名：把命令行参数单词中的“-”分隔符去掉，并以驼峰式大小写命名单词。举例如下：

- ◎ system-reserved-cgroup -> systemReservedCgroup
- ◎ max-pods -> maxPods

部分特殊的命令行参数的值是通过字符串格式模拟列表参数的，在将其替换成配置格式时，直接用列表格式即可，举例如下。

- ◎ 将参数“--kube-reserved=[cpu=500m][,][memory=1Gi]”替换成下面的配置方式：

```
kubeReserved:
  cpu: 500m
  memory: 1Gi
```

- ◎ 将参数“--eviction-hard=memory.available<100Mi,nodefs.available<500Mi”替换成下面的配置方式：

```
evictionHard:
  memory.available: 100Mi
  nodefs.available: 500Mi
```

在修改参数时，建议使用注释（井号#）保留原来的配置，以便在需要时快速回退：

```
# podPidsLimit : 500
podPidsLimit: 1000
# kubeReservedCgroup: /kubeonly
```

5. Kubernetes 资源对象类型和实例查询

可以通过 kubectl api-resources 命令查看 Kubernetes 当前支持的资源对象类型：

```
# kubectl api-resources
NAME                SHORTNAMES   APIVERSION   NAMESPACED   KIND
bindings                         v1           true         Binding
componentstatuses   cs           v1           false        ComponentStatus
configmaps          cm           v1           true         ConfigMap
endpoints           ep           v1           true         Endpoints
events              ev           v1           true         Event
```

```
limitranges        limits     v1    true     LimitRange
namespaces         ns         v1    false    Namespace
nodes              no         v1    false    Node
......
```

对于用户自定义 CRD 类型的资源对象，可以通过 kubectl get crd 命令查看目前集群中有多少 CRD 类型：

```
# kubectl get crd
NAME                                          CREATED AT
alertmanagerconfigs.monitoring.coreos.com     2023-12-07T09:35:35Z
alertmanagers.monitoring.coreos.com           2023-12-07T09:35:35Z
bgpconfigurations.crd.projectcalico.org       2023-08-18T04:32:44Z
......
```

想要知道某类 CRD 类型的资源对象有哪些对应的 CRD 实例，可用下面的命令查找：

```
# kubectl get <CRD类型名> --all-namespaces
# kubectl get servicemonitors.monitoring.coreos.com --all-namespaces
NAMESPACE    NAME                   AGE
monitoring   alertmanager-main      3d15h
monitoring   blackbox-exporter      3d15h
monitoring   coredns                3d15h
```

通常情况下，以 Operator 方式部署的应用和部分以 Helm 方式部署的应用都可以通过 CRD 定义相关配置信息，我们可以通过以上方式查找相关 CRD 实例并修改相应的参数，从而实现对这类应用的变更。

6. 查看 Secret 中的数据

Kubernetes Secret 对象经常用于存储私密数据（经过 Base64 编码），例如：

```
# kubectl get secret demo-fluentbit -o yaml
apiVersion: v1
kind: Secret
......
data:
  fluent-bit.conf: CltTRVJWSUNFXQogI....
......
```

可以用下面的命令对 Secret 保存的数据进行 Base64 解码来得到明文：

```
# kubectl get secret demo-fluentbit  -o jsonpath="{.data['fluent-bit\.conf']}"
| base64 --decode
```

7. 关于镜像拉取

在日常运维过程中，经常会出现无法拉取一些镜像的情况，此时可以通过其他镜像仓库拉取镜像，比如 RedHat 维护的 quay.io 站点也会托管许多 Kubernetes 镜像，可以先从方便访问的镜像库中拉取镜像并设置 Label。下面是常用的两个命令：

◎ ctr -n 'k8s.io' images pull <镜像名>;

◎ ctr -n 'k8s.io' images tag <源镜像名> <新镜像名>。

此外，也可以使用一些镜像加速服务。例如，daocloud 也提供了很多常见镜像库的同步代理功能，只要在原来的镜像库前增加“m.daocloude.io/”前缀，即可下载，示例代码如下：

```
cr.l5d.io -> m.daocloud.io/cr.l5d.io
docker.io -> m.daocloud.io/docker.io
gcr.io -> m.daocloud.io/gcr.io
ghcr.io -> m.daocloud.io/ghcr.io
k8s.gcr.io -> m.daocloud.io/k8s.gcr.io
registry.k8s.io -> m.daocloud.io/registry.k8s.io
nvcr.io -> m.daocloud.io/nvcr.io
quay.io -> m.daocloud.io/quay.io
```

BusyBox 镜像提供了很多 Linux 命令，这些命令对于排查 Pod 问题非常有价值，比如，在服务不可用时的 DNS 解析排查，在连接服务端口时的服务可用性排查，示例代码如下：

```
# kubectl run busybox --image=busybox --command -- sleep 3600
# kubectl exec -it busybox -- sh
```

8. 关于 kubectl proxy 和 port-forward 子命令

kubectl proxy 命令在日常运维中很常用。如果希望对外暴露部分 API Server 的 REST 服务，则可以通过在 Master 或其他 Node 上运行 kubectl proxy 进程，并启动一个内部代理来实现。在下面的例子中，kubectl proxy 进程在 8001 端口启动代理，并拒绝客户端访问 RC 的 API 路径：

```
# kubectl proxy  --reject-paths="^/api/v1/replicationcontrollers"  --port=8001
--v=2
Starting to serve on 127.0.0.1:8001
```

下面的例子为通过 kubectl 代理服务访问集群资源的方式，此处通过路径/api/v1/replicationcontrollers 来获取 replicationcontrollers 资源列表：

```
# curl -k --cert ./client.crt --key ./client.key --cacert ./ca.cert
localhost:8001/api/v1/replicationcontrollers
{
  "kind": "ReplicationControllerList",
  "apiVersion": "v1",
  "metadata": {
    "selfLink": "/api/v1/replicationcontrollers",
    "resourceVersion": "328771201"
  },
  "items": [
  ......
  ]
}
```

kubectl proxy 子命令具有很多特性，最实用的一个特性是，它能提供简单、有效的安全机制，比如，在采用白名单限制非法客户端访问时，只需增加下面这个参数即可：

```
--accept-hosts="^localhost$,^127\\.0\\.0\\.1$,^\\[::1\\]$"
```

kubectl port-forward 子命令在日常运维中也很常用。无须改变 Kubernetes Service 的定义，就可以通过 kubectl port-forward 子命令在特定的 Node 临时暴露它的某个 Service 的访问端口，从而非常方便地调试应用的服务。下面是在 Node 的 IP 地址的 4000 端口上代理转发 grafana 的服务请求的示例代码，其功能是使集群外的客户端可以通过 192.168.18.3:4000 地址访问 grafana 的服务。

```
# kubectl --namespace monitoring port-forward svc/grafana 4000:3000 --address
'192.168.18.3'
Forwarding from 193.168.18.11:4000 -> 3000
```

9. 关于 Label 设置的技巧

Label 是 Kubernetes 中的一个核心概念，可以为不同的资源对象设置各种 Label 以建立各种关联关系。例如，用于设置 Pod 与 Service 的对应关系、Pod 与调度目标 Node 的关系等，因此需要经常为各种资源设置 Label。

对于正在运行的资源对象，可以通过 kubectl label 命令进行增加、修改、删除 Label 等操作，同时不影响资源对象的运行，示例如下。

（1）给已创建的 Pod “redis-master-bobr0” 添加一个 Label “role=backend”：

```
# kubectl label pod redis-master-bobr0 role=backend
pod/redis-master-bobr0 labeled
```

（2）查看该 Pod 的 Label，以参数“-L”设置需要显示的 Label：

```
# kubectl get pods -L role
NAME                 READY   STATUS    RESTARTS   AGE      ROLE
redis-master-bobr0   1/1     Running   0          3m       backend
```

（3）删除一个 Label，只需在命令行的最后指定 Label Key 名，并与一个减号相连即可：

```
# kubectl label pod redis-master-bobr0 role-
pod/redis-master-bobr0 labeled
```

（4）修改一个 Label 的值，与设置的命令相同，再加上“--overwrite”参数：

```
# kubectl label pod redis-master-bobr0 role=master --overwrite
pod/redis-master-bobr0 labeled
```

8.1.2　Node 的运维管理

本节介绍一些常用的 Label 运维管理的内容，包括 Label 扩缩容、Node 隔离与恢复、清空 Node 的操作、通过 Eviction API 驱逐 Pod 等。

1. Label 扩缩容

在实际的生产系统中经常会出现服务器容量不足的情况，这时就需要购买新的服务器，将应用系统进行水平扩展来完成对系统的扩容。

在 Kubernetes 集群中，加入一个新 Node 是比较容易的。

如果集群是用 kubeadm 安装的，则在新 Node 上安装好 kubeadm、kubelet 和容器运行时等相关服务，然后执行 kubeadm join 命令，携带正确的 token 信息（如 kebeadm init 操作后提示的 token），即可以方便地将新 Node 加入集群：

```
node:~# kubeadm join 192.168.18.3:6443 --token abcdef.0123456789abcdef \
    --discovery-token-ca-cert-hash
sha256:ea37964dc96f76f3e658b27ffdc220f60ced82de387aafd8effafe9618f5e6cb
```

如果以二进制方式安装，就需要先在新的 Node 上安装容器运行时、kubelet 和 kube-proxy 服务，再配置 kubelet 和 kube-proxy 服务的启动参数，将 Master URL 指定为当前 Kubernetes 集群 Master 的地址，最后启动这些服务。通过 kubelet 服务默认的自动注册机制，新的 Node 将自动加入现有的 Kubernetes 集群中，如图 8.1 所示。

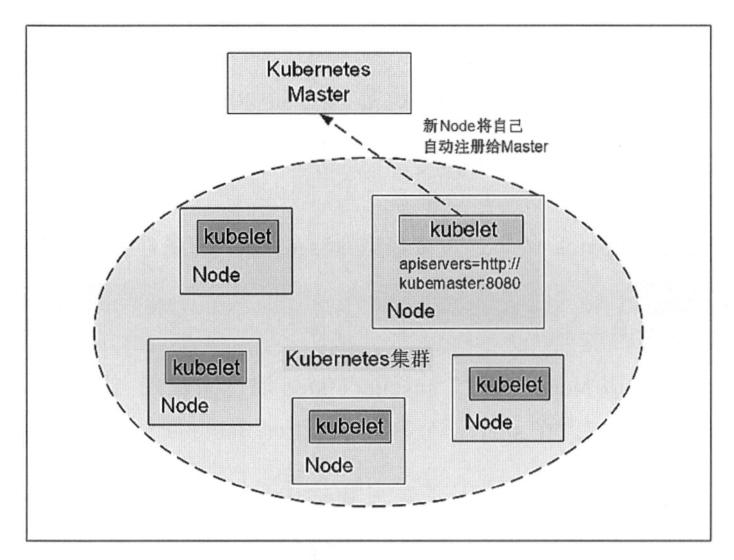

图 8.1 新 Node 自动注册并加入现有的 Kubernetes 集群中

Master 在接受新 Node 的注册后，会自动将其纳入当前集群的调度范围，之后创建容器时就可以对新的 Node 进行调度了。安装完成后，可以通过 kubectl get nodes 命令验证新 Node 的可用性。

如果希望移除一个 Node，则需要考虑清理正在运行的服务，包括如何优雅地终止正在运行的 Pod 以尽量减少对业务的影响，如何完成数据备份，如何确认垃圾是否清理完成等工作。等到全部 Pod 都清空之后，停止 Node 上的系统服务（包括 kubelet、kube-proxy、容器运行时等），再到 Master 中进行 kubectl delete node 的操作，将其从 Node 列表中移除。Kubernetes 也提供了一个清空 Node（Drain Node）的操作，用于一键清空全部 Pod，详见 8.1.3 节的说明。

此外，许多云平台还提供了 Node 自动扩缩容的工具（Cluster Autoscaler），用于在集群全部 Node 资源都不足时，自动增加新的 Node；或者在某些 Node 资源使用率很低时，移除以节约成本，具体可以参阅各云平台提供的操作手册。例如，通常需要在集群中部署一个 autoscaler 控制器，并配置 Node 池的最大和最小数量（如 min-nodes=3，max-nodes=20），然后 Node 自动扩缩容，控制器就能根据用户 Pod 的资源需求自动扩缩 Node 的数量了。

2. Node 隔离与恢复

在系统更新、安全补丁、Kubernetes 更新、Node 故障维护、kubelet 部分参数变更、深入排查一些疑难问题时，我们需要先将某些 Node 隔离，即将其上的 Pod 安全转移到其他 Node 上，使其脱离 Kubernetes 集群的调度范围，这可以通过几种做法来实现。

通过 kubectl cordon 命令，设置目标 Node 为不可调度（SchedulingDisabled）：

```
# kubectl cordon k8s-node-1
node/k8s-node-1 cordoned
```

也可以通过 kubectl patch 命令，直接修改 k8s-node-1 的属性为 unschedulable=true：

```
# kubectl patch node k8s-node-1 -p '{"spec":{"unschedulable":true}}'
node/k8s-node-1 patched
```

还可以通过修改对应 Node 对象的 unschedulable 属性来实现。首先，创建对应的 YAML 文件 unschedule_node.yaml，在 spec 部分指定 unschedulable 属性为 true：

```
apiVersion: v1
kind: Node
metadata:
  name: k8s-node-1
  labels:
    kubernetes.io/hostname: k8s-node-1
spec:
  unschedulable: true
```

执行 kubectl replace 命令，完成对 Node 状态的修改：

```
$ kubectl replace -f unschedule_node.yaml
node/k8s-node-1 replaced
```

当设置 Node 为不可调度后，查看 Node 信息可以看到 SchedulingDisabled 的状态：

```
# kubectl get nodes
NAME         STATUS                     ROLES    AGE   VERSION
k8s-node-1   Ready,SchedulingDisabled   <none>   1h    v1.28.0
```

然后，系统就不会将后续创建的 Pod 调度指向该 Node 了，即完成了 Node 的隔离。此时，管理员就可以对这个 Node 执行必要的维护工作了。在维护工作完成后，再通过 kubectl uncordon 命令将 Node 重新纳入可调度的范围内：

```
# kubectl uncordon k8s-node-1
Node/k8s-node-1 uncordoned

# kubectl get nodes
NAME         STATUS   ROLES    AGE   VERSION
k8s-node-1   Ready    <none>   1h    v1.28.0
```

3. 清空 Node 的操作

在对 Node 进行维护时，需要停止运行中的全部 Pod，可以通过 kubectl drain 命令来完成：

```
# kubectl drain k8s-node-1 --grace-period=300 --ignore-daemonsets=true
```

一旦命令开始运行，系统将自动设置该 Node 为不可调度状态（SchedulingDisabled），然后开始驱逐运行中的 Pod。

kubectl drain 命令还可以设置以下参数。

- ◎ --grace-period：设置每个 Pod 终止的宽限期，当宽限期被设置为负数时，使用 Pod 配置的优雅终止的宽限期时间默认值为–1。
- ◎ --ignore-daemonsets：设置为 true 则表示驱逐 DeamonSet 类型的 Pod，当默认值为 false 时，表示不驱逐。
- ◎ --force：设置为 true，表示强制驱逐，默认值为 false。
- ◎ --pod-selector：用于选择 Pod 的 Label Selector。
- ◎ --timeout：等待驱逐完成的超时时间，设置为 0 则表示永远不超时。

默认情况下，kubectl drain 不会删除特定的系统级 Pod，并且会保证设置了 Pod 干扰预算（PodDisruptionBudgets）的规则。如果同时发起多个 Node 的清空操作，则 Kubernetes 仍然会保证 PodDisruptionBudgets 的设定，以保证业务系统的健康运行。关于 PodDisruptionBudgets 的内容，详见 8.1.3 节的说明。

如果 kubectl drain 命令返回成功，则表示已经安全地驱逐了所有 Pod，可以安全地关闭 Node 了。

4. 通过 Eviction API 驱逐 Pod

Kubernetes 还提供了一种名为 Eviction 的 API，提供一种编程的方式来驱逐特定的 Pod，这样用户可以更精细化地控制 Pod 的驱逐过程。

Eviction API 与普通的资源对象 API 不同，它是 API Server 提供的一种特殊的 API，在 Kubernetes v1.22 版本中达到 Stable 阶段。其访问路径如下，其中路径中的{name}参数表示需要驱逐的 Pod 的名称：

```
/api/v1/namespaces/{namespace}/pods/{name}/eviction
```

同时，还需要在请求体中 POST 一个 Eviction 对象，以 JSON 格式表示，示例代码如下：

```
{
  "apiVersion": "policy/v1",
  "kind": "Eviction",
  "metadata": {
    "name": "quux",
    "namespace": "default"
  }
}
```

主要参数解释如下。

◎ apiVersion：从 Kubernetes v1.22 版本开始使用 policy/v1，之前的版本使用 policy/v1beta1。

◎ metadata.name：目标 Pod 的名称。

◎ metadata.namespace：目标 Pod 所在的命名空间名称。

调用 Eviction API 发起驱逐 Pod 的工作流程如下。

（1）客户端先创建一个 Eviction 对象并提交到 API Server，表明要驱逐哪个 Pod。

（2）API Server 收到 Eviction API 请求，判断对应的 Pod 是否可以被删除，如果该 Pod 目前有相应的 PodDisruptionBudget 约束，则会根据 PodDisruptionBudget 约束的限制条件判断是否满足删除条件。如果不满足条件，则返回 429 错误码（API 限流时也会返回这个错误码）；如果有其他错误发生，例如配置错误，或者有多个 PDB 关联到同一个 Pod，则返回 500 错误码；如果允许驱逐，则标记 Pod 的删除时间戳（deletion timestamp），此时系统认为该 Pod 要被删除了，返回 200 响应码。

（3）被驱逐 Pod 所在 Node 的 kubelet 服务会监控到这一变化，开始执行目标 Pod 的优雅终止操作，到终止宽限期时，强制终止 Pod。

（4）与此同时，如果该 Pod 属于某个 Service，则 Kubernetes 控制平面会将其从 Service 对应的 Endpoint 和 EndpointSlice 中移除。

（5）kubelet 完成终止 Pod 的操作后，通知 API Server 删除 Pod 资源对象。

（6）API Server 执行 Pod 资源对象的删除操作。

8.1.3 PodDisruptionBudget——出现干扰时的 Pod 保护机制

通过使用 Pod 干扰预算（PodDisruptionBudget，PDB），可以在集群出现某些干扰情况时对 Pod 进行保护，从而避免不必要的服务中断或者服务降级。通常可以对多副本工作负载进行保护，包括 Deployment、ReplicaSet、StatefulSet、ReplicationController。从 Kubernetes v1.15 版本开始，PDB 也支持启用子资源（Subresource）为“Scale”的自定义控制器。要使用干扰预算保护机制，可以通过定义一个 PodDisruptionBudget 资源对象来管理需要保护的 Pod 数量。

下面是一个 PodDisruptionBudget 资源对象配置示例：

```
apiVersion: policy/v1
kind: PodDisruptionBudget
metadata:
  name: nginx
spec:
  selector:
    matchLabels:
      name: nginx
  minAvailable: 3      # 不能与 maxUnavailable 同时设置
  # maxUnavailable: 1 # 不能与 minAvailable 同时设置
```

上面示例中的关键字段解释如下。

◎ apiVersion：目前支持 plicy/v1beta1 和 policy/v1 两个版本，policy/v1 在 Kubernetes v1.22 及以上版本可用。

◎ selector：表示关联的 Pod 集合，通常与副本控制器的配置相同，是必填项。对于 policy/v1 版本，设置为空时表示匹配命名空间中的全部 Pod；对于 plicy/v1beta1 版本，设置为空时表示不匹配任何 Pod。

◎ minAvailable：需要保证的最小 Pod 数，可以设置为绝对值或百分比（设置为百分比时的算法为乘以副本数，并向上取整），不能与 maxUnavailable 同时设置。

◎ maxUnavailable：允许不可用的 Pod 最大数量，可以设置为绝对值或百分比（设置为百分比时的算法为乘以副本数，并向上取整），不能与 minAvailable 同时设置。此外，maxUnavailable 只能用于被某种工作负载控制器管理的 Pod，对于不受控制器管理的 Pod，该参数无效。

下面是一些常见业务场景的 PDB 配置示例。

◎ 无状态应用，期望服务能力至少要保证 90%：可以设置一个 PDB，其中 minAvailable=90%。

◎ 单实例有状态应用，期望不要被系统自动杀掉：可以设置一个 PDB，其中 maxUnavailable=0。

◎ 多实例有状态应用，期望不要将实例数降到集群无法正常工作的数量以下（例如，3 个 Node 的 etcd 集群，如果只剩 1 个 Node，则将无法完成选举，导致整个 etcd 集群无法工作）：可以设置一个 PDB，其中 maxUnavailable=1，或者设置 minAvailable=2（保证能够完成选举机制）。

◎ 可以重启的批处理任务：不创建 PDB，这样 Pod 在被杀掉之后，Job 控制器会重建一个 Pod。

如果设置 minAvailable=100%或者 maxUnavailable=0，则表示不允许 Pod 被驱逐。需要注意的是，在执行清空 Node 操作时，无法驱逐设置了这种 PDB 策略的 Pod，这会导致清空操作永远无法完成。

下面通过一个示例来讲解 PodDisruptionBudget 的功能。

（1）创建一个 Deployment，设置 Pod 副本数量为 3：

```
# nginx-deployment.yaml
apiVersion: apps/v1
kind: Deployment
metadata:
  name: nginx
  labels:
    name: nginx
spec:
  replicas: 3
  selector:
    matchLabels:
      name: nginx
  template:
    metadata:
      labels:
        name: nginx
    spec:
      containers:
      - name: nginx
        image: nginx
```

```
        ports:
        - containerPort: 80
          protocol: TCP

# kubectl create -f nginx-deployment.yaml
deployment.apps/nginx created
```

创建后通过 kubectl get pods 命令查看有 3 个 Pod 成功运行：

```
# kubectl get pods
NAME                          READY    STATUS     RESTARTS    AGE
nginx-1968750913-0k01k        1/1      Running    0           13m
nginx-1968750913-1dpcn        1/1      Running    0           19m
nginx-1968750913-n326r        1/1      Running    0           13m
```

（2）创建一个 PodDisruptionBudget 资源对象：

```
# pdb.yaml
apiVersion: policy/v1
kind: PodDisruptionBudget
metadata:
  name: nginx
spec:
  minAvailable: 3
  selector:
    matchLabels:
      name: nginx

# kubectl create -f pdb.yaml
poddisruptionbudget.policy/nginx created
```

PodDisruptionBudget 使用的是与 Deployment 一样的 Label Selector，并且设置最少可用的 Pod 数量不得少于 3 个。

（3）驱逐一个特定的 Pod。

这里对 Pod 的驱逐操作通过命令行调用 API Server 提供的主动驱逐 API 来完成，例如，希望驱逐名为“nginx-1968750913-0k01k”的 Pod，准备一个 eviction.json 文件，内容如下：

```
# eviction.json
{
  "apiVersion": "policy/v1",
  "kind": "Eviction",
```

```
    "metadata": {
      "name": "nginx-64888c994d-9cj7z",
      "namespace": "default"
    }
  }
```

通过 curl 命令执行驱逐操作：

```
$ curl -v -H 'Content-type: application/json' -k --cert ./admin.crt
--key ./admin.key
https://192.168.18.3:6443/api/v1/namespaces/default/pods/nginx-64888c994d-9cj7z/
eviction -d @eviction.json
```

由于 PodDisruptionBudget 设置了可用 Pod 数量不能少于 3 个，因此驱逐操作会失败，在返回的错误信息中会包含如下内容：

```
{
  "kind": "Status",
  "apiVersion": "v1",
  "metadata": {

  },
  "status": "Failure",
  "message": "Cannot evict pod as it would violate the pod's disruption budget.",
  "reason": "TooManyRequests",
  "details": {
    "causes": [
      {
        "reason": "DisruptionBudget",
        "message": "The disruption budget nginx needs 3 healthy pods and has 3
currently"
      }
    ]
  },
  "code": 429
```

通过 kubectl get pods 命令查看 Pod 列表，会看到 Pod 的数量和名称都没有发生变化。

（4）删除 PodDisruptionBudget 资源对象，再次验证驱逐 Pod。通过 kubectl delete pdb nginx 命令删除 PodDisruptionBudget 资源对象：

```
# kubectl delete -f pdb.yaml
poddisruptionbudget.policy/nginx deleted
```

再次执行上文中的 curl 指令，会执行成功。

```
{
  "kind": "Status",
  "apiVersion": "v1",
  "metadata": {
  ......
  },
  "status": "Success",
  "code": 201
```

通过 kubectl get pods 命令查看 Pod 列表，会发现 Pod 的数量虽然没有发生变化，但是指定的 Pod 已被删除，取而代之的是一个新的 Pod：

```
# kubectl get pods
NAME                     READY   STATUS    RESTARTS   AGE
nginx-1968750913-1dpcn   1/1     Running   0          19m
nginx-1968750913-n326r   1/1     Running   0          13m
nginx-1968750913-sht8w   1/1     Running   0          10s
```

在 PDB 资源的状态信息中，会记录以下信息：

```
# kubectl get pdb nginx -o yaml
apiVersion: policy/v1
kind: PodDisruptionBudget
......
status:
  conditions:
......
  currentHealthy: 3
  desiredHealthy: 3
  disruptionsAllowed: 0
  expectedPods: 3
  observedGeneration: 1
```

currentHealthy 字段记录了当前 Ready=true 的 Pod 数量，desiredHealthy 字段则等于 PDB 资源中 minAvailable 的值，PDB 会保证 currentHealthy 的值不应小于 desiredHealthy 的值。

但是可能存在这种场景：如果正在运行中（phase=Running）的 Pod 由于某些原因（如配置错误）始终无法进入 Healthy 状态（如始终崩溃，或者由于等待某种资源而进入 Pending 状态），则在设置了 PDB 的情况下，管理员准备清空 Node，由于 Pod 数量始终无法达到 PDB 保护的最小值，将导致清空操作失败，也无法驱逐不健康的 Pod。针对这类问题，

Kubernetes 从 v1.26 版本开始对 PDB 增加了一个新特性，允许指定不健康 Pod 的驱逐策略，通过在 PDB 定义中对 unhealthyPodEvictionPolicy 字段进行配置，可以设置如下两种策略。

◎ IfHealthyBudget：只有当 currentHealthy 至少等于 desiredHealthy 时，才能够驱逐运行中不健康的 Pod，这也是系统默认配置。该策略会确保系统在发生干扰时需要保护的 Pod 数量都是健康运行的，但是可能因为 Pod 出现问题而阻止清空 Node 操作。

◎ AlwaysAllow：总是允许驱逐运行中不健康的 Pod，而忽略 PDB 中的判断条件。该策略不会阻止在 Pod 出现问题时清空 Node 的操作，但是在系统发生干扰时，Pod 可能没有机会恢复到健康运行的状态。

下面是一个设置了 unhealthyPodEvictionPolicy=AlwaysAllow 策略的 PDB 配置示例：

```
apiVersion: policy/v1
kind: PodDisruptionBudget
metadata:
  name: nginx
spec:
  selector:
    matchLabels:
      name: nginx
  maxUnavailable: 1
  unhealthyPodEvictionPolicy: AlwaysAllow
```

PodDisruptionBudget 还可以作用于不通过工作负载管理器管理的 Pod，例如，一个单纯的 Pod，或者由某个 Operator 管理的 Pod，但是配置存在以下限制条件。

◎ 只能配置 minAvailable，而不能配置 maxUnavailable 字段。

◎ minAvailable 只能配置为整数值，而不能使用百分比。

对于这类 Pod，Kubernetes 无法通过其 ownerReferences 属性找到管理的工作负载控制器，也就无法查询出期望的副本数，所以也不能配置其他字段。

关于干扰（Disruptions）

前文中的清空 Node 操作和 Eviction API 驱逐 Pod 操作，都属于人为主动发起的操作，可以称为“自愿干扰”（Voluntary Disruptions），也包括诸如误删除 Pod、更新 Pod 配置导致 Pod 重启等操作。为了在实施“自愿干扰”操作时仍然能够保证 Pod 的正常运行，可以通过前文中介绍的 PodDisruptionBudget 来进行管理。

此外，还会出现一些不可控的情况。例如，主机硬件故障、操作系统内核崩溃、网络故障、误删除 Node、因 Node 资源不足驱逐 Pod 等，可以称为“非自愿干扰”（Involuntary Disruptions），也会对正在运行中的 Pod 造成影响。PodDisruptionBudget 则无法防止此类“非自愿干扰”带来的影响。为了减轻“非自愿干扰”的影响，可以考虑以下一些方法。

◎ 确保在运行 Pod 之前配置合适的资源请求。
◎ 使用多副本控制器来提高高可用性。
◎ 考虑跨区域的高可用部署方案。

从 v1.22 版本开始，Kubernetes 为 Pod 引入了一个新的“干扰状况”状态信息，到 v1.26 版本时达到 Beta 阶段，默认启用之前的版本需要开启 PodDisruptionConditions 特性门控。

对于因为某种干扰而被删除的 Pod，系统会为其添加一个名为 DisruptionTarget 的状况信息（Condition），并在 reason 字段给出终止的原因，支持的终止原因类型有如下几种。

◎ PreemptionByScheduler：基于抢占式调度机制，该 Pod 被更高优先级的 Pod 抢占。
◎ DeletionByTaintManager：由于 Pod 不能容忍 NoExecute 污点，而被 Taint Manager 删除。
◎ EvictionByEvictionAPI：Pod 被 Eviction API 驱逐。
◎ DeletionByPodGC：Pod 被垃圾回收机制删除。
◎ TerminationByKubelet：Pod 由于 Node 资源紧张或 Node 下线被 kubelet 删除。

这些信息都非常有用，可以为管理工具在系统出现干扰信息时更好地管理 Pod，使 Pod 健康地运行。

8.1.4 Pod 中的多个容器共享进程命名空间

在某些应用场景中，属于同一个 Pod 的多个容器相互之间希望能够访问其他容器的进程，例如，使用一个 debug 容器对业务应用容器内的进程进行查错。由于默认情况下不同容器之间的进程是完全隔离的，所以多个容器的进程命名空间（Process Namespace）通过共享来实现不同容器之间进程的相互访问。该机制的支持从 Kubernetes v1.10 版本开始引入，到 v1.17 版本时达到 Stable 阶段。

启用进程命名空间共享机制很简单，只需在 Pod 定义中设置 shareProcessNamespace=true，即可完成。下面的例子（share-process-namespace.yaml）设置了两个容器共享进程命名空间（shareProcessNamespace=true），配置文件的代码如下：

```
# share-process-namespace.yaml
apiVersion: v1
kind: Pod
metadata:
  name: nginx
spec:
  shareProcessNamespace: true
  containers:
  - name: nginx
    image: nginx
  - name: shell
    image: busybox
    securityContext:
      capabilities:
        add:
        - SYS_PTRACE
    stdin: true
    tty: true
```

其中，主容器（nginx）用于提供业务服务，另一个容器为基于 busybox 镜像提供的查错工具，名为“shell”。在 shell 容器的 securityContext.capabilities 中增加了 CAP_SYS_PTRACE 能力，这表示该容器具有进程跟踪操作的能力。

通过 kubectl create 命令创建这个 Pod，代码如下：

```
# kubectl create -f share-process-namespace.yaml
pod/nginx created
```

进入 shell 的容器环境下，通过 ps 命令可以查看到 nginx 和自身容器的全部进程：

```
/ # ps ax
PID   USER     TIME  COMMAND
    1 root      0:00 /pause
    6 root      0:00 nginx: master process nginx -g daemon off;
   30 root      0:00 sh
   38 101       0:00 nginx: worker process
   44 root      0:00 sh
   50 root      0:00 ps ax
```

由于 shell 容器具备 CAP_SYS_PTRACE 能力，所以它还可以对其他进程发送操作系统信号。例如，对 nginx 容器内的 6 号进程发出 SIGHUP 信号以重启 nginx 程序：

```
/ # kill -SIGHUP 6
/ # ps ax
PID   USER   0:00 /pause
    6 root   0:00 nginx: master process nginx -g daemon off;
   30 root   0:00 sh
   44 root   0:00 sh
   51 101    0:00 nginx: worker process
   52 root   0:00 ps ax
```

可以看到，nginx 的原 worker 进程（PID=38）被终止后，启动了一个新的 PID=51 的 worker 进程。

有两个容器共享进程命名空间的 Pod 环境有以下特性。

◎ 各容器的进程 ID（PID）混合在一个环境下，都不再拥有进程号 PID=1 的启动进程，1 号进程由 Pod 的 Pause 容器使用。对于某些必须以进程号 1 作为启动程序 PID 的容器来说，将会无法启动，例如，以 systemd 作为启动命令的容器。
◎ 进程信息在多个容器间相互可见，这包括/proc 目录下的所有信息，其中可能有包含密码类敏感信息的环境变量，只能通过 UNIX 文件权限进行访问控制，需要设置容器内的运行用户或组。
◎ 一个容器的文件系统存在于/proc/$pid/root 目录下，所以不同的容器也能访问其他容器的文件系统的内容，这对于 debug 查错来说非常有用，但这也意味着没有容器级别的安全隔离，只能通过 UNIX 文件权限进行访问控制，需要设置容器内的运行用户或组。

例如，在 shell 容器内可以查看 nginx 容器的配置文件的内容：

```
/ # more /proc/6/root/etc/nginx/nginx.conf

user  nginx;
worker_processes  1;

error_log  /var/log/nginx/error.log warn;
pid        /var/run/nginx.pid;


events {
    worker_connections  1024;
}
......
```

8.1.5　使用 CEL 校验数据

CEL（The Common Expression Language，通用表达式语言）是在 protocol buffer 协议之上的一套通用表达式语言，功能强大，使用简单，经常用于校验用户输入的数据是否合格，在 Kubernetes 中也被多处使用。例如，有一个 Account 的对象，它有 user_id、gaia_id、emails 和 phone_number 等属性，用下面的 CEL 就可以对 Account 的属性进行各种数据格式的校验：

```
has(account.user_id) || has(account.gaia_id)    // 必须填写其中一个
size(account.emails) > 0                        // 邮箱至少提供一个
matches(account.phone_number, "[0-9-]+")        // 电话号码符合规定的正则表达式
```

CEL 的语法规则如下，其中“|”表示选择其中之一，“[]”表示可选，“{}”表示重复结构，“()”表示分组，false、true、in、null 为保留标识，下面是 CEL 语法的规则定义：

```
表达式          = ConditionalOr ["?" ConditionalOr ":" Expr] ;
ConditionalOr  = [ConditionalOr "||"] ConditionalAnd ;
ConditionalAnd = [ConditionalAnd "&&"] Relation ;
Relation       = [Relation Relop] Addition ;
Relop          = "<" | "<=" | ">=" | ">" | "==" | "!=" | "in" ;
Addition       = [Addition ("+" | "-")] Multiplication ;
Multiplication = [Multiplication ("*" | "/" | "%")] Unary ;
Unary          = Member
               | "!" {"!"} Member
               | "-" {"-"} Member
               ;
Member         = Primary
               | Member "." IDENT ["(" [ExprList] ")"]
               | Member "[" Expr "]"
               ;
Primary        = ["."] IDENT ["(" [ExprList] ")"]
               | "(" Expr ")"
               | "[" [ExprList] [","] "]"
               | "{" [MapInits] [","] "}"
               | ["."] IDENT { "." IDENT } "{" [FieldInits] [","] "}"
               | LITERAL
               ;
ExprList       = Expr {"," Expr} ;
FieldInits     = IDENT ":" Expr {"," IDENT ":" Expr} ;
MapInits       = Expr ":" Expr {"," Expr ":" Expr} ;
```

在 CEL 中，当前被判断的对象可以用 self 来表示，self.field 表示该对象的可访问属性 field。field 也可以是一个对象，包括基本类型、集合或者复杂对象，同时属性 field 是否存在，可以通过 has(self.field)来检查。在 CEL 表达式中，Null 值的字段被视为不存在。如果当前的对象是一个 map，那么 map 的值可以通过 self[mapKey]来访问，map 是否存在指定的某个 Label Key，比如'MY_KEY'，则可以用'MY_KEY' in self.map 检查，遍历一个 map 中的所有 entry（key-value，也被称为“条目”），可以通过 self.all(...)遍历。下面是一些复杂的 CEL 例子。

◎ self.minReplicas <= self.replicas && self.replicas <= self.maxReplicas：验证定义副本数的 3 个字段大小顺序是否正确。
◎ 'Available' in self.stateCounts：验证 stateCounts 的属性值中是否存在 Key 为 Available 的 entry。
◎ (size(self.list1) == 0) != (size(self.list2) == 0)：检查 2 个属性 list1（列表）和 list2（列表），要求 2 个列表有且仅有 1 个是空的。
◎ !('MY_KEY' in self.map1) || self['MY_KEY'].matches('^[a-zA-Z]*$')：如果某个特定的 Key 在 map1 属性中，则验证它的值是否符合特定的正则表达式。
◎ self.envars.filter(e, e.name = 'MY_ENV').all(e, e.value.matches('^[a-zA-Z]*$')：验证两点，第 1，存在特定的环境变量；第 2，环境变量的值符合特定的正则表达式。
◎ has(self.expired) && self.created + self.ttl < self.expired：验证 expired 属性是否存在，并且验证 expired 的日期是否晚于 create 时间+ 'ttl' 时长。
◎ self.health.startsWith('ok')：验证 health 属性的值是否是前缀 'ok'开始的字符串。
◎ self.widgets.exists(w, w.key == 'x' && w.foo < 10)：验证 widgets（list 结构）是否存在属性 Key 为 'x' 的对象 w，并且 w 对象的 foo 属性值是否小于 10。
◎ type(self) == string ? self == '100%' : self == 1000：验证这个逻辑是否成立，如果 self 是字符串类型，则 self 的值是'100%'，否则 self 的值是 1000（整数）。
◎ self.metadata.name.startsWith(self.prefix)：验证 metadata 属性 name 的值是否是 prefix 属性值开始的字符串。
◎ self.set1.all(e, !(e in self.set2))：验证两个集合没有交集存在。
◎ size(self.names) == size(self.details) && self.names.all(n, n in self.details)：验证 'details' 映射中的 'names'来自 listSet。
◎ size(self.clusters.filter(c, c.name == self.primary)) == 1：验证 'primary' 属性在 'clusters' listMap 中出现一次且只有一次。

CEL 在 Kubernetes 中被广泛使用的第一个场景就是作用于 CRD 的 Schema 中对 CRD 对象的属性进行校验，此特性在 Kubernetes v1.29 版本时正式开始可用。下面是一个具体的例子：

```
openAPIV3Schema:
    type: object
    properties:
      spec:
        type: object
        x-kubernetes-validations:
          - rule: "self.minReplicas <= self.replicas"
            message: "replicas should be greater than or equal to minReplicas."
          - rule: "self.replicas <= self.maxReplicas"
            message: "replicas should be smaller than or equal to maxReplicas."
        properties:
          ...
          minReplicas:
            type: integer
          replicas:
            type: integer
          maxReplicas:
            type: integer
        required:
          - minReplicas
          - replicas
          - maxReplicas
```

在 CRD 的 Schema 中使用 CEL 时，需要在 x-kubernetes-validations 扩展属性中进行定义，x-kubernetes-validations 中可定义多条规则，其中下面的 rule 值为 CEL，message 表示验证失败后返回给用户的错误提示内容。

Kubernetes 的验证准入策略（ValidatingAdmissionPolicy）中也使用了 CEL，下面是一个具体的例子：

```
apiVersion: admissionregistration.k8s.io/v1
kind: ValidatingAdmissionPolicy
metadata:
  name: "demo-policy.example.com"
spec:
  failurePolicy: Fail
  matchConstraints:
    resourceRules:
```

```
    - apiGroups:   ["apps"]
      apiVersions: ["v1"]
      operations:  ["CREATE", "UPDATE"]
      resources:   ["deployments"]
  validations:
    - expression: "object.spec.replicas <= 5"
```

其中，spec.validations 包含使用通用表达式语言（CEL）来验证请求的 CEL 表达式。如果表达式的计算结果为 false，则根据 spec.failurePolicy 字段强制执行验证检查处理。

此外，Webhook 的配置文件中也可以通过 CEL 来定义匹配条件，下面是一个例子：

```
apiVersion: admissionregistration.k8s.io/v1
kind: ValidatingWebhookConfiguration
webhooks:
  - name: my-webhook.example.com
    matchPolicy: Equivalent
    rules:
      - operations: ['CREATE','UPDATE']
        apiGroups: ['*']
        apiVersions: ['*']
        resources: ['*']
    failurePolicy: 'Ignore' # 如果失败，则继续处理请求，但跳过 Webhook（可选值）
    sideEffects: None
    clientConfig:
      service:
        namespace: my-namespace
        name: my-webhook
      caBundle: '<omitted>'
    # 每个 Webhook 可以配置最多 64 个 matchConditions
    matchConditions:
      - name: 'exclude-leases' # 每个匹配条件必须有唯一的名称
        expression: '!(request.resource.group == "coordination.k8s.io" &&
request.resource.resource == "leases")' # 匹配非租约资源
      - name: 'exclude-kubelet-requests'
        expression: '!("system:nodes" in request.userInfo.groups)' # 匹配非 Node
用户发出的请求
      - name: 'rbac' # 跳过 RBAC 请求，该请求将由第 2 个 Webhook 处理
        expression: 'request.resource.group != "rbac.authorization.k8s.io"'
```

当 Webhook 的匹配规则、objectSelectors 和 namespaceSelectors 都不能满足需求时，可以通过 matchConditions 实现更为灵活的匹配，因为 matchConditions 用到了 CEL，并且可以通过多个 CEL 来层层约束，只有当所有 CEL 的结果都为 true 时，才能调用 Webhook。

我们可以通过 expression 访问以下 CEL 变量。

◎ Object：来自传入请求的对象。对于 DELETE 请求，该值为 null。该对象版本可能根据 matchPolicy 进行转换。
◎ oldObject：现有对象。对于 CREATE 请求，该值为 null。
◎ request：AdmissionReview 的请求部分，不包括 object 和 oldObject。
◎ Authorizer：一个 CEL 鉴权组件。可用于对请求的主体（经过身份认证的用户）执行鉴权检查。
◎ authorizer.requestResource：对配置的请求资源进行授权检查的快捷方式。

8.2　kustomize 的基础操作

在日常运维中，运维人员通常会使用 YAML 文件来创建或者更新 Kubernetes 中的应用，这通常需要手动维护很多 YAML 文件，在文件数量很多时会比较烦琐。对于这类问题，Kubernetes 提供了 kustomize，该工具专门用于定制 Kubernetes 资源对象 YAML 文件。kubectl 也从 v1.14 版本开始默认提供 kustomize 子命令。

kustomize 提供了以下功能来管理各种配置文件。

◎ 从其他文件来源生成 Kubernetes 资源对象。
◎ 统一为所有资源设置命名空间、Label、注解或者特殊格式的名称。
◎ 组合不同的资源作为一个应用或者一个管理单元进行整体管理。

8.2.1　kustomize 概述

kustomize 的核心配置是 kustomization.yaml 文件，这个文件类似一个模板文件，里面定义了相应的操作指令，主要指令及其作用如下。

◎ namespace：为所有资源都添加命名空间。
◎ namePrefix：要添加到所有资源名称之前的前缀。
◎ nameSuffix：要添加到所有资源名称之后的后缀。
◎ commonLabels：要添加到所有资源和选择器中的 Label。
◎ commonAnnotations：要添加到所有资源中的注解。
◎ resources：列表中的每个条目都会生成资源配置。
◎ configMapGenerator：针对列表中的每个条目都会生成一个 ConfigMap。

◎ secretGenerator：列表中的每个条目都会生成一个 Secret。

◎ generatorOptions：所有 ConfigMap 和 Secret 生成器的选项。

◎ bases：列表中的每个条目都会被解析为一个包含 kustomization.yaml 文件的目录。

◎ vars：每个条目都用于从资源的某个字段中获取文本。

◎ patchesStrategicMerge：列表中的每个条目都能被解析为某个 Kubernetes 对象的策略性合并补丁。

◎ patchesJson6902：列表中的每个条目都能被解析为一个 Kubernetes 对象和一个 JSON 补丁。

◎ vars：每个条目都用于从某资源的字段中析取文字。

◎ images：每个条目都用于更改镜像的名称、tag 标记、摘要等信息。

◎ configurations：列表中的每个条目都能被解析为一个包含 kustomize 转换器的配置文件。

◎ crds：列表中每个条目都被解析为 OpenAPI 格式的 CRD 对象。

下面通过几个例子来说明 kustomize 的用法。

8.2.2 kustomize 的常见例子

例 1：通过 configMapGenerator 生成一个 ConfigMap 配置文件。

应用程序所需的 application.properties 文件的内容如下：

```
# cat application.properties
FOO=Bar
```

下面是用上述配置文件来生成对应 ConfigMap 对象的 kustomization.yaml，其中，files 表示从哪些文件中读取 ConfigMap 的配置内容，可以设置多个配置文件：

```
# kustomization.yaml
configMapGenerator:
- name: example-configmap-1
  files:
  - application.properties
```

这样通过 kubectl kustomize 命令，即可一键生成 ConfigMap 对象的配置文件：

```
# kubectl kustomize ./
```

最终生成的 ConfigMap 的 yaml 配置文件内容如下：

```
apiVersion: v1
kind: ConfigMap
metadata:
  name: example-configmap-1-8mbdf4545g
data:
  application.properties: |
    FOO=Bar
```

例 2：通过环境文件（.env）生成 ConfigMap 配置文件。

首先创建一个名为.env 的文件，然后在 kustomization.yaml 中通过 envs 来引用环境文件：

```
# cat .env
FOO=Bar

# kustomization.yaml
configMapGenerator:
- name: example-configmap-1
  envs:
  - .env
```

需要注意的是，通过 kustomize 生成的 Kubernetes 资源对象名称为“Generator 名称+随机字符串”，这并不是一个指定的名称，比如前面生成的 ConfigMap 名称为“example-configmap-1-8mbdf4545g”。

如果需要在某个 Deploymenet 对象中引用这个 ConfigMap，则可以使用 kustomize 的多个资源整体管理功能。

例 3：组合不同的资源作为一个应用或者一个管理单元进行整体管理。

这需要在 kustomization.yaml 的 resources 字段中定义需要包含的资源列表。

例如，已经定义了一个 Deployment 资源的 yaml 配置文件如下，其中在 Volume 字段中设置需要挂载一个 ConfigMap 资源对象（名称为“example-configmap-1”）：

```
# deployment.yaml
apiVersion: apps/v1
kind: Deployment
metadata:
  name: my-app
  labels:
    app: my-app
```

```
spec:
  selector:
    matchLabels:
      app: my-app
  template:
    metadata:
      labels:
        app: my-app
    spec:
      containers:
      - name: app
        image: my-app
        volumeMounts:
        - name: config
          mountPath: /config
      volumes:
      - name: config
        configMap:
          name: example-configmap-1
```

在 kustomization.yaml 配置文件中通过 resources 字段为 configMapGenerator 增加对 deployment.yaml 的引用：

```
# kustomization.yaml
resources:
- deployment.yaml
configMapGenerator:
- name: example-configmap-1
  files:
  - application.properties
```

执行生成命令：

```
# kubectl kustomize ./
```

kustomize 在生成 ConfigMap 的配置文件之后，也会将 deployment.yaml 中引用的 ConfigMap 名称设置为新生成的 ConfigMap 名称：

```
apiVersion: v1
data:
  application.properties: |
    FOO=Bar
kind: ConfigMap
```

```
metadata:
  name: example-configmap-1-g4hk9g2ff8
---
apiVersion: apps/v1
kind: Deployment
metadata:
  labels:
    app: my-app
  name: my-app
spec:
  selector:
    matchLabels:
      app: my-app
  template:
    metadata:
      labels:
        app: my-app
    spec:
      containers:
      - image: my-app
        name: app
        volumeMounts:
        - mountPath: /config
          name: config
      volumes:
      - configMap:
          name: example-configmap-1-g4hk9g2ff8
        name: config
```

8.2.3 kustomization 的高级用法

在默认情况下，kustomization.yaml 中的各类 Generator 指令会给资源对象的名称添加随机后缀的字符串，这是为了确保在配置文件的内容发生变化时，再次生成的资源对象总是唯一的，要禁用这一行为，可以在 generatorOptions 字段中进行设置，如下所示：

```
cat <<EOF >./kustomization.yaml
configMapGenerator:
- name: example-configmap-3
  literals:
  - FOO=Bar
generatorOptions:
```

```
  disableNameSuffixHash: true
  labels:
    type: generated
  annotations:
    note: generated
EOF
```

对应生成的 ConfigMap 如下：

```
apiVersion: v1
data:
  FOO: Bar
kind: ConfigMap
metadata:
  annotations:
    note: generated
  labels:
    type: generated
  name: example-configmap-3
```

下面再看看 kustomize 的第 2 种用法。统一为所有资源设置命名空间、Label、注解或者特殊格式的名称，可以通过如下指令来实现。

◎ namespace：为所有资源都添加命名空间。
◎ namePrefix：添加到所有资源名称之前的前缀。
◎ nameSuffix：添加到所有资源名称之后的后缀。
◎ commonLabels：要添加到所有资源和选择器上的 Label。
◎ commonAnnotations：要添加到所有资源上的注解。

例如，我们需要把生成的 Deployment 资源对象统一添加到命名空间“my-namespace”中，设置统一的 Label “app=my-ai-apps”，资源对象名称前缀设置为“super-”，名称后缀设置为“-dev”，则可以这样编写 kustomization.yaml 配置文件：

```
# kustomization.yaml
namespace: my-namespace
namePrefix: super-
nameSuffix: -dev
commonLabels:
  app: my-ai-apps
commonAnnotations:
  oncallPager: 888-666-555
```

```
resources:
- deployment.yaml
```

对于常用的替换 Pod 定义中的镜像的操作，通过 images 指令可以方便地实现：

```
# kustomization.yaml
resources:
- deployment.yaml
images:
- name: nginx
  newName: my.image.registry/nginx
  newTag: 1.4.0
```

此外，对于在发布或更新时需要更新的变量值，比如资源对象名称、服务的端口，以及其他一些变动的配置，可以通过 vars 指令配合$(varname)变量引用来实现。例如，在下面的 Deployment 对象中，首先通过变量$(MY_SERVICE_NAME)引用另外一个服务 MY_SERVICE：

```
# deployment.yaml
apiVersion: apps/v1
kind: Deployment
metadata:
  name: my-nginx
spec:
  selector:
    matchLabels:
      run: my-nginx
  replicas: 2
  template:
    metadata:
      labels:
        run: my-nginx
    spec:
      containers:
      - name: my-nginx
        image: nginx
        command: ["start", "--host", "$(MY_SERVICE_NAME)"]
```

MY_SERVICE 的 YAML 配置文件如下：

```
# service.yaml
apiVersion: v1
kind: Service
```

```
metadata:
  name: my-nginx
  labels:
    run: my-nginx
spec:
  ports:
  - port: 80
    protocol: TCP
  selector:
    run: my-nginx
```

然后，在 kustomization.yaml 文件中通过 vars 指令设置对变量的引用：

```
# kustomization.yaml
namePrefix: dev-
nameSuffix: "-001"
resources:
- deployment.yaml
- service.yaml
vars:
- name: MY_SERVICE_NAME
  objref:
    kind: Service
    name: my-nginx
    apiVersion: v1
```

这样，就实现了 Service 与关联的 Deployment 的统一发布及更新的管理功能。

另外，还可以通过 kubectl -k 命令直接操作由 kustomize 管理的 YAML 配置，-k 命令需要指向一个包含 kustomization.yaml 的目录，例如：

```
# kubectl apply -k <kustomization 目录>/
```

一些常用的命令如下。

◎ kubectl apply -k：应用 kustomize 来创建资源对象。
◎ kubectl get -k：查看创建好的资源对象信息。
◎ kubectl describe -k：查看创建好的资源对象的详细信息。
◎ kubectl diff -k：查看 kustomize apply 将做出的资源对象的变更。
◎ kubectl delete -k：删除 kustomize 创建的资源对象。

8.3　Helm 的基础操作

随着容器技术和微服务架构逐渐被广泛接受，在 Kubernetes 上已经能便捷地部署和管理微服务了。但对于复杂的业务系统或者中间件系统，在 Kubernetes 上进行部署和维护也并非易事，通常需要根据容器镜像的运行需求、环境变量等内容，为容器配置依赖的存储、网络等资源，并设计和编写 Deployment、ConfigMap、Service、Volume、Ingress 等 YAML 文件，再将其依次提交给 Kubernetes 部署，在需要更新或回滚应用时，可能也需要修改和维护大量的 YAML 配置文件。

总之，微服务架构和容器化给复杂应用的部署和管理都带来了很大的挑战。Helm 是帮助解决这些问题的 Kubernetes 生态系统的应用软件包管理工具。

Helm 由 Deis 公司（已被微软收购）发起，用于对需要在 Kubernetes 上部署的复杂应用进行定义、安装和更新，由 Helm 社区维护，已经在 CNCF 中毕业。Helm 将 Kubernetes 的资源如 Deployment、Service、ConfigMap、Ingress 等，打包到一个 Chart（图表）中，而 Chart 被保存到 Chart 仓库中，由 Chart 仓库存储、分发和共享。

简单地说，Helm 类似于 Linux 的 apt-get 或 yum 工具，通过将各种 Kubernetes 资源打包来完成复杂软件的安装和部署，并且支持部署实例的版本管理等，大大简化了在 Kubernetes 上应用的定义、打包、部署、更新、删除和回滚等管理复杂度。

8.3.1　Helm——应用包管理

Helm 的整体工作流程如图 8.2 所示。

Helm 主要包括以下组件。

◎ Chart：Helm 软件包，包含一个应用所需资源对象的 YAML 文件，通常以.tgz 压缩包形式提供，也可以是文件夹形式。

◎ Repository（仓库）：用于存储和共享 Chart 的仓库。

◎ Config（配置数据）：部署时设置到 Chart 中的配置数据。

◎ Release：基于 Chart 和 Config 部署到 Kubernetes 集群中运行的一个实例。一个 Chart 可以被部署多次，每次的 Release 都不相同。

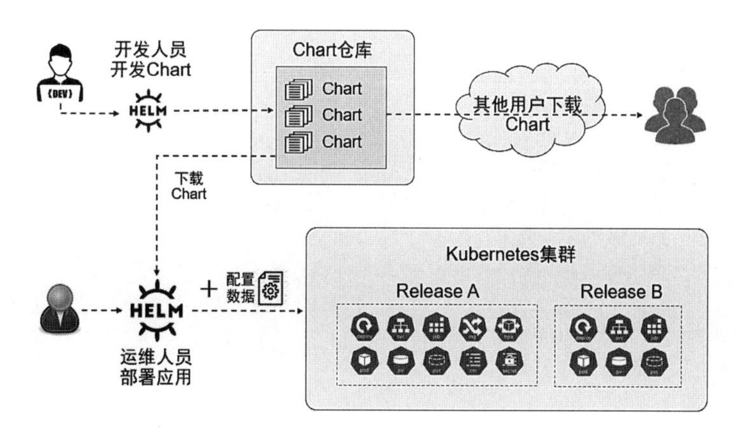

图 8.2 Helm 的整体工作流程

基于 Helm 的工作流程如下。

（1）开发人员将开发好的 Chart 上传到 Chart 仓库。

（2）运维人员基于 Chart 的定义，设置必要的配置数据（Config），使用 Helm 命令行工具将应用一键部署到 Kubernetes 集群中，以 Release 概念管理后续的更新、回滚等。

（3）Chart 仓库中的 Chart 可用于共享和分发。

Chart 是包含一系列文件的集合，目录名称就是 Chart 名称（不包含版本信息），例如，一个 WordPress 的 Chart 会被存储在名为“wordpress”的目录下。

Chart 目录中的目录结构和各文件的说明如下：

```
wordpress/
  Chart.yaml              # 包含 Chart 信息的 YAML 文件
  LICENSE                 # 可选：包含 Chart 许可证的文本文件
  README.md               # 可选：README 文件
  values.yaml             # Chart 默认的配置值
  values.schema.json      # 可选：JSON 结构的 values.yaml 文件
  charts/                 # 包含 Chart 依赖的其他 Chart
  crds/                   # 自定义资源的定义
  templates/              # 模板目录，与 values.yaml 组合为完整的资源对象配置文件
  templates/NOTES.txt     # 可选：包含简要使用说明的文本文件
```

Helm 保留了 charts/、crds/、templates/目录和上面列举的文件名。

Chart.yaml 文件（首字母大写）是 Helm Chart 的主配置文件，包含的关键字段及其说

明如下：

```
apiVersion: Chart 的 API 版本号（必需）
name: Chart 名称（必需）
version: 应用的版本号（必需）
kubeVersion: 兼容的 Kubernetes 版本号范围（可选）
description: 应用描述（可选）
type: Chart 类型（可选）
keywords:
  - 关于应用的一组关键字（可选）
home: 应用 home 页面的 URL 地址（可选）
sources:
  - 应用源码的 URL 地址列表（可选）
dependencies: # 依赖的一组其他 Chart 信息（可选）
  - name: Chart 名称（nginx）
    version: Chart 版本（"1.2.3"）
    repository: 仓库 URL（https://example.com/charts）或别名（"@repo-name"）
    condition: （可选）YAML 格式，用于启用或禁用 Chart（如 subchart1.enabled）
    tags: #（可选）
      - 用于启用或禁用一组 Chart 的 tag
    import-values: # （可选）
      - ImportValue: 将在子 Chart 中设置的变量和值导入父 Chart 中
    alias: （可选）在 Chart 中使用的别名。在需要多次添加相同的 Chart 时会很有用
maintainers: #（可选）
  - name: 维护者的名称（每个维护者都需要）
    email: 维护者的邮箱（每个维护者都可选）
    url: 维护者的 URL 地址（每个维护者都可选）
icon: 用作 icon 的 SVG 或 PNG 图片的 URL 地址（可选）
appVersion: 包含的应用版本（可选）
deprecated: 设置该 Chart 是否已被弃用（可选，布尔值）
annotations:
  example: annotation 列表（可选）
```

Helm 的版本是基于 Kubernetes 的特定版本编译和发布的，不推荐将 Helm 用于比编译时的 Kubernetes 版本更高的版本，因为 Helm 并没有做出向上兼容的保证。此外，从 v3.0 版本开始，也支持 OCI 的容器镜像仓库了，并且在 v3.8.0 版本之后默认启用 OCI 镜像仓库。

安装 Helm 的前提条件包括：①Kubernetes 集群已就绪；②配置了正确用户认证信息的 kubeconfig 配置，在 Helm 与 API Server 通信时使用；③本地 kubectl 客户端工具已就绪。

Helm的安装很方便，社区也提供了多种安装方法，包括使用二进制文件安装、使用脚本安装、使用包管理器安装，等等。例如，通过安装脚本一键安装Helm：

```
    # curl https://raw.githubusercontent.com/helm/helm/main/scripts/get-helm-3 |
bash
```

或者到官网仓库下载需要的版本压缩包（如helm-v3.13.3-linux-amd64.tar.gz），解压缩后，将二进制文件复制到PATH中的运行目录（如/usr/bin），确认可以运行helm命令，就完成了安装。

在Helm安装完成之后，就可以使用Helm命令部署应用了。下面对Helm的常用操作，如Chart仓库的使用、部署应用、更新或回滚Release应用、卸载应用等内容进行说明。

8.3.2 Helm——Chart仓库

Helm v3不再提供默认的Chart仓库，用户需要通过helm repo命令来添加、查询、删除Chart仓库。只有添加了Chart仓库后才能安装Chart。那么，如何查询自己所需的Chart在哪个仓库呢？

可以通过Helm提供的Artifact Hub 来查询，Artifact Hub目前是CNCF的沙盒孵化项目，支持CNCF项目的查找、安装、发布包及配置项，包括公开发布的Helm Chart，通过helm search hub命令，即可搜索由Artifact Hub提供的来自不同仓库的Chart，例如查询包含“mysql”关键字的Chart列表：

```
    # helm search hub logging-operator  --list-repo-url
    URL                                                  CHART VERSION    APP VERSION
    DESCRIPTION                                          REPO URL
    https://artifacthub.io/packages/helm/someblackm...    2.1.3    2.1.3
    Monitor logging-operator https://someblackmagic.github.io/helm-charts/
    https://artifacthub.io/packages/helm/banzaiclou...    3.17.10 3.17.10 A Helm
chart to install Banzai Cloud logging-op...
    https://kubernetes-charts.banzaicloud.com
    https://artifacthub.io/packages/helm/wenerme/lo...    3.17.10 3.17.10 A Helm
chart to install Banzai Cloud logging-op...  https://charts.wener.tech
    https://artifacthub.io/packages/helm/wener/logg...    3.17.10 3.17.10 A Helm
chart to install Banzai Cloud logging-op...  https://wenerme.github.io/charts
    https://artifacthub.io/packages/helm/kube-loggi...    4.2.3    4.2.2
    Logging operator for Kubernetes based on Fluent...
    https://kube-logging.github.io/helm-charts                              ......
```

查到符合自己需求的 Chart 后，就可以添加对应的 Chart 仓库到本地：

```
# helm repo add kube-logging https://kube-logging.github.io/helm-charts
"kube-logging" has been added to your repositories
```

本地的 Chart 仓库列表可以通过 helm repo list 命令查看：

```
# helm repo list
NAME                        URL
kube-logging                 https://kube-logging.github.io/helm-charts
```

由于 Chart 仓库的内容更新频繁，所以在部署应用之前，都应该通过 helm repo update 命令来确保将本地仓库配置更新到最新状态，例如：

```
# helm repo update
Hang tight while we grab the latest from your chart repositories...
...Successfully got an update from the "kube-logging" chart repository
Update Complete. ⎈Happy Helming!⎈
```

最后，可以通过 helm repo remove 命令从本地删除一个仓库的配置，例如：

```
# helm repo remove kube-logging
"kube-logging" has been removed from your repositories
```

如果希望在本地或内网搭建一个 Chart 仓库，那么也很方便，只需要部署一个能够为客户端提供 Chart 内容的 HTTP 服务器就能实现，可以采用合适的系统来部署 HTTP 服务器。在服务端，例如，通过/charts 路径进行访问，需要在该路径下提供 index.yaml 和各 Chart 的压缩包文件，例如：

```
charts/
  |- index.yaml
  |- app1-0.1.0.tgz
  |- app1-0.1.0.tgz.prov
  |- app2-1.0.0.tgz
  |- app2-1.0.0.tgz.prov
  |- ......
```

其中，index.yaml 文件是必需的，用于返回可用 Chart 列表和描述信息，例如，前面示例中 kube-logging 仓库的 index.yaml 文件内容如下：

```
apiVersion: v1
entries:
  log-generator:
  - version: 0.6.0
```

```
        apiVersion: v2
        appVersion: v0.6.0
        created: "2023-05-12T12:12:32.041042029Z"
        description: A Helm chart for Log-generator
        digest: 9c8767f7944240a66bb54be236192efd4e4c68f35bb434bd0b0a74db9946bcad
        home: https://kube-logging.github.io
        keywords:
        - logging
        kubeVersion: '>=1.16.0-0'
        name: log-generator
        sources:
        - https://github.com/kube-logging/log-generator
        - https://github.com/kube-logging/helm-charts/tree/main/charts/
log-generator
        type: application
        urls:
        - https://github.com/kube-logging/helm-charts/releases/download/
log-generator-0.6.0/log-generator-0.6.0.tgz
    ......
      - version: 0.5.2
    ......
      log-socket:
    - version: 0.1.2
        apiVersion: v2
        appVersion: 0.0.3
        created: "2023-02-15T11:49:14.458549088Z"
        description: A Helm chart for the log-socket service
    ......
```

其中，在 entries 字段列出提供的 Chart 列表，每个 Chart 名称下面的内容是各版本中 Chart.yaml 的内容。

对于在本地已经开发好的 Chart，Helm 也提供了一个命令 helm repo index 来自动生成这个 index.yaml 文件。

另外，Chart 包可以配置一个 Provenance 文件来提供 Chart 包的来源和完整性校验，这个文件与 Chart 包同名，并以“.prov”结尾，例如，app1-0.1.0.tgz.prov 是 Chart 包 app1-0.1.0.tgz 的校验文件。文件的内容通过 helm package --sign 的方式生成，签名算法使用 PGP 工具来完成，详细步骤可以参考官方文档，此处略过。对于提供了 Provenance 文件的 Chart 包，客户端可以使用 helm verify 命令或者在安装命令中加入--verify 参数（helm install --verify）对 Chart 包进行校验，以确认其来源和完整性。

8.3.3 Helm——部署应用

helm install 命令用于部署应用，最少需要指定两个命令行参数：Release 名称（由用户设置）和 Chart 名称，同时可以通过--version 参数指定版本。需要注意的是，Chart 名称中“/”前的部分是仓库的名称，如下代码示例为部署一个 Release 名称为“mariadb-1”、Chart 名称为“bitnami/mariadb”的 MariaDB 应用，“bitnami”是仓库的名称。

```
# helm install mariadb-1 bitnami/mariadb --version 14.1.4
NAME: mariadb-1
LAST DEPLOYED: Wed Oct 11 05:20:18 2023
NAMESPACE: default
STATUS: deployed
REVISION: 1
TEST SUITE: None
NOTES:
CHART NAME: mariadb
CHART VERSION: 14.1.4
APP VERSION: 11.1.3

Services:

  echo Primary: mariadb-1.default.svc.cluster.local:3306

Administrator credentials:

  Username: root
  Password : $(kubectl get secret --namespace default mariadb-1 -o
jsonpath="{.data.mariadb-root-password}" | base64 -d)

To connect to your database:
......
```

helm install 命令会显示该应用本次部署的 Release 状态及与应用相关的提示信息，例如，Release 名称为“mariadb-1”（如果想让 Helm 生成 Release 名称，则可以不指定名称，并加上--generate-name 参数）。

在安装过程中，Helm 客户端会打印资源的创建过程、发布状态及需要额外处理的配置步骤等有用信息。

从上面的输出可以看到，通过本次部署，在 Kubernetes 集群中创建了名为“mariadb-1”的 Service，并且给出了服务访问地址 mariadb-1.default.svc.cluster. local:3306。

可以通过 kubectl 命令查询在 Kubernetes 集群中部署的资源对象：

```
# kubectl get all
NAME                 READY     STATUS      RESTARTS     AGE
pod/mariadb-1-0      1/1       Running     0            10m

NAME                   TYPE         CLUSTER-IP       EXTERNAL-IP  PORT(S)     AGE
service/kubernetes     ClusterIP    169.169.0.1      <none>       443/TCP     114d
service/mariadb-1      ClusterIP    169.169.255.10   <none>       3306/TCP    10m

NAME                           READY    AGE
statefulset.apps/mariadb-1     1/1      10m
```

至此，一个 MariaDB 应用就部署完成了。

helm install 命令不会等待所有资源都运行成功后才退出。在部署过程中，下载镜像通常需要花费较多时间，为了跟踪 Release 的部署状态，可以使用 helm status 命令进行查看，例如：

```
# helm status mariadb-1
NAME: mariadb-1
LAST DEPLOYED: Wed Oct 11 05:20:18 2023
NAMESPACE: default
STATUS: deployed
REVISION: 1
TEST SUITE: None
NOTES:
CHART NAME: mariadb
CHART VERSION: 14.1.4
APP VERSION: 11.1.3
......
```

上面的输出信息显示了 Release 当前最新的状态信息。

使用 helm list 命令可以查询部署的 Release 列表：

```
# helm list
NAME             NAMESPACE       REVISION        UPDATED
STATUS          CHART             APP VERSION
mariadb-1        default           1             2023-10-11 05:20:18.330731662
+0800 CST deployed        mariadb-14.1.4  11.1.3
```

前面的安装过程使用的是 Chart 的默认配置数据。在实际情况下，通常需要根据环境信息先修改默认配置，再部署应用。

通过 helm show values 命令可以查看 Chart 的可配置项，例如查看 MariaDB 的可配置项：

```
# helm show values bitnami/mariadb
## @param global.imageRegistry Global Docker Image registry
## @param global.imagePullSecrets Global Docker registry secret names as an array
## @param global.storageClass Global storage class for dynamic provisioning
##
global:
  imageRegistry: ""
  ## E.g.
  ## imagePullSecrets:
  ##   - myRegistryKeySecretName
  ##
  imagePullSecrets: []
  storageClass: ""
......
```

用户可以编写一个 YAML 配置文件来覆盖默认的配置内容，然后在安装时指定使用该配置文件作为配置的值，例如 my-values.yaml 的内容为：

```
auth:
  database: "my-db"
  username: "user1"
  password: "passw0rd"
```

该配置表示创建一个名为"user1"的 MariaDB 默认用户，并授权该用户最新创建的名为"my-db"的数据库的访问权限，对其他配置则使用 Chart 中的默认值。

然后通过 helm install 命令，使用-f 参数引用该配置文件进行部署：

```
# helm install mariadb-1 bitnami/mariadb -f my-values.yaml
```

安装成功后，可以进入 Pod mariadb-1-0 的控制台，通过客户端命令可以成功访问数据库：

```
# kubectl exec -ti mariadb-1-0 -- bash
I have no name!@mariadb-1-0:/$
I have no name!@mariadb-1-0:/$ mariadb -u user1 -p my-db
Enter password: <xxxxxx>
Welcome to the MariaDB monitor.  Commands end with ; or \g.
Your MariaDB connection id is 9
```

```
Server version: 11.1.3-MariaDB Source distribution
Copyright (c) 2000, 2018, Oracle, MariaDB Corporation Ab and others.
Type 'help;' or '\h' for help. Type '\c' to clear the current input statement.
MariaDB [my-db]>
```

Helm 在部署应用时有两种方法传递配置数据。

◎ --values 或者-f：使用 YAML 文件进行参数配置，可以设置多个文件，最后一个文件优先。对多个文件中重复的 value 会进行覆盖操作，不同的 value 叠加生效。上面的例子使用的就是这种方式。

◎ --set：在命令行中直接设置参数的值。

如果同时使用两个参数，则--set 会以高优先级合并到--values 中。对于通过--set 设置的值，可以用 helm get values <release-name>命令在指定的 Release 信息中查询到。另外，--set 指定的值会被 helm upgrade 运行时--reset-values 指定的值清空。

1. 关于--set 格式和限制的说明

--set 可以指定一个或多个名称/值对，例如--set name=value，对应的 YAML 文件中的语法如下：

```
name: value
```

多个值使用逗号分隔，例如--set a=b,c=d，对应的 YAML 配置如下：

```
a: b
c: d
```

--set 还可用于表达具有多层级结构的变量，例如--set outer.inner=value，对应的 YAML 配置如下：

```
outer:
  inner: value
```

花括号{}可用于表示列表类型的数据，例如--set name={a,b,c}会被翻译如下：

```
name:
  - a
  - b
  - c
```

Helm 允许使用数组索引语法访问列表项，例如--set servers[0].port=80 会被翻译如下：

```
servers:
```

```
  - port: 80
```

通过这种方式可以设置多个值，例如--set servers[0].port=80,servers[0].host=example 会被翻译如下：

```
servers:
  - port: 80
    host: example
```

有时在--set 的值里会存在一些特殊字符（如逗号、双引号等），对其可以使用反斜杠“\”符号进行转义，例如--set name=value1\, value2 会被翻译如下：

```
name: "value1,value2"
```

类似地，可以对点符号“.”进行转义，这样 Chart 使用 toYaml 方法解析 Label、Annotation 或者 Node Selector 时就很方便了，例如--set nodeSelector."kubernetes\.io/role"=master 会被翻译为如下配置:

```
nodeSelector:
  kubernetes.io/role: master
```

尽管如此，--set 语法的表达能力依然无法与 YAML 语言相提并论，尤其是在处理深层嵌套类型的数据结构时。建议 Chart 的设计者在设计 values.yaml 文件格式时考虑--set 的用法。

2. Chart 的更多部署方法

在使用 helm install 命令时，可以通过多种安装源基于 Chart 部署应用。

◎ Chart 仓库，如前文所述。

◎ 本地的 Chart 压缩包，例如 helm install foo foo-0.1.1.tgz。

◎ 解压缩的 Chart 目录，例如 helm install foo path/to/foo。

◎ 一个完整的 URL，例如 helm install foo https://example.com/charts/foo-1.2.3.tgz。

8.3.4　Helm——应用更新和回滚

当一个 Chart 有新版本发布或者需要修改已部署 Release 的配置时，可以通过 helm upgrade 命令完成应用的更新。

helm upgrade 命令会利用用户提供的更新信息来对 Release 进行更新。因为 Kubernetes Chart 可能会很大且很复杂，所以 Helm 会尝试执行最小影响范围的增量更新，只更新相对于上一个 Release 发生改变的部分。

例如，更新之前部署的 mariadb 为主从复制模式，创建 repl.yaml 配置文件，内容如下：

```
architecture: replication
auth:
  rootPassword: "xxxxxx"
  replicationUser: "repl"
  replicationPassword: "repl"
```

使用 helm upgrade 命令更新当前已部署的 Release“mariadb-1”：

```
# helm upgrade mariadb-1 bitnami/mariadb -f repl.yaml
Release "mariadb-1" has been upgraded. Happy Helming!
NAME: mariadb-1
LAST DEPLOYED: Wed Oct 11 06:08:11 2023
NAMESPACE: default
STATUS: deployed
REVISION: 2
TEST SUITE: None
NOTES:
CHART NAME: mariadb
CHART VERSION: 14.1.4
APP VERSION: 11.1.3

......
Services:

  echo Primary: mariadb-1-primary.default.svc.cluster.local:3306
  echo Secondary: mariadb-1-secondary.default.svc.cluster.local:3306
......
```

可以看到，在副本模式下，Helm 将 mariadb 更新为 2 个服务，通过查看后端资源和 Pod 也可以确认这一点。另外，查看 Pod 的日志也可以知道 primary 服务和 secondary 服务正确建立了主从同步关系。

```
# kubectl get all
NAME                           READY   STATUS    RESTARTS   AGE
pod/mariadb-1-primary-0        1/1     Running   0          2m34s
pod/mariadb-1-secondary-0      1/1     Running   0          2m34s

NAME                           TYPE        CLUSTER-IP       EXTERNAL-IP
PORT(S)    AGE
```

```
    service/kubernetes            ClusterIP    169.169.0.1      <none>
443/TCP    114d
    service/mariadb-1-primary     ClusterIP    169.169.196.79   <none>
3306/TCP   2m34s
    service/mariadb-1-secondary   ClusterIP    169.169.81.243   <none>
3306/TCP   2m34s

    NAME                                       READY    AGE
    statefulset.apps/mariadb-1-primary         1/1      2m34s
    statefulset.apps/mariadb-1-secondary       1/1      2m34s
```

通过 helm list 命令查看 Release 的信息，会发现 Revision 被更新为 2：

```
    # helm list
    NAME           NAMESPACE       REVISION        UPDATED
STATUS         CHART           APP VERSION
    mariadb-1       default         2              2023-10-11 06:08:11.426539832
+0800 CST deployed        mariadb-14.1.4  11.1.3
```

如果更新后的 Release 未按预期执行，则可以使用 helm rollback [RELEASE]命令对 Release 进行回滚：

```
    # helm rollback mariadb-1 1
    Rollback was a success! Happy Helming!
```

以上命令将把名为“mariadb-1”的 Release 回滚到第 1 个版本。

需要说明的是，Release 的修订（Revision）号是持续增加的，每次在进行安装、更新或者回滚时，修订号都会增加 1，第 1 个版本号始终是 1。

通过 helm list 命令查看 Release 的信息，会发现 Revision 被更新为 3：

```
    # helm list
    NAME           NAMESPACE       REVISION        UPDATED
STATUS         CHART           APP VERSION
    mariadb-1       default         3              2023-10-11 06:13:12.542405114
+0800 CST deployed        mariadb-14.1.4  11.1.3
```

另外，可以通过 helm history [RELEASE]命令查看 Release 的修订历史记录：

```
    # helm history mariadb-1
    REVISION      UPDATED                          STATUS         CHART            APP
VERSION     DESCRIPTION
    1            Wed Oct 11 05:40:18 2023      superseded    mariadb-14.1.4  11.1.3
Install complete
```

```
    2          Wed Oct 11 06:08:11 2023     superseded    mariadb-14.1.4  11.1.3
Upgrade complete
    3          Wed Oct 11 06:13:12 2023     deployed      mariadb-14.1.4  11.1.3
Rollback to 1
```

安装/更新/回滚命令的常用参数

在使用 helm install/upgrade/rollback 命令时，有些很有用的参数可以帮助我们控制这几个操作的行为。注意，以下不是完整的命令行参数列表，可以通过 helm <command> --help 命令查看对全部参数的说明。

◎ --timeout：等待 Kubernetes 命令完成的（Golang 持续）时间，默认值为 5m0s。

◎ --wait：在将 Release 标记为成功之前，需要等待一些条件达成。例如，所有 Pod 的状态都为 Ready，PVC 完成绑定，Deployment 的最小 Pod 数量（Desired-maxUnavailable）的状态为 Ready，Service 的 IP 地址设置成功（如果是 LoadBalancer 类型，则 Ingress 设置成功），等等。等待时间与--timeout 参数设置的时间一样。超时后该 Release 的状态会被标记为 FAILED。注意：当 Deployment 的 replicas 被设置为 1，并且滚动更新策略的 maxUnavailable 不为 0 时，--wait 才会在有最小数量的 Pod 达到 Ready 状态后返回 Ready 状态。

◎ --no-hooks：跳过该命令的运行钩子（Hook）。

◎ --recreate-pods：使用该参数将会导致所有的 Pod 重建（属于 Deployment 的 Pod 除外），仅对 upgrade 和 rollback 命令可用。该参数在 Helm v3 中已被弃用。

8.3.5 Helm——卸载应用

在需要卸载某个 Release 时，可以使用 helm uninstall 命令，例如，使用该命令从集群中删除名为“mariadb-1”的 Release：

```
# helm uninstall mariadb-1
release "mariadb-1" uninstalled
```

再次使用 helm list 命令查看 Release 列表，可以看到名为“mariadb-1”的 Release 已被卸载：

```
# helm list
NAME    NAMESPACE       REVISION        UPDATED STATUS  CHART   APP VERSION
```

在 Helm v2 版本中删除 Release 后会保留删除记录，在 Helm v3 版本中会同时删除历史记录。如果希望保留删除记录，则可以加上--keep-history 参数：

```
# helm uninstall mariadb-1 --keep-history
release "mariadb-1" uninstalled
```

通过 helm list --uninstalled 命令可以查看使用--keep-history 保留的卸载记录，例如：

```
    # helm list --uninstalled
    NAME           NAMESPACE      REVISION          UPDATED
STATUS        CHART         APP VERSION
    mariadb-1      default        1                 2023-10-12 22:49:29.210572225
+0800 CST uninstalled    mariadb-14.1.4  11.1.3
```

注意，对于状态是已删除的 Release，就不能再回滚到某个历史版本。

8.4　集群监控

在一个 Kubernetes 集群中通常会运行许多微服务，相关的 Pod 也可能会被不断地创建、终止或者重启，应用程序的运行状态、性能监控、日志监控等运维工作变得更加复杂，因此需要引入更加自动化和可视化的技术来帮助我们完成这些运维工作。本节对 Kubernetes 组件的性能指标监控、常用的 Metrics Server 和 Prometheus 系统、常用的日志监控系统（包括应用日志、集群审计日志、外部日志采集存储方案），以及使用 Dashboard 监控集群资源等内容进行详细说明。

在性能监控方面，Kubernetes 的早期版本依靠 Heapster 来实现完整的性能数据采集和监控功能，Kubernetes 从 v1.8 版本开始，性能数据开始以 Metrics API 方式提供标准化接口，并且从 v1.10 版本开始，将 Heapster 替换为 Metrics Server。在 Kubernetes 新的监控体系中，Metrics Server 用于提供核心指标（Core Metrics），包括 Node、Pod 的 CPU 和内存使用指标。对其他自定义指标（Custom Metrics）的监控则由 Prometheus 等组件来完成。下面先对 Metrics Server 和 Prometheus 系统进行说明。

8.4.1　Kubernetes 核心组件的性能监控

Kubernetes 从 v1.26 版本开始，通过引入一个服务等级指标（Service Level Indicator，SLI）来提供系统本身的一些性能指标，以便管理员能够及时获取集群的健康状况。该特性到 v1.29 版本时达到 Stable 阶段。

提供该 SLI 指标的组件有如下几个。

◎ kube-apiserver
◎ kube-controller-manager
◎ cloud-controller-manager
◎ kube-scheduler
◎ kubelet
◎ kube-proxy

提供指标的方式在各组件的 HTTPS 服务（如 kube-apiserver 的 6443 端口号）上，以/metrics/slis 接口进行暴露，例如查看 kube-apiserver 的该性能指标接口，可以获取如下信息：

```
# kubectl get --raw /metrics/slis
# HELP kubernetes_healthcheck [STABLE] This metric records the result of a single healthcheck.
# TYPE kubernetes_healthcheck gauge
kubernetes_healthcheck{name="autoregister-completion",type="healthz"} 1
kubernetes_healthcheck{name="autoregister-completion",type="livez"} 1
kubernetes_healthcheck{name="autoregister-completion",type="readyz"} 1
kubernetes_healthcheck{name="etcd",type="healthz"} 1
kubernetes_healthcheck{name="etcd",type="livez"} 1
kubernetes_healthcheck{name="etcd",type="readyz"} 1
kubernetes_healthcheck{name="etcd-readiness",type="readyz"} 1
kubernetes_healthcheck{name="informer-sync",type="readyz"} 1
kubernetes_healthcheck{name="log",type="healthz"} 1
kubernetes_healthcheck{name="log",type="livez"} 1
kubernetes_healthcheck{name="log",type="readyz"} 1
kubernetes_healthcheck{name="ping",type="healthz"} 1
kubernetes_healthcheck{name="ping",type="livez"} 1
......

# HELP kubernetes_healthchecks_total [STABLE] This metric records the results of all healthcheck.
# TYPE kubernetes_healthchecks_total counter
kubernetes_healthchecks_total{name="autoregister-completion",status="success",type="healthz"} 1
kubernetes_healthchecks_total{name="autoregister-completion",status="success",type="livez"} 7
kubernetes_healthchecks_total{name="autoregister-completion",status="success",type="readyz"} 71
kubernetes_healthchecks_total{name="etcd",status="success",type="healthz"} 1
```

```
    kubernetes_healthchecks_total{name="etcd",status="success",type="livez"} 7
    kubernetes_healthchecks_total{name="etcd",status="success",type="readyz"} 71
    kubernetes_healthchecks_total{name="etcd-readiness",status="success",type="r
eadyz"} 71
    kubernetes_healthchecks_total{name="informer-sync",status="success",type="re
adyz"} 71
    kubernetes_healthchecks_total{name="log",status="success",type="healthz"} 1
    kubernetes_healthchecks_total{name="log",status="success",type="livez"} 7
    ......
```

SLI 指标以如下两种类型的数据进行提供。

◎ kubernetes_healthcheck gauge：计量值，当数值为 1 时，表示健康，当数值为 0 时，表示不健康。

◎ kubernetes_healthchecks_total counter：计数值，表示观察到健康状态的累计次数。

管理员应该在监控告警系统中定期采集每个 Kubernetes 组件的 SLI 指标数据，并设置相应的告警规则，在某些组件出现不健康状况时及时告警。

另外，kubelet 也会在/metrics/resource 端点提供与本 Node 的资源使用情况相关的性能指标，该特性从 Kubernetes v1.14 版本引入，到 v1.29 版本时达到 Stable 阶段。

例如，查看某 Node 上 kubelet 的 10250 端口暴露的资源性能指标如下：

```
    # curl -k --cert ./client.crt --key ./client.key
https://localhost:10250/metrics/resource

    # HELP container_cpu_usage_seconds_total [STABLE] Cumulative cpu time consumed
by the container in core-seconds
    # TYPE container_cpu_usage_seconds_total counter
    container_cpu_usage_seconds_total{container="coredns",namespace="kube-system
",pod="coredns-76f75df574-m88mf"} 7.461082702 1703752753408
    ......
    # HELP container_memory_working_set_bytes [STABLE] Current working set of the
container in bytes
    # TYPE container_memory_working_set_bytes gauge
    container_memory_working_set_bytes{container="coredns",namespace="kube-syste
m",pod="coredns-76f75df574-m88mf"} 1.9709952e+07 1703752753408
    ......

    # HELP node_cpu_usage_seconds_total [STABLE] Cumulative cpu time consumed by the
node in core-seconds
```

```
# TYPE node_cpu_usage_seconds_total counter
node_cpu_usage_seconds_total 643.10452247 1703752744958

# HELP node_memory_working_set_bytes [STABLE] Current working set of the node in bytes
# TYPE node_memory_working_set_bytes gauge
node_memory_working_set_bytes 6.56805888e+08 1703752744958

# HELP pod_cpu_usage_seconds_total [STABLE] Cumulative cpu time consumed by the pod in core-seconds
# TYPE pod_cpu_usage_seconds_total counter
pod_cpu_usage_seconds_total{namespace="kube-system",pod="coredns-76f75df574-m88mf"} 7.509662121 1703752745328
......
# HELP pod_memory_working_set_bytes [STABLE] Current working set of the pod in bytes
# TYPE pod_memory_working_set_bytes gauge
pod_memory_working_set_bytes{namespace="kube-system",pod="coredns-76f75df574-m88mf"} 1.9755008e+07 1703752745328
......
```

该接口主要提供的指标包括 Pod、Container、Node 等 CPU 和内存使用情况，管理员也应该定期采集每个 Node 的资源使用指标，并设置相应的告警规则，在资源不足时及时告警。

8.4.2 Metrics Server 实践

Metrics Server 的主要用途是配合 Horizontal Pod Autoscaler 与 Vertical Pod Autoscaler 来实现 Kubernetes 自动伸缩的功能，Metrics Server 具有如下几个特点。

◎ 部署简单，通过一个 YAML 文件可以在绝大多数系统上一键部署。

◎ 每隔 15s 搜集一次性能指标数据，可以实现 Pod 的快速自动伸缩控制。

◎ 轻量级，资源占用量很低，在每个 Node 上只需要 1m 的 CPU 和 2MiB 的内存。

◎ 可以支持多达 5000 个 Node 的集群。

安装部署很简单，首先从官网下载 Metrics Server 的 YAML 配置文件：

```
# wget https://github.com/kubernetes-sigs/metrics-server/releases/latest/download/components.yaml
```

按需修改文件中的配置，其中增加启动参数--kubelet-insecure-tls，表示在访问 kubelet 的 HTTPS 协议端口号时不验证 TLS 证书：

```
......
  spec:
    containers:
    - args:
      - --cert-dir=/tmp
      - --secure-port=4443
      - --kubelet-preferred-address-types=InternalIP,ExternalIP,Hostname
      - --kubelet-use-node-status-port
      - --metric-resolution=15s
      - --kubelet-insecure-tls
      image: registry.k8s.io/metrics-server/metrics-server:v0.6.4
      imagePullPolicy: IfNotPresent
......
```

然后，基于 YAML 文件创建 Metrics Server，并等待 Pod 成功启动：

```
# kubectl --namespace=kube-system create -f components.yaml
serviceaccount/metrics-server created
clusterrole.rbac.authorization.k8s.io/system:aggregated-metrics-reader created
clusterrole.rbac.authorization.k8s.io/system:metrics-server created
rolebinding.rbac.authorization.k8s.io/metrics-server-auth-reader created
clusterrolebinding.rbac.authorization.k8s.io/metrics-server:system:auth-dele
gator created
clusterrolebinding.rbac.authorization.k8s.io/system:metrics-server created
service/metrics-server created
deployment.apps/metrics-server created
apiservice.apiregistration.k8s.io/v1beta1.metrics.k8s.io created

# kubectl --namespace=kube-system get pods -l k8s-app=metrics-server
NAME                              READY   STATUS
metrics-server-6779c94dff-9c64h           1/1     Running
```

查看 Metrics Server Pod 日志，确定运行正常：

```
# kubectl --namespace=kube-system logs metrics-server-6779c94dff-9c64h
I1205 18:10:35.754337       1 serving.go:342] Generated self-signed cert
(/tmp/apiserver.crt, /tmp/apiserver.key)
I1205 18:10:36.250771       1 requestheader_controller.go:169] Starting
RequestHeaderAuthRequestController
I1205 18:10:36.250795       1 shared_informer.go:240] Waiting for caches to sync
```

```
for RequestHeaderAuthRequestController
    I1205 18:10:36.250842       1 configmap_cafile_content.go:201] "Starting
controller" name="client-ca::kube-system::extension-apiserver-
authentication::client-ca-file"
    I1205 18:10:36.250865       1 shared_informer.go:240] Waiting for caches to sync
for client-ca::kube-system::extension-apiserver-authentication::client-ca-file
    I1205 18:10:36.251089       1 secure_serving.go:267] Serving securely on
[::]:4443
```

接下来，可以通过 kubectl top nodes 和 kubectl top pods 命令监控 Node 和 Pod 的 CPU、内存资源的使用情况：

```
    # kubectl top nodes
    NAME           CPU(cores)   CPU%   MEMORY(bytes)   MEMORY%
    192.168.18.3   319m         7%     1167Mi          67%

    # kubectl top pods --all-namespaces
    NAMESPACE     NAME                               CPU(cores)   MEMORY(bytes)
    kube-system   coredns-767997f5b5-sfz2w           6m           36Mi
    kube-system   metrics-server-7cb798c45b-4dnmh    3m           22Mi
    ......
```

启动一个性能测试 Pod 模拟大量使用系统资源，再次监控 Node 和 Pod 的性能指标数据，可以直观地看到资源的使用情况：

```
    # kubectl run testperf --image containerstack/alpine-stress -- stress --cpu 3
--io 4 --vm 2 --vm-bytes 256M --timeout 3000s

    # kubectl get po
    NAME       READY   STATUS    RESTARTS   AGE
    testperf   1/1     Running   0          21s

    # kubectl top nodes
    NAME             CPU(cores)   CPU%   MEMORY(bytes)   MEMORY%
    192.168.18.3     3994m        99%    2106Mi          57%

    # kubectl top pods
    NAME       CPU(cores)   MEMORY(bytes)
    testperf   3088m        292Mi
```

上述测试表示，运行 3 个进程计算 sqrt()，运行 4 个进程执行 I/O 写磁盘操作，运行 2 个进程执行分配内存的操作，每个进程分配 256MB 内存，这个压力测试过程持续 3000s。

下面是几个常用命令。

◎ kubectl top node <node1>，可以直接指定 Node 或者 Pod 的名称。
◎ kubectl top pod --sort-by=memory，实现排序功能，可以按照 CPU 或者内存排序输出。
◎ kubectl top pod --selector application=demo-app，通过 selector 标签选择器，选择某些 Pod 进行查看。

也可以用 API 方式访问：

```
# kubectl get --raw /apis/metrics.k8s.io/v1beta1/nodes
{"kind":"NodeMetricsList","apiVersion":"metrics.k8s.io/v1beta1","metadata":{
},"items":[{"metadata":{"name":"192.168.18.3","creationTimestamp":"2023-12-07T08
:38:27Z","labels":{"beta.kubernetes.io/arch":"amd64","beta.kubernetes.io/os":"li
nux","environment":"dev","kubernetes.io/arch":"amd64","kubernetes.io/hostname":"
192.168.18.3","kubernetes.io/os":"linux","node-role.kubernetes.io/control-plane"
:"","node.kubernetes.io/exclude-from-external-load-balancers":"","storage-type":
"ssd","zone":"zoneA"}},"timestamp":"2023-12-07T08:38:12Z","window":"20.065s","us
age":{"cpu":"229204775n","memory":"1059300Ki"}}]}
```

8.4.3　Prometheus 性能监控平台实践

Prometheus 最初是由 SoundCloud 公司开发的开源监控系统，主要用于记录和查询时序性能数据，目前是一个独立的开源项目。Prometheus 在 2016 年加入 CNCF，是继 Kubernetes 之后第 2 个 CNCF 托管项目，同时也是 CNCF 中第 2 个毕业的项目，在容器和微服务领域得到了广泛应用。Prometheus 的主要特点如下。

◎ 使用指标名称及键值对标识的多维度数据模型。
◎ 采用灵活的查询语言 PromQL。
◎ 不依赖分布式存储，为自治的单 Node 服务。
◎ 使用 HTTP 完成对监控数据的采集。
◎ 支持通过一个代理网关（Push Gateway）来推送时序数据。
◎ 支持通过服务发现或静态配置来发现采集目标。
◎ 支持多种图形和 Dashboard 的展示，例如 Grafana。

Prometheus 生态系统由各种组件组成，用于功能的扩充。

◎ Prometheus Server：负责监控数据采集和时序数据存储，并提供数据查询功能。

◎ 客户端 SDK：对接 Prometheus 的开发工具包。
◎ Push Gateway：对于没有实现 Prometheus 采集接口的应用，可以将性能数据推送到该网关进行代理，然后 Prometheus 从该网关采集数据。
◎ 第三方 Exporter：各种外部指标收集系统，其数据可以被 Prometheus 采集。
◎ AlertManager：告警管理器。
◎ 其他辅助支持工具。

Prometheus 的核心组件 Prometheus Server 的主要功能包括：从 Kubernetes 的 Master 中获取需要监控的资源或服务信息；从各种 Exporter 中抓取（Pull）指标数据，然后将指标数据保存在时序数据库（TSDB）中；向其他系统提供 HTTP API 进行查询；提供基于 PromQL 语言的数据查询；可以将告警数据推送（Push）给 AlertManager，等等。

Prometheus 的系统架构如图 8.3 所示。

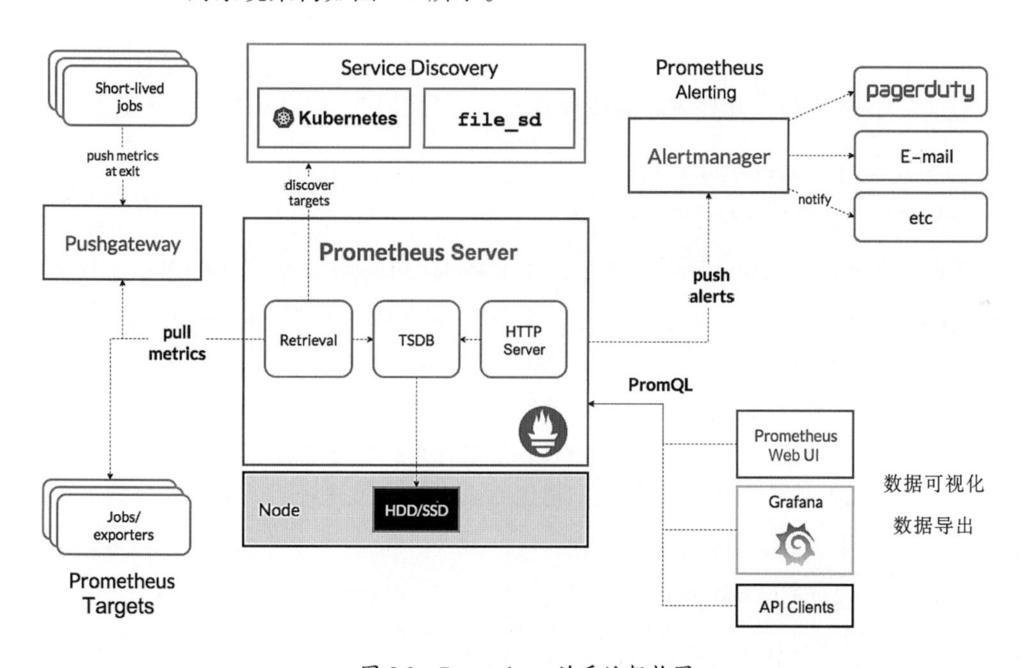

图 8.3 Prometheus 的系统架构图

下面的例子就是通过 Operator 模式部署 Prometheus 的。我们将 prometheus-operator 项目的代码下载到本地：

```
# git clone https://github.com/prometheus-operator/kube-prometheus.git
```

可以删除 prometheusAdapter 部分的内容，因为可以使用 Metrics Server 来采集 Kubernetes 的性能数据：

```
# cd kube-prometheus/manifests
# rm -rf prometheusAdapter-*
```

修改 kube-prometheus/manifests/prometheus-networkPolicy.yaml，注释或删除 prometheus-adapter 相关的内容：

```
  - from:
    - podSelector:
        matchLabels:
          app.kubernetes.io/name: prometheus-adapter
    ports:
    - port: 9090
      protocol: TCP
```

修改 grafana-service 与 prometheus-service，增加 NodePort 的配置，以便直接通过宿主机访问服务的 Web 页面，此处省略修改内容。

◎　manifests/grafana-service.yaml

◎　manifests/prometheus-service.yaml

在 kube-prometheus/manifests 目录下，通过 kubectl create 命令完成部署：

```
# kubectl create -f setup
# kubectl create -f .
```

确认 Operator 部署成功，如果不成功，则可能是镜像地址出了问题，可以替换 manifests 中相关的 yaml 文件。部署完成后，检查是否存在名为“grafana”的网络策略 NetworkPolicy，如果存在，则需要删除，避免后面在添加数据源时，因为这个防火墙规则导致失败：

```
# kubectl delete networkpolicy -n monitoring grafana
networkpolicy.networking.k8s.io "grafana" deleted

# kubectl get pods -n monitoring
NAME                                  READY   STATUS    RESTARTS   AGE
alertmanager-main-0                   2/2     Running   0          36m
alertmanager-main-1                   2/2     Running   0          36m
alertmanager-main-2                   2/2     Running   0          36m
blackbox-exporter-76b5c44577-f74fb    3/3     Running   0          36m
```

```
grafana-69f6b485b9-kw4jm               1/1     Running    0          36m
kube-state-metrics-7684d4f565-kt5z5    3/3     Running    0          36m
node-exporter-6ccw9                    2/2     Running    0          36m
prometheus-k8s-0                       2/2     Running    0          36m
prometheus-k8s-1                       2/2     Running    0          36m

# kubectl get svc -n monitoring
NAME                     TYPE         PORT(S)                          AGE
alertmanager-main        ClusterIP    9093/TCP,8080/TCP                36m
alertmanager-operated    ClusterIP    9093/TCP,9094/TCP,9094/UDP       36m
blackbox-exporter        ClusterIP    9115/TCP,19115/TCP               36m
grafana                  NodePort     3000:31007/TCP                   36m
kube-state-metrics       ClusterIP    8443/TCP,9443/TCP                36m
node-exporter            ClusterIP    9100/TCP                         36m
prometheus-k8s           NodePort     9090:32026/TCP,8080:32138/TCP    36m
prometheus-operated      ClusterIP    9090/TCP                         36m
prometheus-operator      ClusterIP    8443/TCP                         36m
```

Prometheus 在 9090 端口提供了一个简单的 Web 页面用于查看已采集的监控数据，上面的 Service 定义了 NodePort 为 **32026**，我们可以通过访问 Node 的 **32026** 端口打开这个 Web 页面，图 8.4 显示了 Prometheus 当前运行状态的界面，图 8.5 显示了 Prometheus 性能指标查询界面。

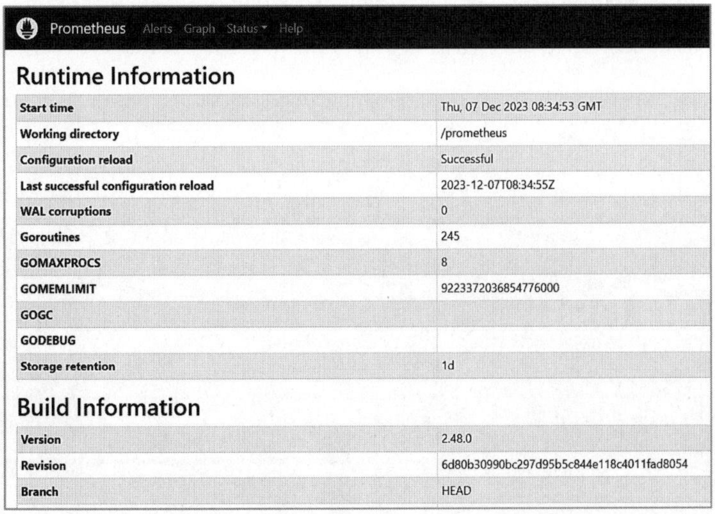

Prometheus Alerts Graph Status Help

Runtime Information

Start time	Thu, 07 Dec 2023 08:34:53 GMT
Working directory	/prometheus
Configuration reload	Successful
Last successful configuration reload	2023-12-07T08:34:55Z
WAL corruptions	0
Goroutines	245
GOMAXPROCS	8
GOMEMLIMIT	9223372036854776000
GOGC	
GODEBUG	
Storage retention	1d

Build Information

Version	2.48.0
Revision	6d80b30990bc297d95b5c844e118c4011fad8054
Branch	HEAD

图 8.4　Prometheus 当前运行状态的界面

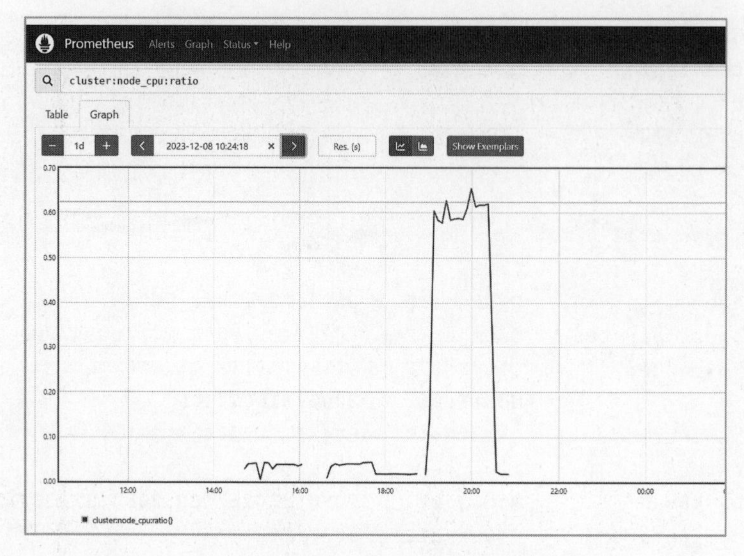

图 8.5　Prometheus 性能指标查询界面

我们看看如何使用 Grafana 来提供丰富的指标监控面板。默认登录的用户名/密码是 admin/admin，套件中预置了 Prometheus 的数据源及相关的 Dashboard 面板，以显示各种监控图表。此外，Grafana 官网提供了许多针对 Kubernetes 集群监控的 Dashboard 面板，可以下载后导入使用。图 8.6 显示了 Kubernetes 集群中 API Server 的性能指标情况，图 8.7 显示了 kubelet 的性能指标情况，图 8.8 显示了 Node 的性能指标情况，图 8.9 显示了 Kubernetes 集群的性能指标情况（包括 CUP、内存、网络、磁盘 I/O 等关键指标）。

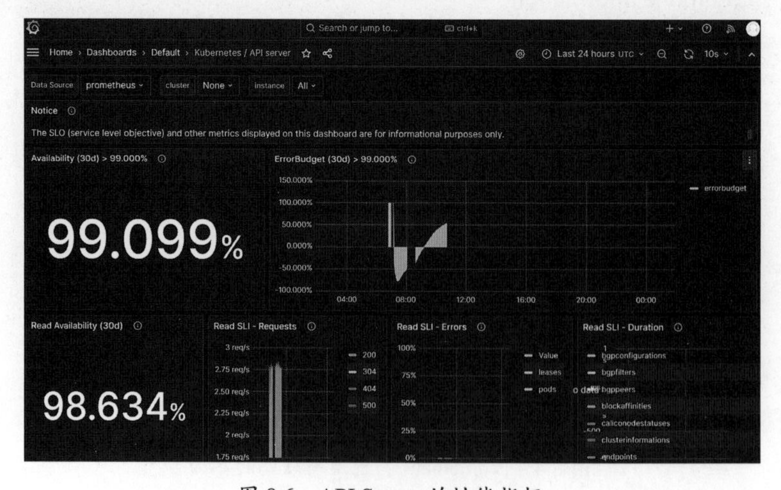

图 8.6　API Server 的性能指标

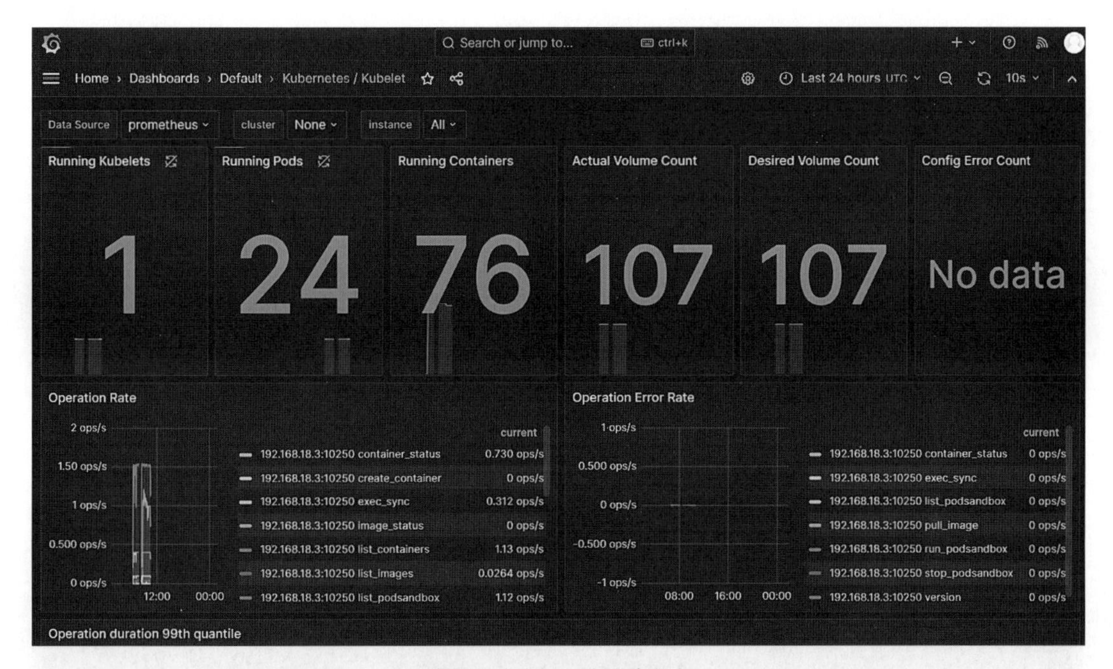

图 8.7 kubelet 的性能指标

图 8.8 Node 的性能指标

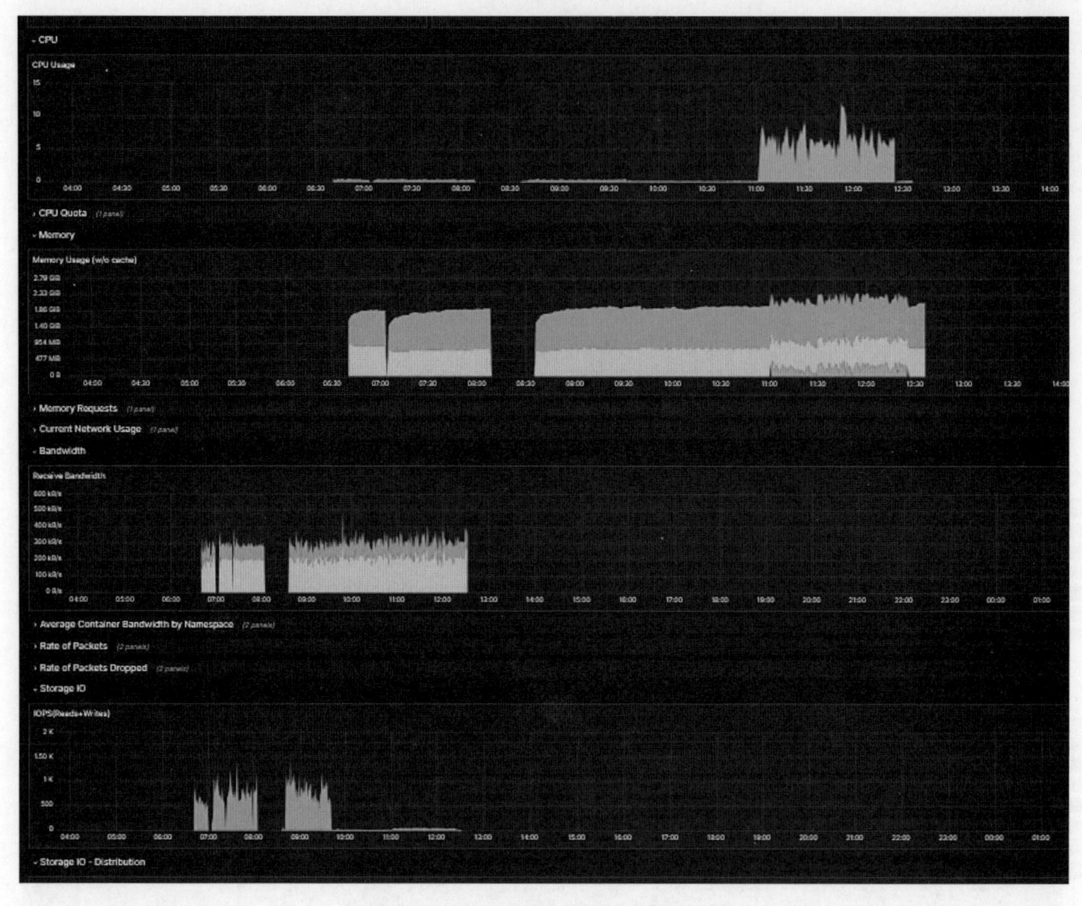

图 8.9　Kubernetes 集群的性能指标

8.4.4　Kubernetes 日志管理实践

日志对于业务分析和系统分析而言是非常重要的数据。在一个 Kubernetes 集群中，大量容器应用运行在众多 Node 上，各容器和 Node 的系统组件都会生成许多日志文件。但是容器具有不稳定性，在发生故障时可能会被 Kubernetes 重新调度，Node 也可能会由于故障无法使用，造成日志丢失，这就要求管理员对容器和系统组件生成的日志进行统一规划和管理。本节对用户的应用日志、系统组件的日志、API Server 审计日志、集群日志管理实践等内容进行详细说明。

1. 用户的应用日志

容器应用可以选择将日志输出到下列不同的目标位置。

◎ 输出到标准输出和标准错误输出。
◎ 输出到某个日志文件。
◎ 输出到某个外部系统。

输出到标准输出和标准错误输出的日志通常由容器引擎接管，并保存在容器运行的Node上，例如Docker会被保存在/var/lib/docker/containers目录下。在Kubernetes中，用户可以通过kubectl logs命令查看容器输出到stdout和stderr的日志，例如：

```
# kubectl logs demo-app
starting application...

  .   ____          _            __ _ _
 /\\ / ___'_ __ _ _(_)_ __  __ _ \ \ \ \
( ( )\___ | '_ | '_| | '_ \/ _` | \ \ \ \
 \\/  ___)| |_)| | | | | || (_| |  ) ) ) )
  '  |____| .__|_| |_|_| |_\__, | / / / /
 =========|_|==============|___/=/_/_/_/
 :: Spring Boot ::        (v2.0.1.RELEASE)

01:35:45.517 Demo Project [main] INFO  com.demo.App - Starting App v1.0 on
demo-app with PID 6 (/apps/demo-project-1.0.jar started by apps in /apps)
01:35:45.521 Demo Project [main] INFO  com.demo.App - No active profile set,
falling back to default profiles: default
......
```

输出到文件中的日志，其保存位置依赖于容器应用使用的存储类型。如果未指定特别的存储，则容器内的应用程序生成的日志文件由容器引擎（如Docker）进行管理（如存储为本地文件），在容器退出时可能被删除。需要将日志持久化存储时，容器可以选择使用Kubernetes提供的某种存储卷（Volume），例如hostpath（保存在Node上）、nfs（保存在NFS服务器上）、PVC（保存在某种网络共享存储上）。保存在共享存储卷中的日志要求容器应用确保文件名或子目录名不冲突。

某些容器应用也可能将日志直接输出到某个外部系统中，例如，通过一个消息队列（如Kafka）转发到一个后端日志存储中心。在这种情况下，外部系统的搭建方式和应用程序如何将日志输出到外部系统，应由容器应用程序的运维人员负责，不应由Kubernetes负责。

2. 系统组件的日志

Kubernetes 的系统组件主要包括在 Master 上运行的管理组件（kube-apiserver、kube-controller-manager 和 kube-scheduler），以及在每个 Node 上运行的管理组件（kubelet 和 kube-proxy）。这些系统组件生成的日志对于 Kubernetes 集群的正常运行和故障排查都非常重要。

Kubernetes 系统组件的日志通过 Klog 日志管理模块来实现，默认输出到标准错误输出中(stderr),如果系统管理员将这些服务配置为 systemd 的系统服务,则日志会被 journald 系统保存。

在 Kubernetes v1.23 以前的版本中，可以通过--log-dir 等参数设置日志保存到磁盘等配置。为了简化日志管理，从 v1.23 版本开始废弃这些参数，在 v1.26 版本中正式移除，这些参数如下。

◎ --add-dir-header
◎ --alsologtostderr
◎ --log-backtrace-at
◎ --log-dir
◎ --log-file
◎ --log-file-max-size
◎ --logtostderr
◎ --one-output
◎ --skip-headers
◎ --skip-log-headers
◎ --stderrthreshold

如果希望将输出到 stderr 的日志内容重定向到文件系统，则可以使用 kube-log-runner 工具来封装 Kubernetes 服务,以实现日志的重定向。例如,下面的命令设置将 kube-apiserver 的日志输出到/var/log/kube-apiserver.log 文件：

```
# kube-log-runner -log-file=/var/log/kube-apiserver.log --also-stdout=false
kube-apiserver --<api-server-parameters>
```

关于 JSON 格式日志

Kubernetes 从 v1.19 版本开始，Klog 支持 JSON 格式的日志结构，便于日志中字段的提取、保存和后续处理，目前为 Alpha 阶段。当前 kube-apiserver、kube-controller-manager、 kube-scheduler 和 kubelet 这 4 个服务支持通过启动参数--logging-format=json 设置 JSON 格式的日志。

例如，查看 kube-controller-manager 服务的 JSON 格式日志：

```
# kubectl logs kube-controller-manager-192.168.18.3 -n kube-system
......
{"ts":1702991430999.5266,"caller":"cache/shared_informer.go:318","msg":"Caches are synced for service account\n","v":0}
{"ts":1702991431347.6465,"caller":"cache/shared_informer.go:318","msg":"Caches are synced for garbage collector\n","v":0}
{"ts":1702991431347.7437,"caller":"garbagecollector/garbagecollector.go:166","msg":"All resource monitors have synced. Proceeding to collect garbage","v":0}
{"ts":1702991431392.6926,"caller":"cache/shared_informer.go:318","msg":"Caches are synced for garbage collector\n","v":0}
{"ts":1702991558239.3213,"caller":"record/event.go:307","msg":"Event occurred","v":0,"object":{"name":"deploy","namespace":"default"},"fieldPath":"","kind":"Deployment","apiVersion":"apps/v1","type":"Normal","reason":"ScalingReplicaSet","message":"Scaled up replica set deploy-7b5688c7ff to 3"}
{"ts":1702991558296.7258,"caller":"record/event.go:307","msg":"Event occurred","v":0,"object":{"name":"deploy-7b5688c7ff","namespace":"default"},"fieldPath":"","kind":"ReplicaSet","apiVersion":"apps/v1","type":"Normal","reason":"SuccessfulCreate","message":"Created pod: deploy-7b5688c7ff-78tmg"}
{"ts":1702991558327.972,"caller":"record/event.go:307","msg":"Event occurred","v":0,"object":{"name":"deploy-7b5688c7ff","namespace":"default"},"fieldPath":"","kind":"ReplicaSet","apiVersion":"apps/v1","type":"Normal","reason":"SuccessfulCreate","message":"Created pod: deploy-7b5688c7ff-7h4bw"}
......
```

其中一行 JSON 日志的内容如下：

```
{
    "ts": 1702991558327.972,
    "caller": "record/event.go:307",
    "msg": "Event occurred",
    "v": 0,
    "object": {
        "name": "deploy-7b5688c7ff",
        "namespace": "default"
    },
    "fieldPath": "",
    "kind": "ReplicaSet",
```

```
    "apiVersion": "apps/v1",
    "type": "Normal",
    "reason": "SuccessfulCreate",
    "message": "Created pod: deploy-7b5688c7ff-7h4bw"
}
```

Kubernetes 应用程序在生成 JSON 格式日志时设置的关键字段如下。

◎ ts：UNIX 格式的浮点数类型的时间戳（必选项）。
◎ v：日志级别，默认为 0（必选项）。
◎ msg：日志消息信息（必选项）。
◎ err：错误信息，字符串类型（可选项）。

不同组件的不同逻辑操作也可能输出其他附加字段，例如：

```
{
    "ts": 1702991558386.543,
    "caller": "replicaset/replica_set.go:676",
    "msg": "Finished syncing",
    "v": 0,
    "kind": "ReplicaSet",
    "key": "default/deploy-7b5688c7ff",
    "duration": "31.4019ms"
}
```

需要注意的是，目前 JSON 格式的日志仍处于 Alpha 实验阶段，字段名称可能会发生变化。另外，有一些 klog 参数不受支持。

关于结构化日志

Kubernetes 正在逐步将日志从字符串转换为结构化格式，以统一日志结构，便于程序化处理日志中的信息。这是一个持续更新的过程，到 v1.23 版本时达到 Beta 阶段。此时也不是全部日志都是结构化的，也有非结构化的日志，并且结构化的格式还可能发生变化。

默认的结构化日志格式如下：

```
<klog header> "<message>" <key1>="<value1>" <key2>="<value2>" ...
```

例如：

```
    I1209 13:38:43.813140       1 event.go:307] "Event occurred"
object="192.168.18.3" fieldPath="" kind="Node" apiVersion="v1" type="Normal"
reason="RegisteredNode" message="Node 192.168.18.3 event: Registered Node
```

```
192.168.18.3 in Controller"
```

其中各个信息项都以 key-value 的格式表示，字符串类型的值会以一对双引号引起来进行表示，其他数值类型使用%+v 进行格式化。

Node 日志查询机制

Kubernetes 在 v1.27 版本中引入了一个新的日志查询机制，通过 kubelet 返回本 Node 存储在操作系统中的 Kubernetes 服务日志。在 Linux 上，假设可以通过 journald 查询日志，在 Windows 上，假设可以通过应用日志提供程序中的查询日志，同时也假设可以在/var/log 目录中读取服务的日志文件。该特性需要开启 NodeLogQuery 特性门控进行启用，并且需要在 kubelet 配置中设置如下参数。

◎ enableSystemLogHandler=true
◎ enableSystemLogQuery=true

kubelet 会首先通过操作系统上原生的日志管理器（如 journald）来查询日志，如果日志不存在，就在/var/log 目录下查询以相关服务名开头的日志文件。

然后，可以通过 kubectl get 命令来访问某个 Node 上查询 kubelet 服务的日志：

```
# kubectl get --raw "/api/v1/nodes/192.168.18.3/proxy/logs/?query=kubelet"
```

也可以直接查看/var/log 目录中某个日志文件的内容：

```
# kubectl get --raw "/api/v1/nodes/192.168.18.3/proxy/logs/?query=
<log-file-name>"
```

除了使用 query 参数，还可以在该 URL 路径的参数列表（?符号之后）中加入其他参数，目前系统支持如下参数。

◎ boot：显示系统启动信息。
◎ pattern：正则表达式，用于过滤日志条目。
◎ query：指定查询的服务名或文件名，是必选项。
◎ sinceTime：开始时间，以 RFC3339 时间戳格式表示。
◎ untilTime：结束时间，以 RFC3339 时间戳格式表示。
◎ tailLines：设置从日志尾部查询的行数，默认为返回全部的行。

例如，仅查询 kubelet 服务中包含“error”关键字的日志：

```
# kubectl get --raw
"/api/v1/nodes/192.168.18.3/proxy/logs/?query=kubelet&pattern=error"
```

3. API Server 审计日志

Kubernetes 从 v1.4 版本开始引入审计机制，主要体现为审计日志（Audit Log）。审计日志按照时间顺序记录了与安全相关的各种事件，这些事件有助于系统管理员快速、集中了解发生了什么事情，作用于什么对象，在什么时间发生，谁（从哪儿）触发的，在哪儿观察到的，活动的后续处理行为是怎样的，等等。

API Server 把客户端的请求（Request）的处理流程视为一个“链条”，这个链条上的每个 Node 就是一个状态（Stage），从开始到结束的所有 Request Stage 如下。

◎ RequestReceived：在 Audit Handler 收到请求后生成的状态。

◎ ResponseStarted：响应 Header 已经发送但 Body 还没有发送的状态，仅对长期运行的请求（Long-running Requests）有效，例如 Watch 类型的响应。

◎ ResponseComplete：响应 Body 已经发送完成。

◎ Panic：严重错误（Panic）发生时的状态。

如图 8.10 所示，kube-apiserver 在收到一个请求后（如创建 Pod 的请求），会根据审计策略（Audit Policy）对此请求做出相应的处理。

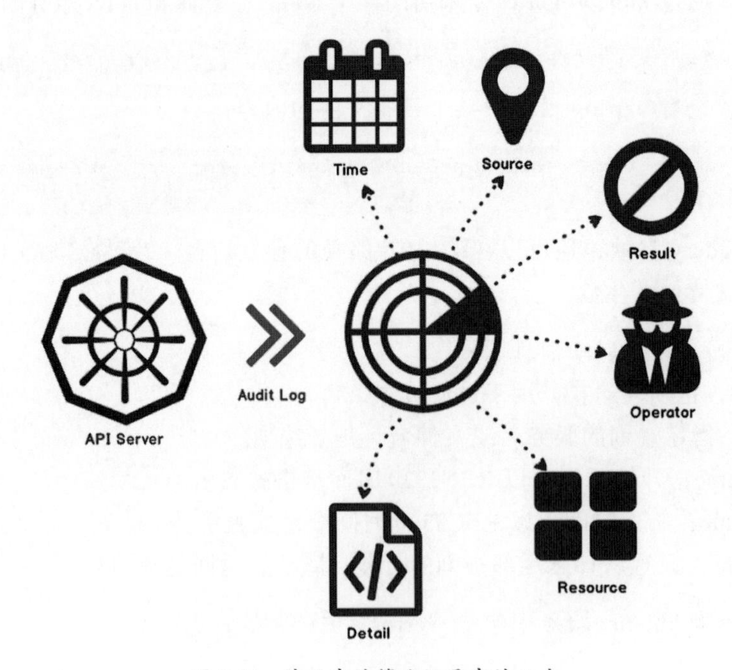

图 8.10 基于审计策略记录审计日志

我们可以将审计策略（Audit Policy）视作一组规则，这组规则定义了有哪些事件及数据需要记录（审计）。

审计策略（Audit Policy）定义了有哪些事件及数据需要记录（审计），以一个属于audit.k8s.io/v1组的资源类型policy进行定义。在规则配置中，可以配置多个规则，并为每条规则定义一个审计级别（Audit Level）。当请求到来时，系统按顺序进行匹配，匹配到的第一条规则将作为请求的审计级别（Audit Level）来记录审计日志。目前定义的几种级别如下（按级别从低到高排列）。

◎ None：不生成审计日志。
◎ Metadata：只记录Request请求的元数据如requesting user、timestamp、resource、verb等，但不记录请求及响应的具体内容。
◎ Request：记录Request请求的元数据及请求的具体内容。
◎ RequestResponse：记录事件的元数据，以及请求与应答的具体内容。

在定义好审计策略（Audit Policy）配置文件之后，需要在kube-apiserver的启动参数中配置--audit-policy-file指定该文件，之后kube-apiserver启动审计日志的记录，下面是一个审计策略（Audit Policy）配置文件示例：

```
apiVersion: audit.k8s.io/v1
kind: Policy
# 对于RequestReceived状态的请求，不做审计日志记录
omitStages:
  - "RequestReceived"
rules:
  # 记录对Pod请求的审计日志，输出级别为RequestResponse
  - level: RequestResponse
    resources:
    - group: ""   # 核心API组
      resources: ["pods"]
  # 记录对pods/log与pods/status请求的审计日志，输出级别为Metadata
  - level: Metadata
    resources:
    - group: ""
      resources: ["pods/log", "pods/status"]
  # 记录对核心API与扩展API的所有请求，输出级别为Request
  - level: Request
    resources:
    - group: "" # 核心API组
```

```
    - group: "extensions" # 组名，不要指定版本号
```

对于审计级别（Audit Level）为 None 以上的级别，系统会生成相应的审计日志，并将审计日志输出到存储后端，当前的存储后端实现有以下几类。

◎ Log：以本地日志文件记录保存为 JSON 日志格式。
◎ Webhook：回调外部接口进行通知，审计日志以 JSON 格式发送（POST 方式）给一个外部 HTTP 服务。

使用 Log 后端存储审计日志，需要对 API Server 的启动命令设置下列参数。

◎ --audit-log-path：指定日志文件的保存路径。
◎ --audit-log-maxage：设定审计日志文件保留的最大天数。
◎ --audit-log-maxbackup：设定审计日志文件最多保留数量。
◎ --audit-log-maxsize：设定审计日志文件的单个大小，单位为 MB，默认为 100MB。

审计日志文件以 audit-log-maxsize 设置的大小为单位，在写满后，kube-apiserver 将以时间戳重命名原文件，然后继续写入 audit-log-path 指定的审计日志文件。audit-log-maxbackup 和 audit-log-maxage 参数则用于 kube-apiserver 自动删除旧的审计日志文件。

使用 Webhook 后端存储审计日志，需要对 API Server 的启动命令设置下列参数。

◎ --audit-webhook-config-file：设置 Webhook 配置文件的路径，该配置文件应该是 kubeconfig 格式的配置，在其中指定外部服务的地址和访问凭据（如证书或 token）。
◎ --audit-webhook-initial-backoff：设置首次发送到 Webhook 服务失败后重发的等待时间，之后的重发时间间隔将以指数方式加长。

另外，Log 和 Webhook 后端都支持以批处理的方式存储，这可以通过 API Server 的启动参数--audit-log-mode 或--audit-webhook-mode 进行配置。相关配置是相同的，下面以 Webhook 后端为例进行说明。

--audit-webhook-mode 有如下可选配置值。

◎ batch：批处理模式，缓存一定的记录数量之后再写入后端，该模式为异步模式，这是存储后端为 Webhook 时--audit-webhook-mode 参数的默认值。
◎ blocking：阻塞模式，表示在处理每个事件时等待 API Server 的响应，该模式为同步模式，这是存储后端为 Log 时--audit-log-mode 参数的默认值。
◎ blocking-strict：严格阻塞模式，与 blocking 模式相同，不过在 RequestReceived 阶段，当审计日志处理失败时，发送到 API Server 的整个请求都会失败。

下面是仅用于 batch 批处理模式的其他可配置参数。

◎ --audit-webhook-batch-buffer-size：审计日志持久化 Event 的缓存大小，默认值为 10000。
◎ --audit-webhook-batch-max-size：审计日志的最大批量大小，默认值为 400。
◎ --audit-webhook-batch-max-wait：审计日志持久化 Event 的最长等待时间，默认值为 30s。
◎ --audit-webhook-batch-throttle-qps：每秒处理批次的最大值，默认值为 10。
◎ --audit-webhook-batch-throttle-burst：审计日志批量处理允许的最大并发数量，在未启用过 ThrottleQPS 时生效，默认值为 15。

对于内容很长的审计日志，系统允许限制记录的内容长度，可以通过以下参数进行配置（支持 Log 后端和 Webhook 后端）。

◎ --audit-webhook-truncate-enabled：设置是否启用记录 Event 分批截断机制，默认值为 false。
◎ --audit-webhook-truncate-max-batch-size：设置每批次最大可保存 Event 的字节数，超过时自动分成新的批次，默认值为 10485760。
◎ --audit-webhook-truncate-max-event-size：设置可保存 Event 的最大字节数，当超出该字节数时，自动移除第 1 个请求和应答；当移除后仍然超出时，将丢弃该 Event，默认值为 102400。

下面是开启审计日志后的一条记录示例，可以看到其中记录了非常详细的内容，对于事后审计非常有帮助：

```
    {
        "kind": "Event",
        "apiVersion": "audit.k8s.io/v1",
        "metadata": {
            "creationTimestamp": "2023-10-13T04:08:12Z"
        },
        "level": "RequestResponse",
        "timestamp": "2023-10-13T04:08:12Z",
        "auditID": "0ee70534-f733-412d-9492-119576645eb4",
        "stage": "ResponseComplete",
        "requestURI": "/api/v1/namespaces/default/pods/hello-1586750880-s92vj/
status",
        "verb": "patch",
```

```
        "user": {
            "username": "client",
            "groups": ["system:authenticated"]
        },
        "sourceIPs": ["192.168.18.3"],
        "userAgent": "kubelet/v1.28.0 (linux/amd64) kubernetes/e3c1340",
        "objectRef": {
            "resource": "pods",
            "namespace": "default",
            "name": "hello-1586750880-s92vj",
            "apiVersion": "v1",
            "subresource": "status"
        },
        "responseStatus": {
            "metadata": {},
            "code": 200
        },
        "requestObject": {},
        "responseObject": {
            "kind": "Pod",
            "apiVersion": "v1",
            "metadata": {
                "name": "hello-1586750880-s92vj",
                "generateName": "hello-1586750880-",
                "namespace": "default",
                "uid": "60d9587b-7d3c-11ea-8e92-5254009e8e3a",
                "resourceVersion": "4186114",
                "creationTimestamp": "2023-10-13T04:08:06Z",
                "labels": {
                    "controller-uid": "60d25fbb-7d3c-11ea-8e92-5254009e8e3a",
                    "job-name": "hello-1586750880"
                },
                "ownerReferences": [{
                    "apiVersion": "batch/v1",
                    "kind": "Job",
                    "name": "hello-1586750880",
                    "uid": "60d25fbb-7d3c-11ea-8e92-5254009e8e3a",
                    "controller": true,
                    "blockOwnerDeletion": true
                }]
            },
```

```
        "spec": {
            "volumes": [{
                "name": "default-token-m7q9r",
                "secret": {
                    "secretName": "default-token-m7q9r",
                    "defaultMode": 420
                }
            }],
            "containers": [{
                "name": "hello",
                "image": "busybox",
                "command": ["echo", "Welcome"],
                "resources": {},
                "volumeMounts": [{
                    "name": "default-token-m7q9r",
                    "readOnly": true,
                    "mountPath": "/var/run/secrets/kubernetes.io/
serviceaccount"
                }],
                "terminationMessagePath": "/dev/termination-log",
                "terminationMessagePolicy": "File",
                "imagePullPolicy": "Always"
            }],
            "restartPolicy": "OnFailure",
            "terminationGracePeriodSeconds": 30,
            "dnsPolicy": "ClusterFirst",
            "serviceAccountName": "default",
            "serviceAccount": "default",
            "nodeName": "192.168.18.3",
            "securityContext": {},
            "schedulerName": "default-scheduler",
            "tolerations": [{
                "key": "node.kubernetes.io/not-ready",
                "operator": "Exists",
                "effect": "NoExecute",
                "tolerationSeconds": 300
            }, {
                "key": "node.kubernetes.io/unreachable",
                "operator": "Exists",
                "effect": "NoExecute",
                "tolerationSeconds": 300
```

```
            }],
            "priority": 0
        },
        "status": {
            "phase": "Succeeded",
            "conditions": [{
                "type": "Initialized",
                "status": "True",
                "lastProbeTime": null,
                "lastTransitionTime": "2023-10-13T04:08:06Z",
                "reason": "PodCompleted"
            }, {
                "type": "Ready",
                "status": "False",
                "lastProbeTime": null,
                "lastTransitionTime": "2023-10-13T04:08:06Z",
                "reason": "PodCompleted"
            }, {
                "type": "ContainersReady",
                "status": "False",
                "lastProbeTime": null,
                "lastTransitionTime": "2023-10-13T04:08:06Z",
                "reason": "PodCompleted"
            }, {
                "type": "PodScheduled",
                "status": "True",
                "lastProbeTime": null,
                "lastTransitionTime": "2023-10-13T04:08:06Z"
            }],
            "hostIP": "192.168.18.3",
            "podIP": "10.1.45.39",
            "startTime": "2023-10-13T04:08:06Z",
            "containerStatuses": [{
                "name": "hello",
                "state": {
                    "terminated": {
                        "exitCode": 0,
                        "reason": "Completed",
                        "startedAt": "2023-10-13T04:08:10Z",
                        "finishedAt": "2023-10-13T04:08:10Z",
                        "containerID":
```

```
"docker://2dbd470808ac146dcb76a46f0f3b83b12d0e9ab3ab896c3e1466a09cf67b01b5"
                        }
                    },
                    "lastState": {},
                    "ready": false,
                    "restartCount": 0,
                    "image": "busybox",
                    "imageID":
"busybox@sha256:895ab622e92e18d6b461d671081757af7dbaa3b00e3e28e12505af7817f73649",
                    "containerID":
"2dbd470808ac146dcb76a46f0f3b83b12d0e9ab3ab896c3e1466a09cf67b01b5"
                }],
                "qosClass": "BestEffort"
            }
        },
        "requestReceivedTimestamp": "2023-10-13T04:08:12.370602Z",
        "stageTimestamp": "2023-10-13T04:08:12.373847Z",
        "annotations": {
            "authorization.k8s.io/decision": "allow",
            "authorization.k8s.io/reason": ""
        }
    }
```

需要注意的是，开启审计功能会增加 API Server 的 CPU 和内存使用量，因此建议在大规模环境下，使用独立的 etcd 来存储审计日志。

4. 集群日志管理实践

在 Kubernetes 生态中，可以采用多种开源或者商用的日志管理方案，例如 Fluentd、Elasticsearch、Kibana 等，来实现对系统组件和容器日志的采集、汇总和查询。2020 年，BanzaiCloud 开源了 Logging Operator，Logging Operator 在底层结合了高效的 Fluentbit 和插件丰富的 Flunetd，一起来完成日志的采集，具备很强的自动化能力和定制能力，目前已经成为 CNCF Sandbox 孵化项目。本节对如何部署 Logging Operator 和如何采集业务应用的日志进行说明。

图 8.11 是 Logging Operator 的架构组成示意图。Logging Operator 的最大特色之一是通过 Namespace 方式支持多租户隔离的日志收集和处理功能，通过日志 Flow 的方式，将不同租户或者规则定义的日志 Flow 输出到不同的 output，比如 ElasticSearch、Kafka、Grafana、公有云存储等。

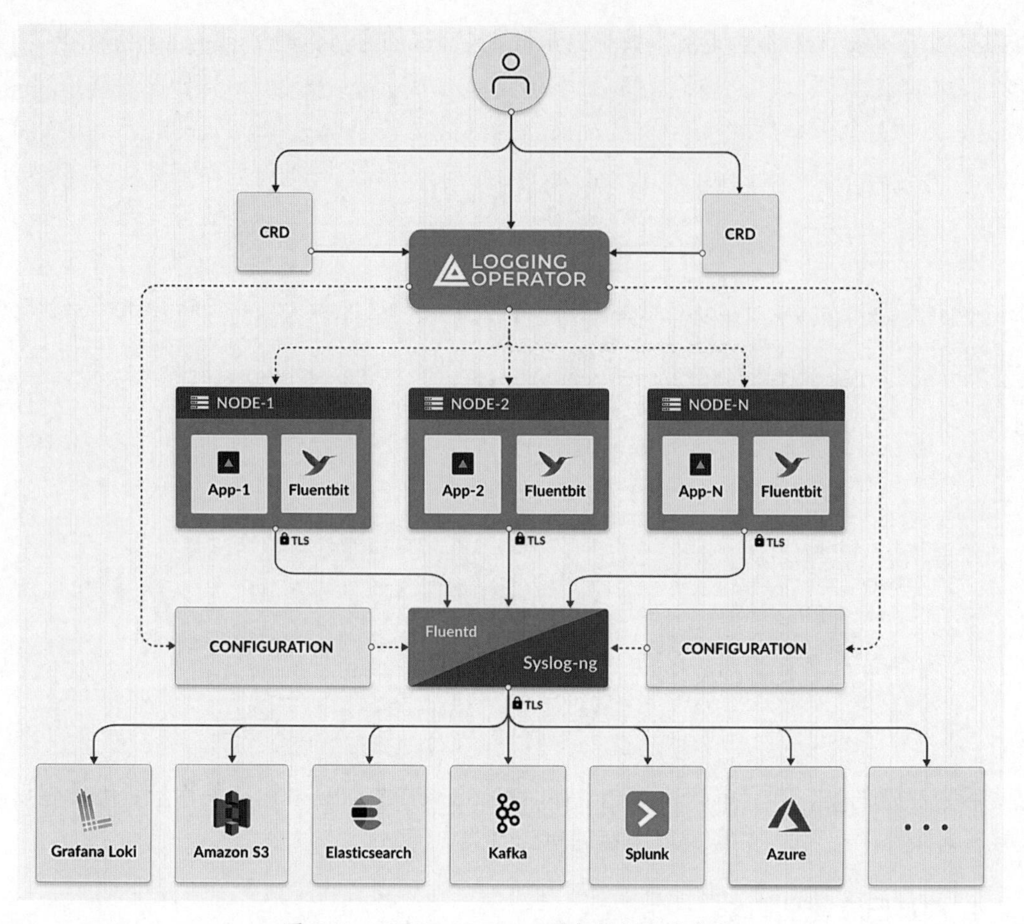

图 8.11 Logging Operator 的架构组成示意图

Logging Operator 定义了一些 CRD，先了解一下它们的作用。下面这几个 CRD 定义了日志采集器的基础设施信息，基础设施主要包括日志采集器（log collector，如 Fluent Bit）与日志转发器（log forwarder，如 Fluentd 和 syslog-ng）等组件。

◎ loggings.logging.banzaicloud.io

◎ fluentbitagents.logging.banzaicloud.io

◎ nodeagents.logging.banzaicloud.io

◎ loggingroutes.logging.banzaicloud.io

下面是 Fluentd 相关的 CRD 文件，其中 flows.xxxx 定义了一个日志流，通过 Namespace 方式过滤（log filter）出该租户的日志，然后输出到指定的输出目的地（flow outputs）；

outputs.xxxx 定义了一个日志流的输出目的地；clusterflows.xxx 与 clusteroutputs.xxx 则对应的是集群范围的日志，可以收集整个集群范围内的日志，默认只处理安装 logging operator 所在的命名空间（被称为"controlNamespace"，比如这里是 kube-log 命名空间）的日志，可以通过 allowClusterResourcesFromAllNamespaces 来改变这个规则，处理集群内所有命名空间的日志，注意 clusterflows.xx 与 clusteroutputs.xx 也只能在 controlNamespace 中定义。

◎ flows.logging.banzaicloud.io

◎ outputs.logging.banzaicloud.io

◎ clusterflows.logging.banzaicloud.io

◎ clusteroutputs.logging.banzaicloud.io

相应地，针对 syslog-ng，也有一套类似的 CRD：

◎ syslogngflows.logging.banzaicloud.io

◎ syslogngoutputs.logging.banzaicloud.io

◎ syslogngclusterflows.logging.banzaicloud.io

◎ syslogngclusteroutputs.logging.banzaicloud.io

接下来，配置并部署 Logging Operator+Loki+Grafana 的日志套件。

首先，通过 Helm 安装 Operator：

```
# helm repo add kube-logging https://kube-logging.github.io/helm-charts
"kube-logging" has been added to your repositories

# helm upgrade --recreate-pods  --install logging-operator  -n kube-log --wait
kube-logging/logging-operator
NAME: logging-operator-logging-1701976542
LAST DEPLOYED: Fri Dec  8 03:15:50 2023
NAMESPACE: logging
STATUS: deployed
REVISION: 1
TEST SUITE: None
```

部署完成后，系统会创建一个名为"logging-operator-xxx"的 Logging Operator 控制器 Pod：

```
# kubectl get pods -n kube-log
NAME                                READY   STATUS      RESTARTS    AGE
logging-operator-5767947f9b-k5pxq   1/1     Running     0           59m
```

然后，定义一个简单的 Logging CRD 对象：

```
# kubectl apply -f - <<"EOF"
apiVersion: logging.banzaicloud.io/v1beta1
kind: Logging
metadata:
  name: default-logging-simple
spec:
  fluentd:
    disablePvc: true
    bufferStorageVolume:
      hostPath:
        path: "" # leave it empty to automatically generate:
  controlNamespace:  kube-log
EOF
logging.logging.banzaicloud.io/default-logging-simple created

# kubectl get loggings.logging.banzaicloud.io
NAME                      LOGGINGREF   CONTROLNAMESPACE   WATCHNAMESPACES   PROBLEMS
default-logging-simple                 kube-log
```

因为在上述 CRD 中包括了日志转发器 Fluentd 的定义，所以会对应在 kube-log 命名空间中创建 Fluentd 的 Pod，名为“default-logging-simple-fluentd-xxx”。注意，Fluentd 的 Pod 会在默认的主机 Node 路径下存写数据，这个路径可以在 Pod 的定义中找到，可以修改目录权限为 777：

```
# chmod 777 /opt/logging-operator/default-logging-simple/default-logging-simple-fluentd-buffer
```

最后，创建一个日志采集器 FluentBitAgent 实例：

```
# kubectl apply -f - <<"EOF"
apiVersion: logging.banzaicloud.io/v1beta1
kind: FluentbitAgent
metadata:
  name: demo-fluentbit
spec:
  positiondb:
    hostPath:
      path: ""
  bufferStorageVolume:
    hostPath:
```

```
    path: ""
EOF

fluentbitagent.logging.banzaicloud.io/demo-fluentbit created
```

这时会看到在 kube-log 命名空间中，对应的 demo-fluentbit-xxxxx 的 Pod 被创建出来。

至此，在 kube-log 命名空间中成功创建了以下几个 Pod：

```
# kubectl get pods  -n kube-log
NAME                                        READY   STATUS     RESTARTS   AGE
default-logging-simple-fluentd-0            2/2     Running    0          21m
default-logging-simple-fluentd-configcheck-ac2d4553  Completed        59m
demo-fluentbit-fluentbit-lt7b4              1/1     Running    0          4m26s
logging-operator-5767947f9b-xvxlx           1/1     Running    0          124m
```

接下来安装 Loki，这里用单实例模式示例说明，建议在生产环境将 Loki 部署为 3 实例的高可用模式。Loki 本身也是独立的一套日志采集、存储、展现系统，这里主要使用了它的 Loki Server。

首先配置 Loki 的 Helm 参数文件 value.yaml：

```
# cat value.yaml
loki:
  auth_enabled: false
  commonConfig:
    replication_factor: 1
  storage:
    type: 'filesystem'
  singleBinary:
    replicas: 1
```

然后采用 Helm 方式安装 Loki：

```
# helm repo add grafana https://grafana.github.io/helm-charts
"grafana" has been added to your repositories

# helm repo update
Hang tight while we grab the latest from your chart repositories...
...Successfully got an update from the "grafana" chart repository
Update Complete. ⎈Happy Helming!⎈

# helm install  --namespace kube-log loki grafana/loki --values value.yaml
```

```
# 输出结果（部分）
......
Installed components:
* grafana-agent-operator
* loki
......
```

Loki Server 需要使用 1 个 10Gi 大小的 PV 用于存储日志数据。这里以本地 hostPath 类型 PV 为例创建 1 个 PV。例如，使用 Node 宿主机目录/root/kube-log/vol1，设置读写权限 chmod 777 /root/kube-log/vol1，然后可以通过下面的 YAML 创建名为 pv1 的 PV：

```
kubectl apply -f - <<"EOF"
apiVersion: v1
kind: PersistentVolume
metadata:
  name: pv1
  labels:
    type: local
spec:
  capacity:
    storage: 10Gi
  accessModes:
    - ReadWriteOnce
  hostPath:
    path: "/root/kube-log/vol1"
EOF

persistentvolume/pv1 created
```

PV 创建成功后，Loki Server 即会创建成功，并且会创建 1 个 Loki 的 Service，端口为 3100。下面是系统部署的全部相关 Pod：

```
# kubectl -n kube-log get pods
loki-0                                          1/1     Running
loki-canary-m4dbh                               1/1     Running
loki-gateway-558d9bd8fd-dqgkq                   1/1     Running
loki-grafana-agent-operator-9fd6fc77c-m5p79     1/1     Running
loki-logs-z2np8                                 2/2     Running
```

下面对这几个 Pod 的功能进行说明。

Loki-0 是 Loki 日志系统的主服务（Loki Server），用于存储日志并提供 API 查询，默认服务端口为 3100，可以通过日志查看其运行状态：

```
    level=info ts=2023-12-08T02:58:02.684204273Z caller=index_set.go:86
msg="uploading table loki_index_19699"
    level=info ts=2023-12-08T02:58:02.684215072Z caller=index_set.go:107
msg="finished uploading table loki_index_19699"
    caller=engine.go:234 component=querier org_id=self-monitoring msg="executing
query" type=range query="{stream=\"stdout\",pod=\"loki-canary-m4dbh\"} "
length=20s step=1s query_hash=2797319923
```

Promtail 为日志采集器，负责从日志文件中采集日志并发送到 Loki Server，Grafana Agent（对应镜像 grafana/agent）会对 Promtail 进行简单封装，下面是它的一些运行日志：

```
    caller=tailer.go:161 level=info component=logs logs_config=kube-log/loki
component=tailer msg="tail routine: tail channel closed, stopping tailer"
path=/var/log/pods/kube-log_loki-0_cabd21d3-70bf-4034-b417-c0142d69a539/loki/1.l
og reason=null
    caller=tailer.go:161 level=info component=logs logs_config=kube-log/loki
component=tailer msg="tail routine: tail channel closed, stopping tailer"
path=/var/log/pods/kube-log_loki-0_cabd21d3-70bf-4034-b417-c0142d69a539/loki/1.l
og reason=null
```

loki-gateway-558d9bd8fd-dqgkq 是 Loki 网关（Loki Gateway），默认在 80 端口提供服务，它实际上是一个 Nginx 代理服务器。当 Loki 采用读写分离的模式部署时，读写操作是由不同的组件来承担的，此时 Loki Gateway 就可以实现 Loki Server 的读写分离和内部流量的负载均衡。Loki Canary 组件也是通过 Loki Gateway 来查询数据的，Grafana 也会配置 Loki Gateway 的地址来获取日志数据。

Loki Canary 是用于监测 Loki 日志系统的性能的，它本身会输出一些带时间戳的日志记录文件，这些日志文件会被 Loki 日志采集器采集并写入 Loki 中，再通过 Loki Gateway 查询这些日志是否写入成功，并通过比较日志写入延迟时间来得到 Loki 日志系统的性能指标数据，然后提供给 Prometheus。如果查看它的日志输出，则可能会发现类似下面这种日志，通过这种日志我们可以更好地理解 Canary 的工作机制：

```
    Querying loki for logs with query:
http://loki-gateway.kube-log.svc.cluster.local.:80/loki/api/v1/query_range?start
=1701994268902796945&end=1701994288902796945&query=%7Bstream%3D%22stdout%22%2Cpo
d%3D%22loki-canary-m4dbh%22%7D+&limit=1000
    1702002017900252141
ppppppppppppppppppppppppppppppppppppppppppppppppppppppppppppppppppppppppppppppp
    failed to find entry 1701994278902796945 in Loki when spot check querying
```

```
2h8m58.997518817s after it was written
```

至此，Loki 系统就部署完成了。接下来，定义一个输出到 Loki 的日志 flow ouput，输出地址为 http://loki:3100，名称为“loki-output”：

```
# kubectl -n kube-log apply -f - <<"EOF"
apiVersion: logging.banzaicloud.io/v1beta1
kind: Output
metadata:
 name: loki-output
spec:
 loki:
   url: http://loki:3100
   configure_kubernetes_labels: true
   buffer:
     timekey: 1m
     timekey_wait: 30s
     timekey_use_utc: true
EOF

output.logging.banzaicloud.io/loki-output created

# kubectl get outputs.logging.banzaicloud.io -n kube-log
NAME          ACTIVE   PROBLEMS
loki-output   false
```

我们部署目标应用 log-generator，用于模拟输出应用日志：

```
    helm install --wait --namespace kube-log log-generator
oci://ghcr.io/kube-logging/helm-charts/log-generator
```

部署成功后，会在 kube-log 命名空间中生成一个名为 log-generator-xxx 的 Pod，这个 Pod 会不断输出一些访问日志：

```
    d/OPR6.170623.012) AppleWebKit/537.36 (KHTML, like Gecko) Chrome/60.0.3112.107
Mobile Safari/537.36" "-"
    149.18.214.27 - - [08/Dec/2023:03:27:54 +0000] "GET /products HTTP/1.1" 200 4665
"-" "Mozilla/5.0 (Windows Phone 10.0; Android 4.2.1; DEVICE INFO) AppleWebKit/537.36
(KHTML, like Gecko) Chrome/39.0.2171.71 Mobile Safari/537.36 Edge/12.0" "-"
    203.95.167.86 - - [08/Dec/2023:03:27:55 +0000] "GET / HTTP/1.1" 200 879 "-"
"Mozilla/5.0 (Windows NT 6.1; WOW64) AppleWebKit/537.36 (KHTML, like Gecko)
Chrome/54.0.2840.99 Safari/537.36" "-"
```

定义一个日志 Flow，将上述 log-generator 应用输出的日志进行解析，并输出到之前定义好的 loki-output 中：

```
# kubectl -n kube-log apply -f - <<"EOF"
apiVersion: logging.banzaicloud.io/v1beta1
kind: Flow
metadata:
  name: loki-flow
spec:
  filters:
    - tag_normaliser: {}
    - parser:
        remove_key_name_field: true
        reserve_data: true
        parse:
          type: nginx
  match:
    - select:
        labels:
          app.kubernetes.io/name: log-generator
  localOutputRefs:
    - loki-output
EOF
flow.logging.banzaicloud.io/loki-flow created
```

match 字段定义标签选择器用于关联特定的 Pod，并且采用了匹配应用日志的解析器进行解析，例如 type=nginx 表示使用 nginx 类型的解析器。在成功创建 Flow 之后，就可以看到之前定义的 loki-flow 的状态更新为 true：

```
# kubectl -n kube-log get flow.logging.banzaicloud.io
NAME        ACTIVE   PROBLEMS
loki-flow   true
```

登录 Grafana 界面，如图 8.12 所示，添加 Loki 数据源，这里可以直接用 Loki Gateway 的地址，先选择“No Authentication”，再单击保存测试按钮。

下面通过创建数据源为 Loki 的 Dashboard 来查询日志，可以通过 Label Filter 进行查询过滤，比如设置条件为 container=loki，查询最近 6 小时内的日志信息，如图 8.13 所示，查询结果如图 8.14 所示。此外，还可以通过 Namespace、Pod、Container 等 Label 过滤查询。

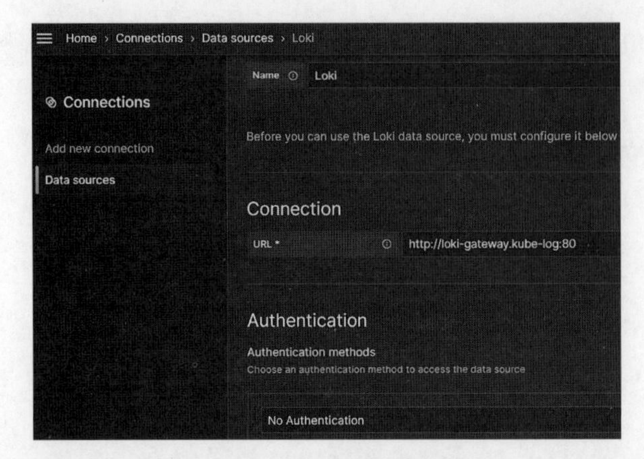

图 8.12　添加 Loki 数据源

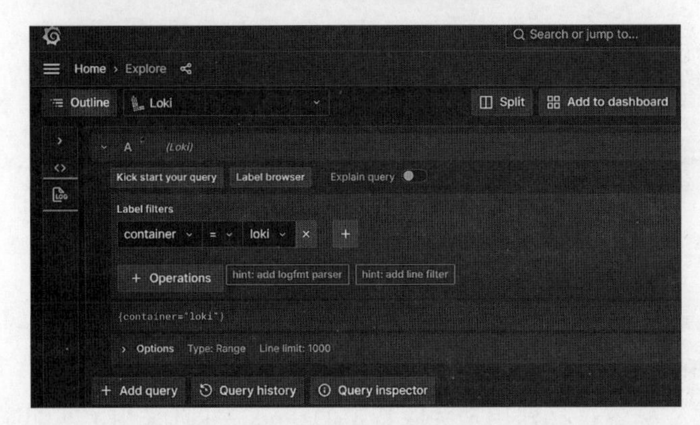

图 8.13　查询 Loki 数据

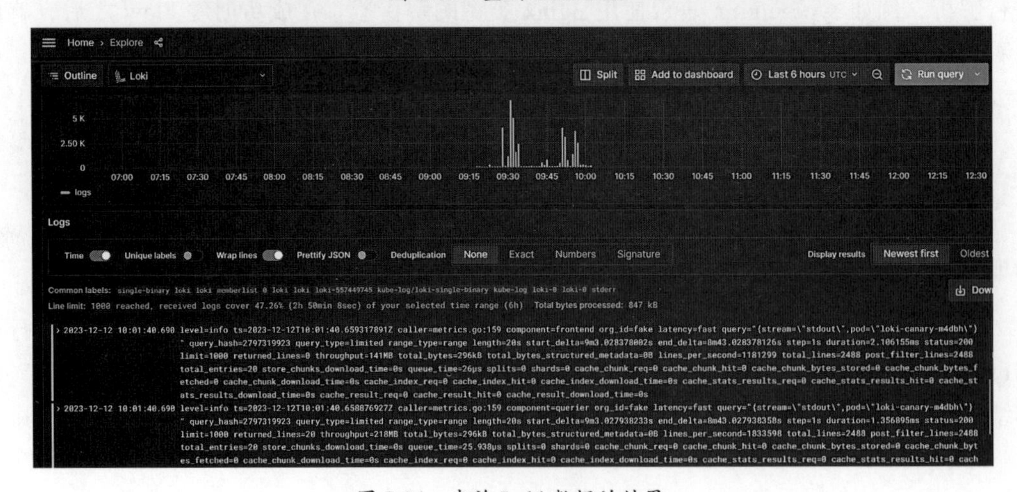

图 8.14　查询 Loki 数据的结果

我们再实现一个 Kubernetes 集群范围的日志采集系统方案，还是基于 Logging Operator+Loki+Grafana 方案，但是做了如下调整。

◎ 日志采集部分，全部用 Logging Operator 采集器。
◎ Loki 不再安装采集器，不采集日志，只做存储。
◎ 采集 Cluster 范围的日志，而不是基于命名空间的日志。

如果之前部署过，则可以先卸载 Loki 套件和 loki-flow、loki-output 等资源。

修改 Loki 的 Helm 安装参数如下：

```
# cat /root/value.yaml
loki:
  auth_enabled: false
  commonConfig:
    replication_factor: 1
  storage:
    type: 'filesystem'
singleBinary:
  replicas: 1
monitoring:
    selfMonitoring:
       enabled: false
       grafanaAgent:
         installOperator: false
    lokiCanary:
      enabled: false
test:
  enabled: false
```

安装 Loki，需要确认只安装了 Loki 组件：

```
# helm install  --namespace kube-log loki grafana/loki --values value.yaml
***********************************************************************
 Welcome to Grafana Loki
Loki version: 2.9.2
***********************************************************************
Installed components:
* loki
loki-0                              1/1     Running       0               74s
loki-gateway-558d9bd8fd-zm66x       1/1     Running       0
```

创建名为“loki-cluster-output”的 ClusterOutput，与之前创建的命名空间中的 Output 不同，此次为集群级别的 Output：

```
# kubectl -n kube-log apply -f - <<"EOF"
apiVersion: logging.banzaicloud.io/v1beta1
kind: ClusterOutput
metadata:
 name: loki-cluster-output
spec:
 loki:
   url: http://loki:3100
   configure_kubernetes_labels: true
   buffer:
     timekey: 1m
     timekey_wait: 30s
     timekey_use_utc: true
EOF

clusteroutput.logging.banzaicloud.io/loki-cluster-output created
```

继续创建名为“loki-cluster-flow”的 ClusterFlow，不再限定只收集 Demo 应用的日志：

```
# kubectl -n kube-log apply -f - <<"EOF"
apiVersion: logging.banzaicloud.io/v1beta1
kind: ClusterFlow
metadata:
  name: loki-cluster-flow
spec:
  filters:
    - tag_normaliser: {}
  globalOutputRefs:
    - loki-cluster-output
EOF
clusterflow.logging.banzaicloud.io/loki-cluster-flow created
```

查看 Flow 与 Out 的状态，确认两者都是 Active 状态：

```
# kubectl -n kube-log get clusterflow.logging.banzaicloud.io
NAME               ACTIVE   PROBLEMS
loki-cluster-flow   true

# kubectl -n kube-log get clusteroutput.logging.banzaicloud.io
```

```
NAME                  ACTIVE   PROBLEMS
loki-cluster-output   true
```

查看全部与 Loki 相关的 Pod：

```
# kubectl get pods -n kube-log
NAME                                                  READY   STATUS
default-logging-simple-fluentd-0                      2/2     Running
default-logging-simple-fluentd-configcheck-a08942cf   0/1     Completed
demo-fluentbit-fluentbit-lt7b4                        1/1     Running
log-generator-74f5577887-xdr95                        1/1     Running
logging-operator-5767947f9b-xvxlx                     1/1     Running
loki-0                                                1/1     Running
loki-gateway-558d9bd8fd-zm66x                         1/1     Running
```

查看日志采集器 demo-fluentbit-fluentbit-lt7b4 的日志，会发现/var/log/containers/下的各个日志都被采集了：

```
    notify_fs_add(): inode=36305634 watch_fd=1
name=/var/log/containers/alertmanager-main-0_monitoring_aler
    notify_fs_add(): inode=36305651 watch_fd=2
name=/var/log/containers/alertmanager-main-0_monitoring_aler
    notify_fs_add(): inode=3209952 watch_fd=7
name=/var/log/containers/alertmanager-main-0_monitoring_init-
    notify_fs_add(): inode=3251464 watch_fd=8
name=/var/log/containers/alertmanager-main-1_monitoring_alert
    notify_fs_add(): inode=68376842 watch_fd=11
name=/var/log/containers/alertmanager-main-1_monitoring_con
    notify_fs_add(): inode=35372534 watch_fd=22
name=/var/log/containers/blackbox-exporter-76b5c44577-f74fb
    notify_fs_add(): inode=35870323 watch_fd=23
name=/var/log/containers/blackbox-exporter-76b5c44577-f74fb
    notify_fs_add(): inode=68399931 watch_fd=31
name=/var/log/containers/calico-kube-controllers-7ddc4f45bc
```

此外，从 Grafana 的 Dashboard 视图上也能验证相关日志被正确采集，如图 8.15、图 8.16、图 8.17 所示。

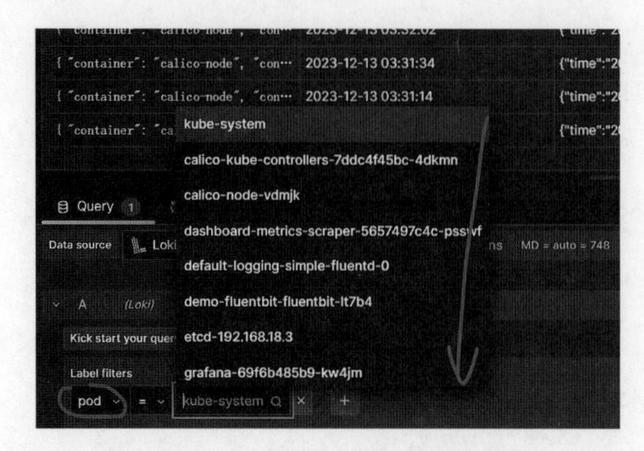

图 8.15　Loki 数据查询标签选择界面一

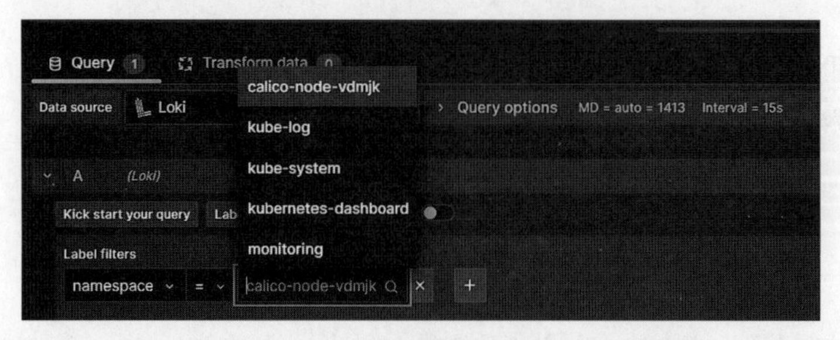

图 8.16　Loki 数据查询标签选择界面二

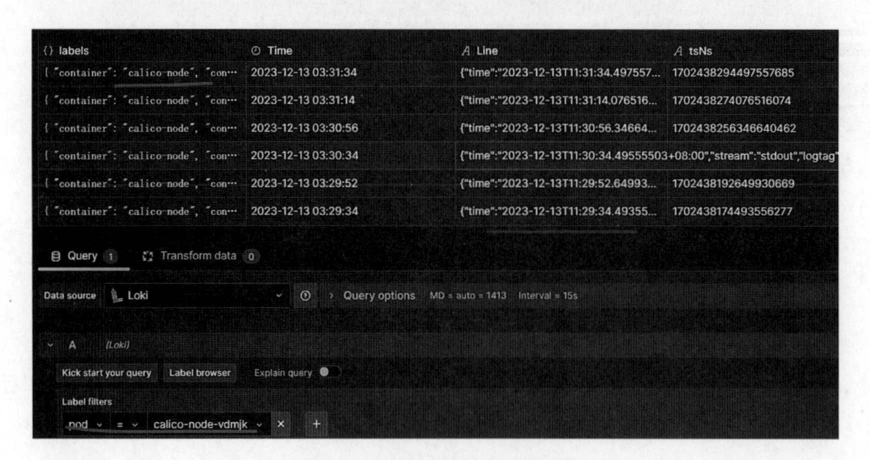

图 8.17　Loki 数据查询结果

Fluentbit Pod 是被 Daemonset 方式部署的，每个 Node 对应一个实例：

```
# kubectl get daemonset -n kube-log
NAME                          DESIRED   CURRENT   READY   UP-TO-DATE   AVAILABLE
```

```
NODE SELECTOR   AGE
    demo-fluentbit-fluentbit   1         1        1       1           1
```

Fluentbit 采集器的配置文件在对应的 Secret 中保存，可以用下面的方式获取：

```
    # kubectl -n kube-log get secret demo-fluentbit-fluentbit  -o
jsonpath="{.data['fluent-bit\.conf']}" | base64 --decode
    # 下面是部分输出结果
    [INPUT]
       Name        tail
       DB  /tail-db/tail-containers-state.db
       DB.locking  true
       Mem_Buf_Limit  5MB
       Parser  cri
       Path  /var/log/containers/*.log
       Refresh_Interval  5
       Skip_Long_Lines  On
       Tag  kubernetes.*
    [OUTPUT]
       Name         forward
       Match        *
       Host         default-logging-simple-fluentd.kube-log.svc.cluster.local
       Port         24240
       Retry_Limit  False
```

下面是一些常用的运维技巧。

在默认配置下，Fluentbit 采集了/var/log/containers 目录下全部容器的日志，并且输出到 Fluentd 服务中进行转发处理。如果 Fluentbit 程序运行有问题，希望调试，则可以使用 debug 版本的镜像，在 Fluent Bit Agent 的 CRD 定义中增加下面的信息即可：

```
    # kubectl -n kube-log edit  fluentbitagent.logging.banzaicloud.io
demo-fluentbit
    ......
    spec:
     bufferStorageVolume:
    ......
     image:
       repository: fluent/fluent-bit
       tag: 2.1.4-debug
     positiondb:
    ......
```

修改成 debug 镜像后，就可以进入容器内排查问题了：

```
# kubectl -n kube-log exec -it demo-fluentbit-fluentbit-tv84t -- sh
# ps -efwww
UID          PID   PPID   C    STIME    TTY          TIME CMD
root         1     0      0    05:07    ?            00:00:00
/fluent-bit/bin/fluent-bit -c /fluent-bit/etc-operator/fluent-bit.conf
root         23    0      0    05:09    pts/1        00:00:00 sh
root         29    23     0    05:09    pts/1        00:00:00 ps -efwww
# cat /fluent-bit/etc-operator/fluent-bit.conf

[SERVICE]
    Flush       1
```

Fluentd 的配置在 Secret 中加密保存，如果需要则可以查看其内容：

```
# kubectl -n kube-log get secret default-logging-simple-fluentd-app -o
jsonpath="{.data['fluentd\.conf']}" | base64 --decode
```

Fluentd 处理的日志也可以通过在 Filter 配置上增加- stdout: {}选项来输出到控制台上，这样就可以通过它的容器日志排查问题：

```
apiVersion: logging.banzaicloud.io/v1beta1
kind: Flow
......
spec:
  filters:
    - stdout: {}
  localOutputRefs
```

Fluentd 与 Fluentbit Agent 都支持日志输出级别的设置，下面是 Fluentd 的设置：

```
spec:
  fluentd:
    logLevel: debug
```

另外，在实际生产部署时，还需要注意以下几个问题。

◎ Logging Operator 高可用性部署：涉及多实例 Fluentbit 采集和 Fluentd 转发日志的可靠性。

◎ 日志 Flow 的解析和过滤配置：过滤不必要的日志，并且应该尽量格式化解析日志。

◎ Loki 读写分离的高可用性部署方案：增加性能和吞吐能力。

◎ Loki 数据存储方案：实现了 S3 标准接口的服务，如 Minio 是比较好的一种存储方案。

5. 使用日志采集 Sidecar 工具采集容器日志

对于容器应用输出到容器目录下的日志，可以为业务应用容器配置一个日志采集 Sidecar，对业务容器生成的日志进行采集并汇总到某个日志中心，供业务运维人员查询和分析，这通常用于业务日志的采集和汇总。后端的日志存储可以使用 Elasticsearch，也可以使用其他类型的数据库（如 MongoDB），或者通过消息队列进行转发（如 Kafka），需要根据业务应用的具体需求进行合理选择。

日志采集 Sidecar 工具也有多种选择，常见的开源软件包括 Fluentd、Filebeat、Flume 等，下面使用 Fluentd 进行示例说明。

在为业务应用容器配置日志采集 Sidecar 时，需要在 Pod 中定义两个容器，然后创建一个共享的 Volume 供业务应用容器生成日志文件，并供日志采集 Sidecar 读取日志文件。例如：

```
apiVersion: v1
kind: Pod
metadata:
  name: webapp
spec:
  containers:
  - name: webapp
    image: kubeguide/tomcat-app:v1
    ports:
    - containerPort: 8080
    volumeMounts:
    - name: app-logs
      mountPath: /usr/local/tomcat/logs
  # log collector sidecar
  - name: fluentd
    image: fluent/fluentd:v1.9.2-1.0
    volumeMounts:
    - name: app-logs
      mountPath: /app-logs
    - name: config-volume
      mountPath: /etc/fluent/config.d
  volumes:
  - name: app-logs
    emptyDir: {}
  - name: config-volume
```

```
      configMap:
        name: fluentd-config
```

在这个 Pod 中创建了一个类型为 emptyDir 的 Volume，挂载到 webapp 容器的 /usr/local/tomcat/logs 目录下，也挂载到 fluentd 容器的/app-logs 目录下。Volume 的类型不限于 emptyDir，需要根据业务需求合理选择。

在 Pod 创建成功之后，webapp 容器会在/usr/local/tomcat/logs 目录下持续生成日志文件，Fluentd 容器作为 Sidecar 持续采集应用程序的日志文件，并将其保存到后端的日志库中。需要注意的是，业务容器应负责日志文件的清理工作，以免耗尽磁盘空间。

8.4.5　使用 Dashboard 监控集群资源状态和性能

Kubernetes 的 Web UI 网页管理工具是 kubernetes-dashboard，可提供部署应用、资源对象管理、容器日志查询、系统监控等常用的集群管理功能。为了在页面上显示系统资源的使用情况，需要部署 Metrics Server。可以使用 GitHub 仓库提供的 YAML 文件快速部署 kubernetes-dashboard，例如将 YAML 文件下载到本地：

```
# wget https://raw.githubusercontent.com/kubernetes/dashboard/v2.7.0/aio/deploy/recommended.yaml
```

为了方便访问服务页面，需要修改 kubernetes-dashboard 的 Service 定义，可以改为 NodePort 端口类型：

```
kind: Service
apiVersion: v1
metadata:
  labels:
    k8s-app: kubernetes-dashboard
  name: kubernetes-dashboard
  namespace: kubernetes-dashboard
spec:
  type: NodePort
  ports:
    - port: 443
```

通过 kubectl apply 命令部署 Dashboard：

```
# kubectl apply -f recommended.yaml
namespace/kubernetes-dashboard created
```

```
serviceaccount/kubernetes-dashboard created
service/kubernetes-dashboard created
secret/kubernetes-dashboard-certs created
secret/kubernetes-dashboard-csrf created
secret/kubernetes-dashboard-key-holder created
configmap/kubernetes-dashboard-settings created
role.rbac.authorization.k8s.io/kubernetes-dashboard created
clusterrole.rbac.authorization.k8s.io/kubernetes-dashboard created
rolebinding.rbac.authorization.k8s.io/kubernetes-dashboard created
clusterrolebinding.rbac.authorization.k8s.io/kubernetes-dashboard created
deployment.apps/kubernetes-dashboard created
service/dashboard-metrics-scraper created
deployment.apps/dashboard-metrics-scraper created
```

服务启动成功之后，就可以通过 http://<node-ip>:<nodePort>访问 Dashboard 的 Web 页面了。

有多种方法访问 kubernetes-dashboard，例如设置 Service 的 NodePort 或者 kubectl forward 端口的方式。

首次访问 Kubernetes Dashboard 页面时需要登录，如图 8.18 所示。

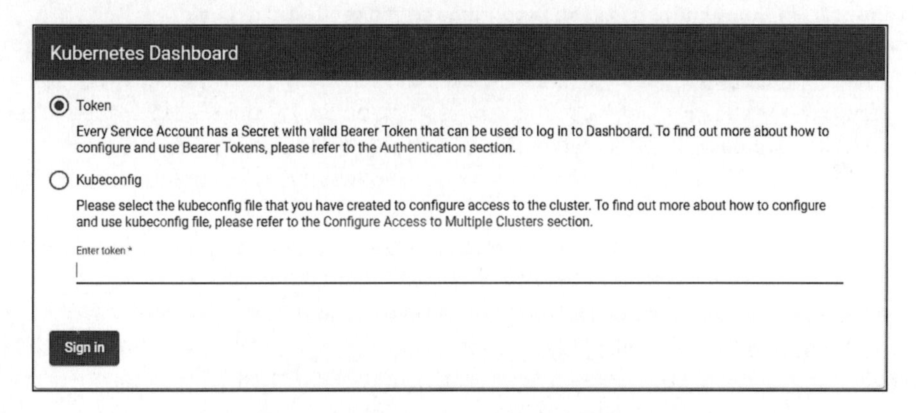

图 8.18　Kubernetes Dashboard 登录页面

通过下面的命令，创建一个 Dashboard 登录用的管理员账号，授权集群管理角色，然后得到它的 Token，录入上面的界面中即可登录：

```
# cat dashbord-user.yaml
apiVersion: v1
kind: ServiceAccount
```

```
metadata:
  name: admin-user
  namespace: kubernetes-dashboard
---
apiVersion: rbac.authorization.k8s.io/v1
kind: ClusterRoleBinding
metadata:
  name: admin-user
roleRef:
  apiGroup: rbac.authorization.k8s.io
  kind: ClusterRole
  name: cluster-admin
subjects:
- kind: ServiceAccount
  name: admin-user
  namespace: kubernetes-dashboard

# kubectl apply -f dashboard-user.yaml
serviceaccount/admin-user created
clusterrolebinding.rbac.authorization.k8s.io/admin-user created

# kubectl -n kubernetes-dashboard create token admin-user
eyJhbGciOiJSUzI1NiIsImtpZCI6ImhKekN5VDd4WGMyaW0wTlEzNThreVVaTU5IakhmQk11VWJP
TGI3X0NMaEEifQ.eyJhdWQiOlsiaHR0cHM6Ly9rdWJlcm5ldGVzLmRlZmF1bHQuc3ZjLmNsdXN0ZXIub
G9jYWwiXSwiZXhwIjoxNzAxOTkyNjQ0LCJpYXQiOjE3MDE5ODkwNDQsImlzcyI6Imh0dHBzOi8va3ViZ
XJuZXRlcy5kZWZhdWx0LnN2Yy5jbHVzdGVyLmxvY2FsIiwia3ViZXJuZXRlcy5pbyI6eyJuYW1lc3BhY
2UiOiJrdWJlcm5ldGVzLWRhc2hib2FyZCIsInNlcnZpY2VhY2NvdW50Ijp7Im5hbWUiOiJhZG1pbi11c
2VyIiwidWlkIjoiMWFjOWQ0ZTItMmY2Yy00MzJjLTllNjktNjAzMzljNmU0MzkwIn19LCJuYmYiOjE3M
DE5ODkwNDQsInN1YiI6InN5c3RlbTpzZXJ2aWNlYWNjb3VudDprdWJlcm5ldGVzLWRhc2hib2FyZDphZ
G1pbi11c2VyIn0.bUuTG9-99PF1KgRv1253EyIYAXyNVFAh75urbUftLICUNvAy_EWFOp30DXwY9IXZq
qoAS-sjnpz0QsQH6_kT3ec-jgrohlYxYSPYVB9XrPAeKyw7fmSgnnP1zWl7OLo6W-lAZjqmHajHAtJNB
iMbEuAZktOUxRp-YCNU87XYRHx0thj_1Yz_Fz_fMrivwfyNcfN6yYUr7tye4lqZ16DPIKwoQg8wYFSMt
tllxYd0gmjzuahT_lym6YGGUoaOxSF54BUnYxlRJhazHIIjeBlHN6Fh162vnjeskUZWOd4u6CgkXqcFl
jlp1Lf16HJ35Kcsl-SmLay15h1GUeqmtMfo4A
```

将 kubectl create token 命令的输出结果复制到登录页面，即可登录 Dashboard 查看 Kubernetes 集群的各种信息。其中在 Settings 菜单里可以设置语言、默认展示的命名空间等配置。首页默认显示命名空间 default 中的工作负载信息，可以通过上方的下拉列表选择不同的命名空间进行查看，也可以查看所有命名空间的 Workload 信息，如图 8.19 所示。

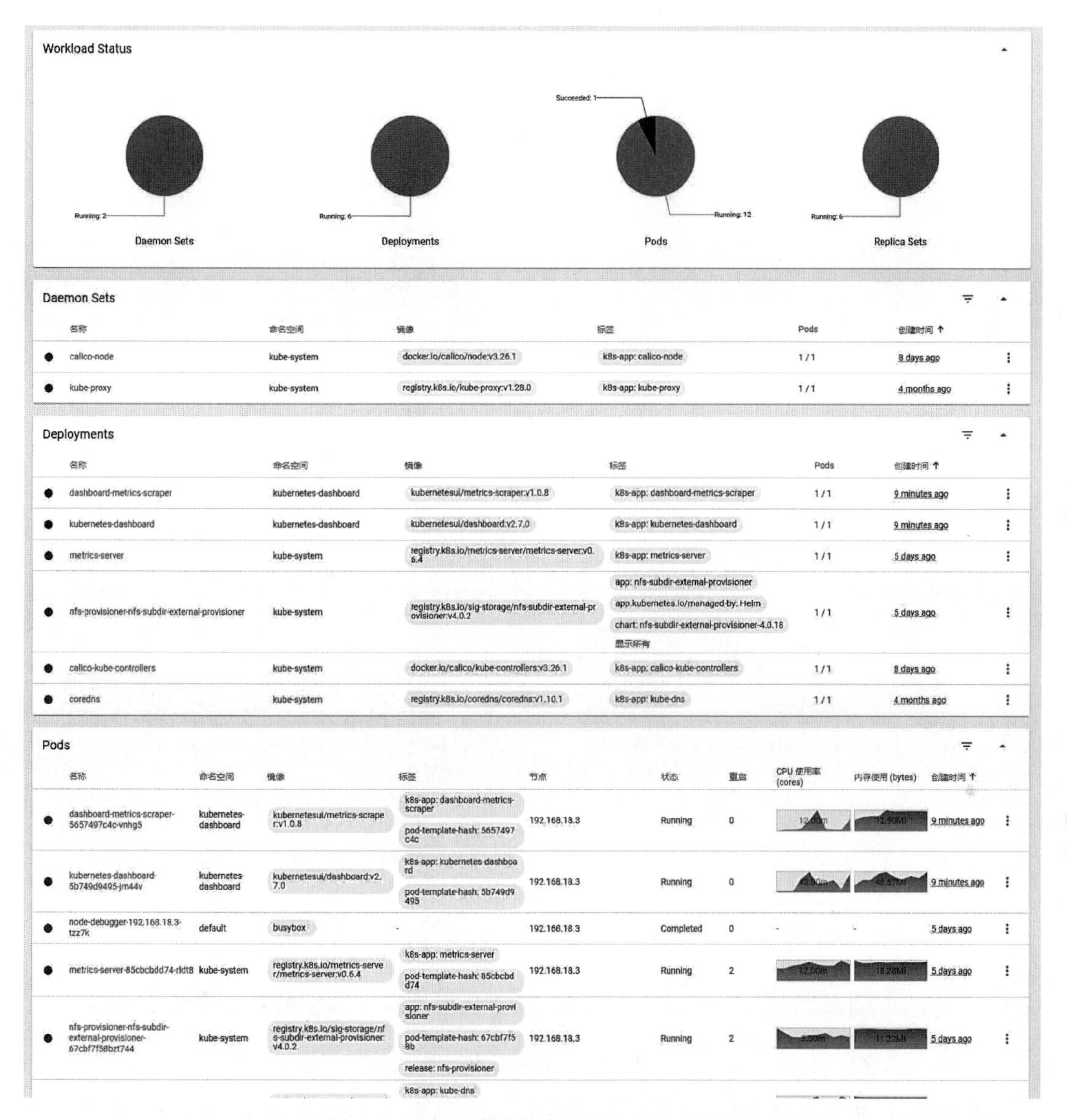

图 8.19　首页所有命名空间的 Workload 信息

在首页上会显示各种类型工作负载的数量统计，以及各种资源对象的列表，例如 Daemonset、Deployment、Pod、Statefulset、Service 等。通过单击左侧的菜单项，可以过滤 Workloads、Service、Config and Storage、Cluster、CRD 等各类资源对象的列表和详细信息。例如查看 Service 列表页面，如图 8.20 所示。

Services

名称	标签	类别	集群 IP	内部 Endpoints	外部 Endpoints	创建时间 ↑
kubelet	app.kubernetes.io/managed-by: prometheus-operator app.kubernetes.io/name: kubelet k8s-app: kubelet	ClusterIP	None	kubelet.kube-system:10250 TCP kubelet.kube-system:0 TCP kubelet.kube-system:10255 TCP kubelet.kube-system:0 TCP kubelet.kube-system:4194 TCP kubelet.kube-system:0 TCP	-	13 hours ago
metrics-server	k8s-app: metrics-server	ClusterIP	169.169.163.58	metrics-server.kube-system:443 TCP metrics-server.kube-system:0 TCP	-	2 days ago
kube-dns	k8s-app: kube-dns kubernetes.io/cluster-service: true kubernetes.io/name: CoreDNS	ClusterIP	169.169.0.10	kube-dns.kube-system:53 UDP kube-dns.kube-system:0 UDP kube-dns.kube-system:53 TCP kube-dns.kube-system:0 TCP kube-dns.kube-system:9153 TCP kube-dns.kube-system:0 TCP	-	3 months ago

图 8.20　Service 列表页面

在 Pod 列表中，可以查看汇总的每个 Pod 的 CPU 和内存资源使用数据，如图 8.21 所示。

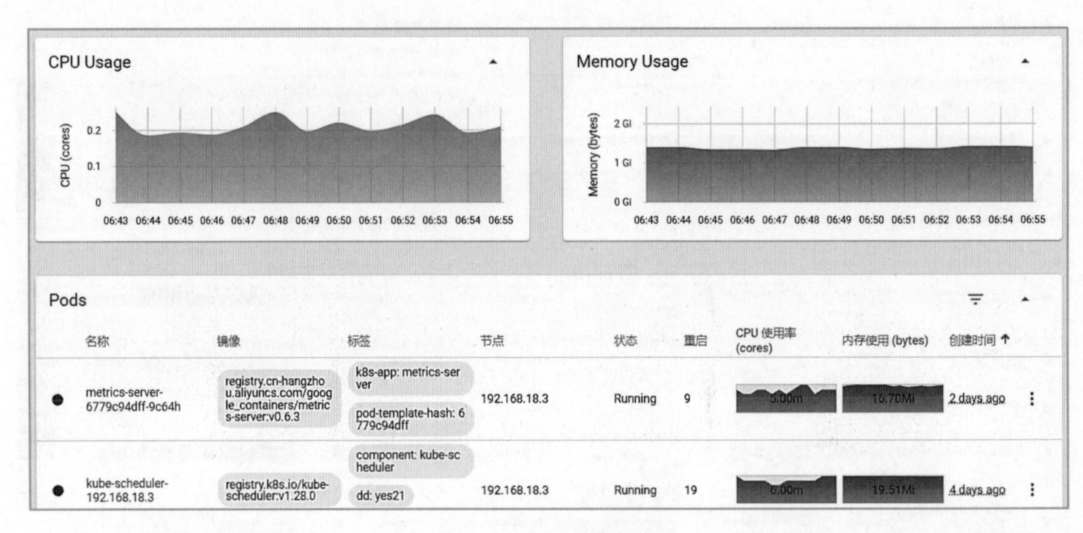

图 8.21　Pod 列表页面

单击某个 Pod 右侧的菜单项，可以查看容器日志，进入控制台，编辑或删除，如图 8.22 所示。

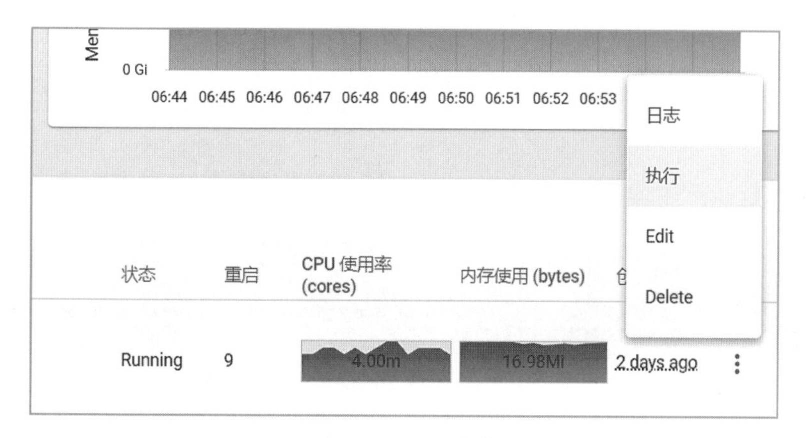

图 8.22 Pod 菜单

例如，查看容器日志的页面，如图 8.23 所示。

日志 metrics-server in metrics-server-...

```
I1207  22:09:24.771931          1 configmap_cafile_content.go:201] "Starting controller" name="client-ca::kube-system::extension-apiserver-authentication::client-ca-file"
I1207  22:09:24.771878          1 requestheader_controller.go:169] Starting RequestHeaderAuthRequestController
I1207  22:09:24.772030          1 shared_informer.go:240] Waiting for caches to sync for client-ca::kube-system::extension-apiserver-authentication::client-ca-file
I1207  22:09:24.772047          1 shared_informer.go:240] Waiting for caches to sync for RequestHeaderAuthRequestController
I1207  22:09:24.772107          1 configmap_cafile_content.go:201] "Starting controller" name="client-ca::kube-system::extension-apiserver-authentication::requestheader-client-ca-file"
I1207  22:09:24.772116          1 shared_informer.go:240] Waiting for caches to sync for client-ca::kube-system::extension-apiserver-authentication::requestheader-client-ca-file
I1207  22:09:24.772277          1 secure_serving.go:267] Serving securely on [::]:4443
I1207  22:09:24.772323          1 dynamic_serving_content.go:131] "Starting controller" name="serving-cert::/tmp/apiserver.crt::/tmp/apiserver.key"
I1207  22:09:24.772365          1 tlsconfig.go:240] "Starting DynamicServingCertificateController"
W1207  22:09:24.772456          1 shared_informer.go:372] The sharedIndexInformer has started, run more than once is not allowed
I1207  22:09:24.882555          1 shared_informer.go:247] Caches are synced for client-ca::kube-system::extension-apiserver-authentication::requestheader-client-ca-file
I1207  22:09:24.882616          1 shared_informer.go:247] Caches are synced for client-ca::kube-system::extension-apiserver-authentication::client-ca-file
I1207  22:09:24.882572          1 shared_informer.go:247] Caches are synced for RequestHeaderAuthRequestController
```

Logs from 2023年12月8日 to 2023年12月8日 UTC

图 8.23 容器日志的页面

单击页面右上角的“+”按钮，将跳转到新建资源的页面。在这个页面可以输入 YAML/JSON 文本，选择本地文件，或者使用模板来创建某种 Kubernetes 资源，如图 8.24 所示。

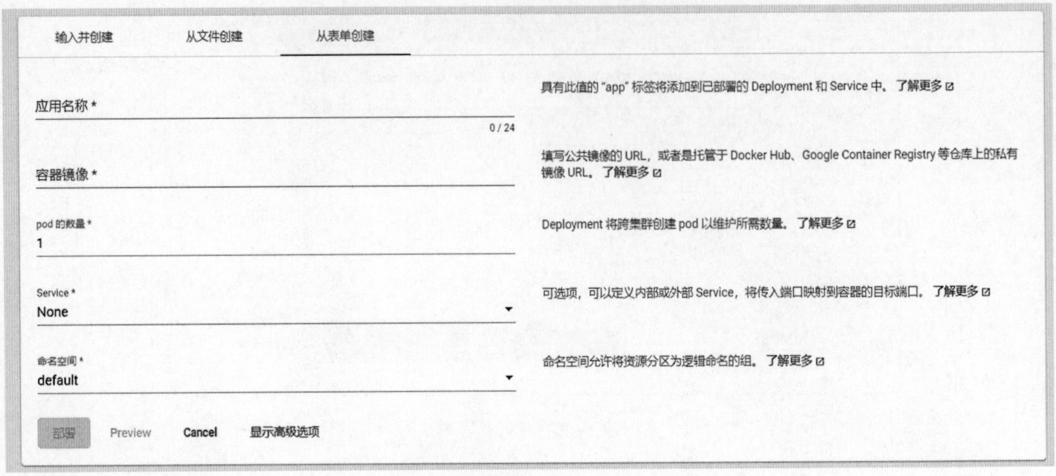

输入并创建　从文件创建　从表单创建

应用名称 *

0 / 24

具有此值的 "app" 标签将添加到已部署的 Deployment 和 Service 中。了解更多

容器镜像 *

填写公共镜像的 URL，或者是托管于 Docker Hub、Google Container Registry 等仓库上的私有镜像 URL。了解更多

pod 的数量 *

1

Deployment 将跨集群创建 pod 以维护所需数量。了解更多

Service *

None

可选项，可以定义内部或外部 Service，将传入端口映射到容器的目标端口。了解更多

命名空间 *

default

命名空间允许将资源分区为逻辑命名的组。了解更多

部署　Preview　Cancel　显示高级选项

图 8.24　创建 Kubernetes 资源的页面

第9章 Kubernetes运维管理进阶

本章对 Kubernetes 集群的常见运维操作给出示例进行说明，包括基础的集群运维管理和技巧，如何监控集群及微服务，如何为共享集群中的多租户进行资源配额和资源限制管理，如何计算资源分配方案，如何进行资源调度及日常故障排查等。

9.1 多租户计算资源管理实践

Kubernetes 是一个具备多租户特性的应用和微服务管理平台，它的核心管理功能都是围绕多租户的多个容器应用管理功能实现的。在一个集群内如何更合理地为大量容器分配有限的资源，是管理员需要重点运维和管理的工作。本节从集群计算资源的规划、配额、应用服务质量管理（QoS）等方面对 Kubernetes 集群中的多租户资源管理和应用管理进行详细说明，并结合实践操作、常见问题分析和一个完整示例，对 Kubernetes 集群资源管理相关的运维工作提供参考。

9.1.1 集群计算资源的规划

Kubernetes 集群中的 Node 都属于提供计算资源的 Node，kubelet 会管理计算资源 Node 上的资源预留和可分配资源（Node Allocatable Resources）。kublete 通过以下几个重要参数来管理资源预留。

◎ system-reserved：为操作系统进程预留的资源。
◎ kube-reserved：为 kubelet、kube-proxy、容器运行时（Container Runtime）等核心系统进程预留的资源。
◎ eviction-hard：触发驱逐 Pod 进行资源回收的资源低水位警戒线。

每个计算资源 Node 上的可分配计算资源量是 Node 资源总量减去上面 3 个分量的结果，预留资源越多，可分配资源越少，这是需要权衡考虑的。本节对这 3 种预留资源的概念和配置进行示例说明。

1. 系统预留资源的概念和配置

下面先介绍如何正确启用资源预留特性，以及参数之间的复杂依赖关系。我们看看 kubelet 中相关几个 cgroup 名称参数的说明。

◎ cgroupRoot：运行 Pod 的控制组（CGroup），容器运行时应该尽可能处理此字段设置的值。

◎ kubeletCgroups：运行 kubelet 的控制组的绝对名称。

◎ kubeReservedCgroup：kubelet 用于管理在 Node 上为系统进程预留 kubeReserved 计算资源时使用的 cgroup 的绝对名称。

◎ systemCgroups：用于管理系统上非容器化的、非内核进程的 cgroup 的绝对名称，设置为空""表示没有这类进程。

◎ systemReservedCgroup：kubelet 用于管理为 OS 系统进程预留 systemReserved 计算资源时使用的 cgroup 的绝对名称。

cgroupRoot 是控制 kubelet 控制容器资源时用到的根 cgroup，与资源预留没有关系，而 kubeletCgroups 与 kubeReservedCgroup 相关，要求 kubeletCgroups=kubeReservedCgroup 或者 kubeletCgroups 属于 kubeReservedCgroup 的下级，因为 kubeReservedCgroup 控制的范围涵盖了 kubelet 进程。此外，systemCgroups 与 systemReservedCgroup 也是类似的包含关系。

在设置 kube-reserved 和 system-reserved 时需要注意，确保它们分别对应的 kubeReservedCgroup 与 systemReservedCgroup 都预先创建好，Kubernetes 并不会自动创建对应的 cgroup，并且在没有创建 cgroup 时 kubelet 会配置失败：

```
    kubelet.go:1511] "Failed to start ContainerManager" err="Failed to enforce Kube
Reserved Cgroup Limits on \"/system.slice/kubelet.service\": cgroup [\"xxxxxx\"] has
some missing paths:
```

Kubernetes 建议在生产环境下配置 kube-reserved 时，先给 Kubernetes 核心管理服务合理设置预留的专属资源，然后谨慎开启 system-reserved。开启这两个特性时，需要仔细评估实际运行环境下所需的准确资源，并合理设置对应的资源预留值，以避免造成系统不稳定。下面以采用 systemd 作为 Cgroups Driver 的环境为例，说明 kube-reserved 与 system-reserved 资源预留的配置过程。

在使用 systemd 作为 Cgroups 驱动时，如果 cgroup 的名称中存在“-”符号，则会被认为是父子关系的 cgroup 路径，例如配置 kube-reserve.slice，会被 kubelet 解析为 kube/reserve.slice 路径，如果这个路径不存在，则 kubelet 会报错：

```
    kubelet[119388]: E1123 17:02:26.519773  119388 kubelet.go:1511] "Failed to start
ContainerManager" err="Failed to enforce Kube Reserved Cgroup Limits on
\"/kube-reserve.slice\": [\"kube\" \"reserve\"] cgroup is not configured properly
```

另外，如果创建的 cgroup 名为“kubeonly.slice”，则在配置时，只填写 kubeonly 即可，

kubelet 会自动添加.slice 后缀。

2. 配置 kube-reserved 预留资源

下面进行 kube-reserved 的资源预留配置。

用 systemd 控制 kubelet 服务进程时，默认会把它放入 system.slice 这个 cgroup 控制组中，需要为 kubelet 单独创建一个 cgroup，这个 cgroup 的名称为“kubeonly.slice”，同时把它作为 kube-reserved 的控制组。

第 1 步，修改 kubelet 服务的描述文件 kubelet.service，通过 systemd 创建出 kubeonly.slice 控制组：

```
# 1. 修改 kubelet 的 systemd 服务描述文件配置
# cat /usr/lib/systemd/system/kubelet.service
[Unit]
Description=kubelet: The Kubernetes Node Agent
Documentation=https://kubernetes.io/docs/
Wants=network-online.target
After=network-online.target
[Service]
Slice=kubeonly.slice
ExecStart=/usr/bin/kubelet
Restart=always
StartLimitInterval=0
RestartSec=10
[Install]
WantedBy=multi-user.target

# 2. 重启 kubelet 服务
# systemctl daemon-reload
# systemctl restart kubelet.service

# 3. 验证新的 cgroup 被 systemd 成功创建
# ls /sys/fs/cgroup/systemd/
cgroup.clone_children  cgroup.procs          kubeonly.slice
release_agent  tasks
cgroup.event_control   cgroup.sane_behavior  kubepods.slice
notify_on_release  system.slice   user.slice
```

第 2 步，修改 kubelet 配置文件，开启并设置 kube-reserved 预留资源的相关信息：

```
kind: KubeletConfiguration
cgroupDriver: systemd
volumeStatsAggPeriod: 0s
enforceNodeAllocatable:
    - pods
    - kube-reserved
kubeReserved:
  cpu: 500m
  memory: 1Gi
  ephemeral-storage: 1Gi
kubeReservedCgroup: /kubeonly
```

在以上文件中省略了其他无关信息，粗体部分是资源预留的相关配置，可以在enforceNodeAllocatable中增加kube-reserved配置（系统默认只配置了pods）。

如果启动失败，则原因有可能是需要的cgroup没有被systemd创建，可以从系统日志或者kubelet服务日志中看到（journalctl -t kubelet）：

```
kubelet.go:1511] "Failed to start ContainerManager" err="Failed to enforce Kube
Reserved Cgroup Limits on \"/kubeonly\": cgroup [\"kubeonly\"] has some missing paths:
/sys/fs/cgroup/hugetlb/kubeonly.slice, /sys/fs/cgroup/cpu,cpuacct/kubeonly.slice,
/sys/fs/cgroup/cpu,cpuacct/kubeonly.slice, /sys/fs/cgroup/cpuset/kubeonly.slice,
/sys/fs/cgroup/systemd/kubeonly.slice, /sys/fs/cgroup/memory/kubeonly.slice,
/sys/fs/cgroup/pids/kubeonly.slice"
```

此时，可以手动创建缺失的cgroup：

```
mkdir -p /sys/fs/cgroup/cpuset/kubeonly.slice
mkdir -p /sys/fs/cgroup/hugetlb/kubeonly.slice
```

等待kubelet启动成功后，可以通过kubectl describe nodes命令来验证Node的预留资源是否生效，以及Node的可分配资源量计算是否正确：

```
Capacity:
  cpu:                8
  ephemeral-storage:  36805060Ki
  hugepages-1Gi:      0
  hugepages-2Mi:      0
  memory:             7989852Ki
  pods:               110
Allocatable:
  cpu:                7500m
  ephemeral-storage:  32845801416
```

```
    hugepages-1Gi:      0
    hugepages-2Mi:      0
    memory:             6838876Ki
    pods:               110
  ......

  Normal   NodeAllocatableEnforced  Updated limits on kube reserved cgroup
/kubeonly
  Normal   NodeAllocatableEnforced  Updated Node Allocatable limit across pods
  Normal   NodeReady          Node 192.168.18.3 status is now: NodeReady
```

另外，可以通过 cgroup 的文件内容来确认资源配额信息，或者通过 systemctl show 命令查看某个 cgroup 的配额信息：

```
# cat /sys/fs/cgroup/memory/kubeonly.slice/memory.limit_in_bytes
1073741824

# systemctl show kubepods.slice
Slice=-.slice
ControlGroup=/kubepods.slice
MemoryCurrent=1224765440
TasksCurrent=172
Delegate=no
CPUAccounting=yes
CPUShares=7680
......
```

3. 配置 system-reserved 预留资源

接下来，在 Node 上进行 system-reserved 资源预留配置，主要包括以下 2 个操作。

◎ 创建或者选择 system-reserved 对应的 cgroup，与前文中创建 cgroup 示例类似，此处不再赘述。

◎ 修改 kubelet 配置文件 config.yaml，开启并设置 system-reserved 保留资源的相关信息。

例如，把 system.slice 作为 system-reserved 对应的 cgroup，修改 kubelet 配置文件中的相关内容如下：

```
enforceNodeAllocatable:
  - pods
  - kube-reserved
```

```
    - system-reserved
kubeReserved:
  cpu: 500m
  memory: 1Gi
  ephemeral-storage: 1Gi
kubeReservedCgroup: /kubeonly
systemReserved:
  cpu: 500m
  memory: 1Gi
  ephemeral-storage: 1Gi
systemReservedCgroup: /system
```

重启 kubelet 服务使其生效。再次查看 Node 信息，可以看到可分配资源数量已经正确更新：

```
Allocatable:
  cpu:                    7
  ephemeral-storage:      31772059592
  hugepages-1Gi:          0
  hugepages-2Mi:          0
  memory:                 5790292Ki
  pods:                   110
```

通过 systemctl show 命令查看 system.slice，可以看到正确设置了 cgroup 控制参数：

```
# systemctl show system.slice
Slice=-.slice
ControlGroup=/system.slice
CPUShares=512
MemoryLimit=1073741824
```

注意，如果用 reservedSystemCPUs 来保留指定的 CPU Core 列表来做资源预留，则不能开启 kube-reserved 和 system-reserved 资源预留特性。下面是一个配置了 reservedSystemCPUs 的示例：

```
enforceNodeAllocatable:
    - pods
reservedSystemCPUs: "1"
```

开启 kube-reserved 和 system-reserved 资源预留特性后，Node 可分配资源如下：

```
Capacity:
  cpu:          .     8
```

```
  ephemeral-storage: 36805060Ki
  hugepages-1Gi:      0
  hugepages-2Mi:      0
  memory:             7989852Ki
  pods:               110
Allocatable:
  cpu:                7
  ephemeral-storage: 31772059592
  hugepages-1Gi:      0
  hugepages-2Mi:      0
  memory:             5790300Ki
  pods:               110
```

在实际生产环境中，通常还需要对 PID 资源进行预留，具体操作如下。

◎　在 kube-reserved 和 system-reserved 中增加 PID 的资源预留。
◎　为 Pod 设置最大 PID 数量（PodPidsLimit）。

假如 Node 操作系统允许的 PID 最多为 200000 个，为 kube-reserved 和 system-reserved 一共预留 20000 个 PID，则还有 180000 个 PID 可供 Pod 使用。假设每个 Pod 最多可用 1000 个 PID，可以得出允许运行的 Pod 数量最多为 180 个。

下面是设置 PodPidsLimit=1000 的参考配置：

```
kubeReserved:
  cpu: 500m
  memory: 1Gi
  ephemeral-storage: 1Gi
  pid: "2000"
podPidsLimit: 1000
```

如果需要限制一个 Node 上能运行的最大 Pod 数量，则可以通过 maxPods 参数进行配置：

```
maxPods: 200
```

4. 配置 Pod 驱逐的预留资源

接下来，看看 Node 资源出现压力时的 Pod 驱逐相关配置。kubelet 可以定义驱逐阈值条件，包括软性驱逐阈值和硬性驱逐阈值。一旦 Node 上全部 Pod 的资源使用总量超出阈值，就会触发 kubelet 的资源回收行为。

驱逐软阈值由一个驱逐阈值和一个管理员设定的宽限期共同定义。当系统资源消耗达到软阈值时，在这一状况的持续时间达到宽限期之前，kubelet 不会触发驱逐动作。如果没有定义宽限期，那么 kubelet 不会启动驱逐操作。另外，可以定义终止 Pod 的宽限期（evictionMaxPodGracePeriod，默认为 0s），如果定义了这一宽限期，那么 kubelet 会使用 Pod 的 terminationGracePeriodSeconds（默认为 30s）和 evictionMaxPodGracePeriod 这两个值之间较小的数值进行宽限。

kubelet 每隔一定时间（housekeepingInterval，默认为 10s）就会发起一次驱逐阈值的重新评估。在某些场景下，驱逐 Pod 可能只回收了很少的资源，这就会导致 kubelet 反复触发驱逐阈值。另外，回收磁盘资源是需要消耗时间的。

要缓和这种状况，kubelet 可以对每种资源都定义最小回收数量（minimum-reclaim）。kubelet 一旦监测到 Node 出现资源压力，就会尝试回收不少于 minimum-reclaim 的资源数量，使得可用资源量回到期望的范围。默认情况下，所有资源的 evictionMinimumReclaim 都为 0。例如，可以配置 evictionMinimumReclaim 如下：

```
evictionMinimumReclaim:
  memory.available: "0Mi"
  nodefs.available: "500Mi"
  imagefs.available: "2Gi"
```

相对于软性驱逐条件，kubelet 进程默认配置的硬性驱逐条件如下，达到这些阈值时，kubelet 就会启动驱逐 Pod 的操作，而忽略终止宽限期的时间。

◎ nodefs.available<10%。

◎ nodefs.inodesFree<5%。

◎ imagefs.available<15%。

◎ memory.available<100Mi。

如果 Node 的配置比较高，磁盘容量很大，则可以考虑把上述 nodefs 与 imagefs 的 available 阈值调整成绝对值，比如“500Mi”，避免资源浪费。需要注意的是，一旦手动设置了其中某个参数，要求其他参数一起设置，否则系统会默认将其设置为 0。

软性驱逐也建议配置，条件可适当放宽一些，例如：

◎ nodefs.available<20%。

◎ nodefs.inodesFree<10%。

◎ imagefs.available<20%。

◎ memory.available<300Mi 。

一个完整的 Pod 驱逐相关资源阈值的配置示例如下：

```
kind: KubeletConfiguration
evictionSoft:
  memory.available: 300Mi
  nodefs.available: 1Gi
  imagefs.available: 1Gi
evictionSoftGracePeriod:
  memory.available: 1m30s
  nodefs.available: 2m
  imagefs.available: 2m
evictionHard:
  memory.available: 100Mi
  nodefs.available: 500Mi
  nodefs.inodesFree: 5%
  imagefs.available: 500Mi
evictionMinimumReclaim:
  memory.available: 0Mi
  nodefs.available: 100Mi
  imagefs.available: 200Mi
evictionMaxPodGracePeriod: 30
```

关于 Node 资源出现压力时的 Pod 驱逐相关机制的更详细的处理机制说明详见 9.3.6 节。

通过 kube-reserved、system-reserved 和 Pod 驱逐等资源预留配置，可以为 kubelet 保护 Node 资源、维护系统的正常运行提供保障。

9.1.2　多租户资源管理实践

支持多租户是 Kuberntes 的特性之一，不论组织规模的大小如何，都存在多租户共享使用集群的场景，本节内容围绕多租户环境下 Kuberntes 集群的基本运维进行全面讲解。

1. 为不同租户配置不同的环境

假如目前有 development、production 2 个部门共享 1 个 Kubernetes 集群，可以将其看作 Kubernetes 集群中的 2 个租户。

首先，可以为每个租户创建各自的命名空间。

创建租户 development 的命名空间：

```
# namespace-development.yaml
apiVersion: v1
kind: Namespace
metadata:
  name: development

# kubectl create -f namespace-development.yaml
namespaces/development created
```

创建租户 production 的命名空间：

```
# namespace-production.yaml
apiVersion: v1
kind: Namespace
metadata:
  name: production

kubectl create -f namespace-production.yaml
namespaces/production created
```

查看系统中的命名空间：

```
# kubectl get namespaces
NAME            STATUS     AGE
default          Active     1d
development      Active     1m
production       Active     1m
```

通过 kubectl config view 命令查看当前配置的 Kubernetes 集群名称：

```
# kublet config view
apiVersion: v1
clusters:
- cluster:
    certificate-authority-data: DATA+OMITTED
    server: https://192.168.18.3:6443
  name: kubernetes
contexts:
- context:
    cluster: kubernetes
```

```
    user: kubernetes-admin
  name: kubernetes-admin@kubernetes
current-context: kubernetes-admin@kubernetes
kind: Config
preferences: {}
users:
- name: kubernetes-admin
  user:
    client-certificate-data: DATA+OMITTED
    client-key-data: DATA+OMITTED
```

可以看到集群名称为“kubernetes”，同时还可以看到当前配置的 context 为“kubernetes-admin@kubernetes”，代表当前用户所处的运行环境。

其次，为这两个租户分别定义一个运行环境（context），并关联到各自的命名空间：

```
# kubectl config set-context ctx-dev --namespace=development --cluster=kubernetes
--user=dev
Context "ctx-dev" created.

# kubectl config set-context ctx-prod --namespace=production --cluster=kubernetes
--user=prod
Context "ctx-prod" created.
```

通过 kubectl config view 命令可以看到新定义的 2 个 context：

```
# kubectl config view
apiVersion: v1
clusters:
- cluster:
    certificate-authority-data: DATA+OMITTED
    server: https://192.168.18.3:6443
  name: kubernetes
contexts:
- context:
    cluster: kubernetes
    namespace: development
    user: dev
  name: ctx-dev
- context:
    cluster: kubernetes
    namespace: production
    user: prod
```

```
  name: ctx-prod
- context:
    cluster: kubernetes
    user: kubernetes-admin
  name: kubernetes-admin@kubernetes
current-context: kubernetes-admin@kubernetes
kind: Config
preferences: {}
users:
- name: kubernetes-admin
  user:
    client-certificate-data: DATA+OMITTED
    client-key-data: DATA+OMITTED
```

可以通过 kubectl config use-context <context_name>命令设置当前运行环境，例如将当前运行环境设置为 ctx-dev：

```
# kubectl config use-context ctx-dev
Switched to context "ctx-dev".
```

运行环境被设置为开发组所需的环境，之后的所有操作都将在名为“development”的命名空间中完成。

然后，为租户创建用户连接 API Server 的客户端 CA 证书，这里使用 OpenSSL 进行示例说明：

```
# 1. 创建用户的私钥和证书
# openssl genrsa -out dev.key 2048
# openssl req -new -key dev.key -out dev.csr
# 证书内容可根据实际需要进行设置，例如：
/C=cn/ST=hebei/L=beijing/O=mycompany.com/OU=dev-depart/CN=dev

# 2. 用 Kubernetes 的 CA 根证书进行签名
# openssl x509 -req -in dev.csr -CA /etc/kubernetes/pki/ca.crt -CAkey
/etc/kubernetes/pki/ca.key -CAcreateserial -out dev.crt -days 500

# 3. 在 kubeconfig 中设置 dev 用户证书信息
# kubectl config set-credentials dev --client-certificate=/root/dev.crt
--client-key=/root/dev.key

# 4. 确认 dev 用户证书信息已经设置完成
# kubectl config view
```

```
users:
- name: dev
  user:
    client-certificate: /root/dev.crt
    client-key: /root/dev.key
```

此时 dev 用户已经可以正确连接 API Sever 了，但是还没有为其设置 RBAC 权限，所以还不能操作集群中的资源。例如，查看 Pod 会得到“没有权限”的错误信息：

```
# kubectl get pods
Error from server (Forbidden): pods is forbidden: User "dev" cannot list resource
"pods" in API group "" in the namespace "development"
```

最后，给 dev 用户进行授权，先切换到管理员的 context 上：

```
# kubectl config use-context kubernetes-admin@kubernetes
```

再创建 development 租户的 role，并绑定到用户 dev 上，此时用户就能管理自己命名空间中的资源了：

```
# 1. 创建 Role
# cat develement-role.yaml
apiVersion: rbac.authorization.k8s.io/v1
kind: Role
metadata:
  namespace: development
  name: development-role
rules:
- apiGroups: ["", "extensions", "apps"]
  resources:
["deployments","configmaps","secrets","deamonsets","statefulset","pods",
"services","jobs"]
  verbs: ["get", "list", "watch", "create", "update", "patch", "delete"]

# kubectl create -f develement-role.yaml
role.rbac.authorization.k8s.io/development-role created

# 2. 创建 RoleBinging，给 dev 用户授权 development-role 的角色
# cat development-role-binding.yaml
apiVersion: rbac.authorization.k8s.io/v1
kind: RoleBinding
metadata:
  name: development-role-binding
```

```
  namespace: development
subjects:
- kind: User
  name: dev
  apiGroup: rbac.authorization.k8s.io
roleRef:
  kind: Role
  name: development-role
  apiGroup: rbac.authorization.k8s.io

# kubectl create -f development-role-binding.yaml
rolebinding.rbac.authorization.k8s.io/development-role-binding created
```

切换到 ctx-dev 环境，验证 dev 用户可以在其命名空间中管理资源：

```
# kubectl config use-context ctx-dev
Switched to context "ctx-dev".

# kubectl get pods
No resources found in development namespace.
```

2. 为不同的租户配置资源配额和默认资源限制

接下来可以为每个租户能使用的资源进行配额（Resource Quota）管理和默认资源限制管理，这可以通过操作以下两种资源对象来进行设置。

◎ ResourceQuota。
◎ LimitRange。

在给租户设定资源配额时，需要注意以下两个问题。

◎ 如果集群中总的可用资源小于各命名空间中资源配额的总和，那么可能会导致资源竞争。在发生资源竞争时，Kubernetes 系统会遵循先到先得的原则。
◎ 不管是资源竞争还是配额修改，都不会影响已创建的资源使用对象。

Kubernetes 默认开启了资源配额（Resource Quota）的特性，如果没有开启，则可以通过在 kube-apiserver 的--admission-control 参数值中添加 ResourceQuota 参数进行开启。一个租户的命名空间中可以定义多个 ResourceQuota 配置项。通过 ResourceQuota 来限制租客的资源配额时，可以从以下两个层面进行限制。

首先，可以从 Node 资源的总量上进行限制，比如总共能用多少 CPU、内存、磁盘等计算资源，ResourceQuota 目前支持的 Node 资源类型如表 9.1 所示。

表 9.1　ResourceQuota 目前支持限制的 Node 资源类型

资源名称	说　明
计算资源	
requests.cpu	所有非终止状态的 Pod，CPU Requests 的总和不能超过该值
limits.cpu	所有非终止状态的 Pod，CPU Limits 的总和不能超过该值
requests.memory	所有非终止状态的 Pod，内存 Requests 的总和不能超过该值
limits.memory	所有非终止状态的 Pod，内存 Limits 的总和不能超过该值
hugepages-$size	所有非终止状态的 Pod，针对指定$size 尺寸的 HugePages 请求总和不能超过该值
存储资源	
requests.storage	所有 PVC，存储请求总和不能超过该值
persistentvolumeclaims	在该命名空间中能存在的 PVC 的总和上限
<storage-class-name>.storageclass.storage.k8s.io/requests.storage	所有与<storage-class-name>相关的 PVC 请求的存储总量都不能超过该值，例如 gold.storageclass.storage.k8s.io/requests.storage: 500Gi 表示类型为 gold 的 storageClass 对应的 PVC 的申请存储总量最多可达 500Gi
<storage-class-name>.storageclass.storage.k8s.io/persistentvolumeclaims	所有与<storage-class-name>相关的 PVC 总和上限 该特性从 Kubernetes v1.8 版本引入，到 v1.29 版本时达到 Beta 阶段
requests.ephemeral-storage、limits.ephemeral-storage	本地临时存储（ephemeral-storage）的总请求量和总上限量 该特性从 Kubernetes v1.8 版本引入，到 v1.29 版本时达到 Beta 阶段

其次，ResourceQuota 可以限定租户能创建的 Kubernetes 资源对象的数量上限，例如限制 Pod 的最大数量，可以防止某个租户创建大量 Pod 而迅速耗尽整个集群的资源。表 9.2 列出了 ResourceQuota 支持限制的对象类型。

表 9.2　ResourceQuota 支持限制的对象类型

资源名称	说　明
configmaps	在该命名空间中能存在的 ConfigMap 的总数上限
persistentvolumeclaims	在该命名空间中能存在的 PVC 的总数上限
pods	在该命名空间中能存在的非终止状态 Pod 的总数上限
replicationcontrollers	在该命名空间中能存在的 RC 的总数上限
resourcequotas	在该命名空间中能存在的资源配额项的总数上限
services	在该命名空间中能存在的 Service 的总数上限
services.loadbalancers	在该命名空间中能存在的负载均衡的总数上限
services.nodeports	在该命名空间中能存在的 NodePort 的总数上限
secrets	在该命名空间中能存在的 Secret 的总数上限

每种资源的配额配置以如下格式进行设置。

◎ count/<resource>.<group>：用于非核心（core）组的资源，例如 count/deployments.apps、count/cronjobs.batch。
◎ count/<resource>：用于核心组的资源，例如 count/services、count/pods。

相同的语法也可用于自定义资源 CRD。例如，若要对 example.com API 组中 CRD 资源 widgets 对象的数量进行配额设置，则可以使用 count/widgets.example.com 来表示。

对每项资源配额都可以单独配置一组作用域（scope），配置了作用域的资源配额只会对符合其作用域的资源使用情况进行计量和限制，如果作用域范围超出资源配额的请求，则系统会报验证错误。表 9.3 列出了 ResourceQuota 的 5 种作用域。

表 9.3　ResourceQuota 的 5 种作用域

作用域	说　明
Terminating	匹配所有 spec.activeDeadlineSeconds 不小于 0 的 Pod
NotTerminating	匹配所有 spec.activeDeadlineSeconds 都是 nil 的 Pod
BestEffort	匹配所有 QoS 都是 BestEffort 的 Pod，只作用于 Pod
NotBestEffort	匹配所有 QoS 都不是 BestEffort 的 Pod
PriorityClass	匹配所有引用了指定优先级类的 Pod

其中，BestEffort 作用域可以限定资源配额来追踪 Pod 资源的使用；而 Terminating、NotTerminating、NotBestEffort 和 PriorityClass 除了可以追踪 Pod，还可以追踪 cpu、memory、ephemeral-storage 等资源的使用情况。

下面是 scope 用法的一个例子，限制 BestEffort 级别的 Pod 数量最大为 2 个：

```
apiVersion: v1
kind: ResourceQuota
metadata:
  name: besteffort
spec:
  hard:
    pods: "2"
  scopes:
  - BestEffort
```

当 Node 资源紧张时，优先级高的 Pod 会优先抢占资源调度，当 Node 要驱逐 Pod 时，优先级高的 Pod 也会最晚被驱逐，所以针对高优先级的 Pod，限定其数量和资源占用总量，也是多租户资源配置管理的一个重要工作。下面的例子中，限制优先级为 medium 的 Pod

的总数不超过10个，并且限制cpu.request总量上限为10，memory.request总量上限为20GiB。

```
kind: ResourceQuota
metadata:
  name: pods-medium
spec:
  hard:
    cpu: "10"
    memory: 20Gi
    pods: "10"
  scopeSelector:
    matchExpressions:
    - operator : In
      scopeName: PriorityClass
        values: ["medium"]
```

在设定资源配额时，需要注意内存资源的单位。内存资源的基本单位是字节（byte或简写为B），使用整数或者定点整数加上国际单位制（International System of Units）的后缀来表示。国际单位制后缀包括十进制的E、P、T、G、M、K，或二进制的Ei、Pi、Ti、Gi、Mi、Ki，它们的计算方法是不同的，例如在表示“千”字节时，KB和KiB表示的数值分别如下所示。

◎ 1KB（KiloByte）= 1000 Bytes = 8000 Bits。
◎ 1KiB（KibiByte）= 2^{10} Bytes = 1024 Bytes = 8192 Bits。

又如，下面的配置方法都表示近似相同的数值：

```
128974848, 129e6, 129M, 123Mi
```

在配置内存的资源请求或资源限制时，只能使用以下后缀，同时不能携带代表字节的“B”。

◎ Ei、Pi、Ti、Gi、Mi、Ki：二进制类型后缀。
◎ E、P、T、G、M、K：十进制类型后缀。

例如可以配置为：

```
memory: "64Mi"
```

或：

```
memory: "64M"
```

但不能配置为：

```
memory: "64MiB"
```

需要说明的是，本书中在描述内存大小时，单位会以 B 结尾表示字节（如 KiB 或 MiB 等），与配置代码（如 Ki 或 Mi）表达的含义是相同的。

另外，小写字母“m”表示千分之一单位（milli unit），用于 CPU 的资源配置，例如“200m”表示 0.2 个 CPU。

下面，通过几个例子对资源配额和资源限制的配置方法和工作机制进行说明。

例如，给租户 development 设定如下的资源配额。

◎ 最多定义 2 个 PVC。
◎ 可以赋予公网访问地址的 Service 数量最多为 2 个。
◎ 禁止任何 Service 定义 NodePort（数量为零）。
◎ 最多创建 4 个 Pod。
◎ 所有 Pod 的 request cpu 总和不超过 1 CPU，limit 总和不超过 2 CPU。
◎ 所有 Pod 的 request memory 总和不超过 1GiB，limit 总和不超过 2GiB。

```
# cat dev-resourcequota.yaml
apiVersion: v1
kind: ResourceQuota
metadata:
  name: dev-resourcequota
  namespace: development
spec:
  hard:
    persistentvolumeclaims: "2"
    services.loadbalancers: "2"
    services.nodeports: "0"
    pods: "4"
    requests.cpu: "1"
    requests.memory: 1Gi
    limits.cpu: "2"
    limits.memory: 2Gi

# kubectl create -f dev-resourcequota.yaml
resourcequota/dev-resourcequota created
```

```
# 查看配额详情
# kubectl describe quota dev-resourcequota  --namespace=development
Name:                  dev-resourcequota
Namespace:              development
Resource                  Used  Hard
--------                  ----  ----
limits.cpu                0     2
limits.memory             0     2Gi
persistentvolumeclaims    0     2
pods                      0     4
requests.cpu              0     1
requests.memory           0     1Gi
services.loadbalancers    0     2
services.nodeports        0     0
```

一旦某个 Namespace 配置了 ResourceQuota，系统就要求每个 Pod 都必须设置资源请求和资源限制，否则将无法创建成功。所以，下面的创建 Pod 操作会失败：

```
# kubectl run nginx -image=nginx --namespace=development
    Error from server (Forbidden): pods "nginx" is forbidden: failed quota:
dev-resourcequota: must specify limits.cpu for: nginx; limits.memory for: nginx;
requests.cpu for: nginx; requests.memory for: nginx
```

如果不希望每个容器都去配置，则可以在命名空间级别设置一个默认的资源请求和资源限制配置，这样系统就可以为不显示设置资源限制的容器默认补充默认值的配置。这可以通过 LimitRange 资源来完成。

下面，给租户 development 设定如下 LimitRange：

```
# dev-limitrange.yaml
apiVersion: v1
kind: LimitRange
metadata:
  name: dev-limitrange
  namespace: development
spec:
  limits:
  - max:
      cpu: "4"
      memory: 2Gi
    min:
```

```
      cpu: 200m
      memory: 6Mi
    maxLimitRequestRatio:
      cpu: 3
      memory: 2
    type: Pod
  - default:
      cpu: 300m
      memory: 200Mi
    defaultRequest:
      cpu: 200m
      memory: 100Mi
    max:
      cpu: "2"
      memory: 1Gi
    min:
      cpu: 100m
      memory: 3Mi
    maxLimitRequestRatio:
      cpu: 5
      memory: 4
    type: Container

# kubectl create -f dev-limitrange.yaml
limitrange/dev-limitrange created
```

下面，对 LimitRange 中各项配置的含义和作用进行说明。

（1）不论是 CPU 还是内存，在 LimitRange 中，Pod 和 Container 都可以设置 Min、Max 和 Max Limit/Requests Ratio 参数；Container 还可以设置 Default Request 和 Default Limit 参数，而 Pod 不能设置 Default Request 和 Default Limit 参数。

（2）对 Pod 和 Container 的参数解释如下。

◎ Container 的 Min（配置中的 100m 和 3Mi）是 Pod 中所有容器的 Requests 值下限；Container 的 Max（配置中的 2 和 1Gi）是 Pod 中所有容器的 Limits 值上限；Container 的 Default Request（配置中的 200m 和 100Mi）是 Pod 中所有未指定 Requests 值的容器的默认 Requests 值；Container 的 Default Limit（配置中的 300m 和 200Mi）是 Pod 中所有未指定 Limits 值的容器的默认 Limits 值。对于同一资源类型，这 4 个参数必须满足以下关系：Min≤Default Request≤Default Limit≤Max。

◎ Pod 的 Min(配置中的 200m 和 6Mi)是 Pod 中所有容器的 Requests 值的总和下限；Pod 的 Max（配置中的 4 和 2Gi）是 Pod 中所有容器的 Limits 值的总和上限。在容器未指定 Requests 值或者 Limits 值时，将使用 Container 的 Default Request 值或者 Default Limit 值。

◎ Container 的 Max Limit/Requests Ratio（配置中的 5 和 4）限制了 Pod 中所有容器的 Limits 值与 Requests 值的比例上限；而 Pod 的 Max Limit/Requests Ratio（配置中的 3 和 2）限制了 Pod 中所有容器的 Limits 值总和与 Requests 值总和的比例上限。

（3）如果设置了 Container 的 Max，则对于该类资源而言，整个集群中的所有容器都必须设置 Limits，否则无法成功创建。在 Pod 内的容器未配置 Limits 时，将使用 Default Limit 的值（本例中的 300m CPU 和 200MiB 内存），如果也未配置 Default，则无法成功创建。

（4）如果设置了 Container 的 Min，那么对于该类资源而言，整个集群中的所有容器都必须设置 Requests。如果在创建 Pod 的容器时未配置该类资源的 Requests，那么在创建过程中系统会报验证错误。Pod 里容器的 Requests 在未配置时，可以使用默认值 defaultRequest（如本例中的 200m CPU 和 100MiB 内存）；如果未配置而且没有使用默认值 defaultRequest，那么 Requests 默认等于该容器的 Limits；如果容器的 Limits 也未定义，那么会报错。

（5）对于任意一个 Pod 而言，该 Pod 中所有容器的 Requests 总和都必须大于或等于 6MiB，而且所有容器的 Limits 总和都必须小于或等于 1GiB。同样，所有容器的 CPU Requests 总和都必须大于或等于 200m，而且所有容器的 CPU Limits 总和都必须小于或等于 2。

（6）Pod 里任何容器的 Limits 与 Requests 的比例都不能超过 Container 的 Max Limit/Requests Ratio；Pod 里所有容器的 Limits 总和与 Requests 总和的比例都不能超过 Pod 的 Max Limit/Requests Ratio。

再次创建一个未指定资源请求和资源限制的 Pod 即可成功，然后可以查看系统自动为容器设置的资源请求和资源限制：

```
# kubectl run nginx --image=nginx --namespace=development
pod/nginx created

# kubectl get pods --namespace=development
NAME    READY   STATUS    RESTARTS   AGE
```

```
nginx   1/1     Running   0          19m

# kubectl get pod nginx  -o yaml --namespace=development
......
spec:
  containers:
  - image: nginx
    imagePullPolicy: Always
    name: nginx
    resources:
      limits:
        cpu: 300m
        memory: 200Mi
      requests:
        cpu: 200m
        memory: 100Mi
......
```

这时再看一下租户 development 的资源配额使用情况，由于 Pod 已经消耗了一部分资源，可用的剩余资源总量将会减少：

```
# kubectl describe resourcequota --namespace=development
Name:                    dev-resourcequota
Namespace:               development
Resource                 Used     Hard
--------                 ----     ----
limits.cpu               300m     2
limits.memory            200Mi    2Gi
persistentvolumeclaims   0        2
pods                     1        4
requests.cpu             200m     1
requests.memory          100Mi    1Gi
services.loadbalancers   0        2
services.nodeports       0        0
```

接下来，创建 3 个 Pod，都能成功：

```
# kubectl create deployment nginx-app --image=nginx --replicas=3
--namespace=development
deployment.apps/nginx-app created

# kubectl get pods --namespace=development
```

```
NAME                         READY   STATUS    RESTARTS   AGE
nginx                        1/1     Running   0          37m
nginx-app-5777b5f95-6sp8t    1/1     Running   0          2m3s
nginx-app-5777b5f95-d9rcc    1/1     Running   0          2m3s
nginx-app-5777b5f95-n49tb    1/1     Running   0          2m3s
```

如果再尝试创建第 5 个 Pod，则会失败，因为超过了资源配额中的 Pod 最大数量（为 4）：

```
# kubectl run nginx2 --image=nginx --namespace=development
Error from server (Forbidden): pods "nginx2" is forbidden: exceeded quota:
dev-resourcequota, requested: pods=1, used: pods=4, limited: pods=4
```

对租户的资源配额进行总量控制之后，还可以更进一步细化管控，再叠加基于 Pod QoS 分级的资源配额限制，这样可以让各个租户在更充分地共享利用集群资源的同时，避免资源被少量 BestEffort 的 Pod 耗尽，例如：

```
# qos-resourcequota-development.yaml
apiVersion: v1
kind: ResourceQuota
metadata:
  name: besteffort-resourcequota-development
  namespace: development
spec:
  hard:
    pods: "10"
  scopes:
  - BestEffort

---
apiVersion: v1
kind: ResourceQuota
metadata:
  name: notbesteffort-resourcequota-development
spec:
  hard:
    pods: "4"
    requests.cpu: "1"
    requests.memory: 1Gi
    limits.cpu: "2"
    limits.memory: 2Gi
  scopes:
  - NotBestEffort
```

```
# kubectl create -f qos-resourcequota-development.yaml
resourcequota/besteffort-resourcequota-development created
resourcequota/notbesteffort-resourcequota-development created
```

上述资源配额的定义对租户命名空间中不同 QoS 级别 Pod 的资源配额进行了更详细的限制，限制的主要内容如下。

◎ BestEffort 级别的 Pod 数量最多为 10 个。

◎ Not BestEffort 级别的（Burstable、Guaranteed）Pod 数量最多为 4 个，并且 cpu request 之和最大为 1，cpu limit 之和最大为 2；memory request 之和最大为 1GiB，memory limit 之和最大为 2GiB。

资源配额与集群资源总量是完全独立的。资源配额是通过绝对的单位来配置的，这意味着如果在集群中添加了 Node，那么资源配额不会自动更新，而该资源配额所对应的命名空间中的对象也不能自动增加资源上限。

在如下情况下，可能希望资源配额能够支持更复杂的策略。

◎ 对于不同的租户，按照某种比例划分整个集群的资源。

◎ 允许每个租户按照需要来提高资源用量，但是有一个较宽容的限制，以防止意外的资源耗尽情况发生。

◎ 探测某个命名空间的需求，添加物理 Node 并扩大资源配额值。

这些策略可以这样实现：编写一个控制器，持续监控各命名空间中的资源使用情况，并按需调整命名空间的资源配额数量。

此外，资源配额只是将整个集群中的资源总量做了一个静态划分，但它并没有对集群中的 Node 做任何限制，不同命名空间中的 Pod 仍然可以运行在同一个 Node 上。

9.1.3　Pod 的 QoS 管理实践

本节对 Kubernetes 如何根据 Pod 的 Requests 和 Limits 配置来实现针对 Pod 的不同级别的 QoS 进行说明。在 Kubernetes 的 QoS 体系中，需要保证高可靠性的 Pod 可以申请可靠资源，而一些非高可靠性的 Pod 可以申请可靠性较低或者不可靠的资源。其中 Requests 是 Kubernetes 调度时能为容器提供的完全、可保障的资源量（最低保障），而 Limits 是系统允许容器运行时可能使用的资源量的上限（最高上限）。Pod 级别的资源配置是通过计算 Pod 内所有容器的资源配置的总和得出来的。Kubernetes 根据 Pod 配置的 Requests 值来调度 Pod，Pod 在调度成功之后会得到 Requests 值定义的资源来运行。如果 Pod 所在 Node 上的资源有空余，则 Pod 可以申请更多的资源，最多不能超过 Limits 的值。

Kubernetes 中 Pod 的 Requests 和 Limits 资源配置有如下特点。

（1）如果 Pod 配置的 Requests 值等于 Limits 值，那么该 Pod 可以获得的资源是完全可靠的。

（2）如果 Pod 的 Requests 值小于 Limits 值，那么该 Pod 获得的资源可分为以下两部分。

◎ 完全可靠的资源，资源量的大小等于 Requests 值。
◎ 不可靠的资源，资源量最大等于 Limits 与 Requests 的差额，这份不可靠的资源能够申请到多少，取决于当时主机上容器可用资源的余量。

通过这种机制，Kubernetes 可以实现 Node 资源的超售（Over Subscription），比如在 CPU 完全充足的情况下，某机器共有 32GiB 内存可供容器使用，容器配置为 Requests 值 1GiB、Limits 值 2GiB，那么在该机器上最多可以同时运行 32 个容器，每个容器最多可以使用 2GiB 内存，如果这些容器的内存使用峰值能错开，那么所有容器都可以正常运行。超售机制能有效提高资源的利用率，也不会影响容器申请的“完全可靠资源”的可用性。

根据前面的内容可知，容器的资源配置满足以下 2 个条件。

◎ Requests≤Node 可用资源。
◎ Requests≤Limits。

如果 Pod 的 CPU 用量超过了在 Limits 中配置的 CPU 用量，那么 Cgroups 会对 Pod 中容器的 CPU 用量进行限流（Throttled）；如果 Pod 没有配置 CPU Limits 上限，那么 Pod 会尝试抢占所有空闲的 CPU 资源。不管是 CPU 还是内存，Kubernetes 调度器和 kubelet 都会确保 Node 上所有 Pod 的 Requests 总和不会超过在该 Node 上可分配给容器使用的资源容量上限。

Kubernetes 的资源配置定义了 Pod 的 3 种 QoS 级别：

1. Guaranteed

如果 Pod 中的所有容器对所有资源类型都定义了 Limits 和 Requests，并且每个容器的 Limits 值都和 Requests 值相等（且都不为 0），那么该 Pod 的 QoS 级别就是 Guaranteed。注意：在这种情况下，容器可以不定义 Requests，因为 Requests 的值在未定义时默认等于

Limits。

在下面这两个例子中定义的 Pod QoS 级别就是 Guaranteed。

例一，未定义 Requests 值，所以其默认等于 Limits 值：

```
containers:
   name: foo
      resources:
         limits:
            cpu: 10m
            memory: 1Gi
   name: bar
      resources:
         limits:
            cpu: 100m
            memory: 100Mi
```

例二，每个容器定义的 Requests 的值与 Limits 的值完全相同：

```
containers:
   name: foo
      resources:
         limits:
            cpu: 10m
            memory: 1Gi
         requests:
            cpu: 10m
            memory: 1Gi
   name: bar
      resources:
         limits:
            cpu: 100m
            memory: 100Mi
         requests:
            cpu: 100m
            memory: 100Mi
```

2. BestEffort

如果 Pod 中所有容器都未定义资源配置（Requests 和 Limits 都未定义），那么该 Pod 的 QoS 级别就是 BestEffort。例如下面这个 Pod 定义：

```
containers:
  name: foo
    resources:
  name: bar
    resources:
```

3. Burstable

当一个 Pod 既不为 Guaranteed 级别，也不为 BestEffort 级别时，该 Pod 的 QoS 级别就是 Burstable。Burstable 级别的 Pod 涉及如下两种情况。

（1）Pod 中的一部分容器在一种或多种资源类型的资源配置中定义了 Requests 值和 Limits 值（都不为 0），且 Requests 值小于 Limits 值。

（2）Pod 中的一部分容器未定义资源配置（Requests 和 Limits 都未定义）。注意：在容器未定义 Limits 时，Limits 的值默认等于 Node 资源容量的上限。

下面是几个 Pod 中 QoS 等级为 Burstable 的配置示例。

（1）为容器 foo 配置的 CPU Requests 的值与 Limits 的值不同：

```
containers:
  name: foo
    resources:
      limits:
        cpu: 10m
        memory: 1Gi
      requests:
        cpu: 5m
        memory: 1Gi
  name: bar
    resources:
      limits:
        cpu: 10m
        memory: 1Gi
      requests:
        cpu: 10m
        memory: 1Gi
```

（2）容器 bar 未定义资源配置，而容器 foo 定义了资源配置：

```
containers:
  name: foo
```

```
        resources:
            limits:
                cpu: 10m
                memory: 1Gi
            requests:
                cpu: 10m
                memory: 1Gi
    name: bar
```

（3）容器 foo 未定义 CPU，而容器 bar 未定义内存：

```
containers:
    name: foo
        resources:
            limits:
                memory: 1Gi
    name: bar
        resources:
            limits:
                cpu: 100m
```

（4）容器 bar 未定义资源配置，而容器 foo 未定义 Limits 的值：

```
containers:
    name: foo
        resources:
            requests:
                cpu: 10m
                memory: 1Gi
    name: bar
```

9.2　基于 NUMA 亲和性的资源分配管理

当一个 Pod 被调度到某个 Node 上后，由该 Node 上的 kubelet 进程负责给目标 Pod 分配 CPU、Memory 等核心计算资源和外设上的辅助计算资源，如 GPU、高性能网卡等，分别由 kubelet 进程中的 CPU Manger、Memory Manager 及 Device Manger 负责分配，为了支持 NUMA 架构的 Node，Kubernetes 又增加了 Topology Manager 来协调这些资源管理器，因此需要合理配置 kubelet 中的这些 Manager，才能实现最佳的 Pod 计算资源分配方案。

9.2.1　CPU Manger 的配置

CPU 管理器（CPU Manager）支持如下两种分配策略，可以通过 kubelet 启动参数 --cpu-manager-policy 进行设置。

◎ none：使用默认的调度策略。

◎ static：允许为 Node 上具有特定资源特征的 Pod 授予更高的 CPU 亲和性和独占性。

None 策略使用默认的 CPU 亲和性方案，即操作系统默认的 CPU 调度策略。Static 策略针对具有特定 CPU 资源需求的 Guaranteed 级别的 Pod。CPU 管理器定期通过 CRI 接口将资源更新写入容器内，以保证内存中的 CPU 分配与 cgroupfs 保持一致。同步频率通过 kubelet 启动参数--cpu-manager-reconcile-period 进行设置，如果不指定，则默认与 --node-status-update-frequency 设置的值相同。

CPU Manager 支持两种分配策略，none（默认）与 static，由于 none 策略的能力有限，不建议在生产环境下使用，建议开启并配置 static 分配策略。这可以通过 kubelet 的配置参数 cpuManagerPolicy 来设置：

```
# cat /var/lib/kubelet/config.yaml
apiVersion: kubelet.config.k8s.io/v1beta1
......
evictionMaxPodGracePeriod: 30
cpuManagerPolicy: static
```

在已经启动过 kubelet 的 Node 上更改 cpuManagerPolicy 并重启 kubelet 时会报错：

```
kubelet.go:1511] "Failed to start ContainerManager" err="start cpu manager error: could not restore state from checkpoint: configured policy \"static\" differs from state checkpoint policy \"none\", please drain this node and delete the CPU manager checkpoint file \"/var/lib/kubelet/cpu_manager_state\" before restarting Kubelet"
```

这是因为默认 none 策略已经在系统中设置了相关的 checkpoint，需要先清理才能修改，主要操作步骤包括：清空 Node，停止 kubelet，删除 CPU manager 的 checkpoint 文件“/var/lib/kubelet/cpu_manager_state”，修改配置 cpuManagerPolicy，再启动 kubelet。

在启用 Static 策略时，要求使用--kube-reserved、--system-reserved 或--reserved-cpus 参数配置，为 kubelet 保留一部分 CPU 资源，并且保留的 CPU 资源数量必须大于 0。这是因为如果系统保留 CPU 为 0，则共享池有变为空的可能，导致 kubelet 无法正常工作。通过这些参数预留的 CPU 单位为整数，按物理内核 ID 升序，从初始共享池中获取。

在 static 分配策略下可以设置如下 3 种分配参数。

◎ full-pcpus-only：必须为一个 Pod 分配完整的 CPU Core（物理核心）。
◎ distribute-cpus-across-numa：跨 NUMA Node 均匀分配 CPU。
◎ align-by-socket：按照 CPU Socket 对齐。

同时，这 3 种分配参数还可以组成如下两种组合分配方案。

◎ full-pcpus-only+distribute-cpus-across-numa：必须为 Pod 分配一个完整的 CPU Core，当一个 NUMA Node 上的 CPU 不足时，可以跨越 NUMA 均匀分配。
◎ full-pcpus-only+align-by-socket：必须为 Pod 分配一个完整的 CPU Core，当一个 NUMA Node 上的 CPU 不足时，可以按照 CPU Socket 对齐，即分配到同一个 CPU socket 上。

在实际生产环境中可以考虑选择上述两种组合方案中的 1 种，例如第 2 种对应的参数设置如下：

```
cpuManagerPolicy: static
topologyManagerPolicyOptions:
  full-pcpus-only: "true"
  distribute-cpus-across-numa: "true"
```

从日志中可以看到，CPU Manager 成功检测出本 Node NUMA 的架构拓扑：

```
    cpu_manager.go:172] "Detected CPU topology"
topology={"NumCPUs":8,"NumCores":8,"NumSockets":4,"NumNUMANodes":1,"CPUDetails":
{"0":{"NUMANodeID":0,"SocketID":0,"CoreID":0},"1":{"NUMANodeID":0,"SocketID":0,"
CoreID":1},"2":{"NUMANodeID":0,"SocketID":1,"CoreID":2},"3":{"NUMANodeID":0,"Soc
ketID":1,"CoreID":3},"4":{"NUMANodeID":0,"SocketID":2,"CoreID":4},"5":{"NUMANode
ID":0,"SocketID":2,"CoreID":5},"6":{"NUMANodeID":0,"SocketID":3,"CoreID":6},"7":
{"NUMANodeID":0,"SocketID":3,"CoreID":7}}}
```

CPUManager 的运行状态数据（checkpoint 文件）默认会保存在/var/lib/kubelet/cpu_manager_state 文件中，运维时可以通过查看文件内容来确定其工作状态：

```
# cat /var/lib/kubelet/cpu_manager_state | python -m json.tool
{
   "checksum": 14413152,
   "defaultCpuSet": "0-7",
   "policyName": "static"
}
```

当 QoS 级别为 Guaranteed 的 Pod 被调度到 Node 上时，如果其 Container 设置的 CPU Request 为大于等于 1 的整数，则符合 Static 策略分配的要求。

下面是几种不同 QoS 服务等级的 Pod 的 CPU 调度策略。

（1）BestEffort 类型。容器如果没有设置 CPU Request 和 CPU Limit，则容器 nginx 将运行在共享 CPU 池中，例如：

```
spec:
  containers:
  - name: nginx
    image: nginx
```

（2）Burstable 类型。容器如果没有设置 CPU 资源，或者其他资源（如内存）的 Request 不等于 Limit，则容器 nginx 将运行在共享 CPU 池中，例如：

```
spec:
  containers:
  - name: nginx
    image: nginx
    resources:
      limits:
        memory: "200Mi"
      requests:
        memory: "100Mi"
```

或者：

```
spec:
  containers:
  - name: nginx
    image: nginx
    resources:
      limits:
        memory: "200Mi"
        cpu: "2"
      requests:
        memory: "100Mi"
        cpu: "1"
```

（3）Guaranteed 类型。容器如果设置了 CPU 资源，并且设置 Request 等于 Limit 且为整数，则容器 nginx 将运行在 2 个独占的 CPU 核上，例如：

```
spec:
  containers:
  - name: nginx
    image: nginx
    resources:
      limits:
        memory: "200Mi"
        cpu: "2"
      requests:
        memory: "200Mi"
        cpu: "2"
```

或者（若未显式设置 Request，则系统将默认设置 Request=Limit）：

```
spec:
  containers:
  - name: nginx
    image: nginx
    resources:
      limits:
        memory: "200Mi"
        cpu: "2"
```

（4）Guaranteed 类型。若容器设置了 CPU 资源，并且设置 Request 等于 Limit，两者都设置为小数，则容器 nginx 将运行在共享 CPU 池中，例如：

```
spec:
  containers:
  - name: nginx
    image: nginx
    resources:
      limits:
        memory: "200Mi"
        cpu: "1.5"
      requests:
        memory: "200Mi"
        cpu: "1.5"
```

为了能让容器独占 CPU 资源运行，需要满足以下条件。

◎ 设置 kubelet 的参数 cpu-manager-policy=static。

◎ 容器的 CPU 资源需求的 QoS 级别必须是 Guaranteed 级别，即 Request=Limit。

◎ 必须将容器的 CPU Limit 设置为大于等于 1 的整数。

9.2.2　Memory Manager 的配置

Kubernetes 从 v1.22 版本开始默认开启 Memory Manager。与 CPU Manager 一样，Memory Manager 也支持两种分配策略：None（默认）与 Static（注意，首字母大写）。None 策略等于没有开启 Memory Manager，建议在生产环境下开启并配置 Static 分配策略。此时，Memory Manager 可以联合 CPU Manager 对 Guaranteed 级别的 Pod 给予更优化的内存分配方案（guaranteed memory and hugepages allocation for pods in the Guaranteed QoS class），最主要的是可以满足内存和 CPU 之间的 NUMA 亲和性分配关系。由于在 NUMA 架构中系统内存是分配到各个 NUMA Node 中的，因此在 Static 分配策略下，需要把通过 system-reserved 和 kube-reserved 预留的总内存按照 NUMA 的 Node 数进行分摊。例如，总共预留了 2GiB 内存，系统中有 2 个 NUMA Node，编号分别是 0 和 1，则可以让 0 分担 1Gi 内存，1 分担 1GiB 内存，当然也可以把预留的内存全部让一个 NUMA Node 承担。可以通过 Static 策略引入的 kubelet 新参数 reservedMemory 来记录分担情况，下面是一个参考例子：

```
memoryManagerPolicy: Static
reservedMemory:
 - numaNode: 0
   limits:
     memory: 2148Mi
```

在设置 reservedMemory 参数时需要注意，预留的内存总量是 system-reserved+kube-reserved 两项内存预留值+Hard-Eviction-Threshold 中的内存量（默认值为“100Mi”），如果这个数值设置得不对，那么 kubelet 日志中会给出错误提示，提示里有正确的值可以参考：

```
kubelet: E1205 19:41:42.155371    2182 run.go:74] "command failed" err="failed to run Kubelet: the total amount \"0\" of type \"memory\" is not equal to the value \"2148Mi\" determined by Node Allocatable feature"
```

Memory Manager 默认会在/var/lib/kubelet/memory_manager_state 文件中保存运行状态数据（也称为“checkpoint”文件），运维时可通过查看文件内容来确定其工作状态：

```
# cat /var/lib/kubelet/memory_manager_state | python -m json.tool
{
    "checksum": 2093325818,
```

```
    "machineState": {
        "0": {
            "cells": [
                0
            ],
            "memoryMap": {
                "hugepages-1Gi": {
                    "allocatable": 0,
                    "free": 0,
                    "reserved": 0,
                    "systemReserved": 0,
                    "total": 0
                },
                "hugepages-2Mi": {
                    "allocatable": 0,
                    "free": 0,
                    "reserved": 0,
                    "systemReserved": 0,
                    "total": 0
                },
                "memory": {
                    "allocatable": 5929259008,
                    "free": 5929259008,
                    "reserved": 0,
                    "systemReserved": 2252341248,
                    "total": 8181600256
                }
            },
            "numberOfAssignments": 0
        }
    },
    "policyName": "Static"
}
```

9.2.3　Topology Manager 的配置

关于 NUMA 亲和性的分配方案，Topology Manager 通过两种组合来供选择：scope 和 policy。scope 定义了 NUMA 亲和性的资源分配的粒度是 Pod 还是 Container，默认为 Container 粒度。此时，目标 Pod 中的每一个容器会按照一个单元来实现 NUMA 亲和性的分配方案，而当资源分配粒度为 Pod 粒度时，Pod 里的所有容器将作为一个单元来实现 NUMA 亲和性的分配方案。policy 目前则有以下几种。

◎ none（默认）：不执行任何 NUMA 亲和性分配。
◎ best-effort：找到一个最优的 TopologyHint，即使没有找到 Node 也会接纳这个 Pod，随后进行资源分配。
◎ restricted：找到一个最优的 TopologyHint，如果没有找到，那么 Node 会拒绝接纳这个 Pod，此时其状态将变为 Terminated。

scope 和 policy 分别通过参数 topologyManagerScope 和 topologyManagerPolicy 来设置，如果希望执行以下的 NUMA 资源分配方案：

◎ scop=pod，即按照一个完整的 Pod 的粒度分配资源；
◎ policy= restricted，如果没有找到合适的 NUMA 亲和性资源，就拒绝此 Pod。

则可以在 kubelet 的配置文件中增加如下参数设置：

```
topologyManagerScope: pod
topologyManagerPolicy: restricted
```

下面是一个包括 CPU Manager、Memory Manager、Topology Manager 几种策略的完整配置示例：

```
kind: KubeletConfiguration
.....
cpuManagerPolicy: static
featureGates:
  CPUManager: true
  CPUManagerPolicyAlphaOptions: true
  CPUManagerPolicyBetaOptions: true
cpuManagerPolicyOptions:
   full-pcpus-only: "true"
   distribute-cpus-across-numa: "true"
memoryManagerPolicy: Static
reservedMemory:
 - numaNode: 0
   limits:
     memory: 2148Mi
topologyManagerScope: pod
topologyManagerPolicy: restricted
```

9.3　Pod的调度管理实践指南

Pod在被创建出来之后，Kubernetes运行Pod容器应用的第1步是，找到一个合适的Node，这个步骤由控制平面的调度器（Scheduler）组件负责完成。调度器会在集群的可用Node列表中，根据一系列条件和算法，计算得出一个最适合Pod运行需求的Node。调度完成之后，控制平面才会通知Node上的kubelet进行后续的Pod和容器的创建工作。在前文介绍的各种工作负载管理器中，在每次自动创建Pod时，都隐含了Kubernetes的调度器自动执行Pod调度的过程，在没有特别设置策略的情况下，系统会使用默认的调度策略选择Node。

除了使用Kubernetes提供的默认调度策略，系统还提供了多种配置方法，供用户配置Pod需要的特定调度逻辑。常用的调度策略包括基于Node Label的调度、基于Node亲和性的调度、基于污点和容忍度的调度等，本节对这些常用调度策略进行举例说明。

9.3.1　基于Node Label的调度策略

与控制器和Pod通过Label和Label Selector进行关联的逻辑一样，Pod也可以选择具有指定Label的Node进行调度。Node也是Kubernetes管理的一种资源对象，可以为其设置多个Label。在Pod的配置中，可以方便地使用Label Selector来声明需要调度到具有指定Label的Node上，调度器会在具有这些Label的Node中再进行选择。

通过kubectl label node命令给某些Node设置Label的语法如下：

```
# kubectl label nodes <node-name> <label-key>=<label-value>
```

例如，为Node 192.168.18.3设置一个zone=north的Label，表明它是“北方”的一个Node：

```
$ kubectl label nodes 192.168.18.3 zone=north
node/192.168.18.3 labeled
```

使用kubectl get node命令的--show-labels参数可以查看Node资源的Label：

```
# k get node 192.168.18.3 --show-labels
NAME           STATUS   ROLES           AGE    VERSION   LABELS
192.168.18.3   Ready    control-plane   103d   v1.28.0
beta.kubernetes.io/arch=amd64,beta.kubernetes.io/os=linux,kubernetes.io/arch=amd
64,kubernetes.io/hostname=192.168.18.3,kubernetes.io/os=linux,node-role.kubernet
```

```
es.io/control-plane=,node.kubernetes.io/exclude-from-external-load-balancers=,zo
ne=north
```

然后，在 Pod 的定义中加上 nodeSelector 的设置：

```
# pod-nodeselector.yaml
apiVersion: v1
kind: Pod
metadata:
  name: pod-nodeselector
spec:
  nodeSelector:
    zone: north
  containers:
  - name: busybox
    image: busybox
    imagePullPolicy: IfNotPresent
    command: ['sh', '-c', 'sleep 3600']
```

通过 kubectl create 命令创建 Pod（如下面代码所示），调度器就会将该 Pod 调度到拥有“zone=north”Label 的 Node 上。如果给多个 Node 都定义了相同的 Label（如 zone=north），那么 scheduler 会根据调度算法从这组 Node 中挑选一个可用的 Node 进行 Pod 调度。

```
# kubectl create -f pod-nodeselector.yaml
pod/pod-nodeselector created
```

通过 kubectl get pods -o wide 命令可以查看 Pod 所在的 Node：

```
# kubectl get pods -o wide
NAME               READY   STATUS    RESTARTS   AGE   IP           NODE
NOMINATED NODE   READINESS GATES
pod-nodeselector   1/1     Running   0          72s   10.1.95.23   192.168.18.3
<none>           <none>
```

通过 kubectl describe pod 命令可以看到调度器为 Pod 选择目标 Node 的事件信息：

```
# kubectl describe po pod-nodeselector
Name:         pod-nodeselector
......
Events:
  Type    Reason     Age   From               Message
  ----    ------     ----  ----               -------
  Normal  Scheduled  12s   default-scheduler  Successfully assigned
default/pod-nodeselector to 192.168.18.3
```

```
    Normal  Pulled     11s   kubelet          Container image "busybox" already
present on machine
    Normal  Created    11s   kubelet          Created container busybox
    Normal  Started    11s   kubelet          Started container busybox
```

通过基于 Node Label 的调度方式，可以把集群中具有不同特点的 Node 都贴上不同的 Label，例如“role=frontend”“role=backend”“role=database”等。在部署应用时可以根据应用的需求设置 NodeSelector 来进行指定 Node 范围的调度。

需要注意的是，如果指定了 Pod 的 nodeSelector 条件，且在集群中不存在包含相应 Label 的 Node，则即使在集群中还有其他可供使用的 Node，这个 Pod 也无法被成功调度。

除了用户可以自行给 Node 添加 Label，Kubernetes 还会给 Node 预定义一些 Label，包括：

◎ kubernetes.io/arch；

◎ kubernetes.io/hostname；

◎ kubernetes.io/os；

◎ 云服务商可能设置的一些具有特定含义的 Label；

◎ 某些系统（如 CSI 存储插件）设置的 Label。

用户也可以使用这些系统 Label 进行 Pod 的定向调度。

9.3.2 Node 亲和性调度策略

NodeSelector 通过指定 Label 调度的方式，简单实现了调度 Pod 到特定 Node 的策略。为了实现更加灵活和精细的策略，Kubernetes 提供了亲和性和反亲和性的机制，扩展了 Pod 的调度能力。使用亲和性和反亲和性的优点如下。

◎ 更强的选择逻辑控制能力（不仅仅是“符合全部”的简单情况）。

◎ 可以设置为软性限制或者优选，使得调度器在无法找到完全满足要求的 Node 时，也会寻找其他 Node 来调度 Pod。

◎ 除了基于 Node 的 Label，还可以依据 Node 上正在运行的其他 Pod 的 Label 来进行亲和性和反亲和性设置，这样就可以定义一种规则来描述 Pod 之间的亲和或互斥关系。

亲和性调度功能包括节点亲和性（NodeAffinity）和 Pod 亲和性（PodAffinity）两种类

型的设置。

◎ 节点亲和性与 NodeSelector 类似，但表达能力更强，并且允许设置软性匹配规则。
◎ Pod 间可以设置亲和性规则或者反亲和性规则。

下面对节点亲和性调度策略进行详细说明。

节点亲和性调度策略与 NodeSelector 比较类似，也是通过 Node 上的 Label 来设置 Pod 是否可以调度到目标 Node，具体可以通过.spec.affinity.nodeAffinity 字段进行设置。节点亲和性的配置类型有以下两种。

◎ requiredDuringSchedulingIgnoredDuringExecution：必须满足指定的规则才可以调度 Pod 到 Node 上，是硬性要求，它的功能与 nodeSelector 很像，但是使用的是更加灵活的语法。
◎ preferredDuringSchedulingIgnoredDuringExecution：强调优先满足指定规则，调度器会尝试调度 Pod 到 Node 上，但并不强求，是软性限制。可以设置多个规则，还可以设置每个规则的权重（weight）值，以定义判断的优先级顺序。

这两种策略名称中的“IgnoredDuringExecution”的意思是：如果一个 Pod 所在的节点在 Pod 运行期间其标签发生了变更，不再符合该 Pod 的节点亲和性需求，则系统将忽略 Node 的 Label 变化，让 Pod 在原 Node 上继续运行。

在下面的例子（pod-with-node-affinity.yaml）中，设置了如下两个节点亲和性调度规则。

◎ requiredDuringSchedulingIgnoredDuringExecution：要求运行在具有标签“kubernetes.io/arch=amd64”（意为系统架构为 amd64）的节点上，需要在 nodeSelectorTerms 字段下设置一个或多个条件表达式。
◎ preferredDuringSchedulingIgnoredDuringExecution：要求尽量运行在具有 Label “disk-type=ssd”（意为磁盘类型为 ssd）的 Node 上，但不强制要求，如果没有 Node 具有这个 Label，则将尝试调度。需要在 preference 字段下设置一个或多个条件表达式。

```
# pod-with-node-affinity.yaml
apiVersion: v1
kind: Pod
metadata:
  name: pod-with-node-affinity
```

```yaml
spec:
  affinity:
    nodeAffinity:
      requiredDuringSchedulingIgnoredDuringExecution:
        nodeSelectorTerms:
        - matchExpressions:
          - key: kubernetes.io/arch
            operator: In
            values:
            - amd64
      preferredDuringSchedulingIgnoredDuringExecution:
      - weight: 1
        preference:
          matchExpressions:
          - key: disk-type
            operator: In
            values:
            - ssd
  containers:
  - name: nginx
    image: nginx
```

在 Label 的匹配规则中，使用逻辑操作符（operator）进行设置，可以使用的操作符包括 In、NotIn、Exists、DoesNotExist、Gt 和 Lt。这几个操作符的含义如下。

◎ In：Label 的值（Value）在给定的集合中。
◎ NotIn：Label 的值（Value）不在给定的集合中。
◎ Exists：需要具有此 Label Key，此时不需设置 Value。
◎ DoesNotExist：需要不存在此 Label Key，此时不需设置 Value。
◎ Gt：Label 的值（Value）的整数值大于给定的值。
◎ Lt：Label 的值（Value）的整数值小于给定的值。

对于 Node 亲和性来说，虽然没有反亲和性的字段，但是可以用 NotIn 和 DoesNotExist 就能实现反亲和性的要求。

NodeAffinity 规则设置的注意事项如下。

◎ 如果在 Pod 配置中同时使用了 nodeSelector 和 nodeAffinity，那么必须两个条件都得到满足，才能将 Pod 调度到指定的 Node 上。
◎ 如果 nodeAffinity 指定了多个 nodeSelectorTerms，则只要其中一个条件能匹配成功就能完成 Pod 的调度，即多个条件之间是逻辑或（OR）的关系。

◎ 如果 matchExpressions 在 nodeSelectorTerms 中设置了多个条件表达式，那么必须满足所有条件才能完成 Pod 的调度，即多个条件之间是逻辑与（AND）的关系。

在使用 preferredDuringSchedulingIgnoredDuringExecution 类型时，可以为每个规则设置一个 1～100 的权重值（weight），用于给调度器提供一个类似于优先级的分数，调度器会为满足条件的 Node 加上 weight 设置的分值，以选出最终得分最高的 Node。

在下面的例子（pod-with-node-affinity-weight.yaml）中，设置了两个希望满足的条件（preferredDuringSchedulingIgnoredDuringExecution）。

```
# pod-with-node-affinity-weight.yaml
apiVersion: v1
kind: Pod
metadata:
  name: pod-with-node-affinity-weight
spec:
  affinity:
    nodeAffinity:
      preferredDuringSchedulingIgnoredDuringExecution:
      - weight: 1
        preference:
          matchExpressions:
          - key: zone
            operator: In
            values:
            - north
      - weight: 50
        preference:
          matchExpressions:
          - key: disk-type
            operator: In
            values:
            - ssd
  containers:
  - name: nginx
    image: nginx
```

2 个具有不同权重的条件的作用是，对于具有 Label“zone=north”的 Node，系统会在调度算法得分上加 1（weight=1），对于具有 Label“disk-type=ssd”的 Node，系统会在调度算法得分上加 50（weight=50），然后还会根据其他条件（如资源请求等）综合计算出 2 个 Node 的得分，最终将 Pod 调度到得分最高的 Node 上。

另外，如果为 Pod 设置了多个调度器，则可以为其中某个调度器设置节点亲和性，这需要通过创建一个“调度器配置”（KubeSchedulerConfiguration）资源来进行设置，其中通过 pluginConfig 字段为某个调度器配置节点亲和性。这种配置方法只适用于某种调度器（如用户自行开发的外部调度器）在某些特殊 Node 的场景。

在下面的示例中先配置了两个调度器（default-scheduler 和 foo-scheduler），然后为 foo-scheduler 调度器再指定一种额外的（addedAffinity）节点亲和性的规则，要求 Node 具有 Label“scheduler-profile=foo”。如果在 Pod 配置中也设置了节点亲和性规则，那么系统要同时满足 Pod 的亲和性（nodeAffinity）和这个补充规则（addedAffinity），才能进行调度。

```
apiVersion: kubescheduler.config.k8s.io/v1beta3
kind: KubeSchedulerConfiguration
profiles:
  - schedulerName: default-scheduler
  - schedulerName: foo-scheduler
    pluginConfig:
      - name: NodeAffinity
        args:
          addedAffinity:
            requiredDuringSchedulingIgnoredDuringExecution:
              nodeSelectorTerms:
              - matchExpressions:
                - key: scheduler-profile
                  operator: In
                  values:
                  - foo
```

需要注意的是，DaemonSet 工作负载类型不支持使用 KubeSchedulerConfiguration 这种多调度器配置。系统使用默认的调度器调度 DaemonSet 类型的 Pod，并且支持 NodeAffinity 亲和性调度规则。

9.3.3 Pod 间的亲和性与反亲和性调度策略

在某些应用场景中存在基于 Pod 与 Pod 之间关系的调度需求：存在某些相互依赖、需要频繁互相调用的 Pod，它们需要被尽可能地部署在同一个节点、机架、机房、网段或者区域（Zone）内，这就是 Pod 之间的亲和性；反之，出于避免竞争或者容错的需求，也可能使某些 Pod 尽可能地远离另外一些 Pod，这就是 Pod 之间的反亲和性或者互斥性。

Pod 间的亲和性与反亲和性调度策略从 Kubernetes v1.4 版本开始引入。简单地说，就是几个 Pod 是否可以在同一个拓扑域中共存或者互斥，前者被称为“Pod Affinity”，后者被称为“Pod Anti Affinity”。

那么，什么是拓扑域，如何理解这个新概念呢？一个拓扑域由一些 Node 组成，这些 Node 通常有相同的地理空间坐标。比如，在同一个机架、机房或地区，一般用 Region 表示机架、机房等的拓扑区域，用 Zone 表示地区这样跨度更大的拓扑区域。在某些情况下，我们也可以认为一个 Node 就是一个拓扑区域。为此，Kubernetes 为 Node 内置了一些常用的用于表示拓扑域概念的 Label。

◎ kubernetes.io/hostname
◎ topology.kubernetes.io/region
◎ topology.kubernetes.io/zone

以上拓扑域是由 Kubernetes 自己维护的，在 Node 初始化时，Controller Manager 会为 Node 设置许多 Label。比如，kubernetes.io/hostname 这个 Label 的值就会被设置为 Node 的 hostname。另外，云厂商提供的 Kubernetes 服务或者使用 cloud-controller-manager 创建的集群，还会给 Node 设置 topology.kubernetes.io/region 和 topology.kubernetes.io/zone 的 Label，以确定各个 Node 所属的拓扑域。

需要注意的是，对于 Pod 反亲和性策略，要求目标 Node 上需要存在相同的 Label，实际上就是要求每个节点都具有 topologyKey 指定的 Label，如果某些 Node 不具有 topologyKey 指定的 Label，则可能会导致不可预估的调度结果。另外，设置 Pod 间的亲和性和反亲和性规则，会给调度器引入更多的计算量，在大规模集群中可能会造成性能问题，所以我们要根据集群规模需要谨慎配置 Pod 间的亲和性策略。

通常一个 Zone 代表一个逻辑故障域，Region 代表一个管理区域。具体如何定义一个 Zone 或者 Region，以及一个 Zone 应该包含哪些 Node，并没有确切的标准，但是有以下可参考的规则。

◎ 一个 Zone 产生故障不会导致其他 Zone 连带发生故障。
◎ 一个 Zone 内部的带宽越高，网络延迟就越小，不同 Zone 之间的带宽和延迟较大，不同 Zone 直接的通信可能会涉及费用问题。

◎ 一个 Zone 内部的 Node 可能共享同样的电力设备。

假设一个 Kubernetes 集群分布在城市 A 的两个独立物理机房中，根据上面的规则，这两个物理机房可以被定义为两个 Zone。如果又在另外一个城市 B 的某个机房扩展了 Kubernetes 集群，则又可以定义一个新的 Zone。此时，城市 A 中的两个 Zone 可以认为属于一个 Region，城市 B 中的 Zone 属于另外一个 Region。通常一个 Region 代表一个更大的域，由一个或多个 Zone 组成，如果把 Kubernetes 集群扩展到公有云中的 Node 上，那么公有云的 Node 也可以被视为在另一个 Region 中。

如果 Kubernetes 集群在一个机房里，并且规模很大，则可以按业务需求划分逻辑的 Zone。例如，可以把一个与交换机直连的服务器作为一个 Zone，或者几个交换机级联的所有服务器作为一个 Zone，均符合 Zone 规划的前两条规则。

在给 Zone 命名时需要注意一点，Zone 的名称是全局唯一的，不能重复，即使是不同 Region 内的 Zone，也不能重名。

具体如何定义 Zone 及确定 Zone 包含的 Node，只要通过给 Node 打标签即可完成。常规做法是给 Node 增加 zone=zonename 的 Label，当然也可以使用系统自动设置的 topology.kubernetes.io/zone、topology.kubernetes.io/region 等标签。

例如，通过下面的 zone 标签设置（如下代码所示），可以认为集群中存在两个 zone，分别是 zoneA（包括 node1 与 node2）和 zoneB（node3 与 node4）。

```
NAME     STATUS   LABELS
node1    Ready    node=node1,zone=zoneA
node2    Ready    node=node2,zone=zoneA
node3    Ready    node=node3,zone=zoneB
node4    Ready    node=node4,zone=zoneB
```

Pod 亲和与互斥的调度具体做法，就是通过在 Pod 的定义上增加 topologyKey 属性，来声明对应的目标拓扑区域内几种相关联的 Pod 要“在一起或不在一起”。与节点亲和相同，Pod 亲和与互斥的条件设置也是通过 requiredDuringSchedulingIgnoredDuringExecution 和 preferredDuringSchedulingIgnoredDuringExecution 来完成的。Pod 的亲和性被定义于 PodSpec 的 affinity 字段的 podAffinity 子字段中；Pod 间的互斥性则被定义于同一层次的 podAntiAffinity 子字段中。

下面通过实例来说明 Pod 间的亲和性和反亲和性策略设置。

1. 参照目标 Pod

创建一个名为“pod-flag”的 Pod，带有 Label“security=S1”和“app=nginx”，后面的例子将使用 pod-flag 作为 Pod 亲和或反亲和的目标 Pod：

```
apiVersion: v1
kind: Pod
metadata:
  name: pod-flag
  labels:
    security: "S1"
    app: "nginx"
spec:
  containers:
  - name: nginx
    image: nginx
```

2. Pod 的亲和性调度

创建第 2 个 Pod 来说明 Pod 的亲和性调度，这里定义的亲和性 Label 是“security=S1”，对应目标 Pod“pod-flag”，topologyKey 的值被设置为“kubernetes.io/ hostname”：

```
apiVersion: v1
kind: Pod
metadata:
  name: pod-affinity
spec:
  affinity:
    podAffinity:
      requiredDuringSchedulingIgnoredDuringExecution:
      - labelSelector:
          matchExpressions:
          - key: security
            operator: In
            values:
            - S1
        topologyKey: kubernetes.io/hostname
  containers:
  - name: pod-affinity
    image: nginx
```

创建 Pod 之后，通过 kubectl get pods -o wide 命令可以看到，新的 Pod 将被调度到 Pod

“pod-flag”所在的同一个 Node 上运行。

有兴趣的读者还可以测试一下，在创建这个 Pod 之前，删掉这个 Node 的“kubernetes.io/hostname”Label，重复上面的创建步骤，将会发现 Pod 一直处于 Pending 状态，这是因为找不到满足条件的 Node 了。

3. Pod 的反亲和性调度

创建第 3 个 Pod，并且要求它不能与目标 Pod 在同一个 Node 上运行：

```
apiVersion: v1
kind: Pod
metadata:
  name: pod-anti-affinity
spec:
  affinity:
    podAffinity:
      requiredDuringSchedulingIgnoredDuringExecution:
      - labelSelector:
          matchExpressions:
          - key: security
            operator: In
            values:
            - S1
        topologyKey: topology.kubernetes.io/zone
    podAntiAffinity:
      requiredDuringSchedulingIgnoredDuringExecution:
      - labelSelector:
          matchExpressions:
          - key: app
            operator: In
            values:
            - nginx
        topologyKey: kubernetes.io/hostname
  containers:
  - name: pod-anti-affinity
    image: nginx
```

这里要求这个新 Pod 与具有 security=S1 的 Label 的 Pod 在同一个 zone 的 Node 上运行，但是不能与具有 app=nginx 的 Label 的 Pod 在同一个 Node 上运行。创建 Pod 之后，同样通过 kubectl get pods -o wide 命令来查看，会看到新的 Pod 被调度到同一 Zone 内的某个

Node 上。

与节点亲和性类似，Pod 亲和性的操作符也包括 In、NotIn、Exists、DoesNotExist，但是不包括 Gt 和 Lt。

原则上，topologyKey 可以使用任意合法 Label Key，但是出于性能和安全方面的考虑，对 topologyKey 有如下限制。

◎ 对于 Pod 亲和性策略，在 requiredDuringSchedulingIgnoredDuringExecution 和 preferredDuringSchedulingIgnoredDuringExecution 的定义中，topologyKey 不允许为空。
◎ 如果 Admission controller 包含了 LimitPodHardAntiAffinityTopology，那么针对 requiredDuringSchedulingIgnoredDuringExecution 要求的 Pod 反亲和性策略，topologyKey 只能是 kubernetes.io/hostname。如果希望使用其他 topologyKey，则需要禁用 LimitPodHardAntiAffinityTopology 准入控制器。

除了设置 Label Selector 和 topologyKey，Kubernetes 还支持通过指定命名空间列表进行限制，同样使用 Label Selector 字段设置命名空间的范围。对 Namespace 的定义和 Label Selector 及 topologyKey 同级。省略 Namespace 的设置，表示使用定义了 affinity/anti- affinity 的 Pod 所在的命名空间。

Kubernetes 从 v1.21 版本开始，引入了一个新的字段 namespaceSelector，用于匹配在指定命名空间中的 Pod，该特性到 v1.24 版本时达到 Stable 阶段。Pod 亲和性条件会选择满足全部匹配 namespaceSelector 的标签选择器的命名空间，也可能选择集群内的所有命名空间，这可能干扰其他命名空间中 Pod 的调度，也会引入更多的性能损耗，需要谨慎使用。例如，一个 Pod 需要与具有 type=HPC 的 Label 的命名空间中的其他 Pod 在一起运行，则该 Pod 的亲和性规则应设置为：

```
spec:
  affinity:
    podAffinity:
      requiredDuringSchedulingIgnoredDuringExecution:
      - namespaceSelector:
          matchExpressions:
          - key: type
            operator: In
            values:
            - HPC
```

```
        topologyKey: kubernetes.io/hostname
```

此外，Kubernetes 在 ResourceQuota 资源中引入了一个新字段 CrossNamespaceAffinity，用于限制命名空间中允许设置 namespaceSelector 亲和性策略的 Pod 数量（配额）。例如，下例中的 ResourceQuota 限制了允许设置 namespaceSelector 亲和性策略的 Pod 数量为 0，这表示不允许任何 Pod 设置跨命名空间的亲和性策略：

```
apiVersion: v1
kind: ResourceQuota
metadata:
  name: disable-cross-namespace-affinity
  namespace: foo-ns
spec:
  hard:
    pods: "0"
  scopeSelector:
    matchExpressions:
    - scopeName: CrossNamespaceAffinity
```

Pod 的亲和性和反亲和性调度策略在作用于工作负载管理器（如 Deployment、ReplicaSet、StatefulSet 等）时，可以为一组 Pod 副本集需要的亲和性或反亲和规则进行方便的配置。例如，希望同一组 Pod 副本在相同的拓扑域中运行，或者多个 Pod 副本不要同时运行在一个 Node 上。

下面的示例代码中设置了反亲和性策略，要求不能与具有 app=nginx 的 Label 的 Pod 运行在同一个 Node 上，而该 Deployment 的 Pod 本身都具有 app=nginx 的 Label，所以调度器会选择不同的 Node 来运行 3 个 Pod 副本，从而实现了在同一个 Node 上不要运行多个 Pod 副本的需求：

```
# app-with-anti-affinity.yaml
apiVersion: apps/v1
kind: Deployment
metadata:
  name: app-with-anti-affinity
spec:
  selector:
    matchLabels:
      app: nginx
  replicas: 3
  template:
```

```
  metadata:
    labels:
      app: nginx
  spec:
    affinity:
      podAntiAffinity:
        requiredDuringSchedulingIgnoredDuringExecution:
        - labelSelector:
            matchExpressions:
            - key: app
              operator: In
              values:
              - nginx
          topologyKey: "kubernetes.io/hostname"
    containers:
    - name: nginx
      image: nginx
```

9.3.4　指定 Node 名称的定向调度策略

Kubernetes 还支持在 Pod 的配置中通过 nodeName 字段指定要求调度的目标 Node 名称，即要求这个 Pod 只能调度到指定的 Node 上。这个字段的优先级比 nodeSelector 和亲和性策略都高。设置了 nodeName 字段的 Pod 将不参与调度器的调度过程，相当于已经完成了调度，系统将直接通知目标 Node 的 kubelet 开始创建这个 Pod。

例如，下面的 Pod 要求在指定的 Node（192.168.18.10）上运行：

```
apiVersion: v1
kind: Pod
metadata:
  name: nginx
spec:
  containers:
  - name: nginx
    image: nginx
  nodeName: 192.168.18.10
```

使用 nodeName 具有以下限制。

◎ 如果指定的 Node 不存在或者失联，则 Pod 将无法运行。

◎ 如果指定的 Node 资源不足，则 Pod 可能会运行失败。

◎ 在某些云环境下，Node 名称不一定是稳定的。

9.3.5 Taint 和 Toleration（污点和容忍度）的调度策略

前面介绍的 NodeAffinity 节点亲和性，是在 Pod 中定义的一种属性，使得 Pod 能够被调度到某些 Node 上运行（优先选择或强制要求）。污点（Taint）则正好相反，它让 Node 拒绝一些具有某些特性的 Pod 在其上运行。容忍度（Toleration）则是 Pod 中的配置，用于告诉系统允许调度到具有指定污点的节点上运行。当然，调度器也会评估其他的调度要求，综合评估之后才会选择合适的目标 Node。

污点（Taint）和容忍度（Toleration）配合使用，可以避免将 Pod 调度到不合适的 Node 上。例如，某个 Node 存在问题（磁盘空间不足、计算资源不足、存在安全隐患要进行更新维护），希望新的 Pod 不会被调度过来，就可以通过设置某些污点（Taint）来实现。但被标记为 Taint 的 Node 并非不可用，仍是有效的 Node，所以对于可以在这些 Node 上运行的 Pod 来说，可以通过给 Pod 设置与污点（Taint）匹配的容忍度（Toleration）来实现调度。

在默认情况下，在 Node 上设置一个或多个 Taint 之后，除非 Pod 明确声明能够容忍这些污点，否则无法在这些 Node 上运行。可以首先通过 kubectl taint 命令为 Node 设置 Taint 信息：

```
$ kubectl taint nodes node1 key=value:NoSchedule
```

这个设置为 node1 加上了一个 Taint。该 Taint 的键为 key，值为 value，Taint 的效果是 NoSchedule。这意味着除非 Pod 明确声明可以容忍这个 Taint，否则不会被调度到 node1 上。

然后，需要在 Pod 中声明 Toleration。下面的两个 Toleration 都被设置为可以容忍（Tolerate）具有该 Taint 的 Node，使得 Pod 能够被调度到 Node1 上：

```
tolerations:
- key: "key1"
  operator: "Equal"
  value: "value"
  effect: "NoSchedule"
```

或：

```
tolerations:
- key: "key1"
  operator: "Exists"
  effect: "NoSchedule"
```

Pod 的 Toleration 声明中的 key 和 effect 需要与 Taint 的设置保持一致，并且满足以下条件之一。

◎ operator 的值是 Exists（无须指定 value）。

◎ operator 的值是 Equal，并且需要配置 value 字段，表示 key 的值要等于 value 字段配置的值。

如果不指定 operator，则默认值为 Equal。

另外，有如下两个特例。

◎ 容忍度的 key 为空，并且操作符为 Exists，表示能够容忍具有任何污点的节点。

◎ effect 为空，表示匹配所有 key 为“key1”的效果。

effect 字段可以设置的值如下。

◎ NoSchedule：不要调度到该节点，除非 Pod 设置了与 Taint 匹配的容忍度。

◎ PreferNoSchedule：尽量不调度到该节点，这可以看作 NoSchedule 的软性限制——一个 Pod 如果没有声明容忍这个 Taint，则系统会尽量避免把这个 Pod 调度到这一 Node 上，但不保证一定能够避免。

◎ NoExecute：不能在该 Node 上运行，包括以下几种情况。

- 对于正在该 Node 上运行的 Pod，如果不能容忍指定的污点，则会被立刻从该 Node 驱逐。
- 对于正在该 Node 上运行的 Pod，如果能够容忍指定的污点，但未设置运行时限（tolerationSeconds），则会在该 Node 上持续运行。
- 对于正在该 Node 上运行的 Pod，如果能够容忍指定的污点，并且设置了运行时限（tolerationSeconds），则会在到达时限后从该 Node 上被驱逐。

系统允许为一个 Node 设置多个 Taint，也可以在 Pod 中设置多个 Toleration。Kubernetes 调度器处理多个 Taint 和 Toleration 的逻辑顺序为：首先遍历节点的所有 Taint，然后过滤掉 Pod 中与之匹配的 Toleration，剩余的 Taint 的 effect 决定了 Pod 是否会被调度到该 Node。需要注意以下几种特殊情况。

◎ 如果剩余的 Taint 中存在 effect=NoSchedule 的污点，则调度器不会把 Pod 调度到该 Node 上。

◎ 如果剩余的Taint中不存在effect=NoSchedule的污点，但是存在effect= PreferNoSchedule的污点，则调度器会尽量不把 Pod 调度到该 Node 上。

◎ 如果在剩余的 Taint 中存在 effect=NoExecute 的污点，并且 Pod 已经在该 Node 上运行，则会被驱逐；如果 Pod 还没有在该 Node 上运行，则不会再被调度到该 Node 上。

例如，对 node1 先设置 Taint：

```
$ kubectl taint nodes node1 key1=value1:NoSchedule
$ kubectl taint nodes node1 key1=value1:NoExecute
$ kubectl taint nodes node1 key2=value2:NoSchedule
```

然后，在 Pod 中设置两个 Toleration：

```
tolerations:
- key: "key1"
  operator: "Equal"
  value: "value1"
  effect: "NoSchedule"
- key: "key1"
  operator: "Equal"
  value: "value1"
  effect: "NoExecute"
```

这样的结果是该 Pod 无法被调度到 node1 上，这是因为第 3 个 Taint（key2=value2: NoSchedule）没有匹配的 Toleration。如果在设置 node1 的污点之前，该 Pod 已经在 node1 上运行了，那么在运行时设置第 3 个 Taint，它还能继续在 node1 上运行，这是因为 Pod 可以容忍前两个 Taint。

一般来说，如果给 Node 加上 effect=NoExecute 的 Taint，那么在该 Node 上正在运行的所有无对应 Toleration 的 Pod 都会被立刻驱逐，而具有相应 Toleration 的 Pod 永远不会被驱逐。不过，系统允许给具有 NoExecute 效果的 Toleration 加入一个可选的 tolerationSeconds 字段，这个设置表明 Pod 可以在 Taint 添加到 Node 之后还能在这个 Node 上运行的时长（单位为 s）：

```
tolerations:
- key: "key1"
  operator: "Equal"
  value: "value1"
  effect: "NoExecute"
```

```
  tolerationSeconds: 3600
```

上述定义的效果是，如果 Pod 正在运行，所在 Node 都被加入一个匹配的 Taint，则这个 Pod 会持续在这个 Node 上存活 3600s 后被逐出。如果在这个宽限期内 Taint 被移除，则不会触发驱逐事件。

Taint 和 Toleration 是一种处理 Node 并且让 Pod 进行规避或者驱逐 Pod 的弹性处理方式，下面列举一些常见的用例。

1. 独占 Node

如果想要拿出一部分 Node 专门给一些特定应用使用，则可以为 Node 添加这样的 Taint：

```
$ kubectl taint nodes nodename dedicated=groupName:NoSchedule
```

然后，给这些应用的 Pod 加入对应的 Toleration。这样，带有合适 Toleration 的 Pod 就会被允许使用与其他 Node 一样有 Taint 的 Node。

通过自定义 Admission Controller 也可以实现这一目标。如果希望让这些应用独占一批 Node，并且确保它们只能使用这些 Node，则还可以给这些 Taint 的 Node 加入类似的 Label dedicated=groupName，然后 Admission Controller 需要加入节点亲和性设置，要求 Pod 只会被调度到具有这一 Label 的 Node 上。

2. 具有特殊硬件设备的 Node

在集群里可能有一些 Node 安装了特殊的硬件设备（如 GPU 芯片），用户自然会希望把不需要占用这类硬件的 Pod 排除在外，以确保对这类硬件有需求的 Pod 能够被顺利调度到这些 Node 上。

可以用下面的命令为 Node 设置 Taint：

```
$ kubectl taint nodes nodename special=true:NoSchedule
$ kubectl taint nodes nodename special=true:PreferNoSchedule
```

然后，在 Pod 中利用对应的 Toleration 来保障特定的 Pod 能够使用特定的硬件。

与上面独占 Node 的示例类似，使用 Admission Controller 来完成这一任务会更方便。例如，Admission Controller 使用 Pod 的一些特征来判断这些 Pod，如果可以使用这些硬件，则可以添加 Toleration 来完成这一工作。Kubernetes 提供的扩展资源（Extended Resources）机制可用于表示特殊硬件，在安装了特殊硬件的 Node 添加 Taint 时包含另一个扩展资源的名称，然后使用一个 ExtendedResourceToleration 准入控制器，可以将容忍度字段添加到请求扩展资源的 Pod 中，而无须手动添加。也可以使用 Label 的方式来标注这些安装有特别硬件的 Node，然后在 Pod 中定义节点亲和性来实现这个目标。

3. 定义 Pod 驱逐行为，以应对 Node 故障

当 Node 的状况（Condition）满足某种条件时，Kubernetes 控制平面会自动为 Node 添加 Taint，并且 effect=NoExecute 表示不能再运行 Pod，可以开始驱逐 Pod 的行为。内置的 Taint 包括如下几个。

- ◎ node.kubernetes.io/not-ready：Node 未就绪，NodeCondition Ready 为“False”。
- ◎ node.kubernetes.io/unreachable：Node 不可达，NodeCondition Ready 为“Unknown”。
- ◎ node.kubernetes.io/memory-pressure：Node 存在内存压力。
- ◎ node.kubernetes.io/disk-pressure：Node 存在磁盘压力。
- ◎ node.kubernetes.io/pid-pressure：Node 存在 PID（进程 ID）压力。
- ◎ node.kubernetes.io/network-unavailable：Node 网络不可用。
- ◎ node.kubernetes.io/unschedulable：Node 不可调度。
- ◎ node.cloudprovider.kubernetes.io/uninitialized：如果 kubelet 是由云服务商启动的，则该污点用于将当前 Node 标识为不可用状态。在云控制器（cloud-controller-manager）初始化这个 Node 以后，kubelet 会将此污点移除。

在 Node 被清空时，系统会添加带有 effect=NoExecute 的 Taint，包括 node.kubernetes.io/not-ready 和 node.kubernetes.io/unreachable。在 Node 恢复正常之后，系统会自动移除相关污点。

另外，Kubernetes 会自动给 Pod 添加针对 node.kubernetes.io/not-ready 和 node.kubernetes.io/unreachable 污点的容忍度（Toleration）设置，同时设置 tolerationSeconds=300，这表示在被驱逐之前允许最多再运行 300s。这种自动机制保证了在某些 Node 发生一些临时性问题时，Pod 能够继续停留在当前 Node 运行 5min 等待 Node 恢复，而不是立即被驱逐，从而避免应用的异常波动。

不过对于 DaemonSet 类型的 Pod 来说，在添加针对 node.kubernetes.io/not-ready 和 node.kubernetes.io/unreachable 污点的容忍度（Toleration）时，不会设置 tolerationSeconds=300 的时限，这是为了保证 DaemonSet 的 Pod 永远不会被驱逐。

4. 基于 NodeCondition 自动添加 effect=NoSchedule 的 Taint，起到隔离 Node 的作用

当基于 Node 状况（Condition）满足某种条件时，Kubernetes 控制平面会自动为 Node 添加 Taint，effect=NoSchedule 表示不再调度新的 Pod。例如，当 Node 的 Condition DiskPressure=true 时，系统会自动添加 node.kubernetes.io/disk-pressure 的 Taint；如果 Condition MemoryPressure=true，则自动添加 node.kubernetes.io/memory-pressure 的 Taint。

新的 Pod 默认无法调度到具有这些污点的 Node 上，除非手动设置与污点匹配的 Toleration。对于 QoS 类型为 Guaranteed 或 Burstable 的 Pod（不包括 BestEffort），系统会自动添加 node.kubernetes.io/memory-pressure 的容忍度，这是因为系统默认这两类 Pod 能够应对内存存在压力的情况，所以也可以调度到有内存压力的 Node 上。

对于 DaemonSet 类型的 Pod，系统会为 Pod 自动添加以下 effect=NoSchedule 的 Toleration，以防止在 Node 上的唯一 Pod 失效：

◎ node.kubernetes.io/memory-pressure；
◎ node.kubernetes.io/disk-pressure；
◎ node.kubernetes.io/pid-pressure（要求 Kubernetes v1.14 及以上版本）；
◎ node.kubernetes.io/network-unavailable（要求 Kubernetes v1.10 及以上版本）；
◎ node.kubernetes.io/unschedulable（仅用于 hostNetwork=true 的 Pod）。

9.3.6　Pod Priority Preemption：Pod 优先级和抢占调度策略

对于运行各种负载（如 Service、Job）的中等规模或者大规模的集群来说，需要尽可能提高集群的资源利用率。而提高资源利用率的常规做法是采用优先级方案，即不同类型的负载对应不同的优先级，同时允许集群中的所有负载所需的资源总量超过集群可提供的资源。在这种情况下，当资源不足时，系统可以选择释放一些不那么重要的（优先级低的）负载，保障最重要的（优先级高的）负载能够获取足够的资源稳定运行。

在 Kubernetes v1.8 版本之前，当集群的可用资源不足时，在用户提交新的 Pod 创建请求后，该 Pod 会一直处于 Pending 状态，即使这个 Pod 是一个很重要的（优先级高的）Pod，也只能被动地等待其他 Pod 被删除并释放资源，才能有机会被调度成功。Kubernetes v1.8 版本引入了基于 Pod 优先级抢占（Pod Priority Preemption）的调度策略，此时 Kubernetes 会尝试释放目标 Node 上低优先级的 Pod，以腾出空间（资源）安置高优先级的 Pod，这种调度方式被称为“抢占式调度”。该特性在 Kubernetes v1.11 版本时达到 Beta 阶段，在 v1.14

版本时达到 Stable 阶段。

下面对如何使用 Pod 优先级配置进行示例说明。

首先，由集群管理员创建 PriorityClass，如下代码所示，PriorityClass 是不受限于命名空间的资源类型：

```
apiVersion: scheduling.k8s.io/v1
kind: PriorityClass
metadata:
  name: high-priority
value: 1000000
globalDefault: false
description: "This priority class should be used for XYZ service pods only."
```

上述 YAML 文件定义了一个名为“high-priority”的优先级类别，优先级为 100000，数字越大，优先级越高。允许设置的范围是(-2,147,483,648~1,000,000,000]，最大值为 10 亿，超过 10 亿的数字被系统保留，用于设置给系统组件。

PriorityClass 有 2 个可选字段 globalDefault 和 description。globalDefault 设置为 true 表示选择全局默认设置，即对没有配置 priorityClassName 的 Pod 都默认该优先级设置。在没有全局默认的情况下，对于没有配置 priorityClassName 的 Pod，系统默认设置这些 Pod 的优先级为 0。description 字段用于设置一个说明，通常用于描述该 PriorityClass 的用途。

从 Kubernetes v1.24 版本开始，PriorityClass 支持一个新的 preemptionPolicy 字段用于设置抢占策略。可以设置的策略有如下两个。

◎ preemptLowerPriority：也是默认策略，表示允许具有该 PriorityClass 优先级的 Pod 抢占较低优先级 Pod 的资源。

◎ Never：具有该 PriorityClass 的 Pod 会被置于调度优先级队列中优先级数值更低的 Pod 之前，但不能抢占其他 Pod 的资源。这些 Pod 将一直在调度队列中等待，直到足够的可用资源具备之后，才会被调度。

非抢占式 Pod 仍然可能被更高优先级的 Pod 抢占。

非抢占式 PriorityClass 示例如下：

```
apiVersion: scheduling.k8s.io/v1
kind: PriorityClass
metadata:
  name: high-priority-nonpreempting
```

```
value: 1000000
preemptionPolicy: Never
globalDefault: false
description: "This priority class will not cause other pods to be preempted."
```

非抢占式调度的一个常见应用场景是，需要运行某种高优先级科学计算任务，又希望在资源不足的情况下不抢占优先级更低的任务运行，等低优先级任务运行结束，资源又达到高优先级任务可用时，就能够被尽快调度运行。

然后，在 Pod 的定义中通过 priorityClassName 字段来设置 Pod 的优先级：

```
apiVersion: v1
kind: Pod
metadata:
  name: nginx
spec:
  containers:
  - name: nginx
    image: nginx
    imagePullPolicy: IfNotPresent
  priorityClassName: high-priority
```

接下来，调度器会按照 Pod 的优先级数值排序，置于调度队列中，并按从高到低的顺序依次调度。如果某个 Pod 因为某种原因无法调度，则调度器会选择优先级较低的其他 Pod。

下面对基于 Pod 优先级的抢占（Preemption）机制和异常情况进行说明。

抢占（Preemption）是调度器执行的行为。当一个新的 Pod（Pod A）因为调度器找不到满足条件的 Node 而不能被调度时，就会触发调度器启动抢占逻辑。系统会尝试找到这样的一个 Node：如果移除其上正在运行的一个或几个更低优先级的 Pod，资源被释放，Pod A 就能够被调度到这个 Node 上运行，那么系统就通知这个 Node 的 kubelet 启动驱逐更低优先级 Pod 的行为，驱逐完毕后，Pod A 就会完成调度，在该 Node 上进行创建和运行。

在找到了准备抢占的目标 Node 之后，系统会在 Pod A 的 status 状态信息中设置 nominatedNodeName 字段的值为目标 Node，以便协助调度器跟踪 Node 的资源释放情况，并提供已经启动了抢占机制的信息。

抢占（Preemption）机制不一定完全按照预期进行，比如存在以下情况。

1. 当前要调度的 Pod 被更高优先级的 Pod 插队

被抢占机制选定的需要被驱逐的 Pod，会被 kubelet 进行终止操作，并且启动优雅终止的过程，根据 Pod 生命周期中的说明，系统会给终止 Pod 设置一个 terminationGracePeriodSeconds=30s 的宽限期，尽量让 Pod 完成结束工作正常退出，而不是被 kubelet 立刻杀掉。这对于要调度到该 Node 的高优先级目标 Pod 来说，可能在等待的这段时间中发生了其他变化，例如有更高优先级的 Pod 又被调度到这个 Node，就会导致目标 Pod 再次无法完成调度。

2. 抢占机制可能会破坏 PDB 机制

PodDisruptionBudget（PDB）机制允许多副本应用（如 Deployment、StatefulSet）限制在同一时间内因为自愿性质的干扰（Disruption）而同时终止的 Pod 数量。Kubernetes 在启动抢占机制时，会同时考虑 PDB 的设置。调度器在寻找可以被驱逐的 Pod 时，会尽量保证不违反 PDB 允许终止的 Pod 数量限制。但是如果在所有 Node 上都找不到可以被驱逐的 Pod，则抢占机制会继续工作。即使违反了 PDB 的设置，低优先级 Pod 也可能被驱逐。

3. 跨 Node 抢占

调度器可能会驱逐 Node A 上的一个 Pod 以满足 Node B 上的一个新 Pod 的调度任务。比如下面的这个例子：

一个低优先级的 Pod A 在 Node1（属于 zone=north）上运行，此时有一个高优先级的 Pod B 等待调度，目标 Node 是在处于相同 zone（=north）的 Node2，同时 Pod A 和 Pod B 定义了 zone 维度的反亲和性规则（即不允许在相同的 zone 上运行），此时调度器只好“丢车保帅”，驱逐在 Node1 运行的低优先级 Pod A，然后调度高优先级的 Pod B 到（在 zone=north 的）Node2 上运行。

4. 抢占机制会受到低优先级 Pod 亲和性策略的影响

如果待调度 Pod 与 Node 上的一个或多个低优先级 Pod 具有 Pod 间的亲和性策略，那么调度器不会去抢占这些低优先级的 Pod。调度器会去寻找其他可能满足条件的 Node，可能找得到也可能无法找到，这可能导致待调度 Pod 始终无法完成调度。在存在这种亲和性要求的情况下，建议为这些 Pod 设置相同的优先级等级。

总之，使用优先级抢占的调度策略可能会导致某些 Pod 永远无法被调度成功。因此，优先级调度不但增加了系统的复杂性，还可能带来额外不稳定的因素。一旦发生资源紧张的局面，应该先考虑资源扩容，如果实在无法扩容，则考虑有监管的优先级调度特性。

比如，结合基于命名空间的资源配额和资源限制来约束任意优先级的抢占行为。

9.3.7　多调度器管理

如果 Kubernetes 默认的调度器的众多特性都无法满足业务系统的特殊调度需求，则可以用自己开发的调度器进行调度。从 v1.6 版本开始，Kubernetes 的多调度器特性也进入了快速发展阶段。

1. 自定义调度器

一般情况下，每个新 Pod 都会由默认的调度器进行调度。但是如果在 Pod 中提供了自定义的调度器名称，那么默认的调度器会忽略该 Pod，转由指定的调度器完成 Pod 的调度。在 Pod 的定义中，可以通过 schedulerName 字段来指定调度器名称。

下面的例子为 Pod 指定了一个名为“my-scheduler”的自定义调度器：

```
apiVersion: v1
kind: Pod
metadata:
  name: nginx
  labels:
    app: nginx
spec:
  schedulerName: my-scheduler
  containers:
  - name: nginx
    image: nginx
```

如果自定义的调度器还未在系统中部署，则默认的调度器会忽略这个 Pod，这个 Pod 将永远处于 Pending 状态。

下面看看如何创建一个自定义的调度器。

我们可以用各种编程语言实现简单或复杂的自定义调度器。下面的简单例子使用了 Bash 脚本进行实现，调度策略为：查询指定了本调度器名称（schedulerName=my-scheduler）的 Pod，为其随机选择一个 Node（注意，这个调度器需要通过 kubectl proxy 来运行）：

```
#!/bin/bash
SERVER='localhost:8080'
while true;
```

```
    do
        for PODNAME in $(kubectl --server $SERVER get pods -o json | jq '.items[] |
select(.spec.schedulerName == "my-scheduler") | select(.spec.nodeName == null)
| .metadata.name' | tr -d '"');
        do
            NODES=($(kubectl --server $SERVER get nodes -o json | jq
'.items[].metadata.name' | tr -d '"'))
            NUMNODES=${#NODES[@]}
            CHOSEN=${NODES[$[ $RANDOM % $NUMNODES ]]}
            curl --header "Content-Type:application/json" --request POST --data
'{"apiVersion":"v1", "kind": "Binding", "metadata": {"name": "'$PODNAME'"}, "target":
{"apiVersion": "v1", "kind": "Node", "name":"'$CHOSEN'"}}'
http://$SERVER/api/v1/namespaces/default/pods/$PODNAME/binding/
            echo "Assigned $PODNAME to $CHOSEN"
        done
        sleep 1
    done
```

2. 多调度器配置（Multi Scheduling Profiles）

Kubernetes 提供的默认调度配置已经能够满足大多数需求，但是如果无法满足某些特定业务 Pod 的调度要求，则可以采用多调度器配置（Multi Scheduling Profiles）特性，给 Kubernetes Scheduler 增加新的 Scheduling Profile。

这可以通过在调度器配置文件 KubeSchedulerConfiguration 中增加多个调度器的配置（profile），然后在 Pod 的定义中设置 schedulerName 来实现。

配置 Multi Scheduling Profiles 需要完成下面的工作。

首先，编写一个包含 KubeSchedulerConfiguration 的调度配置文件，在这个文件中配置自定义的 Scheduling profile，下面是一个示例文件：

```
# cat kube-scheduler-profiles.yaml
apiVersion: kubescheduler.config.k8s.io/v1
kind: KubeSchedulerConfiguration
clientConnection:
  kubeconfig: /etc/kubernetes/scheduler.conf
profiles:
  - schedulerName: default-scheduler
  - schedulerName: no-scoring-scheduler
    plugins:
      preScore:
```

```
      disabled:
      - name: '*'
    score:
      disabled:
      - name: '*'
```

关键配置如下。

◎ clientConnection 部分设置 kube-scheduler 连接配置文件，这个参数是必须的，用于连接 API Server。

◎ Profiles 部分除默认的调度器 profile 外，增加了一个新的调度器 no-scoring-scheduler，这个调度器禁止了 preScore 和 score 环节中的所有打分插件。

然后，为 kube-scheduler 服务配置--config 参数，指定为 kube-scheduler-profiles.yaml 文件全路径，例如：

```
spec:
  containers:
  - command:
    - kube-scheduler
    - --authentication-kubeconfig=/etc/kubernetes/scheduler.conf
    - --authorization-kubeconfig=/etc/kubernetes/scheduler.conf
    - --bind-address=127.0.0.1
    - --kubeconfig=/etc/kubernetes/scheduler.conf
    - --config=/etc/kubernetes/kube-scheduler-profiles.yaml
```

最后，重启 kube-scheduler 服务。

为了使用新的调度器，需要在 Pod 定义中的 schedulerName 字段进行设置：

```
# cat pod-new-scheduler.yaml
apiVersion: v1
kind: Pod
metadata:
  name: command-demo
  labels:
    purpose: demonstrate-command
spec:
  schedulerName: no-scoring-scheduler
  containers:
  - name: command-demo-container
    image: busybox
```

```
    command: ["printenv"]
    args: ["HOSTNAME", "KUBERNETES_PORT"]
  restartPolicy: OnFailure
```

创建 Pod：

```
# kubectl create  -f pod-new-scheduler.yaml
pod/command-demo created
```

可以看到 Pod 成功运行完成：

```
# kubectl get pods
NAME          READY   STATUS      RESTARTS   AGE
command-demo   0/1     Completed   0          7s
```

查看 Pod 的事件信息，可以看到调度成功的事件：

```
# kubectl get events
LAST SEEN   TYPE     REASON      OBJECT             MESSAGE
18m         Normal   Scheduled   pod/command-demo   Successfully assigned
default/command-demo to 192.168.18.3
18m         Normal   Pulling     pod/command-demo   Pulling image "busybox"
18m         Normal   Pulled      pod/command-demo   Successfully pulled image
"busybox"
18m         Normal   Created     pod/command-demo   Created container
command-demo-container
```

3. 调度器性能调优的相关配置

在一个大规模 Kubernetes 集群中，我们可以尝试对调度器（Scheduler）进行调优。调优目标是调度的速度和精度两个指标。在 Pod 的调度流程中，调度器会先选择一批合适的目标 Node 进行打分，目标 Node 的数量规模直接会影响调度的速度和精度两个指标，这个数量是由参数 percentageOfNodesToScore 决定的。

在没有设置参数 percentageOfNodesToScore 的值时，Scheduler 会按照一个线性函数来计算它的值，当集群 Node 规模为 100 时，percentageOfNodesToScore 的值为 50（50%），当集群规模为 5000 时，percentageOfNodesToScore 的值为 10（10%），而当 Node 规模小于 100 时，percentageOfNodesToScore 的值为 5%。同时，Scheduler 会至少扫描 50 个 Node 以满足调度算法的最低要求。

当集群规模比较大（比如 300 个 Node）时，可以设置 percentageOfNodesToScore 的值为 20（20%）。此时，Scheduler 会选择最多 60 个目标 Node，然后开始打分。这可以通过在调度器配置 KubeSchedulerConfiguration 中增加如下设置并重启 Scheduler 使其生效：

```
apiVersion: kubescheduler.config.k8s.io/v1
kind: KubeSchedulerConfiguration
percentageOfNodesToScore: 20
clientConnection:
 kubeconfig: /etc/kubernetes/scheduler.conf
profiles:
  - schedulerName: default-scheduler
  - schedulerName: no-scoring-scheduler
```

9.3.8　Pod 拓扑分布约束（Topology Spread Constraints）调度策略

前面章节中介绍的 Pod 调度策略主要基于 Pod 与 Node 的关系、Pod 与 Pod 的关系进行管理。而有时候，可以将集群内的 Node 有意地划分为不同的拓扑域（Topology Area），例如可以将某些 Node 标记为不同的 Region（地域）、Zone（区域）、Rack（机架）等逻辑概念，以使应用在多个区域的环境下实现负载均衡、高可用、容灾等要求，并提升资源使用率。从 Kubernetes v1.18 版本开始，可以使用基于拓扑信息来分布 Pod 的调度机制，在 Pod 的.spec.topologySpreadConstraints 字段进行设置，为 Pod 在多个拓扑域中如何调度提供更加精细化的管理策略。

下面是 topologySpreadConstraints 字段包含的配置信息：

```
apiVersion: v1
kind: Pod
metadata:
  name: pod
spec:
  topologySpreadConstraints:
    - maxSkew: <integer>
      minDomains: <integer> #可选
      topologyKey: <string>
      whenUnsatisfiable: <string>
      labelSelector: <object>
      matchLabelKeys: <list> #可选
      nodeAffinityPolicy: [Honor|Ignore] #可选
      nodeTaintsPolicy: [Honor|Ignore] #可选
 ......
```

下面对其配置项进行说明，以了解 topologySpreadConstraints 的工作机制。

◎ maxSkew：表示在不同的拓扑域中允许的 Pod 数量差异的最大值，必须设置为大于零的整数，表示能容忍不同拓扑域中 Pod 数量差异的最大值。maxSkew 的含义将根据 whenUnsatisfiable 字段设置的条件不同而有所不同。

- 当 whenUnsatisfiable=DoNotSchedule 时，maxSkew 表示以下两个数值之差允许的最大值：目标拓扑域匹配的 Pod 数量 – 全局最小值（符合条件的域中匹配的 Pod 最小数量，如果符合条件的目标域数量小于 minDomains 则为 0）。例如，有 3 个 zone，需要调度的 Pod 总数为 5 个，设置 maxSkew=1 意味着各个域的差异最大为 1，即调度器会为 3 个 zone 分别匹配的 Pod 数量为 2、2 和 1。
- 当 whenUnsatisfiable=ScheduleAnyway 时，调度器会尽量以降低差异值为原则去选择 Pod 的目标域。

◎ minDomains：符合条件的目标域数量的最小值是可选字段。域（Domain）可用的概念在于其中的 Node 都符合 NodeSelector 指定的 Label 选择条件。minDomains 有如下配置要求。

- minDomains 必须设置为大于 0 的整数。
- 只有 whenUnsatisfiable=DoNotSchedule 时，才允许设置 minDomains。
- 当符合条件的域数量<minDomains 时，系统将全局最小值设置为 0，然后进行 skew（分布差异）的计算。
- 当符合条件的域数量>=minDomains 时，minDomains 的值对调度没有影响。
- 如果未指定 minDomains，则系统将默认按照 minDomains=1 进行计算。

◎ topologyKey：代表拓扑域意义的 Label Key，对于具有相同 Label（key-value）的 Node 来说，它们在逻辑上属于同一个拓扑域。每一种表示拓扑域的标签（key-value）称为一个“域实例”，即 Domain 代表的概念。调度器会尽可能将多个 Pod 副本平均分布到多个 Domain 中。如果一个 Domain 中的 Node 都符合 nodeAffinityPolicy 和 nodeTaintsPolicy 设置的条件，则将其定义为符合条件的域（Eligible Domain）。

◎ whenUnsatisfiable：设置当 Pod 不满足拓扑分布约束（Topology Spread Constraints）时调度器的处理规则，该规则包括以下两种。

- DoNotSchedule：不要调度，这也是系统的默认行为。
- ScheduleAnyway：调度器仍会调度，不过会尽量以差异（Skew）最小化原则来分布 Pod。

◎ labelSelector：标签选择器，用于匹配具有指定 Label 的 Pod，满足条件的 Pod 会被计入相应拓扑域中的 Pod 数量。

◎ matchLabelKeys：设置用于匹配具有指定的一个或多个 Label Key 的 Pod。要求设置了 labelSelector 才能设置 matchLabelKeys，并且 Label Key 不能与 labelSelector 中设置的 Label Key 有重叠。matchLabelKeys 和 labelSelector 两组条件需要同时满足，即执行逻辑与（AND）操作，调度器才会将满足条件的 Pod 计入考量。如果 matchLabelKeys 指定的 Label Key 在 Pod 的 Label 中不存在，或者 matchLabelKeys 设置为空，则都将被系统忽略。使用 matchLabelKeys 的一个好处是只需要匹配 Pod 的 Label Key，如果该 Label 的 Value 发生变化，则不会影响匹配结果。

◎ nodeAffinityPolicy：表示在计算偏差（Skew）时，对于 Pod 已配置的节点亲和性策略采取何种行为，该行为包括以下两种。

- Honor：仅将满足节点亲和性要求的 Node 纳入计数。
- Ignore：忽略节点亲和性要求，全部 Node 均纳入计数。

不设置 nodeAffinityPolicy 时等同于选择 Honor 行为。

◎ nodeTaintsPolicy：表示在计算偏差（Skew）时，对 Node 污点采取何种行为，该行为包括以下两种。

- Honor：将未设置 Taint 的 Node，以及设置了 Taint 并且与 Pod 的 Toleration 匹配的 Node 纳入计数。
- Ignore：忽略 Node 的 Taint 设置，全部 Node 均纳入计数。

在不设置 nodeAffinityPolicy 时等同于选择 Ignore 行为。

如果设置了多个 topologySpreadConstraints 约束条件，它们之间的关系是逻辑与（AND）的关系，则调度器会为 Pod 寻找满足全部约束条件的 Node 进行调度。

下面通过几个例子对如何设置 topologySpreadConstraints 及其如何影响调度策略进行说明。

1. 将 Pod 均匀分布到多个拓扑域

集群中的 Node 被划分为 3 个拓扑域，拓扑域通过 Node 的 Label “topology.kubernetes.io/zone”进行表示，例如 topology.kubernetes.io/zone=zone1、topology.kubernetes.io/zone=zone2、topology.kubernetes.io/zone=zone3。下面的配置示例是将 9 个 Pod 均匀分布在多个 Zone，以实现跨多个拓扑域的高可用要求：

```
# app-with-tsc.yaml
apiVersion: apps/v1
kind: Deployment
metadata:
```

```
  name: app-with-tsc
spec:
  selector:
    matchLabels:
      app: nginx
  replicas: 9
  template:
    metadata:
      labels:
        app: nginx
    spec:
      containers:
      - name: nginx
        image: nginx
        imagePullPolicy: IfNotPresent
        ports:
        - containerPort: 80
      topologySpreadConstraints:
      - maxSkew: 1
        topologyKey: topology.kubernetes.io/zone
        whenUnsatisfiable: DoNotSchedule
        labelSelector:
          matchLabels:
            app: nginx
```

在以上 YAML 定义中，指定 topologyKey=topology.kubernetes.io/zone 表示调度器只会在具有这个 Label Key 的 Node 上均匀分布 Pod，不考虑不具有这个 Label Key 的 Node。设置 whenUnsatisfiable=DoNotSchedule 表示如果无法找到满足条件的 Node，则不对 Pod 进行调度，这样 Pod 将始终处于 Pending 状态。设置 maxSkew=1 表示在多个 zone 中，Pod 数量的差异最多为 1 个，也就是达到尽可能平均分布的效果。那么 9 个 Pod 的调度结果应为平均分布到 3 个 Zone 中，如图 9.1 所示。

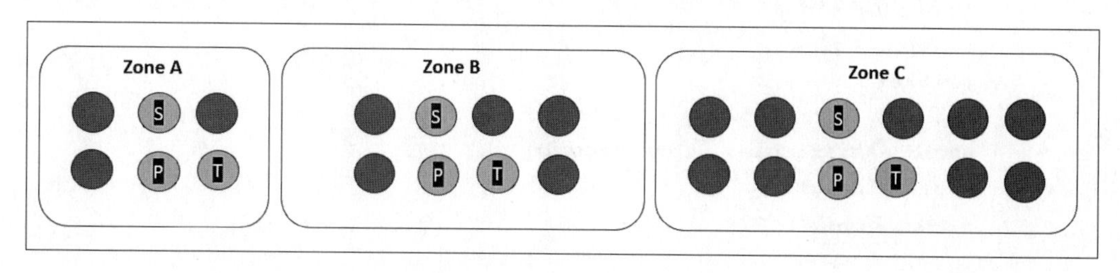

图 9.1　应用容灾部署效果图

2. 存在多个 topologySpreadConstraints 约束条件的调度

集群中的 Node 被划分为 3 个拓扑域，拓扑域通过 Node 的 Label "topology.kubernetes.io/region"和 topology.kubernetes.io/zone 来表示。下例中设置了 2 个 topologySpreadConstraints，表示希望将所有 Pod 均匀分布在两类 Domain 的 Node 上：

```
# app-with-2-tsc.yaml
apiVersion: apps/v1
kind: Deployment
metadata:
  name: app-with-2-tsc
spec:
  selector:
    matchLabels:
      app: nginx
  replicas: 6
  template:
    metadata:
      labels:
        app: nginx
    spec:
      containers:
      - name: nginx
        image: nginx
        imagePullPolicy: IfNotPresent
        ports:
        - containerPort: 80
      topologySpreadConstraints:
      - maxSkew: 1
        topologyKey: topology.kubernetes.io/region
        whenUnsatisfiable: DoNotSchedule
        labelSelector:
          matchLabels:
            app: nginx
      - maxSkew: 1
        topologyKey: topology.kubernetes.io/zone
        whenUnsatisfiable: DoNotSchedule
        labelSelector:
          matchLabels:
            app: nginx
```

设置 maxSkew=1 表示在多个拓扑域（本例为 Region 和 Zone 的组合）中，Pod 数量的差异最多为 1 个，也就是达到尽可能平均分布的效果。那么 6 个 Pod 在 2 个 Region 中的调度结果应为尽量均匀分布到 3 个 Zone（包含具有指定拓扑域 Label Key 的 Node）中，不满足条件的拓扑域（如 Rack X）将不纳入调度范围，如图 9.2 所示。

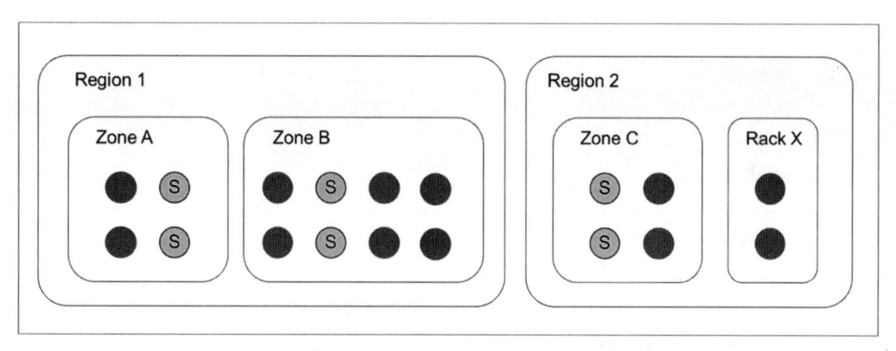

图 9.2　存在多个 topologySpreadConstraints 约束时的调度效果图

如果多个 topologySpreadConstraints 之间存在冲突，例如在约束 1 的条件下，Pod 只能被调度到 Region 2 上，但是在约束 2 的条件下，Pod 又只能被调度到 Zone B 上，那么将不存在一个同时满足条件的目标 Node，这会导致 Pod 永远无法完成调度。缓解措施包括增大 maxSkew 的值，或者修改某个 topologySpreadConstraints 的约束条件。

3. 带有节点亲和性的 topologySpreadConstraints

如果 Pod 定义了节点亲和性，则调度器将忽略不匹配相关亲和性条件的 Node。下例中的 Pod 设置的节点亲和性（topology.kubernetes.io/zone NotIn [zoneC]）表示不调度到具有这种 Label 的 Node 上：

```
# app-with-tsc-nodeaffinity.yaml
apiVersion: apps/v1
kind: Deployment
metadata:
  name: app-with-tsc-nodeaffinity
spec:
  selector:
    matchLabels:
      app: nginx
  replicas: 6
  template:
    metadata:
```

```
      labels:
        app: nginx
    spec:
      containers:
      - name: nginx
        image: nginx
        imagePullPolicy: IfNotPresent
        ports:
        - containerPort: 80
      affinity:
        nodeAffinity:
          requiredDuringSchedulingIgnoredDuringExecution:
            nodeSelectorTerms:
            - matchExpressions:
              - key: topology.kubernetes.io/zone
                operator: NotIn
                values:
                - zoneC
      topologySpreadConstraints:
      - maxSkew: 1
        topologyKey: topology.kubernetes.io/zone
        whenUnsatisfiable: DoNotSchedule
        labelSelector:
          matchLabels:
            app: nginx
```

在3个Zone中，调度器将会忽略Zone C区域中的Node，只在满足条件的2个Zone中均匀分布6个Pod，如图9.3所示。

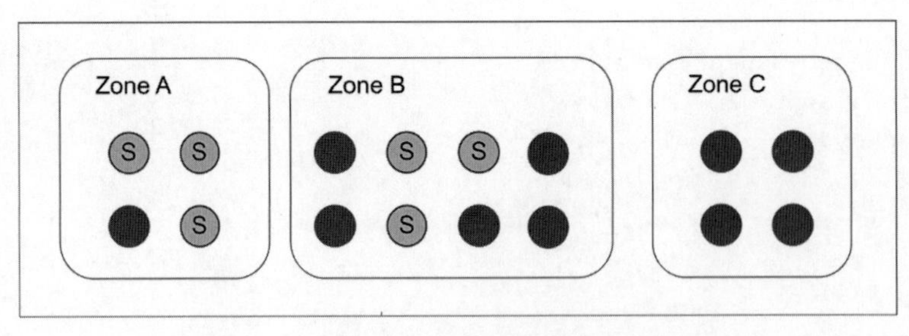

图9.3 存在节点亲和性条件时的调度效果图

如果Pod设置了NodeSelector，则调度器会按照同样的算法进行处理。

注意，系统隐含以下一些计算逻辑。

◎ 由于 Pod 受限于命名空间，系统在计算调度逻辑时，隐含要求全部 Pod 都在同一个命名空间中。
◎ 系统会忽略不具有 topologySpreadConstraints.topologyKey 指定的 Key 的 Node 列表，隐含这些 Node 不参与差异（Skew）的计算，并且不影响其他 Pod 调度到这些 Node 上。
◎ 如果 topologySpreadConstraints.labelSelector 指定的 Label Selector 与 Pod 具有的 Label Key 不匹配，则 Pod 可能会基于节点亲和性完成调度，这可能不是用户期望的结果，建议设置正确的 Label Key 匹配条件。

如果 Pod 没有配置 topologySpreadConstraints，又属于 ReplicaSet、StatefulSet、RC 或 Service 管理器，则系统将使用默认的拓扑分布约束策略。这可以通过 KubeSchedulerConfiguration 资源中类型为 PodTopologySpread 的 Plugin 进行配置，例如在下面的调度器配置中，由 PodTopologySpread 设置默认的约束条件（defaultConstraints），其中可以设置的字段与 Pod 可以设置的 topologySpreadConstraints 相同，但不能设置 labelSelector，这是因为系统将使用 ReplicaSet、StatefulSet、RC 或 Service 的 labelSelector 来关联 Pod。

```
apiVersion: kubescheduler.config.k8s.io/v1beta3
kind: KubeSchedulerConfiguration
profiles:
  - schedulerName: default-scheduler
    pluginConfig:
      - name: PodTopologySpread
        args:
          defaultConstraints:
            - maxSkew: 1
              topologyKey: topology.kubernetes.io/zone
              whenUnsatisfiable: ScheduleAnyway
          defaultingType: List
```

从 Kubernetes v1.24 版本开始，系统将会为默认调度器内置一个拓扑分布约束，同时默认禁用之前用于进行该默认配置的 SelectorSpread 插件。默认的约束相当于下面的设置：

```
defaultConstraints:
  - maxSkew: 3
    topologyKey: "kubernetes.io/hostname"
    whenUnsatisfiable: ScheduleAnyway
  - maxSkew: 5
    topologyKey: "topology.kubernetes.io/zone"
    whenUnsatisfiable: ScheduleAnyway
```

这个拓扑分布约束是基于 Node 上 Label Key 为"kubernetes.io/hostname"和"topology.kubernetes.io/zone"的 Label 来匹配的，如果 Node 没有这两个 Label Key，或者不希望使用它们，则应使用自定义的 topologySpreadConstraints 策略和拓扑域标签来进行管理。

如果完全不希望使用默认的集群级别约束配置，则可以在默认调度器的 KubeSchedulerConfiguration 配置中，将默认 PodTopologySpread 中需要配置的约束设置为空列表，表示没有默认的集群级别的配置，例如：

```
apiVersion: kubescheduler.config.k8s.io/v1beta3
kind: KubeSchedulerConfiguration
profiles:
  - schedulerName: default-scheduler
    pluginConfig:
      - name: PodTopologySpread
        args:
          defaultConstraints: []
          defaultingType: List
```

此外，Kubernetes 也会考虑 Pod 间的亲和性和反亲和性策略配置对基于拓扑分布（topologySpreadConstraints）结果的影响。

在使用 Pod 间亲和性配置时，可以将需要"在一起"运行的 Pod 都调度到符合条件的拓扑域中。

在使用 Pod 间反亲和性配置时，实现的是"相互排斥"的效果，在 requiredDuringSchedulingIgnoredDuringExecution 模式下，结果只能有 1 个 Pod 调度到 1 个拓扑域中，在 preferredDuringSchedulingIgnoredDuringExecution 模式下，则失去了强制执行指定约束（topologySpreadConstraints）的能力。

最后，在使用拓扑分布约束（topologySpreadConstraints）时应注意以下局限性。

◎ 在 Pod 因为各种原因被移除时（如水平缩容、被驱逐等），无法保证一直满足拓扑分布约束的条件，可能导致 Pod 的分布不再均匀。
◎ 在具有污点（Taint）的 Node 上的 Pod 也会纳入计量。
◎ 调度器无法预先感知集群内有多少拓扑域，系统只能基于已有的 Node 进行判断。在具有自动扩缩容能力的集群中可能会导致如下问题：当某个 Node 组缩容为 0 个 Node 时，调度器将无法再往这个组里调度 Pod，直到恢复为具有至少 1 个可用 Node 时，才能继续调度。在这种情况下，建议使用具有拓扑分布约束（topologySpreadConstraints）感知能力的集群自动扩缩容工具。

9.4 故障排查指南

本章将对 Kubernetes 集群中常见问题的排查方法进行说明，主要包括与 Kubernetes 集群基础资源相关的故障排查和应用的故障排查两个方面。

9.4.1 集群基础故障排查指南

1. 集群监控和故障排查

我们可以通过 kubectl cluster-info 和 kubectl cluster-info dump 命令来查看集群信息。

管理员需要确保各管理服务工作正常，包括 kube-apiserver、kube-controller-manager、kube-scheduler、kubelet、kube-proxy。如果发现某些错误，则可以通过查看各管理服务的日志来进行排查，它们的日志文件如果是通过 systemd 来管理的，则可以通过 journalctl 进行查看；或者也可以在/var/log 目录中查看各服务的日志文件（如 kube-apiserver.log 等）。

在 Node 没有按预期正常工作（如 NotReady 或者 Pod 无法调度）时，可以通过 kubectl get node <node-name>命令或者 kubectl describe node <node-name>命令来获取 Node 的状态和详细信息。

例如，管理员在维护某个 Node 时可能会将其隔离，kubectl get node 会显示 Node 状态为 SchedulingDisabled：

```
# kubectl get nodes
NAME         STATUS                      ROLES    AGE    VERSION
k8s-node-1   Ready,SchedulingDisabled   <none>   1h     v1.28.0
```

如果一个 Node 状态为 NotReady，则可以通过 kubectl describe node 或者 kubectl get node <node-name> -o yaml 来查看详细信息，其中 Condition 状况信息、Capacity/Allocatable 可用资源信息、Event 事件信息等都是非常关键的信息，从中可以获得许多有用的信息以帮助判断 Node 的运行状态。例如：

```
# kubectl describe node 192.168.18.3
Name:               192.168.18.3
Roles:              <none>
Labels:             ......
Annotations:         ......
CreationTimestamp:  Fri, 08 Dec 2023 17:22:55 +0800
```

```
    Taints:             ......
    Unschedulable:       false
    Lease:
      HolderIdentity:  192.168.18.3
      AcquireTime:     <unset>
      RenewTime:      Tue, 19 Dec 2023 20:14:02 +0800
    Conditions:
      Type                 Status  LastHeartbeatTime
LastTransitionTime              Reason                     Message
      ----                 ------  -----------------
------------------              ------                     -------
      NetworkUnavailable   False   Tue, 19 Dec 2023 20:12:33 +0800   Tue, 19 Dec 2023
20:12:33 +0800   CalicoIsUp                 Calico is running on this node
      MemoryPressure       False   Tue, 19 Dec 2023 20:12:30 +0800   Fri, 08 Dec 2023
17:22:55 +0800   KubeletHasSufficientMemory   kubelet has sufficient memory
available
      DiskPressure         False   Tue, 19 Dec 2023 20:12:30 +0800   Fri, 08 Dec 2023
17:22:55 +0800   KubeletHasNoDiskPressure     kubelet has no disk pressure
      PIDPressure          False   Tue, 19 Dec 2023 20:12:30 +0800   Fri, 08 Dec 2023
17:22:55 +0800   KubeletHasSufficientPID      kubelet has sufficient PID available
      Ready                True    Tue, 19 Dec 2023 20:12:30 +0800   Fri, 08 Dec 2023
17:22:55 +0800   KubeletReady                 kubelet is posting ready status
    Addresses:
      InternalIP:  192.168.18.3
      Hostname:    192.168.18.3
    Capacity:
      cpu:                4
      ephemeral-storage:  36805060Ki
      hugepages-1Gi:      0
      hugepages-2Mi:      0
      memory:             3861080Ki
      pods:               110
    Allocatable:
      cpu:                4
      ephemeral-storage:  33919543240
      hugepages-1Gi:      0
      hugepages-2Mi:      0
      memory:             3758680Ki
      pods:               110
    System Info:
    ......
```

```
Non-terminated Pods:         (11 in total)
......
Allocated resources:
  (Total limits may be over 100 percent, i.e., overcommitted.)
  Resource           Requests    Limits
  --------           --------    ------
  cpu                1100m (27%) 0 (0%)
  memory             370Mi (10%) 170Mi (4%)
  ephemeral-storage  0 (0%)      0 (0%)
  hugepages-1Gi      0 (0%)      0 (0%)
  hugepages-2Mi      0 (0%)      0 (0%)
Events:
  Type    Reason                     Age          From              Message
  ----    ------                     ----         ----              -------
  Normal   Starting                  97s          kube-proxy
  Normal   Starting                  106s         kubelet           Starting
kubelet.
  Warning  InvalidDiskCapacity       106s         kubelet           invalid
capacity 0 on image filesystem
  Normal   NodeHasSufficientMemory   106s (x8 over 106s)  kubelet   Node
192.168.18.3 status is now: NodeHasSufficientMemory
  Normal   NodeHasNoDiskPressure     106s (x7 over 106s)  kubelet   Node
192.168.18.3 status is now: NodeHasNoDiskPressure
  Normal   NodeHasSufficientPID      106s (x7 over 106s)  kubelet   Node
192.168.18.3 status is now: NodeHasSufficientPID
  Normal   NodeAllocatableEnforced   106s         kubelet           Updated
Node Allocatable limit across pods
  Normal   RegisteredNode            77s          node-controller  Node
192.168.18.3 event: Registered Node 192.168.18.3 in Controller

# kubectl get node 192.168.18.3 -o yaml
apiVersion: v1
kind: Node
metadata:
  annotations:
......
  creationTimestamp: "2023-12-08T09:22:55Z"
  labels:
......
  name: 192.168.18.3
  resourceVersion: "769109"
```

```
  uid: b9379a62-74f9-4076-a906-9a480cccfae5
......
status:
......
  allocatable:
    cpu: "4"
    ephemeral-storage: "33919543240"
    hugepages-1Gi: "0"
    hugepages-2Mi: "0"
    memory: 3758680Ki
    pods: "110"
  capacity:
    cpu: "4"
    ephemeral-storage: 36805060Ki
    hugepages-1Gi: "0"
    hugepages-2Mi: "0"
    memory: 3861080Ki
    pods: "110"
  conditions:
  - lastHeartbeatTime: "2023-12-19T12:12:33Z"
    lastTransitionTime: "2023-12-19T12:12:33Z"
    message: Calico is running on this node
    reason: CalicoIsUp
    status: "False"
    type: NetworkUnavailable
  - lastHeartbeatTime: "2023-12-19T12:12:30Z"
    lastTransitionTime: "2023-12-08T09:22:55Z"
    message: kubelet has sufficient memory available
    reason: KubeletHasSufficientMemory
    status: "False"
    type: MemoryPressure
  - lastHeartbeatTime: "2023-12-19T12:12:30Z"
    lastTransitionTime: "2023-12-08T09:22:55Z"
    message: kubelet has no disk pressure
    reason: KubeletHasNoDiskPressure
    status: "False"
    type: DiskPressure
  - lastHeartbeatTime: "2023-12-19T12:12:30Z"
    lastTransitionTime: "2023-12-08T09:22:55Z"
    message: kubelet has sufficient PID available
    reason: KubeletHasSufficientPID
```

```
        status: "False"
        type: PIDPressure
      - lastHeartbeatTime: "2023-12-19T12:12:30Z"
        lastTransitionTime: "2023-12-08T09:22:55Z"
        message: kubelet is posting ready status
        reason: KubeletReady
        status: "True"
        type: Ready
      images:
      - names:
        - docker.io/library/
busybox@sha256:5c63a9b46e7139d2d5841462859edcbbf57f238af891b6096578e5894cfe5ae2
        - docker.io/library/busybox:latest
        sizeBytes: 2231055
    ......
      nodeInfo:
    ......
```

2. 通过指标查询 API 查询 Node 或 Pod 的资源使用情况

通过 Kubernetes 提供的性能指标 API 也可以方便地查看某个 Node 或 Pod 的 CPU 和内存使用情况，这要求预先部署好 Metric Server 服务（参考第 6.2 节的说明），然后通过 /apis/metrics.k8s.io/v1beta1 接口进行查询，例如查看 Pod kube-scheduler-192.168.18.3 的资源使用情况：

```
    # kubectl get --raw "/apis/metrics.k8s.io/v1beta1/namespaces/
kube-system/pods/kube-scheduler-192.168.18.3" | python -m json.tool
    {
        "apiVersion": "metrics.k8s.io/v1beta1",
        "containers": [
            {
                "name": "kube-scheduler",
                "usage": {
                    "cpu": "11385743n",
                    "memory": "22032Ki"
                }
            }
        ],
        "kind": "PodMetrics",
        "metadata": {
            "creationTimestamp": "2023-12-19T14:27:39Z",
```

```
        "labels": {
            "component": "kube-scheduler",
            "tier": "control-plane"
        },
        "name": "kube-scheduler-192.168.18.3",
        "namespace": "kube-system"
    },
    "timestamp": "2023-12-19T14:27:25Z",
    "window": "15.086s"
}
```

查看 Node 192.168.18.3 的资源使用情况：

```
# kubectl get --raw "/apis/metrics.k8s.io/v1beta1/nodes/192.168.18.3" | python
-m json.tool
{
    "apiVersion": "metrics.k8s.io/v1beta1",
    "kind": "NodeMetrics",
    "metadata": {
        "creationTimestamp": "2023-12-19T14:29:06Z",
        "labels": {
            "beta.kubernetes.io/arch": "amd64",
            "beta.kubernetes.io/os": "linux",
            "kubernetes.io/arch": "amd64",
            "kubernetes.io/hostname": "192.168.18.3",
            "kubernetes.io/os": "linux",
            "topology.hostpath.csi/node": "192.168.18.3"
        },
        "name": "192.168.18.3"
    },
    "timestamp": "2023-12-19T14:28:56Z",
    "usage": {
        "cpu": "598599776n",
        "memory": "1765368Ki"
    },
    "window": "20.093s"
}
```

3. 使用 kubectl debug node 工具来调试 Node

在某些环境下无法通过 ssh 连接到 Node，此时可以使用 kubectl debug node 工具创建一个 debug 功能的 Pod，这个 Pod 提供了一个交互式 Shell，可以通过该 Shell 模拟登录到

Node 上，在容器内 Kubernetes 会自动将 Node 的根文件系统挂载为/host 目录，这样就可以很方便地查看远程 Node 主机上的文件了，例如系统日志目录/var/log 对应为容器内的/host/var/log 目录。

kubectl debug node 命令需要指定用哪个镜像进行启动，可以使用常用的 ubuntu、centos、busybox 等镜像作为 Shell 环境，也可以使用安装了调试工具的镜像。下面使用 busybox 镜像来调试一个 Node：

```
# kubectl debug node/192.168.18.3 -it --image=busybox
--image-pull-policy=IfNotPresent
Creating debugging pod node-debugger-192.168.18.3-6w5g8 with container debugger
on node 192.168.18.3.
Warning: metadata.name: this is used in the Pod's hostname, which can result in
surprising behavior; a DNS label is recommended: [must not contain dots]
If you don't see a command prompt, try pressing enter.
/ #
/ #
```

查看/host 目录下的文件，可以看到宿主机上的根文件系统目录：

```
/ # cd /host
/host # ls
bin    dev    home   lib64  mnt   opt    root   sbin   sys    usr
boot   etc    lib    media  nfs   proc   run    srv    tmp    var
```

通过 ps 命令可以查看宿主机上运行的进程：

```
/ # ps -ef
PID   USER     TIME  COMMAND
    1 root      0:11 /usr/lib/systemd/systemd --switched-root --system
--deserialize 22
    2 root      0:00 [kthreadd]
    4 root      0:00 [kworker/0:0H]
......
```

通过 netstat 命令可以查看宿主机上的网络连接信息：

```
/ # netstat -an
Active Internet connections (servers and established)
Proto    Recv-Q   Send-Q   Local Address          Foreign Address        State
tcp      0        0        0.0.0.0:22             0.0.0.0:*              LISTEN
tcp      0        0        127.0.0.1:10259        0.0.0.0:*              LISTEN
......
```

```
tcp      0      0      127.0.0.1:2379      127.0.0.1:56572      ESTABLISHED
......
```

调试工作结束后，退出交互式 Shell，然后删除这个 Pod。

需要注意的是，这种方法需要在目标 Node 上创建一个 debug Pod，因此要求 Node 和 kubelet 能够正常运行，如果 Node 宕机或者网络不可达，则无法使用。

对于集群的故障排查还需要进行常规的监控告警配置，例如对 Node 的 CPU 使用率、内存使用率、磁盘可用空间、硬件是否出现故障等进行监控告警配置。

9.4.2　应用故障排查指南

为了跟踪和发现在 Kubernetes 集群中运行的容器应用出现的问题，常用如下查错方法。

（1）查看 Kubernetes 对象的当前运行时信息，特别是与对象关联的 Event 事件。这些事件记录了相关主题、发生时间、最近发生时间、发生次数及事件原因等，对排查故障非常有价值。此外，通过查看对象的运行时数据还可以发现参数错误、关联错误、状态异常等明显问题。由于在 Kubernetes 中多种对象相互关联，因此这一步可能会涉及多个相关对象的排查问题。

（2）对于服务、容器方面的问题，可能需要深入容器内进行故障诊断，此时可以通过查看容器的运行日志来定位具体问题。

（3）对于某些复杂问题，例如 Pod 调度失败这种系统级的问题，需要结合集群中每个 Node 上的 Kubernetes 服务日志来排查。

（4）通过集群监控系统（如 Prometheus）、日志管理系统（如 Loki），以及配置告警规则来监控应用的运行状态，以便及时发现和解决问题。

1. 排查 Pod 的 Event 事件信息

Kubernetes 的很多资源对象都有 Event 记录，可以通过 kubectl describe 命令来查看它们的 Event 事件信息。Pod 的 Event 事件对于排查 Pod 为什么失败有重要参考价值。例如，下面的事件信息表明 Pod 失败是因为容器镜像无法下载，已经失败了 1 次，正在第 2 次尝试：

```
Events:
  Type     Reason   Age                From     Message
  ----     ------   ----               ----     -------
  Warning  Failed   6m14s              kubelet  Failed to pull image
"ghcr.io/kube-logging/logging-operator:4.4.3": failed to pull and unpack image
"ghcr.io/kube-logging/logging-operator:4.4.3": failed to copy: read tcp
192.168.18.3:36452->185.199.111.154:443: read: connection reset by peer
  Warning  Failed   6m14s              kubelet  Error: ErrImagePull
  Normal   Pulling  6m1s (x2 over 29m)  kubelet  Pulling image
"ghcr.io/kube-logging/logging-operator:4.4.3"
```

Pod 失败通常有以下原因。

◎ 没有可用的 Node 以供调度。
◎ 开启了资源配额管理，但在当前调度的目标 Node 上资源不足。
◎ 镜像下载失败。
◎ 由于某种原因被驱逐。
◎ 健康检查探针失败。

2. 排查 Pod 的日志

在需要排查容器内应用程序输出到标准输出（stdout）的日志时，可以使用 kubectl logs <pod_name>命令：

```
# kubectl logs redis-master-bobr0
  [1] 21 Aug 06:45:37.781 * Redis 2.8.19 (00000000/0) 64 bit, stand alone mode,
port 6379, pid 1 ready to start.
  [1] 21 Aug 06:45:37.781 # Server started, Redis version 2.8.19
  [1] 21 Aug 06:45:37.781 # WARNING overcommit_memory is set to 0! Background save
may fail under low memory condition. To fix this issue add 'vm.overcommit_memory =
1' to /etc/sysctl.conf and then reboot or run the command 'sysctl
vm.overcommit_memory=1' for this to take effect.
  [1] 21 Aug 06:45:37.782 # WARNING you have Transparent Huge Pages (THP) support
enabled in your kernel. This will create latency and memory usage issues with Redis.
To fix this issue run the command 'echo never > /sys/kernel/mm/transparent_hugepage/
enabled' as root, and add it to your /etc/ rc.local in order to retain the setting
after a reboot. Redis must be restarted after THP is disabled.
  [1] 21 Aug 06:45:37.782 # WARNING: The TCP backlog setting of 511 cannot be enforced
because /proc/sys/net/core/somaxconn is set to the lower value of 128.
```

如果在某个 Pod 中包含多个容器，则可以通过-c 参数指定容器的名称来查看：

```
kubectl logs <pod_name> -c <container_name>
```

容器内应用程序生成的日志与容器的生命周期是一致的，所以在容器被销毁之后，容器内的文件也会被丢弃，比如日志等。如果需要保留容器内应用程序生成的日志，则可以使用挂载的 Volume 将容器内应用程序生成的日志保存到宿主机上，还可以通过一些工具对日志进行采集和存储。

3. 通过容器内命令进行调试

在需要使用容器内命令进行调试时，可以使用 kubectl exec <pod_name> -c <container_name> -- <cmd>命令，即可以通过在容器环境运行指定的命令来调试。前提是容器内提供了相关调试命令。

例如，通过 cat 命令查看容器内的应用日志文件：

```
# kubectl exec deploy-7b5688c7ff-m9cqm -- cat
/usr/local/tomcat/logs/catalina.2023-12-19.log
19-Dec-2023 15:14:53.163 INFO [main]
org.apache.catalina.startup.VersionLoggerListener.log Server version:       Apache
Tomcat/8.0.35
19-Dec-2023 15:14:53.170 INFO [main]
org.apache.catalina.startup.VersionLoggerListener.log Server built:       May 11
2023 21:57:08 UTC
......
```

又如，通过交互式方式（kubectl exec -ti）进入容器内的 Shell 进行调试：

```
# kubectl exec -ti deploy-7b5688c7ff-m9cqm -- sh
# ls
LICENSE  NOTICE  RELEASE-NOTES  RUNNING.txt  bin  conf  include  lib  logs
temp  webapps  work
# ps aux
USER     PID %CPU  %MEM  VSZ      RSS TTY      STAT  START   TIME COMMAND
root     1    4.5   3.6   3080704  140288 ?    Ssl   15:14   0:08 /usr/lib/jvm/
java-7-openjdk-amd64/jre/bin/java -Djava.util
root     98   0.0   0.0   4324     652 pts/0   Ss    15:17   0:00 sh
root     106  0.0   0.0   19176    1300 pts/0  R+    15:17   0:00 ps aux
```

4. 使用临时 debug 容器调试 Pod

很多时候，应用容器没有提供 Shell 命令，或者也没有包含 debug 工具，Kubernetes 提供了一种为运行中的 Pod 临时创建一个 debug 容器，以共享进程命名空间（Process

Namespace）的方式来访问业务容器的环境，并提供一个交互式的 Shell 进行调试。该特性到 Kubernetes v1.25 版本时达到 Stable 阶段。

可以通过 kubectl debug -it 命令以交互式方式创建一个可以访问目标容器的临时 debug 容器，并通过--target 参数指定 Pod 中的容器名称。例如，使用一个 busybox 作为调试容器来调试 Pod “coredns-5dd5756b68-6s54h”中名为“coredns”的容器：

```
# kubectl debug -n kube-system -it coredns-5dd5756b68-6s54h --target=coredns
--image=busybox --image-pull-policy=IfNotPresent
Targeting container "coredns". If you don't see processes from this container
it may be because the container runtime doesn't support this feature.
Defaulting debug container name to debugger-pdfws.
If you don't see a command prompt, try pressing enter.
/ #
```

进入交互式 Shell 之后，可以查看业务容器的进程信息，以便调试：

```
/ # ps aux
PID   USER     TIME  COMMAND
    1 root     0:48  /coredns -conf /etc/coredns/Corefile
   15 root     0:00  sh
   21 root     0:00  ps aux
```

Kubernetes 实际上为目标 Pod 补充了一个临时容器，可以通过 kubectl describe pod 命令进行查看：

```
# kubectl -n kube-system describe po coredns-5dd5756b68-6s54h
Name:                 coredns-5dd5756b68-6s54h
Namespace:            kube-system
......
Containers:
  coredns:
......
Ephemeral Containers:
  debugger-pdfws:
    Container ID:
containerd://a52a95ba2b9e51e6a34d62900918c030c18d8677e7ebe5fe18f2a946899487c0
    Image:              busybox
    Image ID:           docker.io/library/
busybox@sha256:5c63a9b46e7139d2d5841462859edcbbf57f238af891b6096578e5894cfe5ae2
    Port:               <none>
    Host Port:          <none>
```

```
    State:          Running
      Started:      Tue, 19 Dec 2023 23:28:04 +0800
    Ready:          False
    Restart Count:  0
    Environment:    <none>
    Mounts:         <none>
......
```

需要注意的是，--target 参数要求容器运行时提供支持。如果不支持这个参数，则临时容器将无法创建成功。另外，如果目标容器配置了进程命名空间的隔离机制，那么在 debug 容器内通过 ps 命令将会无法看到目标容器内的进程信息。

5. 使用 Pod 副本和 debug 容器进行调试

有时候 Pod 一直在启动时崩溃，一直无法进入运行状态，无法通过 kubectl exec 方式排查问题。这可能是由启动参数或者配置错误导致的。此时，可以通过创建一个带 debug 容器的 Pod 副本来进行调试，即使业务容器失败也能够通过 debug 容器的 Shell 来排查问题。

例如，一个 Pod 一直无法启动成功，始终处于 CrashLoopBackOff 状态：

```
# kubectl get pod
NAME                   READY   STATUS             RESTARTS      AGE
app-5d7d7df4cf-7r25q   0/1     CrashLoopBackOff   2 (23s ago)   39s
```

通过 kubectl debug -it 命令，以 app-5d7d7df4cf-7r25q 为模板创建一个新的 Pod 副本，通过--copy-to 参数指定新的 Pod 名称（app-5d7d7df4cf-7r25q-debug），通过--image 参数指定使用哪个镜像启动 debug 容器，通过--share-processes 参数指定与目标容器共享进程空间，例如：

```
# kubectl debug app-5d7d7df4cf-7r25q -it --image=busybox
--image-pull-policy=IfNotPresent --share-processes
--copy-to=app-5d7d7df4cf-7r25q-debug
Defaulting debug container name to debugger-scdpr.
If you don't see a command prompt, try pressing enter.
/ #
```

进入交互式 Shell 之后，即可进行调试工作了。

此时，查看 Pod 列表，可以看到 Kubernetes 创建了一个新的 Pod “app-5d7d7df4cf-7r25q-debug”，该 Pod 包含 2 个容器，其中 debug 容器作为 sidecar 与主容器处于同一个进程命名空间中。

```
# kubectl get pod
NAME                          READY   STATUS             RESTARTS       AGE
app-5d7d7df4cf-7r25q          0/1     CrashLoopBackOff   4 (71s ago)    2m50s
app-5d7d7df4cf-7r25q-debug    1/2     CrashLoopBackOff   4 (31s ago)    115s
```

9.4.3　常见问题指南

本节对 Kubernetes 系统中的一些常见问题及解决方法进行说明。

1. 服务无法访问

在 Kubernetes 集群中应尽量使用服务名访问正在运行的微服务，但有时会访问失败。由于服务涉及服务名的 DNS 域名解析、kube-proxy 组件的负载分发、后端 Pod 列表的状态等，所以可通过以下几方面排查问题。

首先，排查目标 Service 与 Endpoint 是否正常。可以通过 kubectl get endpoints <service_name>命令查看某个服务的后端 Endpoint 列表，如果列表为空，则其原因可能有如下几个。

◎ Service 的 Label Selector 与 Pod 的 Label 不匹配。

◎ 后端 Pod 一直没有处于 Ready 状态（通过 kubectl get pods 进一步查看 Pod 的状态）。

◎ Service 的 targetPort 端口号与 Pod 的 containerPort 不一致。

然后，检查 DNS 解析是否正常。比如在 kube-dns 容器日志中出现下面这种错误，无法解析标准的服务域名，有可能就是 kube-dns 的 Pod 出现了问题：

```
    [warn]
getaddrinfo(host='default-logging-simple-fluentd.kube-log.svc.cluster.local',
err=12): Timeout while contacting DNS servers
```

这时可以通过在客户端容器内执行 ping <service_name>.<namespace>命令来检查，以确定是否能够正确解析出 Service 的 IP 地址，如果不能得到 Service 的 IP 地址，则可能是因为 Kubernetes 集群的 DNS 服务工作出现异常。

可以通过 busybox 镜像来进行测试验证，除了 ping 命令，还可以通过 nslookup 命令来判断 DNS 解析的问题，通过 telnet 命令来尝试连接服务的端口，从而判断服务端口是否能正常连接。下面以 kubernetes api server 服务（kubernetes.default.svc）为例进行测试：

```
# kubectl run busybox --image=busybox --command -- sleep 3600
pod/busybox created

# kubectl exec -it busybox sh
/#
/# ping kubernetes.default.svc
PING kubernetes.default.svc (169.169.0.1): 56 data bytes
^C

/# telnet kubernetes.default.svc:443
Connected to kubernetes.default.svc:443
^C

/# wget https://kubernetes.default.svc:443
Connecting to kubernetes.default.svc:443 (169.169.0.1:443)
wget: note: TLS certificate validation not implemented
wget: TLS error from peer (alert code 40): handshake failure
wget: error getting response: Connection reset by peer

/# nslookup kubernetes.default.svc.cluster.local
Server:      169.169.0.10
Address:169.169.0.10:53
Name:    kubernetes.default.svc.cluster.local
Address: 169.169.0.1
```

在使用 nslookup 工具进行域名解析时，可以使用服务的全限定域名（FQDN），即补充.cluster.local 后缀的域名。

如果前面的排查都正常，域名解析也正常，但是服务端口连接还是超时错误，则有可能是在源服务或者目标服务中设置了 NetworkPolicy 防火墙规则，只允许某些 Pod 访问，比如下面这个案例。

Grafana 服务开启了 NodePort，但是在其他 Node 上均无法访问这个 NodePort，返回连接超时。另外，Grafana 在添加其他服务的数据源时，出现连接测试失败的报错，我们查看 Grafana 的运行日志发现是连接超时。当排查到网络策略时，我们发现是 Grafana 服务默认设置的 NetworkPolicy 阻止了连接：

```
# kubectl describe  networkpolicy -n monitoring grafana
Name:         grafana
Namespace:    monitoring
Created on:   2023-12-07 17:36:18 +0800 CST
```

```
    Labels:       app.kubernetes.io/component=grafana
                 app.kubernetes.io/name=grafana
                 app.kubernetes.io/part-of=kube-prometheus
                 app.kubernetes.io/version=10.2.2
    Annotations:  <none>
    Spec:
      PodSelector:     app.kubernetes.io/component=grafana,app.kubernetes.io/
name=grafana,app.kubernetes.io/part-of=kube-prometheus
      Allowing ingress traffic:
        To Port: 3000/TCP
        From:
          PodSelector: app.kubernetes.io/name=prometheus
      Allowing egress traffic:
        To Port: <any> (traffic allowed to all ports)
        To: <any> (traffic not restricted by destination)
      Policy Types: Egress, Ingress
```

上述防火墙规则要求，必须具备 Lobel“app.kubernetes.io/name=prometheus”的 Pod 才能访问 Grafana 服务的 3000 端口：

```
    NodePort    169.169.229.122   <none>        3000:31007/TCP
```

2. Pod 调度失败

Pod 调度失败的原因有很多，要从多方面综合排查，首先，确定 Pod 的以下重要配置信息。

- ◎ QoS 等级和资源申请量。
- ◎ Pod 的优先级。
- ◎ 调度相关的属性，比如是否有定向调度，是否有污点容忍的设置，是否有亲和性调度规则。
- ◎ 是否有依赖的 PV 没有被创建。
- ◎ 在 Pod Event 中查看是否有调度失败的相关原因说明。

然后，进一步排查集群的状态，包括如下信息：

- ◎ 查看调度器日志和系统日志，以 Pod 名称作为关键字，查询相关的信息，了解调度中的细节。
- ◎ 集群和 Node 的资源利用率情况，可以通过 kubectl top node 来确认资源是否紧张。
- ◎ 对于资源空闲的 Node，是否有特定的污点，这些 Node 是否可能满足目标 Pod。

◎ 是否有 Node 正在或者最近发生过 Pod 驱逐、Node 维护等操作。

以下是一些 Pod 调度失败的常见原因。

◎ 开启了资源配额管理，目标 Node 上的资源不满足 Pod 申请的资源。

◎ Pod 定向调度到指定的目标 Node，但目标 Node 不满足以下调度条件。

- 目标 Node 资源不足。

```
Events:
 FirstSeen  LastSeen Count   From      Subobject   PathReason        Message
  FailedScheduling  Failed for reason PodExceedsFreeCPU and possibly others
```

- 目标 Node 有污点，Pod 没有设置污点容忍。
- 目标 Node 在驱逐 Pod。

◎ Pod 亲和性调度规则不满足。

```
Events:
Warning  FailedScheduling  15m (x2 over 20m)   default-scheduler  0/1 nodes are
available: 1 node(s) didn't match pod anti-affinity rules. preemption: 0/1 nodes are
available: 1 No preemption victims found for incoming pod...
```

◎ 当前集群没有 Node 可用，可能全是打了污点的 Master。

◎ Pod 指定了自定义调度器调度，自定义调度器调度出现异常。

3. Pod 无法正常启动

当 Pod 无法启动时，会处于 Pending 状态或者异常结束的状态，对于 Pending 状态的 Pod 来说，启动 Pod 所需的依赖条件没有全部满足。在 Pod 启动之前，Kubelet 将确保检查 Pod 所需的所有依赖关系，只有所有依赖条件都满足之后，才会进行启动操作。

Pod 常见的依赖资源包括 PersistentVolume、ConfigMap 和 Secret，当这些依赖项不存在或者无法读取时，Pod 容器将无法正常创建，Pod 会处于 Pending 状态。此外，当依赖项不满足需求时，比如将一个只读的持久化存储卷 PersistentVolume 以可读写的形式挂载到容器，或者将存储卷挂载到/proc 等非法路径，会导致容器创建失败。

```
Events:
  Type     Reason            Age                  From               Message
  ----     ------            ----                 ----               -------
  Warning  FailedScheduling  13m (x20 over 75m)    default-scheduler  0/1 nodes
are available: pod has unbound immediate PersistentVolumeClaims. preemption: 0/1
nodes are available: 1 No preemption victims found for incoming pod...
```

此外，如果 Pod 启动之后很快就结束运行，则可能是以下一些原因导致的。

◎ 容器本身存在问题，比如容器的启动命令运行失败，最常见的是参数没有正确传递到容器里，或者参数为空，导致容器的启动进程失败。
◎ 容器里的进程违反了 Pod's Security Context，导致运行失败。
◎ Init Container 初始化失败，导致 Init Container 必须执行完成后，系统才能继续执行下一个容器，此时可以通过排查 Init Container 的日志来判断失败原因。
◎ PostStart 容器回调程序运行失败，导致 PostStart 在容器创建之后立即执行，如果 PostStart 回调程序执行失败，则容器将被终止。此时会出现 FailedPostStartHook 事件，可以结合容器日志和 Event 进行判断。
◎ 当容器的 Readiness Probe 探针失败时，也会导致 Pod 异常，此时可以检查探针配置的脚本、探针的超时时间和检测的延迟时间等参数是否正确。此外，如果 Node 负载很高，则会导致探针检测超时失败。

4. Pod 意外停止

Pod 意外停止通常有这几个原因：Liveness Probe 探针失败、Pod 驱逐、执行了清空 Node 的命令等。

如果 Liveness Probe 探测失败，则容器会被杀死，由于 Liveness Probe 失败后容器会被 kill 并消失，所以排查问题要困难一些。首先，可以检查探针的参数，特别是超时时间是否合理正常；然后，排查这段时间内是否出现过 Node 压力比较大的情况，当 Node 压力突然增大时，会使容器实际抢占的 CPU 资源明显下降，业务进程响应异常缓慢，从而导致 Liveness Probe 探测失败。如果还是无法排查原因，则可以先移除 Liveness Probe 探针，观测容器的业务进程是否会在压力情况下产生阻塞问题。

如果 Pod 所在 Node 发生过 Pod 驱逐操作，或者在运维过程中执行过 Node 清空命令，则 Pod 也会异常结束，这种情况比较容易排查和确定。

对于发生过重启或终止的容器，上一个状态（lastState）字段不仅包含状态原因，还包含上一次退出的状态码（Exit Code）。例如，容器上一次退出的状态码是 137，状态原因是 OOMKilled，说明容器是因为 OOM 被系统强行终止的。

在异常诊断过程中，容器的退出状态是至关重要的信息。可以在使用 kubectl describe pod 命令时看到 Last State 信息。Exit Code 为程序上次退出时的状态码，该值不为 0 即表示程序异常退出，可根据退出状态码进一步分析异常原因：

```
State:              Running
  Started:          Sun, 10 Dec 2023 16:11:26 +0800
Last State:         Terminated
  Reason:           Unknown
  Exit Code:        255
  Started:          Thu, 07 Dec 2023 16:34:12 +0800
  Finished:         Sun, 10 Dec 2023 15:27:01 +0800
Ready:              True
```

9.4.4　寻求帮助

如果通过系统日志和容器日志都无法找到问题的原因，则可以追踪源码进行分析，或者通过一些在线途径寻求帮助。下面列出了可给予相应帮助的常用网站或社区。

◎ 本书配套代码和勘误均存放在 GitHub 上名为“kubeguide”的仓库中。

◎ Kubernetes 官方网站、Kubernetes 官方论坛，可以查看 Kubernetes 的最新动态并参与讨论，如图 9.4 所示。

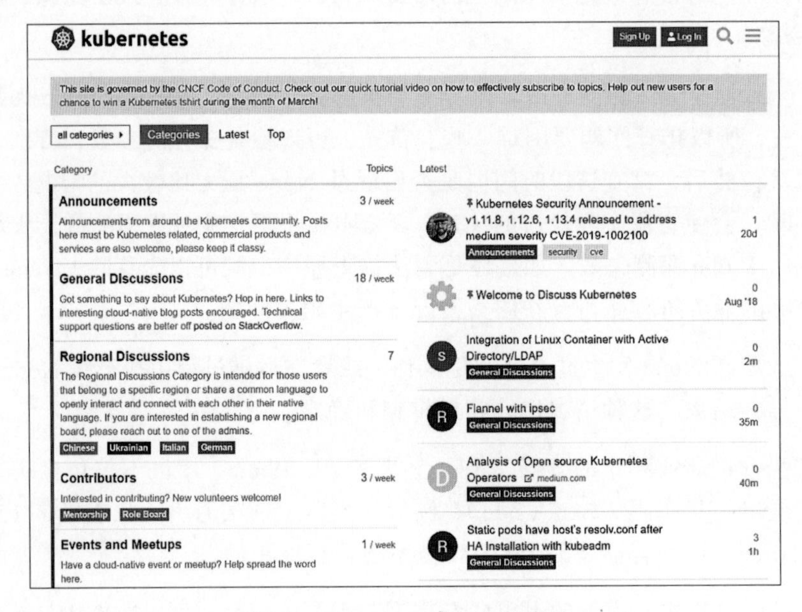

图 9.4　Kubernetes 官方论坛截图

◎ Kubernetes GitHub 库问题列表，可以在这里搜索曾经出现过的问题，也可以提问，如图 9.5 所示。

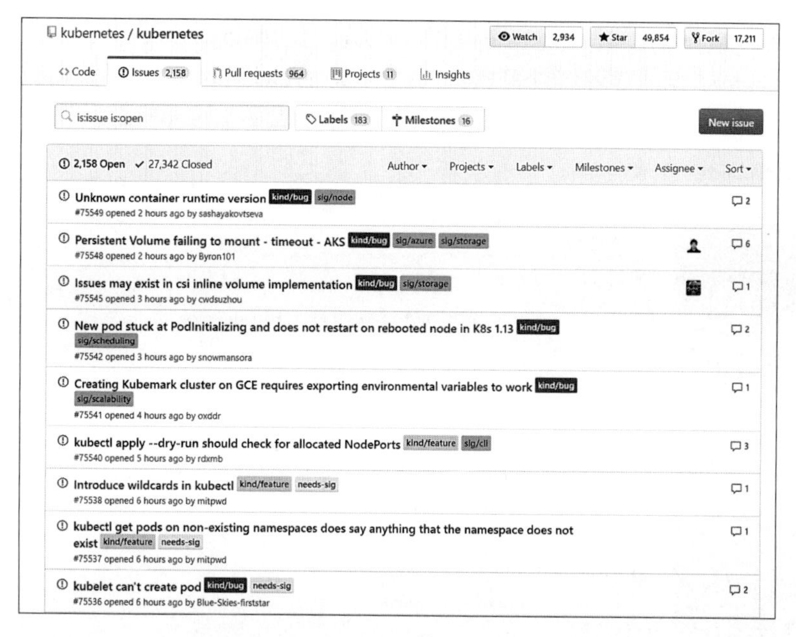

图 9.5 Kubernetes GitHub 库问题列表截图

◎ StackOverflow 网站上关于 Kubernetes 的问题讨论如图 9.6 所示。

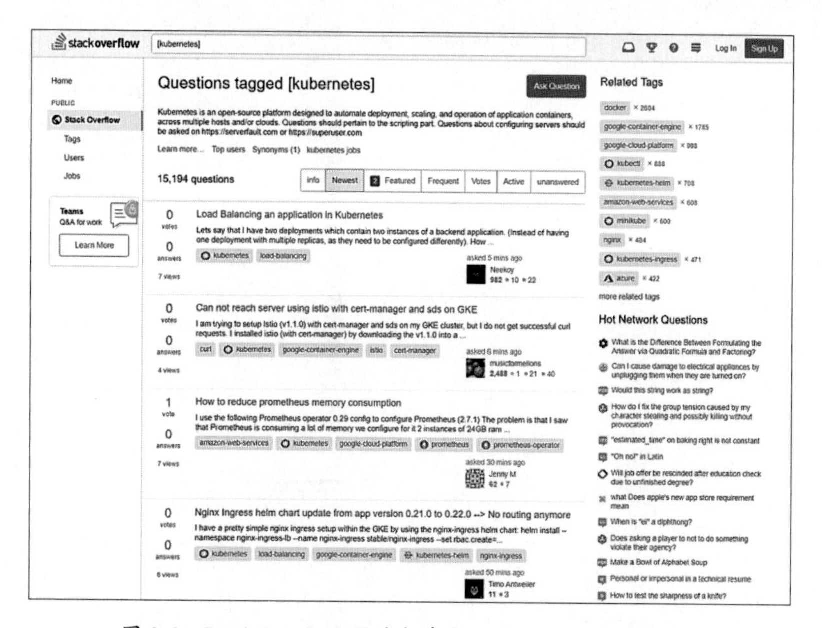

图 9.6 StackOverflow 网站上关于 Kubernetes 的问题讨论

◎ Kubernetes Slack 聊天群组中有许多频道，包括#kubernetes-novice、#kubernetes-contributors 等，读者可以根据自己的兴趣加入不同的频道，与聊天室中的网友进行在线交流，如图 9.7 所示。还有针对不同国家的地区频道，例如中国区频道#cn-users 和#cn-events。

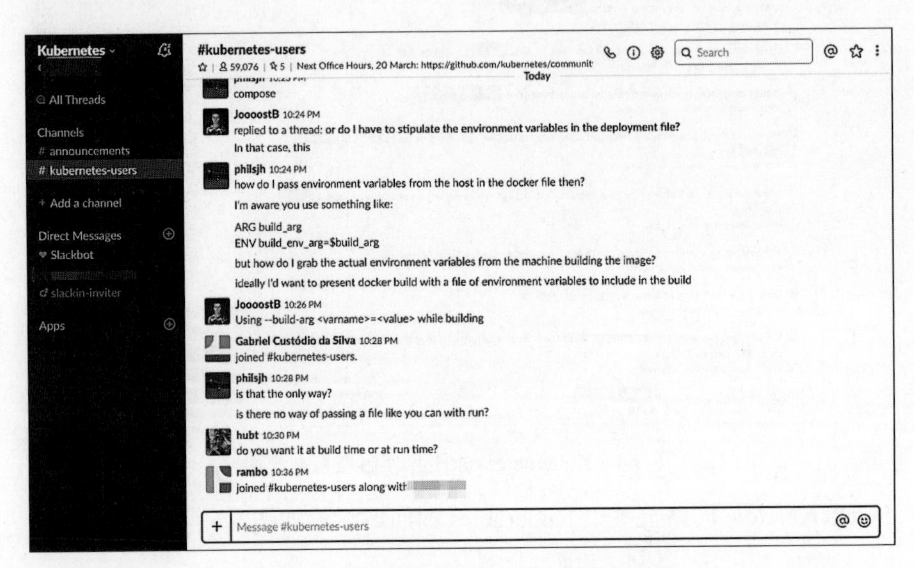

图 9.7　Kubernetes Slack 聊天群组截图